喀斯特峰丛洼地土壤氮循环及其对全球变化的响应

李德军　王克林等　著

科学出版社
北　京

内 容 简 介

本书基于中国科学院亚热带农业生态研究所/中国科学院环江喀斯特生态系统观测研究站土壤生态研究组自2013年以来围绕喀斯特峰丛洼地土壤氮循环开展的研究成果整理而成。本书明确了不同恢复或演替阶段生态系统生物固氮速率及其主控因素，并揭示了生物固氮速率对全球变化响应的机理；阐明了土壤氮含量对植被恢复的或农田利用方式的响应，并分析了植物与微生物氮限制状况及其随植被恢复变化特征；研究了土壤氮转化过程及其对土地利用变化或模拟大气氮沉降的响应机理；揭示了森林土壤氧化亚氮排放通量和产生路径及其对模拟大气氮沉降的响应机制；简要介绍了不同氮循环过程的研究方法。本书较深入揭示了喀斯特峰丛洼地土壤氮循环特征，对其他区域氮循环研究具有重要的参考价值。

本书可供生态学、土壤学、生物地球化学、地理学、环境科学等专业的科研人员和研究生参考阅读。

审图号：GS京(2025)0817号

图书在版编目(CIP)数据

喀斯特峰丛洼地土壤氮循环及其对全球变化的响应／李德军等著．北京：科学出版社，2025. 6. -- ISBN 978-7-03-079145-0

Ⅰ. S153. 6；P467

中国国家版本馆CIP数据核字第202491DG24号

责任编辑：王　倩／责任校对：樊雅琼

责任印制：徐晓晨／封面设计：无极书装

科学出版社出版

北京东黄城根北街16号

邮政编码：100717

http://www. sciencep. com

北京建宏印刷有限公司印刷

科学出版社发行　各地新华书店经销

*

2025年6月第　一　版　开本：787×1092　1/16

2025年6月第一次印刷　印张：23 3/4

字数：600 000

定价：298. 00元

（如有印装质量问题，我社负责调换）

本书撰写组

组　长　李德军　王克林

副组长　陈　浩　段鹏鹏　肖孔操　张　伟

成　员　方缘天　何寻阳　孙锡斌　汪珍川

文　丽　杨利琼　杨馨逸　郑　亮

周俊妞

前　言

喀斯特生态系统是地球表层系统的重要组成部分，占全球陆地面积的15%~20%。我国喀斯特生态系统面积占比更大，约占陆地面积的36%，其中以广西、贵州和云南为代表的西南地区是全球喀斯特生态系统三大集中连片分布区之一。喀斯特生态系统具有一系列特殊性，如双层水文结构和过程、土层相对浅薄且分布不连续、岩石出露面积大、土壤pH中性或偏碱性、土壤钙镁含量高等，导致植物与微生物群落组成、有机质形成与维持机制等很可能有别于非喀斯特生态系统。如钙镁矿物在喀斯特土壤有机质维持中起着重要作用，而非喀斯特土壤如同纬度的红壤有机质主要通过铁铝矿物维持稳定。喀斯特的这些属性可能导致其生态系统结构、过程与功能及其对全球变化的响应具有独特性。

过去由于不合理人为活动，特别是农业耕作导致大面积的喀斯特生态系统遭到了破坏。近20年来国家和相关部门先后在西南喀斯特区实施了一系列生态恢复工程，包括退耕还林还草、石漠化综合治理、珠江防护林建设等生态工程。这些生态恢复工程总体上取得了较好的效果，但不同地区之间效果差异明显。基于遥感数据的研究表明，生态恢复工程的实施显著提升了西南喀斯特区植被覆盖率，其中林地覆盖率由1999年的27%增加到2017年的38%；2002~2017年西南地区植被地上生物量固碳抵消了该区域同期化石燃料燃烧CO_2排放的33%，表明喀斯特山区生态恢复工程实施后植被地上生物量有较强碳汇功能，是我国重要陆地碳汇，对我国“双碳”目标实现具有重要意义。

氮是多数陆地生态系统植物生长和固碳效应的主要限制性元素。对植被恢复而言，土壤氮的供应能力在很大程度上决定着植被恢复/演替的方向与进程。在全球变化背景下，由于碳氮循环紧密耦合，土壤氮的供应能力很大程度上决定着生态系统的固碳潜力。尽管从20世纪80年代开始已有研究测定了喀斯特土壤氮素水平，但已有的研究主要关注土壤养分或土壤质量，针对喀斯特土壤氮素来源、土壤氮转化及其对土地利用、植被恢复或全球变化的响应机制、喀斯特生态系统氮状况及其随植被恢复/演替变化特征、土壤氮累积及其机制、土壤氮流失及其机制等问题的研究相对薄弱。

中国科学院亚热带农业生态研究所/中国科学院环江喀斯特生态系统观测研究站李德军研究组及一些同事自2013年以来围绕喀斯特峰丛洼地土壤氮循环及其对全球变化的响应开展研究，取得了一些初步的进展，主要体现在以下几个方面。

在喀斯特生态系统外源氮输入方面：针对生态系统外源氮输入的主要途径——生物固氮开展了较系统的研究。发现在演替早期的草丛阶段，生物固氮通量较高，且共生与非共生固氮通量相当，并揭示了微生物与土壤理化指标对共生与非共生固氮速率的相对影响（第二章）。随着植被演替进程，非共生固氮速率快速下降（第三章）。岩性与树种分别是控制森林之间和森林内部非共生固氮速率的主要因素（第三章）。森林土壤、苔藓和凋落物对温湿度变化的响应存在差异，凋落物固氮速率的温度敏感性最高，土壤次之，苔藓最低；但生物固氮速率的湿度敏感性却是苔藓的最高，凋落物的最低（第四章）。非共生固氮速率对模拟大气氮沉降的响应因地形和生态系统组分而异，氮添加抑制了洼地和坡地的凋落物固氮速率，仅抑制了洼地土壤的固氮速率，但对两个坡位的苔藓固氮速率均无显著影响（第四章）。生物固氮对多重环境变化因素的响应可能在共生和非共生形式之间或固氮植物物种之间存在差异（第四章）。树种多样性增加抑制凋落物层和矿质土壤层的非共生固氮速率，且其机制相似（第四章）。

在喀斯特土壤氮状况对植被恢复响应方面：发现在退耕后的演替进程中土壤氮能较快速累积，并估算了恢复到原生林水平需要的时间；退耕恢复模式对土壤氮累积具有显著影响，虽然抛荒后自然演替是促进土壤氮累积的有效措施，但种植具有经济价值的树种能兼顾氮累积与经济效益；在喀斯特峰丛洼地典型农业模式中，牧草种植能显著促进土壤氮累积；岩性影响植被恢复对土壤氮累积的效果，可能是解释不同区域之间土壤氮累积对植被恢复差异化响应的一条重要机制（第五章）。喀斯特退耕后植被演替进程中植物与土壤微生物由早期受氮限制过渡到中后期受磷限制；微生物受碳、氮和磷的限制状况也因施肥策略、退耕恢复模式而异；喀斯特森林土壤微生物表现出明显的氮饱和特征，而相邻的非喀斯特森林则表现出明显的缺氮特征（第六章）。

在土壤初级氮转化过程及其对土地利用变化响应方面：发现喀斯特森林和非喀斯特森林的土壤蛋白质解聚速率无显著差异，两类森林的蛋白质解聚速率均随土层深度的增加而下降，而非喀斯特森林的氨基酸吸收速率显著高于喀斯特森林；喀斯特森林土壤特殊的有机氮保护机制如土壤黏土矿物含量高、蛋白质和游离氨基酸容易被吸附、形成矿物结合态有机氮等特征使土壤有机氮转化速率较慢，这也可能是该区域喀斯特森林土壤氮素能较快速累积重要原因；喀斯特森林的初级氮矿化速率、初级硝化速率、硝态氮异化还原为铵氮速率以及微生物对硝态氮固持速率都显著高于非喀斯特森林；喀斯特森林氮循环处于更开放状态，而非喀斯特森林氮循环则处于相对封闭和保守的状态；喀斯特森林土壤微生物氮利用效率显著高于非喀斯特森林，且主要由微生物生长速率驱动（第七章）。喀斯特地区退耕后演替进程中初级氮矿化与硝化速率随土壤总氮和有机碳水平的增加而增加，土壤氮循环逐渐变得更加开放；多聚体有机氮解聚可能是初级氮矿化的限速步骤；不同初级氮转化过程对植被恢复策略的响应存在差异；玉米-大豆轮作地转变为甘蔗、桑园后土壤初级氮矿化速率降低，而转变为牧草地则保持不变；从增加土壤氮供应而不损耗土壤有机氮库的角度，应推荐种植牧草而不是其他三种农业模式（第八章）。

在森林土壤氮转化过程对模拟大气氮沉降响应方面：土壤氮转化过程对氮添加的响应因坡位而异，其中坡地土壤蛋白质解聚、氨基酸吸收、硝化和硝氮异化还原为铵氮速率均显著高于洼地；土壤蛋白质解聚、氨基酸吸收、氮矿化、微生物氮利用效率增加和周转时间减少促进了洼地土壤微生物残体氮的累积，但氮添加引起的微生物碳和磷限制程度加剧降低了坡地土壤微生物残体氮的累积；氮添加促进了洼地和坡地土壤微生物碳利用效率和氮利用效率，但两者对氮添加的响应机制在两个坡位之间存在差异（第九章）。

在森林土壤氧化亚氮（N_2O）排放及其对模拟大气氮沉降响应方面：由于洼地氮状况较低，氮输入对土壤 N_2O 排放的促进作用在洼地比在坡地更为明显；有机层和矿质层土壤氨氧化微生物介导的 N_2O 产生对氮添加的响应机制因坡位而异，氮沉降对森林土壤氨氧化古菌和氨氧化细菌介导的 N_2O 产生的影响取决于微生物碳、氮或磷限制状况；喀斯特森林土壤 N_2O 产生主要来源于自养硝化途径（氨氧化、硝化细菌反硝化和硝化耦合反硝化），占 N_2O 总产生速率的 70% 以上，其次为反硝化途径（异养反硝化和共反硝化）(第十章)。

本书研究得到了国家自然科学基金区域创新发展联合基金重点项目（U21A2007）、广西“八桂学者”项目、国家自然科学基金项目（31400462、41571295、31760153、41771339、31872691、41877094、32001175）、国家重点研发计划项目课题（2016YFC0502404）、国家重点基础研究发展计划项目课题（2015CB452703）、中国科学院“百人计划”项目、国家高层次人才特殊支持计划项目等的资助。笔者研究组部分研究生对本书的撰写作了很大的贡献，在此一并致谢。

李德军

2023 年 10 月 20 日于长沙松雅湖畔

目　录

第一章　中国西南喀斯特地区概况

第一节　引　　言

喀斯特（Karst），又称岩溶，是水与含碳酸盐类、石膏、岩盐在内的可溶性岩石发生的以化学溶蚀作用为主，以物理侵蚀作用、沉积作用和岩体重力崩塌作用为辅，所形成的景观、现象及其过程的总称。喀斯特地貌是由喀斯特作用形成的地表与地下的各种宏观与微观、溶解与沉积的自然形态。受地质岩性和气候环境等条件影响，喀斯特地貌发育存在多种类型，如基于出露程度可分为裸露型喀斯特、覆盖型喀斯特和埋藏型喀斯特三大类；根据所处气候带可分为热带喀斯特、亚热带喀斯特、温带喀斯特、寒带喀斯特、干旱区喀斯特等；根据岩性则可划分成石灰岩喀斯特、白云岩喀斯特、石膏喀斯特和盐喀斯特等（Veress，2020）。

喀斯特生态系统是地球表层系统的重要组成部分。全球喀斯特地貌总面积约为2200万 km^2，约占全球陆地面积的15%，居住着约10亿人口。中国西南部、地中海周边区域和美国东部是全球喀斯特地貌主要的集中连片分布区。中国是世界上喀斯特地貌分布面积最大、发育类型最为齐全的国家。我国裸露型、覆盖型和埋藏型三类喀斯特生态系统总面积约为344万 km^2，占我国陆地面积的36%及全球喀斯特总面积的15.6%（Jiang et al.，2014）。从全国范围来看，几乎所有的省（自治区、直辖市）都有不同面积的喀斯特地貌分布，但以西南地区分布面积最广且较为集中连片（图1-1）。西南喀斯特区域北起秦岭山脉以南，南至广西盆地，西始于云贵高原，东南抵达南岭山脉，以贵州为中心，跨越云南、广西、重庆、四川、湖南、湖北和广东等省（自治区、直辖市）（图1-1）。西南地区裸露喀斯特地貌面积超50万 km^2，占全国裸露喀斯特面积近三分之一，承载人口超过1亿（Jiang et al.，2014）。同时，由于西南喀斯特地区位于长江和珠江上游，作为两大水系的重要补给区，是构筑长江和珠江流域生态屏障的重要区域。

第二节　西南喀斯特地区自然地理概况

一、气候

我国西南地区跨多个气候区，包括北亚热带、中亚热带、南亚热带、热带边缘及青藏高原高寒气候区。除川西、川西南、滇东北等高山高原外，西南喀斯特区域大部分地区年均温都在10℃以上［图1-2（a）］。除川西和滇西北少部分地区外，其他地区年均降水量

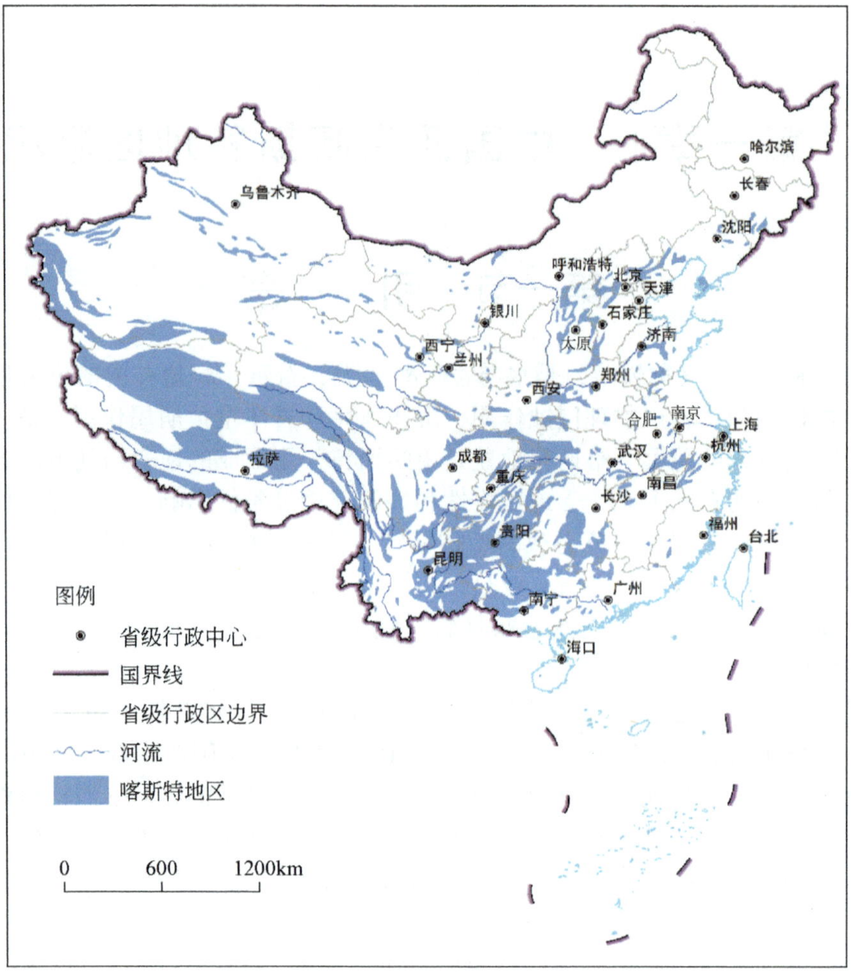

图 1-1　中国喀斯特生态系统分布图

都在 800mm 以上，其中，湖北西南部、重庆东南部、湖南、广东北部、广西、贵州南部和西南部、云南西南部和南部地区年均降水量在 1200mm 以上［图 1-2（b）］。受季风气候影响，大部分西南喀斯特地区冬季温暖而夏季炎热，年降水量丰沛但季节性分配极其不均，雨热同季但时常会发生伏旱（凡非得，2011）。

二、地质与地貌概况

（一）地质背景

我国西南地区大量分布的碳酸盐岩是西南喀斯特地貌广泛发育的物质基础。从地质构造分区上看，西南喀斯特地区碳酸盐岩属于扬子区、江南区、华南区、巴彦喀拉-秦岭区及藏北-滇西区中的滇西分区，主要以扬子区、江南区和华南区为主（宋同清，2015）。

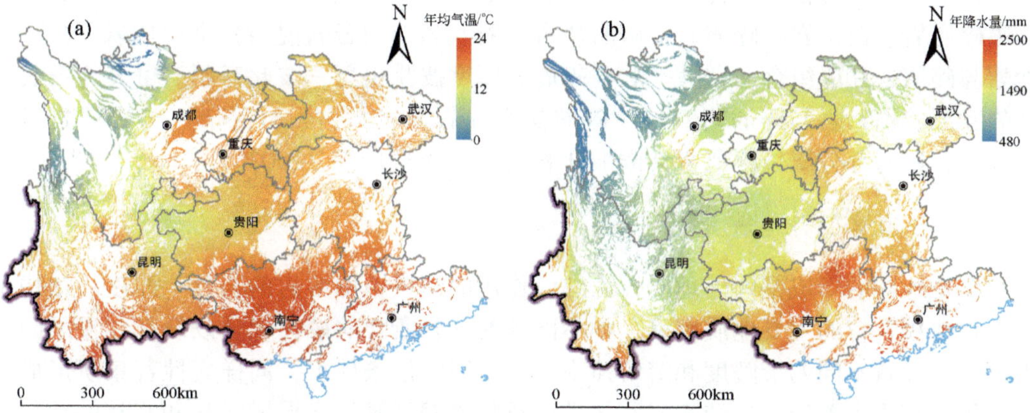

图 1-2　西南喀斯特地区年均温（a）与年均降水量（b）分布图

根据矿物与化学成分的差异，西南喀斯特地区碳酸盐岩可划分为石灰岩、白云岩及其不同程度混杂型（图 1-3）。在沉积过程中，随着地层和沉积相的不同，形成了不同的岩石组合现象（图 1-3）：①连续性碳酸盐岩组合。碳酸盐岩含量>90%，酸不溶物平均含量<10%，无明显的碎屑岩夹层。根据成分的不同，可进一步分为连续性石灰岩组合、连续性白云岩组合，以及石灰岩与白云岩互层组合。②碳酸盐岩夹碎屑岩组合。碳酸盐岩含量在

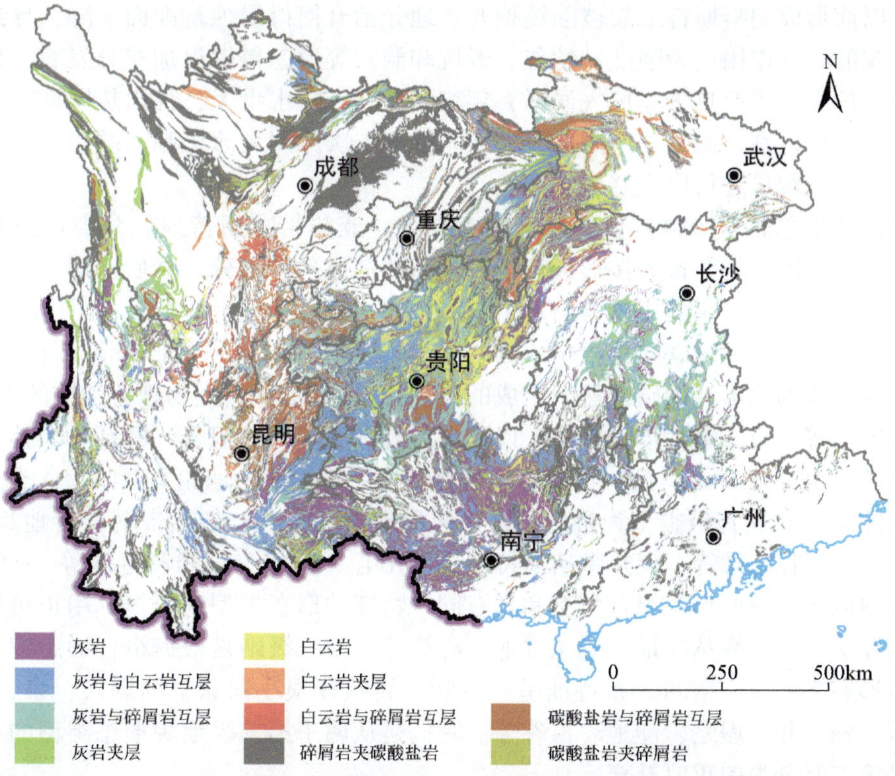

图 1-3　西南喀斯特地区岩性分布图

70% ~90%，酸不溶物平均含量在10% ~30%，存在明显的碎屑岩夹层。根据成分分为石灰岩夹碎屑岩、白云岩夹碎屑岩、碳酸盐岩（石灰岩与白云岩混杂）夹碎屑岩三类。③碳酸盐岩与碎屑岩互层组合。碳酸盐岩与碎屑岩厚度彼此相当，彼此互层。可分为石灰岩与碎屑岩互层、白云岩与碎屑岩互层、碳酸盐岩（石灰岩与白云岩混杂）与碎屑岩互层三类。此外，还有部分属于碎屑岩夹碳酸盐岩组合（李瑞玲等，2003）。

（二）西南喀斯特地貌类型划分

喀斯特地貌的形成是内外地质营力综合作用的结果。可溶岩的岩性、厚度、结构是控制喀斯特地貌发育的主要地质因素。如不同碳酸盐岩所含的矿物成分以及其含量之间的比例不同，会导致不同的溶解度和溶解速率。在不同气候条件下，同样岩性背景所形成的喀斯特地貌也有很大差异。如纯灰岩在热带亚热带湿润气候下会形成峰丛和峰林的地貌，而在温带气候条件下，则多为常态地形，无法发育成拔地而起的峰林地貌。在岩性及构造、气候、水文等多个因素综合影响下，我国西南地区形成了多类型、多层次的喀斯特地貌类型，堪称世界级的喀斯特地貌博物馆。这首先是因为中国南方石灰岩地区的碳酸盐岩主要是形成于寒武-奥陶-震旦系、二叠-三叠、泥盆-石炭系时期的浅海相碳酸盐岩，地质年代古老，质地坚硬，岩层厚度较大。从物理力学性质上看，这些碳酸盐岩孔隙度较小（一般在4%以内），抗压强度高（通常大于1000kg cm^{-2}）。这为西南地区喀斯特地貌发育和形态产生奠定了良好的物质基础。其次，受喜马拉雅运动影响，青藏高原大幅度隆起，使得新生代以前形成的喀斯特地貌被陆续抬升。地壳抬升使得侵蚀基准面下降，导致流水对喀斯特地貌的切割作用更为强烈，峡谷、天坑和洞穴等形态得以更加充分发育。再次，我国南方地区位于热带亚热带季风气候区，年均气温高，降水量大，且雨热同期，促进了喀斯特地貌的强烈发育。此外，中国南方地区未受到末次冰期大冰盖刨蚀的影响，拔地而起的地表喀斯特地貌最终得以完好地保存。

覃厚仁和朱德浩（1984）认为我国南方热带、亚热带喀斯特地貌分类可以作三级划分：第一级为成因分类。首先按形成该地貌类型的气候条件划分。然后，同一气候带内的喀斯特地貌中，以其作用的主导营力的不同和组成地质体的物质基础的不同作次（亚）级类型划分。例如：由纯的碳酸盐岩组成的溶蚀地形、流水溶蚀-侵蚀地形；由碳酸盐岩与碎屑岩混合组成的或不纯的碳酸盐岩组成的侵蚀-溶蚀地形；由生物礁岩组成的生物堆积-溶蚀海蚀地形等。第二级为形态分类。以形态组合（正负地形组合）特征为具体指标，同时划分出级及次（亚）级类型。把形态相同和相同物质组成的地貌类型归为一类。级的类型划分以综合次（亚）级类型为目的，以正地形来概括命名，如热带喀斯特地貌的峰丛、峰林、丛丘、缓丘、礁等，亚热带喀斯特地貌的山丘、丘岭、丘峰和台地等。而次（亚）级的划分则以次一级的形态组合类型和具有同一特征的形态类型为依据，用正负地形综合命名，如峰丛类型的峰丛洼地、峰丛谷地、峰簇等。第三级则是根据组合形态背景之上表现的个体形态来区分。空间分布特征呈星点状、线状或很小面状，如洞穴、泉、地下河、伏流、潭、湖、井、塌陷、洼地、盲谷等。它们是从属于第二级地貌形态类型的一个有机部分，是第二级分类的重要补充。

卢耀如（1986）按照发育成因，即地质构造和水动力在岩溶发育过程中的表现，将西南喀斯特地貌分为三种类型：溶蚀为主类型、溶蚀–侵蚀类型及溶蚀–构造类型。在此基础上，根据不同岩溶形态组合特点，溶蚀为主类型的喀斯特地貌包括峰丛洼地、峰林平原、峰丛（峰林）谷地；溶蚀–侵蚀类型的喀斯特地貌主要为岩溶峡谷；溶蚀–构造类型的喀斯特地貌则包括垄脊槽谷、岩溶断陷盆地等（毕奔腾等，2022）。

此外，王世杰等（2015）认为鉴于中国南方喀斯特地区喀斯特地貌的区域分异不仅受控于大地构造和地势条件，也受控于气候条件，传统基于戴维斯（Davis）地貌侵蚀旋回的“峰丛（青年期）→峰林（壮年期）→孤峰（老年期）”的喀斯特地貌演化理论在中国南方喀斯特地区不能成立。遵循地貌类型的地带性和非地带性规律，根据地貌形态和成因的相似性，我国南方喀斯特地区可分为热带喀斯特和非热带喀斯特两个地貌类型区。热带喀斯特地貌类型区根据喀斯特地貌形态组合可再分为黔中高原浅碟形峰丛洼地、黔–桂斜坡带漏斗形峰丛洼地和广西峰林平原 3 个亚区。非热带喀斯特地貌类型区根据区域地貌形态可再分为：川西、滇西北中高山，滇东高原盆谷，北盘江高原峡谷，黔渝川鄂湘接壤的中低山槽谷，湘中、湘南、鄂东中低山丘陵非槽谷 5 个亚区（表 1-1）。

表 1-1　中国南方喀斯特地貌类型分区纲要

区（代码）	亚区（代码）	大地构造	地势	气候与植被	喀斯特地貌与坡地岩土分布特点
热带喀斯特地貌类型区（Ⅰ）	黔中高原浅碟形峰丛洼地亚区（$Ⅰ_1$）	杨子准地台中部	云贵高原（第二级阶梯）	中亚热带东亚季风气候；中亚热带湿润常绿阔叶林	锥峰为主的浅碟形峰丛洼地（比高多小于 200m）；大部分坡地岩层裸露，坡麓土层覆盖
	黔–桂斜坡带漏斗形峰丛洼地亚区（$Ⅰ_2$）	华南加里东地槽及北缘的台缘沉降带	云贵高原和广西丘陵平原过渡的大斜坡地带（第二、第三级阶梯过渡地带）	中、南亚热带东亚季风气候；中、南亚热带湿润常绿阔叶林	锥峰为主的漏斗形峰丛洼地（比高多大于 200m）；绝大部分坡地岩层露，坡麓土层覆盖
	广西峰林平原亚区（$Ⅰ_3$）	华南加里东地槽	广西丘陵平原（第三级阶梯）	南亚热带东亚季风气候；南亚热带湿润季风常绿阔叶林	塔峰为主的峰林平；坡地岩层裸露，仅坡麓少量土层分布
非热带喀斯特地貌类型区（Ⅱ）	川西、滇西北中高山亚区（$Ⅱ_1$）	西部地槽区	川西、滇西北中高山（第一、第二级阶梯过渡地带）	寒温带–亚热带干热河谷立体气候；寒温带高山草甸–温带森林–亚热带干热河谷稀树灌草植被	构造隆升强烈的侵蚀山地；大部分山地的坡地土层覆盖，少部分岩层裸露
	滇东高原盆谷亚区（$Ⅱ_2$）	杨子准地台西部	云贵高原（第二级阶梯）	西南季风气候，亚热带半湿润气候；亚热带半湿润常绿阔叶林	矮缓的溶丘与宽浅的洼地相间；丘坡土层覆盖，溶丘的顶部常有石笋和石芽出露

续表

区（代码）	亚区（代码）	大地构造	地势	气候与植被	喀斯特地貌与坡地岩土分布特点
非热带喀斯特地貌类型区（Ⅱ）	北盘江高原峡谷亚区（$Ⅱ_3$）	杨子准地台中部	云贵高原内的南、北盘江河谷地带（第二级阶梯）	亚热带湿润、半湿润气候，河谷地带气候干热；亚热带湿润、半湿润常绿阔叶林	河流深切峡谷；高陡的谷坡与夷平面相间，夷平面上有锥峰峰丛分布。高陡的谷坡岩层裸露，夷平面上锥峰坡麓土层覆盖
	黔渝川鄂湘接壤的中低山槽谷亚区（$Ⅱ_4$）	杨子准地台东北部的川黔-大巴山褶皱带	黔渝川鄂湘接壤的中低山山地（第二、第三级阶梯过渡地带）	中亚热带东亚季风气候；中亚热带湿润常绿阔叶林	褶皱构造形成的槽谷相隔的侵蚀条状山地。部分槽谷谷地和岭顶，碳酸盐岩层产状水平，发育有锥峰峰丛。大部分坡地土层覆盖，少量分布的锥峰坡地，岩层裸露
	湘中、湘南、鄂东中低山丘陵非槽谷亚区（$Ⅱ_5$）	华南加里东地槽区东部褶断带	湘中、湘南、鄂东中低山丘陵（第三级阶梯）	中、南亚热带东亚季风气候；中、南亚热带湿润季风常绿阔叶林	分布零星或岩层褶皱的碳酸盐岩组成的侵蚀中低山地、丘陵，个别产状水平的碳酸盐岩层斑块，发育有锥峰峰丛。大部分坡地土层覆盖，少量锥峰坡地，岩层裸露

注：比高指丘峰与洼底的相对高差。

资料来源：王世杰等，2015

三、土壤

（一）西南地区碳酸盐岩发育土壤系统分类

石灰岩土壤是发育于碳酸盐岩母质上的非地带性土壤。碳酸盐岩由于酸不溶物含量低，成土物质先天不足，成土过程十分缓慢，形成1cm厚度土壤所需时间高达几千乃至几万年（曹建华等，2003）。碳酸盐岩发育而成的石灰性土壤富含碳酸盐，pH、钙离子以及黏粒含量等相对较高，其性质明显有别于同纬度的地带性土壤。传统的发生分类学注重成土因素、成土过程和土壤属性三者结合，以土壤属性为基础作为土壤分类的基本依据。根据土壤发生分类，石灰岩风化物发育的土壤，隶属于初育土纲，石质初育土亚纲，石灰（岩）土类，下有红色石灰土、黑色石灰土、黄色石灰土和棕色石灰土4个亚类（图1-4）。然而，土壤发生分类缺乏严格的定量分类标准，只能对土壤进行定性分类。

目前，中国已经逐渐从发生分类向系统分类发展。中国土壤系统分类以诊断层和诊断特性为基础，定量化为特点，以发生学原理为指导，既考虑稳定的历史发生，也考虑在田间易于鉴别的形态发生（龚子同和张甘霖，2006）。鉴于南方地区碳酸盐岩成因和岩性多变、结构较为复杂，加上成土环境多样，导致碳酸盐岩发育的石灰性土壤在类型及性质上存在较大的空间异质性，采用土壤系统分类能够克服发生分类中同种土壤的不同归属、土类之间模糊不清的问题。袁红等（2016）对浙江、安徽、湖南、贵州、云南、广西、四川等省（区）石灰岩土壤系统分类资料进行总结得出，中国南方石灰岩土壤的诊断表层主要涉及暗瘠、暗沃、淡薄表层。诊断表下层主要有黏化层、雏形层、铁铝层、低活性富铁层。其中黏化层和雏形层最为常见。诊断特性主要包括常厚腐、中腐、均腐、薄腐、湿润、水分滞留、热性、铁质特性、碳酸盐岩性特征、（准）石质接触面等。石灰岩土壤诊断表层多为淡薄（除多数的黑色石灰土）表层，诊断表下层中多有黏化层（淋溶土纲）和雏形层（雏形土纲）。研究还发现，地形和海拔与土壤水分状况、诊断层（如黏化层、雏形层等）的形成等密切相关，是影响碳酸盐岩发育土壤系统分类归属划分的重要因素（陈林等，2019）。

黑色石灰土　　黄色石灰土　　棕色石灰土　　红色石灰土

图 1-4　南方碳酸盐岩发育的代表性土壤剖面

资料来源：章明奎等，2019

根据中国土壤系统分类诊断标准，南方碳酸盐岩发育土壤可划分为均腐土、富铁土、淋溶土、雏形土和新成土等 5 个土纲，下分 8 个亚纲、15 个土类和 25 个亚类（章明奎等，2019）。均腐土是具有深厚有机质积累、盐基饱和度较高的土壤，其零星分布在碳酸盐岩峰丛低洼地、丘陵和山地的坡麓及槽谷地带。富铁土是风化较强且具有低活性富铁层的土壤，常形成于厚层石灰岩古老风化壳上，它是碳酸盐岩上发育最为古老、风化强度最高的土壤。淋溶土是土壤剖面中具有黏化层的一类土壤。雏形土是土壤剖面发育较差，但已具有风化 B 层的一类土壤。新成土是碳酸盐岩发育的土体非常浅薄的一类土壤，其土体构型一般表现为 A-D 或 A-C，缺乏风化 B 层。一般而言，在地势相对较高、无人为扰动、植被较好地区主要是均腐土，而丘（陵）岗、平原地区则多是富铁土和淋溶土。此外，由于地处热带亚热带地区，降雨丰富，南方碳酸盐岩发育土壤亚纲特征主要表现为湿润、常湿润（袁红等，2016）。

（二）西南喀斯特地区主要土壤类型及分布

在我国西南地区，石灰土总面积为 13.93 万 km^2，约占区域面积的 12.74%。亚热带典型的生物地带性土壤红壤总面积约 25.52 万 km^2，在该区域面积占比最大，达 23.33%。黄壤总面积约 15.13 万 km^2，占区域面积的 13.84%。此外，该地区还分布有黄棕壤、水稻土、紫色土、赤红壤、棕壤、暗棕壤、黑毡土、褐土、燥红土、潮土、砖红壤、山地草甸土等多种类型（凡非得，2011）。不同类型土壤分布见图 1-5。

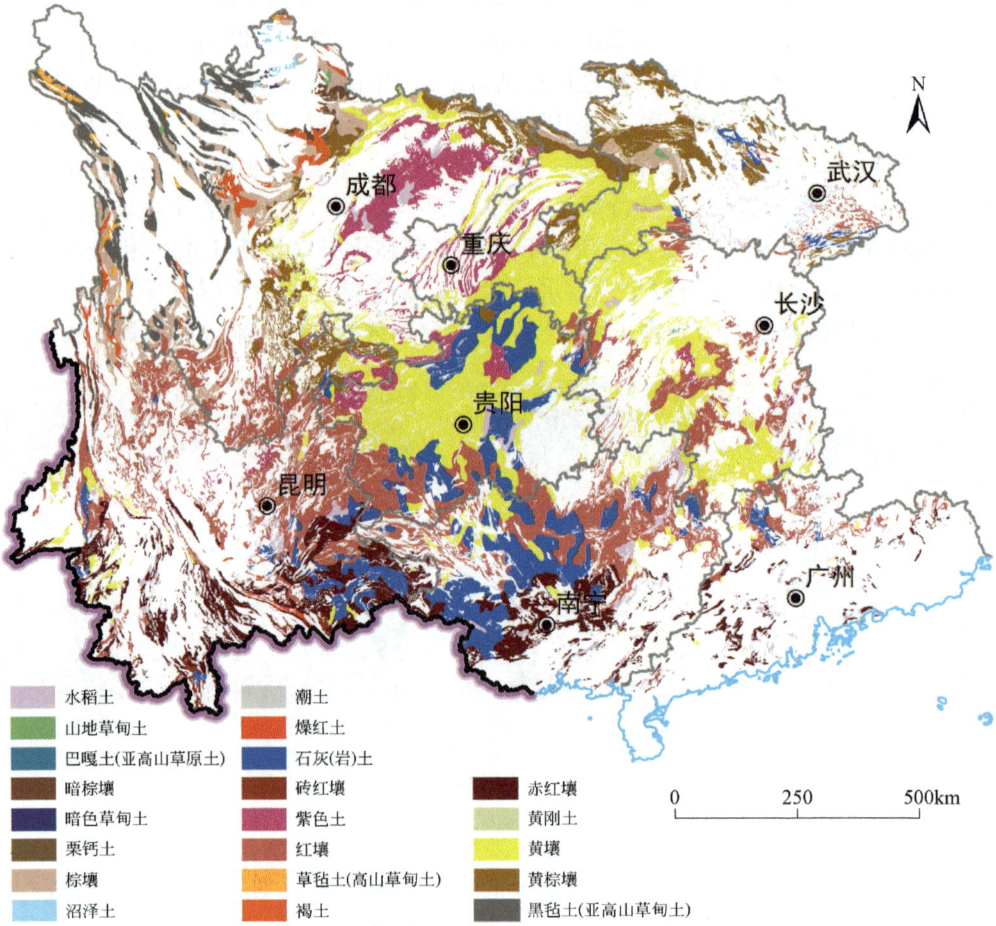

图 1-5　西南喀斯特地区土壤类型分布图

四、植被

（一）主要植被型组

西南喀斯特地区植被类型多种多样，主要有灌丛、草丛、针叶林、阔叶林、针阔叶混交林、草甸、高山植被、栽培植被等植被型组（图 1-6），共有 36 个植被型，374 个植被群系（凡非得，2011）。其中，灌丛是整个西南喀斯特区域内所占面积最大的一类植被型组，总面积约 33 万 km^2。其次是草丛，总面积约 15 万 km^2。

（二）植物物种多样性、生产力及生态适应性

1. 喀斯特地区植物物种多样性

喀斯特地表存在石面、石沟、石缝、石洞等多种高度异质化的小生境类型，为不同生

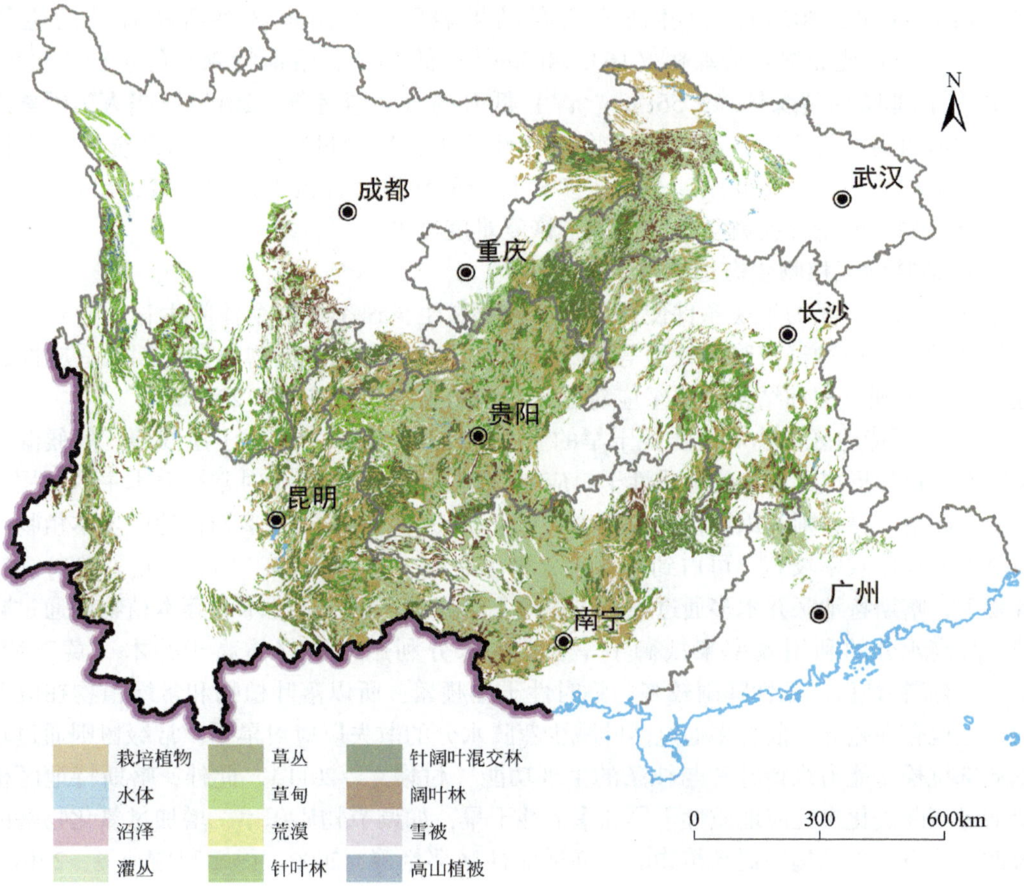

图 1-6　西南喀斯特地区植被类型分布图

态适应性的植物提供了各自需求的生存环境，从而导致西南喀斯特地区植物物种多样性十分丰富。据不完全统计，中国西南喀斯特分布有高等植物 225 科 1213 属 4287 种，分别占中国西南高等植物科的 90%、属的 60% 及种的 30%，其中包括 140 种国家一级和二级保护植物（朱华，2007）。喀斯特山地植物群落区系与非喀斯特地区存在显著的差异，有不少植物物种属于喀斯特专性特有种，充分表明喀斯特植物区系具有特殊性。以广西为例，广西喀斯特植物区系由 175 科 662 属 1500 种植物组成，其中有 6 科 171 属 834 种为喀斯特地区专有（欧祖兰等，2004）。不同气候区的喀斯特专性特有种植物也存在较大的差异，甚至即使在气候条件相似的区域内，不同地球化学背景条件下的植物种、属乃至科这样的高级分类单位上组成差异也非常明显。如在茂兰喀斯特森林保护区，纯灰岩区重要值最大的科主要是槭树科、樟科和胡桃科，纯白云岩区重要值最大的科则以榛科、壳斗科、槭树科和山茱萸科为主，不纯碳酸盐岩区重要值最大的科是漆树科、壳斗科和樟科（侯满福和蒋忠诚，2006）。

2. 喀斯特地区植物生产力

西南岩溶区特殊的水文地质特征，致使该区植被具有石生性、旱生性、喜钙性等特点，导致群落结构简单，植被生产力整体较低，生态系统演替速度慢，系统自我调控和恢复功能弱。同一气候条件下，喀斯特植被的初级生产力普遍远低于非喀斯特地区的同类型植被（Jiang et al.，2020）。森林清查资料结果表明，西南地区喀斯特森林的生物量（124.33t hm^{-2}）比非喀斯特森林（163.48t hm^{-2}）低24%，喀斯特森林的生产力（8.67t hm^{-2} a^{-1}）比非喀斯特森林（9.56t $hm^{-2}a^{-1}$）低10%（于维莲等，2010）。当人为因素干扰后，植被覆盖类型将会发生改变，生物多样性减少，生物量减小，生态系统的稳定性降低。加之土层浅薄，且不连续，小生境多样且严酷导致森林植被逆向演替，出现石漠化，生态系统的物质能量交换就会暂时中断，恢复难度极大。

3. 喀斯特地区植物生态适应性

喀斯特地区严酷的生境条件使得植物普遍存在生长速率慢、个体间生长差异较大、生物多样性较低、植物群落脆弱性强等特点。同时，喀斯特地区植物也在长期的适应性进化中通过自身生理过程和结构调整来应对各种环境胁迫（倪隆康等，2019）。

（1）喀斯特地区植物对地质性干旱的生态适应性。喀斯特地区土层浅薄、气候湿润等环境因素使植物形成了独特的地质性干旱应对机制。如当降水减少时常绿乔木主要利用岩溶带水源，而落叶乔木则利用浅根系吸附表土水（Gu et al.，2015）。喀斯特地区木本植物在旱季对雾水的利用效率较高，可占到其总水分来源的16.1%～41.5%（付培立，2011）。在干旱环境下，喀斯特地区乔木多通过根系寻找地下深处的水源，而灌木和藤本植物则通过减少蒸腾、提高水分的利用效率来抵御干旱。灌木水分利用效率整体高于乔木（黄玉清等，2006）。喀斯特地区间歇性降雨较多，临时性干旱频繁，所以落叶植物和常绿植物在应对干旱胁迫上也存在差异。前者多通过落叶减少蒸腾水分的散失以应对旱季，常绿树则通过较强的木质部抗栓塞能力维持叶片与枝条的生理功能（付培立，2011）。此外，喀斯特地区植物也会通过不断进化来适应地质性干旱和季节性干旱，如调节物质积累、增加过氧化物酶的活性及改变自身生理结构来提高植物的抗逆适应性（邓艳等，2006；魏媛和喻理飞，2010；吴正花等，2018）。总的来说，喀斯特地区植物主要通过生理过程和形态结构两种适应机制来应对环境水分胁迫，并且对于不同植物类型、植物不同的发育阶段，其应对水分胁迫的策略和能力有所不同。在西南喀斯特地区，不同植被类型水分利用效率整体表现为：常绿针叶林>常绿阔叶林>混交林>落叶阔叶林>落叶针叶林>灌木林（Shi et al.，2022）。

（2）喀斯特地区植物对土壤高钙的生态适应性。喀斯特地区土壤的高钙环境是影响该地区植物生理特征的最重要环境因素之一。面对喀斯特石灰土高钙环境，石灰土优势物种多表现出体内根、叶等器官以及细胞壁、液泡等细胞器内钙离子浓度水平较高的特征（罗绪强等，2012）。植物对土壤高钙的适应是一个复杂的生理过程，除了一些对自身钙离子浓度变化敏感的植物通过调节体内钙库，使细胞质内钙离子处于一个较高且稳定水平来适应高钙环境外，植物对植株地上部分钙离子浓度的调节、控制亦是植物适应高钙环境的关键。石灰土上的部分喜钙植物可根据其地上部分中的钙离子浓度来控制根系对土壤钙离子的吸收，或是当根系吸收大量钙离子时，控制地下部分向地上部分钙离子的转运量，从而维持地上部分进行正常生理活动所需的钙水平。除此之外，过氧化物酶（POD）的高效表达保证了喜钙植物在受到环境胁迫时能很好地避免细胞膜损伤和其他一系列生理生化过程的破坏；较高的细胞质膜 Ca^{2+}-ATPase 活性能将细胞质中钙运出质膜，储存在细胞壁中。喜钙植物的POD活性和细胞质膜上的 Ca^{2+}-ATPase 活性均远高于嫌钙植物，这可能是喀斯特优势物种适应喀斯特高钙环境的主要机理之一（Wei et al.，2018）。

第三节　喀斯特峰丛洼地生态恢复重建

一、喀斯特峰丛洼地区域概况

喀斯特峰丛洼地是我国西南喀斯特八大地貌类型（喀斯特高原、喀斯特槽谷、喀斯特峡谷、喀斯特断陷盆地、峰林平原、峰丛洼地、溶丘洼地、中高山）中分布面积占比最大的地貌类型，总面积约 12.5 万 km^2，约占西南喀斯特区域总面积的 1/4。峰丛洼地是锥状喀斯特的典型代表（王世杰等，2013），是碳酸盐岩层经强烈的垂直溶蚀作用后，形成基座高低不一的溶蚀山峰，聚集成簇，溶峰多为锥状或塔状，即峰丛，峰丛间形成面积比较大的圆形或椭圆形封闭洼地，如此峰丛与洼地的组合地形便构成了喀斯特峰丛洼地景观。喀斯特峰丛洼地区域地理分布范围介于 103.40°E ~ 109.78°E、21.60°N ~ 26.18°N，位于云贵高原向广西丘陵过渡的大斜坡地带，海拔在 500 ~ 1700m，主要涉及广西西北部、贵州南部及云南东南部等地区（图 1-7）。该区受热带、亚热带湿热季风气候影响，气候分异特征明显，水热资源丰富，年均降雨量在 900 ~ 1600mm，年均气温 14.5 ~ 20℃（张雪梅等，2020）。然而，尽管喀斯特峰丛洼地区降水充沛，但时空分配极为不均。此外，由于石灰岩裂隙极为发育，形成地表地下二元空间结构导致大部分降水容易快速漏失，而在洼地，暴雨时因降水集中，渗漏排泄不及而造成内涝，但降雨一旦停止，积水就很快漏

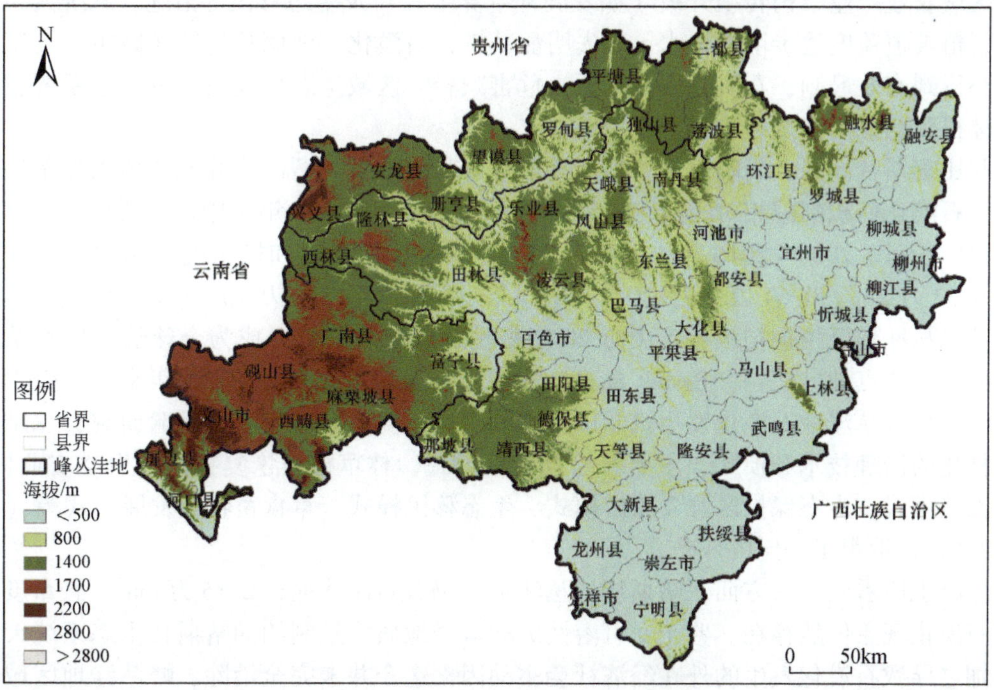

图 1-7　喀斯特峰丛洼地区域概况
资料来源：张雪梅等，2020

失，从而形成特有的喀斯特干旱。研究表明，喀斯特峰丛洼地区发生旱涝灾害的频率远高于同气候条件下的非喀斯特峰丛洼地区（刘春等，2014）。

喀斯特峰丛洼地区域人口密度大，平均为125人/km^2（2015年）。与此同时，该区域裸露性喀斯特坡地面积比例高，土地可开垦率低，耕地资源十分匮乏，主要分布于洼地底部、山麓和山坡下部，山麓和山坡耕地多为石旮旯地，而洼地底部耕地土壤虽然较厚但易涝，是“一碗泥巴、一碗饭”的典型区域，区域人地矛盾最为尖锐（袁道先，2014）。一方面，峰丛洼地特殊的地形地貌结构，使其物质能量循环变得相对封闭，容易形成特殊的生态环境。另一方面，在巨大的人口压力下，人为高强度耕作扰动，水土流失严重，导致峰丛洼地成为南方喀斯特地区石漠化最严重的地区（王世杰等，2013）。缺水、少土、旱涝灾害频发使得喀斯特峰丛洼地区生产力水平低，区域经济发展严重落后。

二、喀斯特峰丛洼地生态恢复重建进展

峰丛洼地地区作为我国西南生态安全屏障关键区域，推动其生态高效恢复和重建对于保障区域经济社会可持续发展具有重要意义，受到国家和地方的高度重视。

（一）喀斯特峰丛洼地生态恢复现状与问题

近几十年来，为了有效遏制石漠化，消除贫困，中国政府通过启动实施诸如退耕还林（草）、石漠化综合治理、封山育林、坡耕地整治、天然林保护等系列生态保护工程，结合推动区域农业产业结构转型升级（如发展种草养牛等）及生态移民等措施，减少人为干扰强度，植被覆盖度逐步增加，水土流失明显减少，石漠化土地面积持续净减少，石漠化扩展趋势得到有效遏制，石漠化程度降低，危害减轻，区域生态环境质量及生态系统服务功能整体得到明显的恢复与改善。

相比喀斯特高原、断陷盆地、喀斯特槽谷等其他地貌类型区，峰丛洼地水热条件相对较好，石漠化面积削减相对迅速（王克林等，2016）。据2018年《中国岩溶地区石漠化状况公报》统计，2005～2016年，喀斯特峰丛洼地中度、重度和极重度石漠化面积分别减少了0.32万km^2、0.64万km^2和0.19万km^2，共减少了1.15万km^2（张雪梅等，2020）。喀斯特峰丛洼地区植被初级生产力近20年来呈显著增加趋势，成为全球陆地生态系统碳吸收固定的热点地区之一（Brandt et al.，2018；Tong et al.，2020）。近年来，不少学者通过对喀斯特峰丛洼地石漠化发生机制以及不同生态恢复措施效应进行试验研究，总结提出了多样化的治理技术和模式，主要有综合治理模式、林草植被恢复模式、生态农业模式、水土保持模式、生态保护区开发旅游模式、生态移民模式、草食畜牧业发展模式等（肖华等，2014），取得了一定的成效。

同时也应看到，一方面，喀斯特峰丛洼地区仍有石漠化面积2.15万km^2，且重度、极重度石漠化现象依然存在。鉴于受可溶性碳酸盐岩地质背景制约的喀斯特生态系统天然脆弱，加之导致石漠化发生的外在经济社会驱动因素迄今并未完全消除，峰丛洼地区域石漠化防治及生态恢复重建任务依旧十分艰巨。另一方面，在以往的石漠化治理研究和实践过程中存在对生态修复的过程机理认识不足、投入与分区粗放、部分治理技术与模式区域针

对性不强等问题（王克林等，2016）。为了提升喀斯特峰丛洼地石漠化治理的区域针对性和可持续性，张雪梅等（2020）基于喀斯特峰丛洼地地质地貌分区明显、气候分异性强、土地资源分布不均、人地关系区域差异大的特点，提出峰丛洼地自然地域分区治理方案。

1. 桂中大斜坡南部漏斗形锥塔峰洼地区

该区重度、极重度石漠化问题突出，石漠化面积广、程度深，可利用土地资源缺乏，未来石漠化治理宜采用土地集约化利用的立体生态发展模式。

2. 黔西南高原面浅形锥峰洼地区

该区地形起伏较大，人口稠密，人地关系最为紧张，石漠化问题虽有减缓但依然严重，未来石漠化治理需考虑通过易地搬迁来缓解高强度人口压力对土地的依赖。

3. 黔南桂北大斜坡北部漏形锥峰洼地区

该区石漠化面积比例相对较低、喀斯特景观资源丰富，未来石漠化治理应注重发展石生环境特色高效经济林果产业及生态旅游，提升生态效益和实现经济社会发展。

4. 桂南丘陵浅形锥塔峰洼谷地区

该区水热资源最为充沛、人地关系相对舒缓，石漠化问题不突出，可采用自然封育和坡麓灌木林提质改造的石漠化治理模式。

（二）喀斯特峰丛洼地植被恢复成效的影响因素

植被恢复项目是社会-生态系统的组成部分，其成效受到自然因素（如气候、地貌、土壤等）以及社会经济因素的共同影响，且表现出复杂的非线性关系（李婷等，2020；向珈瑶等，2023）。受地质背景和人为活动强度差异影响，西南三省（自治区）中，广西喀斯特峰丛洼地区植被恢复最为显著，贵州喀斯特高原次之，云南喀斯特断陷盆地最慢（Tong et al.，2018）。揭示植被恢复成效的关键影响因素，可为区域植被恢复政策的进一步优化提供科学支撑。

1. 气候

气候是影响植被生产力的重要因素（Huang et al.，2018）。自工业革命以来，大气CO_2浓度持续升高引发的温室效应导致全球气候变暖。气候持续变暖引发全球水循环加剧，不仅改变降水分配格局，而且加剧了干旱和洪水等极端事件的发生概率（Zhang et al.，2021）。气候变化不仅导致严重的经济损失，而且结合人类活动对生态系统也产生了严重的影响。我国西南地区是干旱多发区，有研究发现，在过去几十年中，我国西南地区的干旱风险和严重程度显著增加（Liu et al.，2017）。由于可溶性碳酸盐岩地质背景的特殊性，气候变化导致喀斯特生态系统退化的压力往往比非喀斯特地区更大（Liu et al.，2016）。迄今人们对气候变化究竟会对喀斯特地区生态恢复产生何种影响尚未达成一致认识。蒙吉军和王钧（2007）研究发现，西南喀斯特区归一化植被指数（NDVI）和植被净初级生产力（NPP）与气候因子年际变化的相关性存在明显的区域差异，不同植被类型对气候变化的响应也有所不同。此外，气温变化对植被的影响要大于降水量变化对其的影响。徐勇等（2022）研究认为，气候变化对西南喀斯特地区 NDVI 变化具有双重影响，NDVI 与降水、气温和相对湿度整体上呈正相关关系，而与日照时数整体上呈负相关关系。Wu 等（2020）研究发现，气候变化会导致喀斯特地区植被 NPP 大幅下降，进而严重削弱人类活动对喀斯特区植被生产力恢复的积极影响，太阳辐射下降是导致 NPP 减少的主要气候因子。因此，有必要进一步对喀斯特区生态保护工程空间布局进行优化。

2. 土壤肥力

土壤是植物生长环境的重要组成部分，也是植物生长所需水分和养分的主要来源，土壤中水分和营养物质的持续供给能力与植物群落的发育和演替密切相关。受可溶性碳酸盐岩地质背景影响，喀斯特地区土层浅薄且不连续，土壤总量有限。喀斯特石漠化问题的核心在于水土流失引起的基岩裸露、土地生产力丧失和植被退化，因此土壤保持是遏制喀斯特石漠化以及生态恢复重建的核心。有观点认为，在退化喀斯特生态系统恢复过程中，土壤中本就储量不多的矿质养分元素（如氮、磷等）会随着植物群落的恢复而被增加的生物量所固持。因此，喀斯特地区植被的生长与恢复极有可能会因为土壤矿质养分供应不足而难以持续（张信宝和王克林，2009）。但与此同时，植被恢复也会通过凋落物归还反过来促进土壤养分累积，植被与土壤的恢复存在互馈效应。如有不少喀斯特峰丛洼地相关研究发现，土壤氮、磷等养分储量随着植被恢复而增加（刘欣等，2016；Xiao et al.，2017；Liu et al.，2019；黄娟等，2022）。还有研究认为，喀斯特峰丛洼地生态恢复初期受氮限制，后期受磷限制（Zhang et al.，2015）。因此，对于喀斯特峰丛洼地生态恢复是否会受土壤养分限制以及会受何种养分限制等科学问题需要以动态的眼光来看待。

总体而言，目前对喀斯特生态系统生物地球化学过程与物质循环方面的研究认识还不够系统和深入，需要进一步通过系统分析和实验生态学研究，探讨喀斯特生境条件下生物地球化学过程特征，揭示喀斯特生态系统关键养分在植被恢复过程的作用及其限制效应，并预测喀斯特生态系统对未来全球变化的响应（刘丛强等，2009；郭柯等，2011）。

3. 基岩地球化学性质

长期以来，人们对植被生产力恢复相关制约因素的探讨多集中于气候和土壤条件，而对基岩地球化学特征关注较少。基岩作为地球关键带的重要组成部分，对关键带结构（如裂隙发育、土层厚度）、地形、土壤分布及理化性质（土壤养分含量、pH、矿物质组成）、土壤水文过程与水化学等均具有重要影响，进而深刻影响地表植物群落组成与生产力（Augusto et al.，2017；Hahm et al.，2019；Ott，2020）。石灰岩和白云岩是西南喀斯特区分布最为广泛的两种岩性。石灰岩主要成分为碳酸钙，容易溶蚀并形成裂隙，导致土壤和水分易流失至地下，而白云岩主要成分为碳酸镁，质地坚韧，不易溶蚀，常在岩石表层形成薄的土壤层，水分不易下渗。研究发现，石灰岩区由于裂隙发育，土壤分布深，深根系的木本植物覆盖度高，且植被组成和结构复杂；而白云岩区由于岩性致密，裂隙不发育，土层浅薄，以浅根系的草本植物覆盖为主（刘鸿雁等，2019）。不同岩性条件下，植被恢复的关键影响因素也有所不同，如在石灰岩地区，植被恢复的关键影响因素是海拔和土壤有机碳含量，而在白云岩地区，植被恢复的关键影响因素则是土层厚度和土壤有机碳含量（Zhong et al.，2022）。Jiang 等（2020）研究发现，基岩中钙（Ca）和硅（Si）的含量能够解释 55% 的植被生产力差异。与非喀斯特地区相比，在喀斯特地区，受可溶性碳酸盐岩地质背景影响，酸不溶物质少，成土总量小，加上裂隙发育，水土漏失严重，风化层储水能力低下，使得喀斯特地区植被较易受到间歇性干旱的影响，生产力也严重受限。可见，我国西南喀斯特区石漠化治理与生态修复有必要充分考虑岩石地球化学特点及相应的风化层储水能力，有针对性地制定措施，才能更好地保障实施成效。

4. 社会经济因素

人为活动（如造林、开荒、砍伐）是造成植被变化的重要因素。一项针对四川省的研究表明，在相对平稳的气候背景下，常住人口数量、第三产业占比、人均财政收入与支出、耕地面积和人均 GDP 是影响植被恢复成效最显著的社会经济因素（向珈瑶等，2023）。一般而言，人口压力会对植被恢复产生不利影响，因为人口增多直接导致建设用地、耕地等需求扩张。农村经济的改善对于促进区域植被恢复具有积极作用。农村劳动力大规模外出务工，人为开发利用活动对自然生态系统的干扰强度显著降低，从而有利于植被恢复。研究发现，2002～2019 年，中国农村人口每年减少约 1400 万人，植被地上生物量碳每年增加约 2.8 亿 t，且植被恢复固碳随农村人口压力的减弱而增加，而同期城镇化导致耕地减少 4%，表明农村人口压力缓解促进了区域植被恢复固碳（Zhang et al.，2022）。在西南喀斯特地区，植被地上生物量碳密度也表现出随农村外出流动人口比例的增加而增加的趋势。以广西环江县为例，2010～2020 年，环江县城镇人口比重由 24.71% 增至 40.25%，森林覆盖率则由 66.18% 增至 78.15%（Zhang et al.，2022），有力说明了农村人口压力减少对区域植被恢复固碳的积极影响。因此，在生态恢复实践中，除了要考虑自然因素外，还应充分结合区域社会经济状况，这样才能巩固生态恢复成效及可持续性。

参考文献

毕奔腾，周立新，杨辰，等，2022. 中国西南的岩溶地貌与发展生机. 中国矿业，31（S1）：217-220.

曹建华，袁道先，潘根兴，2003. 岩溶生态系统中的土壤. 地球科学进展，18（1）：37-44.

陈林，慈恩，连茂山，等，2019. 渝东南岩溶区典型土壤的系统分类研究. 土壤，51（1）：178-184.

邓艳，蒋忠诚，罗为群，等，2006. 不同岩溶干旱胁迫下青冈栎水分生理对比研究. 农业现代化研究，27（3）：238-240.

凡非得，2011. 西南喀斯特区域生态功能区划. 北京：中国科学院研究生院.

付培立，2011. 热带喀斯特森林常绿和落叶树木水力结构、水分关系以及光合能力的对比研究. 中国科学院研究生院.

龚子同，张甘霖，2006. 中国土壤系统分类：我国土壤分类从定性向定量的跨越. 中国科学基金，5：293-297.

郭柯，刘长成，董鸣，2011. 我国西南喀斯特植物生态适应性与石漠化治理. 植物生态学报，35（10）：991-999.

侯满福，蒋忠诚，2006. 茂兰喀斯特原生林不同地球化学环境的植物物种多样性. 生态环境，15（3）：572-576.

黄娟，邓羽松，韦慧，等，2022. 喀斯特峰丛洼地不同植被类型土壤微生物量碳氮磷和养分特征. 土壤通报，53（3）：605-612.

黄玉清，王晓英，陆树华，等，2006. 岩溶石漠化治理优良先锋植物种类光合、蒸腾及水分利用效率的初步研究. 广西植物，25（2）：171-177.

李瑞玲，王世杰，周德全，等，2003. 贵州岩溶地区岩性与土地石漠化的相关分析. 地理学报，58（2）：314-320.

李婷，吕一河，任艳姣，等，2020. 黄土高原植被恢复成效及影响因素. 生态学报，40（23）：8593-8605.

刘春，吕殿青，陈洪松，等，2014. 中国西南岩溶地区生态环境脆弱性及成因分析 . 地质灾害与环境保护，25（2）：49-53.
刘丛强，郎赟超，李思亮，等，2009. 喀斯特生态系统生物地球化学过程与物质循环研究：重要性、现状与趋势 . 地学前缘，16（6）：1-12.
刘鸿雁，蒋子涵，戴景钰，等，2019. 岩石裂隙决定喀斯特关键带地表木本与草本植物覆盖 . 中国科学：地球科学，49（12）：1974-1981.
刘欣，黄运湘，袁红，等，2016. 植被类型与坡位对喀斯特土壤氮转化速率的影响 . 生态学报，36（9）：2578-2587.
卢耀如，1986. 中国岩溶——景观・类型・规律 . 北京：地质出版社 .
罗绪强，王程媛，杨鸿雁，等，2012. 喀斯特优势植物种干旱和高钙适应性机制研究进展 . 中国农学通报，28（16）：1-5.
蒙吉军，王钧，2007. 20 世纪 80 年代以来西南喀斯特地区植被变化对气候变化的响应 . 地理研究，26（5）：857-865.
倪隆康，顾大形，何文，等，2019. 岩溶区植物生态适应性研究进展 . 生态学杂志，38（7）：2210-2217.
欧祖兰，苏宗民，李先琨，2004. 广西岩溶植被区系 . 广西植物，24（4）：302-310.
覃厚仁，朱德浩，1984. 中国南方热带、亚热带岩溶地貌分类方案 . 中国岩溶，2：67-73.
宋同清，2015. 西南喀斯特植物与环境 . 北京：科学出版社 .
王克林，岳跃民，马祖陆，等，2016. 喀斯特峰丛洼地石漠化治理与生态服务提升技术研究 . 生态学报，36（22）：7098-7102.
王世杰，张信宝，白晓永，2013. 南方喀斯特石漠化分区的名称商榷与环境特点 . 山地学报，31（1）：18-24.
王世杰，张信宝，白晓永，2015. 中国南方喀斯特地貌分区纲 . 山地学报，33（6）：641-648.
魏媛，喻理飞，2010. 西南喀斯特地区构树苗木对土壤干旱胁迫的生理响应 . 水土保持研究，17（2）：164-167.
吴正花，喻理飞，严令斌，等，2018. 三叶木通叶片解剖结构和光合特征对干旱胁迫的响应 . 南方农业学报，49（6）：1156-1163.
向珈瑶，彭文甫，陶帅，等，2023. 2000—2019 年四川省植被恢复成效与影响因素 . 生态学报，43（4）：1596-1609.
肖华，熊康宁，张浩，等，2014. 喀斯特石漠化治理模式研究进展 . 中国人口・资源与环境，24（S1）：330-334.
徐勇，黄雯婷，卢梦缘，等，2022. 气候变化和人类活动对西南喀斯特地貌区植被 NDVI 变化相对作用 . 水土保持研究，29（3）：292-299.
于维莲，董丹，倪健，2010. 中国西南山地喀斯特与非喀斯特森林的生物量与生产力比较 . 亚热带资源与环境学报，5（2）：25-30.
袁道先，2014. 西南岩溶石山地区重大环境地质问题及对策研究 . 北京：科学出版社 .
袁红，谢红霞，罗兰芳，等，2016. 南方石灰岩土壤发生特性和系统分类研究 . 中国农学通报，32（21）：124-128.
张信宝，王克林，2009. 西南碳酸盐岩石质山地土壤-植被系统中矿质养分不足问题的思考 . 地球与环境，37（4）：337-341.
张雪梅，祁向坤，岳跃民，等，2020. 喀斯特峰丛洼地石漠化治理自然地域分区 . 生态学报，40（16）：5490-5501.
章明奎，姚玉才，邱志腾，等，2019. 中国南方碳酸盐岩发育土壤的成土特点与系统分类 . 浙江大学学报（农业与生命科学版），45（1）：54-65.

朱华，2007. 中国南方石灰岩（喀斯特）生态系统及生物多样性特征. 热带林业，35（S1）：44-47.

Augusto L, Achat D L, Jonard M, et al., 2017. Soil parent material-A major driver of plant nutrient limitations in terrestrial ecosystems. Global Change Biology, 23 (9): 3808-3824.

Brandt M, Yue Y, Wigneron J P, et al., 2018. Satellite-observed major greening and biomass increase in South China Karst during recent decade. Earths Future, 6 (7): 1017-1028.

Gu D, Zhang Z, Mallik A, et al., 2015. Seasonal water use strategy of Cyclobalanopsis glauca in a karst area of Southern China. Environmental Earth Sciences, 74 (2): 1007-1014.

Hahm W J, Rempe D M, Dralle D N, et al., 2019. Lithologically controlled subsurface critical zone thickness and water storage capacity determine regional plant community composition. Water Resources Research, 55 (4): 3028-3055.

Huang K, Xia J, Wang Y, et al., 2018. Enhanced peak growth of global vegetation and its key mechanisms. Nature Ecology & Evolution, 2 (12): 1897-1905.

Jiang Z, Lian Y, Qin X, 2014. Rocky desertification in southwest China: Impacts, causes, and restoration. Earth-Science Reviews, 132: 1-12.

Jiang Z, Liu H, Wang H, et al., 2020. Bedrock geochemistry influences vegetation growth by regulating the regolith water holding capacity. Nature Communications, 11 (1): 2392.

Liu M, Xu X, Wang D, et al., 2016. Karst catchments exhibited higher degradation stress from climate change than the non-karst catchments in southwest China: An ecohydrological perspective. Journal of Hydrology, 535: 173-180.

Liu M, Xu X, Sun A Y, et al., 2017. Decreasing spatial variability of drought in southwest China during 1959-2013. International Journal of Climatology, 37 (13): 4610-4619.

Liu X, Zhang W, Wu M, et al., 2019. Changes in soil nitrogen stocks following vegetation restoration in a typical karst catchment. Land Degradation & Development, 30 (1): 60-72.

Ott R F, 2020. How lithology impacts global topography, vegetation, and animal biodiversity: A global-scale analysis of mountainous regions. Geophysical Research Letters, 47 (20): e2020GL088649.

Shi X, Bai S, Chen W, 2022. Remote sensing of water use efficiency in southwest China's karst area. Environmental Science and Pollution Research, 29 (47): 71166-71178.

Tong X, Brandt M, Yue Y, et al., 2018. Increased vegetation growth and carbon stock in China karst via ecological engineering. Nature Sustainability, 1 (1): 44-50.

Tong X, Brandt M, Yue Y, et al., 2020. Forest management in southern China generates short term extensive carbon sequestration. Nature Communications, 11 (1): 129.

Veress M, 2020. Karst types and their karstification. Journal of Earth Science, 31 (3): 621-634.

Wei X, Deng X, Xiang W, et al., 2018. Calcium content and high calcium adaptation of plants in karst areas of southwestern Hunan, China. Biogeosciences, 15 (9): 2991-3002.

Wu L, Wang S, Bai X, et al., 2020. Climate change weakens the positive effect of human activities on karst vegetation productivity restoration in southern China. Ecological Indicators, 115: 106392.

Xiao K, He T, Chen H, et al., 2017. Impacts of vegetation restoration strategies on soil organic carbon and nitrogen dynamics in a karst area, southwest China. Ecological Engineering, 101: 247-254.

Zhang W, Zhao J, Pan F, et al., 2015. Changes in nitrogen and phosphorus limitation during secondary succession in a karst region in southwest China. Plant and Soil, 391 (1-2): 77-91.

Zhang W, Furtado K, Wu P, et al., 2021. Increasing precipitation variability on daily-to-multiyear time scales in a warmer world. Science Advances, 7 (31): eabf8021.

Zhang X, Brandt M, Tong X, et al., 2022. A large but transient carbon sink from urbanization and rural depopulation in China. Nature Sustainability, 5 (4): 321-328.

Zhong F, Xu X, Li Z, et al., 2022. Relationships between lithology, topography, soil, and vegetation, and their implications for karst vegetation restoration. Catena, 209: 105831.

第二章 西南喀斯特地区生态恢复早期阶段野葛群落生物固氮及其主控因素

第一节 引 言

生物固氮（即固氮微生物将大气中 N_2 转化成氨的过程）是多数陆地自然生态系统外源氮输入的主要途径。然而，当前对生物固氮速率、控制机理及固氮策略认识非常欠缺，尚无法通过机理过程对生物固氮进行模拟或预测，导致对生物固氮速率的模拟已成为地球系统模型最大的不确定性环节之一。鉴于有效氮供应对生态系统结构、过程和功能均具有重要影响，对生物固氮速率及控制机理认识的不足将直接导致我们对生态系统结构、过程和功能及其对全球变化响应和反馈的评估及预测具有极大的不确定性。同时，近代以来人类活动向环境中排放了大量的活性氮，严重扰乱了全球氮循环，然而合理评估人类活动对氮循环的干扰程度有赖于对生物固氮总量的准确估算。2010 年通过氮肥生产、石化能源燃烧及农业上豆科作物种植等人类活动产生的活性氮约为 210Tg N（Fowler et al.，2013）。而当前对陆地自然生态系统生物固氮总量估算则具有极大的不确定性，不同方法估算结果介于 40 ~ 290Tg N a^{-1}（Vitousek et al.，2013）。可见，由于对生物固氮认识的不足，目前尚无法确定人类活动产生的活性氮总量是与生物固氮量相当或是已远远超过生物固氮量。有鉴于此，亟须加强对代表性生态系统或区域生物固氮速率及控制机理的研究。

生物固氮由固氮微生物执行，包括一些具有固氮功能的细菌和古菌。参照 Reed 等（2011）的划分方法，生物固氮大体可区分为共生固氮（symbiotic N_2 fixation，SNF）体系和非共生固氮（asymbiotic N_2 fixation 或者 free-living N_2 fixation，FNF）体系。共生固氮体系中植物与固氮微生物在解剖结构上密切相连，如形成根瘤，包括豆科植物-根瘤菌体系和放线菌根植物-弗兰克氏菌体系；其他类型均被划归为非共生固氮体系。固氮微生物体内存在固氮酶。目前已经鉴别出三种固氮同工酶，即钼型固氮酶、钒型固氮酶和铁型固氮酶，三者均具有一个含铁和硫的辅因子（Darnajoux et al.，2017）。钼型固氮酶属于典型固氮酶，辅因子中除含铁和硫原子外，还含有钼原子；而钒型固氮酶的辅因子中含有钒原子；铁型固氮酶则仅含有铁原子。通常认为典型固氮酶的固氮效率最高，而后两种替代性固氮酶则未受到足够的重视（Darnajoux et al.，2017），导致目前对替代性固氮酶在生物固氮中的意义，即其对总生物固氮通量的贡献仍缺乏深入认识（Darnajoux et al.，2017）。但近年的研究表明替代性固氮酶的作用不容忽视（Darnajoux et al.，2017）。

目前对共生与非共生固氮的研究均非常有限，缺乏代表性。基于有限的实测数据表明，自然生态系统共生固氮速率介于 0.1 ~ 160kg N $hm^{-2} a^{-1}$，而非共生固氮速率介于 0.01 ~ 60kg N $hm^{-2} a^{-1}$（Reed et al.，2011）。通过对全球共生与非共生固氮速率数据（106

个数据，包括23个生物区系）的分析，Cleveland等（1999）估算的全球生物固氮总量介于100～290Tg N a^{-1}。2020年，Davies-Barnard和Friedlingstein（2020）再次对全球生物固氮数据作了整合分析，收集到的数据包括共生固氮速率数据47个，土壤、凋落物和苔藓层的非共生固氮速率数据分别为29个、26个和26个，估算结果表明，全球生物固氮通量介于52～130Tg N a^{-1}，平均值为88Tg N a^{-1}，其中非共生固氮通量占比介于22%～45%。然而，基于^{15}N同位素质量法的估算结果表明，全球生物固氮通量介于40～100Tg N a^{-1}，平均值为58Tg N a^{-1}（Vitousek et al.，2013）。可见，由于实测数据有限，现有对全球生物固氮通量的估算存在极大的不确定性。鉴于生物区系之间在植被、土壤、微生物、气候等方面的差异，亟须针对不同区系开展深入研究。

固氮速率受多种生物与非生物因素影响，如磷、钼、铁、钒、钙、温度、湿度、可利用氮及固氮微生物类群等（Li et al.，2018a，2018b）。固氮速率受磷控制主要是基于两点：①固氮过程需要大量三磷酸腺苷（ATP），而磷是合成ATP的底物之一；②固氮酶对氧气非常敏感，固氮微生物通过利用磷可在固氮酶敏感部位构建隔阻氧气结构或者通过促进呼吸作用消耗敏感部位附近的氧气（Dynarski and Houlton，2018）。而钼、铁和钒是构成固氮酶辅因子的成分，因此，取决于固氮酶的类型这三种元素可利用水平能不同程度影响固氮速率。如在钼限制的条件下，一些替代元素如铁和钒成为辅因子的主要成分，进而影响固氮速率（Darnajoux et al.，2017）。一项在热带喀斯特的研究表明铁是非共生固氮的主要限制因子（Winbourne et al.，2017）。钙有助于保护固氮酶失活，因此，在钙离子低的环境中，增加钙的供应可能促进固氮速率（Li et al.，2018a）。由于生物固氮由微生物执行，因此，与其他氮循环过程一样，生物固氮受温度与湿度影响，过高与过低的温/湿度水平均不利于固氮，但在一定范围内，固氮速率随温/湿度水平增加而增加，且两者之间存在交互作用（Li et al.，2018b）。生物固氮对可利用氮水平的响应非常复杂，在下一节再详细说明。此外，我们前期的研究发现树种类型和岩性条件会通过影响上述因素进而影响固氮速率（Li et al.，2018a）。然而，上述控制机理的研究主要针对非共生固氮，而对共生固氮控制机理的研究非常有限。

近年来，通过实施退耕还林还草等一系列生态恢复工程，喀斯特生态恢复取得了一定成效，然而形势仍十分严峻。《国家中长期科学与技术发展规划纲要》明确指出“岩溶地区（即喀斯特山区）等生态脆弱区域生态系统功能的恢复重建”是国家环境领域支持的“重点领域及优先主题”。氮是退化生态系统结构与功能恢复的关键控制因子之一，对生态系统生产力、生物多样性、生态系统固碳等功能具有重要影响（Wen et al.，2016）。前期在喀斯特峰丛洼地的研究表明，退耕后土壤总氮能快速累积（Wen et al.，2016），在退耕后演替过程中仅在草丛阶段受氮限制，而在草灌阶段可能受氮磷同时限制，到了次生林与原生林阶段则表现出明显的氮饱和特征（Zhang et al.，2015；Wen et al.，2016）。由于生物固氮是陆地自然生态系统外源氮输入的主要途径，因此，通过对生态恢复早期阶段生物固氮的研究一方面有助于揭示喀斯特山区退耕后土壤总氮快速累积的机制，另一方面可为喀斯特退化山地生态恢复及生态服务功能提升提供科技支撑。

第二节　生物固氮速率的常用研究方法

生物固氮速率常用的测定方法包括$^{15}N_2$培养法、乙炔还原法、^{15}N自然丰度法、^{15}N稀释法、总氮平衡法或氮累积法及氮差值法等。$^{15}N_2$培养法和乙炔还原法适用于共生与非共生固氮速率测定，但是其他几种方法仅适用共生固氮速率测定。几种方法各有其优缺点。$^{15}N_2$培养法是最直接的方法，但是由于成本高，该法通常用于在培养瓶或生长箱内对目标样品（如根瘤菌、土壤、凋落物等）进行短期培养，根据$^{15}N_2$被固氮酶利用的量计算生物固氮速率，该法的特点是直接，但是成本高，仅适用实验室内短期培养。乙炔还原法是最常用的方法，原理是利用固氮酶能将空气中的N_2还原为NH_3，也能将乙炔还原为乙烯的特点将目标样品置于乙炔浓度10%的条件下培养，利用得到的乙烯产生速率间接反应固氮酶活性，再结合$^{15}N_2$培养法得到目标样品的乙烯产生速率-生物固氮速率转换系数，从而将得到的乙烯产生速率转换成生物固氮速率。该法特点是操作简单、成本低、灵敏度高，但是对样品干扰大，需要测定转换系数。^{15}N自然丰度法利用固氮与非固氮植物氮同位素特征的自然差异估算生物固氮速率。该法对于结构简单的农业或草地生态系统比较适用，但是对于自然生态系统尤其是森林，由于土壤养分、水分在空间上的高度异质性及植物之间生长特征与氮利用生理特征上的差异（难找到合适的参照植物）决定了该方法具有高度的不确定性。^{15}N稀释法原理与^{15}N自然丰度法类似，但是通过外加^{15}N扩大土壤与生物固氮-^{15}N之间的差异。该法具有自然丰度法的局限性，另外，外加的^{15}N很难保证能在土壤中分布均匀且成本高，不宜大面积使用。总氮平衡法需要测定一定时间内生态系统总氮变化及氮输入与输出各种途径的通量。该法灵敏度低、耗时长、输入/输出通量及总氮变化的准确性难以保障。氮差值法假定固氮植物与周边非固氮植物从土壤吸收等量的氮，两者总氮之差值即为生物固氮量。该法一般应用于农业系统，局限性是由于植物之间生理上的差异决定了难以找到好的参照植物。总之，对于复杂的自然生态系统如森林等，乙炔还原法是最常用的测定生物固氮速率的方法。

第三节　西南喀斯特地区生态恢复早期阶段野葛群落共生与非共生固氮速率的相对重要性

共生与非共生固氮对生态系统总生物固氮的相对贡献尚存在很大争议，其中一个重要原因是很少有研究同时测定了共生与非共生固氮。传统观点认为共生固氮占主导地位，但是近年来的观点认为非共生固氮同样重要，甚至在许多生态系统中占主导地位（Reed et al., 2011）。这是因为固氮植物空间分布上不均匀，许多生态系统中固氮植物数量少甚至缺乏。如传统上认为豆科植物在热带森林中广泛存在，但事实上在热带森林豆科植物的比例变化极大，从<1%～19.3%（占森林树种总数）或2.1%～74.4%（占森林胸径总面积）（Hedin et al., 2009）。在豆科植物中仅有部分具有固氮潜力，且这部分豆科植物也不是在任何条件下都结瘤固氮。相反，非共生固氮微生物在空间上广泛分布，在生态系统内土壤、凋落物、树干、树冠、苔藓/地衣等组分中都存在，因此，非共生固氮的重要性更

具普遍性，特别是在固氮植物种类和丰度较小的温带和寒带森林，如地表苔藓层生物固氮占北方森林总氮输入的2/3（DeLuca et al.，2002）。此外，研究方法的局限性也是造成共生与非共生固氮相对贡献不确定的重要原因，如仅通过测定少数固氮植物根瘤菌的活性估算整个生态系统的共生固氮速率，或仅测定少数样品估算整个系统的非共生固氮速率。Sullivan 等（2014）通过提高采样的代表性后发现共生生物固氮速率比常规取样方法获得的速率大大降低，而非共生固氮的重要性大为增加。如提高采样代表性后，原生林的生物固氮速率仅为 1.2kg N hm^{-2} a^{-1}，远小于以往的测定（11.7kg N hm^{-2} a^{-1}）或模拟（25.4～31.9kg N hm^{-2} a^{-1}）速率；新方法得到的次生林固氮速率为 6.2～14.4kg N hm^{-2} a^{-1}，而常规方法估算值高达 100kg N hm^{-2} a^{-1}；以往认为热带森林以共生固氮为主，但是新的研究结果表明共生固氮仅占生物固氮总量的 20%～50%（Sullivan et al.，2014）。

野葛（*Pueraria lobata*）一种固氮豆科植物，是我国亚热带植被演替早期阶段生态系统中广泛存在的先锋植物。因其根系发达，生长快速、抗旱性强，常被用于防治土壤退化或侵蚀。由于在大多数陆地生态系统中，氮通常是植物生长的主要限制性营养元素，尤其是在演替早期的生态系统中（Wen et al.，2016），野葛群落生物固氮速率可能会影响生态演替的格局和速度。此外，由于碳和氮循环紧密耦合，早期演替生态系统中的外部氮输入水平在很大程度上控制了生态演替对碳固存的影响（Wen et al.，2016）。目前已有几项研究测定了自然或农业系统中野葛的共生固氮速率，但考虑到野葛分布广泛以及生境异质性强，已有的少量研究远远不足以评估野葛群落固氮速率及其主要控制因素。

本研究在桂西北环江县选取 8 个野葛群落（图 2-1），每个群落野葛覆盖度均大于80%，且任意两个样方之间的距离均大于 2km。在每个样地中建立一个面积为 10m×10m 主样方用于采集土壤和根瘤样品测定生物固氮速率。另外，在主样方的旁边再建立一个 8m×8m 的辅助样方用于采集样品估算根瘤生物量（Zhou et al.，2021）。选择的野葛群落属于演替早期阶段，群落内主要为草本植物。分别在 2019 年 9 月（生长季）和 2020 年 1 月（非生长季），按照“S”形采样法，在 10m×10m 的样方上采集土壤、野葛根瘤和叶片。其中土壤和根瘤样品一部分用于原位测生物固氮速率，其他样品用于测定生物与非生物指标，包括土壤含水量、pH、有机碳（SOC）、总氮（TN）、总磷（TP）、可溶性有机碳（DOC）、可氧化活性炭（PXOC）、铵态氮（NH_4^+）、硝态氮（NO_3^-）、有效磷（AP）、总铁、总钼、总钒、有效铁、有效钼、有效钒；叶片样品用于测定理化指标，包括碳（C）、氮（N）、磷（P）、钼（Mo）、铁（Fe）和钒（V）。采用乙炔还原法测定固氮酶活性。参考 Anderson 等（2004）等的研究，测定样方土壤和根瘤固氮酶活性和生物固氮速率之间的转换系数。本研究测得的根瘤和土壤组分转换系数分别为 1.56±0.71 和 0.21±0.06（Zhou et al.，2021）。利用不同生长季共生和土壤非共生固氮速率，估算共生和土壤非共生年固氮通量，共生固氮和非共生固氮的年固氮通量之和表示各样地的年固氮通量（kg N hm^{-2} a^{-1}）。

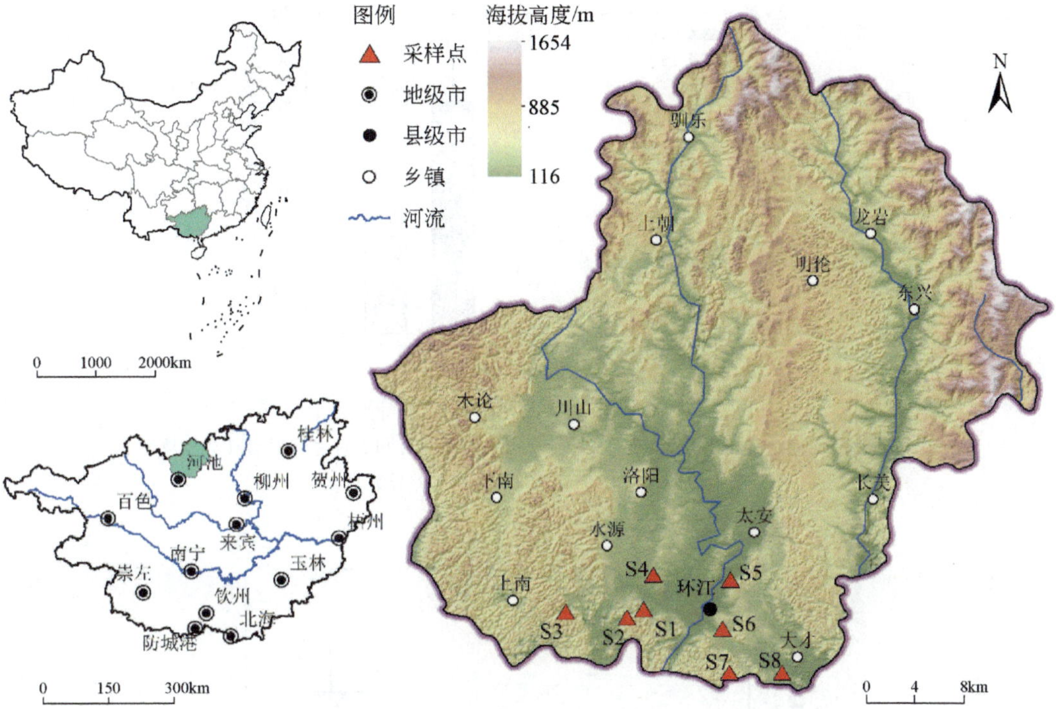

图 2-1　桂西北喀斯特峰丛洼地区 8 个野葛群落采样点分布示意图

一、共生固氮和非共生固氮对总生物固氮通量的贡献

共生固氮和土壤非共生固氮有显著的季节性差异（图 2-2）。9 月共生固氮速率介于 5.38 ~ 29.82mg N g^{-1} d^{-1}，平均为 14.04 ± 2.72mg N g^{-1} d^{-1}，土壤非共生固氮速率介于 28.14 ~ 104.64ng N g^{-1} d^{-1}，平均为 50.94±9.76ng N g^{-1} d^{-1}；1 月共生固氮速率介于 1.30 ~ 9.05mg N g^{-1} d^{-1}，平均为 4.34 ± 0.87mg N g^{-1} d^{-1}，土壤非共生固氮速率介于 10.84 ~ 49.81ng N g^{-1} d^{-1}，平均为 26.52 ± 4.70ng N g^{-1} d^{-1}。年共生固氮通量（13.38 ± 4.99kg N hm^{-2} a^{-1}）和土壤年非共生固氮通量（9.55±1.78kg N hm^{-2} a^{-1}）无显著差异（图 2-3）。8 个研究地中年平均生物固氮固氮通量为 22.93±6.52kg N hm^{-2} a^{-1}（7.12 ~ 61.93kg N hm^{-2} a^{-1}），其中共生固氮和非共生固氮分别占 17.73% ~ 78.57% 和 21.43% ~ 82.27%，进一步分析表明，在 8 个研究地中有一半样地的年共生固氮速率高于土壤年非共生固氮速率，其他 4 个样地则相反（图 2-4）。

有限的测量数据表明，温带和热带生态系统共生和非共生固氮通量分别为 0.1 ~ 160kg N hm^{-2} a^{-1}和 0.01 ~ 60kg N hm^{-2} a^{-1}（Reed et al.，2011）。本研究中，共生固氮通量（1.97 ~ 41.60kg N hm^{-2} a^{-1}）和非共生固氮通量（5.07 ~ 20.33kg N hm^{-2} a^{-1}）均在报道的范围内。传统估算共生固氮通量的方法是基于豆科植物丰富度的回归法，即通过根瘤固氮通量来估算生态系统水平的共生固氮通量，但一些研究表明，该方法可能会高估共生固氮通量。例

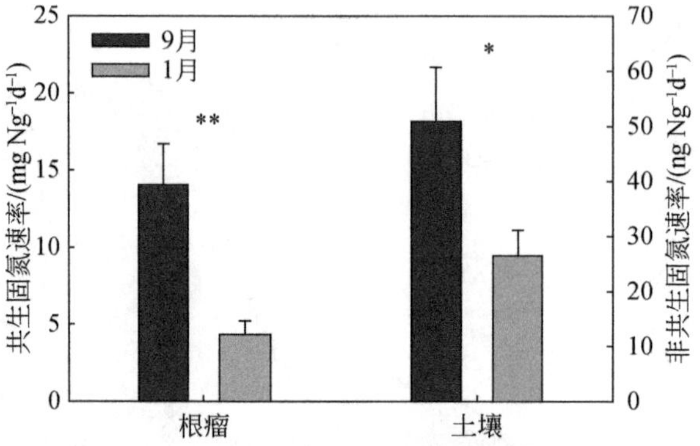

图 2-2　9 月和 1 月共生和非共生固氮速率

数据为平均值±标准误（n=8）。* 和 * * 分别表示 9 月和 1 月之间根瘤（或土壤）固氮速率在 0.05 和 0.01 水平上差异显著。

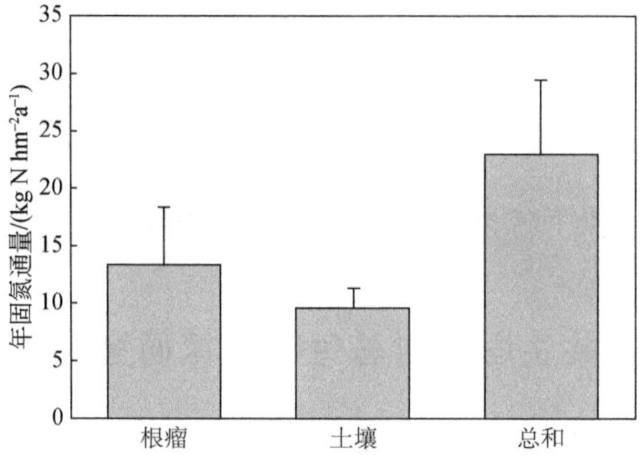

图 2-3　年共生、非共生固氮通量和年总生物固氮通量

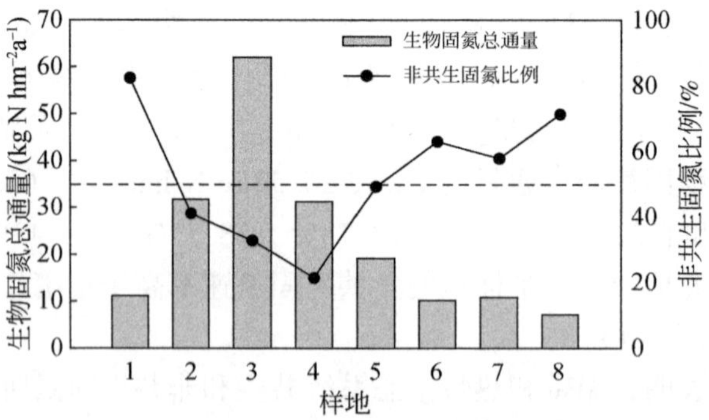

图 2-4　各研究地年总固氮速率及非共生固氮占总固氮量的比例

如，基于豆科植物丰富度的回归法估算的共生固氮通量为 14～23kg N hm^{-2} a^{-1}，而采用分层整体抽样法估算共生固氮通量为 0.1～0.5kg N hm^{-2} a^{-1}。Sullivan 等（2014）认为这两

种方法估算的结果具有较大的差异可能是因为单株间的根瘤具有很大的差异。此外，本研究中 8 个采样点野葛的覆盖度均大于 80%，但 1 月野葛根瘤生物量变化范围为 0.07 ~ 1.18g m^{-2}，变异系数为 113.4%（图 2-5）。如果采用基于豆科植物丰度的回归方法，这些研究样地之间的共生固氮通量可能没有差异。因此，我们认为通过采用 Sullivan 等（2014）的分层整体抽样法，可能会获得更真实的共生固氮通量。

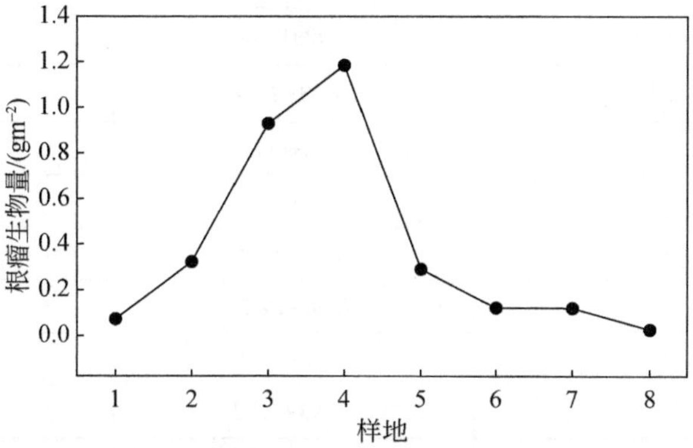

图 2-5　8 个辅助样地根瘤生物量

本研究发现，在生态恢复早期阶段的野葛群落中，共生固氮和非共生固氮通量同等重要。Sullivan 等（2014）和 Taylor 等（2019）也同时量化了共生固氮和非共生固氮通量，但他们的研究发现非共生固氮在次生林和原生林比共生固氮更为重要。同样，在本研究中有一半研究样地的土壤非共生固氮年通量高于共生固氮年通量。然而，在俄勒冈州南部和加利福尼亚州（后简称加州）北部火灾后的森林群落中，凋落物和土壤非共生固氮速率仅是共生固氮速率（7.46±1.48kg N $hm^{-2}a^{-1}$）的 1% 和 11%（Yelenik et al., 2013）。不同生态系统的共生固氮和非共生固氮的相对重要性可能存在差异。在高纬度森林生态系统中，由于固氮植物的丰富度较低，共生固氮对总生物固氮的贡献较小。然而，即使在含有大量固氮植物的生态系统中，如本研究的野葛群落，非共生固氮在某些情况下可能超过共生固氮。在拉丁美洲的湿润或干旱森林中，非共生固氮通量是共生固氮通量的 2 倍左右（Reis et al., 2020）。这很大程度上是因为非共生固氮微生物分布广泛，而根瘤的固氮酶活性和结瘤的变化很大。这些发现与模型结果相矛盾，模型分析表明共生固氮在全球范围内占主导地位（Wang and Houlton, 2009）。

二、野葛群落固氮速率的限制性因素

9 月和 1 月土壤理化性质和叶片性状如表 2-1 和表 2-2 所示。土壤和叶片 C : N，叶片氮、磷、钼和 C : N 均存在显著的季节差异。1 月土壤 C : N 为 14.3±0.67，显著高于 9 月土壤 C : N（11.57±0.83）；9 月叶片氮、磷和钼含量分别为 36.70±0.96g N kg^{-1}、2.08±0.12g P kg^{-1}和 1.62±0.87mg Mo kg^{-1}，均显著高于 1 月氮（28.88±1.04g N kg^{-1}）、磷（1.72±0.11g P kg^{-1}）和钼（0.32±0.18mg Mo kg^{-1}）含量；而 1 月叶片 C : N 为 18.13±0.77，显著

高于9月C：N（13.88±0.65）。其他理化指标在两个月份之间均无显著性差异。

表2-1　9月和1月土壤理化性质比较

指标	9月	1月
pH	7.35±0.42	7.92±0.36
含水率/%	35.35±2.99	35.32±6.18
NH_4^+/（mg N kg^{-1}）	5.42±0.48	4.84±1.12
NO_3^-/（mg N kg^{-1}）	15.33±2.94	10.16±2.7
TN/（g kg^{-1}）	3.72±0.82	2.97±0.78
AP/（mg kg^{-1}）	5.35±1.24	4.86±0.94
TP/（g kg^{-1}）	0.83±0.18	0.69±0.14
DOC/（mg kg^{-1}）	97.66±14.55	118.28±22.98
PXOC/（g kg^{-1}）	1.59±0.04	1.53±0.03
SOC/（g kg^{-1}）	35.93±7.23	34.67±7.98
全钼/（mg kg^{-1}）	1.69±0.34	1.25±0.30
有效钼/（mg kg^{-1}）	0.28±0.09	0.2±0.05
全铁/（g kg^{-1}）	37.15±7.25	29.11±5.39
有效铁/（mg kg^{-1}）	44.09±13.92	61.46±14.64
全钒/（mg kg^{-1}）	47.11±6.73	43.17±7.35
有效钒/（mg kg^{-1}）	4.02±0.62	3.26±0.69
C：N	11.57±0.83	14.3±0.67*
C：P	161.38±50.04	171.42±46.64
N：P	13.91±3.99	12.54±3.53

注：数据表示为均值±标准误（n=8）。

*表示9月和1月之间土壤理化性质具有显著（P<0.05）差异。

表2-2　9月和1月叶片性状比较

叶片性状	9月	1月
C/（g kg^{-1}）	433.24±12.03	444.24±4.15
N/（g kg^{-1}）	36.70±0.96*	28.88±1.04
P/（g kg^{-1}）	2.08±0.12*	1.72±0.11
Mo/（mg kg^{-1}）	1.62±0.87*	0.32±0.18
Fe/（mg kg^{-1}）	227.92±46.51	244.41±25.93
V/（mg kg^{-1}）	0.18±0.06	0.20±0.04
C：N	13.88±0.65	18.13±0.77*
C：P	553.49±41.67	693.35±58.85
N：P	39.77±2.07	38.39±3.08

*表示9月和1月之间叶性状具有显著（P<0.05）差异。

固氮速率与土壤理化性质或叶片性状的相关性因季节和生物固氮形式而异（表2-3和表2-4）。9月共生固氮速率与土壤总磷［$R^2=0.62$，$P=0.02$；图2-6（a）］、总氮［$R^2=0.94$，$P<0.001$；图2-6（b）］、可氧化活性碳（POXC）［$R^2=0.76$，$P=0.0047$；图2-6（c）］和有机碳［$R^2=0.92$，$P<0.001$；图2-6（d）］呈显著正相关。9月土壤非共生固氮速率与土壤含水量［$R^2=0.58$，$P=0.0293$；图2-7（a）］、叶片钒［$R^2=0.93$，$P<0.001$；图2-7（b）］和铁［$R^2=0.90$，$P=0.0003$；图2-7（c）］呈显著正相关，而1月土壤非共生固氮速率与土壤含水量［$R^2=0.77$，$P=0.0042$；图2-7（d）］和硝态氮［$R^2=0.59$，$P=0.0291$；图2-7（e）］呈正相关。

表2-3　生物固氮速率与土壤理化性质的皮尔逊相关系数

指标	9月		1月	
	SNF	FNF	SNF	FNF
SWC	0.51	0.76*	0.21	0.71*
pH	0.07	0.36	0.07	0.29
NO_3^-	0.57	0.59	-0.07	0.57*
NH_4^+	0.30	0.69	-0.13	0.46
总氮 TN	0.97**	-0.04	-0.07	0.43
总磷 TP	0.78*	0.35	0.15	0.47
SOC	0.96**	0.03	0.00	0.50
DOC	0.19	-0.03	-0.36	0.29
POXC	0.88**	-0.07	0.22	0.60
全钒	0.58	0.29	0.40	0.41
全钼	-0.57	-0.31	-0.21	-0.43
全铁	0.57	0.71	0.32	0.53
有效磷	-0.13	0.15	0.12	0.08
有效钒	0.35	0.08	0.56	0.16
有效钼	-0.66	-0.49	-0.07	-0.43
有效铁	-0.14	-0.14	0.15	0.14
C : N	-0.20	0.20	-0.04	-0.33
C : P	0.14	0.00	-0.29	0.07
N : P	0.00	-0.29	-0.21	0.00

注：SNF，共生固氮速率；FNF，土壤非共生固氮速率。

*和**分别表示 P 值在0.05和0.01水平上达到显著水平。

表2-4　生物固氮速率与叶片性状的皮尔逊相关系数

指标	9月		1月	
	FNF	SNF	FNF	SNF
P	0.13	-0.18	-0.37	0.22

续表

指标	9 月		1 月	
	FNF	SNF	FNF	SNF
N	0. 39	0. 12	0. 50	0. 48
C	0. 28	0. 61	0. 25	-0. 12
C : N	-0. 06	0. 26	-0. 30	-0. 46
C : P	0. 00	0. 34	0. 00	-0. 21
N : P	0. 01	0. 23	0. 29	0. 07
Mo	0. 14	-0. 14	-0. 21	0. 14
Fe	0. 79 **	0. 07	-0. 09	-0. 14
V	0. 64 *	0. 21	-0. 29	-0. 36

* 和 ** 分别表示 P 值在 0. 05 和 0. 01 水平上达到显著水平。

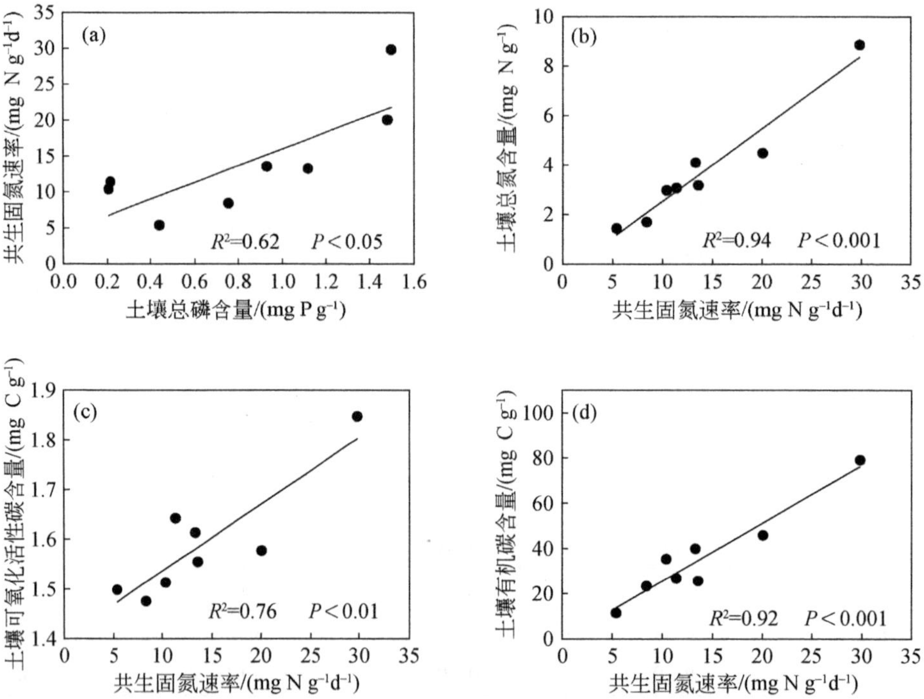

图 2-6 9 月共生固氮速率与土壤总磷（a）、总氮（b）、可氧化活性碳（c）和有机碳（d）的关系

本研究表明，影响共生固氮和非共生固氮速率的主控因素不同，其中土壤水分是影响生长季和非生长季土壤非共生固氮速率的重要影响因素，可以解释土壤非共生固氮速率变化的 58% ~77%。之前的研究也发现，在一定的水分范围内，土壤非共生固氮速率随着土壤含水量的增加而增加（Li et al.，2018b）。可能有两个原因。首先，固氮酶对氧气浓度非常敏感。较高的水分条件可以减少氧气从大气向土壤扩散，从而减少氧气对固氮酶的不利影响（Dynarski and Houlton，2018）。其次，因为大多土壤固氮微生物都是异养微生物，

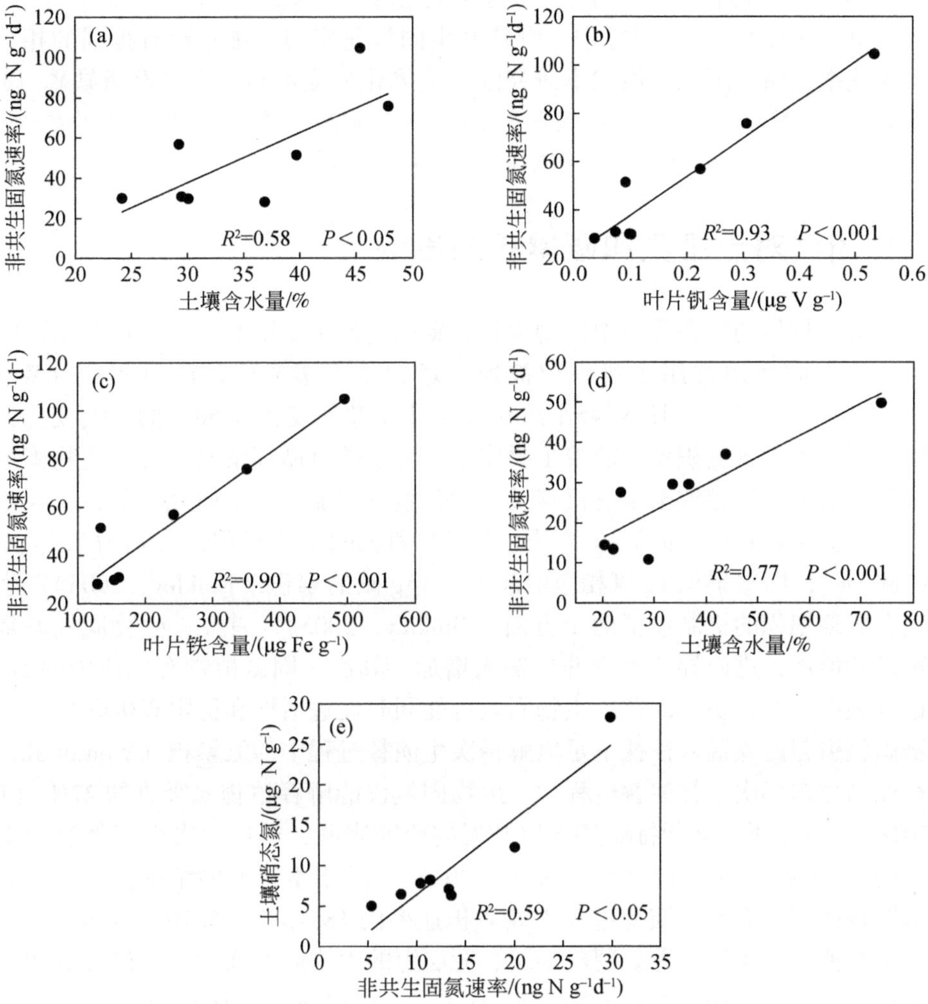

图 2-7　非共生固氮速率与土壤含水量、叶片钒、叶片铁和土壤硝态氮的关系

（a）、（b）和（c）分别为 9 月土壤非共生固氮速率与土壤含水量、叶片钒和叶片铁的相关性，（d）和（e）分别表示 1 月土壤非共生固氮速率与土壤含水量和土壤硝态氮的相关性

通过土壤水分的扩散微生物易于从土壤中获取碳和养分（Li et al.，2018b）。

最近的研究表明，有效钒和铁是土壤非共生固氮的主要限制养分（Bellenger et al.，2020）。在本研究中，土壤非共生固氮速率与有效钒和铁没有显著的相关性。虽然土壤可利用养分水平通常被用来反映采样点的养分状况，但它们随时间变化，只能代表采样时间点的瞬时状况。植物不断地从土壤中吸收有效养分，因此，叶片中某一养分（如氮）的水平表示该养分在土壤中的有效性，能更好反映土壤养分状况。例如，叶片氮含量随着土壤可利用氮水平的增加而增加。本研究中，土壤非共生固氮速率与叶片钒和铁显著相关，表明土壤非共生固氮速率受土壤有效钒和铁的限制。

有效磷是限制共生固氮速率的主要因子（Augusto et al.，2013）。然而，磷限制共生固氮的机制存在差异。在大多数严重缺磷的条件下，磷可以通过限制植物生长间接限制共生固氮速率，也可以通过减少每单位植物生物量固定的氮量直接限制共生固氮速率（Augusto et al., 2013）。在本研究中，野葛共生固氮速率与土壤总磷有很强的相关性，说明共生固氮速率受磷的限制。虽然本研究区土壤风化程度不高，也不严重缺磷（Li et al., 2017），但由于碳酸盐对磷的强烈吸附作用，早期演替生态系统也受磷的限制（Zhang et al., 2015）。因此，有效磷可能间接限制共生固氮速率。

三、生物固氮对土壤氮和碳累积的影响

氮是植被演替早期生态系统中植物生长和碳固定的主要限制养分。作为主要的外源氮输入途径，生物固氮通常用于解释植被恢复过程中土壤或植被的氮累积（Wen et al., 2016）。在本研究中，生物固氮解释了约94%的土壤总氮变化或58%的 NO_3^- 变化，这意味着生物固氮在调控土壤氮积累中起着主要作用。由于碳氮循环紧密耦合，生物固氮引起的土壤氮有效性增加最终导致土壤有机碳及活性碳组分增加。与本研究类似，一项整合分析表明，与非固氮植物相比，固氮植物周边土壤氮和碳的平均累积速分别为 7.3g N m^{-2} a^{-1} 和 87g C m^{-2} a^{-1}，即每累积 1g 氮相应引起 12～15g 碳的累积（Binkley, 2005）。生物固氮促进土壤有机碳累积的机制包括两个方面（Binkley, 2005）。首先，生物固氮通常伴随着植物生物量的增加，进而导致植物残体输入增加。其次，固氮植物有机质中的氮含量高，有助于稳定碳组分的累积。因此，生物固氮可能同时促进活性和稳定有机碳累积。

生物固氮引起的氮输入往往不足以解释次生演替过程中的氮累积（Wen et al., 2016）。例如，在亚马孙东部次生林演替过程中，生物固氮仅能解释植物氮吸收的27%（Davidson et al., 2018）。在桂西北喀斯特峰丛洼地开展的研究表明，退耕后次生演替过程中土壤氮累积速率约为 12.4g N m^{-2} a^{-1}（Wen et al., 2016）。基于本研究的结果，生物固氮通量仅能解释喀斯特区退耕后次生演替过程中氮累积速率的 18.43%（5.70%～49.77%）。本研究没有测定其他生态系统组分如凋落物层、冠层等的生物固氮通量。有研究表明，冠层和凋落物或有机层的生物固氮通量分别介于<0.1～8kg N hm^{-2} a^{-1} 和<0.1～3kg N hm^{-2} a^{-1} 之间（Cleveland et al., 2010；Yelenik et al., 2013；Van Langenhove et al., 2021）。在有附生地衣的冠层中，冠层生物固氮通量相对较高（Cleveland et al., 2010）。但本研究的野葛叶片没有附生地衣，因此冠层生物固氮速率应较低。前期在三个喀斯特灌丛开展的研究表明，凋落物/有机层的生物固氮通量介于 0.01～0.37kg N hm^{-2} a^{-1}（Li et al., 2019）。因此，凋落物和叶片的生物固氮通量对外源氮输入的贡献应很低。

四、结论

本研究表明，共生和土壤非共生固氮对野葛群落氮输入的贡献可能相当。共生和土壤非共生固氮速率均表现出较大的空间差异，其中共生固氮速率差异达 8.7 倍。共生和土壤非共生固速率可能受到不同元素的限制。

第四节 野葛群落共生与非共生固氮速率的微生物控制机理

生物固氮受多种非生物因素的影响，包括土壤水分（Li et al.，2018b）、pH（Wang et al.，2017）、可利用养分（氮、磷、铁、钼和钒）（Zhou et al.，2021）。固氮微生物群落（Liu et al.，2019）和植物物种（Li et al.，2018a）是影响生物固氮的主要生物因素。固氮微生物群落通常用 *nifH* 基因标记，该基因编码固氮酶的一个亚单元，在细菌和古菌群落中都极其保守。然而，到目前为止，多数研究都主要集中在非生物因素对生物固氮的调控作用（Zheng et al.，2020）。由于生物固氮是由固氮微生物群落主导完成的，因此，有理由认为固氮微生物群落在调节共生和非共生固氮速率上起着关键的作用。一些研究已经揭示了这一点，例如 Hsu 和 Buckley（2009）的研究表明，相对于土壤性质，非共生固氮微生物群落组成对生物固氮速率的影响更大。Reed 等（2010）研究表明，*nifH* 基因丰度能够解释热带森林凋落叶固氮速率的部分变化。然而，也有研究指出土壤非共生固氮速率与固氮微生物群落丰度的相关性较弱，表明土壤非共生固氮速率受其他因素的影响更大（Stewart et al.，2011）。因此，有必要深入认识自然系统中生物和非生物因子对生物固氮影响的相对强弱。

目前关于固氮微生物群落和土壤性质调控共生固氮和土壤非共生固氮速率相对重要性的认识非常欠缺。共生固氮由与固氮植物共生的固氮微生物完成，而土壤非共生固氮由游离在土壤中的固氮微生物完成。从理论上来说，无论是共生还是非共生固氮速率都直接受到固氮微生物群落组成或 *nifH* 基因丰度的影响。对于游离于土壤中的固氮微生物群落，它们的活动可能受到土壤性质的影响更强，因为它们需要从土壤中获取养分，而养分和微生物的活动都受到土壤含水量的影响（Li et al.，2018b）。此外，叶片养分含量可以反映土壤中养分的有效性，因此它们可能与土壤密切相关。对于根瘤中的固氮微生物，它们以向寄主植物提供氮为代价从寄主植物中获取资源。固氮微生物通过与寄主植物交换可利用氮来获取资源，所以它们可能更多地受到植物的影响而不是土壤性质的直接影响。然而，土壤性质可以通过影响植物来间接影响共生固氮。关于固氮微生物群落和土壤性质对土壤非共生固氮速率的影响已有少数研究，但结果相互矛盾。例如，针对北极山地生态系统的研究表明，土壤非共生固氮速率受可利用养分而不是固氮微生物群落丰度的影响更强（Stewart et al.，2011）。但针对长期施肥农田的研究发现，固氮微生物群落组成显著影响土壤非共生固氮速率（Fan et al.，2019）。然而，目前很少有研究探讨共生固氮速率和根瘤固氮微生物群落的关联。

本研究于 2019 年 9 月在桂西北环江县选取 20 个面积为 10m×10m 的野葛群落（图 2-8），每个群落野葛覆盖度均大于 80%，任意两个样方之间的距离均大于 1km。采集土壤、野葛根瘤和叶片，按上一节的方法测定根瘤和土壤的生物固氮速率。此外，一部分土壤和根瘤样品用于测定 *nifH* 丰度和固氮微生物群落组成和多样性。

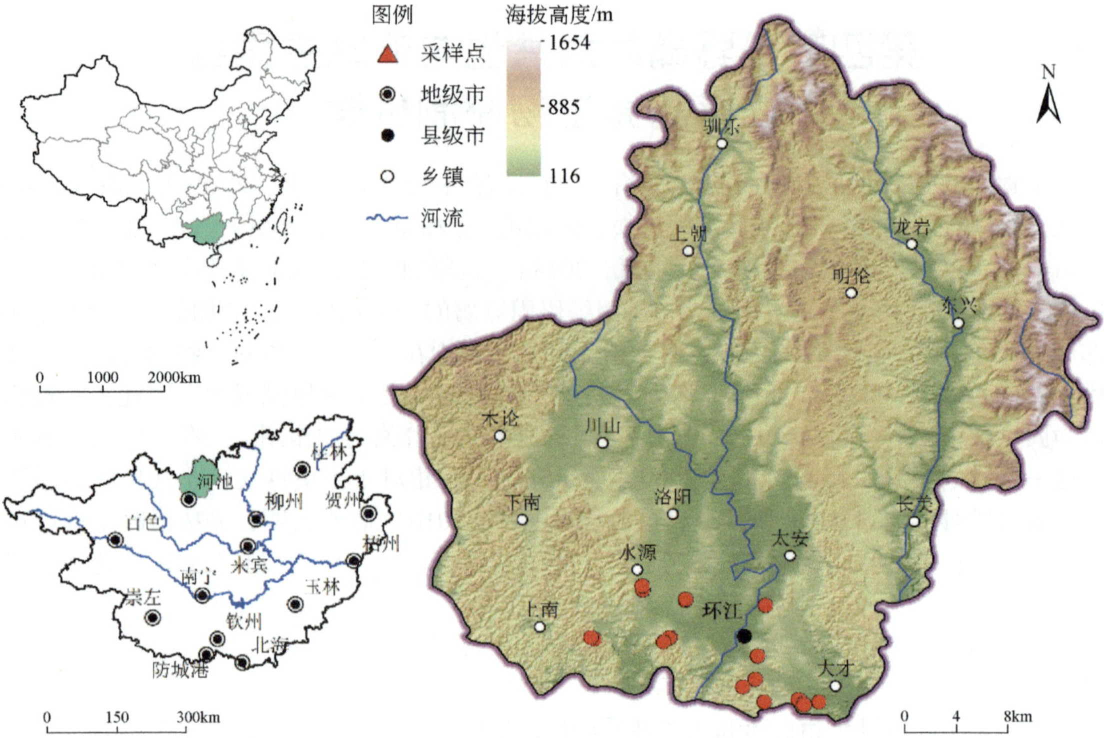

图 2-8　样地分布图

一、影响固氮微生物群落组成的因素

在属水平上，根瘤固氮微生物最主要优势种群是慢生根瘤菌属，占 97.30% ± 0.64%（88.12% ~98.68%），其次为中华根瘤菌属（0.97% ±0.55%）和伯克氏菌属（0.26% ±0.01%）[图 2-9（a）]。土壤固氮微生物主要优势种群是慢生根瘤菌属，占 16.39% ±2.40%，其次为地杆菌属（10.60% ±1.49%）和伯克氏菌属（6.80% ±0.96%）[图 2-9（b）]。

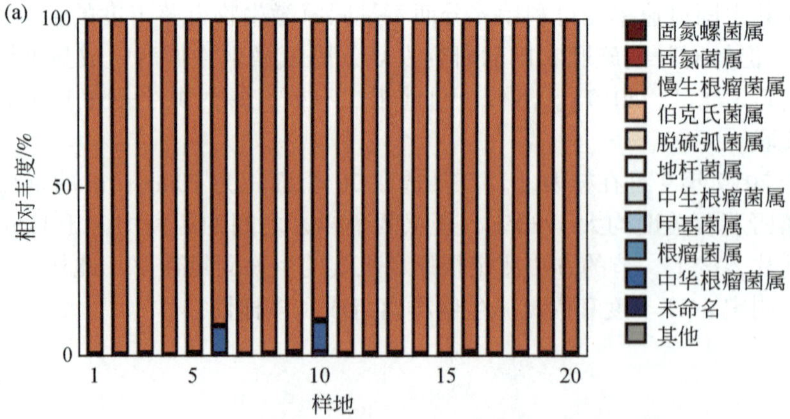

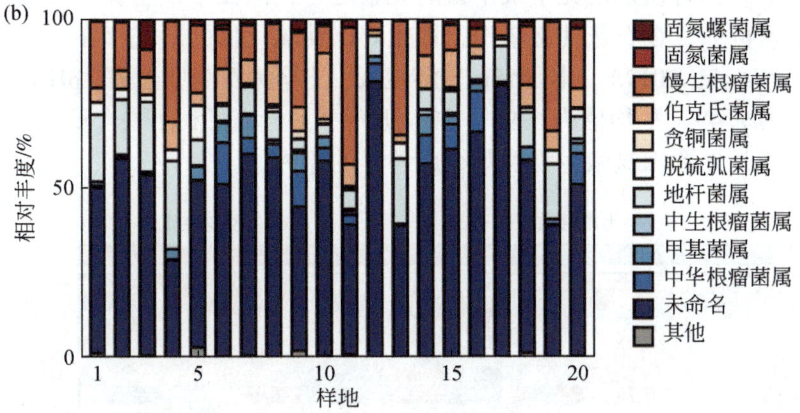

图 2-9 属水平根瘤（a）和土壤（b）固氮微生物相对丰度

在属水平上，大部分固氮微生物主要优势种群与理化指标显著相关（图 2-10）。冗余分析结果显示，环境因素可以解释根瘤固氮微生物群落组成 50.16% 的变化［图 2-11（a）］和土壤固氮微生物群落组成 35.43% 的变化［图 2-11（b）］。根瘤固氮微生物群落主要受土壤有效磷、总磷、可利用铁、钒和 pH 的影响。而土壤固氮微生物群落除受上述因素影响外，还受土壤有机碳、土壤总钒的影响。上述结果表明根瘤和土壤中的固氮微生物群落组成受多种因素影响。这与一些研究结果相似，即固氮微生物群落组成通常受土壤 pH、土壤有机碳、可利用铁、钼、钒、氮和磷的影响。然而，据我们所知，以往的研究几乎都集中在土壤固氮微生物群落组成上。固氮微生物群落最适 pH 和对 pH 变化的敏感性不同，导致其对土壤 pH 变化的响应存在差异（Wang et al., 2017）。因此，土壤 pH 常常是土壤固氮微生物群落组成变化的主要驱动因素。本研究中，土壤 pH 是影响根瘤和土壤固氮微生物群落组成的主要因素。而相对丰度最高的慢生根瘤菌属，无论是在根瘤中还是在土壤中，其相对丰度均不受 pH 的显著影响，这可能是因为慢生根瘤菌属的一些成员对土壤 pH 变化不敏感（Graham, 1992）。此外，pH 与固氮微生物群落组成显著相关可能是因为 pH 与土壤养分、水分和植被类型有很强的关系（Williams et al., 2013）。

土壤有机碳和有效磷与固氮微生物群落的能量供应有关（Reed et al., 2011）。生物固氮是一个高耗能的过程，每固定 1 个氮分子，钼型固氮酶需要消耗 16mgATP，钒型固氮酶需要消耗 24mgATP，铁型固氮酶需要消耗 42mgATP（Bellenger et al., 2020）。因此，不同类型的固氮微生物对有效磷变化的响应差异较大。此外，有效磷的变化可能改变 C : N : P 的化学计量比，从而影响氮的固定。基于上述理由，有效磷是影响固氮微生物群落组成的主要因子（Wang et al., 2017）。目前的研究也证实了这一点。多数土壤固氮微生物为异养型，通常受有机碳或能量的限制，这很好地解释了为什么在本研究或其他研究中观察到土壤中固氮微生物群落组成经常受到有机碳的影响。

铁和钒是影响固氮微生物群落组成的两个主要因子。然而，多数针对固氮微生物群落的研究很少测定这两种元素。从理论上讲，不同类型固氮微生物的组合受可利用铁和钒的影响不同。本研究支持这一点，因为根瘤和土壤中的固氮微生物群落组成都受到可利用铁和钒的显著影响。尽管铁是地壳中最丰富的元素之一，但在中性至碱性环境下，其可利用水平通常较低。例如，在石灰性土壤中，铁主要以铁氧化物的形式存在，不易被微生物利用（Winbourne et al.，2017）。本研究在岩溶地区，土壤为石灰性土壤，pH 范围介于 4.84 ~ 8.13，中位数为 7.49，平均值为 6.95。在本研究中，土壤可利用铁含量随着土壤 pH 的变化而变化，可能是导致固氮微生物群落组成差异的原因。

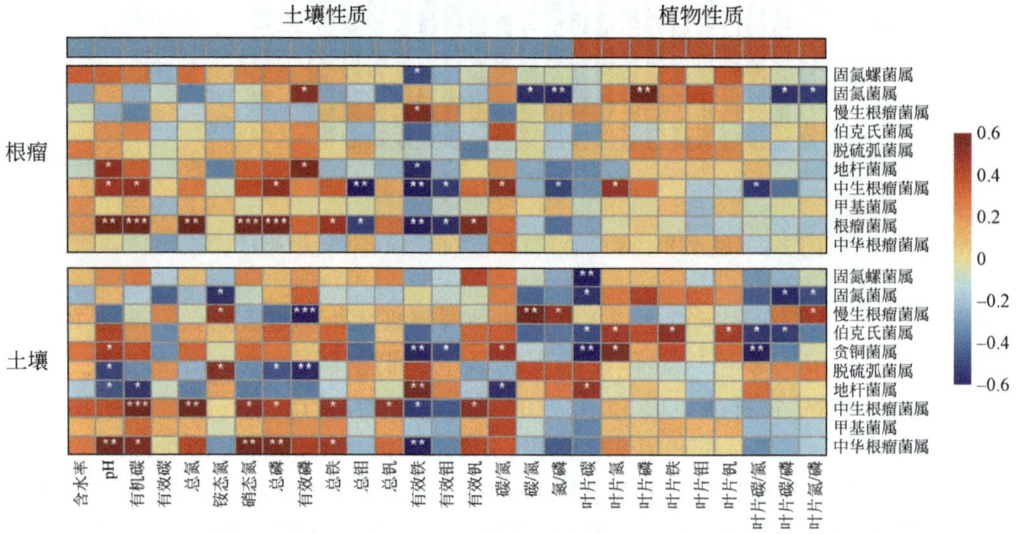

图 2-10　在属水平上优势固氮微生物种群与土壤理化性质和叶性状的皮尔逊相关分析

*、**、*** 分别表示在 0.05、0.01 和 0.001 水平上显著。

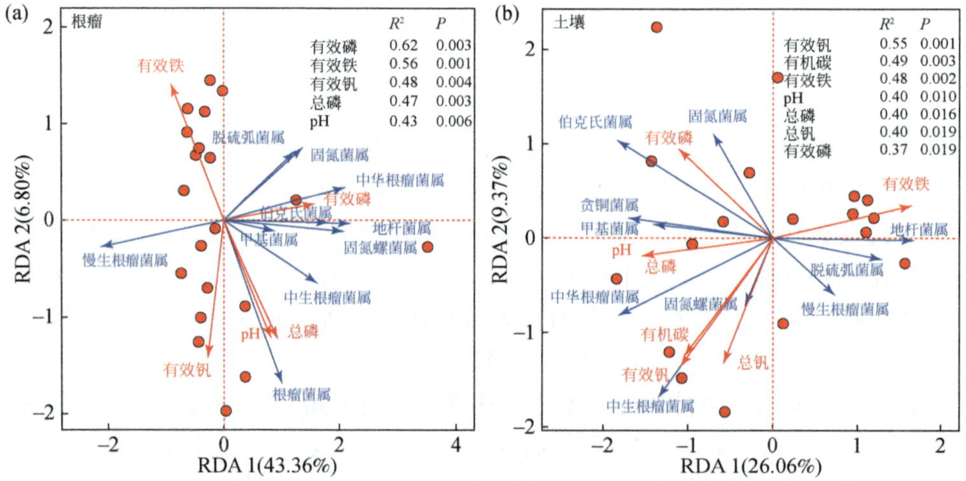

图 2-11　根瘤（a）和土壤（b）固氮微生物群落组成与理化因素的关系的 RDA 分析结果

二、固氮微生物群落在共生和非共生固氮中的相对重要性

平均共生固氮速率为 17.81±2.17mg N g^{-1} d^{-1}（5.38～45.21mg N g^{-1} d^{-1}），平均土壤非共生固氮速率为 45.36±5.15ng N g^{-1} d^{-1}（25.27～105.64ng N g^{-1} d^{-1}）[图 2-12（a）（c）]。根瘤和土壤固氮微生物 *nifH* 基因丰度分别为（1.84±0.27）×10^{10} copies g^{-1} 和（2.09±0.52）×10^8copies g^{-1} [图 2-12（b）（d）]。

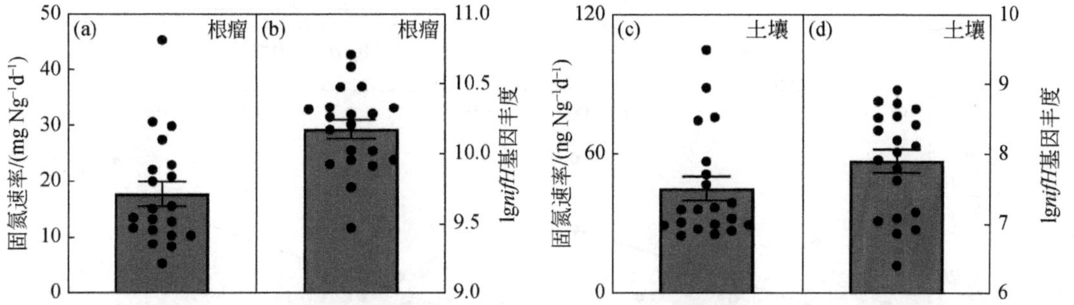

图 2-12 根瘤和土壤的固氮速率（a）（c）和 *nifH* 基因丰度（b）（d）

根瘤和土壤固氮微生物主要优势属与固氮速率随机森林分析表明，脱硫弧菌属（占总序列的 0.02%～0.05%）和地杆菌属（占总序列的 0.1%～0.37%）与共生固氮速率高度相关［图 2-13（a）］，伯克氏菌属（占总序列的 1.00%～19.55%）和贪铜菌属（占总序列的 0.01%～2.32%）与土壤非共生固氮速率高度相关［图 2-13（b）］。共生固氮速率与土壤含水量、*nifH* 基因丰度、脱硫弧菌属和地杆菌属呈显著正相关（图 2-14），而土壤非共生固氮速率与土壤含水量、土壤总铁、叶片钒和铁，以及伯克氏菌属和贪铜菌属相对丰度呈显著正相关（图 2-15）。

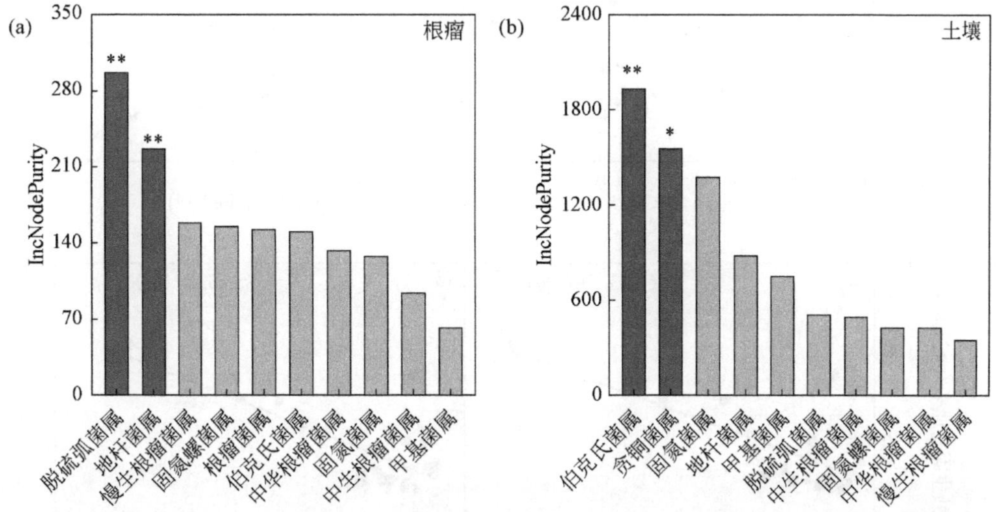

图 2-13 根瘤（a）和土壤（b）优势固氮微生物属与固氮速率的随机森林分析结果

IncNodePurity 是基于在决策树中选择最佳分割的函数节点纯度的增加，IncNodePurity 值越高表示该因子越重要。

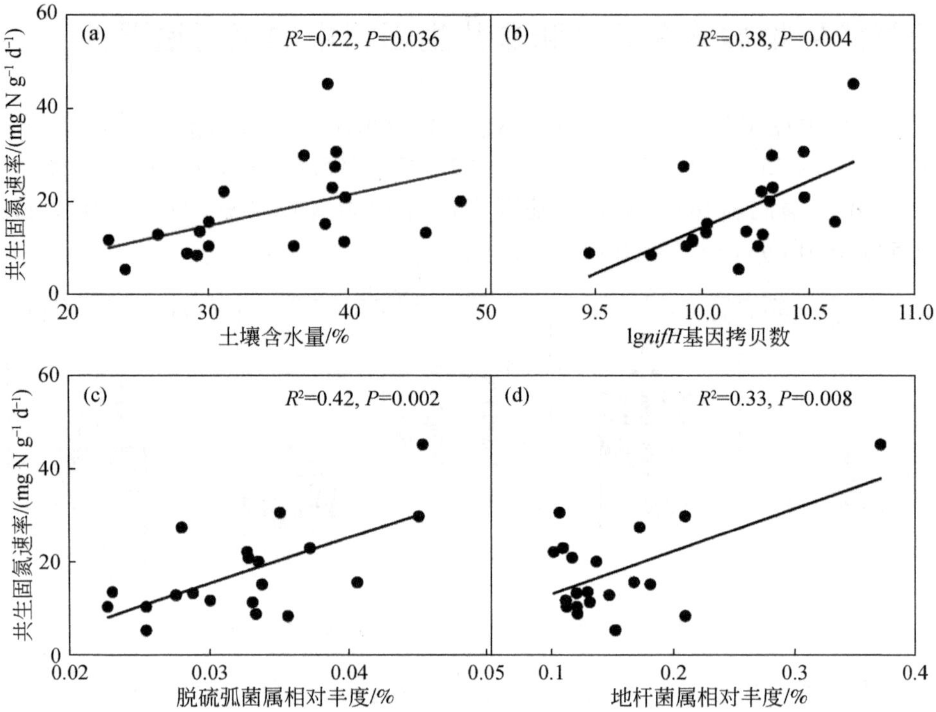

图 2-14　共生固氮速率与土壤含水量（a）、*nifH* 基因丰度（b）、脱硫弧菌属相对丰度（c）和地杆菌属相对丰度（d）的相关性

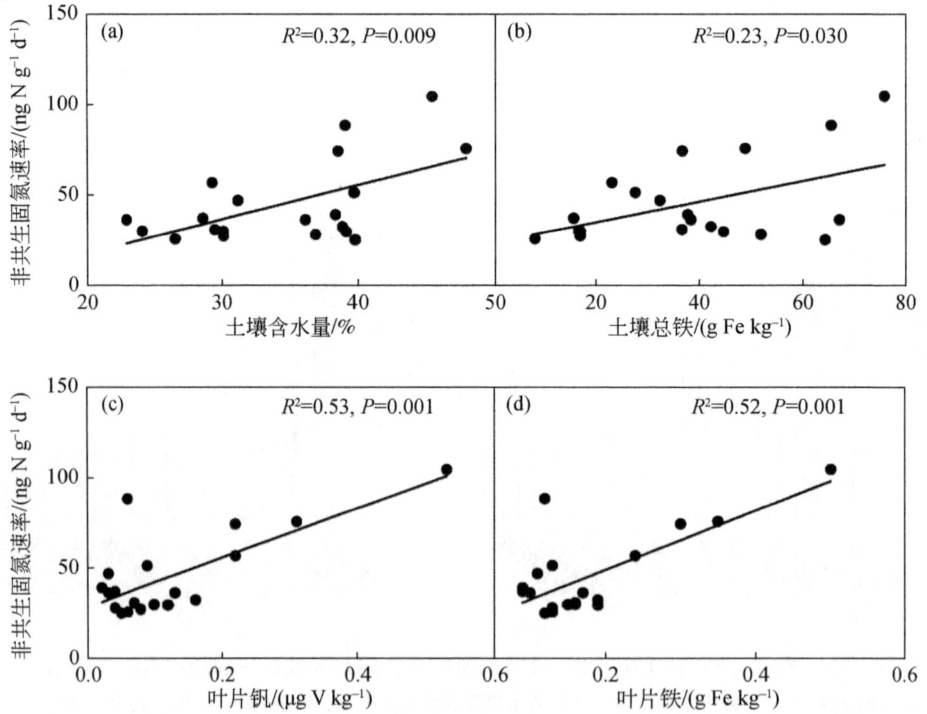

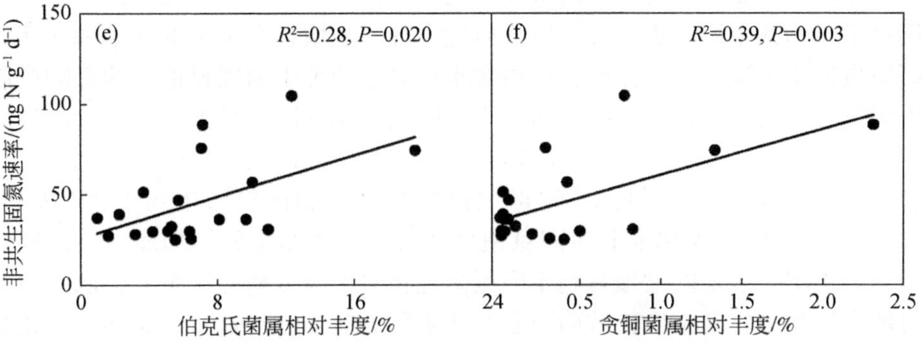

图 2-15　土壤非共生固氮速率与土壤含水量（a）、土壤总铁（b）、叶片钒（c）、叶片铁（d）、伯克氏菌属相对丰度（e）和贪铜菌属相对丰度（f）的关系

结构方程模型解释了共生固氮速率变化的 58%［图 2-16（a）］和非共生固氮速率变化的 65%［图 2-16（b）］。土壤含水量和有效磷的增加促进了脱硫弧菌属和地杆菌属的相对丰度来，进而提高了共生固氮速率；同时，脱硫弧菌属和地杆菌属的相对丰度的增加通过提高 *nifH* 基因丰度间接促进共生固氮速率［图 2-16（a）］。土壤含水量和有效磷的增加一方面促进了植物叶片钒和铁含量，从而促进土壤非共生固氮速率，另一方面促进了固氮微生物伯克氏菌属和贪铜菌属相对丰度，最终促进土壤非共生固氮速率。

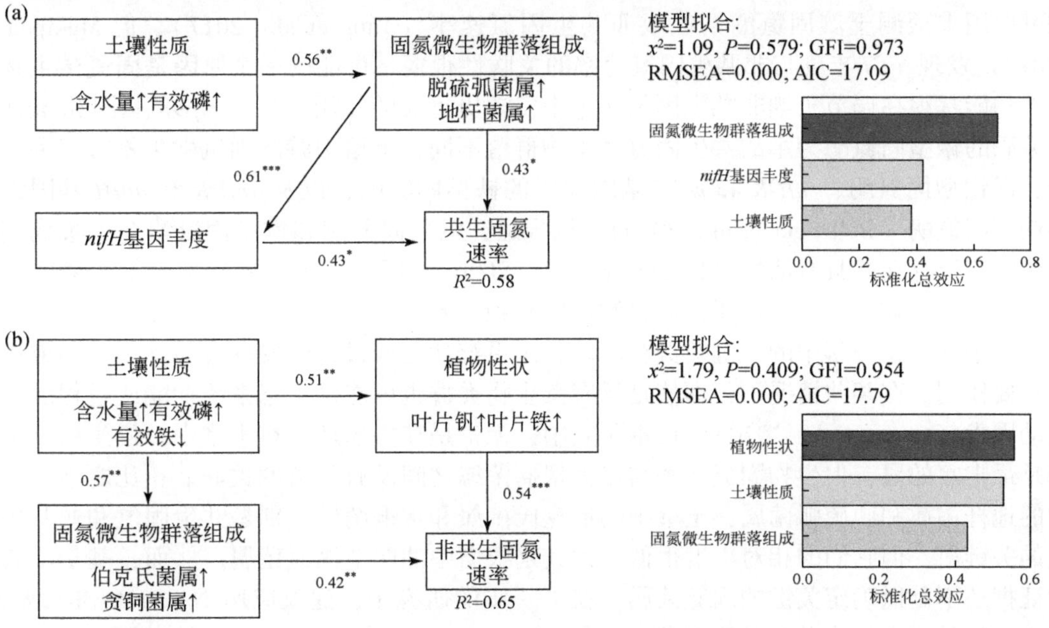

图 2-16　生物因素和非生物因素对共生固氮速率（a）和土壤非共生固氮速率（b）影响的结构方程模型分析结果

实线代表正相关；*、**、*** 分别表示在 $P<0.05$、$P<0.01$ 和 $P<0.001$ 水平上显著。

本研究发现，固氮微生物群落组成和丰度与共生固氮速率更相关，而土壤含水量和养分可利用水平与非共生固氮更相关。以往研究发现，土壤含水量影响共生和非共生固氮速率，本研究也证实了这一点。然而，土壤含水量对这两种生物固氮途径的影响机制可能不同。共生固氮在根瘤中进行，只有当通过生物固氮引起的固碳量大于对生物固氮的能量投入时，共生固氮的开展才有利（Minucci et al., 2019）。如果土壤对植物的水分供应有限，叶片光合作用可能会受到抑制，导致寄主植物对结瘤和固氮微生物群落的碳投入减少（Minucci et al., 2019）。土壤非共生固氮速率随着土壤含水量的增加而增加，直到达到饱和。这是因为土壤含水量的增加有利于固氮微生物对土壤可利用资源的获取，但土壤含水量饱和可能会抑制氮气向土壤扩散而限制非共生固氮速率（Li et al., 2018b）。正如上面所提到的，铁和钒是两种可替代型固氮酶（铁型固氮酶和钒型固氮酶）的关键金属元素，因此，可利用铁和钒对这些固氮酶的活性至关重要。叶片铁和钒的含量比土壤有效铁和钒的含量更能反映土壤可利用铁和钒的水平，因为后者仅反映采样时间点的瞬时铁和钒含量，而叶片铁和钒由于反映了植物对这些养分的持续吸收因而能指示土壤有效铁和钒的状况（Zhou et al., 2021）。因此，叶片铁和钒含量与土壤非共生固氮速率具有很强的相关性，表明后者受土壤铁和钒可利用水平的限制。

本研究表明，*nifH* 基因丰度仅与共生固氮速率显著相关，而与非共生固氮速率无显著相关性。土壤生物地球化学过程是否及如何与固氮微生物群落组成或丰度关联，尚存在很大的不确定性。目前仅有少数几个研究探讨了共生固氮速率和固氮微生物群落丰度或组成的关系，其中针对共生固氮的研究尤其少（Liu et al., 2019）。一些研究发现，*nifH* 基因丰度可以用来预测土壤固氮酶活性或非共生固氮速率（Tang et al., 2017）。但 Makipaa 等（2018）发现 *nifH* 丰度与非共生固氮速率的关联性很弱。可能的一个原因是固氮微生物的其他功能基因在调节土壤非共生固氮速率中发挥更重要的作用。与以 *nifDK* 基因和 *nifH* 基因编码的钼型固氮酶为主的共生固氮微生物群落不同，土壤中游离固氮微生物有三种同工酶，即钼型固氮酶、*vnfDK* 和 *vnfH* 基因编码的铁型固氮酶，以及 *anfDK* 和 *anfH* 基因编码的铁型固氮酶（Bellenger et al., 2020）。据报道，钒型固氮酶和铁型固氮酶在土壤或其他基质中广泛存在并具有活性（Bellenger et al., 2020）。因此，为了更好地理解固氮微生物基因在调控生物固氮中的作用，需要测定所有相关基因。

土壤微生物群落中的关键类群在驱动生态系统功能或过程中发挥着与其丰度不成比例的重要作用。在某些情况下，即使是稀有微生物类群也可能是生态系统功能或过程的主要驱动因素（Chen et al., 2020）。在本研究中，无论是在根瘤还是在土壤中，慢生根瘤菌属都是最丰富的属，但生物固氮速率与慢生根瘤菌属之间没有显著的关联。相比之下，根瘤中的地杆菌属和脱硫弧菌属，土壤中的伯克氏菌属和贪铜菌属分别是共生固氮和非共生固氮的关键属，但它们的相对丰度很低，尤其是根瘤中的两个固氮菌属。然而，基于本研究的证据还不足以确定关键的固氮菌属，在下一步的研究中，建议应用$^{5}N_2$-DNA-SIP 或$^{5}N_2$-RNA-SIP 技术以确定关键的固氮菌。

三、结论

本研究表明，根瘤和土壤固氮微生物群落受相似的土壤性质影响。共生固氮速率受固氮微生物群落组成和丰度的影响更强，而土壤非共生固氮速率受土壤含水量、可利用铁和钒的影响更强。该发现有助于提高对生物固氮速率及其与相关固氮微生物群落之间关联的理解，从而有助于更好地预测全球变化背景下生态系统通过生物固氮途径的氮输入。

参 考 文 献

Anderson M D, Ruess R W, Uliassi D D, et al., 2004. Estimating N_2 fixation in two species of Alnus in interior Alaska using acetylene reduction and $^{15}N_2$ uptake. Ecoscience, 11 (1): 102-112.

Augusto L, Delerue F, Gallet- Budynek A, et al., 2013. Global assessment of limitation to symbiotic nitrogen fixation by phosphorus availability in terrestrial ecosystems using a meta-analysis approach. Global Biogeochemical Cycles, 27 (3): 804-815.

Bellenger J P, Darnajoux R, Zhang X, et al., 2020. Biological nitrogen fixation by alternative nitrogenases in terrestrial ecosystems: a review. Biogeochemistry, 149 (1): 53-73.

Binkley D, 2005. How nitrogen-fixing trees change soil carbon. Netherlands, Dordrecht: Springer.

Chen Q-L, Ding J, Zhu D, et al., 2020. Rare microbial taxa as the major drivers of ecosystem multifunctionality in long-term fertilized soils. Soil Biology and Biochemistry, 141: 107686.

Cleveland C C, Townsend A R, Schimel D S, et al., 1999. Global patterns of terrestrial biological nitrogen (N_2) fixation in natural ecosystems. Global Biogeochemical Cycles, 13 (2): 623-645.

Cleveland C C, Houlton B Z, Neill C, et al., 2010. Using indirect methods to constrain symbiotic nitrogen fixation rates: a case study from an Amazonian rain forest. Biogeochemistry, 99 (1): 1-13.

Darnajoux R, Zhang X, McRose D L, et al., 2017. Biological nitrogen fixation by alternative nitrogenases in boreal cyanolichens: importance of molybdenum availability and implications for current biological nitrogen fixation estimates. New Phytologist, 213 (2): 680-689.

Davidson E A, Markewitz D, de O. Figueiredo R, et al., 2018. Nitrogen fixation inputs in pasture and early successional forest in the brazilian amazon region: evidence from a claybox mesocosm study. Journal of Geophysical Research: Biogeosciences, 123 (2): 712-721.

Davies- Barnard T, Friedlingstein P, 2020. The global distribution of biological Nitrogen fixation in terrestrial natural ecosystems. Global Biogeochemical Cycles, 34 (3): e2019GB006387.

DeLuca T H, Zackrisson O, Nilsson M-C, et al., 2002. Quantifying nitrogen- fixation in feather moss carpets of boreal forests. Nature, 419 (6910): 917-920.

Dynarski K A, Houlton B Z, 2018. Nutrient limitation of terrestrial free- living nitrogen fixation. New Phytologist, 217 (3): 1050-1061.

Fan K, Delgado-Baquerizo M, Guo X, et al., 2019. Suppressed N fixation and diazotrophs after four decades of fertilization. Microbiome, 7 (1): 1-10.

Fowler D, Coyle M, Skiba U, et al., 2013. The global nitrogen cycle in the twenty- first century. Philosophical Transactions of the Royal Society B: Biological Sciences, 368 (1621). https://doi: 10.1098/rstb. 2013. 0164.

Graham P H, 1992. Stress tolerance in Rhizobium and Bradyrhizobium, and nodulation under adverse soil conditions. Canadian Journal of Microbiology, 38 (6): 475-484.

Hedin L O, Brookshire E N J, Menge D N L, et al., 2009. The nitrogen paradox in tropical forest ecosystems. Annual Review of Ecology Evolution and Systematics, 40 (1): 613-635.

Hsu S-F, Buckley D H, 2009. Evidence for the functional significance of diazotroph community structure in soil.

The ISME Journal, 3 (1): 124-136.

Li D, Wen L, Zhang W, et al., 2017. Afforestation effects on soil organic carbon and nitrogen pools modulated by lithology. Forest Ecology and Management, 400: 85-92.

Li D, Wang Z, Sun X, et al., 2018a. Tree species effects on asymbiotic N_2 fixation in subtropical karst and non-karst forests. Soil Biology and Biochemistry, 117: 185-190.

Li D, Zhang Q, Xiao K, et al., 2018b. Divergent responses of biological nitrogen fixation in soil, litter and moss to temperature and moisture in a karst forest, southwest China. Soil Biology and Biochemistry, 118: 1-7.

Li D, Zhang Q, Wang Z, 2019. Free-living N_2 fixation in three karst shrublands, southwest China. Ecosystems, 22 (4): 818-826.

Liu X, Liu C, Gao W, et al., 2019. Impact of biochar amendment on the abundance and structure of diazotrophic community in an alkaline soil. Science of the Total Environment, 688: 944-951.

Makipaa R, Leppanen S M, Munoz S S, et al., 2018. Methanotrophs are core members of the community in decayingdiazotroph Norway spruce logs. Soil Biology & Biochemistry, 120: 230-232.

Minucci J M, Miniat C F, Wurzburger N, 2019. Drought sensitivity of an N-2-fixing tree may slow temperate deciduous forest recovery from disturbance. Ecology, 100 (12): e02862.

Reed S C, Townsend A R, Cleveland C C, et al., 2010. Microbial community shifts influence patterns in tropical forest nitrogen fixation. Oecologia, 164 (2): 521-531.

Reed S C, Cleveland C C, Townsend A R, 2011. Functional ecology of free- living nitrogen fixation: A contemporary perspective. Annual Review of Ecology Evolution and Systematics, 42: 489-512.

Reis C R G, Pacheco F S, Reed S C, et al., 2020. Biological nitrogen fixation across major biomes in Latin America: Patterns and global change effects. Science of the Total Environment, 746: 140998.

Stewart K J, Coxson D, Siciliano S D, 2011. Small-scale spatial patterns in N_2-fixation and nutrient availability in an arctic hummock-hollow ecosystem. Soil Biology and Biochemistry, 43 (1): 133-140.

Sullivan B W, Smith W K, Townsend A R, et al., 2014. Spatially robust estimates ofbiological nitrogen (N) fixation imply substantial human alteration of the tropical N cycle. Proceedings of the National Academy of Sciences, 111 (22): 8101-8106.

Tang Y, Zhang M, Chen A, et al., 2017. Impact of fertilization regimes on diazotroph community compositions and N-2-fixation activity in paddy soil. Agriculture Ecosystems & Environment, 247: 1-8.

Taylor B N, Chazdon R L, Menge D N L, 2019. Successional dynamics of nitrogen fixation and forest growth in regenerating Costa Rican rainforests. Ecology, 100 (4): e02637.

Van Langenhove L, Depaepe T, Verryckt L T, et al., 2021. Comparable canopy and soil free- living nitrogen fixation rates in a lowland tropical forest. Science of the Total Environment, 754: 142202.

Vitousek P M, Menge D N L, Reed S C, et al., 2013. Biological nitrogen fixation: rates, patterns and ecological controls in terrestrial ecosystems. Philosophical Transactions of the Royal Society B- Biological Sciences, 368 (1621). https://doi.org/10.1098/rstb.2013.0119.

Wang Y-P, Houlton B Z, 2009. Nitrogen constraints on terrestrial carbon uptake: Implications for the global carbon-climate feedback. Geophysical Research Letters, 36 (24): L24403.

Wang Y, Li C, Kou Y, et al., 2017. Soil pH is a major driver of soil diazotrophic community assembly in Qinghai-Tibet alpine meadows. Soil Biology & Biochemistry, 115: 547-555.

Wen L, Li D, Yang L, et al., 2016. Rapid recuperation of soil nitrogen following agricultural abandonment in a karst area, southwest China. Biogeochemistry, 129 (3): 341-354.

Williams M A, Jangid K, Shanmugam S G, et al., 2013. Bacterial communities in soil mimic patterns of vegetative succession and ecosystem climax but are resilient to change between seasons. Soil Biology and Biochemistry, 57: 749-757.

Winbourne J B, Brewer S W, Houlton B Z, 2017. Iron controls over di- nitrogen fixation in karst tropical forest. Ecology, 98 (3): 773-781.

Yelenik S, Perakis S S, Hibbs D, 2013. Regional constraints to biological nitrogen fixation in post- fire forest communities. Ecology, 94 (3): 739-750.

Zhang W, Zhao J, Pan F, et al., 2015. Changes in nitrogen and phosphorus limitation during secondary succession in a karst region in southwest China. Plant and Soil, 391 (1-2): 77-91.

Zheng M, Zhou Z, Zhao P, et al., 2020. Effects of human disturbance activities and environmental change factors on terrestrial nitrogen fixation. Global Change Biology, 26 (11): 6203-6217.

Zhou J, Ma J, Li D, 2021. Symbiotic and free- living N_2 fixation in subtropical Pueraria lobata communities of southwest China. Journal of Geophysical Research: Biogeosciences, 126 (7): e2021JG006282.

第三章　西南喀斯特地区灌丛和森林非共生固氮及其主控因素

第一节　引　言

氮（N）是陆地生态系统净初级生产力最主要的限制性营养元素。氮的可利用水平直接影响大多数陆地生态系统的固碳效应，因此氮也在调节气候-碳循环反馈方面起着重要作用。为了更好地预测全球变化背景下生态系统碳动态变化，研究外源氮的输入（与氮可利用水平直接相关）及其控制因素至关重要。对于多数自然生态系统，生物固氮是外源氮输入最主要的途径（Houlton and Morford，2015）。共生固氮（即由植物根瘤中固氮微生物执行的生物固氮）可能在固氮植物丰度高的生态系统中占主导地位（Reed et al.，2011）。与共生固氮相比，非共生固氮（由苔藓-蓝细菌或土壤、凋落物及其他生态系统组分中的非共生固氮微生物执行的生物固氮）速率约为0.01～60kg N hm^{-2} a^{-1}，可能在一些缺少固氮植物（或固氮植物丰度低）的生态系统内是外源氮输入最主要的途径（Reed et al.，2011）。然而，目前对非共生固氮控制机理的认识非常欠缺，生态模型仍不能通过机理过程对生物固氮进行模拟与预测（Thomas et al.，2015）。

尽管对非共生固氮仍缺乏机理性认识，但是部分研究已经发现某些生物和非生物因素能影响非共生固氮速率，包括气候变化相关的因子、树种类型、钼、铁、钒、磷、钙、氮和碳等养分元素。不同树种类型因凋落物质量和数量、根系分泌物量及化学性质上的差异而对凋落物和土壤理化性质产生影响，进而影响土壤、凋落物或森林地表非共生固氮微生物群落的组成和结构（Snell et al.，2016）。针对一个热带雨林的研究表明，树种类型通过对凋落物和土壤性质的影响而显著地影响其非共生固氮速率（Reed et al.，2008）。然而，目前仅一个研究了探讨了树种类型对非共生固氮的影响，因此，树种类型对非共生固氮的调控是否广泛存在尚不清楚。

表层岩性决定着地表岩石的化学、矿物学和物理性质，能显著地影响土壤化学和物理性质，也是影响非共生固氮速率的潜在因素之一。陆地自然生态系统中影响非共生固氮的Mo、P、V、Ca和Fe元素大多由岩石风化而来。岩性可能在很大程度上通过影响上述元素的有效性而影响非共生固氮速率。Winbourne等（2017）发现热带两个相邻的森林中，Fe和Mo分别是石灰岩和火成岩区森林凋落物固氮速率的限制性元素，而且在湿季期间，石灰岩区森林凋落物固氮速率显著高于火成岩。我们已有的研究表明，岩性能够影响SOC水平及其稳定性（Li et al.，2017a）、植物和微生物群落的组成和功能等（Reith et al.，2012）。由于这些因素都与非共生固氮的变化有关，因此岩性有可能影响非共生固氮的空间变化。

第二节　喀斯特典型灌丛非共生固氮速率空间变异及主控因素

灌丛作为一个单一的生物群落，占据了陆地生态系统总面积的14%以上（Broxton et al., 2014）。在中国西南喀斯特地区，由于退耕后的次生演替分布广泛，因此灌丛随处可见（Li et al., 2017a）。Wen等（2016）的研究表明，在喀斯特地区，农田退耕后，土壤总氮可以迅速恢复到原生林水平。另外，该研究还发现喀斯特森林中硝态氮（NO_3^-）的流失非常大。然而，该区域大约37kg N hm^{-2} a^{-1}的氮沉降量（Zhu et al., 2015）远不足以解释该地区土壤氮素的积累和高水平的NO_3^-流失。因此，针对喀斯特演替早期野葛群落的研究表明，西南喀斯特区处于演替早期的野葛群落生物固氮总年通量为22.93±6.52kg N hm^{-2} a^{-1}（7.12～61.93kg N hm^{-2} a^{-1}），其中共生固氮和非共生固氮分别占17.73%～78.57%和21.43%～82.27%（Zhou et al., 2021）。由于在一些灌丛生态系统中，固氮植物非常少，因此在这些生态系统中，非共生固氮速率可能较高。

本研究在桂西北喀斯特峰丛洼地开展。该区域的植被属于亚热带湿润型常绿阔叶林，气候属于亚热带季风气候。年平均气温约19℃，其月均温1月最低、7月最高（图3-1）。年平均降水量约为1447mm，降水季节分布明显，其中4～8月是湿季，占年降水量的71%，9月～次年3月是干季，占年降水量的29%。选择的三种灌丛生态系统均为退耕后自然恢复而成，其海拔为309±5m。三种灌丛的优势种分别是老虎刺（*Pterolobium punctatum*，PTE）、黄荆（*Vitex negundo*，VIT）和盐肤木（*Rhus chinensis*，RHU），其丰度均大于80%。其他物种则包括野葛（*Pueraria lobata*）、白茅（*Imperata cylindrica*）、八角枫（*Alangium chinense*（Lour.）Harms）、火棘（*Pyracantha fortuneana*）、地果（*Ficus tikoua*）、藤黄檀（*Dallergia hancei*）、龙须藤（*Bauhinia championii*）和圣蕨（*Dictyocline griffithii*）。对于每种灌丛，在洼地或低坡选择1个有代表性的50m×50m样地（图3-2），然后在其内随机选择9个10m×10m的样方。在2016年1月和7月，分别从每种灌丛的样方中采集样品（图3-2）。在每个样方内随机选择3个15cm×15cm的采样点，首先，采集其内的凋落

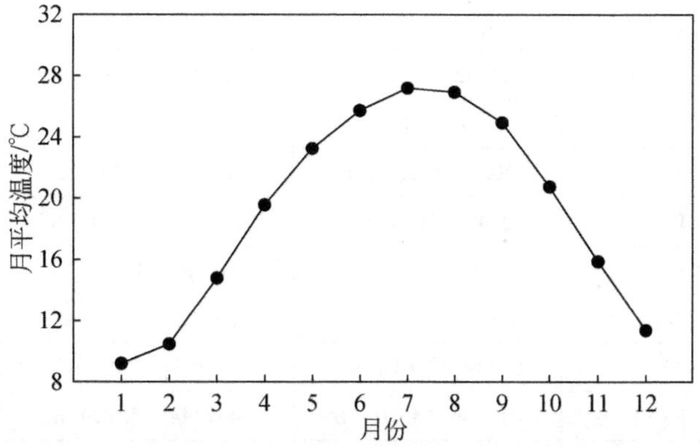

图3-1　研究区每月的气温曲线图

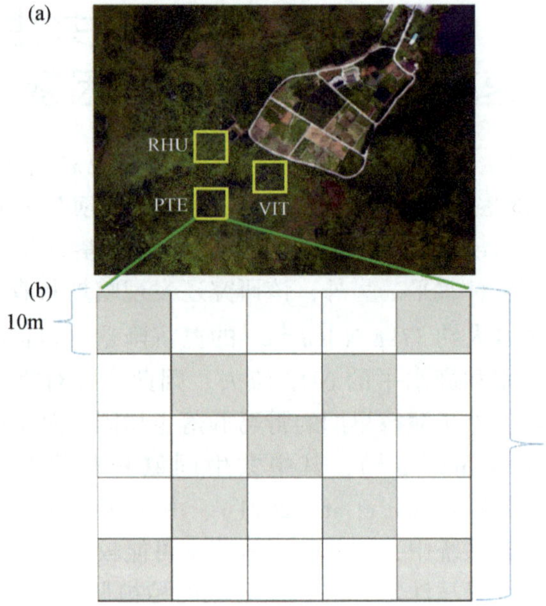

图 3-2　三种灌丛在流域中的相对位置示意图（a）和 9 个样方（灰色区域）在每个灌丛中的分布图（b）

物样品（去除直径大于2mm 的枝干）。然后，用直径为2cm 土钻采集去凋落物层的表层土壤（0～10cm）。最后，充分混匀每个样方内采集的土壤或凋落物样品，用以测定非共生固氮速率。采用乙炔还原法测定凋落物和土壤的非共生固氮速率（Li et al.，2019）。同步测定了凋落物（表 3-1）和土壤（表 3-2）的理化指标。

表 3-1　三种灌丛凋落物的理化性质（平均值±标准误）

月份	指标	PTE	VIT	RHU
1	凋落物质量/(g m^{-2})	111.00 (12.25) c	422.58 (12.25) a*	298.33 (8.95) b*
	LWC/%	88.98 (1.75) a*	79.35 (0.56) b*	79.21 (0.86) b*
	C/(g C kg^{-1})	417.16 (7.21) b	438.18 (1.59) a	408.97 (5.89) b
	N/(g N kg^{-1})	24.32 (0.55) a	22.01 (0.26) b	21.96 (0.69) b
	P/(g P kg^{-1})	1.17 (0.02)*	1.12 (0.05)*	1.07 (0.03)
	C : N	20.08 (0.50) b	23.25 (0.28) a	21.88 (0.69) a*
	C : P	922.42 (26.35) b*	1029.32 (45.48) a*	989.53 (22.63) ab
	N : P	45.95 (0.72)*	44.15 (1.50)*	45.34 (0.61)*
7	凋落物质量/(g m^{-2})	89.67 (0.89) c	283.42 (3.40) a*	189.25 (7.38) b*
	LWC/%	63.39 (3.61) a*	47.48 (2.00) b*	37.80 (1.46) c*
	C/(g C kg^{-1})	415.36 (4.70) b	437.44 (5.22) a	425.68 (4.77) ab
	N/(g N kg^{-1})	23.50 (0.90) a	22.28 (0.10) a	18.56 (1.11) b

续表

月份	指标	PTE	VIT	RHU
7	P/(g P kg^{-1})	1.43 (0.06) a*	1.44 (0.04) a*	1.09 (0.03) b
	C : N	20.81 (0.63) b	22.91 (0.36) b	27.59 (1.75) a*
	C : P	757.16 (22.99) b	795.39 (33.65) b	1021.93 (36.38) a
	N : P	36.41 (0.39) ab*	34.61 (0.97) b*	37.61 (1.19) a*

注：不同字母表示老虎刺（PTE）、黄荆（VIT）和盐肤木（RHU）生态系统之间对应指标有显著差异（$P<0.05$）。LWC 分别表示凋落物的含水量。

* 表示 1 月和 7 月对应指标之间有显著差异（$P<0.05$）。

表 3-2　三种灌丛土壤的理化性质（平均值±标准误）

月份	指标	PTE	VIT	RHU
1	土壤质量/(kg m^{-2})	129.17 (2.74) a	108.70 (3.28) b	100.80 (2.79) b
	容重/(g cm^{-3})	1.29 (0.03) a	1.09 (0.03) b	1.01 (0.03) b
	SOC/(g C kg^{-1})	46.29 (0.43) a	43.36 (0.44) b	39.12 (1.72) b
	TN/(g N kg^{-1})	4.61 (0.10) a	4.17 (0.11) b	3.75 (0.11) c
	TP/(g P kg^{-1})	1.18 (0.05) a	1.01 (0.01) b	0.90 (0.01) c
	C : N	11.78 (0.31)	12.18 (0.20)	11.94 (0.28)
	C : P	102.87 (4.77)	110.52 (0.79)	103.62 (8.00)
	N : P	8.75 (0.37)	9.10 (0.20)	8.62 (0.56)
	pH	7.47 (0.03) b	7.69 (0.04) a	6.78 (0.07) c
	Ca/(cmol kg^{-1})	37.92 (0.30) a	31.22 (0.84) b	12.65 (0.09) c
	Mg/(cmol kg^{-1})	16.76 (0.16) a	14.68 (0.19) b	6.83 (0.03) c
	SWC/%	32.30 (0.77) b	32.15 (0.42) b*	34.34 (0.56) a*
7	SWC/%	30.09 (1.03) a	26.60 (0.54) b*	28.29 (1.04) ab*

注：不同字母表示老虎刺（PTE）、黄荆（VIT）和盐肤木（RHU）生态系统之间对应指标有显著差异（$P<0.05$）。SWC 表示土壤含水量。

* 表示 1 月和 7 月对应指标之间有显著差异（$P<0.05$）。

为了与其他研究、站点或生态系统之间进行比较，本研究估算了生物固氮年通量（kg N hm^{-2} a^{-1}）（Li et al., 2019）。应该注意的是基于两个季节的两次测量结果估算的固氮量可能存在很大的不确定性。本研究估算生物固氮年通量的方法和 Reed 等（2008）相似，采用理论的转换系数（3mol C_2H_4/1mol N_2）将乙烯还原速率（nmol C_2H_4 g^{-1} d^{-1}）转换成生物固氮速率（ng N g^{-1} d^{-1}）（Reed et al., 2008）。土壤固氮的年通量由土壤容重和土壤深度以及土壤固氮速率计算。为估算凋落物每年的固氮量，在采集样品时同步测量了凋落物的质量-面积转化系数。在每个样方内，随机放置 3 个面积为 0.04m^2不锈钢框架（20cm×20cm）；采集每个框内的凋落物（枝干直径要小于 2mm），烘干后称重，计算质量-面积转换系数。ANF 是指乙炔还原速率（nmol C_2H_4 g^{-1} d^{-1}），以便于区分生物固氮年通量（kg N hm^{-2} a^{-1}）。

一、与其他生态系统非共生固氮速率的对比分析

灌丛类型、生态系统组分、季节和它们的交互作用对非共生固氮速率有显著影响（$P<0.05$），但是季节和生态系统组分的交互作用对非共生固氮速率只在 $P<0.1$ 水平上有显著影响（表 3-3）。在 1 月，三种灌丛土壤固氮速率的差异不显著［图 3-3（a）］；而凋落物固氮速率以盐肤木（RHU）样地的最高，老虎刺（PTE）样地最低［图 3-3（b）］。在 7 月，盐肤木样地的土壤固氮速率最高，黄荆（VIT）样地次之，老虎刺样地的最低［图 3-3（a）］。黄荆和盐肤木样地的凋落物固氮速率显著高于老虎刺样地［图 3-3（b）］。两个季节盐肤木样地土壤固氮速率的平均值（0.19nmol C_2H_4 g^{-1} d^{-1}）比老虎刺样地（0.14nmol C_2H_4 g^{-1} d^{-1}）高 31%［图 3-3（a）］。两个季节黄荆（36.60nmol C_2H_4 g^{-1} d^{-1}）和盐肤木样地（45.19nmol C_2H_4 g^{-1} d^{-1}）凋落物固氮速率的平均值分别比老虎刺样地（2.59nmol C_2H_4 g^{-1} d^{-1}）大 13 倍和 16 倍［图 3-3（b）］。不管在 1 月还是 7 月，每种灌丛的凋落物固氮速率均显著高于土壤固氮速率。另外，三种灌丛土壤固氮的年通量有差别，其平均值为 0.62±0.26kg N hm^{-2} a^{-1}（图 3-4）。黄荆（0.37±0.09kg N hm^{-2} a^{-1}）和盐肤木样地（0.31±0.07kg N hm^{-2} a^{-1}）凋落物固氮的年通量在同一水平上，但是都显著高于老虎刺样地（0.01±0.00kg N hm^{-2} a^{-1}）。老虎刺样地的非共生固氮量（等于土壤固氮量加上凋落物固氮量）为 0.63±0.07kg N hm^{-2} a^{-1}，明显低于黄荆样地（0.97±0.08kg N hm^{-2} a^{-1}）和盐肤木样地（0.94±0.08kg N hm^{-2} a^{-1}）的非共生固氮量（图 3-4）。

表 3-3　灌丛类型（ST）、生态系统组分（LR）、季节（S）和它们的交互作用对非共生固氮速率的影响

因素	类型Ⅲ平方和	自由度	均方	方差	显著性
ST	28.77	2，48	14.39	45.88	0.000
LR	69.81	1，48	69.81	222.65	0.000
ST×LR	29.62	2，48	14.81	47.23	0.000
S	34.43	1，48	34.43	39.92	0.000
S×ST	40.99	2，48	20.50	23.76	0.000
S×LR	2.89	1，48	2.89	3.35	0.073
S×ST×LR	17.72	2，48	8.86	10.27	0.000

注：重复测量方差分析，$\alpha=0.05$。

虽然灌丛面积占全球陆地面积的比例超过 14%（Broxton et al.，2014），但是测定灌丛非共生固氮速率的研究非常少。由于缺少实测数据，在估算全球陆地生态系统生物固氮量的研究中，有关非共生固氮的数据大多来自基于荒漠地区实测的非共生固氮数据（Cleveland et al.，1999）。此外，对热带或亚热带森林非共生固氮速率的测定也比较少（Li et al.，2018a）。目前，热带或亚热带森林土壤的固氮速率为 1.21～7.20nmol C_2H_4 g^{-1} d^{-1}，凋落物的大致是 12.91～536.89nmol C_2H_4 g^{-1} d^{-1}（Barron et al.，2009）。本研究测得的土壤（0.12～0.25nmol C_2H_4 g^{-1} d^{-1}）和凋落物（1.89～80.03nmol C_2H_4 g^{-1} d^{-1}）固氮速率比上

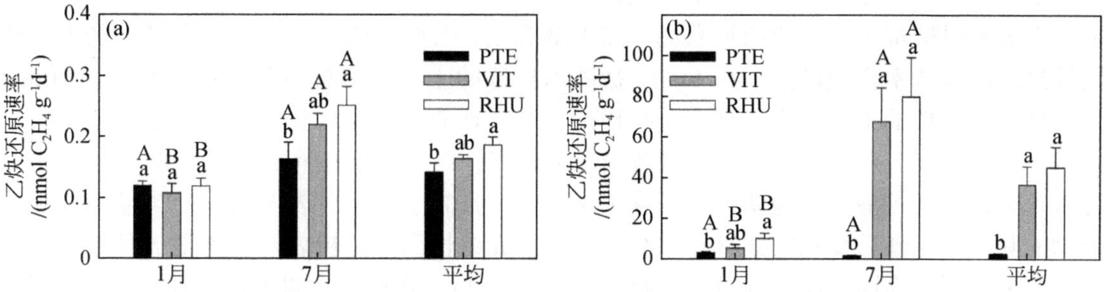

图 3-3　老虎刺（PTE）、黄荆（VIT）和盐肤木（RHU）生态系统中土壤（a）和凋落物（b）的非共生固氮速率

数据为平均值±标准差（n=9）。不同小写字母代表每个季节三种灌丛间的差异显著（P<0.05），大写字母表示每种灌丛1月和7月之间非共生固氮速率的差异显著（P<0.05）。

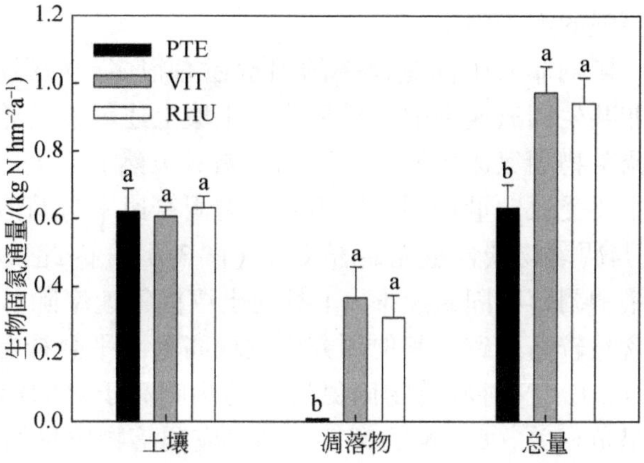

图 3-4　老虎刺（PTE）、黄荆（VIT）和盐肤木（RHU）生态系统的土壤与凋落物非共生固氮年通量（kg N hm^{-2} a^{-1}）和总的非共生固氮量（kg N hm^{-2} a^{-1}）

数据为平均值±标准差（n=9）。不同小写字母表示三种灌丛间非共生固氮年通量的差异显著（P<0.05）。

述的数值低，但是它们可与附近喀斯特或非喀斯特地区的非共生固氮速率类似（Li et al., 2018a）。虽然本研究选取的三种灌丛的非共生固氮量（0.63±0.07～0.97±0.08kg N hm^{-2} a^{-1}）与地中海地区灌丛的非共生固氮量（1.0kg N hm^{-2} a^{-1}）相当（Reed et al., 2011），但观测到的值处于热带森林非共生固氮量（范围为0.1～60kg N hm^{-2} a^{-1}，平均值是7.8kg N hm^{-2} a^{-1}）范围的低值区（Reed et al., 2011）。非共生固氮速率较低的原因可能是生物固氮受到当地较高氮沉降量（约37kg N hm^{-2} a^{-1}）的抑制作用（Li et al., 2018a）。在很多喀斯特演替中后期系统中，固氮植物丰度非常低，较低的非共生固氮速率表明，在退耕后演替中后期通过生物固氮输入的氮对土壤总氮的贡献非常低。

二、灌丛非共生固氮速率的主控因素

大部分土壤或凋落物的理化性质有显著差异（表3-1和表3-2）。除土壤含水量外，我们假定其他土壤理化性质在一年中的变化不大，因此均在 1 月测定。老虎刺样地的土壤容重、土壤有机碳都高于其他两种灌丛。而土壤总氮、总磷、Ca^{2+} 和 Mg^{2+} 的含量以老虎刺样地最高，以盐肤木样地最低。在 1 月，盐肤木样地的土壤含水量高于另两类灌丛，但在 7 月，老虎刺样地的土壤含水量高于黄荆样地。总体而言，1 月的土壤含水量比 7 月高（表 3-2）。在 1 月和 7 月，凋落物储量以黄荆样地最高，以老虎刺样地最低（表 3-1）。和土壤含水量类似，三种灌丛样地凋落物的含水量都是 1 月高于 7 月（表 3-1）。三类灌丛样地凋落物的其他理化性质变化模式存在差异。逐步多元线性回归分析表明总氮是 7 月土壤固氮速率和 1 月凋落物固氮速率的最强解释因子（表 3-2）。在 7 月，凋落物固氮速率的最强解释因子是 C：N，但是 1 月土壤固氮速率没有明确的解释变量。

上述结果表明非共生固氮速率受灌丛类型和季节的影响。在 1 月，三种灌丛土壤固氮速率之间的差异不显著原因可能是因为高土壤含水量（老虎刺样地、黄荆样地和盐肤木样地土壤的含水量（WFPS）分别是 81.2%、59.5%、56.0%）从而阻碍了 N_2 扩散到土壤孔隙（Li et al.，2018b）。由于 N_2 的扩散可能是主要限制因子，所以对于 1 月土壤固氮速率而言，没有发现其他更强的解释因子。

除了土壤含水量，影响非共生固氮速率的因素还有很多，如温度、氮、碳、磷和钙。因此，三种灌丛之间非共生固氮速率的差异可能与土壤上述因素的差异相关。总氮是 7 月土壤固氮速率和 1 月凋落物固氮速率的主要影响因素。虽然 C：N 是 7 月凋落物固氮速率的最强解释因子，且主要受氮含量控制，因为凋落物固氮速率与凋落物氮含量之间呈显著负相关（图 3-5），而与凋落物碳含量无显著关联（图 3-6）。因此，相对于其他两种灌丛，老虎刺样地较低的土壤和凋落物固氮速率（1 月的土壤固氮速率除外）在很大程度上是因为其土壤和凋落物氮含量较高所致。其他研究也发现高氮水平会抑制非共生固氮速率（Li et al.，2018a）。在 7 月，C：N 对凋落物固氮速率的影响高于氮的影响，说明凋落物固氮速率和凋落物的质量呈负相关（C：N 的高低分别对应凋落物质量的低或高（Koller et al.，2013））。具有高 C：N 的凋落物可以为异养固氮菌提供更多的碳源和能量（Vitousek and

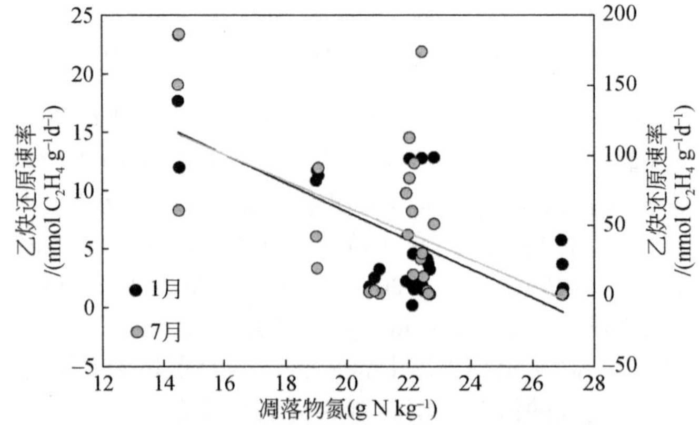

图 3-5　1 月和 7 月凋落物固氮速率与氮含量的相关性

1 月：$R^2=0.44$，$P<0.001$，$n=27$；7 月：$R^2=0.30$，$P=0.003$，$n=27$。

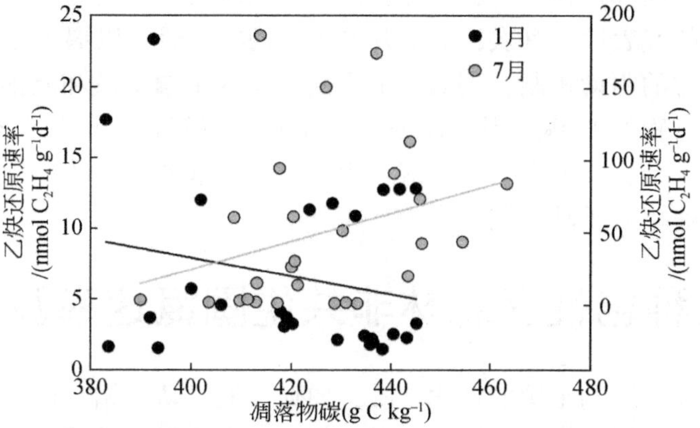

图 3-6　1 月和 7 月凋落物固氮速率与碳含量的相关性

1 月：R^2=0.05，P=0.26，n=27；7 月：R^2=0.09，P=0.13，n=27。

Hobbie，2000）。固氮速率与 C∶N 呈正相关说明高碳含量和高能量的供应有利于凋落物固氮，因为固氮菌需要高能量以打破 N_2 的三键，并防止固氮酶被 O_2 氧化而失活（Vitousek and Hobbie，2000）。然而，仅考虑碳含量还存在问题，因此凋落物木质素含量影响其非共生固氮速率。例如，Vitousek 和 Hobbie（2000）在夏威夷森林中的发现，木质素含量较低的凋落物其固氮速率比木质素含量高的凋落物更高。

我们发现非共生固氮速率的季节变化取决于灌丛类型。然而，老虎刺样地的非共生固氮速率随季节变化不明显的机制尚不清楚，其原因可能是因为老虎刺样地土壤和凋落物的含水量较高，导致扩散到固氮酶位点的 N_2 较少，从而降低了非共生固氮速率。其他两种灌丛的固氮速率都是 7 月显著高于 1 月。土壤和凋落物的氮含量在两个季节间没有显著差异，因此，其他因素可能是导致固氮速率季节差异的主因。如前所述，1 月偏低的固氮速率可能是因为土壤和凋落物的含水量较高。因此，相对较低的含水量可能是黄荆和盐肤木样地固氮速率较高的原因之一。此外，作为一个酶介导的过程，非共生固氮速率受温度控制（Li et al.，2018b）。Li 等（2018b）的研究结果表明在一定的湿度范围内，土壤和凋落物固氮速率随温度的增加而增加。在本研究区，1 月平均气温低，而 7 月平均气温高。因此，7 月较高的气温可能是黄荆和盐肤木样地非共生固氮速率较高的原因之一。

三、结论

三种灌丛类型间或季节间非共生固氮速率具有明显的差异。所研究的喀斯特灌丛非共生固氮速率相对较低，可能是由于该区大气氮沉降较高，即 37kg N hm^{-2} a^{-1}。全氮或 C∶N 是三种灌丛土壤和凋落物非共生固氮速率变化的最强解释因子。本研究表明，在小尺度范围内，灌丛群落的非共生固氮速率可能会发生较大的变化，因此，需要开展更多的实测研究以获得具有代表性的灌丛群落非共生固氮速率范围。理由包括以下两点：首先，从热带到极地，灌丛在全球范围内广泛分布，但本研究仅在亚热带地区开展。考虑到灌丛群落是陆地生态系统中面积最大的单一生物群落，且分布区域在气候、土壤性质、养分有效性和植物物种组成等方面都存在差异，因此，需要在全球尺度开展更多的测量以提高灌丛群落非共生固氮速率的代表性。其次，需要开展更多的实测研究以揭示西南喀斯特灌丛非共生固氮速率时空变化的驱动机制。例如，本研究仅发现土壤全氮和凋落物氮或 C：N 分别显著影响土壤和凋落物的非共生固氮速率。对非共生固氮速率的控制机理仍缺乏深入认识。因此，应进一步结合固氮微生物群落、钼、钒、土壤磷有效性等可能因素及其相互作用阐释非共生固氮速率的驱动机制。

第三节　三种岩性区森林非共生固氮速率及其主控因素

岩性在很大程度上影响土壤的理化性质，如碳、氮、磷、钼、铁、钒等的含量和有效性。因此，岩性可能是影响非共生固氮的潜在因素。目前仅少量研究探讨了岩性对非共生固氮速率的影响（Li et al., 2018a）。如 Winbourne 等（2017）测定了热带石灰岩区和火山岩区森林的凋落物固氮速率，发现凋落物固氮速率在石灰岩区森林中更高。然而，生态系统各组分（土壤、凋落物、苔藓等）非共生固氮速率对岩性的响应可能存在差异。如 Li 等（2018a）比较了中国西南石灰岩和碎屑岩区森林中不同树种下土壤和凋落物的固氮速率，发现凋落物固氮速率在石灰岩区森林中更高，而土壤固氮速率受岩性的影响较弱。考虑到固氮微生物广泛分布于生态系统多种组分，从生态系统尺度上揭示岩性对非共生固氮的影响还有待进一步研究。

本研究于 2016 年在桂西北的环江县开展（图 3-7），为典型的峰丛洼地喀斯特区，基岩为石灰岩、白云岩及石灰岩和白云岩两种岩性不同比例的混杂。非喀斯特区域的基岩为碎屑岩。在石灰岩、白云岩和碎屑岩区各选取 2 种森林类型，共 6 个森林样地。每种森林类型间距离为 1.45 ~ 55.94km。石灰岩、白云岩和碎屑岩区内部两类森林之间的距离分别为 7.72km、5.52km 和 51.00km。石灰岩区选取的两种森林的优势树种均为厚壳桂（*Cryptocar yachinensis*），但林龄分别为 35 年和 50 年。白云岩区选取的两种森林的优势树

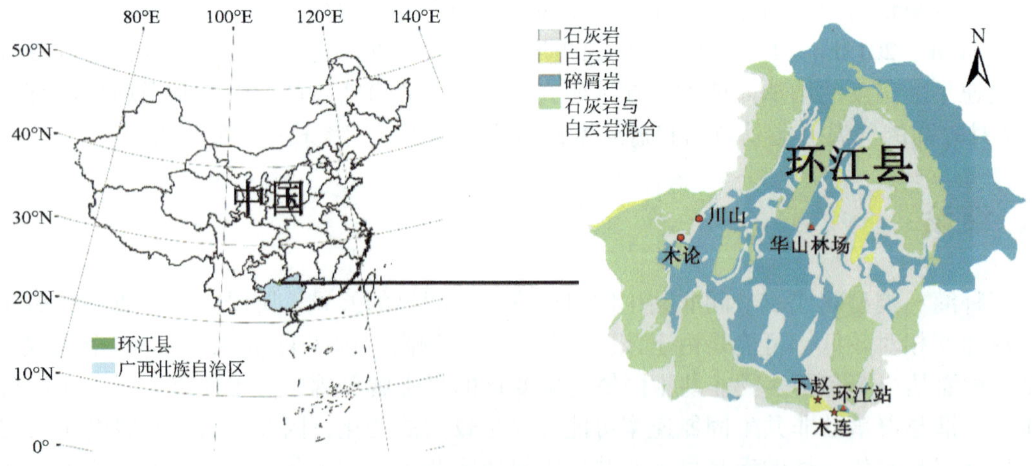

图 3-7　研究区样点分布图

种分别为八角枫（*Alangium chinense*）和檵木（*Loropetalum chinensis*）。碎屑岩区选取的两种森林的优势树种分别为罗浮柿（*Diospyros morrisiana* Hance）和马尾松（*Pinus massoniana*）。在每个森林中建立一个面积 $1hm^2$ 样方，在每个样方中分别建立 3 个间距大于 60m 的 20m×20m 的子样方，其中，马尾松林地表无苔藓分布。分别于 2016 年 4 月（湿季）和 11 月（干季）各采样一次。利用乙炔还原法测定土壤、凋落物和苔藓（马尾松林无苔藓故无数据）的乙烯产生速率（nmol C_2H_4 g^{-1} dry mass d^{-1}）。为了将乙炔还原速率转换为非共生固氮年通量，2019 年 7 月，参考 Keuter 等（2014）和 DeLuca 等（2002）的方法测定了土壤、凋落物和苔藓的转换系数（乙炔还原速率：生物固氮速率），分别为 0.12±0.14、2.09±0.21 和 2.27±0.32。利用所测的转换系数将乙烯产生速率转换成生物固氮年通量（kg N hm^{-2} a^{-1}）（Wang et al.，2023）。同步测定了一系列土壤（表 3-4）、凋落物（表 3-5）和苔藓（表 3-6）的理化指标。

表 3-4　森林土壤理化性质

指标		CRY1	CRY2	ALS	LOR	DIO	PIN	总体	*P*
湿季	BD/(g cm^{-3})	0.84 (0.02) d	0.91 (0.01) d	1.01 (0.03) c	0.87 (0.02) d	1.09 (0.03) b	1.29 (0.03) a	1.00 (0.02)	<0.001
	pH	7.33 (0.20) a	7.32 (0.21) a	7.65 (0.13) a	6.63 (0.12) b	3.98 (0.03) c	4.29 (0.04) c	6.20 (0.21)	<0.001
	SOC/(g C kg^{-1})	50.85 (1.94) ab	46.10 (2.08) bc	43.48 (0.53) c	53.22 (2.68) a	30.94 (2.21) d	44.59 (2.57) bc	44.86 (1.28)	<0.001
	TN/(g N kg^{-1})	4.97 (0.20) a	4.69 (0.28) a	4.70 (0.09) a	4.63 (0.22) a	2.05 (0.15) b	2.11 (0.17) b	3.86 (0.19)	<0.001
	TP/(g P kg^{-1})	1.57 (0.10) b	2.43 (0.03) a	0.97 (0.02) c	0.82 (0.02) d	0.34 (0.02) e	0.22 (0.00) e	1.06 (0.11)	<0.001
	C : N	11.94 (0.03) d	11.57 (0.23) d	10.80 (0.14) d	13.38 (0.04) c	17.65 (0.46) b	25.01 (0.92) a	15.06 (0.70)	<0.001
	C : P	87.19 (7.56) de	49.18 (2.65) e	116.28 (1.73) d	166.53 (5.63) c	238.52 (17.07) b	522.52 (34.42) a	196.70 (22.55)	<0.001
	N : P	7.32 (0.65) c	4.29 (0.30) d	10.79 (0.28) b	12.44 (0.39) b	13.68 (1.22) b	21.26 (1.91) a	11.63 (0.83)	<0.001
	SWC/%	37.54 (0.70) a*	36.10 (0.33) a*	34.99 (0.33) a*	35.85 (0.68) a*	28.04 (1.66) b*	28.23 (0.64) b*	33.46 (0.62)*	<0.001
	NH_4^+-N/(mg kg^{-1})	2.16 (0.07) d*	1.26 (0.09) d*	2.35 (0.12) d*	5.03 (0.71) c*	28.12 (1.45) b*	14.65 (1.42) a*	8.93 (1.38)*	<0.001
	NO_3^--N/(mg kg^{-1})	25.71 (2.16) c*	19.23 (0.24) c*	81.10 (2.69) a*	53.74 (4.87) b*	11.40 (0.17) d*	4.62 (0.68) d*	32.64 (3.78)*	<0.001
	Mg/(g kg^{-1})	1.31 (0.07) b	0.77 (0.04) d	1.65 (0.02) a*	1.04 (0.16) c	0.03 (0.01) e	0.01 (0.00) e	0.80 (0.09)	<0.001

续表

指标		CRY1	CRY2	ALS	LOR	DIO	PIN	总体	P
湿季	Ca/(g kg^{-1})	5.96 (0.80) ab*	6.99 (1.99) a	4.22 (0.05) b*	3.67 (0.19) b*	0.12 (0.01) c	0.06 (0.01) c	3.51 (0.50)	<0.001
	Mo/(μg kg^{-1})	62.54 (6.10) ab	53.62 (12.92) ab	58.21 (15.84) ab	41.38 (6.88) b	65.95 (6.34) ab	72.69 (2.33) a*	59.06 (3.95)	0.285
	V/(mg kg^{-1})	2.75 (1.16) b	8.14 (0.93) a	6.92 (1.31) a	6.38 (0.89) a	6.22 (1.73) a	1.41 (0.03) b	5.30 (0.55)	0.001
	Fe/(g kg^{-1})	0.10 (0.00) c*	0.12 (0.01) c	0.10 (0.00) c	0.11 (0.00) c	0.51 (0.03) a	0.47 (0.02) b	0.24 (0.03)	<0.001
干季	BD/(g cm^{-3})								
	pH								
	SOC/(g C kg^{-1})								
	TN/(g N kg^{-1})								
	TP/(g P kg^{-1})								
	C : N								
	C : P								
	N : P								
	SWC/%	32.98 (0.83) a	31.29 (0.22) ab	29.35 (0.66) b	29.29 (0.68) b	21.37 (1.01) c	17.35 (0.57) d	26.94 (0.82)	<0.001
	NH_4^+-N/(mg kg^{-1})	0.25 (0.01) d	0.19 (0.01) d	11.33 (1.57) a	8.28 (0.28) b	8.82 (0.25) b	5.44 (0.11) c	5.72 (0.64)	<0.001
	NO_3^--N/(mg kg^{-1})	1.55 (0.18) cd	0.76 (0.01) d	21.28 (0.99) a	5.48 (0.98) b	3.15 (0.19) c	1.37 (0.13) d	5.60 (1.01)	<0.001
	Mg/(g kg^{-1})	1.46 (0.06) a	0.77 (0.04) b	1.37 (0.06) a	0.90 (0.17) b	0.04 (0.01) c	0.01 (0.00) c	0.76 (0.08)	<0.001
	Ca/(g kg^{-1})	14.95 (3.98) a	6.99 (1.99) b	3.66 (0.13) bc	2.87 (0.19) bc	0.15 (0.00) c	0.06 (0.01) c	4.78 (1.00)	<0.001
	Mo/(μg kg^{-1})	61.42 (6.50) ab	49.67 (9.15) bc	36.33 (12.05) c	29.24 (2.77) c	63.81 (9.65) ab	81.29 (2.27) a	53.63 (3.91)	<0.001
	V/(mg kg^{-1})	5.68 (1.03) ab	7.61 (0.78) a	4.19 (1.07) b	5.92 (0.54) ab	7.29 (1.54) c	1.41 (0.04) a	5.35 (0.47)	<0.001
	Fe/(g kg^{-1})	0.07 (0.01) c	0.12 (0.01) b	0.10 (0.00) bc	0.10 (0.00) b	0.47 (0.01) a	0.47 (0.02) a	0.22 (0.02)	<0.001

注：数值表示平均值（标准误）；不同小写字母表示同一指标在不同森林类型之间差异显著（LSD 检验，$P<0.05$）。不同类型的森林分别为约 35 年的厚壳桂林（CRY1）和 50 年的厚壳桂林（CRY2）、八角枫林（ALS）、檵木林（LOR）、罗浮柿林（DIO）和马尾松林（PIN）。

* 表示指标在湿季和干季之间差异显著（$P<0.05$）。

表 3-5　森林凋落物理化性质

指标		CRY1	CRY2	ALS	LOR	DIO	PIN	总体	*P*
湿季	LWC/%	37.62 (1.71) d*	43.32 (1.53) c*	76.09 (0.37) a*	60.98 (2.11) b*	61.13 (0.64) b*	60.24 (3.37) b*	56.56 (1.90)*	<0.001
	C/(g C kg^{-1})	458.66 (2.35) c*	444.40 (2.31) b*	441.50 (7.49) cd	445.86 (5.29) bc*	429.04 (4.96) d*	498.89 (4.69) a*	453.06 (3.59)	<0.001
	N/(g N kg^{-1})	18.66 (0.34) c	19.94 (0.46) b*	22.86 (0.36) a*	16.62 (0.21) d*	17.80 (0.40) c*	9.15 (0.21) e	17.51 (0.59)*	<0.001
	P/(g P kg^{-1})	1.27 (0.03) ab	1.30 (0.03) a*	1.13 (0.02) c*	0.56 (0.00) d*	1.18 (0.07) bc*	0.31 (0.01) e*	0.96 (0.05)	<0.001
	C : N	28.77 (0.68) c	26.10 (0.60) d*	22.55 (0.32) e*	31.30 (0.02) b*	28.19 (0.48) cd*	63.90 (1.83) a*	33.47 (1.93)	<0.001
	C : P	936.61 (26.05) c	884.81 (22.74) c*	1014.05 (29.76) c	2048.98 (27.77) b*	966.42 (58.91) c*	4249.74 (122.31) a	1683.44 (168.68)	<0.001
	N : P	32.56 (0.56) c	33.96 (0.83) c*	45.06 (1.52) b*	65.45 (0.94) a*	34.14 (1.74) c*	66.51 (0.15) a*	46.28 (2.04)*	<0.001
	Mg/(g kg^{-1})	20.04 (4.31) a*	3.98 (0.40) c	5.03 (0.79) bc	12.85 (4.11) ab	6.47 (3.30) bc	1.12 (0.20) c	8.25 (1.40)*	<0.001
	Ca/(g kg^{-1})	33.49 (3.57) a*	35.27 (1.97) a	30.61 (0.48) a*	31.63 (0.78) a	19.35 (3.12) b	10.00 (1.47) c	26.73 (1.51)	<0.001
	Mo/(μg kg^{-1})	99.79 (14.74) a*	132.69 (17.44) a*	59.64 (3.86) b*	54.13 (4.26) b*	110.95 (10.42) a*	41.86 (10.16) b*	83.18 (6.33)*	<0.001
	V/(mg kg^{-1})	7.42 (0.61) a	2.37 (0.11) d*	4.13 (0.12) b*	3.20 (0.21) c*	1.01 (0.05) e*	1.09 (0.19) e*	3.20 (0.32)	<0.001
	Fe/(g kg^{-1})	4.53 (0.45) a	3.69 (0.90) ab	3.63 (0.43) ab*	3.03 (0.17) b*	1.65 (0.11) c	1.73 (0.06) c*	3.04 (0.23)	<0.001
干季	LWC/%	59.77 (1.02) b	59.87 (1.53) b	69.11 (0.51) a	46.69 (2.41) c	24.61 (0.82) e	40.37 (1.49) d	50.07 (2.10)	<0.001
	C/(g C kg^{-1})	451.85 (13.18) b	420.50 (0.59) c	444.84 (4.01) bc	425.98 (1.10) c	444.22 (1.51) bc	543.13 (13.94) a	455.09 (6.43)	<0.001
	N/(g N kg^{-1})	18.01 (0.03) b	17.70 (0.16) b	19.02 (0.12) a	14.52 (0.22) c	12.04 (0.07) d	9.23 (0.13) e	15.09 (0.49)	<0.001
	P/(g P kg^{-1})	1.18 (0.03) b	1.44 (0.04) a	1.21 (0.02) b	0.68 (0.02) c	0.66 (0.01) c	0.34 (0.01) d	0.92 (0.05)	<0.001
	C : N	29.26 (0.85) d	27.74 (0.29) de	27.32 (0.42) e	34.29 (0.47) c	43.08 (0.39) b	68.54 (0.77) a	38.37 (2.01)	<0.001

续表

指标		CRY1	CRY2	ALS	LOR	DIO	PIN	总体	*P*
干季	C∶P	997.40 (34.69) c	758.67 (19.44) d	950.20 (22.98) c	1616.17 (36.84) b	1753.13 (28.29) b	4099.30 (119.42) a	1695.81 (157.18)	<0.001
	N∶P	34.15 (0.96) d	27.43 (0.99) e	34.78 (0.60) d	47.08 (0.47) b	40.76 (1.01) c	59.73 (1.21) a	40.66 (1.48)	<0.001
	Mg/(g kg^{-1})	2.73 (0.46) b	3.85 (0.14) b	10.71 (4.20) a	4.30 (0.21) b	2.62 (0.41) b	1.23 (0.17) b	4.24 (0.79)	<0.001
	Ca/(g kg^{-1})	21.90 (3.38) b	37.16 (2.22) a	35.28 (0.94) a	33.34 (1.54) a	17.12 (2.95) b	9.35 (0.86) c	25.69 (1.65)	<0.001
	Mo/(μg kg^{-1})	58.99 (7.27) d	247.27 (33.80) b	150.57 (9.17) c	114.61 (16.95) cd	406.39 (32.37) a	166.97 (7.94) c	190.80 (17.42)	<0.001
	V/(mg kg^{-1})	6.91 (0.58) b	3.38 (0.10) c	1.45 (0.10) d	9.90 (0.17) a	0.62 (0.03) e	0.53 (0.07) e	3.80 (0.49)	<0.001
	Fe/(g kg^{-1})	3.74 (0.96) ab	3.95 (0.79) ab	1.53 (0.24) bc	6.27 (1.27) a	3.27 (1.35) b	0.37 (0.02) c	3.19 (0.44)	<0.001

注：数值表示平均值（标准误）；不同小写字母表示同一指标在不同森林类型之间差异显著（LSD 检验，$P<0.05$）。不同类型的森林分别为约 35 年的厚桂林（CRY1）和 50 年的厚壳桂林（CRY2）、八角枫林（ALS）、檵木林（LOR）、罗浮柿林（DIO）和马尾松林（PIN）。

*表示指标在湿季和干季之间差异显著（$P<0.05$）。

表 3-6　森林苔藓理化性质

指标		CRY1	CRY2	ALS	LOR	DIO	PIN	总体	*P*
湿季	MWC/%	45.17 (2.54) d*	56.95 (1.63) c	78.96 (0.42) a*	70.66 (1.63) b*	61.90 (4.67) c*	—	62.73 (2.07)*	<0.001
	C/（g C kg^{-1}）	364.71 (2.65) a*	318.14 (9.21) b	361.96 (7.00) a	338.10 (10.46) ab	171.03 (21.14) c*	—	310.79 (11.95)	<0.001
	N/(g N kg^{-1})	20.04 (0.80) b*	21.72 (1.02) ab*	23.20 (0.30) a	23.80 (0.29) a	8.90 (1.21) c*	—	19.53 (0.90)	<0.001
	P/(g P kg^{-1})	3.06 (0.01) a*	3.21 (0.16) a	1.81 (0.14) b*	1.42 (0.05) c*	0.84 (0.10) d	—	2.07 (0.15)	<0.001
	C∶N	21.59 (1.09) ab	17.32 (0.75) b	18.22 (0.42) b	16.62 (0.65) b	29.91 (7.99) a	—	20.73 (1.72)	0.080
	C∶P	308.08 (2.75) bc*	258.36 (7.41) c*	537.82 (36.22) ab*	620.48 (34.22) a*	712.17 (190.58) a	—	487.38 (46.04)	0.002
	N∶P	14.50 (0.55) d*	15.02 (0.37) d*	29.37 (1.60) b*	37.19 (0.81) a*	23.68 (1.37) c*	—	23.95 (1.38)	<0.001

续表

指标		CRY1	CRY2	ALS	LOR	DIO	PIN	总体	*P*
湿季	Mg/(g kg^{-1})	19.45 (5.17) a*	12.89 (1.36) a	14.72 (2.33) a	13.18 (1.65) a	10.60 (5.13) a	—	14.17 (1.58)	0.494
	Ca/(g kg^{-1})	38.68 (8.82) a	27.35 (1.99) a	31.08 (3.67) a	31.50 (3.02) a	21.75 (10.36) a	—	30.07 (2.90)	0.468
	Mo/(μg kg^{-1})	215.26 (7.48) c*	159.57 (12.77) d	224.21 (3.86) c*	276.43 (16.09) b	816.45 (18.82) a*	—	338.38 (36.89)*	<0.001
	V/(mg kg^{-1})	4.88 (0.48) ab	5.60 (0.48) b*	3.86 (0.38) c*	7.19 (0.59) a*	7.73 (0.47) a*	—	5.85 (0.30)	<0.001
	Fe/(g kg^{-1})	1.86 (0.48) a*	7.76 (1.35) b	4.53 (0.49) c*	5.92 (0.91) bc*	11.15 (1.10) a*	—	6.24 (0.62)	<0.001
干季	MWC/%	59.96 (0.59) a	64.03 (3.19) a	63.95 (1.94) a	40.35 (1.73) b	42.39 (2.57) b	—	54.14 (1.84)*	<0.001
	C/(g C kg^{-1})	451.85 (13.18) a	287.52 (21.28) c	367.43 (0.45) b	353.70 (8.06) b	258.21 (0.00) c	—	343.74 (11.35)	<0.001
	N/(g N kg^{-1})	22.89 (0.25) a	18.22 (1.25) b	24.12 (0.36) a	22.97 (0.54) a	13.27 (0.58) c	—	20.30 (0.68)	<0.001
	P/(g P kg^{-1})	2.63 (0.04) b	3.28 (0.18) a	2.36 (0.03) c	1.89 (0.04) d	0.99 (0.06) e	—	2.23 (0.12)	<0.001
	C : N	22.99 (0.42) a	18.34 (0.21) b	17.80 (0.27) b	18.12 (0.85) b	23.04 (0.94) a	—	20.06 (0.45)	<0.001
	C : P	443.78 (6.50) bc	224.03 (4.91) d	402.15 (6.06) c	484.37 (2.09) b	687.84 (37.41) a	—	448.43 (23.66)	<0.001
	N : P	19.31 (0.07) d	12.21 (0.22) e	22.59 (0.04) c	27.16 (1.16) b	29.73 (0.53) a	—	22.20 (0.96)	<0.001
	Mg/(g kg^{-1})	6.51 (2.18) b	15.66 (1.96) a	16.78 (1.07) a	14.51 (2.49) a	0.66 (0.06) c	—	10.82 (1.21)	<0.001
	Ca/(g kg^{-1})	29.21 (6.60) a	34.02 (4.24) a	33.65 (1.37) a	34.63 (4.02) a	2.41 (0.09) b	—	26.78 (2.52)	<0.001
	Mo/(μg kg^{-1})	477.77 (3.15) b	307.91 (78.21) c	370.76 (15.63) c	288.71 (18.76) c	1420.35 (9.82) a	—	573.10 (66.52)	<0.001
	V/(mg kg^{-1})	4.85 (0.03) b	8.55 (0.05) a	2.44 (0.26) d	3.85 (0.36) c	5.77 (0.63) b	—	5.09 (0.34)	<0.001
	Fe/(g kg^{-1})	10.47 (1.77) a	7.63 (0.21) b	2.25 (0.28) c	3.05 (0.35) c	6.21 (0.41) b	—	5.92 (0.58)	<0.001

注：数值表示平均值（标准误）；不同小写字母表示同一指标在不同森林类型之间差异显著（LSD 检验，$P<0.05$）。不同类型的森林分别为约 35 年的厚壳桂林（CRY1）和 50 年的厚壳桂林（CRY2）、八角枫林（ALS）、檵木林（LOR）、罗浮柿林（DIO）和马尾松林（PIN）。

* 表示指标在湿季和干季之间差异显著（$P<0.05$）。

一、森林非共生固氮速率

重复测量方差分析结果表明非共生固氮速率受森林类型、基质、季节及其交互作用的影响（表3-7）。六种不同森林类型的非共生固氮速率因季节和基质而异（图3-8）。湿季时，八角枫林（ALS）和檵木林（LOR）土壤固氮速率最高，其次是马尾松林（PIN），35年（CRY1）和50年（CRY2）的厚壳桂林最低［图3-8（a）］。干季时，35年的厚壳桂林（CRY1）土壤固氮速率最高，其他森林间无显著差异［图3-8（a），$P>0.05$］。进一步分析发现干季时35年（CRY1）和50年（CRY2）的厚壳桂林土壤固氮速率均显著高于湿季（$P<0.05$），马尾松林（PIW）在湿季时土壤固氮速率大于干季［图3-8（a），$P<0.1$］。两个季节土壤的平均固氮速率以石灰岩区森林最高，碎屑岩区最低［图3-8（a）］。

湿季时，凋落物固氮速率以八角枫林（ALS）最高，其次为50年的厚壳桂林（CRY2），其他四个森林最低［图3-8（b）］。干季时，凋落物固氮速率和湿季相似，八角枫林（ALS）固氮速率最高，其他五个森林样地之间凋落物固氮速率无显著差异［图3-8（b），$P>0.05$］。干季时，35年的厚壳桂林（CRY1，$P<0.05$）和八角枫林（ALS，$P<0.1$）的凋落物固氮速率显著高于湿季［图3-8（b）］。两个季节凋落物的平均固氮速率在岩性间的差异与干季相似［图3-8（b）］。

表3-7　森林类型、基质、季节及其交互作用对非共生固氮速率影响的重复测量方差分析结果

因素	类型Ⅲ的平方和	自由度	均方	方差	显著性
森林类型	12640.81	5，136	2528.16	8.67	0.000
基质	7761.51	2，136	3880.75	13.31	0.000
森林类型×基质	13175.10	9，136	1463.90	5.02	0.000
季节	2730.97	1，136	2730.97	2.69	0.103
季节×森林类型	16062.30	5，136	3212.46	3.16	0.010
季节×基质	43647.64	2，136	21823.82	21.48	0.000
季节×森林类型×基质	47192.49	9，136	5243.61	5.16	0.000

湿季时，50年厚壳桂林（CRY2）的苔藓固氮速率最高，其他森林苔藓固氮速率间不存在显著差异［图3-8（c），$P<0.05$］。干季时，35年的厚壳桂（CRY1）和八角枫林（ALS）的苔藓固氮速率显著高于其他类型的森林［图3-8（c），$P<0.05$］。除罗浮柿林（DIO，$P>0.05$）外，湿季时苔藓的固氮速率均显著高于干季［图3-8（c）］。两个季节苔藓的平均固氮速率表现为50年的厚壳桂林（CRY2）最高，檵木林（LOR）和罗浮柿林（DIO）最低［图3-8（c）］。

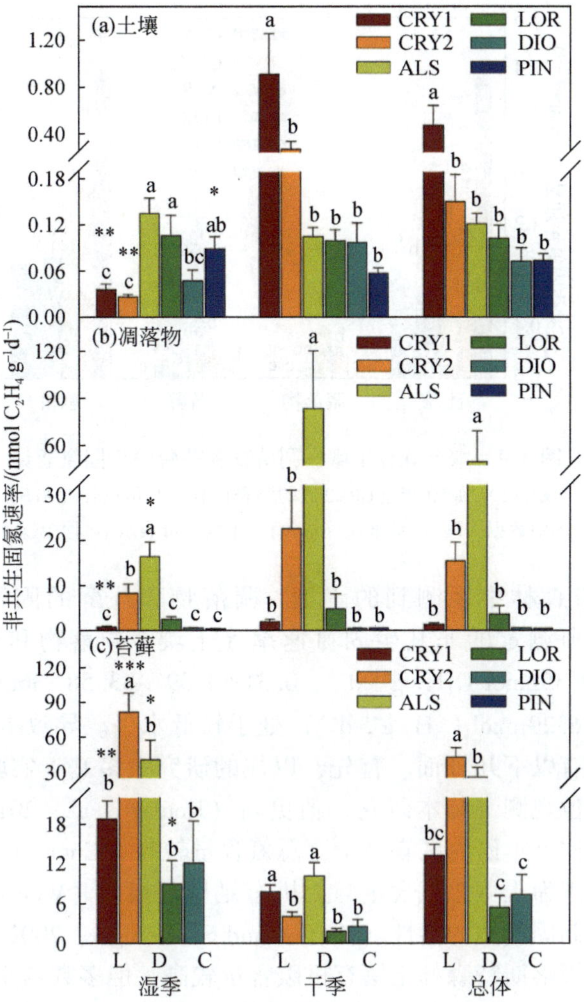

图 3-8　不同类型森林土壤（a）、凋落物（b）和苔藓（c）固氮速率

不同类型森林分别为约 35 年（CRY1）和 50 年（CRY2）的厚壳桂林（CRY）、八角枫林（ALS）、檵木林（LOR）、罗浮柿林（DIO）和马尾松林（PIN）。图中数据为均值±标准误（n=9），不同字母表示湿季或干季不同类型森林之间差异显著（P<0. 05）；*，** 和 *** 分别表示每个森林于湿季和干季间在 P=0. 1，0. 05 和 0. 001 水平上差异显著。L：石灰岩，D：白云岩，C：碎屑岩。

六个森林样地的土壤固氮年通量介于 0. 71±0. 18 ~ 2. 34±0. 13kg N hm^{-2} a^{-1}，其中，35 年厚壳桂林（CRY1）的固氮年通量最高（图 3-9）。凋落物年固氮通量介于 0. 01±0. 00 ~ 0. 38±0. 11kg N hm^{-2} a^{-1}，其中，八角枫林（ALS）的年固氮通量最高（图 3-9）。苔藓年固氮通量介于 0. 01±0. 00 ~ 0. 25±0. 07kg N hm^{-2} a^{-1}（图 3-9）。总体而言，35 年厚壳桂林（CRY1）的年固氮通量最高（图 3-9），50 年厚壳桂林（CRY2）和八角枫林（ALS）的年固氮通量次之，其他三个森林样地年固氮通量最低（图 3-9）。

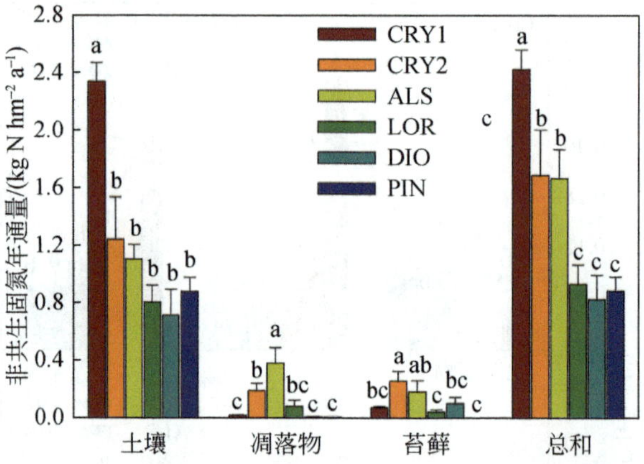

图3-9　六个森林土壤、凋落物和苔藓的年固氮通量

不同类型森林分别为约35年（CRY1）和50年（CRY2）的厚壳桂林、八角枫林（ALS）、檵木林（LOR）、罗浮柿林（DIO）和马尾松林（PIN）。图中数据为均值±标准误（n=9），不同字母表示不同类型森林在0.05水平上的差异显著。

与热带或亚热带森林中观测到的土壤、凋落物和苔藓的固氮速率（Zheng et al., 2019）相比，本研究所测定的非共生固氮速率（土壤、凋落物和苔藓的固氮速率介于0.03±0.003～0.92±0.35nmol C_2H_4 g^{-1} d^{-1}、0.31±0.09～83.58±36.66nmol C_2H_4 g^{-1} d^{-1}和1.78±0.46～81.51±16.29nmol C_2H_4 g^{-1} d^{-1}）处于较低水平。导致本地区森林非共生固氮速率较低的原因可能有以下几方面。首先，以往的研究大多基于实验室培养条件下开展，可能导致测定值与原位观测（如本研究）值更高（Keuter et al., 2014）。其次，与其他热带或亚热带区森林相比，本研究区森林土壤总氮含量较高（Chen et al., 2018），可能会抑制非共生固氮速率，因为土壤总氮含量与无机态氮呈正相关（Wen et al., 2016），而较高水平的无机态氮会抑制固氮酶的活性（Hartley and Schlesinger, 2002）。此外，碳是固氮微生物的能量来源。尽管喀斯特森林土壤有机碳含量较高，但多数与土壤钙镁离子相结合形成矿物复合体，难以被微生物利用，从而限制了土壤微生物（如固氮微生物）的活性（Chen et al., 2018），导致非共生固氮速率较低。最后，多数研究一般仅在生物固氮速率较高的生长季测定（Reed et al., 2007），而本研究在湿季和干季均测定了固氮速率，导致固氮速率偏低。

二、森林非共生固氮速率的控制因子

多元线性回归分析表明，湿季期间土壤的固氮速率无显著的解释变量，干季期间较强的解释变量为土壤含水率（SWC）和铵氮浓度（NH_4^+-N）（表3-8）。凋落物在湿季期间较强的解释变量为凋落物氮含量（N）和含水率（LWC），干季期间为凋落物含水率（LWC）和钼含量（Mo）（表3-8）。苔藓固氮速率在湿季期间解释较强的变量为苔藓磷、铁浓度和苔藓含水率（MWC），干季期间为苔藓氮浓度（N）和含水率（MWC）（表3-8）。

本研究表明湿季或干季期间土壤、凋落物和苔藓固氮速率在六种森林类型或三种基岩类型之间均存在显著的差异。森林类型对非共生固氮的影响可能是通过树种类型对基质理化性质的影响而造成的（Li et al.，2018a）；岩性则可通过影响养分的有效性调控非共生固氮（Perakis and Pett-Ridge，2019）。研究结果表明森林之间土壤、凋落物和苔藓固氮速率的差异可由各自基质理化性质的差异解释。

本研究发现土壤固氮速率的主要影响因子是铵氮浓度及含水率，两者解释了土壤固氮速率变异的 41%（表 3-8）。土壤铵氮能够抑制固氮酶的合成及活性（Hartley and Schlesinger，2002），且土壤铵氮浓度常随时间发生变化（Taylor et al.，2019）。本研究中土壤固氮速率与铵氮浓度呈负相关，表明土壤较高的铵氮浓度可能抑制了森林土壤的固氮速率。然而，湿季期间石灰岩区 CRY1 和 CRY2 的土壤铵氮浓度较低时，其对应的固氮速率却较低，可能与其他因素对非共生固氮的调控作用有关（Li et al.，2018a）。磷作为岩石风化来源的元素之一，是固氮微生物生长所必需的营养元素，也是构成微生物细胞内能量（ATP）载体的必需元素（Reed et al.，2011）。本研究发现，湿季期间石灰岩区两个森林（CRY1 和 CRY2）土壤总磷含量较高，但其固氮速率较低，表明喀斯特森林土壤固氮速率可能不受磷的限制，这与部分在缺磷热带森林的研究结果存在差异（Reed et al.，2007）。桂西北喀斯特区域森林土壤的总磷含量（平均值为 1.06g kg^{-1}）比热带森林（平均值为 0.36g kg^{-1}）高出约 4 倍，森林土壤中充足的磷含量可能不会限制土壤固氮速率。我们前期研究也发现喀斯特山区磷可能不是土壤非共生固氮的限制性元素因素（Li et al.，2018a）。土壤含水率的增加有利于土壤固氮，增加的土壤水分能通过填充土壤孔隙以减少氧气的流通性，进一步增加土壤微环境中的厌氧条件，从而减少氧气对固氮酶不可逆转的毒害作用（Silver et al.，1999）。同时，土壤中底物或养分的传输需要借助土壤水分的扩散，因此，水分含量增加有助于固氮微生物获取底物或养分。Van Langenhove 等（2019）针对热带成熟雨林的研究也发现，无论在干季还是湿季，水分是调节森林土壤和凋落物固氮速率的重要因子。

表 3-8　逐步多元线性回归分析结果显示土壤、凋落物和苔藓非共生固氮速率对理化指标的依赖性

	土壤				凋落物				苔藓			
	解释变量	系数	模拟 R^2	P	解释变量	系数	模拟 R^2	P	解释变量	系数	模拟 R^2	P
湿季	—	—	—	—	N	11.81	0.21	<0.001	P	33.78	0.10	<0.001
					LWC	9.72	0.33	0.005	Fe	5.54	0.22	0.001
									MWC	1.26	0.33	0.012
干季	SWC	0.09	0.39	<0.001	LWC	0.13	0.51	<0.001	N	1.05	0.27	0.002
	NH_4^+-N	−0.09	0.52	<0.001	Mo	1.36	0.66	<0.001	MWC	0.73	0.35	0.037
总体	SWC	1.34	0.34	<0.001	LWC	1.41	0.41	<0.001	N∶P	−32.16	0.22	<0.001
	NH_4^+-N	−0.20	0.41	<0.001	Mo	0.08	0.49	0.006	MWC	42.86	0.33	0.011

注：系数的正值和负值分别表示解释变量和非共生固氮之间的正和负的相关性。

较高的含水率（LWC）、凋落物氮和钼含量能提高凋落物的固氮速率［图 3-8（b）和表 3-8］。含水率可能是凋落物固氮速率重要的调控因子，凋落物的较小变化可能对其固氮速率产生较大的影响（Reed et al.，2011）。我们发现凋落物固氮速率与含水率呈正相关关系（表3-8），可能是因为水分可以通过减少微环境中氧气对固氮酶的毒害，以及促进营养物质向固氮微生物传输（Li et al.，2018b，2019）。先前的研究也发现，石灰岩区喀斯特森林中较高的凋落物含水率可显著增加固氮速率（Li et al.，2018a）。湿季和干季期间凋落物氮和钼含量分别解释了部分固氮速率的变化。湿季较高的凋落物氮含量和更高的固氮速率［图3-8（b）和表3-5］表明凋落物本身的氮不足以满足固氮微生物的需求（Van Langenhove et al.，2019），因为异养固氮微生物固氮首先是为了满足自身生长的需求（Reed et al.，2011）。干季时凋落物钼含量增加（如在CRY1和ALS中）促进了固氮速率［图3-8（b）和表3-5］，因为大多数的固氮酶都需要钼，这与多数研究一致（Barron et al.，2009；Dynarski and Houlton，2018）。作为岩石风化的元素之一，钼在大部分土壤中都较贫乏，且其动态变化常受土壤母质的影响（Dynarski and Houlton，2018）。

我们的研究表明苔藓固氮速率受含水率（MWC）、磷、铁及氮含量的影响（表3-8）。本研究中，水分含量促进苔藓固氮速率，这与一些前期研究结果一致（Rousk et al.，2017b；Li et al.，2018b）。湿季期间森林苔藓含水率均在45%以上（表3-6），充足的水分条件可能通过促进蓝细菌的活性而提高固氮速率。虽然我们没有数据评估苔藓含水率对其上附着的蓝细菌活动的影响，但已有文献证实了水分对苔藓及其蓝细菌细胞活性及种群大小有显著影响（Adams and Duggan，2008）。本研究中，湿季期间较高的磷含量与苔藓固氮速率呈显著正相关，表明磷是苔藓固氮速率的限制元素。这与Zackrisson等（2009）的研究结果相似。铁是固氮酶结构中重要的辅因子（co-factor），同时也是铁氧化还原蛋白（ferrodoxin）的电子载体（Bellenger et al.，2011）。湿季苔藓固氮速率与铁含量呈显著正相关，表明湿季苔藓组织较高的铁含量也可能是苔藓固氮速率较高的原因之一（表3-6），这与在热带喀斯特森林的研究结果一致（Winbourne et al.，2017）。干季期间苔藓含水率降至45%以下，较低的含水率可能是干季时苔藓固氮速率较低的原因之一。与其他研究不同，我们发现干季时苔藓较高的氮含量促进了固氮速率。我们猜想苔藓固氮速率与氮含量之间正相关关系可能是假相关，原因可能是蓝细菌的生长需要能量和碳源（Vitousek et al.，2002），而干季期间苔藓碳和氮含量之间呈显著正相关（图3-10）。

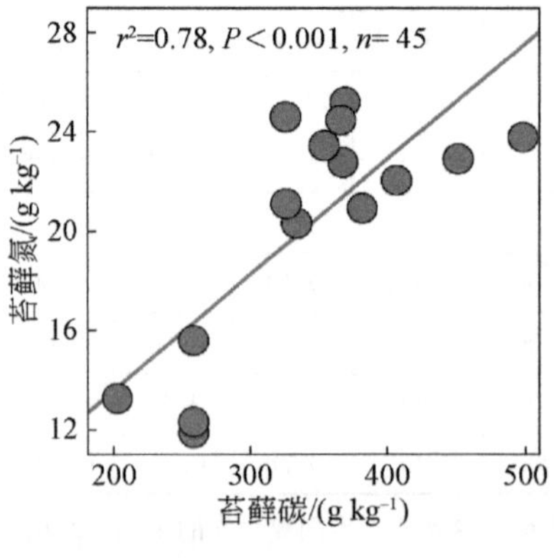

图3-10　干季期间苔藓氮和碳含量的关系

三、结论

研究表明，岩性对非共生固氮速率有显著影响，且对土壤、凋落物和苔藓的影响存在差异。然而，仍有许多不确定问题待进一步解决。首先，本研究没有测定所研究的森林不同组分乙炔还原速率-生物固氮速率之间的转换系数及其季节变化。其次，仅从物理化学性质角度探讨了非共生固氮速率的主控因素。由于固氮微生物群落的丰度和组成可能会影响生物固氮速率，因此，下一步应该结合固氮微生物群落指标阐释岩性对非共生固氮速率影响的潜在机制。最后，非共生固氮速率仅在一年中两个月份进行了测定，不确定性很大。然而，本研究表明，岩性对不同基质非共生固氮速率的影响存在差异，因此，地球系统模型应该考虑岩性以便更好地预测全球变化背景下通过生物固氮途径的氮输入。

第四节　树种对喀斯特与非喀斯特森林非共生固氮速率的影响

非共生固氮速率受一系列生物和非生物因素影响，包括气候因子、树种类型、钼（Mo）、铁（Fe）、钒（V）、磷（P）、钙（Ca）、氮和碳等。不同树种类型因凋落物质量和数量、根系分泌物量及化学性质上的差异而对凋落物和土壤理化性质产生影响（Snell et al.，2016），进而影响土壤、凋落物或森林地表非共生固氮微生物群落的组成和结构（Snell et al.，2016）。针对一个热带雨林的研究表明，树种类型通过对凋落物和土壤性质的影响而显著影响其非共生固氮速率（Reed et al.，2008）。

本研究分别在桂西北环江县选取喀斯特和邻近非喀斯特森林，两者相距约 26km（Li et al.，2018a）。两类森林自 20 世纪 50 年代遭砍伐后，经过自然恢复发展起来，林龄约为 50 年。喀斯特森林位于木论国家级自然保护区（25°08′N，108°01′E，海拔 420m），而非喀斯特森林位于华山国有林场（25°06′N，108°16′E，海拔 310m）。喀斯特森林土壤质地为粉砂黏壤土，非喀斯特森林为粉砂壤土。喀斯特森林五种优势的树种分别为枫香（*Liquidambar formosana*，LIQ）、伞花木（*Eurycorymbus cavaleriei*，EUR）、厚壳桂（*Cryptocarya chinensis*，CRY）、翅荚香槐（*Cladrastis platycarpa*，CLA）和伊桐（*Itoa orientalis*，ITO）。非喀斯特森林五种占优势的树种分别为白锥（*Castanopsis chinensis*，CAS）、罗伞（*Brassaiopsis glomerulata*，BRA）、枫香（*Liquidambar formosana*，LIQ）、樟树（*Cinnamomum bodinieri*，CIN）和鸡仔木（*Sinoadina racemosa*，SIN）。2016 年 8 月，在每个森林的洼地或下坡各建立一块 100m×100m 大小的代表性样方。然后，在每个样方中分别选择 5 种优势树种，每个树种选择 5 棵树作为重复。在每棵树的树冠半径范围内用不锈钢框采集凋落物。然后，用直径 5cm 的不锈钢土钻在树冠半径范围内钻取 0～10cm 深的土壤。最后，分别将采集到的每棵树的土壤（表 3-9）或凋落物（表 3-10）样品混合均匀用于理化指标分析。使用乙炔还原法在野外测定样品的非共生固氮速率。

表 3-9　非喀斯特和喀斯特森林土壤理化性质

指标		容重/(g cm^{-3})	SWC/%	SOC/(g C kg^{-1})	TN/(g N kg^{-1})	TP/(g P kg^{-1})	有效磷/(mg P kg^{-1})	pH	Mg/(cmol kg^{-1})	Ca/(cmol kg^{-1})
非喀斯特森林	CAS	1.30 (0.01) a	23.90 (0.74) b	21.50 (1.17) b	1.39 (0.04) b	0.29 (0.01) c	4.92 (0.27) a	4.39 (0.16) b	0.20 (0.06) b	1.42 (0.63) b
	BRA	1.27 (0.02) a	25.06 (0.64) b	24.54 (1.89) b	1.57 (0.11) b	0.32 (0.02) bc	5.74 (0.30) a	5.66 (0.13) a	0.44 (0.04) a	4.52 (0.45) a
	LIQ	1.26 (0.02) a	25.04 (0.76) b	26.59 (1.99) b	1.80 (0.09) b	0.39 (0.02) b	5.72 (0.27) a	5.63 (0.24) a	0.50 (0.04) a	5.17 (1.03) a
	CIN	1.17 (0.03) b	30.33 (1.56) a	35.85 (3.07) a	2.28 (0.23) a	0.55 (0.05) a	4.84 (0.87) a	5.84 (0.39) a	0.66 (0.11) a	9.14 (0.59) a
	SIN	1.26 (0.02) a	25.86 (0.89) b	26.57 (2.48) b	1.66 (0.10) b	0.38 (0.04) b	3.14 (0.54) b	6.14 (0.15) a	0.43 (0.03) a	6.76 (0.70) a
	均值	1.25 (0.01)*	26.04 (0.61)*	27.01 (1.33)*	1.74 (0.08)*	0.38 (0.02)*	4.87 (0.28)	5.53 (0.16)*	0.45 (0.04)*	5.40 (0.59)*
	P	0.002	0.002	0.005	0.002	<0.001	0.008	<0.001	<0.001	<0.001
喀斯特森林	LIQ	1.15 (0.02) a	30.40 (0.78) c	37.32 (1.74) c	3.20 (0.16) c	4.59 (0.23)	11.01 (1.76) a	6.41 (0.05) c	2.49 (0.12) b	7.36 (0.42) b
	EUR	1.05 (0.02) a	34.30 (0.19) b	48.62 (1.66) b	3.51 (0.08) bc	4.27 (0.02)	3.44 (0.25) b	6.64 (0.10) bc	3.97 (0.82) ab	9.72 (1.47) b
	CRY	1.10 (0.03) a	34.69 (1.06) b	43.75 (3.34) bc	4.09 (0.32) b	3.81 (0.66)	3.19 (0.39) b	6.58 (0.04) bc	2.89 (0.32) b	8.33 (0.77) b
	CLA	0.82 (0.05) b	41.07 (1.66) a	73.59 (5.25) a	6.69 (0.37) a	4.91 (0.33)	8.43 (1.12) a	6.98 (0.17) a	5.58 (0.92) a	14.93 (0.91) a
	ITO	1.05 (0.04) b	34.60 (0.71) b	48.84 (4.28) b	4.10 (0.41) b	4.63 (0.16)	8.83 (0.87) a	6.73 (0.05) ab	3.52 (0.52) b	9.44 (0.80) b
	均值	1.03 (0.03)*	35.01 (0.81)*	50.42 (2.90)*	4.32 (0.28)*	4.44 (0.16)*	6.98 (0.76)	6.67 (0.05)*	3.69 (0.33)*	9.95 (0.66)*
	P	<0.001	<0.001	<0.001	<0.001	0.252	<0.001	0.007	0.008	<0.001

注：数据为均值和标准误；不同字母表示每个森林中树种类型之间在 $P<0.05$ 水平上的差异显著。Mg 与 Ca 分别指交换性 Ca^{2+} 与 Mg^{2+} 浓度。

* 代表非喀斯特和喀斯特森林之间在 $P<0.05$ 水平上的差异显著。

表 3-10　非喀斯特和喀斯特森林凋落物理化性质

指标		LWC/%	C/ (g C kg^{-1})	N/ (g N kg^{-1})	P/ (g P kg^{-1})
非喀斯特森林	CAS	42.85 (1.89) b	424.54 (11.67) b	11.58 (0.62) bc	0.28 (0.02) b
	BRA	50.72 (2.93) a	491.16 (7.49) a	10.34 (0.38) bc	0.40 (0.03) ab
	LIQ	34.75 (1.51) c	373.42 (7.78) c	14.12 (0.70) a	0.56 (0.02) a
	CIN	46.20 (3.10) ab	446.56 (8.28) b	10.10 (0.71) c	0.32 (0.06) b
	SIN	19.18 (1.19) d	441.50 (8.51) b	11.92 (0.45) b	0.50 (0.03) a
	均值	38.74 (2.44) *	435.44 (8.57)	11.61 (0.38) *	0.41 (0.03) *
	P	<0.001	<0.001	0.001	<0.001
喀斯特森林	LIQ	49.62 (2.49) d	429.56 (8.08) b	11.24 (0.51) d	1.42 (0.04) b
	EUR	81.87 (0.66) a	429.16 (3.46) b	16.80 (0.60) ab	1.60 (0.10) ab
	CRY	65.70 (0.75) b	364.52 (14.87) c	15.14 (0.64) b	1.56 (0.07) ab
	CLA	56.81 (1.97) c	468.06 (12.51) a	18.42 (0.95) a	1.64 (0.04) a
	ITO	62.51 (2.50) b	419.88 (4.94) b	14.64 (0.26) c	1.20 (0.03) c
	均值	63.30 (2.33) *	422.24 (7.88)	15.25 (0.55) *	1.48 (0.04) *
	P	<0.001	<0.001	<0.001	<0.001

注：数据为均值和标准误；不同字母表示每个森林中树种类型的凋落物理化性质在 $P<0.05$ 水平上的差异显著。
* 代表非喀斯特和喀斯特森林之间在 $P<0.05$ 水平上的差异显著。

一、岩性对非共生固氮的影响

岩性对非共生固氮速率有显著影响（图 3-11）。进一步的分析发现，凋落物的固氮速率在两类森林之间存在显著差异，但土壤固氮速率在两类森林之间无显著差异（图 3-12）。总体上，喀斯特森林凋落物的平均固氮速率（69.42±21.32nmol C_2H_4 g^{-1} d^{-1}，均值±标准误）比非喀斯特森林高 4.9 倍（图 3-12）。两类森林的共有树种枫香的凋落物固氮速率差异也支持这一结果［图 3-13（a）和图 3-13（c）］

本研究发现岩性仅对凋落物的固氮速率有显著影响（图 3-12）。目前的研究还不能很好地解释岩性对非共生固氮影响的机理。但是，本研究支持岩性调控凋落物和土壤的理化性质的观点。有些学者研究了水分含量对非共生固氮的影响（Whiteley and Gonzalez，2016；Rousk et al.，2017b），并提出非共生固氮的最佳水分条件是接近饱和状态的（Vitousek et al.，2002）。因此，本研究中较高的含水率可能部分地决定了喀斯特森林较高的凋落物固氮速率。磷是调控非共生固氮的主要元素（Rousk et al.，2017a）。喀斯特森林凋落物和土壤的总磷含量分别比非喀斯特森林高 3.6 倍和 11.7 倍。如果磷是主要限制性元素，喀斯特森林凋落物和土壤较高的磷含量理论上应相应有较高的非共生固氮速率。然

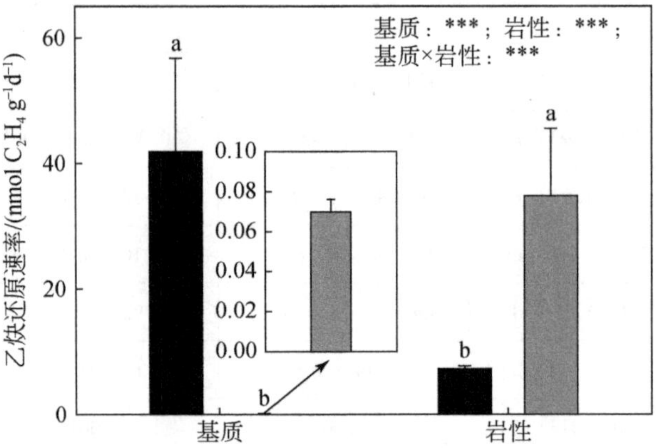

图 3-11　基质（S；黑色：凋落物；灰色：土壤）和岩性（L；黑色：碎屑岩；灰色：石灰岩）对非共生固氮速率的影响

数据表示均值±标准误。不同字母表示基质或岩性在 $P<0.05$ 水平上的显著。岩性、基质及其交互作用对非共生固氮速率的影响用两因素方差分析的 LSD 检验。

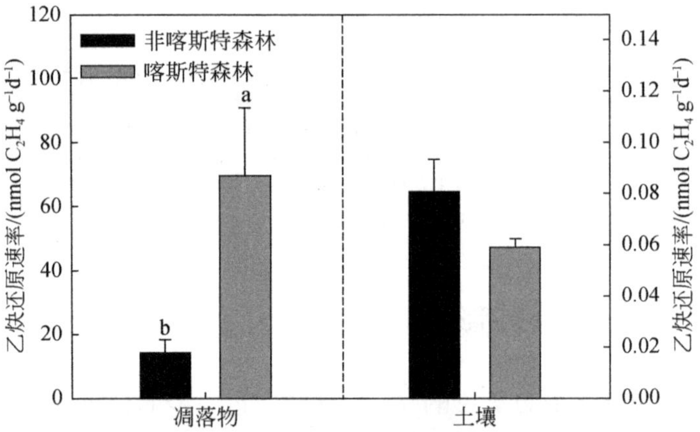

图 3-12　喀斯特和非喀斯特森林凋落物和土壤固氮速率

数据表示均值±标准误。不同字母表示喀斯特和非喀斯特之间森林凋落物或土壤固氮速率在 $P<0.05$ 水平上差异显著。

而，仅喀斯特森林凋落物层固氮速率显著高于非喀斯特森林。前期研究发现，喀斯特森林土壤无机态氮（NH_4^+ 和 NO_3^- 的总和为 37.1±1.9mg N kg^{-1}）水平显著高于非喀斯特森林（NH_4^+ 和 NO_3^- 的总和为 14.7±2.2mg N kg^{-1}）（Li et al., 2017b）。因此，无机氮对土壤固氮速率的抑制作用可能抵消了磷的促进作用，从而导致两个森林之间土壤固氮速率无显著差异。本研究中氮状况较高的喀斯特森林凋落物层固氮速率较高这一发现“氮漏失模型（leaky nitrosat model）”提供了证据（Hedin et al., 2009），该模型认为凋落物层生物固氮是热带湿润森林维持富氮状况及氮流失的一条重要机制。此外，土壤固氮速率在两个森林之间无显著差异可能主要是由于可利用磷水平类似所致。

二、树种对非共生固氮的影响

对于非喀斯特森林，树种类型对凋落物和土壤的固氮速率均有显著影响［图 3-13 (a) (b)］。其中，樟树（CIN）的凋落物固氮速率最高（52.87±3.93nmol C_2H_4 g^{-1} d^{-1}），比其他树种高 71.1 倍［图 3-13 (a)］。不同树种土壤固氮速率的变化不同于凋落物［图 3-13 (b)］。鸡仔木（SIN）的土壤固氮速率（0.19±0.03nmol C_2H_4 g^{-1} d^{-1}）最高，而白锥（CAS）最低［图 3-13 (b)］。不同树种类型间土壤固氮速率相差 7.8 倍，且均低于凋落物固氮速率。对于喀斯特森林，树种类型仅显著影响凋落物固氮速率［图 3-13 (c) (d)］。其中，伊桐（ITO）的凋落物固氮速率最高（275.24±106.11nmol C_2H_4 g^{-1} d^{-1}），不同树种间相差 23.4 倍［图 3-13 (c)］。

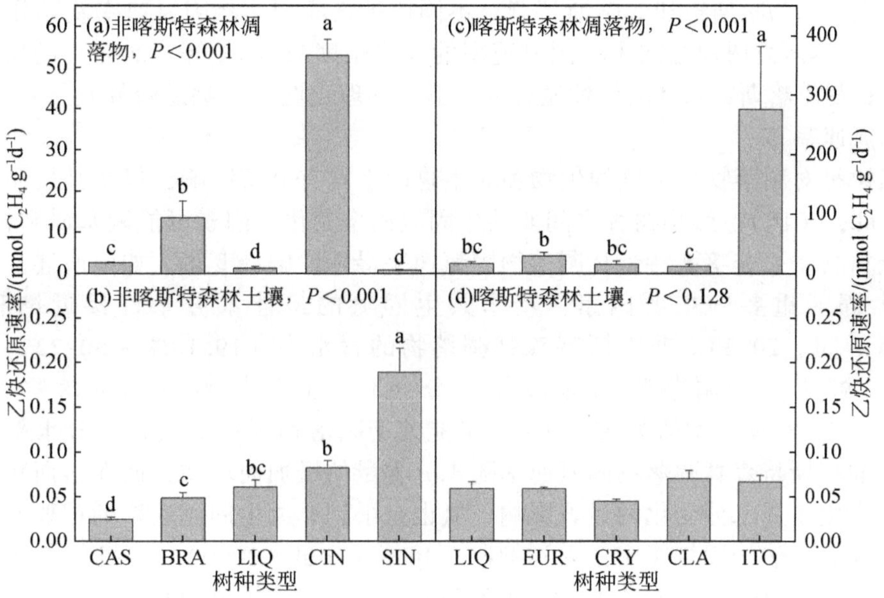

图 3-13　树种类型对非共生固氮速率的影响

数据表示均值±标准误。不同字母表示树种之间在 $P<0.05$ 水平上差异显著。

两类森林凋落物和土壤的理化性质存在显著差异（表 3-9 和表 3-10）。凋落物的理化指标中，喀斯特森林的含水率、氮和磷含量均高于非喀斯特森林（表 3-10）。土壤理化指标中，喀斯特森林的含水率、土壤有机碳、总氮、总磷、pH、交换性 Ca^{2+} 和 Mg^{2+} 均高于非喀斯特森林（表 3-9）。非喀斯特森林的土壤容重显著高于喀斯特森林（表 3-9）。树种对喀斯特森林土壤理化指标（除总磷外）均有显著影响（表 3-9）。

多元线性回归分析结果表明，非喀斯特森林凋落物固氮速率最强解释变量为含水率和氮含量，可解释凋落物固氮速率变化的 48% ~67%，而喀斯特森林凋落物固氮速率最强解释变量为凋落物磷含量，可解释凋落物固氮速率变化的 37%（表 3-11）。非喀斯特和喀斯特森林土壤固氮速率最强解释变量分别为土壤交换性钙和有机碳，分别解释了土壤固氮速率变化的40%和36%（表3-11）。

表3-11　多元线性回归分析表征非共生固氮对理化指标的依赖性

森林	凋落物非共生固氮					土壤非共生固氮				
	解释变量	相关系数	调整 R^2	模拟 R^2	P	解释变量	相关系数	调整 R^2	模拟 R^2	P
非喀斯特森林	LWC	2.65	0.48	0.48	<0.001	Ca	0.5	0.40	0.40	0.001
	TN	-4.66	0.19	0.67	0.002					
喀斯特森林	TP	-5.87	0.37	0.37	0.016	SOC	0.86	0.36	0.36	<0.001

注：系数的正值和负值分别表示解释变量和非共生固氮之间为正负关系。

本研究发现树种显著影响森林非共生固氮速率，与在热带雨林开展的研究结果类似（Reed et al.，2008）。同Reed等（2008）的研究相比，本研究的两类森林凋落物固氮速率的变异更大，因为喀斯特和非喀斯特森林不同树种之间凋落物固氮速率差异分别高达23倍和71倍。本研究树种之间土壤固氮速率的变化幅度与Reed等（2008）的研究结果相似。然而，尽管喀斯特森林的树种显著影响了土壤理化性质（除总磷外），但并未显著影响土壤固氮速率。

虽然树种对凋落物和土壤的生物和非生物因素均有显著影响，但是其机制尚不清楚（Snell et al.，2016）。影响树种之间非共生固氮速率变化的因素可能因基质和树种而异。水分和全氮含量是非喀斯特森林凋落物固氮速率最强的解释变量。如前所述，水分是影响非共生固氮重要的主要因素，且非共生固氮的最佳水分条件接近饱和含水率（Vitousek et al.，2002）。非喀斯特森林凋落物的含水率（19.18%～50.72%，均值为38.74%）可能低于凋落物固氮最佳水分条件，而喀斯特森林凋落物的含水率（49.62%～81.87%，均值为63.30%）可能处于凋落物固氮的最佳水分水平。这些差异解释了非喀斯特森林凋落物固氮速率随水分含量的增加而增加，而在喀斯特森林凋落物固氮速率则不受水分变化的显著影响。氮也是限制非共生固氮速率的重要元素，当有效氮水平高时，生物固氮速率会受到抑制（Barron et al.，2009）。该机制能解释非喀斯特森林凋落物固氮速率与氮含量的负相关关系。磷是生物固氮的必需元素，但本研究发现喀斯特森林凋落物非共生固氮速率与磷含量呈负相关，可能是由于其他因素对生物固氮的抑制作用超过了磷的促进作用。

本研究发现交换性钙是非喀斯特森林土壤固氮速率的最强解释因子。由于钙离子参与保护固氮酶使其免于失活，所以钙离子的增加可以提高固氮酶活性（Bhunia et al.，1994）。因此，喀斯特森林中树种对土壤钙离子水平的不同影响最终导致树种间土壤固氮速率的差异。喀斯特森林由于钙离子丰富，因此不是固氮酶活性的限制因子。对于喀斯特森林，土壤固氮速率在树种之间差异的最强的解释因子为土壤有机碳。这可能与喀斯特森林土壤微生物受碳限制有关，因为喀斯特森林土壤有机碳含量虽然较高，但主要以稳定形态存在，微生物不容易利用（Chen et al.，2018）。因此，树种对土壤有机碳可利用性的影响最终导致土壤固氮速率的差异。

三、结论

岩性对凋落物非共生固氮速率有显著影响，而对土壤非共生固氮速率没有显著影响，喀斯特森林中的凋落物非共生固氮速率大于非喀斯特森林。树种对凋落物非共生固氮速率的影响大于对土壤非共生固氮速率的影响。非共生固氮速率的主控因素可能因基质（即土壤或凋落物）和森林而异。本研究表明，树种和岩性可能分别为解释森林内和森林间非共生固氮速率的差异提供了新的机制。

参考文献

Adams D G, Duggan P S, 2008. Cyanobacteria-bryophyte symbioses. Journal of Experimental Botany, 59 (5): 1047-1058.

Barron A R, Wurzburger N, Bellenger J P, et al., 2009. Molybdenum limitation of asymbiotic nitrogen fixation in tropical forest soils. Nature Geoscience, 2 (1): 42-45.

Bellenger J P, Wichard T, Xu Y, et al., 2011. Essential metals for nitrogen fixation in a free-living N_2-fixing bacterium: chelation, homeostasis and high use efficiency. Environmental Microbiology, 13 (6): 1395-1411.

Bhunia A K, Basu N K, Roy D, et al., 1994. Role of calcium in the inhibition ofnitrogenase activity by Methylparathion and Benthiocarb in the cyanobacterium *Nostoc muscorum*. World Journal of Microbiology & Biotechnology, 10 (3): 303-307.

Broxton P D, Zeng X B, Sulla-Menashe D, et al., 2014. A global land cover climatology using MODIS data. Journal of Applied Meteorology and Climatology, 53 (6): 1593-1605.

Chen H, Li D, Xiao K, et al., 2018. Soil microbial processes and resource limitation in karst and non-karst forests. Functional Ecology, 32 (5): 1400-1409.

Cleveland C C, Townsend A R, Schimel D S, et al., 1999. Global patterns of terrestrial biological nitrogen (N_2) fixation in natural ecosystems. Global Biogeochemical Cycles, 13 (2): 623-645.

Dynarski K A, Houlton B Z, 2018. Nutrient limitation of terrestrial free-living nitrogen fixation. New Phytologist, 217 (3): 1050-1061.

Hartley A E, Schlesinger W H, 2002. Potential environmental controls on nitrogenase activity in biological crusts of the northern Chihuahuan Desert. Journal of Arid Environments, 52 (3): 293-304.

Hedin L O, Brookshire E N J, Menge D N L, et al., 2009. The nitrogen paradox in tropical forest ecosystems. Annual Review of Ecology Evolution and Systematics, 40 (1): 613-635.

Houlton B Z, Morford S L, 2015. A new synthesis for terrestrial nitrogen inputs. Soil, 1 (1): 381-397.

Keuter A, Veldkamp E, Corre M D, 2014. Asymbiotic biological nitrogen fixation in a temperate grassland as affected by management practices. Soil Biology and Biochemistry, 70: 38-46.

Koller R, Robin C, Bonkowski M, et al., 2013. Litter quality as driving factor for plant nutrition via grazing of protozoa on soil microorganisms. FEMS Microbiology Ecology, 85 (2): 241-250.

Li D, Wen L, Yang L, et al., 2017a. Dynamics of soil organic carbon and nitrogen following agricultural abandonment in a karst region. Journal of Geophysical Research: Biogeosciences, 122 (1): 230-242.

Li D, Yang Y, Chen H, et al., 2017b. Soil gross nitrogen transformations in typical karst and non-karst forests, southwest China. Journal of Geophysical Research: Biogeosciences, 122 (11): 2831-2840.

Li D, Wang Z, Sun X, et al., 2018a. Tree species effects on asymbiotic N_2 fixation in subtropical karst and non-karst forests. soil Biology & Biochemistry, 117: 185-190.

Li D, Zhang Q, Xiao K, et al., 2018b. Divergent responses of biological nitrogen fixation in soil, litter and moss to temperature and moisture in a karst forest, southwest China. Soil Biology and Biochemistry, 118: 1-7.

Li D, Zhang Q, WLI ang Z, 2019. Free- living N_2 fixation in three karst shrublands, southwest China. Ecosystems, 22 (4): 818-826.

Perakis S S, Pett-Ridge J C, 2019. Nitrogen-fixing red alder trees tap rock-derived nutrients. Proceedings of the National Academy of Sciences, 116 (11): 5009-5014.

Reed S C, Cleveland C C, Townsend A R, 2007. Controls Over Leaf Litter and Soil Nitrogen Fixation in Two Lowland Tropical Rain Forests. Biotropica, 39 (5): 585-592.

Reed S C, Cleveland C C, Townsend A R, 2008. Tree species control rates of free-living nitrogen fixation in a tropical rain forest. Ecology, 89 (10): 2924-2934.

Reed S C, Cleveland C C, Townsend A R, 2011. Functional ecology of free- living nitrogen fixation: A contemporary perspective. Annual Review of Ecology Evolution and Systematics, 42 (1): 489-512.

Reith F, Brugger J, Zammit C M, et al., 2012. Influence of geogenic factors on microbial communities in metallogenic Australian soils. Isme Journal, 6 (11): 2107-2118.

Rousk K, Degboe J, Michelsen A, et al., 2017a. Molybdenum and phosphorus limitation of moss- associated nitrogen fixation in boreal ecosystems. New Phytologist, 214 (1): 97-107.

Rousk K, Pedersen P A, Dyrnum K, et al., 2017b. The interactive effects of temperature and moisture on nitrogen fixation in two temperate- arctic mosses. Theoreticaland Experimental Plant Physiology, 29 (1): 25-36.

Silver W L, Lugo A E, Keller M, 1999. Soil oxygen availability and biogeochemistry along rainfall and topographic gradients in upland wet tropical forest soils. Biogeochemistry, 44 (3): 301-328.

Snell H S K, Robinson D, Midwood A J, 2016. Tree species' influences on soil carbon dynamics revealed with natural abundance^{13}C techniques. Plant and Soil, 400: 285-296.

Taylor B N, Chazdon R L, Menge D N L, 2019. Successional dynamics of nitrogen fixation and forest growth in regenerating Costa Rican rainforests. Ecology, 100 (4): e02637.

Thomas R Q, Brookshire E N J, Gerber S, 2015. Nitrogen limitation on land: how can it occur in Earth system models? Global Change Biology, 21 (5): 1777-1793.

Van Langenhove L, Depaepe T, Vicca S, et al., 2019. Regulation of nitrogen fixation from free-living organisms in soil and leaf litter of two tropical forests of the Guiana shield. Plant and Soil, 450 (1): 93-110.

Vitousek P M, Hobbie S, 2000. Heterotrophic nitrogen fixation in decomposing litter: Patterns and regulation. Ecology, 81 (9): 2366-2376.

Vitousek P M, Cassman K, Cleveland C, et al., 2002. Towards an ecological understanding of biological nitrogen fixation. Biogeochemistry, 57 (1): 1-45.

Wang Z, Li D, Sun X, et al., 2023. Effects of lithology on asymbiotic N_2 fixation in subtropical secondary forests, southwest China. Ecosystems, 26: 1173-1182.

Wen L, Li D, Yang L, et al., 2016. Rapid recuperation of soil nitrogen following agricultural abandonment in a karst area, southwest China. Biogeochemistry, 129 (3): 341-354.

Whiteley J A, Gonzalez A, 2016. Biotic nitrogen fixation in the bryosphere is inhibited more by drought than warming. Oecologia, 181 (4): 1243-1258.

Winbourne J B, Brewer S W, Houlton B Z, 2017. Iron controls over di-nitrogen fixation in karst tropical forest. Ecology, 98 (3): 773-781.

Zackrisson O, DeLuca T H, Gentili F, et al., 2009. Nitrogen fixation in mixed *Hylocomium splendens* moss communities. Oecologia, 160: 309-319.

Zheng M, Zhang W, Luo Y, et al., 2019. The inhibitory effects of nitrogen deposition on asymbiotic nitrogen fixation are divergent between a tropical and a temperate forest. Ecosystems, 22: 955-967.

Zhou J, Ma J, Li D, 2021. Symbiotic and free-living N_2 fixation in subtropical Pueraria lobata communities of southwest China. Journal of Geophysical Research: Biogeosciences, 126 (7): e2021JG006282.

Zhu J, He N, Wang Q, et al., 2015. The composition, spatial patterns, and influencing factors of atmospheric wet nitrogen deposition in Chinese terrestrial ecosystems. Science of the Total Environment, 511: 777-785.

第四章　西南喀斯特地区生物固氮对全球变化的响应

第一节　引　言

生物固氮受多种环境因素的影响。作为酶促反应过程生物固氮无疑受到温度的影响。温度对固氮酶活性的影响存在最适范围（约 26℃），过高或过低都会降低固氮酶活性，且高温可能造成固氮酶不可逆失活（Houlton et al., 2008；Li et al., 2018b）。也有部分固氮菌因长期生活在寒温带或极地生态系统而适应了低温环境，在低温下固氮酶也能保持较高活性（Bordeleau and Prévost，1994）。因此，不同纬度带固氮酶的最适温度可能不同（Liao et al., 2017）。例如，在北方森林，Gundale 等（2012）研究了两种苔藓对三种温度（16℃、22℃和 30℃）的响应，发现两种苔藓在 22℃下固氮速率显著高于其他温度处理。而在亚热带森林，Li 等（2018b）将土壤、凋落物和苔藓分别在三种温度（15℃、25℃和 35℃）下培养，发现土壤和凋落物的固氮速率随温度的上升而增加，即使温度提升至 35℃固氮速率也没有降低，表明该地固氮酶最适温度可能高于 35℃。温度也影响根瘤的形成（Bordeleau and Prévost，1994）。一方面，高温下固氮植物与根瘤菌之间的分子信号交换减弱，固氮植物根毛的生长受到抑制，导致根瘤的形成和发育受阻（Hungria and Prévost，2000）。另一方面，低温下固氮植物根系的呼吸速率减慢，无法供给根瘤形成所需的碳和能量，同时低温也会使固氮菌与植物根系的结合受阻（Bordeleau and Prévost，1994）。例如，Lindemann 和 Ham（1979）将黄豆放置在四种温度（15℃、20℃、25℃、30℃）下生长，发现黄豆在 25℃下根瘤数量和根瘤生物量均高于其他温度处理。温度还能够影响固氮植物的分布（Menge et al., 2016）。从全球范围来看，固氮植物的相对丰度随温度的上升而增加，但不同共生固氮体系对温度变化的响应不同。根瘤菌-豆科植物固氮体系主要分布在年均温高于 15℃的相对温暖区域，其相对丰度随温度的上升而增加；弗兰克氏菌-放线菌根植物固氮体系主要分布在年均温度为 5 ~ 10℃的相对寒冷区域，而在其他温度下分布较少（Liao et al., 2017）。Menge 等（2016）通过对美国与墨西哥森林调查数据的分析发现，35°N 是固氮植物分布的一条临界线，大部分固氮植物（多为豆科植物）分布在 35°N 与赤道之间的温暖区域，少部分固氮植物（多为放线菌根固氮植物）分布在 35°N 以北的相对寒冷区域。

生物固氮对水分条件十分敏感，环境中水分含量增加能够为固氮微生物创造厌氧条件，减少氧气对固氮酶的毒害作用（Norman and Friesen，2017），因此环境中水分含量增加通常能促进生物固氮速率（Li et al., 2018b）。干旱条件下土壤、凋落物、苔藓（Rousk et al., 2017；Li et al., 2018b）和根瘤（Dovrat and Sheffer，2019）的固氮速率都会受到抑制。Li 等（2018b）研究了不同湿度对亚热带森林土壤、凋落物和苔藓固氮速率的影响，发现土壤、凋落物和苔藓的固氮速率都随湿度的上升而增加。Rousk 等（2018）比较了北极冻原区土壤在添加水和不添加水两个处理下固氮速率的差异，发现添加水后土壤固氮速率极显著提升。不仅水分含量会影响生物固氮速率，近年来的研究发现，生物固氮与水分干湿交替频率也有很大关系，如 Minucci 等（2017）研究了固氮植物刺槐（*Robinia pseudoacacia*）对三种干湿交替频率的响应，发现不同干湿交替频率对固氮植物在干旱和湿润阶段根瘤密度的影响存在差异。干旱条件下，固氮植物的生长和根瘤的形成受碍，固氮能力急剧下降。一方面，干旱条件会抑制植物根系的生长发育，从而影响固氮菌与植物根系的结合（Bordeleau and Prévost，1994）。另一方面，干旱条件下植物对养分的吸收以及物质的运输受阻，导致植物养分的供应不足（Dovrat et al.，2018）。Dovrat 和 Sheffer（2019）研究了地中海区域多刺金雀花（*Calicotomevillosa*）固氮速率随干湿季交替的变化，发现多刺金雀花的固氮速率和根瘤生物量在湿季来临时上升，干季来临时下降。固氮植物的分布与降雨量密切相关，相比湿润条件，干旱条件下固氮植物的丰度更高（Gei et al.，2018）。Liao 等（2017）分析了美国和墨西哥境内固氮植物的丰度随年降雨量的变化，发现在低降雨量条件下固氮植物的分布更广泛。Gei 等（2018）分析了热带次生林 1207 个固氮植物丰度数据，发现固氮植物丰度在年降雨量低于 1500mm 的干旱森林中丰度更高，且与年降雨量呈负相关，但在年降雨量高于 1500mm 的森林中随年降雨量变化不明显。

一些研究表明大气 CO_2 浓度上升促进共生固氮速率，但易受氮、磷等养分的调节。例如，Edwards 等（2006）将白三叶草（*Trifoliumrepens*）放置在两种 CO_2 浓度下生长 15 个月后，发现在土壤磷供应充足时 CO_2 浓度增加使白三叶草的固氮速率提升了 31%，而在磷供应不足时 CO_2 浓度上升对白三叶草固氮速率没有影响。Nasto 等（2019）将热带固氮植物置于两种 CO_2 浓度下生长，也发现在低浓度氮添加下 CO_2 浓度上升显著促进了共生固氮速率，而在高浓度氮添加下 CO_2 浓度上升对共生固氮速率没有影响。一些研究发现大气 CO_2 浓度上升能促进固氮植物根瘤生物量。Hungate 等（1999）发现 CO_2 浓度上升引起固氮植物（*Galactia elliottii*）的根瘤数量增加了 7.8 倍（$P=0.031$），根瘤生物量增加了 5 倍（$P=0.049$）。Temperton 等（2003）也发现 CO_2 浓度上升显著提升了桤木的根瘤生物量（$P=0.014$）。然而，大气 CO_2 浓度上升并不总是促进共生固氮。Hungate 等（2004）基于一项长达七年的 CO_2 处理研究发现，CO_2 浓度上升在处理后前三年促进共生固氮速率，但之后则显著抑制了共生固氮速率，其原因是长期 CO_2 升高处理降低了土壤中钼和铁有效性。但目前还没有研究报道 CO_2 浓度上升如何影响非共生固氮速率。

第二节　非共生固氮速率对温湿度变化的响应

非共生固氮过程受一些非生物因素的影响，包括气候因素，如温度和降水（Rousk et al.，2017）。全球变暖和全球降水格局的变化趋势已经非常明显，并且这种变化在未来将会持续，具体表现为一些地区可能变得更湿润而另一些地区则可能变得更干旱（Pachauri et al.，2014）。生物固氮如何响应气候变化可能直接影响植被的生产力和生态系统的碳汇（Hungate et al.，2003）。然而，目前在陆地生态系统模型对生物固氮的处理基本都是经验性的，多数是基于生物固氮速率与 NPP、蒸散或其他因子之间的经验关系 (Wieder et al., 2015)。这些模型中关于生物固氮对气候变化的响应存在很大的不确定性，从而增加了这些模型对气候变化与碳循环反馈预测的不确定性。

迄今为止，大量关于非共生固氮速率对温度或湿度变化响应的报道主要聚焦于苔藓类植物联合蓝细菌固氮的研究，尤其是苔藓固氮（Rousk et al., 2017）。这些研究的结果表明，增温后，苔藓联合蓝细菌的固氮速率可能会提高（Lett and Michelsen, 2014; Rousk et al., 2017），或者保持不变（Deslippe et al., 2005），甚至可能降低（Sorensen et al., 2012）。很多研究发现湿度对生物固氮速率有强烈的影响，即生物固氮速率随着湿度的增加而增加（Gundale et al., 2009; Rousk et al., 2017）。据我们所知，仅有一个研究调查了控制条件下土壤固氮速率对增温的响应，发现随着温度增加土壤固氮速率呈指数增加 (Diáková et al., 2018)。另外，目前已有的相关研究均在年平均气温小于 10℃的北方森林或北极地区开展。一些研究发现非共生固氮的最适温度范围介于 20 ~ 30℃（Rousk et al., 2017）；另一些研究则发现不同的苔藓-蓝细菌联合体的最佳固氮温度存在差异。例如，Gentili 等（2005）发现 *Nostoc* sp. 在 13℃时的固氮速率最高，而 *Calothrix* sp. 却在 30℃时有最大固氮速率。然而尚有一些问题缺乏研究，例如，热带或亚热带地区非共生固氮速率对气候变化的响应有何特征？同一生态系统内部土壤、凋落物和苔藓的生物固氮速率对气候变化的响应有何异同？

本研究探讨了土壤、凋落物和苔藓的生物固氮速率对温度和湿度变化的响应（Li et al., 2018b）。于 2016 年 7 月在桂西北环江县一片次生喀斯特森林中建立了 100m×100m 的样地，随机选择 6 个 20m×20m 的样方，并采集土壤、凋落物和苔藓样品，选取的苔藓主要是大灰藓（*Hypnum plumaeforme*）。样品带回实验室后，将每个样方内所采集的全部土壤（或凋落物或苔藓）样品充分混匀，合成一个混合样品。土壤、凋落物和苔藓的一些理化性质见表 4-1。本研究的实验设计采用全因子设计，包括 3 个温度水平（15℃、25℃和 35℃）和 3 个湿度水平（表 4-2）。该地区 1 月和 7 月的日均最低温分别是 8℃和 25℃，日均最高温分别为 15℃和 33℃；因此，设置的 3 个温度水平在该区域的温度变化范围之内。根据 1 月、4 月、7 月和 10 月野外实测的每种生态系统组分的含水量调节试验中的湿度水平。其中，土壤和凋落物湿度设置的最低值接近野外含水量的最低值（土壤 28.4%，凋落物 36.4%），设置的中间值接近野外观测的平均值（土壤 35.1%，凋落物 59.7%），设置的最大值接近野外观测的最大值（土壤 44.2%，凋落物 80.2%）。对于苔藓，最低湿度值接近 4 次野外实测含水量的平均值（71.0%），而最高湿度接近野外观测的最高含水量 (93.0%)。调节完湿度后，土壤、凋落物和苔藓样品分别分成 9 份，即 9 个处理（表 4-2），每个处理 6 个重复。把不同处理的样品分别放进 3 个已经调节好温度的气候箱内培养。每个气候箱的光照调节为 100μmol m^{-2} s^{-1}。每天通过质量法检测样品的含水量，并用去离子水补充散失的水分。所有样品培养一周后，用乙炔还原法（Hardy et al., 1968）测定每个样品的乙烯产生速率（ARA，nmol C_2H_4 g^{-1} dry mass d^{-1}）。采用温度敏感性（Q_{10}）来量化温度每升高 10℃时生物固氮速率的变化幅度（Li et al., 2013）计算生物固氮的温度敏感性：

$$Q_{10}=\left(\frac{\mathrm{ARA}_{T_2}}{\mathrm{ARA}_{T_1}}\right)^{10/(T_2-T_1)} \tag{4-1}$$

式中，T_2和T_1分别表示培养温度（℃）的高值和低值。采用湿度敏感性（RM_{10}）来衡量湿度每增加10%时，生物固氮速率的增加幅度：

$$RM_{10}=\left(\frac{ARA_{M_2}}{ARA_{M_1}}\right)^{10/(M_2-M_1)} \tag{4-2}$$

式中，M_2和M_1分别表示培养湿度的高值和低值。

表4-1　培养前土壤、凋落物和苔藓的理化性质

项目	容重/（g cm^{-3}）	pH	重量含水率/%	有机碳/（g C kg^{-1}）	总氮/（g N kg^{-1}）	总磷/（g P kg^{-1}）
土壤	1.1（0.1）	6.4（0.1）	37.4（2.1）	50.3（0.3）	5.2（0.1）	1.6（0.1）
凋落物	缺失	缺失	20.0（1.9）	412.9（3.5）	18.7（0.3）	1.6（0.1）
苔藓	缺失	缺失	62.9（2.8）	349.4（8.4）	28.3（0.2）	3.3（0.1）

注：平均值±标准误，$n=3$。

表4-2　培养实验中土壤、凋落物和苔藓的温度与湿度设置水平

设置水平	苔藓		凋落物		土壤	
	温度/℃	湿度/%	温度/℃	湿度/%	温度/℃	湿度/%
低值	15	74.3	15	19.7	15	28.8
中值	25	84.5	25	53.9	25	37.2
高值	35	93.6	35	73.6	35	42.8

一、非共生固氮速率对温度或湿度变化的响应特征

三因素方差分析结果表明生态系统组分类型、温度、湿度和它们的交互作用对生物固氮速率均有显著影响（$P<0.001$）[图4-1（a）]。总的来说，苔藓固氮速率最高，凋落物次之，土壤固氮速率最低[图4-1（a）]。苔藓的平均固氮速率分别是凋落物、土壤的2.0倍和21.4倍。生物固氮速率随温度或湿度的增加而增加[图4-1（a）]。除了生态系统组分类型和温度范围（ΔT）的交互作用（$P>0.1$），生态系统组分类型、温度范围（ΔT）和湿度对Q_{10}有显著（$P<0.05$）或略微显著的（$P<0.1$）单独或交互作用[图4-1（b）]。另外，凋落物固氮的Q_{10}最高，土壤次之，苔藓最低。25～35℃（DT_2）时的Q_{10}比15～25℃（DT_1）大，中湿度水平时的Q_{10}也比低湿度水平大[图4-1（b）]。生态系统组分类型、温度、湿度范围以及它们的交互作用对RM_{10}有显著影响（$P<0.01$）[图4-1（c）]。苔藓的RM_{10}最大，土壤次之，凋落物最小。25℃和35℃时的RM_{10}比15℃时的大，DM2时的RM_{10}比DM1大①[图4-1（c）]。

① DM1和DM2分别表示低湿度到中湿度水平的湿度范围和中湿度到高湿度水平的湿度变化范围。

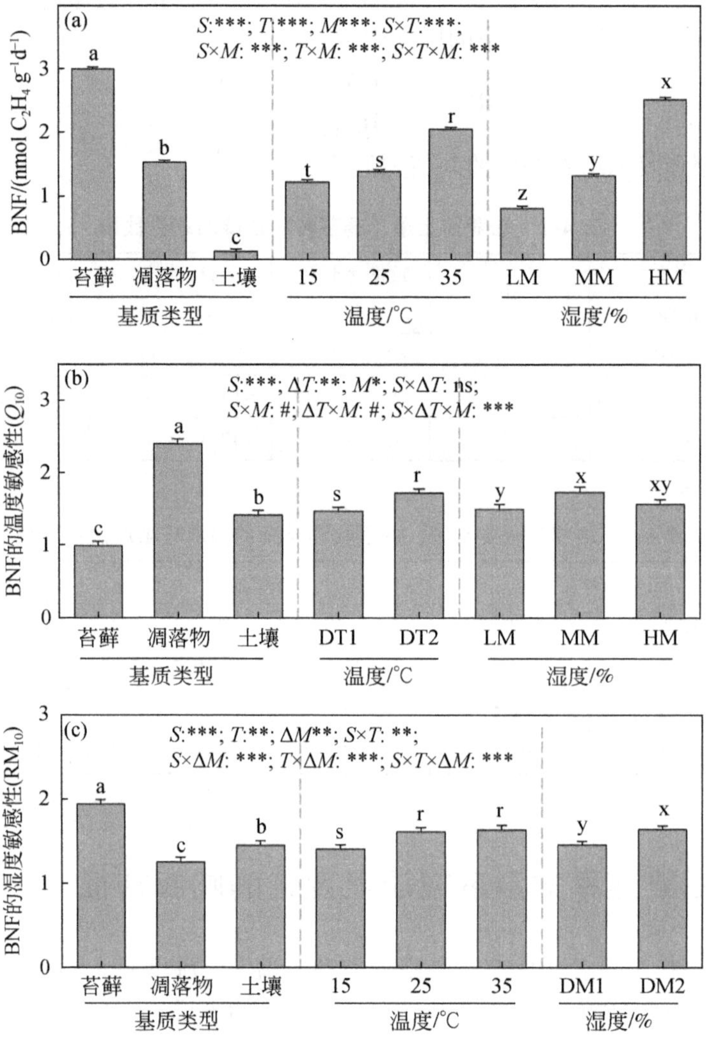

图 4-1　基质类型（S）、温度（T）或温度范围（ΔT）和湿度（M）或湿度范围（ΔM）对非共生固氮速率（BNF）（a）、生物固氮的温度敏感性（Q_{10}）（b）和湿度敏感性（RM_{10}）（c）的影响

数据为平均值±标准误。DT1 和 DT2 分别表示 15～25℃和 25～35℃的温度范围；LM、MM 和 HM 分别表示低、中、高湿度水平；DM1 和 DM2 分别表示 LM-MM 和 MM-HM 的湿度范围。不同字母表示基质类型、温度或湿度，或者温度（或湿度）变化之间在 $P<0.05$ 水平上差异显著（三因素方差分析法，Tukey's post-hoc test）。图上方的数据表示三因素方差分析的结果，其中 ns 表示没有显著差异，#表示在 $P<0.1$ 水平上显著，*、** 和 *** 分别表示在 $P<0.05$、$P<0.01$ 和 $P<0.001$ 水平上显著。

二、非共生固氮速率对温度变化响应机理分析

温度对土壤和凋落物固氮速率有显著影响，但对苔藓固氮速率的影响不显著（图 4-2）。湿度对土壤、凋落物和苔藓的固氮速率都有显著影响（图 4-2）。温度和湿度的交互作用对苔藓固氮速率的影响仅在 $P<0.1$ 水平上显著，但显著影响土壤或凋落物的固氮速率。苔

藓固氮速率对温度变化的响应取决于湿度水平。当低湿度水平（LM）时，15℃下的苔藓固氮速率最高，而25℃下的固氮速率最低；当中等湿度水平（MM）时，温度对苔藓固氮速率无显著影响；当高湿度水平（HM）时，35℃下的苔藓固氮速率比15℃下高［图4-2（a）］。对于土壤和凋落物，固氮速率在三个湿度水平下均随温度的增加而增加［图4-2（b）（c）］。在每个温度水平下，苔藓和凋落物的固氮速率随湿度的增加而增加［图4-2（a）（b）］。土壤固氮速率对湿度变化的响应因温度而异［图4-2（c）］，在15℃时，固氮速率随湿度增加无明显变化；在25℃时随湿度增加而显著增加；但在35℃时，固氮速率在中等湿度水平（MM）时最高，在低湿度水平（LM）时最低［图4-2（c）］。

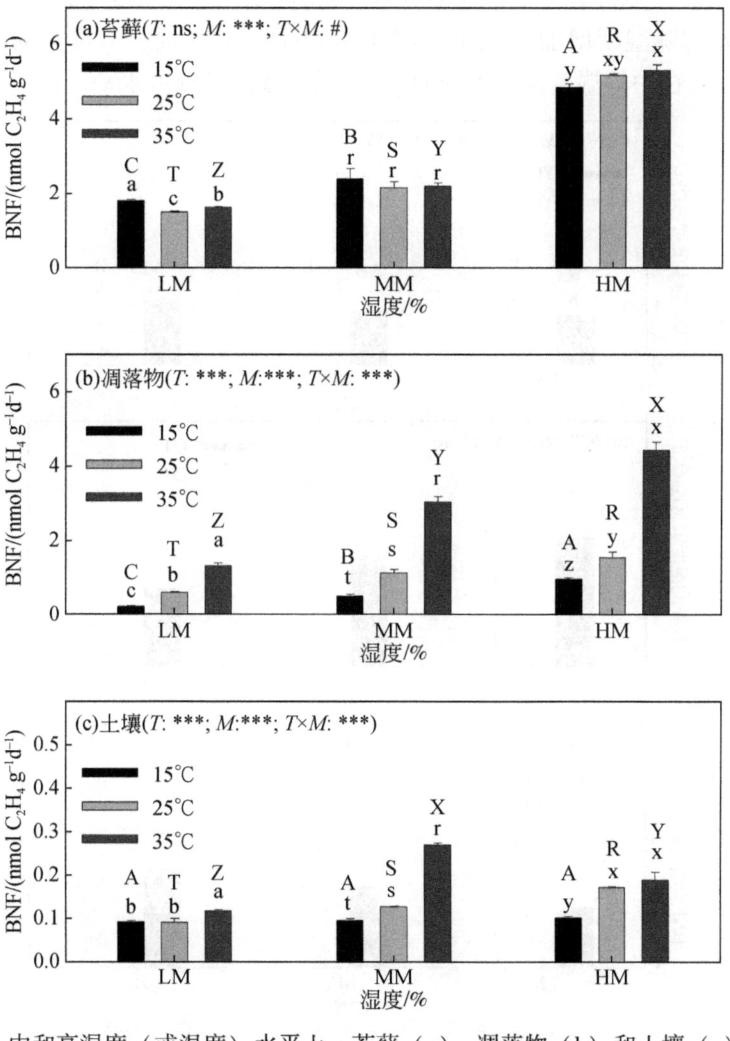

图4-2 在低、中和高湿度（或温度）水平上，苔藓（a）、凋落物（b）和土壤（c）的固氮速率（BNF）对温度（或湿度）变化的响应

数据为平均值±标准误。LM、MM和HM分别表示低、中、高等湿度水平。不同小写字母表示在每个湿度水平上温度变化的影响显著（独立样本t检验，$P<0.05$）。不同大写字母表示在每个温度变化范围内，湿度的影响显著（单因素方差分析，$P<0.05$，Tukey's post-hoc test）。图上方的数据表示三因素方差分析的结果，其中ns表示没有显著差异，#表示在$P<0.1$水平上显著，***表示在$P<0.05$、$P<0.01$和$P<0.001$水平上显著。

双因素方差分析结果表明，除湿度对凋落物固氮速率的 Q_{10}（P>0.1）没有显著影响外，ΔT 和湿度的单独或交互作用都显著（P<0.05）或略微显著（P<0.1）影响苔藓、凋落物和土壤固氮速率的温度敏感性（图 4-3）。对于苔藓，只有在低湿度水平下其固氮速率的 Q_{10} 受 ΔT 显著影响，其中，DT2 时的 Q_{10} 高于 DT1［图 4-3（a）］。对于凋落物，仅在高湿度水平下（HM）ΔT 固氮速率的 Q_{10} 有显著影响，其中 DT2 时的 Q_{10} 高于 DT1［图 4-3（b）］。对于土壤，在中等（MM）和高等（HM）湿度水平下，ΔT 均显著影响固氮速率的 Q_{10}，但影响模式相反，在中等湿度水平下 DT1 时的 Q_{10} 小于 DT2，而在高等湿度水平下则相反［图 4-3（c）］。在两个温度变化范围内，三种生态系统组分生物固氮速率的 Q_{10} 对湿度响应模式不同（图 4-3）。DT1 时，土壤和苔藓固氮速率的 Q_{10} 随湿度增加［图 4-3（a）（c）］，相反，凋落物固氮速率的 Q_{10} 却随湿度增加而减小［图 4-3（b）］。DT2 时，湿度只对土壤固氮速率的 Q_{10} 有显著影响，且在中等湿度水平下的 Q_{10} 高于低等或高等湿度水平［图 4-3（c）］。

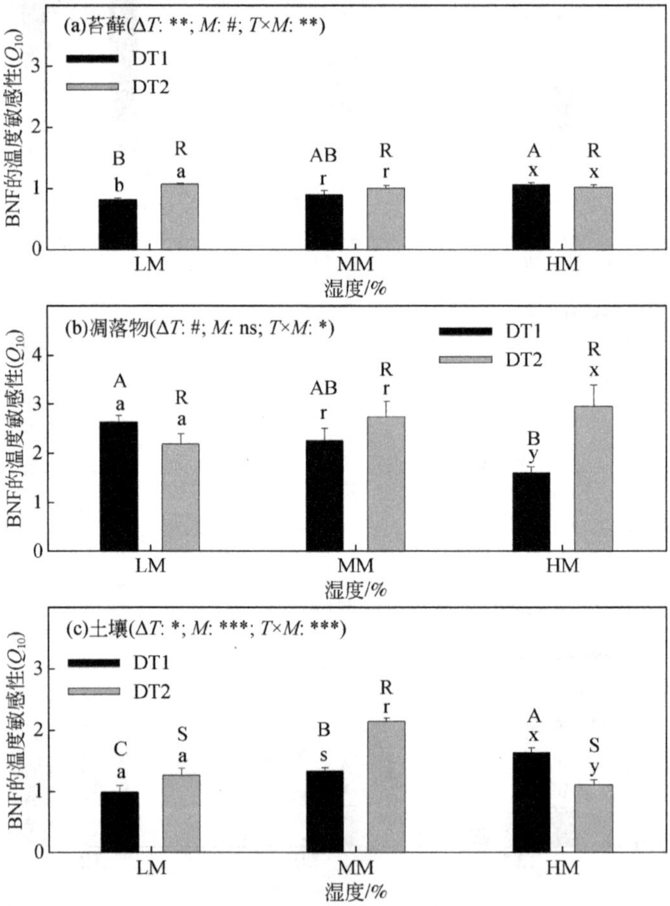

图 4-3　在每个湿度水平下（或每个温度变化范围内），苔藓（a）、凋落物（b）和土壤（c）固氮速率（BNF）的温度敏感性（Q_{10}）对温度变化（ΔT）或湿度的响应

数据为平均值±标准误。LM、MM 和 HM 分别表示低、中、高等湿度水平。不同小写字母表示在每个湿度水平上温度变化的影响显著（独立样本 t 检验，P<0.05）。不同大写字母表示在每个温度变化范围内，湿度的影响显著（单因素方差分析，P<0.05，Tukey's post-hoc test）。每个图左上角括号中符号表示温度变化（ΔT）和湿度（M）二因素方差分析的结果。ns 表示不显著，#表示在 0.1 水平上显著，*、**和***分别表示在 0.05、0.01 和 0.001 水平上差异显著。

温度的或温度与 ΔM 的交互作用仅显著影响土壤固氮速率的 RM_{10}［图 4-4（c）］，但是 ΔM 的对苔藓和土壤固氮速率的 RM_{10} 均有显著影响［图 4-4（a）（c）］。在三个温度水平下，苔藓固氮速率的 RM_{10} 均是 DM2 显著高于 DM1［图 4-4（a）］。在 35℃下，土壤固氮速率的 RM_{10} 则是 DM1 显著高于 DM2［图 4-4（c）］。温度只对土壤固氮速率的 RM_{10} 有显著影响，对于 DM1，35℃下的 RM_{10} 高于其他两个温度下的值；对 DM2，25℃下的 RM_{10} 最大，35℃下的最小［图 4-4（c）］。

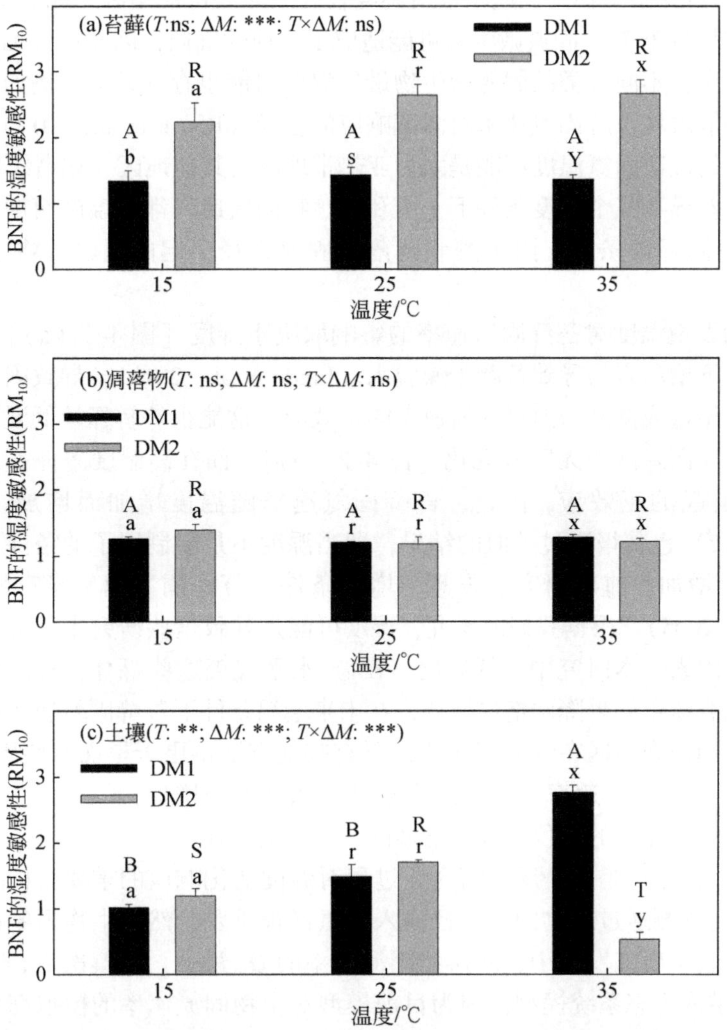

图 4-4　在每个温度条件下（或每个湿度变化范围内），苔藓（a）、凋落物（b）和土壤（c）固氮速率（BNF）的湿度敏感性（RM_{10}）对湿度变化（ΔM）或温度的响应

数据为平均值±标准误。DM1 和 DM2 分别表示 LM-MM 和 MM-HM 的湿度变化范围。不同小写字母表示在每个湿度水平上温度变化的影响显著（独立样本 t 检验，$P<0.05$）。不同大写字母表示在每个温度变化范围内，湿度的影响显著（单因素方差分析，$P<0.05$，Tukey's post-hoc test）。图上方的数据表示三因素方差分析的结果，其中 ns 表示没有显著差异，** 和 *** 分别表示在 $P<0.01$ 和 $P<0.001$ 水平上显著。

本研究表明土壤和凋落物的固氮速率随温度的增加而增加［图 4-2（b）（c）］，这和以往的研究结果一致（Rousk et al.，2017；Diáková et al.，2018）。这些研究表明生物固氮速率以二次方程曲线的方式随温度而变化，即生物固氮速率先随温度的增加而增加，达到最大值后速率下降，最适温度介于 20～30℃。本研究中，土壤和凋落物固氮速率从15～35℃随温度而增加，这种增加趋势和前期研究结果一致，但是最适温度超过了 30℃。与本研究一致，一项对全球数据整合分析的结果表明，很多研究的固氮酶活性的最适温度约为 35℃（Houlton et al.，2008）。本研究中生物固氮速率最适温度较高的原因可能是因为样品采自亚热带地区，其夏季气温经常超过35℃，固氮微生物可能适应了当地的气候，因而在35℃时仍能维持较高的固氮速率。其次，不同种类的固氮微生物最适温度可能也存在差异。例如，有研究表明不同的蓝细菌种类能解释苔藓固氮速率对温度响应的差异（Rousk et al.，2017）。因此，本研究观测到相对较高的最适固氮温度可能是因为亚热带地区与其他地区（如高纬度地区）的固氮微生物种类存在差异。三个湿度条件下土壤和凋落物固氮速率都随温度而增加［图 4-2（b）（c）］，意味着不同降雨条件，因土壤和凋落物固氮途径引起的氮输入将会随全球变暖而增加。

然而，我们发现温度对苔藓固氮速率的影响取决于湿度［图 4-2（a）］。这可能是因为在湿度较低条件下增温容易导致苔藓干燥脱水（Lindo et al.，2013），导致因干燥引起的对固氮速率的负效应超过或抵消增温对固氮速率的正效应。这能很好解释较低湿度水平下苔藓固氮速率随温度增加而降低或无明显变化［图 4-2（a）］。而在高湿度条件下，干燥引起的负效应小于增温引起的正效应，因此，苔藓固氮速率随温度增加而增加［图 4-2（a）］。Gundale 等（2012）也曾报道过类似的结果，即当湿度不是限制因子的条件下，苔藓固氮速率随温度增加而增加。前期研究也发现，增温条件下苔藓固氮速率没有明显变化或减小（Deslippe et al.，2005）。根据我们的研究，湿度可能是导致这些研究中苔藓固氮速率对温度差异化响应主要因素。本研究中，低湿度（LM）水平代表这些森林苔藓的年平均水平，因此，我们的发现意味着如果降雨格局持续，在未来增温条件下苔藓固氮速率可能会下降。前期研究表明，我国西南地区在气候变化背景下有些地方变得更干旱而有些则更湿润（Liu et al.，2014）。由于苔藓固氮速率仅在高湿度条件下随增温而增加，因此，在未来气候变暖的情景下通过苔藓固氮输入的氮仅在降水增多的区域才会增加。

温度敏感性（Q_{10}）是一个反映酶介导过程对温度变化响应的重要指标。在全球变暖背景下，尽管 Q_{10}对预测通过生物固氮途径输入的氮素很重要，然而生物固氮速率的温度敏感性研究非常欠缺。本研究发现中，凋落物固氮速率的 Q_{10}最大，土壤次之，苔藓最小，表明不同的 Q_{10}应该纳入生态系统模型，因为目前模型对生物固氮速率的模拟都是基于经验公式而不基于过程机理（Wieder et al.，2015）。虽然苔藓的平均固氮速率分别是土壤和凋落物的 2.0 倍和 21.4 倍（土壤、凋落物和苔藓固氮速率平均值分别为 6.8±0.4μg N m^{-2} d^{-1}、14.3±1.2μg N m^{-2} d^{-1}和 11.3±1.8μg N m^{-2} d^{-1}），但是基于面积估算的生物固氮速率仅在凋落物和土壤有显著差异，即前者是后者的 2 倍左右（图 4-5）。由于凋落物（2.4±0.07）和土壤（1.4±0.07）固氮速率的 Q_{10}比苔藓（1.0±0.07）的高，在全球变暖背景下，所研究的森林通过生物固氮途径输入的氮素将会相当程度地增加。

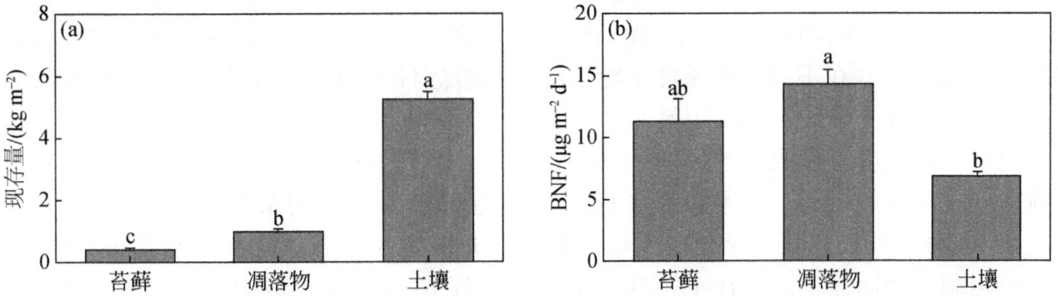

图 4-5　苔藓、凋落物和土壤（0 ~ 10cm）的现存量（a）和生物固氮（BNF）（b）通量

数据为平均值±标准误（n=3）。不同字母表示三种组分之间差异显著（P<0.05）。

Rousk 等（2017）研究了温带和寒带两种苔藓（*Pliurozium schreberi* 和 *Tomentypnum nitens*）固氮速率的 Q_{10}，发现其介于 0.33 ~ 7.51，且受温带和湿度影响。本研究观测到苔藓固氮速率的 Q_{10} 介于该范围内，同样受温度和湿度的影响。因此，当将 Q_{10} 纳入陆地生态系统模型时，应该考虑温度和湿度的效应。

三、非共生固氮速率对湿度变化响应机理分析

目前极少有研究评估了湿度/降水或其与温度的交互作用对生物固氮速率的影响。据报道，生物固氮的最佳水分条件接近饱和，其速率随水分的减少而线性下降（Vitousek et al., 2002）。这支持我们的研究结果，即在不同温度条件下凋落物和苔藓的固氮速率随湿度的增加而显著增加［图 4-2（a）（b）］，意味着不管季节或区域，降水对苔藓或凋落物固氮速率的影响（例如，降水增加促进固氮速率，降水减少则导致固氮速率下降）可能普遍存在。对土壤固氮速率，在低温或高温下对湿度不同的响应模式（如 15℃时固氮速率不受湿度影响，25℃时固氮速率随湿度增加而增加，35℃时随湿度的增加固氮速率先增加后降低）可能分别与固氮微生物活性和底物可利用水平有关。本研究设置的低温（15℃）水平低于研究区的年均温，尤其是低于采样时（7 月）温度。固氮酶活性可能受低温抑制，从而对湿度变化不敏感［图 4-2（c）］。高温（35℃）条件下，固氮酶活性理论上应随土壤湿度的增加而增加，但是由于土壤湿度增加的同时限制了大气中 N_2 往土壤孔隙的扩散，固氮微生物由于底物获取受限从而固氮速率显著降低。25℃和 35℃时土壤固氮速率相当这一点支持上述推断［图 4-2（c）］。

由于很少有研究关注生物固氮对湿度变化的响应，定量评价湿度敏感性的指标也缺乏。本研究参考温度敏感性的概念提出用湿度敏感性评估生物固氮速率对湿度变化的响应幅度。Jiang 等（2013）也曾用类似的方法评价土壤呼吸的湿度敏感性。本研究结果表明，三种生态系统组分生物固氮速率的 RM_{10} 与其 Q_{10} 呈现相反的格局，其中苔藓固氮速率的 RM_{10} 最高，凋落物的最低［图 4-1（c）］。因此，当降水增多（或减少）时，通过苔藓固氮输入的氮素将可能显著地增加（或减少）。

此外，我们的研究结果表明，虽然苔藓和凋落物的固氮速率在三种温度条件下都随湿

度增加，但它们对湿度变化的响应存在差异［图4-2（a）（b）］。苔藓固氮速率在较湿润条件下对湿度变化的响应比在较干燥条件下更敏感［图4-4（a）］，但从凋落物固氮速率RM_{10}模式来看，其在不同湿度条件下对湿度变化敏感性类似［图4-4（b）］，意味着当气候变得更湿润或干旱后，苔藓固氮速率可能不成比例增加或下降。由于苔藓和凋落物固氮速率对湿度的响应不受温度的影响［图4-2（a）（b）］，说明在全球变暖背景下现行的湿度响应模式将可能持续。在湿润条件下，土壤固氮速率在较湿润条件下对湿度变化的敏感性较小（RM_{10}较低），可能是由于土壤孔隙中填充较多水分限制了大气N_2往土壤的扩散。与苔藓与凋落物固氮不同，在土壤湿度不限制大气N_2往土壤扩散的条件下，全球变暖将导致土壤固氮速率对湿度变化更敏感［图4-4（c）］。因此，在全球变暖背景下，中等湿度条件可能对土壤固氮更有利。

四、结论

基于室内控制实验表明，土壤、凋落物和苔藓固氮速率对温度和湿度变化的响应存在差异。土壤和凋落物固氮速率在所选的湿度范围内随温度的增加而增加，但是苔藓固氮速率只有在高湿度条件下，才随温度的增加而增加。苔藓和凋落物固氮速率在所研究的温度范围内随湿度的增加而增加，但是土壤固氮速率对湿度的响应受温度的影响。凋落物固氮的温度敏感性最高，土壤次之，苔藓最低。然而，生物固氮的湿度敏感性却是苔藓的最高，凋落物的最低。本研究表明，为了更好地预测和评估气候变化背景下，通过生物固氮输入的氮素水平，应该将三种生态系统组分生物固氮的温度或湿度敏感性纳入生态系统模型。然而，需要指出的是基于单一的、短期室内培养实验获得的结果存在不确定性。首先，我们不确定这些结果是否在整个西南喀斯特地区或其他热带或亚热带气候区具有普适性。其次，本研究的结果是否具有代表性存在不确定性，因为实验中只涉及了一种苔藓，一个森林的凋落物和一种土壤类型。最后，在短期实验中观察到的生物固氮速率对温度和湿度变化的响应结果是否能够反映长期气候变化背景下的响应情况也具有不确定性。因为这些不确定性，还需要展开更多类似的研究，以便更好地预测生物固氮对气候变化的响应。

第三节　地形调控氮沉降对喀斯特山区典型森林非共生固氮的影响

氮沉降的增加是当今全球变化背景下影响非共生固氮的因子之一（Gundale et al.，2013）。大自然和人为活动都是大气氮沉降的来源，陆地生态系统氮沉降的增加主要来源于农业、工业和运输等方面人为活动的影响。20世纪80年代到21世纪前10年，中国的年均氮沉降量从13.2kg N hm^{-2} a^{-1}增加到21.1kg N hm^{-2} a^{-1}（Liu et al.，2011）。许多研究表明，氮沉降能抑制非共生固氮速率（Gundale et al.，2013），但在一些亚热带或热带森林中的研究发现非共生固氮速率对氮添加无响应或响应较小（Cusack et al.，2009）。非共生的固氮微生物合成含氮的固氮酶蛋白或进行固氮都需要比直接吸收无机态氮更高的细胞氮素和能量的投入（Norman and Friesen，2017），氮沉降对非共生固氮速率的抑制主要是由于无机态氮对固氮酶合成或活性的抑制（Hartley and Schlesinger，2002）。氮沉降可能通过减少非共生固氮微生物丰度或改变微生物群落的结构而降低非共生固氮速率（Wang et al.，2018）。此外，氮沉降对非共生固氮速率的抑制可能与其他因素有关，如碳（Vitousek and Hobbie，2000）和磷可利用水平受到限制（Matson et al.，2015）或 C：N：P 化学计量比的改变（Zheng et al.，2018）等。也有研究表明，在某些情况下，非共生的固氮微生物受氮可利用水平的限制或长期在增加的氮沉降环境下的非共生固氮微生物可能已经适应了高氮的水平（Zheng et al.，2017），因而氮沉降可能不会抑制非共生固氮速率。例如，一些氮状况较高的热带森林具有高的非共生固氮速率，即使在长期氮沉降水平（100～150kg N hm^{-2} a^{-1}）下，非共生固氮微生物也能通过增加基质的碳氮比来增加固氮速率（Zheng et al.，2018）。目前，非共生固氮速率对氮沉降响应的潜在机理尚不十分清楚。

地形对土壤物理化学性质、元素的生物地球化学循环、微气候和植物、微生物群落的结构和功能有重要影响。由于坡向和坡度都影响坡面水分和营养物质的流动，因而地形也能影响一系列土壤性质的空间分布，它包括土壤有机碳（SOC）、有效氮、有效铁、有效磷、交换性钙和镁，土壤 pH 和 C：N：P 的化学计量比等。热带和北方区域的研究已经发现了地形对土壤氮循环过程中的氮矿化、硝化和反硝化的影响（Stewart et al.，2014）。然而，地形究竟如何影响非共生固氮及如何调控非共生固氮速率对氮沉降的响应，相关方面的研究甚少。

本研究的氮沉降试验样地分别位于广西木论国家级自然保护区内的一个典型喀斯特森林（海拔为 299～686m）的洼地和坡地。背景氮沉降量为 37kg N hm^{-2} a^{-1}（Zhu et al.，2015）。森林的优势树种有厚壳桂（*Cryptocarya chinensis*）、岩樟（*Cinnamomum saxatile*）、小叶栾树（*Koelreuteria minor*）、海桐（*Pittosporum tobira*）、土蜜树（*Bridelia tomentosa*）和九里香（*Murraya exotica*）等。洼地土深为 0.0～0.8m，坡地土深为 0.0～0.3m。分别在两个坡位按照完全随机区组设计建立 9 个处理样方（10m×10m），共设计 3 个区组和 3 个氮添加水平：对照（N0，0kg N hm^{-2} a^{-1}）、中量氮添加（N50，50kg N hm^{-2} a^{-1}）和高量氮添加（N100，100kg N hm^{-2} a^{-1}），每个样方周围留有 10m 的缓冲区。于 2016 年 4 月起，在每个月月初施以 NH_4NO_3（分析纯）的氮肥。将 NH_4NO_3 溶解在 10L 的泉水后，用喷雾器均匀地喷洒在每个样方地面（包括分布于岩石表面的苔藓），对照小区仅喷施等量的泉水，加入的水相当于每年 1.2mm 的额外降雨量。于 2017 年 5 月测定非共生固氮速率。在每个小区随机选择 3 个 0.15m×0.15m 的小样方。先在每个小样方用手采集凋落物，然后用直径 2cm 的土钻采集 0～10cm 的土壤。最后，用小刀采集仅分布于岩石表面占优势的苔藓嫩枝部分（*Hypnum plumaeforme*）。分别将每个样方内的土壤、凋落物和苔藓样品混合均匀。一部分用于测定土壤（表 4-3）、凋落物（表 4-4）和苔藓（表 4-5）的理化指标。在野外用乙炔还原法测定非共生固氮速率。为了将乙炔还原速率转换为氮气固定速率（ANF，ng N g^{-1} d^{-1}），2019 年 7 月，参考 Keuter 等（2014）和 De Luca 等（2002）的方法测定了各基质的转换系数（乙炔还原速率：氮气固定速率）。由于地形和氮添加对转换系数没有显著影响，因此本实验使用每个基质的均值（表 4-6）来计算 ANF。

表 4-3　氮添加处理对土壤化学性质的影响

项目		SOC/ (g C kg^{-1})	TN/ (g N kg^{-1})	TP/ (g P kg^{-1})	C : N	C : P	N : P	pH	NH_4^+/ (mg kg^{-1})	NO_3^-/ (mg kg^{-1})
洼地	N0	40.46 (3.77)	3.85 (0.35)	2.26 (0.16)	12.63 (0.30)	46.25 (2.73) b*	3.74 (0.18) b*	7.27 (0.08)	7.60 (0.41)*	19.91 (3.01)*
	N50/(50kg N hm^{-2} a^{-1})	49.64 (5.59)	4.81 (0.40)	2.21 (0.18)	12.00 (0.71)	56.01 (3.18) a	4.66 (0.26) a	7.53 (0.15)	6.99 (0.61)	20.48 (1.03)
	N100/(100kg N hm^{-2} a^{-1})	51.71 (6.92)	4.74 (0.60)	2.42 (0.20)	12.67 (0.28)	54.57 (2.96) a	4.46 (0.18) a	7.33 (0.18)	8.32 (1.13)	17.58 (1.08)
坡地	N0	47.64 (2.91)	4.72 (0.50)	1.91 (0.22)	13.05 (0.50)	66.67 (3.55)	4.94 (0.22)	7.32 (0.22)	5.68 (0.26)	13.33 (1.07)
	N50/(50kg N hm^{-2} a^{-1})	45.43 (2.51)	3.95 (0.22)	1.76 (0.16)	12.82 (0.36)	65.25 (8.81)	5.05 (0.34)	7.45 (0.17)	6.89 (0.51)	17.38 (1.04)
	N100/(100kg N hm^{-2} a^{-1})	51.21 (3.91)	4.65 (0.40)	1.98 (0.20)	12.95 (0.37)	67.70 (1.95)	5.24 (0.10)	7.30 (0.13)	6.77 (0.57)	17.73 (2.14)

注：括号内数据表示标准误（$n=3$）；不同字母表示洼地或坡地非共生固氮速率在不同氮添加处理间差异显著（$P<0.05$）。

* 表示对照样方非共生固氮速率在洼地和坡地之间差异显著（$P<0.1$）。

表 4-4　氮添加对凋落物化学性质的影响

项目		C/ (g C kg^{-1})	N/ (g N kg^{-1})	P/ (g P kg^{-1})	C : N	C : P	N : P
洼地	N0	448.33 (12.93)	17.17 (0.64) c*	1.67 (0.04) a*	30.66 (0.95) a*	695.97 (15.75)*	22.96 (1.10) b*
	N50/ (50kg N hm^{-2} a^{-1})	424.43 (5.88)	18.90 (0.28) b	1.53 (0.07) ab	26.19 (0.11) b	725.73 (22.30)	30.01 (0.76) a
	N100/ (100kg N hm^{-2} a^{-1})	425.23 (1.04)	20.43 (0.27) a	1.37 (0.07) b	24.33 (0.35) c	732.18 (27.90)	30.63 (2.37) a
坡地	N0	314.50 (30.24)	18.90 (0.40) a	1.53 (0.04) a	19.36 (1.70) b	587.80 (43.99) b	27.73 (0.92) b
	N50/ (50kg N hm^{-2} a^{-1})	350.80 (22.75)	18.13 (0.51) a	1.37 (0.03) b	22.88 (1.82) ab	765.15 (51.59) a	30.72 (0.56) a
	N100/ (100kg N hm^{-2} a^{-1})	383.43 (19.64)	16.33 (0.25) b	1.23 (0.04) c	27.49 (1.53) a	809.54 (51.57) a	29.40 (0.57) ab

注：不同字母表示同一坡位上相同指标在氮添加处理间差异显著（$P<0.05$）。

* 表示对照样方非共生固氮速率在洼地和坡地之间差异显著（$P<0.1$）。

表 4-5　氮添加对苔藓化学性质的影响

项目		C/ ($g\ C\ kg^{-1}$)	N/ ($g\ N\ kg^{-1}$)	P/ ($g\ P\ kg^{-1}$)	C : N	C : P	N : P
洼地	N0	402. 90 (9. 84)	15. 03 (1. 47) b*	2. 77 (0. 16) a*	34. 19 (3. 81) a*	389. 60 (30. 02) b*	14. 01 (0. 08) b*
	N50/ ($50kg\ N\ hm^{-2}\ a^{-1}$)	384. 03 (3. 80)	21. 17 (0. 61) a	3. 13 (0. 14) a	21. 26 (0. 43) b	321. 18 (16. 76) b	15. 27 (1. 05) b
	N100/ ($100kg\ N\ hm^{-2}\ a^{-1}$)	384. 90 (14. 19)	20. 73 (0. 51) a	2. 00 (0. 21) b	21. 62 (0. 28) b	551. 58 (70. 17) a	25. 48 (3. 25) a
坡地	N0	410. 67 (10. 06)	19. 97 (1. 56)	1. 90 (0. 12) a	24. 80 (1. 33) a	495. 49 (6. 69) b	18. 54 (0. 22) b
	N50/ ($50kg\ N\ hm^{-2}\ a^{-1}$)	430. 93 (4. 47)	20. 53 (0. 97)	1. 90 (0. 38) a	24. 92 (1. 19) a	570. 79 (76. 79) b	18. 53 (0. 65) b
	N100/ ($100kg\ N\ hm^{-2}\ a^{-1}$)	420. 10 (7. 09)	23. 13 (0. 65)	1. 50 (0. 02) b	21. 35 (0. 84) b	710. 64 (14. 30) a	33. 59 (1. 17) a

注：不同字母表示同一坡位上相同指标在氮添加处理间差异显著（$P<0.05$）。

* 表示对照样方非共生固氮速率在洼地和坡地之间差异显著（$P<0.1$）。

表 4-6　土壤、凋落物和苔藓的转换系数

指标	土壤	凋落物	苔藓
N0	1. 37 (0. 21)	1. 70 (0. 39)	2. 82 (0. 70)
N50	1. 17 (0. 34)	2. 34 (0. 41)	1. 70 (0. 46)
N100	0. 82 (0. 10)	2. 23 (0. 28)	2. 30 (0. 44)
均值	1. 12 (0. 14)	2. 09 (0. 21)	2. 27 (0. 32)

注：乙炔还原速率：氮气固定速率，$n=6$。

一、对照样方的非共生固氮速率

基质对非共生固氮有显著影响（$P<0.05$），但地形、地形与基质的交互作用均对非共生固氮无显著影响（表 4-7）。苔藓非共生固氮速率最高（180. 72 ~ 573. 99ng $N\ g^{-1}\ d^{-1}$）[图 4-6（c）]，其次为凋落物（29. 97 ~ 159. 14ng $N\ g^{-1}\ d^{-1}$）[图 4-6（b）]，土壤最低（7. 78 ~ 9. 08ng $N\ g^{-1}\ d^{-1}$）[图 4-6（a）]。苔藓平均固氮速率比凋落物高 4. 0 倍，比土壤高 44. 8 倍。洼地凋落物固氮速率（159. 14±71. 18ng $N\ g^{-1}\ d^{-1}$）显著高于（$P<0.1$）坡地（29. 97±14. 34ng $N\ g^{-1}\ d^{-1}$）。但洼地与坡地上土壤或苔藓的固氮速率无显著差异。

表 4-7　地形、基质及其交互作用对对照样方 ANF 影响的双因素方差分析结果

因子	类型Ⅲ平方和	自由度	均方	*F*	显著性
修正模型	2112000.00	5	422411.563	2.357	0.054
截距	1384362.30	1	1384362.296	7.723	0.008
基质	1341008.00	2	670504.001	3.741	0.031
地形	103591.38	1	103591.38	0.578	0.451
基质×地形	667458.44	2	333729.218	1.862	0.166
误差	8604100.74	48	179252.099		
总数	12100000	54			
修正总数	10720000	53			

对照样方内苔藓固氮速率在亚热带或热带森林中报道的速率范围内（15～13440ng N g^{-1} d^{-1}）（Cusack et al.，2009）。土壤和凋落物固氮速率与附近喀斯特森林中报道的速率大小接近（Li et al.，2018a），但处于其他亚热带或热带森林固氮速率的低值区（土壤为11～67ng N g^{-1} d^{-1}，凋落物为 120～5000ng N g^{-1} d^{-1}）（Cusack et al.，2009）。较低的固氮速率可能是由于本研究区高氮沉降背景（约 37kg N hm^{-2} a^{-1}）的抑制（Zhu et al.，2015），或者由于微生物量碳限制（Reed et al.，2011）。我们先前的研究已经揭示了研究区喀斯特森林土壤的氮有效性非常高，表现出一个明显的氮饱和特征（Wen et al.，2016），而且喀斯特森林土壤有机碳含量较高，但是大部分的土壤有机碳是与矿物质敖合而很难被微生物所利用（Wen et al.，2017），这可能抑制了非共生固氮。

研究结果表明，对照样方土壤或苔藓固氮速率在洼地和坡地之间差异不显著［图 4-6（a）（c）］，洼地的凋落物固氮速率大致显著地高于（$P<0.1$）坡地［图 4-6（b）］。虽然研究已经表明了土壤无机氮的增加抑制非共生固氮（Zheng et al.，2017），但同坡地相比，对照样方洼地较高的土壤氨态氮和硝态氮浓度并没有减少土壤非共生固氮速率。一个可能的原因为两个坡位的土壤固氮微生物不同或两个坡位的土壤固氮微生物已经适应了它们各自的生存环境，最终导致了相似的土壤固氮速率。洼地较高的凋落物固氮速率可能是由凋落物较低的氮水平或更高的磷水平所致（Reed et al.，2011）。与苔藓关联的固氮微生物主要是光能自养型的蓝藻细菌，苔藓从大气沉降中获取养分，苔藓固氮主要受水分和温度条件的影响。洼地和坡地的间距较短，大气沉降量可能相近，这导致了两个地形部位上相似的苔藓固氮速率。

二、非共生固氮速率对氮添加的响应

尽管地形和氮添加的交互作用对土壤固氮速率无显著影响（表 4-8），但是单因素方差分析结果表明，与对照样方相比，高氮添加减少了土壤 17.1% 的固氮速率，其中显著（$P<0.05$）抑制了洼地土壤的固氮速率［图 4-6（a）］，但对坡地土壤固氮速率的影响均

不显著［图 4-6（a）］。地形、氮添加和地形与氮添加的交互作用对凋落物固氮速率有显著（$P<0.05$）或大致显著（$P<0.1$）的影响（表 4-8），与洼地和坡地上的对照样方相比，氮添加处理分别降低了 87.4% 和 77.9% 的凋落物平均固氮速率［图 4-6（b）］。氮添加对任何坡位的苔藓固氮速率无显著影响［图 4-6（c）］。

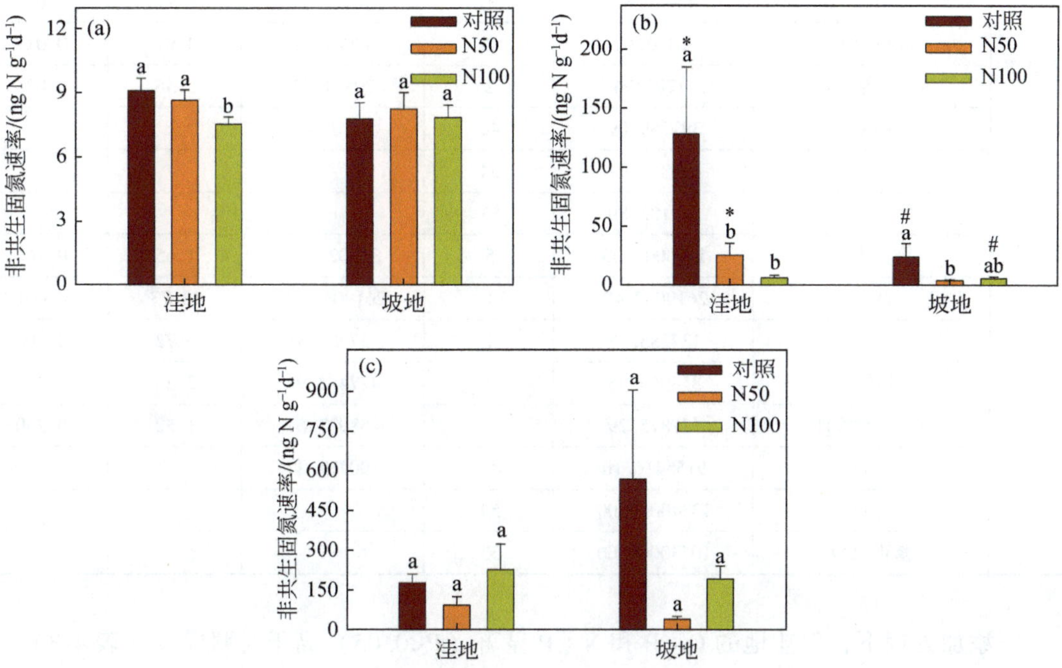

图 4-6　氮添加对洼地或坡地土壤（a）、凋落物（b）和苔藓（c）非共生固氮速率的影响

数据为均值±标准误（$n=3$）。不同字母表示洼地或坡地上的同一种基质的非共生固氮速率在不同氮添加处理间差异显著（$P<0.05$）。* 表示对照样方非共生固氮速率在洼地和坡地之间差异显著（$P<0.1$）。# 表示相同坡位非共生固氮速率在处理间的差异在 $P<0.1$ 水平上显著。

表 4-8　地形、基质及其交互作用对非共生固氮速率影响的双因素方差分析结果

因子		类型 III 平方和	自由度	均方	F	显著性
土壤	修正模型	15.48	5	3.10	0.88	0.5
	截距	3621.95	1	3621.95	1032.00	0.000
	地形	2.78	1	2.78	0.79	0.378
	氮添加	6.63	2	3.31	0.95	0.396
	地形×氮添加	6.07	2	3.04	0.87	0.427
	误差	168.39	48	3.51		
	总数	3805.81	54			
	修正总数	183.87	53			

续表

因子		类型 III 平方和	自由度	均方	F	显著性
凋落物	修正模型	158433.80	5	31686.76	3.88	0.005
	截距	88181.09	1	88181.09	10.81	0.002
	地形	36486.84	1	36486.84	4.47	0.040
	氮添加	80163.02	2	40081.51	4.91	0.011
	地形×氮添加	41783.94	2	20891.97	2.56	0.088
	误差	391749.09	48	8161.44		
	总数	638363.97	54			
	修正总数	550182.89	53			
苔藓	修正模型	1570000.00	5	314024.95	1.65	0.166
	截距	2619032.42	1	2619032.42	13.73	0.001
	地形	137283.58	1	137283.58	0.72	0.400
	氮添加	854965.88	2	427482.94	2.24	0.117
	地形×氮添加	577875.29	2	288937.64	1.52	0.230
	误差	9155416.16	48	190737.84		
	总数	13340000.00	54			
	修正总数	10730000.00	53			

氮添加处理下，仅洼地的 C∶P 和 N∶P 显著（P<0.05）高于对照样方（表 4-3），三个氮添加处理间的土壤化学性质无显著差异。虽然洼地的 C∶P 和 N∶P 比坡地低，但洼地的无机氮浓度显著高于坡地（表 4-3）。氮添加对两个坡位凋落物的碳含量均没有显著影响，对凋落物氮和磷含量有显著影响，并导致了 C∶N∶P 化学计量比的显著增加（P<0.05）。N100 处理样方的凋落物氮和 N∶P 最高，对照样方内最低（P<0.05）；洼地 N100 样方的凋落物 C∶N 最低，对照样方内最高（表 4-4）。洼地凋落物氮浓度和 N∶P 比值较低，磷含量和 C∶N 显著高于坡地（P<0.05）。洼地氮添加显著增加了苔藓氮浓度（P<0.05），两个坡位 N100 样方内苔藓的磷浓度低于 N_{50} 和对照样方，导致了 C∶N∶P 化学计量比的改变。洼地苔藓氮浓度、C∶P 和 N∶P 均较低，而磷浓度和 C∶N 比值显著高于坡地（表 4-5）。

氮添加抑制洼地而非坡地的土壤固氮速率。与此相似，其他研究也发现氮添加抑制土壤固氮速率（Cusack et al.，2009；Zheng et al.，2018）。潜在机理可能是当无机态氮是可利用的形态时，非共生固氮微生物优先利用无机态氮，而不是进行固氮或摄取有机氮，因为利用无机态氮时的细胞氮和能量投入比利用其他氮源时要低（Norman and Friesen，2017）。

两个不同坡位的土壤固氮速率对氮添加响应不同的背后机理需要深究。其中一个可能原因与土壤氮循环和硝态氮（NO_3^-）的淋失有关。在喀斯特森林的石灰性土壤中，较高的土壤总氮硝化速率（Li et al.，2017）可能导致了沉降的铵态氮进入土壤后能很快地被转化为硝态氮。因此，氮添加对土壤固氮速率的抑制效应主要是由喀斯特森林中的硝态氮引起的。土壤硝态氮比铵态氮更容易流失，喀斯特地区坡地具有相对较浅的土层厚度和更多的岩石裸露程度，因而坡地上的硝态氮更容易淋失。附近森林中坡地（2.14±0.06kg N hm^{-2} a^{-1}）硝态氮淋失速率高于洼地（1.91±0.04kg N hm^{-2} a^{-1}）（$P<0.05$）的结果也支持了这一点。因此，喀斯特森林高的氮水平及更多的氮从坡地的氮添加样方中淋失（Wen et al.，2016）可能导致了氮添加对坡地土壤固氮的影响不显著。

目前的研究表明，无论地形如何，氮添加对凋落物和苔藓固氮速率有相反的影响。凋落物和苔藓中固氮速率对氮添加不同的响应可能是由于氮源的不同引起的。凋落物中的固氮微生物主要是异养的微生物（Vitousek and Hobbie，2000），在没有无机态氮输入的条件下，凋落物中的固氮微生物通过固氮或分解有机氮获取氮源（Vitousek and Hobbie，2000）。当凋落物中的无机态氮是可利用态时，固氮微生物将优先利用无机态氮。因此，凋落物固氮速率常受氮添加的抑制（Cusack et al.，2009）。本研究的两个坡位的凋落物固氮速率均受氮添加抑制的结果支持这一观点。

由于两个坡位的间距较短，苔藓接收到的大气氮沉降将是相似的。考虑到环境中37kg N hm^{-2} a^{-1}的高氮沉降累积（Zhu et al.，2015），苔藓蓝藻细菌可能已经适应了高氮水平，因此他们的非共生固氮速率可能不受外源氮添加的影响。这与其他几个高氮沉降区域的研究结果一致（Cusack et al.，2009）。

三、结论

本研究结果表明，氮添加抑制了洼地和坡地的凋落物固氮速率，仅抑制了洼地土壤的固氮速率。苔藓固氮速率不受氮添加的影响。地形可能会调控非共生固氮速率对氮添加的响应，但其调控效应可能会因生态系统组分而不同。考虑到生物固氮在决定生态系统结构和功能及其对全球变化的响应中的关键作用，地形在影响非共生固氮对氮添加响应中的作用应纳入陆地生态系统模型。然而，未来还需要注意一些不确定性的问题，首先，不确定当前研究中观察到的模式是否适用于不同气候条件下的其他森林。其次，由于这些模式是在氮添加一年后发现的，我们不能确定它们在处理几年后是否保持一致。最后，由于目前的研究只集中在非共生固氮，不确定这些模式是否适用于共生固氮。为此，我们需要进行更多的研究，以便更好地预测生物固氮对大气氮沉降的响应。

第四节　多重环境变化对共生与非共生固氮速率的影响：基于盆栽实验的结果

过去几十年，人们已经针对全球变化因子对生物固氮的影响进行了一系列探索。这些因子中，气温上升、降雨格局改变和大气CO_2浓度上升通常能促进固氮速率，因为生物固氮是酶促和高耗能的过程（Li et al.，2018b）。但干旱和大气氮沉降增加能抑制固氮速率（Li et al.，2018b；Wang et al.，2019）。然而，也有与之相反的研究结果。例如，以盆栽为例，不同温度和湿度条件下，CO_2浓度增加能抑制紫花苜蓿（*Medicago sativa*）的根瘤固氮酶活性（Aranjuelo et al.，2005）。也有研究表明在两个亚热带森林中，非共生固氮速率可能不受氮沉降抑制（Zheng et al.，2018；Wang et al.，2019）。此外，探讨多种全球变化因子对共生或非共生固氮影响的研究非常有限，特别是对于共生固氮，可能存在多因素实验布置等方面的难度。尽管不少研究包含两个因素，但仅一项研究探讨了共生（Aranjuelo et al.，2005）或非共生固氮（Das et al.，2011）对三个及以上因子的响应。基于有限研究，不同全球变化因子对非共生固氮或共生固氮速率具有强烈的交互影响。例如，室内培养实验中，土壤固氮速率对湿度的响应模式随温度的变化而变化（Li et al.，2018b）。在两种桤木（*Alnus hirsuta* 和 *Alnus maximowiczii*）的盆栽实验中，固氮酶活性对 CO_2 浓度上升的响应不显著，但在高和低的磷有效性状况下，根瘤生物量对 CO_2 浓度上升的响应存在差异（Tobita et al.，2010）。Nasto 等（2019）发现提升 CO_2 浓度能显著增加四种固氮植物的共生固氮速率，然而氮添加使得 CO_2 的促进作用逐渐减弱甚至消失。由于复杂的交互作用，单一或有限因素的研究结果可能不适合预测生物固氮对真实状态下全球变化的反应。事实上，地球生态系统模型对生物固氮作用机理的表述非常薄弱（Hupperts et al.，2021），这导致其在预测北方区域生物固氮对全球变化反应方面的效果一般（Hupperts et al.，2021）。因此，我们迫切需要使用合适的方法研究生物固氮对多种全球变化因素的响应。

不同固氮树种的共生固氮对全球多重环境因子变化的响应可能因不同固氮策略或植物生理而异。有些固氮植物的固氮速率随环境中氮的可利用性增加而下降甚至停止固氮（兼性固氮策略），而有些固氮植物的固氮速率对土壤氮状况的变化不敏感，在富氮环境中仍能保持较高的固氮速率（专性固氮策略）（Menge et al.，2015）。例如，Menge 等（2015）通过氮添加培养实验发现美国 8 种固氮草本植物中 6 种植物的固氮速率随氮添加量的增加而降低，另两种植物的固氮速率不随氮添加量变化。有研究进一步指出，豆科固氮植物大多采用兼性固氮策略，而放线菌根固氮植物大多采用专性固氮策略（Menge et al.，2016）。另外，不同固氮树种对大气 CO_2 浓度上升的响应也可能不同。例如，West 等（2005）研究 CO_2 浓度提升对四种固氮植物固氮速率的影响发现，提升 CO_2 浓度可以促进其中两种固氮植物的固氮速率，却抑制另外两种固氮植物的固氮速率。因而不同固氮植物固氮速率可能对多种全球变化因素响应不同。

郊区-城市环境梯度常用于模拟多重环境因子变化，因为城市 CO_2 浓度、温度、氮沉降等均显著高于全球平均水平（Carreiro and Tripler，2005）。由于放线菌根和豆科植物是固氮微生物与固氮植物形成共生关系的两种主要维管束植物，如放线菌根植物的桤木（*Alnus cremastogyne*）和豆科植物的木豆（*Cajanus cajan*），本研究将两种不同固氮体系的固氮植物桤木（放线菌根固氮植物）和木豆（豆科固氮植物）分别种植在城区和郊区环境中，分别测定其共生固氮和土壤固氮速率。分别选取中国科学院环江喀斯特生态系统观测站（24°44′20″N，108°19′34″E）和南宁市广西大学（22°51′19″N，108°17′13″E）作为郊区和城区的试验点（以下简称为郊区环境和城区环境；图 4-7）。郊区和城区环境同属亚热带季风气候区。郊区环境年平均气温（MAT）为 20.1℃，其中 1 月平均温度最低（9.4℃），7 月平均温度最高（27.1℃），年降水量（MAP）为 1603.3mm，其中 4 月到 9 月为湿季，10 月至次年 3 月为干季。城区环境年平均气温 21.9℃，1 月平均气温最低（15.4℃），7 月平均气温最高（28.1℃），年降雨量 1548.7mm，主要集中在 4～9 月（约 80%）（图 4-8）。实验处理前土壤理化性质见表 4-9。

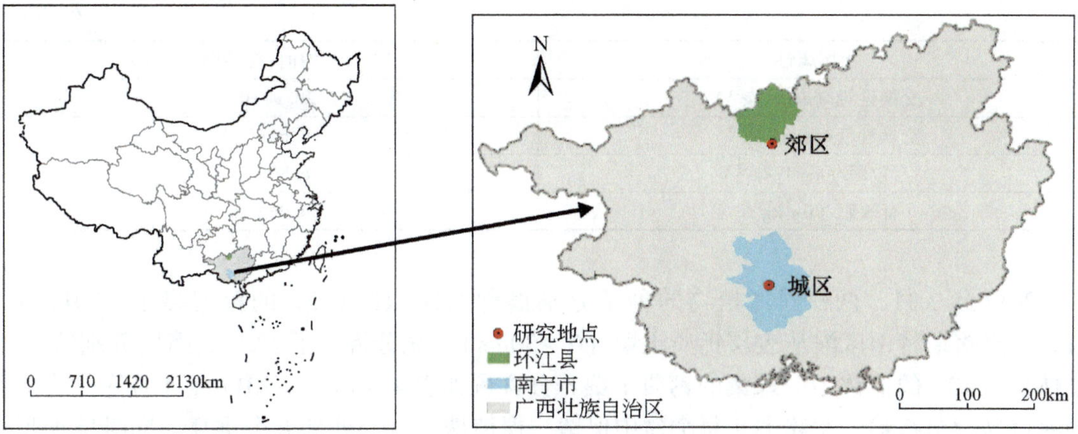

图 4-7　郊区和城市环境地理位置示意图

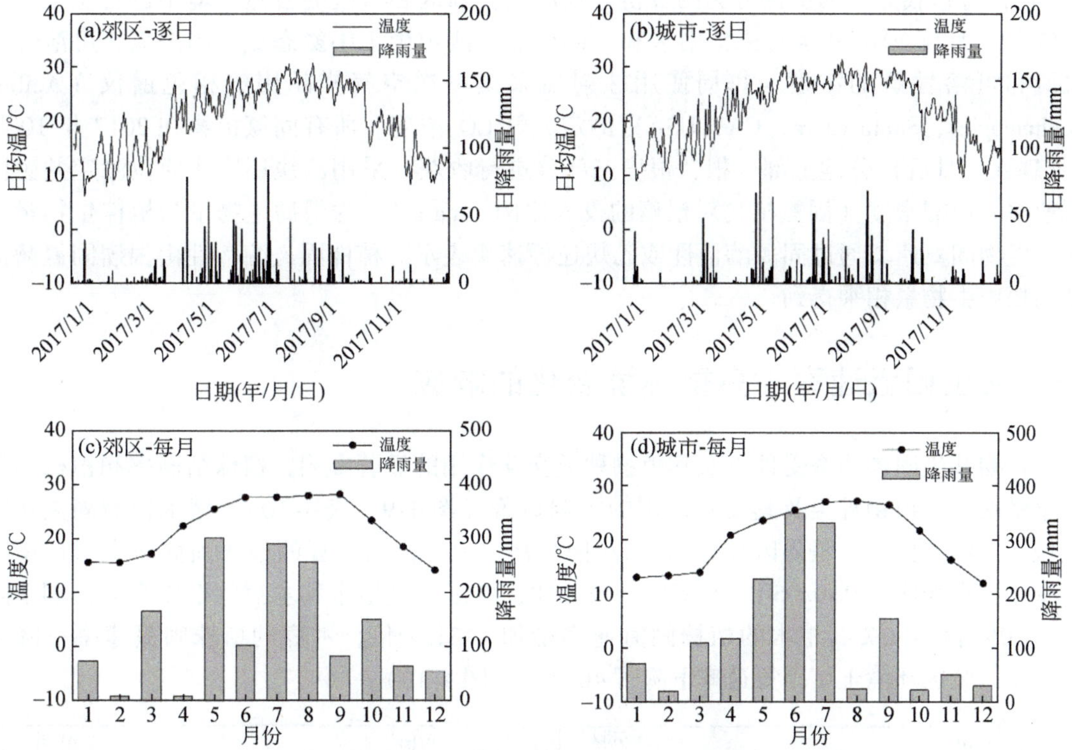

图 4-8　2017 年郊区和城区环境逐日和每月气温及累积降雨量

表 4-9　处理前的土壤理化性质（n=3）

土壤属性	均值±标准误
pH	7.80±0.04
SOC/(g C kg^{-1})	19.04±3.32
TN/(g N kg^{-1})	1.68±0.21
TP/(g P kg^{-1})	0.81±0.08

续表

土壤属性	均值±标准误
交换性钙/(coml kg^{-1})	20.98±0.61
交换性镁/(coml kg^{-1})	6.61±0.07
有效磷/(mg P kg^{-1})	6.80±1.44
有效钼/(μg kg^{-1})	24.96±12.70

2017 年 3 月，两种固氮植物的种子分别播种在体积约 0.3L 的育苗袋中。2017 年 4 月，采集喀斯特山区灌丛表层钙质土壤（0 ~ 30cm），充分混匀后过 1cm 筛后分别装入 20 个体积约 13L 的盆钵中。采集的钙质土壤养分含量如表 4-9 所示。2017 年 4 月底，将两种固氮植物幼苗移栽到盆钵中，每个盆中保留一棵植株，每个处理五个重复，同时接种野外采集的根瘤和根际土研磨成的匀浆以确保结瘤率（Wurzburger and Hedin，2016）。2017 年 5 月初，将移栽完成的植株分为两等份分别放置在郊区和城区的自然环境中进行生长。于 2017 年 5 月至 2018 年 4 月采集雨水和气体样品，测定雨水中氨态氮、硝态氮、可溶性有机氮和可溶性磷的浓度。每周使用注射器采集一次空气样品用气相色谱仪（Agilent Technologies，Santa Clara，CA，USA）测定大气 CO_2 浓度。所有固氮植物在 2017 年 10 月（处理五个月后）分地上部、根、根瘤三部分进行收获。采用乙炔还原法原位测定共生固氮速率。根瘤密度（固氮植物对根瘤的投入比例，mg g^{-1}）为根瘤生物量与植株生物量之比。生物固氮速率通过固氮酶活性或乙炔还原速率表示。植株固氮酶活性由根瘤固氮酶活性与根瘤生物量相乘得到。

一、共生固氮速率对多重环境变化的响应

植物共生固氮速率受地点及其植物种类交互作用的显著影响，植株结瘤率和植株固氮速率受地点、植物种类及其交互作用的影响显著（图 4-9，表 4-10）。桤木根瘤固氮速率在城区环境中更高，是郊区环境的 58.6 倍（$P<0.01$），而木豆的根瘤固氮速率对环境综合变化没有响应（$P>0.05$）。与郊区环境相比，城区环境桤木和木豆的根瘤密度分别下降了 36.0% 和 91.6%，桤木的植株固氮速率增加了 31.2 倍，木豆的植株固氮速率下降了 88.2%，城区环境土壤固氮速率下降了 46.2%（图 4-10）。

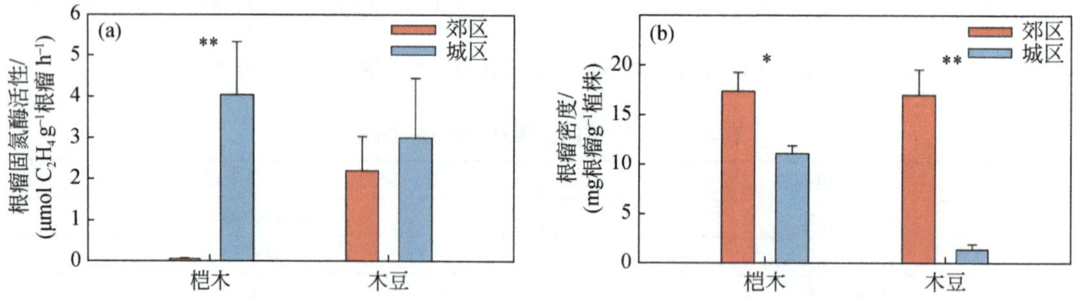

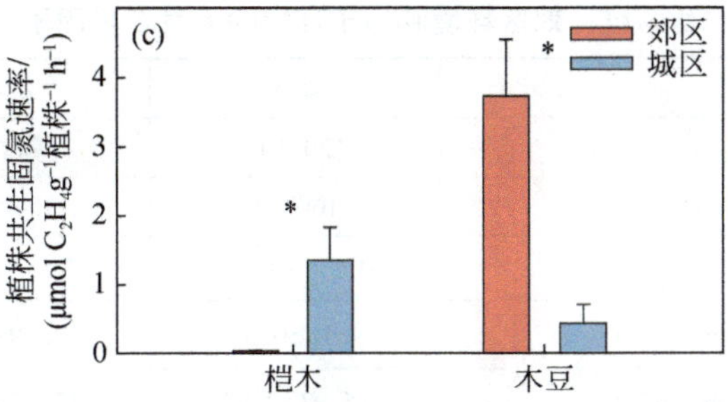

图 4-9　郊区环境和城区环境共生固氮速率指标：根瘤固氮酶活性（a）、结瘤率（b）和植株共生固氮速率（c）

* 和 * * 分别表示郊区和城区之间在 0.05 和 0.01 水平上差异显著。

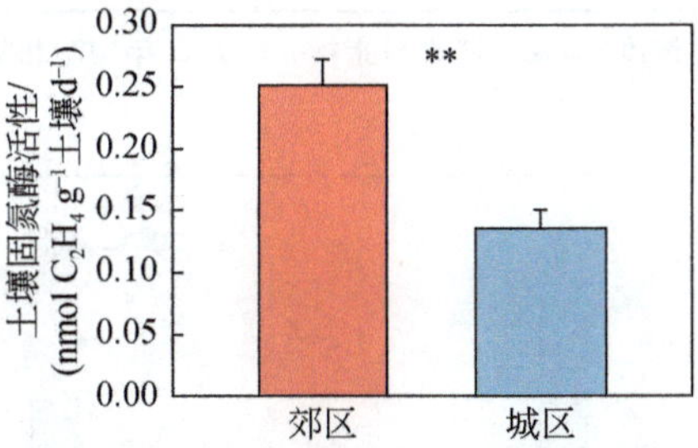

图 4-10　郊区环境和城区环境样点土壤固氮速率

* * 表示郊区和城区之间在 0.01 水平上差异显著。

表 4-10　地点（ST）、树种（SP）及其交互作用对共生固氮相关指标的双因素方差分析结果

因子	生物固氮速率		结瘤率		植株固氮速率		土壤固氮速率	
	F	*p*	*F*	*P*	*F*	*p*	*F*	*P*
ST	5.15	0.04	43.36	<0.01	4.38	0.05	18.07	<0.01
SP	0.27	0.61	9.18	<0.01	6.77	0.02	0.42	0.53
ST×SP	4.54	0.04	7.94	0.01	14.25	<0.01	0.21	0.65

城区和郊区之间的环境指标存在显著差异（表 4-11）。城区环境年均温比郊区高 1.84℃，城区环境的大气 CO_2浓度比郊区环境显著高 76ppm①。城区环境雨水中的 NO_3^-、DON（溶解性有机氮）、总氮及磷沉降分别是郊区环境的 2.3 倍、1.4 倍、1.0 倍和 10.0 倍（$P<0.05$），但雨水中 NH_4^+沉降与郊区环境没有显著差异。环境综合变化对植株收获后根系周围土壤 NO_3^-、NH_4^+及有效磷含量有显著影响，且与树种没有交互作用（图 4-11 和表 4-12）。土壤 NO_3^-、NH_4^+和有效磷含量均在城区环境中更高，分别是郊区环境的 1.6 倍、1.6 倍和 2.4 倍。Pearson 相关性分析结果表明（表 4-13），根瘤密度与土壤 NO_3^-（$r=-0.48$，$p=0.03$）、NH_4^+（$r=-0.59$，$P<0.01$）及有效磷（$r=-0.60$，$P<0.01$）均呈显著负相关。根瘤固氮酶活性和植株固氮酶活性与土壤理化性质均没有显著的相关关系。

① 浓度单位，1ppm = 1×10^{-6}。

表 4-11　郊区环境和城市环境的大气环境因子

环境指标	郊区	城区	P
年均温/℃	20.10	21.94	—
年降雨量/（mm）	1603.3	1548.70	—
大气 CO_2/（ppm）	499.5±10.4	575.5±22.1	<0.01
NO_3^-沉降/（kg N hm^{-2} a^{-1}）	4.16±0.50	13.89±1.09	<0.01
NH_4^+沉降/（kg N hm^{-2} a^{-1}）	15.92±2.92	17.55±1.91	0.64
DON 沉降/（kg N hm^{-2} a^{-1}）	10.17±2.10	24.75±2.79	<0.01
总氮沉降/（kg N hm^{-2} a^{-1}）	30.24±4.58	59.86±4.54	<0.01
总磷沉降/（kg P hm^{-2} a^{-1}）	0.33±0.10	3.64±1.05	0.01

注：数据表示均值±标准误（CO_2浓度 n=20，降雨量指标 n=49）。年均温和降雨仅为均值。

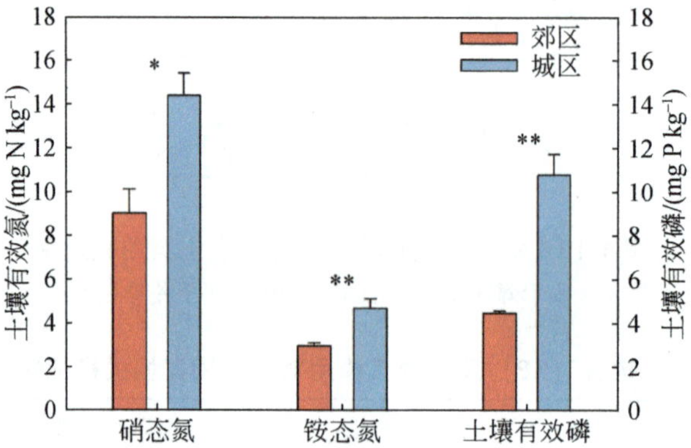

图 4-11　郊区环境和城区环境土壤有效氮和磷

* 和 * * 分别表示郊区和城区之间在 0.05 和 0.01 水平上差异显著。

表 4-12　样点（ST）、植物种类（SP）及其对土壤硝态氮、铵态氮和有效磷交互作用的双因素方差分析

因素	土壤 NO_3^-		土壤 NH_4^+		土壤有效磷	
	F	P	F	P	F	P
ST	8.78	<0.01	13.44	<0.01	40.00	<0.01
SP	2.89	0.11	1.10	0.31	0.19	0.67
ST×SP	0.39	0.57	0.19	0.67	0.01	0.92

表 4-13　土壤养分与生物固氮速率间的相关性

土壤养分	生物固氮速率		结瘤率		植株固氮速率		土壤固氮酶速率	
	r	P	r	P	r	P	r	P
NO_3^-	0.34	0.14	−0.48	0.03	−0.33	0.16	−0.30	0.20
NH_4^+	0.08	0.73	−0.59	<0.01	−0.25	0.28	−0.52	0.02
有效磷	0.31	0.19	−0.60	<0.01	−0.30	0.19	−0.49	0.03

本研究的结果表明不同植物种类共生固氮对多重环境因子变化的响应存在差异，相比于郊区环境，城区环境中桤木的共生固氮速率增加而木豆的下降。由于整株固氮速率由固氮酶活性和根瘤密度共同决定，我们针对上述两方面分别讨论。固氮植物根瘤固氮酶活性通常受多种因素影响，包括大气氮沉降、土壤磷可利用性水平、大气 CO_2浓度、温度等。大气氮沉降增加抑制或不影响根瘤固氮酶活性主要取决于固氮植物所采取的固氮策略（Batterman et al.，2013）。采取兼性固氮策略的固氮植物根瘤固氮酶活性通常受氮沉降抑制作用，而采用专性固氮策略的固氮植物几乎对氮添加不敏感（Menge et al.，2015）。因此，本研究城区环境中更高的氮沉降理论上将不会改变桤木根瘤固氮酶活性，但抑制木豆根瘤固氮酶活性，因为放线菌根植物统筹采用兼性固氮策略，而豆科植物通常采用专性的固氮策略（Menge et al.，2016）。桤木根瘤固氮酶活性在城区环境中明显上升及木豆根瘤固氮酶活性的不变化表明氮沉降的影响可能被其他因素的积极效应而抵消。

土壤磷可利用水平增加和大气 CO_2浓度上升对根瘤固氮酶活性的促进作用在以往研究中已被证实（Augusto et al.，2013）。磷是一种必要的元素，因为生物固氮需要大量的三磷酸腺苷（ATP），此外，磷在调节催化生物固氮附近的氧气方面起着关键作用，但这取决于豆科植物种类（Dynarski and Houlton，2018）。磷可能通过固氮植物生长中的肥力作用来调节共生固氮，因为固氮植物向根瘤菌组织提供碳源，从而交换氮素（Augusto et al.，2013）。这种机理也适用于大气 CO_2浓度上升对共生固氮的调控，因为大气 CO_2浓度的上升通常因为有充足的磷供应而进一步刺激增加植物生长（Tobita et al.，2010）。Wurzburger 和 Hedin（2016）的盆栽实验发现热带固氮树种在磷添加下根瘤固氮酶活性显著提升了 3.5 倍。本研究中，城区环境比郊区环境更高的磷沉降及大气 CO_2浓度可能是使城区环境中桤木固氮酶活性相对较高的主要原因。此外，一项最近的研究表明放线菌根植物的共生固氮的最适温度介于 29.0 ~ 36.9℃（Bytnerowicz et al.，2022）。相应地，城区环境中较高的年均温（<29℃）可能也是使得城区环境中桤木固氮酶活性高于郊区环境的重要原因。然而，上述解释的合理性需要进一步展开调查。

相比于郊区环境，本研究城区环境中两种固氮植物对根瘤的投入均有所下降。大气 CO_2浓度上升对固氮植物结瘤的促进作用在以往研究中已被证实（Hungate et al.，1999；Tobita et al.，2010），大气 CO_2浓度上升显著增加了固氮植物的根瘤数量及根瘤生物量。本研究中，城区环境相对较高的 CO_2浓度理论上应促进固氮植物对根瘤的投入，因此，大气 CO_2浓度不能解释两种固氮植物对根瘤的投入均有所下降这一现象。以往大量研究报告了磷添加对固氮植物结瘤的促进作用（Carreiro and Tripler，2005；Wurzburger and Hedin，2016）。如，Wurzburger 和 Hedin（2016）探究了磷添加对热带固氮树种共生固氮的影响，发现固氮植物根瘤生物量在磷添加下增加了 1.8 倍。但本研究中固氮植物对根瘤的投入与土壤有效磷含量呈负相关。我们认为这种负相关仅是表象，可能其他因素对结瘤的影响更强。以往大量模拟氮沉降的研究表明了氮添加对固氮植物结瘤的抑制效应（Batterman et al.，2013；Lin et al.，2021）。如 Batterman 等（2013）探究了固氮植物对氮梯度的响应发现氮添加使得固氮植物对根瘤的投入平均下降了 85%。Lin 等（2021）进一步揭示了氮添加抑制固氮植物结瘤的分子机制，表明高硝酸盐环境会抑制固氮植物对结瘤所需的细胞分裂素的生物合成进而抑制固氮植物的结瘤。在本研究中，固氮植物对根瘤的投入与土壤

NO_3^-和NH_4^+均呈负相关，进一步印证了氮沉降对固氮植物对根瘤投入的抑制效应。因此，本研究中城区环境比郊区环境更高的氨氮、硝氮和总氮沉降很可能抑制了城区环境中固氮植物对根瘤的投入。

二、土壤非共生固氮速率对多重环境变化的响应

土壤固氮速率仅受地点影响，在城区环境条件下土壤固氮速率受到抑制而降低（图4-10，表4-10）；与土壤NH_4^+（$r=-0.52$，$P=0.02$）和土壤有效磷（$r=-0.49$，$P=0.03$）呈显著负相关，而与土壤NO_3^-不相关（表4-13）。土壤固氮酶活性受温度、土壤可利用磷水平、大气氮沉降等因素的影响（Dynarski and Houlton，2018；Li et al.，2018b）。近年来一项整合分析也表明增温对土壤的非共生固氮具有促进作用（Zheng et al.，2020）。我们前期的研究表明我国西南喀斯特山区土壤非共生固氮速率随温度升高而不断升高，且固氮酶的最适温度可能高于35℃（Li et al.，2018b）。因此本研究中，城区环境年平均温度比郊区高2.62℃，可能在一定程度上促进了城区环境中土壤的非共生固氮速率，表明增温对土壤固氮酶活性具有促进作用。磷对土壤固氮酶活性的促进作用在以往多项研究中被证实（Reed et al.，2013）。城区环境中较高的土壤磷含量可能也对城区土壤非共生固氮有一定的促进作用。而城区环境中降低的土壤固氮酶活性表明温度和磷沉降的积极作用可能已被其他因素的负效应所抵消。氮沉降增加对土壤非共生固氮的抑制作用在以往基于生态系统尺度（Wang et al.，2019）及全球尺度（Dynarski and Houlton，2018）的研究中均已被证实。例如，我们前期的研究发现高氮添加使喀斯特森林中洼地土壤非共生固氮速率下降了17.1%（Wang et al.，2019）。Zheng等（2020）基于全球数据的整合发现土壤非共生固氮在氮添加下降低了33.7%。生物固氮消耗大量的碳和能量，正因如此，土壤固氮微生物则优先会从土壤中获取氮，若环境中有充足的氮源，则会降低生物固氮（Norman and Friesen，2017）。本研究中，土壤固氮酶活性与土壤铵态氮负相关，进一步印证了氮对城区环境土壤固氮酶活性的抑制效应。

三、结论

生物固氮对多种全球变化因素的响应可能在共生和非共生形式之间或固氮植物物种之间存在差异。然而，本研究还存在很大的不确定性。第一，我们不确定基于本研究短期实验的结果是否能反映生物固氮对多种全球变化因素的长期响应模式。第二，本研究的发现是基于盆栽试验，因此，不确定这些发现是否适用于田间条件。第三，降水模式的改变是全球变化的一个重要方面，但在本研究中没有考虑到。第四，全球变化的模式或多种全球变化因子的组合在不同区域之间可能存在差异，因此，本研究中的城乡环境梯度可能仅代表全球变化的一种情景。考虑到这些不确定性，为了更好地揭示生物固氮对多种全球变化因素的响应，迫切需要开展更多的相关研究。

第五节　树种多样性抑制喀斯特森林凋落物与土壤非共生固氮速率的机制

多种生物和非生物因子影响固氮速率，包括土壤 pH、土壤有机碳、养分有效性（如氮、磷、铁）、固氮菌群落和植物种类等。然而，大多数研究都集中在非生物因子对生物固氮的影响上。由于生物固氮过程由固氮菌介导，理论上固氮速率受到固氮菌的调控，但目前对于固氮菌群落如何影响固氮速率仍不明确。此前的一项研究探讨了亚热带地区野葛（*Pueraria lobata*）群落中固氮菌和非生物因子对共生和非共生固氮速率的调控。相对于土壤特性，共生固氮速率与固氮菌群落组成和丰度有更显著的关系，但土壤非共生固氮速率更多地受土壤非生物因子调控，而非固氮菌群落（Zhou et al.，2023）。然而，也有研究表明，土壤非共生固氮速率与固氮菌群落呈显著相关（Fan et al.，2019）。因此，有必要深入研究生物和非生物因素在自然生态系统中调节非共生固氮的相对重要性。

树种能通过影响凋落物输入的数量和质量以及土壤理化性质最终影响固氮菌群落（Zhao et al.，2020）或非共生固氮速率（Li et al.，2018a）。树种多样性增加通过促进凋落物的输入有利于土壤有机碳累积（Lange et al.，2015），也显著影响土壤氮、磷的有效性（Chen et al.，2021；Liu et al.，2021）。此外，树种多样性增加可能通过增加土壤资源可利用水平和提高生态位空间而促进微生物多样性（Chen et al.，2019），进而可能导致固氮菌群落组成的变化。然而，目前尚无针对树种多样性如何影响凋落物和土壤的非共生固氮速率的研究。

有多种方法用于研究森林植物多样性与生态系统功能的关系，包括人工配置植物多样性实验、大尺度调查和基于成熟林的植物多样性自然梯度研究，但所有方法都有各自的优点和缺点。本研究基于广西木论国家级自然保护区一个天然形成的树种多样性梯度，研究了树种多样性对亚热带喀斯特森林凋落物和土壤非共生固氮速率的影响机制。该树种多样性平台包括分布在洼地和下坡的 45 个样方，每个样方的面积为 20m×20m，相邻两个样方之间的水平间隔为 40m，海拔高度介于 446. 3 ~ 521. 3m（图 4-12）。对胸径大于 1cm 的植

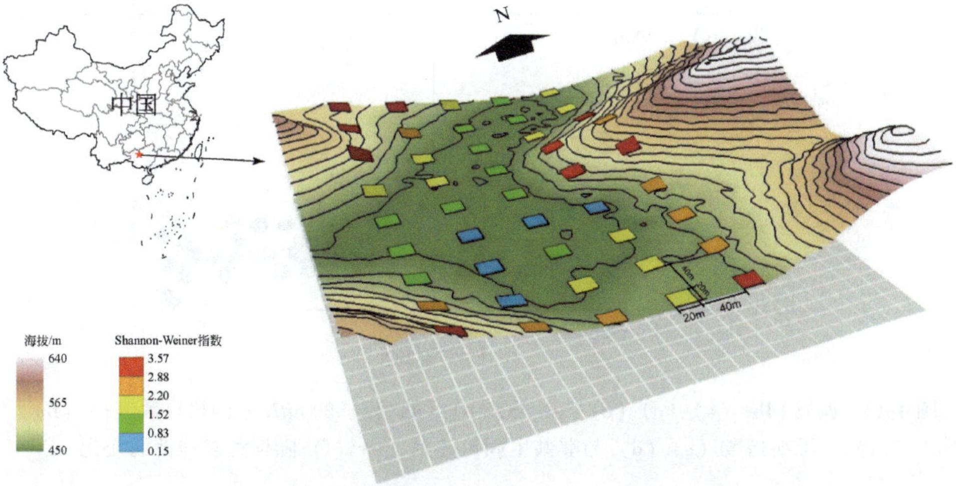

图 4-12　45 个样方的分布示意图

物进行鉴定、测量和标记，计算香农-维纳指数来表示树种多样性。45 个样方的树种多样性介于0.15～3.57。利用乙炔还原法结合$^{15}N_2$培养法测定凋落物和土壤的生物固氮速率，同步测定 *nifH* 基因丰度和固氮菌群落，以及其他生物与非生物指标。

一、树种多样性对固氮菌群落的影响

凋落物 *nifH* 基因的丰度介于0.12～15.16（3.51±0.63，平均值±标准误）×10^6拷贝数 g^{-1}，土壤 *nifH* 基因的丰度介于0.20～33.26（平均值7.13±1.22）×10^6拷贝数 g^{-1}，前者与树种多样性没有显著关系［图4-13（a）］，但后者随着树种多样性的增加而减少［图4-13（b）］。凋落物和土壤的固氮菌多样性随着树种多样性的增加而增加［图4-13（c）（d）］，前者在0.11～3.82（2.10±0.16），后者在2.17～5.08（4.01±0.10）。凋落物或土壤中的

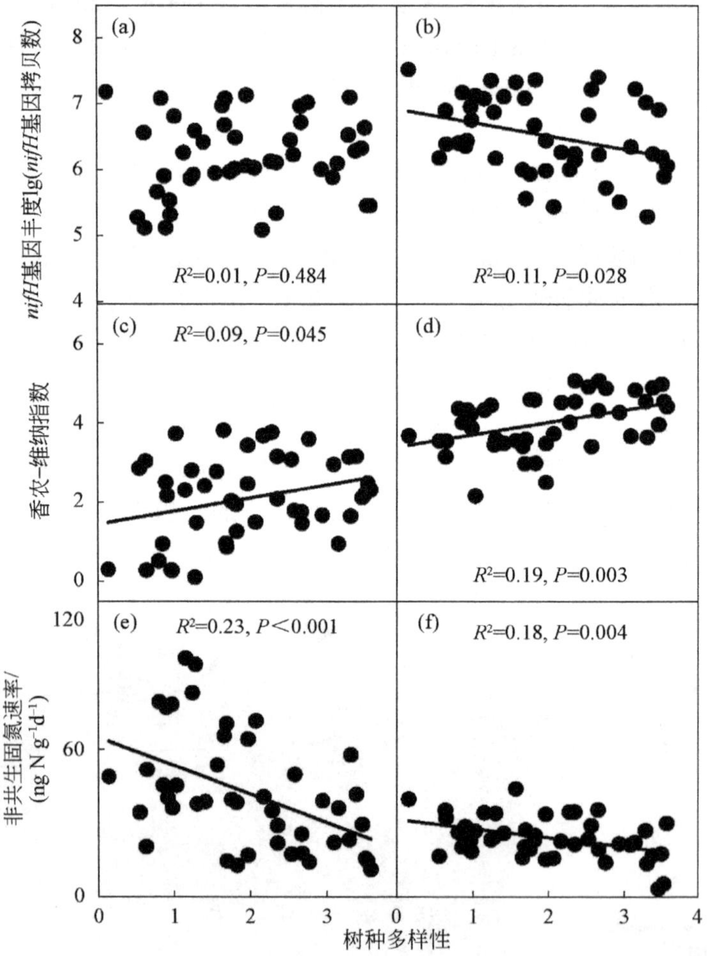

图4-13 凋落物层（a）（c）（e）与土壤（b）（d）（f）的 *nifH* 基因拷贝数（a）（b）、香农-维纳指数（c）（d）与非共生固氮速率（e）（f）随树种多样性的变化

固氮菌群落组成受到树种多样性的显著影响（图4-14）。凋落物和土壤中最重要的门是变形杆菌，分别占凋落物和土壤总丰度的90.56%和88.59%［图4-15（a)］。在纲水平上，未分类_变形菌门被检测为最具优势的类群，其在凋落物中的相对丰度为41.81%［图4-15（b)］，其次是α-变形菌（33.69%）、γ-变形菌（13.44%）和未命名_蓝细菌门(4.85%)。土壤中最丰富的五个类群是未分类_变形菌门（41.39%）、α-变形杆菌(25.69%)、δ-变形菌（13.17%）、β-变形菌（5.12%）［图4-15（b)］。随着树种多样性的增加，凋落物中β-变形菌和δ-变形菌的相对丰度显著降低［图4-16（a)］。在土壤层中，δ-变形菌的相对丰度显著降低，但芽孢杆菌、β-变形杆菌、未命名_蓝细菌门、未命名_细菌的相对丰度随着树种多样性的增加而显著增加［图4-16（b)］。其他优势固氮菌类群与树种多样性没有显著相关性（$P>0.05$），尽管其中一些类群与凋落物和土壤非生物因子有显著相关性（图4-16）。凋落物层的固氮菌群落组成受凋落物磷、C：P、N：P的显著影响，而土壤层的固氮菌群落组成则受土壤pH、有机碳、总碳、C：P、N：P、铵态氮、硝态氮和有效铁的显著影响（图4-17，表4-14）。

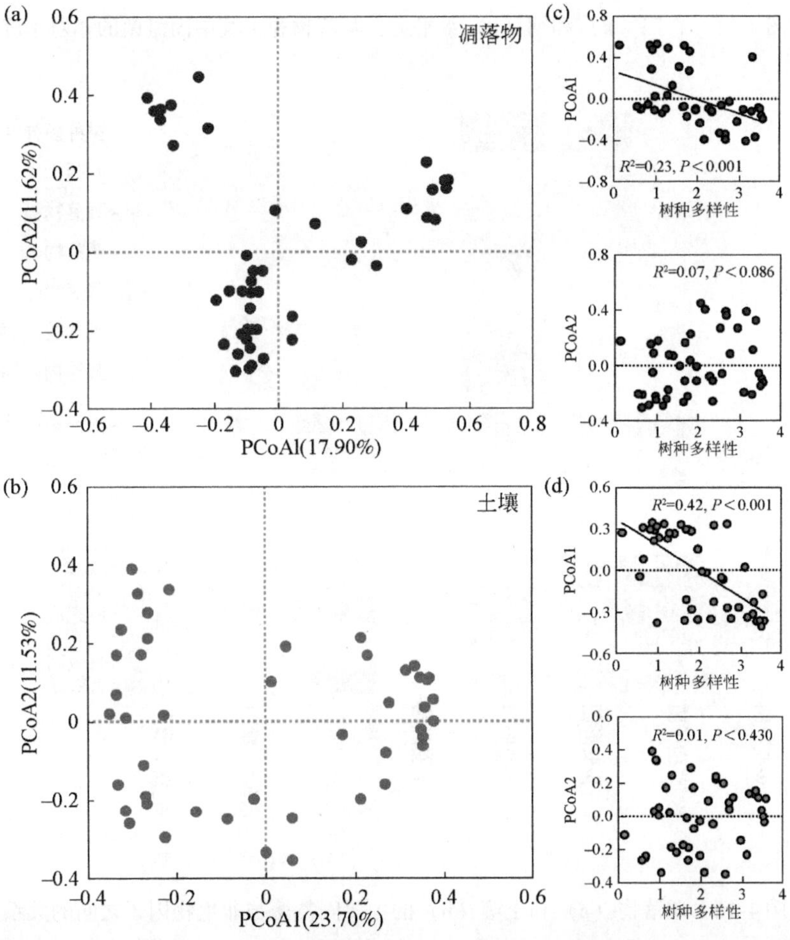

图4-14 凋落物层（a）和土壤（b）固氮菌群落分类组成的主坐标分析（PCoA），以及树种多样性与凋落物（c）和土壤（d）的PCoA第一或第二组分的相关性

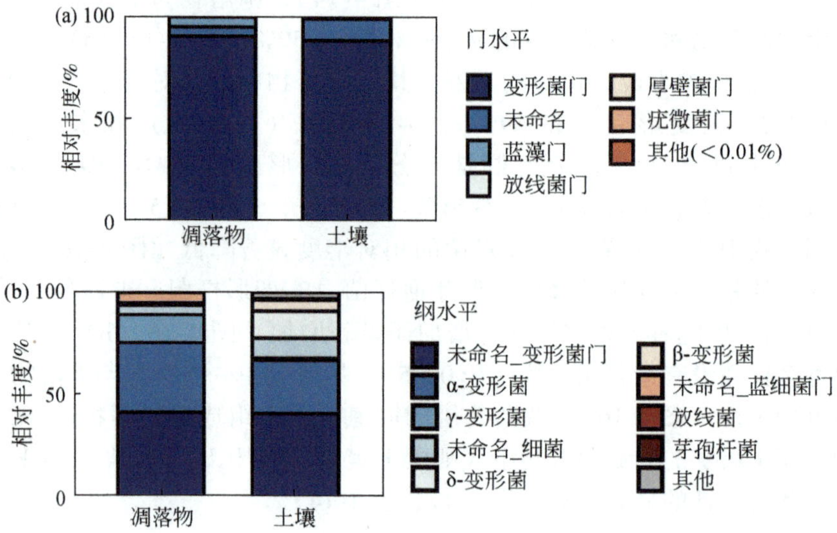

图 4-15　在门（a）和纲（b）水平上，凋落物和土壤中固氮菌的相对丰度

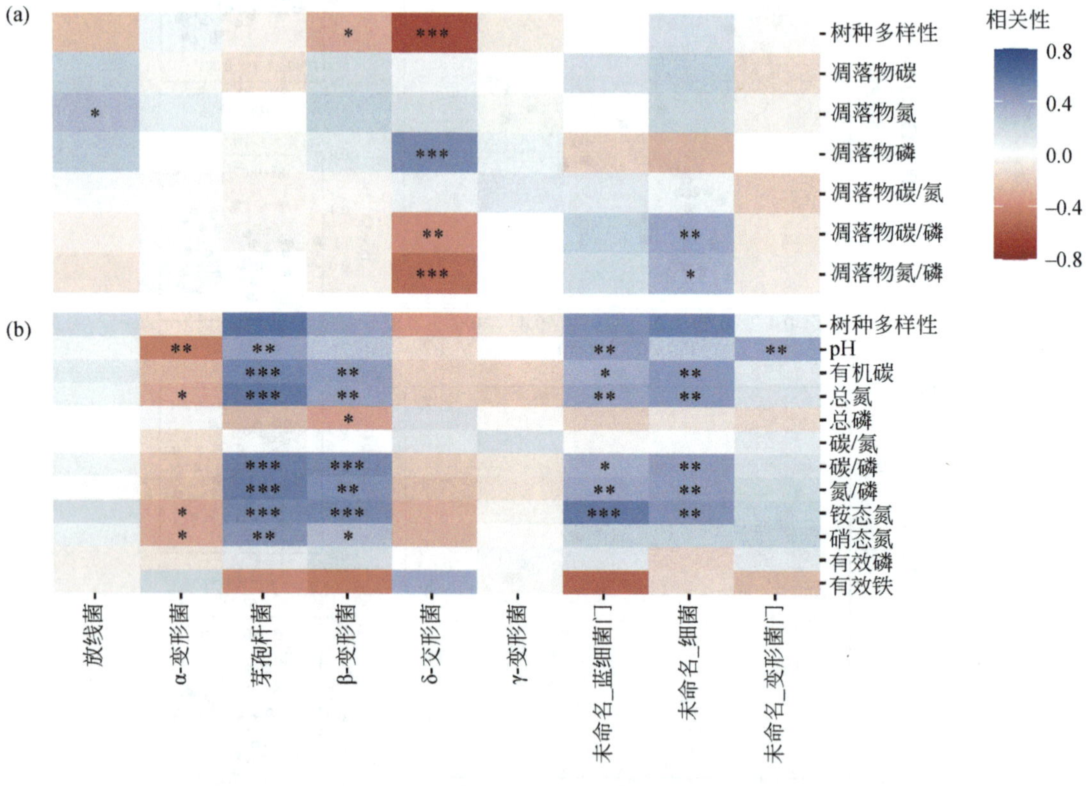

图 4-16　凋落物（a）和土壤（b）的主要固氮菌与非生物因子之间的关系

*、** 和 *** 分别表示在 $P<0.05$、$P<0.01$ 和 $P<0.001$ 水平上显著。

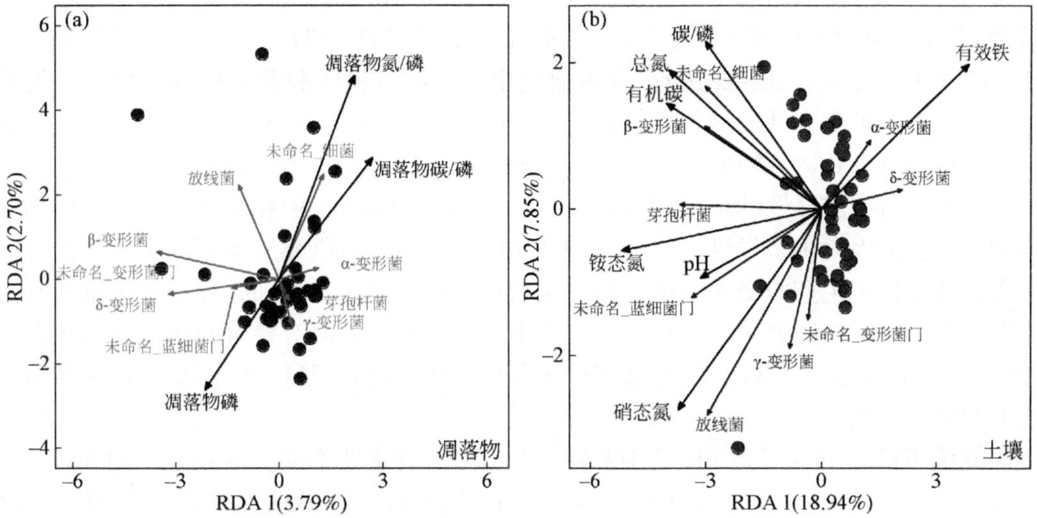

图4-17 凋落物（a）和土壤（b）固氮菌群落受环境因子制约的冗余分析（RDA）结果

表4-14 基于冗余分析（RDA）结果的固氮菌群落变化

项目	因子	R^2	P
凋落物	PSD	0.15	0.030
	P	0.22	0.005
	C : P	0.44	0.001
	N : P	0.37	0.001
土壤	PSD	0.71	0.001
	pH	0.41	0.001
	SOC	0.45	0.001
	TN	0.48	0.001
	C : P	0.30	0.001
	N : P	0.37	0.001
	NH_4^+	0.52	0.001
	NO_3^-	0.21	0.006
	有效铁	0.34	0.002

本研究结果表明，树种多样性对凋落物和土壤中的固氮菌群落（*nifH*基因丰度、多样性和组成）都有显著影响。固氮菌受到多种因子的影响，包括pH、碳含量以及氮、磷和铁的有效性（Wang et al.，2017；Winbourne et al.，2017；Zhou et al.，2023）。这在本研究中得到了证实。由于凋落物的数量和质量不同，或树种之间的根系分泌物不同，树种多样性的增加影响了凋落物和土壤的理化性质（Li et al.，2018a；Chen et al.，2019），这使资源库多样化，并创造了更多的生态位，可以容纳更多的土壤微生物。

磷的有效性与固氮菌群落的能量供应密切相关。生物固氮是一个高耗能的过程，钼型固氮酶需要消耗 16MgATP，钒型固氮酶需要消耗 24MgATP，铁型固氮酶需要消耗 42MgATP（Bellenger et al.，2020）。在本研究中，土壤有机碳和总氮的含量增加，但总磷和有效磷随着树种多样性的增加而减少（图 4-19），导致碳/磷和氮/磷升高。因此，在本研究中，磷含量以及碳/磷和氮/磷可以作为磷有效性的指标。虽然根据荟萃分析，土壤磷的有效性随着树种多样性的增加而增加（Chen et al.，2022），但在本研究中，凋落物和土壤磷的有效性都因树种多样性而降低（图 4-19）。正如之前研究所解释的那样，在较高的树种多样性下植物生产力受到刺激，植物生物量中的磷储存量增加，导致了土壤磷有效性的降低。由于不同的固氮菌群落对能量的需求存在差异，因而对磷可利用水平变化的响应不一致（Zhou et al.，2023）。这能部分解释本研究观测到的固氮菌群落组成随树种多样性变化而变化这一现象。

固氮菌不同类群的最适 pH 范围和对 pH 变化的敏感性不同，导致它们对土壤 pH 变化的反应不同（Wang et al.，2017）。因此，土壤 pH 通常被认为是影响土壤固氮菌群落组成的主要因素（Wang et al.，2017）。在本研究中，增加树种多样性通过刺激土壤可交换钙和镁的含量来提高土壤 pH，而钙和镁是碱性阳离子。Furey 和 Tilman（2021）也报告了类似的结果。因此，在本研究中，土壤 pH 的增加部分地促成了土壤固氮菌群落组成的改变。土壤有机碳是包括异养固氮菌在内的异养微生物的能量来源，大多数土壤微生物受到土壤碳供应的限制（Soong et al.，2020）。因此，经常发现固氮菌群落组成与土壤有机碳密切相关（Che et al.，2018；Zhou et al.，2023）。在本研究中，由于地上和地下凋落物的输入升高，树种多样性刺激了土壤有机碳含量增加（Qian et al.，2023；Zhu et al.，2023）。这可能部分解释了本研究中固氮菌群落组成和土壤有机碳之间的联系。树种多样性通常会增加土壤中总氮和无机氮的含量，因为它通常会由于植物氮获取策略的互补性而提高植物氮的利用效率（Chen et al.，2021）。根据我们之前的研究（Zhu et al.，2023），土壤氮的有效性因树种多样性而显著增加。随着土壤氮供应量的增加，能够在养分充足的条件下生活的富营养型群落将迅速生长，而生长速度慢的寡营养型群落将被抑制（Trivedi et al.，2013），随后微生物群落发生改变，包括固氮菌群落，正如本研究或其他研究中所观察到的。有效铁是影响固氮菌群落组成的主要因子，但在大多数关于固氮菌的研究中未被考虑。交换性钙和镁随树种多样性增加而积累（Qian et al.，2023），因此，结晶性差的铁铝矿物以及交换性铁将转化为更多的结晶相，其反应性也相应降低（Goldberg，2014）。本研究表明，不同的固氮菌对有效铁有不同的反应（图 4-16），随后导致土壤中固氮菌群落组成的变化。

二、树种多样性对非共生固氮速率的影响

凋落物和土壤中的非共生固氮速率分别为 11.43～96.81（42.25±3.45）ng N g^{-1} d^{-1}和 3.75～43.97（24.39±1.24）ng N g^{-1} d^{-1}，两者都受到树种多样性的明显抑制［图 4-13（e）（f）］。凋落物非共生固氮速率与凋落物磷明显正相关，但与凋落物碳/磷或氮/磷负相关［图4-18（a）～（c）和图4-19］。土壤非共生固氮速率与有机碳、总氮、碳/磷或氮/

磷呈负相关，但与有效铁和 *nifH* 基因丰度呈正相关［图4-18（d）~（i）和图4-19］。随机森林分析表明，β-变形菌和δ-变形菌是凋落物和土壤非共生固氮速率最强的生物预测因素（图4-20（a）（b）］。β-变形菌的相对丰度与凋落物和土壤中的非共生固氮速率呈正相关，但δ-变形菌的相对丰度与凋落物和土壤非共生固氮速率呈现相反的相关性，即与凋落物非共生固氮速率呈正相关，但与土壤非共生固氮速率呈负相关［图4-20（c）~（f）］。

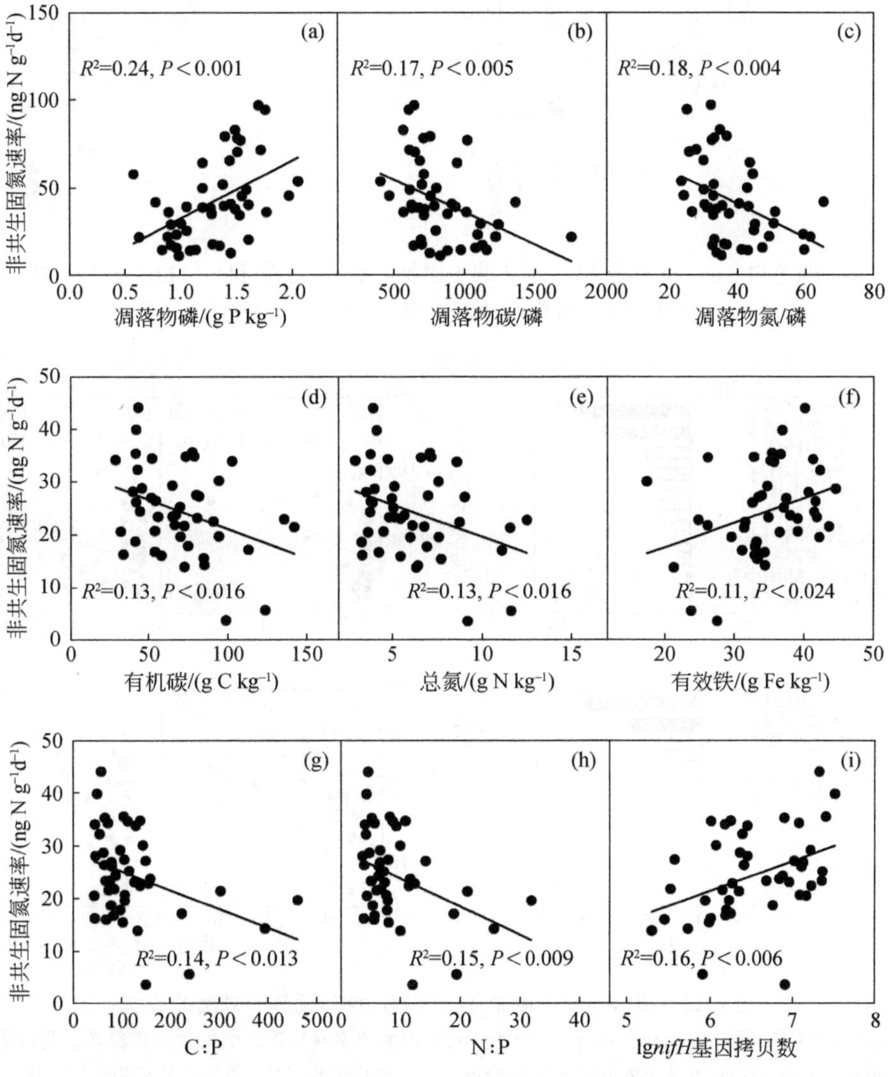

图4-18　凋落物（a）~（c）和土壤（d）~（i）的非共生固氮速率与基质性质的相关性

结构方程模型分别解释了凋落物和土壤非共生固氮速率的35%和30%的变化［图4-21（a）（b）］。树种多样性通过降低磷的有效性间接抑制凋落物非共生固氮速率，如凋落物磷、碳/磷和氮/磷，或降低β-变形菌和δ-变形菌的相对丰度［图4-21（a）］。对于土壤非共生固氮速率，一方面，树种多样性增加了碳和氮的有效性，但减少了磷和铁的有效性，这导致 *nifH* 基因丰度下降，进而导致土壤非共生固氮速率下降。另一方面，树种多样

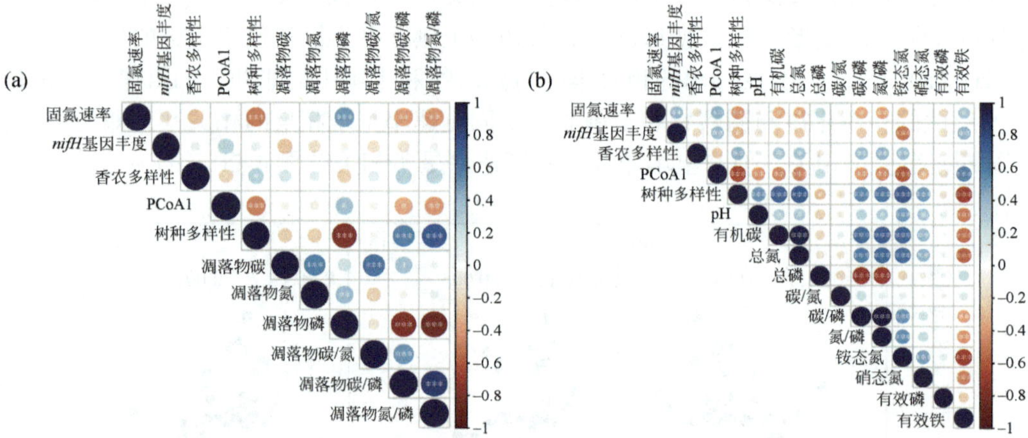

图 4-19　凋落物（a）和土壤（b）的非共生固氮速率、微生物和非生物因子之间的相关性

*、** 和 *** 分别表示 P 值在 0.05、0.01 和 0.001 水平上显著。

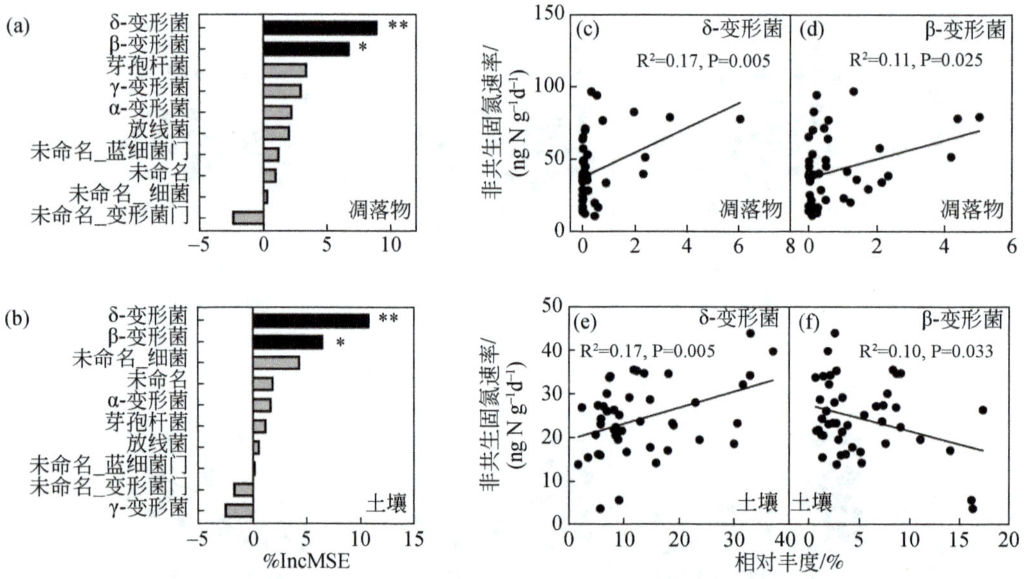

图 4-20　凋落物和土壤非共生固氮速率与优势固氮菌的关系

随机森林筛选对凋落物（a）和土壤（b）中的非共生固氮速率有显著影响的优势固氮菌，凋落物（c）（d）和土壤（e）（f）中非共生固氮速率与 β-变形菌和 δ-变形菌的相对丰度之间的相关性。* 和 ** 分别表示在 0.05 和 0.01 水平上显著。

性通过降低 δ-变形菌的相对丰度而增加 β-变形菌的丰度来降低土壤非共生固氮速率［图 4-21（b）］。

本研究结果表明，随着树种多样性的增加，凋落物和土壤的非共生固氮速率都受到了明显的抑制。如前所述，非共生固氮速率受多种生物和非生物因子的影响，包括土壤中氮、磷和铁的有效性，有机碳，固氮菌群落的丰度和组成。磷通过两种途径调节生物固

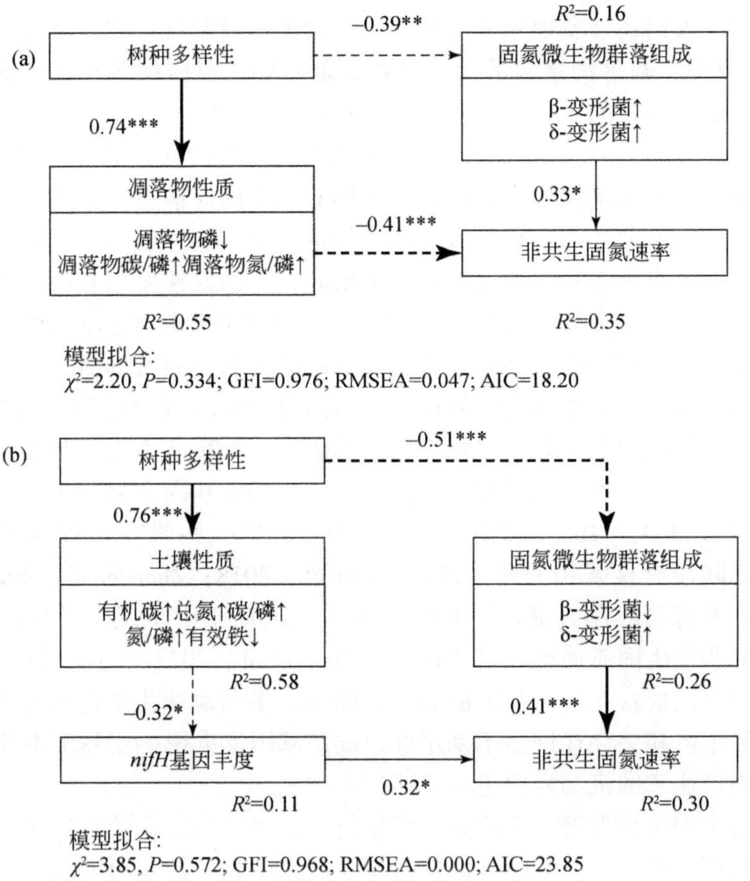

图 4-21　结构方程模型解释了树种多样性对凋落物(a)和土壤(b)中非共生固氮速率的直接和间接影响

箭头方向表示因果关系的假设方向，箭头宽度反映了影响的强度。R^2 表示自因子对因子的解释方差。符号“↑”或“↓”分别表示因子与 PC1 之间的正相关或负相关。*、** 和 *** 表示在 0.05、0.01 和 0.001 水平上显著相关。

氮。首先，如前所述，生物固氮是一个高度耗能的过程，磷在形成 ATP 的过程中需要能量运输。其次，磷参与构建贫氧的细胞结构，以容纳固氮酶，或提高呼吸速率，以消耗氧气，否则固氮酶将失去活性（Dynarski and Houlton，2018）。因此，磷供应的减少可能通过抑制固氮酶的活性或减少固氮酶的产生来抑制固氮（Reed et al.，2011）。随着磷供应的减少，土壤和凋落物中的非共生固氮速率也经常下降（Reed et al.，2013；Toro et al.，2023）。例如，Yelenik 等（2013）报告说，在火灾后的森林，土壤和凋落物中的非共生固氮速率广泛受到磷的限制。如上所述，以磷含量或碳/磷和氮/磷为指标的磷有效性因树种多样性而下降。因此，在本研究中，凋落物磷和凋落物非共生固氮速率之间的正相关，或非共生固氮速率与凋落物碳/磷或氮/磷的负相关，表明凋落物磷有效性的下降部分解释了随树种多样性增加而被抑制的非共生固氮速率。同样，土壤非共生固氮速率与土壤碳/磷或氮/磷的负相关关系支持土壤非共生固氮速率的下降部分是由于土壤磷供应量的降低。

与直接从环境（如土壤）中吸收无机氮相比，固氮菌通过生物固氮获得氮的能耗要高得多（Norman and Friesen，2017）。因此，在氮有效性高的条件下，非共生固氮速率经常受到抑制。例如，人们经常发现氮添加经常会抑制土壤或凋落物的固氮速率（Wang et al.，2019）。在本研究中，凋落物氮含量没有受到显著影响，但树种多样性显著提高了以土壤总氮和无机氮含量为指标的土壤氮有效性（Zhu et al.，2023）（图4-19）。因此，凋落物非共生固氮速率不受氮的影响，而土壤非共生固氮速率与土壤总氮呈负相关，这表明树种多样性诱导的土壤总氮增加是树种多样性导致土壤非共生固氮速率下降的部分原因。如上所述，有机碳是包括固氮菌在内的异养微生物的能量来源（Reed et al.，2011），因此有机碳的增加理论上会促进土壤非共生固氮速率。土壤非共生固氮速率与有机碳的负相关可能是由于碳氮循环之间的强耦合关系［图4-19（b）］，因此有机碳对土壤非共生固氮速率的积极影响应该被更高树种多样性下氮有效性增加引起的负面影响所抵消。

本研究表明，凋落物层非共生固氮速率仅与固氮菌群落组成有关，而土壤非共生固氮速率与固氮菌群落组成和丰度有关。根据有限的研究，*nifH* 基因丰度是否与非共生固氮速率密切相关并不一致。与本研究类似，有研究表明，*nifH* 基因丰度与土壤固氮酶活性或非共生固氮速率呈正相关（Hsu and Buckley，2009），但一些研究发现非共生固氮速率与 *nifH* 基因丰度之间没有显著相关性（Makipaa et al.，2018；Zhou et al.，2023）。之前在本研究邻近区域针对野葛群落开展的一项研究表明，*nifH* 基因丰度与共生固氮速率显著相关，但与土壤的非共生固氮速率无显著相关（Zhou et al.，2023）。生物固氮与固氮菌群落丰度相关性的不一致模式支持了当前的观点，即土壤生物地球化学过程是否以及如何与微生物群落组成和丰度相关存在许多不确定性。*nifH* 基因丰度影响土壤非共生固氮速率而非凋落物非共生固氮速率的机制需要进一步研究。

微生物群落中的关键类群，无论其丰度如何，在驱动生态系统功能或过程中发挥着不成比例的重要作用。在某些情况下，即使是罕见的微生物类群也可能是生态系统功能或过程的主要驱动因素（Banerjee et al.，2018）。同样，在本研究中，β-变形菌和δ-变形菌不是优势类群，但被确定为与凋落物和土壤中非共生固氮速率相关的两个固氮菌类群。这两类细菌在生活史策略上是不同的，β-变形菌和δ-变形菌分别属于富营养型菌和寡营养型菌（Oh et al.，2012；Hedenec et al.，2018）。如上所述，富营养型菌是指在养分充足的条件下具有高生长率的微生物，主要以不稳定的碳库为目标。相比之下，寡营养型菌是生长缓慢的微生物，在养分不足的环境中占主导地位，主要针对顽固的碳库（Trivedi et al.，2013）。这就解释了为什么随着树种多样性的增加，凋落物和土壤中δ-变形菌的相对丰度都降低了，因为有机碳和土壤氮的有效性随着树种多样性的增加而提高（Zhu et al.，2023）（图4-16）。然而，凋落物和土壤中β-变形菌的相对丰度在凋落物与土壤之间对树种多样性的响应表现出相反的模式（图4-16）。β-变形菌的相对丰度与放线菌和δ-变形菌显著相关（分别为 $r=0.43$，$P=0.004$ 和 $r=0.72$，$P<0.001$），这意味着这种相互作用将影响β-变形菌的相对丰度。与此一致，Cordero 和 Datta（2016）认为微生物相互作用可能是群落结构及其动态变化的主要驱动因素。相比之下，由于其富营养性质，在较高的树种多样性下，β-变形菌在具有较高肥力的土壤中表现更好。与 Zhou 等（2023）一致，本研究表明，更具优势的分类群与凋落物和土壤中的非共生固氮速率没有密切联系。然而，应该注意的是，本研究是基于相关性分析的，因此证据并不直接。需要使用诸如 $^{15}N_2$-DNA-SIP 或 $^{15}N_2$-RNA-SIP

之类的先进技术来提供更直接的证据（Angel et al.，2018）。

三、结论

本研究表明，增加树种多样性抑制了喀斯特凋落物和土壤的非共生固氮速率，且其机制相似。树种多样性增加通过加剧磷限制和降低β-变形菌和δ-变形菌的相对丰度来抑制凋落物层非共生固氮速率。对于矿质土壤层，树种多样性通过降低 *nifH* 基因丰度抑制非共生固氮速率，这是因为氮的有效性提高而磷和铁的有效性降低，或者通过降低δ-变形菌的相对丰度而增加β-变形菌的丰度所导致。本研究首次揭示了微生物和非生物因素对凋落物和土壤中非共生固氮速率响应植物多样性的调控机制，从而有利于预测植物多样性变化背景下通过生物固氮途径的氮输入通量动态变化。

参考文献

Angel R，Panhoelzl C，Gabriel R，et al.，2018. Application of stable- isotope labelling techniques for the detection of active diazotrophs. Environmental Microbiology，20（1）：44-61.

Aranjuelo I，Irigoyen J J，Perez P，et al.，2005. The use of temperature gradient tunnels for studying the combined effect of CO_2，temperature and water availability in N_2 fixing alfalfa plants. Annals of Applied Biology，146（1）：51-60.

Augusto L，Delerue F，Gallet- Budynek A，et al.，2013. Global assessment of limitation to symbiotic nitrogen fixation by phosphorus availability in terrestrial ecosystems using a meta- analysis approach. Global Biogeochemical Cycles，27（3）：804-815.

Banerjee S，Schlaeppi K，van der Heijden M G A，2018. Keystone taxa as drivers of microbiome structure and functioning. Nature Reviews Microbiology，16（9）：567-576.

Batterman S A，Wurzburger N，Hedin L O，et al.，2013. Nitrogen and phosphorus interact to control tropical symbiotic N_2 fixation：a test in *Inga punctata*. Journal of Ecology，101（6）：1400-1408.

Bellenger J P，Darnajoux R，Zhang X，et al.，2020. Biological nitrogen fixation by alternative nitrogenases in terrestrial ecosystems：a review. Biogeochemistry，149（1）：53-73.

Bordeleau L M，Prévost D J P，1994. Nodulation and nitrogen fixation in extreme environments. Plant & Soil，161（1）：115-125.

Bytnerowicz T A，Akana P R，Griffin K L，et al.，2022. Temperature sensitivity of woody nitrogen fixation across species and growing temperatures. Nature Plants，8（3）：209-216.

Carreiro M M，Tripler C E，2005. Forest Remnants Along Urban-Rural Gradients：Examining Their Potential for Global Change Research. Ecosystems，8（5）：568-582.

Che R，Deng Y，Wang F，et al.，2018. Autotrophic and symbiotic diazotrophs dominate nitrogen- fixing communities in Tibetan grassland soils. Science of the Total Environment，639：997-1006.

Chen L，Xiang W，Wu H，et al.，2019. Tree species identity surpasses richness in affecting soil microbial richness and community composition in subtropical forests. Soil Biology & Biochemistry，130：113-121.

Chen X，Chen H Y H，Searle E B，et al.，2021. Negative to positive shifts in diversity effects on soil nitrogen over time. Nature Sustainability，4（3）：225-234.

Chen X，Chen H Y H，Chang S X，2022. Meta- analysis shows that plant mixtures increase soil phosphorus availability and plant productivity in diverse ecosystems. Nature Ecology & Evolution，6（8）：1112-1121.

Cordero O X, Datta M S, 2016. Microbial interactions and community assembly at microscales. Current Opinion in Microbiology, 31: 227-234.

Cusack D F, Silver W, McDowell W H, 2009. Biological nitrogen fixation in two tropical torests: ecosystem-level patterns and effects of nitrogen fertilization. Ecosystems, 12 (8): 1299-1315.

Das S, Bhattacharyya P, Adhya T K, 2011. Impact of elevated CO_2, flooding, and temperature interaction on heterotrophic nitrogen fixation in tropical rice soils. Biology and Fertility of Soils, 47 (1): 25-30.

DeLuca T H, Zackrisson O, Nilsson M-C, et al., 2002. Quantifying nitrogen-fixation in feather moss carpets of boreal forests. Nature, 419: 917.

Deslippe J R, Egger K N, Henry G H, 2005. Impacts of warming and fertilization on nitrogen-fixing microbial communities in the Canadian High Arctic. FEMS Microbiology Ecology, 53 (1): 41-50.

Diáková K, Biasi C, Čapek P, et al., 2018. Variation in N_2 fixation in subarctic tundra in relation to landscape position and nitrogen pools and fluxes. Arctic Antarctic and Alpine Research, 48 (1): 111-125.

Dovrat G, Sheffer E, 2019. Symbiotic dinitrogen fixation is seasonal and strongly regulated in water-limited environments. New Phytologist, 221 (4): 1866-1877.

Dovrat G, Masci T, Bakhshian H, et al., 2018. Drought-adapted plants dramatically downregulate dinitrogen fixation: Evidences from Mediterranean legume shrubs. Journal of Ecology, 106 (4): 1534-1544.

Dynarski K A, Houlton B Z, 2018. Nutrient limitation of terrestrial free-living nitrogen fixation. New Phytologist, 217 (3): 1050-1061.

Edwards E J, McCaffery S, Evans J R, 2006. Phosphorus availability and elevated CO_2 affect biological nitrogen fixation and nutrient fluxes in a clover-dominated sward. New Phytologist, 169 (1): 157-167.

Fan K, Delgado-Baquerizo M, Guo X, et al., 2019. Suppressed N fixation and diazotrophs after four decades of fertilization. Microbiome, 7 (1): 143.

Furey G N, Tilman D, 2021. Plant biodiversity and the regeneration of soil fertility. Proceedings of the National Academy of Sciences of the United States of America, 118 (49): e2111321118.

Gei M, Rozendaal D M A, Poorter L, et al., 2018. Legume abundance along successional and rainfall gradients in Neotropical forests. Nature Ecology & Evolution, 2 (7): 1104-1111.

Gentili F, Nilsson M C, Zackrisson O, et al., 2005. Physiological and moleculardiversity of feather moss associative N_2-fixing cyanobacteria. Journal of Experimental Botany, 56 (422): 3121-3127.

Goldberg S, 2014. Application of surface complexation models to anion adsorption by natural materials. Environmental Toxicology and Chemistry, 33 (10): 2172-2180.

Gundale M J, Gustafsson H, Nilsson M- C, 2009. The sensitivity of nitrogen fixation by a feathermoss-cyanobacteria association to litter and moisture variability in young and old boreal forests. Canadian Journal of Forest Research, 39 (12): 2542-2549.

Gundale M J, Nilsson M, Bansal S, et al., 2012. The interactive effects of temperature and light on biological nitrogen fixation in boreal forests. New Phytologist, 194 (2): 453-463.

Gundale M J, Bach L H, Nordin A, 2013. The impact of simulated chronic nitrogen deposition on the biomass and N_2-fixation activity of two boreal feather moss-cyanobacteria associations. Biology letters, 9 (6): 20130797.

Hardy R W, Holsten R D, Jackson E K, et al., 1968. The acetylene-ethylene assay for N_2 fixation: Laboratory and field evaluation. Plant Physiology, 43 (8): 1185-1207.

Hartley A E, Schlesinger W H, 2002. Potential environmental controls on nitrogenase activity in biological crusts of the northern Chihuahuan Desert. Journal of Arid Environments, 52 (3): 293-304.

Hedenec P, Rui J, Lin Q, et al., 2018. Functional and phylogenetic response of soil prokaryotic community under an artificial moisture gradient. Applied Soil Ecology, 124: 372-378.

Houlton B Z, Wang Y P, Vitousek P M, et al., 2008. A unifying framework for dinitrogen fixation in the terrestrial biosphere. Nature, 454 (7202): 327-330.

Hsu S-F, Buckley D H, 2009. Evidence for the functional significance of diazotroph community structure in soil. Isme Journal, 3 (1): 124-136.

Hungate B A, Dijkstra P, Johnson D W, et al., 1999. Elevated CO_2 increases nitrogen fixation and decreases soil nitrogen mineralization in Florida scrub oak. Global Change Biology, 5 (7): 781-789.

Hungate B A, Dukes J S, Shaw M R, et al., 2003. Atmospheric science. Nitrogen and climate change. Science, 302 (5650): 1512-1513.

Hungate B A, Stiling P D, Dijkstra P, et al., 2004. CO_2 elicits long-term decline in nitrogen fixation. Science, 304 (5675): 1291.

Hungate B A, Duval B D, Dijkstra P, et al., 2014. Nitrogen inputs and losses in response to chronic CO_2 exposure in a subtropical oak woodland. Biogeosciences, 11 (12): 3323-3337.

Hungria M, Vargas M A T, 2000. Environmental factors affecting N_2 fixation in grain legumes in the tropics, with an emphasis on Brazil. Field Crops Research, 65 (2): 151-164.

Hupperts S F, Gerber S, Nilsson M-C, et al., 2021. Empirical and Earth system model estimates of boreal nitrogen fixation often differ: A pathway toward reconciliation. Global Change Biology, 27 (22): 5711-5725.

Jiang H, Deng Q, Zhou G, et al., 2013. Responses of soil respiration and its temperature/moisture sensitivity to precipitation in three subtropical forests in southern China. Biogeosciences, 10 (6): 3963-3982.

Keuter A, Veldkamp E, Corre M D, 2014. Asymbiotic biological nitrogen fixation in a temperate grassland as affected by management practices. Soil Biology and Biochemistry, 70: 38-46.

Lange M, Eisenhauer N, Sierra C A, et al., 2015. Plant diversity increases soil microbial activity and soil carbon storage. Nature Communications, 6: 6707.

Lett S, Michelsen A, 2014. Seasonal variation in nitrogen fixation and effects of climate change in a subarctic heath. Plant and Soil, 379 (1-2): 193-204.

Li D J, Schaedel C, Haddix M L, et al., 2013. Differential responses of soil organic carbon fractions to warming: Results from an analysis with data assimilation. Soil Biology & Biochemistry, 67: 24-30.

Li D, Yang Y, Chen H, et al., 2017. Soil gross nitrogen transformations in typical karst and non-karst forests, southwest China. Journal of Geophysical Research-Biogeosciences, 122 (11): 2831-2840.

Li D, Wang Z, Sun X, et al., 2018a. Tree species effects on asymbiotic N_2 fixation in subtropical karst and non-karst forests. Soil Biology and Biochemistry, 117: 185-190.

Li D, Zhang Q, Xiao K, et al., 2018b. Divergent responses of biological nitrogen fixation in soil, litter and moss to temperature and moisture in a karst forest, southwest China. Soil Biology & Biochemistry, 118: 1-7.

Liao W, Menge D N L, Lichstein J W, et al., 2017. Global climate change will increase the abundance of symbiotic nitrogen-fixing trees in much of North America. Global Change Biology, 23 (11): 4777-4787.

Lin J, Roswanjaya Y P, Kohlen W, et al., 2021. Nitrate restricts nodule organogenesis through inhibition of cytokinin biosynthesis in Lotus japonicus. Nature Communications, 12 (1): 6544.

Lindemann W C, Ham G E, 1979. Soybean Plant Growth, Nodulation, and Nitrogen Fixation as Affected by Root Temperature1. Soil Science Society of America Journal, 43: 1134-1137.

Lindo Z, Nilsson M C, Gundale M J, 2013. Bryophyte-cyanobacteria associations as regulators of the northern latitude carbon balance in response to global change. Global Change Biology, 19 (7): 2022-2035.

Liu X, Duan L, Mo J, et al., 2011. Nitrogen deposition and its ecological impact in China: An overview. Environmental Pollution, 159 (10): 2251-2264.

Liu M, Xu X, Sun A Y, et al., 2014. Is southwestern China experiencing more frequent precipitation extremes? Environmental Research Letters, 9 (6): 064002.

Liu X, Tan N, Zhou G, et al., 2021. Plant diversity and species turnover co- regulate soil nitrogen and phosphorus availability in Dinghushan forests, southern China. Plant and Soil, 464 (1-2): 257-272.

Makipaa R, Leppanen S M, Munoz S S, et al., 2018. Methanotrophs are core members of the community in decaying diazotroph Norway spruce logs. Soil Biology & Biochemistry, 120: 230-232.

Matson A L, Corre M D, Burneo J I, et al., 2015. Free- living nitrogen fixation responds to elevated nutrient inputs in tropical montane forest floor and canopy soils of southern Ecuador. Biogeochemistry, 122 (2): 281-294.

Menge D N L, Wolf A A, Funk J L, 2015. Diversity of nitrogen fixation strategies in Mediterranean legumes. Nature Plants, 1 (6): 15064.

Menge D N L, Lichstein J W, Gregorio A P, 2016. Nitrogen fixation strategies can explain the latitudinal shift in nitrogen-fixing tree abundance. Ecology, 95 (8): 2236-2245.

Minucci J M, Miniat C F, Teskey R O, et al., 2017. Tolerance or avoidance: drought frequency determines the response of an N_2-fixing tree. New Phytologist, 215 (1): 434-442.

Nasto M K, Winter K, Turner B L, et al., 2019. Nutrient acquisition strategies augment growth in tropical N_2-fixing trees in nutrient-poor soil and under elevated CO_2. Ecology, 100 (4): e02646.

Norman J S, Friesen M L, 2017. Complex N acquisition by soil diazotrophs: how the ability to release exoenzymes affects N fixation by terrestrial free-living diazotrophs. The ISME Journal, 11 (2): 315-326.

Oh Y M, Kim M, Lee-Cruz L, et al., 2012. Distinctive Bacterial Communities in the Rhizoplane of Four Tropical Tree Species. Microbial Ecology, 64 (4): 1018-1027.

Pachauri R K, Allen M R, Barros V R, et al., 2014. IPCC, 2014: Climate Change 2014: Synthesis Report. Contribution of Working Groups Ⅰ, Ⅱ and Ⅲ to the Fifth Assessment Report of the Intergovernmental Panel on Climate Change, IPCC. IPCC.

Qian Z, Gu R, Gao K, et al., 2023. High plant species diversity enhances lignin accumulation in a subtropical forest of southwest China. Science of the Total Environment, 865: 161113.

Reed S C, Cleveland C C, Townsend A R, 2011. Functional ecology of free- living nitrogen fixation: A contemporary perspective. Annual Review of Ecology Evolution and Systematics, 42 (1): 489-512.

Reed S C, Cleveland C C, Townsend A R, 2013. Relationships among phosphorus, molybdenum and free-living nitrogen fixation in tropical rain forests: results from observational and experimental analyses. Biogeochemistry, 114 (1-3): 135-147.

Rousk K, Pedersen P, Dyrnum K, et al., 2017. The interactive effects of temperature and moisture on nitrogen fixation in two temperate-arctic mosses. Theoretical and Experimental Plant Physiology, 29 (1): 25-36.

Rousk K, Sorensen P L, Michelsen A, 2018. What drives biological nitrogen fixation in high arctic tundra: Moisture or temperature? Ecosphere, 9 (2): e02117.

Soong J L, Fuchslueger L, Maranon- Jimenez S, et al., 2020. Microbial carbon limitation: The need for integrating microorganisms into our understanding of ecosystem carbon cycling. Global Change Biology, 26 (4): 1953-1961.

Sorensen P L, Lett S, Michelsen A, 2012. Moss- specific changes in nitrogen fixation following two decades of warming, shading, and fertilizer addition. Plant Ecology, 213 (4): 695-706.

Stewart K J, Grogan P, Coxson D S, et al., 2014. Topography as a key factor driving atmospheric nitrogen exchanges in arctic terrestrial ecosystems. Soil Biology and Biochemistry, 70: 96-112.

Temperton V M, Grayston S J, Jackson G, et al., 2003. Effects of elevated carbon dioxide concentration on growth and nitrogen fixation in Alnus glutinosa in a long- term field experiment. Tree Physiology, 23 (15): 1051-1059.

Tobita H, Uemura A, Kitao M, et al., 2010. Interactive effects of elevated CO_2, phosphorus deficiency, and soil drought on nodulation and nitrogenase activity in Alnus hirsuta and Alnus maximowiczii. Symbiosis, 50 (1): 59-69.

Toro L, Pereira- Arias D, Perez- Aviles D, et al., 2023. Phosphorus limitation of early growth differs between nitrogen-fixing and nonfixing dry tropical forest tree species. New Phytologist, 237 (3): 766-779.

Trivedi P, Anderson I C, Singh B K, 2013. Microbial modulators of soil carbon storage: integrating genomic and metabolic knowledge for global prediction. Trends in Microbiology, 21 (12): 641-651.

Vitousek P M, Hobbie S, 2000. Heterotrophic nitrogen fixation in decomposing litter: Patterns and regulation. Ecology, 81 (9): 2366-2376.

Vitousek P M, Cassman K, Cleveland C, et al., 2002. Towards an ecological understanding of biological nitrogen fixation. Biogeochemistry, 57 (1): 1-45.

Wang Y, Li C, Kou Y, et al., 2017. Soil pH is a major driver of soil diazotrophic community assembly in Qinghai-Tibet alpine meadows. Soil Biology & Biochemistry, 115: 547-555.

Wang C, Liu D, Bai E, 2018. Decreasing soil microbial diversity is associated with decreasing microbial biomass under nitrogen addition. Soil Biology and Biochemistry, 120: 126-133.

Wang Z, Li D, Zheng M, et al., 2019. Topography modulates effects of nitrogen deposition on asymbiotic N_2 fixation in soil but not litter or moss in a secondary karst forest. Journal of Geophysical Research-Biogeosciences, 124 (10): 3015-3023.

Wen L, Li D, Yang L, et al., 2016. Rapid recuperation of soil nitrogen following agricultural abandonment in a karst area, southwest China. Biogeochemistry, 129 (3): 341-354.

Wen L, Li D, Chen H, et al., 2017. Dynamics of soil organic carbon in density fractions during post-agricultural succession over two lithology types, southwest China. Journal of Environmental Management, 201: 199-206.

West J B, HilleRisLambers J, Lee T D, et al., 2005. Legume species identity and soil nitrogen supply determine symbiotic nitrogen-fixation responses to elevated atmospheric CO_2. New Phytologist, 167 (2): 523-530.

Wieder W R, Cleveland C C, Lawrence D M, et al., 2015. Effects of model structural uncertainty on carbon cycle projections: Biological nitrogen fixation as a case study. Environmental Research Letters, 10 (4): 044016.

Winbourne J B, Brewer S W, Houlton B Z, 2017. Iron controls over di- nitrogen fixationin karst tropical forest. Ecology, 98 (3): 773-781.

Wurzburger N, Hedin L O, 2016. Taxonomic identity determines N_2 fixation by canopy trees across lowland tropical forests. Ecology Letters, 19 (1): 62-70.

Yelenik S, Perakis S, Hibbs D, 2013. Regional constraints to biological nitrogen fixation in post- fire forest communities. Ecology, 94 (3): 739-750.

Zhao W, Kou Y, Wang X, et al., 2020. Broad-scale distribution of diazotrophic communities is driven more by aridity index and temperature than by soil properties across various forests. Global Ecology and Biogeography, 29 (12): 2119-2130.

Zheng M, Zhang W, Luo Y, et al., 2017. Different responses of asymbiotic nitrogen fixation to nitrogen addition between disturbed and rehabilitated subtropical forests. Science of the Total Environment, 601: 1505-1512.

Zheng M, Zhang W, Luo Y, et al., 2018. Stoichiometry controls asymbiotic nitrogen fixation and its response to nitrogen inputs in a nitrogen-saturated forest. Ecology, 99 (9): 2037-2046.

Zheng M, Zhou Z, Zhao P, et al., 2020. Effects of human disturbance activities and environmental change factors on terrestrial nitrogen fixation. Global Change Biology, 26 (11): 6203-6217.

Zhou J, Fang Y, Zheng M, et al., 2023. Microbial controls on symbiotic and free-living N_2 fixation in subtropical Pueraria lobata communities, southwest China. Biogeochemistry, 163 (1): 85-97.

Zhu J, He N, Wang Q, et al., 2015. The composition, spatial patterns, and influencing factors of atmospheric wet nitrogen deposition in Chinese terrestrial ecosystems. Science of the Total Environment, 511: 777-785.

Zhu Z, Du H, Gao K, et al., 2023. Plant species diversity enhances soil gross nitrogen transformations in a subtropical forest, southwest China. Journal of Applied Ecology, 60: 1364-1375.

第五章　喀斯特地区土壤氮含量对植被恢复的响应

第一节　引　言

氮（N）是陆地生态系统的主要限制性养分，也是森林群落再生的关键限制养分之一。造林/再造林的失败常归因于养分特别是氮对树木生长的限制。如果土壤可利用氮供应不足，农田退耕后的自然演替进程可能被推迟，甚至长期停留在演替的早期阶段。此外，土壤氮供应能力是决定陆地生态系统碳（C）固存能否持续的关键因素（Luo et al.，2004）。因此，研究退耕后氮动态变化对于预测次生演替方向与速率及生态系统固碳能力具有重要意义。

森林再生和人工造林是全球陆地碳汇的主要驱动力。中国通过几个国家级林业项目的实施，包括自20世纪末以来实施的"退耕还林还草"工程（GGP），拥有全球最大面积的人工林（Shi and Han，2014）。GGP是最雄心勃勃的生态恢复计划之一，旨在将低产坡耕地或荒地转变为林地或草地（Chang et al.，2011）。截至2012年底，GGP已恢复了约2.7×10^7 hm^2的退化土地，其中33%和56%为耕地造林和荒地造林，10%为撂荒后的自然恢复（Shi and Han，2014）。GGP被认为可以显著增加土壤有机碳（SOC）积累（Shi and Han，2014）。一项整合分析结果表明，1999～2012年，因GGP实施产生的土壤碳汇为156±108Tg C，其累积速率为12±8Tg C a^{-1}（Shi and Han，2014）。然而，有机碳固持能否持续在很大程度上取决于随着植被恢复进程土壤氮库是否能成比例增加或土壤库是否达到饱和（Luo et al.，2004）。由于GGP实施的时间较短，很难通过对恢复植被的调查来预测长期的氮动态。相反，从自然演替中获得的知识可以用来指导恢复，因为自然演替与人工恢复之间存在很强的关联（Prach and Walker，2011）。

由于现有数据有限，对热带和亚热带地区退耕后演替过程中的氮动态的认识非常欠缺。多数相关研究只关注土壤总氮，根据这些研究，土壤总氮可能会增加（Feldpausch et al.，2004）、下降（Johnson et al.，2001）、不变或仅有微小变化（Davidson et al.，2007）。对于次生演替过程中土壤氮的增加，几乎没有相关研究对其潜在机制进行深入探讨。例如，将牧场抛荒后自然演替过程中土壤氮累积归因于大气氮沉降、生物固氮（BNF）和对深层土壤硝态氮的挖掘，但上述来源均极少被量化（Feldpausch et al.，2004）。与土壤总氮不同，很少有研究关注土壤无机氮含量和氮转化速率在内的其他土壤氮循环指标。在热带亚马孙流域的研究表明，退耕后演替过程中土壤铵态氮浓度降低，硝态氮浓度增加，但土壤总氮水平在演替过程中变化不显著（Davidson et al.，2007）。在墨西哥湾沿海平原开展的一项研究表明，在退耕后演替过程中，土壤铵态氮水平没有明显变化，而硝态氮水平呈线性下降（Markewitz et al., 2002）。有限的研究和结果的不一致导致很难揭示退耕后演替过程中土壤氮动态特征及其机制。

第二节 退耕后自然演替进程中土壤氮库变化特征及影响因素

本研究在广西壮族自治区环江毛南族自治县西北部木论国家自然保护区开展。保护区为典型的喀斯特峰丛洼地，土壤基质是以白云岩为主的碳酸盐岩。土壤厚度高度异质，洼地土层0～80cm，坡地0～30cm。采用“空间代替时间”法，在木论保护区及其周边选择地形、岩性、土壤等立地条件相似的4种植被类型，即草地、灌丛、次生林和原生林，分别代表退耕后自然演替过程中的4个阶段，每个阶段选取两种植被类型，每个类型建3个样方，即每个阶段包括6个样方。以坡耕地农田作为对照。草地、灌丛和次生林退耕时间分别为10年、29年和59年左右，主要分布于保护区的缓冲区内。保护区内的原生林处于保护区的核心位置，大约有150年未曾被干扰过。坡耕地农田种植玉米，已经有50年的种植历史。

于2014年7月采集每个演替阶段优势种植物叶片、凋落物及0～15cm土层的土壤样品。测定土壤有机碳（SOC）、总氮（TN）、总磷（TP）、pH、Ca（Ca）、镁（Mg）、钾（K）、钠（Na）、土壤质地和土壤容重（BD）以及土壤、叶片和凋落物氮含量和$\delta^{15}N$。在实验室采用7天培养法测定土壤净氮矿化速率和净硝化速率。

土壤氮储量（0～15cm）根据土壤氮浓度、土壤取样深度、容重以及>2mm碎石量计算。为了和其他研究进行对比，我们运用Jobbagy和Jackson（2001）方程将0～15cm土壤氮储量转化成0～30cm土壤氮储量。其换算方程如下：

$$X_{30}=\frac{1-\beta^{30}}{1-\beta^{d0}}\times X_{d0} \tag{5-1}$$

式中，X_{30}表示0～30cm土壤氮储量；d0表示土壤深度；β表示土壤氮储量随土壤深度增加的相对降低率。在本研究中，β值采用Li等（2012）研究中的参数，取值为0.9831。土壤氮储量随演替时间的变化一般采用Chapman方程，计算公式如下：

$$\text{Stock}_t=\text{Stock}_{t0}+A(1-\exp(-B\times \text{years}))^C \tag{5-2}$$

式中，Stock_t表示退耕t年后土壤氮储量；Stock_{t0}表示退耕前土壤氮储量，即农田土壤氮储量；A代表演替到稳定状态后土壤氮储量与退耕前农田土壤氮储量之差；B代表增长常数；years表示退耕年限；C表示成型参数（Sun et al., 2004）。我们假设土壤氮储量达到稳定状态水平的95%时土壤氮储量已处于稳定状态。根据公式（5-3）计算出土壤氮储量达到稳定状态所需要的时间（T）：

$$T=\frac{-\ln\left(1-\sqrt[C]{\frac{95\%\,\text{Stock}_{st}-\text{Stock}_{t0}}{\text{A}}}\right)}{B} \tag{5-3}$$

土壤总氮的累积速率无法直接从上述非线性曲线计算出来，这里总氮的平均累积速率通过A除以T计算得到。

一、退耕后演替进程中土壤氮储量变化特征

0 ~ 15cm 土层农田土壤氮储量为 335.2±55.1g N m^{-2} [图 5-1 (a)]。草地的氮储量相对于农田没有显著增加，而灌丛的氮储量相对于农田平均增加了 120.0% ($P<0.05$) [图 5-1 (a)]。次生林氮储量为 1074.9±157.7g N m^{-2}，比农田增加了 221%。原生林与次生林、灌丛土壤氮储量差异不显著。

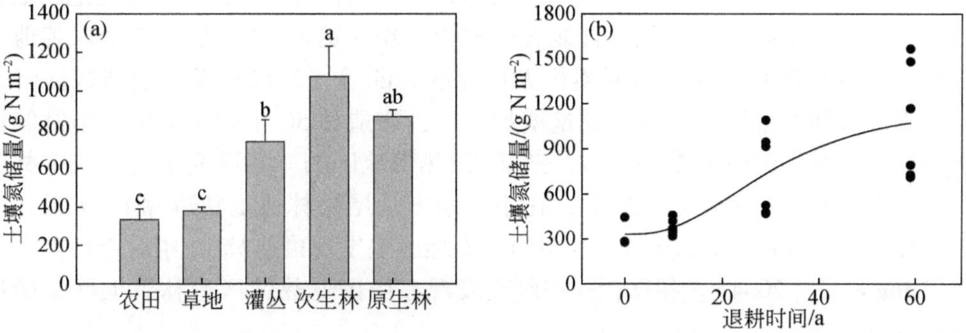

图 5-1　退耕后土壤氮储量（0 ~ 15cm）随退耕时间演替的变化

(a) 不同演替阶段氮储量，数据为平均值±标准误。不同字母表示不同阶段间差异显著 ($P<0.05$)。(b) 土壤氮储量与退耕时间的关系 ($y=335.22+829.31(1-\exp(-0.06x))^{3.60}$，$R^2=0.62$，$P<0.0001$，$N=21$)。

与中国和世界其他区域相比，本研究区土壤氮储量处于较高水平。根据全国第二次土壤普查，不同土壤类型的土壤平均氮储量（0 ~ 30cm）为 405（70 ~ 1660）g N m^{-2}，其中 134 个碳酸盐岩区（即喀斯特区）样点（全部来自农田）0 ~ 30cm 土层土壤氮储量平均为 560g N m^{-2}（Yang et al., 2007）。本研究仅测定了 0 ~ 15cm 土层氮储量，但被转换为 0 ~ 30cm 土层的值（图 5-2），以便与其他研究进行比较。第二次土壤普查碳酸盐岩土壤的平均氮储量与本研究农田 0 ~ 30cm 土层的平均值（594.8±97.8g N m^{-2}）相当。由于与其他土地利用类型相比，农田的氮储量相对较低，因此，基于第二次土壤普查的数据应该代表碳酸盐岩区土

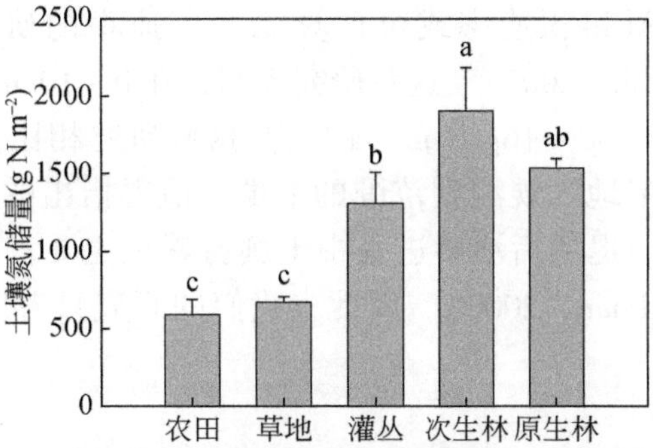

图 5-2　估算的 0 ~ 30cm 土层氮储量随退耕后演替变化特征

不同字母表示不同阶段之间差异显著 ($P<0.05$)。

壤氮储量低值。据估算，全球 0 ~ 30cm 土层平均土壤氮储量为 670（150 ~ 2180）g N m^{-2}，与本研究观测到的耕地或草地水平相近，而低于灌丛（1308.5±200.3g N m^{-2}）和森林（1722.2±147.7g N m^{-2}）的氮储量。在喀斯特其他地区的一些研究也发现土壤氮含量比较高。例如，Hofmeister 等（2002）发现捷克喀斯特区表层土壤氮浓度为2.9 ~ 9.4g kg^{-1}，高于本研究观测到的土壤氮浓度值。

撂荒后土壤氮储量随时间的变化可以很好地用 Chapman 函数拟合［图 5-1（b）］。根据拟合可知，氮存量达到稳态水平的 95% 所需的时间约为 67 年。在氮储量恢复过程中，氮累积的平均速率为 12.4g N m^{-2} a^{-1}（0 ~ 15cm）。可见，所研究的喀斯特区退耕后自然演替进程中土壤氮含量能快速累积，且显著的累积出现在退耕 29 年后。与全球其他区域的研究相比，本研究观测到的土壤氮累积更快速些。Li 等（2012）基于全球数据整合分析表明，由于温带和寒带地区土壤氮储量增加较少，在造林 50 年后矿质层土壤氮储量才出现显著增加。与我们的研究结果一致，亚热带/热带地区的一些研究发现，在造林或退耕后不久，土壤氮水平显著增加。例如，在中国南方马尾松林地重新造林 18 年后，土壤氮水平显著提高（Dou et al.，2013）。在中国东南地区也发现再造林 12 年后土壤氮含量快速增加（Zhang et al.，2004）。相反，一些研究发现在中国亚热带区造林后土壤氮储量没有变化或减少（Li et al.，2014）。

土壤氮快速积累的另一条证据是达到稳态水平 95% 所需的时间较短，即约 67 年。同样，一些在热带/亚热带区域的研究也表明，造林后土壤氮储量能迅速恢复。例如，在波多黎各和美属维尔京群岛的三个亚热带生态区，土壤氮水平完全恢复的时间为 15 ~ 20 年，在巴西退化土地上种植固氮植物 13 年后土壤氮储量就能达到原生林水平（Brown and Lugo，1990；Feldpausch et al.，2004）。然而也有在热带地区开展的研究发现，农田或草地恢复至次生林后土壤总氮水平无明显变化（Johnson et al.，2001；Davidson et al.，2007）。相反，在温带地区，植被恢复进程中氮储量的恢复需要更长时间。例如，在美国伊利诺伊州进行的一项研究表明，土壤氮储量需要 400 多年才能达到原生林水平（Matamala et al.，2008）。在明尼苏达州的沙地平原，土壤氮恢复到农耕前的水平预计需要 180 年（Knops and Tilman，2000）。

与土壤氮储量快速恢复一致，我们发现土壤氮累积率很高（12.4g N m^{-2} a^{-1}）。到目前为止，直接提供土壤氮累积速率或可估算氮累积速率的研究非常有限（Feldpausch et al.，2004；Davidson et al.，2007）。这些研究表明，在 0 ~ 10cm 至 0 ~ 45cm 的土壤深度，土壤氮累积速率的范围介于 0 ~ 16g N m^{-2} a^{-1}。与这些研究相比，本研究观测到的土壤氮累积速率处于热带/亚热带地区观测到范围的上端。值得指出的是，本研究仅考虑了 0 ~ 15cm 土层。有研究发现，退耕后演替进程中土壤氮累积主要发生在表层 0 ~ 10cm 或 0 ~ 20cm 土层（Knops and Tilman，2000）。因此，我们的研究只考虑表层氮储量变化也是合理的。

二、退耕后演替进程中土壤氮累积的主控因素

农田和草地的交换性 Ca 和 Mg 水平最低，灌丛、次生林和原生林之间差异不显著

（表 5-1）。土壤氮储量与交换性 Ca 或 Mg 呈显著正相关（图 5-3）。

表 5-1　土壤理化性质随植被演替的变化

指标	农田	草地	灌丛	次生林	原生林
容重/(g cm^{-3})	1.32 (0.01) b	1.37 (0.01) a	1.16 (0.05) c	1.01 (0.05) c	1.05 (0.03) c
pH	6.31 (0.09) b	6.27 (0.10) b	6.88 (0.31) ab	6.91 (0.18) a	6.91 (0.18) a
SOC/(g kg^{-1})	20.86 (4.45) b	19.91 (1.21) b	42.97 (6.41) a	64.59 (7.72) a	57.88 (5.42) a
C : N	14.16 (0.66)	12.63 (0.63)	11.97 (0.77)	13.52 (3.46)	12.07 (0.26)
TP/(g kg^{-1})	0.52 (0.03) c	0.83 (0.09) b	1.57 (0.20) a	1.37 (0.34) ab	1.73 (0.07) a
K/(cmol kg^{-1})	0.44 (0.10) ab	0.20 (0.02) c	0.31 (0.02) b	0.30 (0.03) b	0.53 (0.07) a
Na/(cmol kg^{-1})	0.37 (0.06) a	0.40 (0.03) a	0.52 (0.07) a	0.16 (0.02) b	0.46 (0.04) a
Ca/(cmol kg^{-1})	8.61 (2.36) bc	8.21 (0.61) c	25.58 (6.17) ab	33.00 (3.96) a	28.45 (3.27) a
Mg/(cmol kg^{-1})	1.95 (1.27) b	2.00 (0.17) b	9.42 (2.92) a	14.79 (2.42) a	11.65 (1.67) a
黏粒/%	32.66 (1.36) a	36.28 (1.43) a	23.48 (3.03) b	17.81 (2.36) b	22.61 (1.35) b
粉粒/%	50.58 (0.65) b	47.23 (0.62) c	58.54 (2.25) a	59.56 (1.11) a	57.65 (0.88) a
砂粒/%	16.77 (0.70) b	16.49 (0.95) b	17.99 (0.82) ab	57.65 (0.88) a	19.74 (1.51) ab

注：数据为平均值（标准误）。不同字母表示演替阶段之间差异显著（P<0.05）。

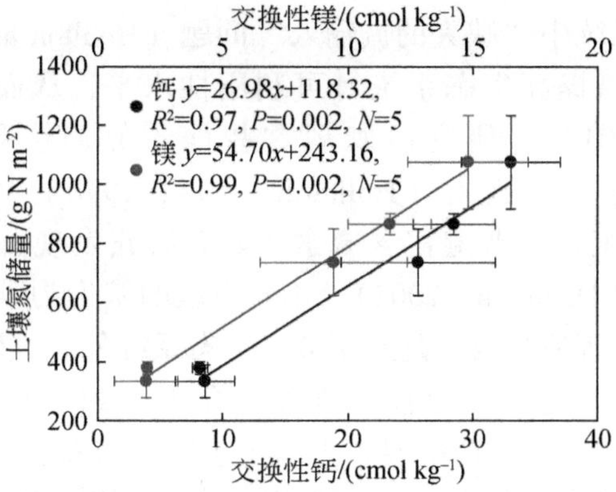

图 5-3　土壤氮储量与交换性钙和镁的关系

每个点代表一个演替阶段。

土壤氮库的变化是氮素输入和输出的平衡，并由土壤对氮的稳定能力调控。次生演替过程中土壤氮库变化的潜在机制尚不清楚。据我们所知，相关研究均未明确量化次生演替过程中导致氮库变化的氮输入和氮输出通量。大气氮沉降和生物固氮被认为是自然生态系统外源氮输入的两个途径。

Houlton 等（2008）报道，热带低地森林和稀树草原共生生物固氮量为 2 ~ 6g N m^{-2} a^{-1}。同时，由于非共生固氮微生物在生态系统不同组分，包括植物表面、凋落叶和腐木、土壤和苔藓广泛分布，因此，非共生固氮对生态系统外源氮的贡献也非常重要（Reed et al.，2011）。有证据表明，共生固氮通量仅占了生物固氮总通量的 20% ~ 50%（Sullivan et al.,

2014)，意味着热带低地森林和稀树草原的生物固氮总通量要远高于2~6g N m^{-2} a^{-1}。在本研究区，固氮植物丰度位于热带森林固氮植物丰度范围内（0~19.3%，以数量的百分比表示）(Hedin et al., 2009)。同时，苔藓和地衣在演替的各个阶段及不同生态系统组分均广泛分布，包括裸露岩石、树干、腐木和土壤表面。基于前期的研究，处于演替早期阶段的野葛群落共生与非共生固氮速率分别为13.38±4.99kg N hm^{-2} a^{-1}和9.55±1.78kg N hm^{-2} a^{-1}，生物固氮通量为22.93±6.52kg N hm^{-2} a^{-1}（7.12~61.93kg N hm^{-2} a^{-1}）(Zhou et al., 2021)，但尚缺乏其他演替早期阶段群落生物固氮数据。在演替的中后期非共生固氮速率均低于5kg N hm^{-2} a^{-1}（Li et al., 2019；Wang et al., 2023)，但缺乏共生固氮速率的数据。由于数据有限，我们假设所研究的这些样地的共生共氮水平与热带低地森林和稀树草原相似，即介于2~6g N m^{-2} a^{-1}。研究区内大气氮沉降量约为3g N m^{-2} a^{-1}（Zhu et al., 2015)。因此，这两个公认的外来氮输入途径（5~9g N m^{-2} a^{-1}）可以解释土壤氮累积速率(12.4g N m^{-2} a^{-1}）的40%~76%。

除外源氮输入外，根系从深层土壤挖掘氮素也是导致表层土壤氮累积的可能因素，且往往导致深层土壤氮库下降（Knops and Tilman, 2000)，常导致深层土壤氮库下降，而土壤氮库总体上无明显变化（Mobley et al., 2015)。本研究中由于坡地土壤深度大多数小于30cm，所以只观测了0~15cm土壤。由于土层较浅，从深层土壤氮挖掘不足以影响表层土壤氮的快速累积。因此，这条机制对于本研究可能不适用。

近年来，有研究发现富氮岩石风化过程氮释放是一些区域生态系统外源氮输入的重要途径，常用来解释生态系统中“缺失的氮输入”问题（Houlton and Morford, 2015)。富氮岩石风化过程氮释放可以提高生态系统氮可利用性水平，从而促进陆地生态系统演化(Houlton and Morford, 2015)。研究已发现这些地质氮源会导致土壤酸化和氮饱和(Dahlgren, 1994)、溪流高硝氮量（Holloway et al., 1998）以及生态系统碳氮累积(Morford et al., 2011)。沉积岩普遍富含氮素，如有研究发现石灰岩的氮浓度为0.02~0.30g kg^{-1}（Holloway and Dahlgren, 2002)。本研究区的基岩为碳酸盐岩，也属于沉积岩。多条证据显示基岩风化过程氮释放也是本研究区生态系统外源氮输入的重要途径。前期研究发现在研究区附近采集的碳酸盐岩中氮含量介于0.21~0.28g N kg^{-1}。Holloway等(2001）在室内采用2mol L^{-1}氯化钾溶液和去离子水溶解岩石，发现岩石氮含量为0.48~1.37g N kg^{-1}时，氮释放速率为0.4~3.7g N m^{-2} a^{-1}。尽管本研究区域岩石氮含量相对较低，但由于野外环境中根系分泌的有机酸有助于岩石风化，因此我们认为岩石风化过程氮释放应不低于Holloway等（2001）基于室内实验的估计值。喀斯特原生林中岩石周边的土壤氮含量（7~19g N kg^{-1}）显著高于连片土壤区的土壤氮含量（5.77±0.42g N kg^{-1}）(Luo et al., 2010a)；喀斯特土壤氮含量与岩石出露率呈显著正相关（Zhang et al., 2007)。这些证据一定程度支持岩石风化过程存在氮素释放。土壤 $\delta^{15}N$ 随土壤氮含量增加而增加(表5-2)，也可能支持岩石风化过程存在氮素释放。西南偏远地区大气沉降氮的 $\delta^{15}N$ 通常为负值，变化范围介于−5.5‰~−1.4‰（Liu et al., 2012)。生物固氮过程输入的氮的 $\delta^{15}N$ 约为零，变化范围介于−2‰~0（Vitousek et al., 2013)。由于 $\delta^{15}N$ 为负值或零，因此大气沉降和生物固氮途径输入的氮会稀释或导致土壤总氮 $\delta^{15}N$ 变负。来源于石灰岩释放氮的 $\delta^{15}N$ 值为正值，介于1.45‰~5.72‰（Holloway and Dahlgren, 2002)，因此，岩石风化过程氮释放极可能增加了本研究区土壤总氮的 $\delta^{15}N$（3.74‰~6.08‰）。

表 5-2　退耕后演替进程中土壤、叶片和凋落物氮浓度和 $\delta^{15}N$ 变化特征

指标		农田	草地	灌丛	次生林	原生林
氮浓度/（$g\ N\ kg^{-1}$）	土壤	1.69（0.28）c	1.85（0.11）c	4.40（0.83）b	6.65（0.90）a	5.57（0.42）ab
	叶片		18.52（2.64）b	31.54（2.37）a	30.00（2.17）a	23.03（1.87）b
	凋落物		10.92（1.56）b	20.39（1.80）a	21.49（0.58）a	22.69（1.36）a
$\delta^{15}N$/‰	土壤	3.48（0.18）b	3.88（0.11）b	5.32（0.37）a	5.07（0.13）a	5.12（0.14）a
	叶片		−0.93（0.40）c	1.80（0.37）a	0.72（0.24）b	0.46（0.27）b
	凋落物		−2.57（0.54）b	0.96（0.49）a	0.52（0.15）a	0.80（0.24）a

注：不同小写字母表示不同演替阶段之间的显著性差异（$P<0.05$）。

上述外源氮输入途径能解释表层土壤（0~15cm）总氮累积速率的 44%~102%。然而，这里考虑的氮累积是氮输入和氮损失的平衡。氮输入的实际速率应该大于观测值。无论如何，生物固氮和岩石风化过程氮释放的估计存在很大的不确定性。需要进一步的研究来量化这些潜在氮源的贡献，才有可能揭示次生演替过程中氮储量积累的潜在机制。

然而，单纯的外源氮输入不能解释土壤氮库的快速积累，因为如果土壤的氮保持能力较低，输入的氮可能通过多种途径流失到环境中。钙质土壤的氮保持能力常被发现高于邻近的非钙质土壤。例如，Chen 等（2012）发现喀斯特区土壤总氮含量要远高于邻近的红壤。Poulton 等（2003）在洛桑实验站的一个研究发现，19 世纪施用了石灰的土壤中有机碳和氮库分别是未施用石灰的土壤的 1.4 倍和 2.4 倍。由于大多数土壤氮以土壤有机质（SOM）的形式存在，因此增强 SOM 稳定性的机制将反过来增加土壤氮固持。SOM 的稳定机制可分为两种：一是团聚体保护；二是有机质通过多价阳离子与矿物结合形成有机矿物复合体，且对于钙质土壤多价阳离子为钙离子（Ca^{2+}）和镁离子（Mg^{2+}）（von Lützow et al.，2007）。在本研究中，灌丛、次生林和原生林土壤 Ca^{2+} 和 Mg^{2+} 含量高于农田和草地土壤。农田土壤 Ca^{2+} 和 Mg^{2+} 浓度低主要是由于农田地上生物量收割导致 Ca^{2+} 和 Mg^{2+} 从系统中转移出去造成的。然而，碳酸盐岩富含钙和镁，岩石快速风化过程能迅速补充农田阶段土壤亏损的钙镁并在灌丛阶段恢复至原生林水平。土壤交换性钙、镁和土壤氮含量呈显著正相关，说明土壤有机质通过钙镁离子与矿物质结合形成有机矿物复合体是所研究的生态系统土壤有机质稳定的重要机制，最终促进土壤累积。

三、退耕后演替进程中土壤氮循环变得更开放的证据

不同演替阶段的土壤铵态氮浓度介于 0.4~39.7mg N kg^{-1}，农田和次生林的浓度显著低于草地［图 5-4（a）］。农田土壤硝态氮浓度介于 24.4±1.1mg N kg^{-1}，与草地差异不显著［图 5-4（a）］。然而，土壤硝态氮在后期三个演替阶段显著升高，硝态氮浓度在 66.5~120.9mg N kg^{-1}［图 5-4（a）］。土壤铵态氮浓度仅在草地显著高于硝态氮浓度，硝态氮浓度在农田及后三个阶段均显著高于草地。农田和草地的净硝化速率（NMR）相似，但农田的净矿化速率（NNR）显著大于草地［图 5-4（b）］。在退耕后，NMR 和 NNR 的

变化模式相似，演替后期的数值高于草地［图5-4（b）］。次生林和原生林的NMR显著大于农田，而农田、次生林和原生林之间NMR无显著差异。

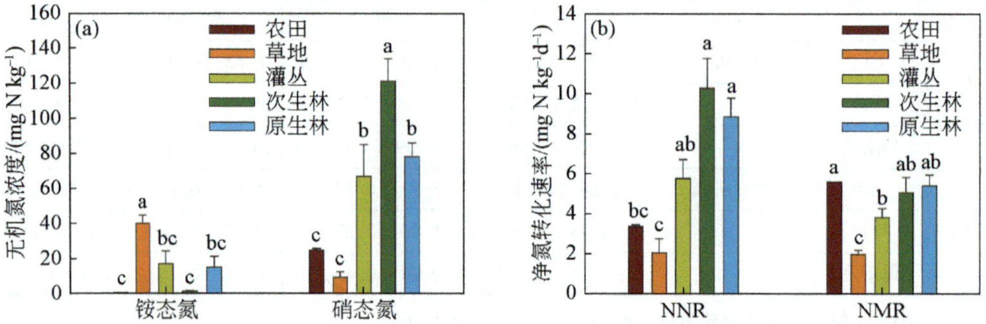

图5-4　土壤无机氮浓度、净硝化速率（NNR）和矿化速率（NMR）随退耕后演替的变化

数据为平均值±标准误。不同字母表示不同阶段间差异显著（$P<0.05$）。

农田土壤氮平均浓度为1.69 ± 0.28g N kg^{-1}（表5-2），草地与农田土壤氮素浓度无显著差异。演替后期三个阶段的土壤氮浓度相对于农田显著升高。与土壤氮的动态相似，后期演替阶段叶面和凋落物氮浓度相对于草地显著升高（表5-2）。土壤氮的$\delta^{15}N$值在农田和草地相似，但后期三个阶段显著增加（表5-2，图5-5）。叶面和凋落物氮的$\delta^{15}N$值的变化方式与土壤氮相似（表5-2）。

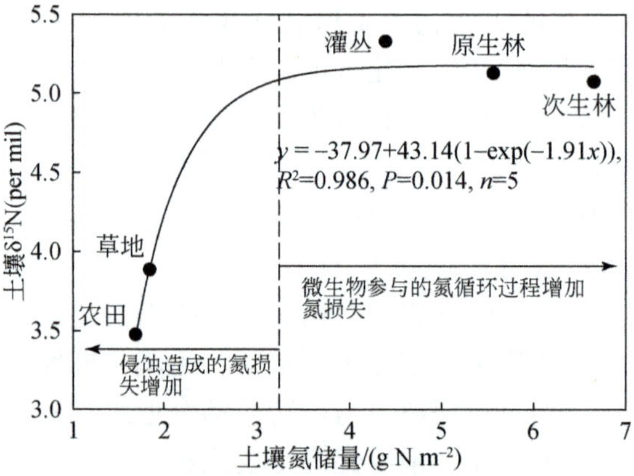

图5-5　土壤氮储量和土壤$\delta^{15}N$的关系

可见，随着退耕后演替进程中土壤总氮储量增加，土壤氮的可利用性水平也相应增加。土壤氮的可利用性水平增加可用土壤硝态氮和铵态氮的相对丰度变化反映（图5-4）。铵态氮是受氮限制生态系统中土壤无机氮的主要形态，随着可利用的铵态氮增加，通过硝化作用生成硝态氮的量不成比例增加（Davidson et al.，2007）。因此，硝态氮/铵态氮>1，表明土壤氮可利用水平较高；硝态氮/铵态氮<1，则说明生态系统处于氮限制状态（Davidson et al.，2007）。在本研究中，灌丛、次生林和原生林土壤硝态氮/铵态氮>1，说明后三个演替阶段土壤氮的可利用性水平较高（图5-4）。土壤氮可利用水平较高时，微

生物和植物群落对氮的需求得到满足。在此条件下，通过初级氮矿化和硝化过程产生的无机氮理论上超过微生物和植物消耗的无机氮，导致净氮矿化和硝化速率相应增加。本研究的结果支持这一点，即随着退耕后演替进程土壤净氮矿化速率和硝化速率增加［图 5-4 (b)］，意味着氮循环的开放性程度随演替进程而增加。我们的结果也支持前期关于退耕后演替进程中生态系统氮磷相对限制的发现（Zhang et al.，2015），即草地阶段受氮限制，灌丛阶段受氮和磷共同限制，次生林和原生林阶段受磷限制。

随着退耕后演替进程氮循环变得更开放，也得到了土壤 $\delta^{15}N$ 的支持。由于已知外源氮输入途径的 $\delta^{15}N$ 低于或等于土壤 $\delta^{15}N$，且演替后期三个阶段的 $\delta^{15}N$ 明显大于农田和草地，因此土壤氮的大量流失导致了土壤 $\delta^{15}N$ 的富集。在我们的研究区域，农田和草地的土壤侵蚀速率远大于森林（Chen et al.，2012），因此，侵蚀造成的氮损失可能占农田和草地氮损失的很大一部分。相反，侵蚀造成的氮损失减少，微生物参与的氮循环过程在氮损失中占主导地位，包括硝化和反硝化过程中的气态氮损失或硝化产物硝态氮的损失。微生物更喜欢使用^{14}N 而不是^{15}N，导致土壤氮库中^{15}N 富集（Craine et al.，2015）。相反，土壤侵蚀不会导致土壤氮同位素分馏（Craine et al.，2015）。这一点被 $\delta^{15}N$ 随演替变化特征所支持，即农田和草地土壤 $\delta^{15}N$ 低而后三个恢复阶段土壤 $\delta^{15}N$ 高（表 5-2，图 5-5）。在演替后期三个阶段，土壤 $\delta^{15}N$ 不随土壤氮水平的变化而变化，这很可能是由于氮素输入和流失平衡所致。森林中大量的氮流失是由附近森林中高浓度的硝态氮间接支持的，硝态氮是硝化作用的产物，如下所述。大量的氮输入和输出是土壤氮循环开放的一个证据（Craine et al.，2015）。

后三个演替阶段土壤硝态氮浓度（66.5 ~ 120.8mg N kg^{-1}）显著高于农田土壤（24.2mg N kg^{-1}）［图 5-4（a）］。这么高硝态氮浓度对于自然生态系统并不常见。例如，在中国南方城乡梯带的大气氮沉降高达 70kg N hm^{-2} a^{-1}，但森林土壤硝态氮浓度却低于 10mg N kg^{-1}（Fang et al.，2011）。Davidson 等（2007）也报道了热带成熟森林土壤硝态氮浓度<20mg N kg^{-1}。与本研究类似，在附近喀斯特区的草灌到原生林土壤硝态氮浓度介于 140.9±67.4mg N kg^{-1}（刘元生等，2012）。土壤高硝态氮浓度导致附近溪流水中硝态氮浓度高达 413±17 ~ 2187±165μg N L^{-1}，高于热带被认为氮饱和的森林源头水体硝态氮浓度（8 ~ 878μg N L^{-1}，平均值为 212±236μg N L^{-1}）（Brookshire et al.，2012）。上述证据表明，演替中后期喀斯特生态系统可能达到了氮饱和状态。

四、结论

本研究表明喀斯特峰丛洼地退耕后的演替进程中土壤氮能较快速累积，经过 67 年左右的时间可以达到原生林水平。虽然对外源氮输入途径的定量尚存在很大的不确定性，但有证据表明岩石风化过程氮释放对土壤氮累积起着重要作用。除演替早期阶段受氮限制外，演替中后期表现出明显的氮饱和特征。由于演替与生态恢复之间存在很强的联系，从针对演替的研究中获得的知识对于指导恢复至关重要（Prach and Walker，2011）。演替和恢复共享的信息包括能量流、碳累积和储存、养分动态、土壤性质、水循环。西南地区的喀斯特面积约为 $5.1\times10^7hm^2$，占我国陆地面积的 5.8%（Jiang et al.，2014）。在过去，由于自然植被和可耕地的破坏导致土壤侵蚀，喀斯特地区的大面积土地出现了不同程度的退化，但在过去的二三十年中，多数退化土地已经转变为林地或草地。根据本研究，植物生产力可能在恢复初期受到土壤氮的限制，但在恢复后期不受限制。建议在早期种植固氮植物或施用氮肥，以促进植被恢复。此外，在土壤碳达到饱和之前，土壤碳的累积往往受到有效氮供应的限制（Luo et al.，2004）。本研究表明，喀斯特峰丛洼地区农业撂荒后土壤碳累积除早期阶段外不受土壤氮供应能力的限制。

第三节　不同退耕恢复模式对土壤有机碳和氮库的影响

我国有将近78%的农田面临不同程度的退化（Ren et al.，2007），其中西南地区退化农田占全国退化农田总面积的25%（Bennett，2008）。国家于2000年以来先后实施了一系列生态恢复工程，包括坡耕地整治、退耕还林还草（GGP）等。由于这些生态恢复工程的实施，西南喀斯特地区大部分的退化土地已转化为林地或草地。退耕意味着农田面积的消减。例如，在长江上游区域，退耕还林还草开展1年后，人均耕地面积就从实施前的0.1～0.17hm^{2}缩减至0.02～0.07hm^2（Xu et al.，2006）。在退耕后2～8年政府对农田退耕实施补贴，其中种植经济树种补贴5年，种植非经济树种补贴8年，农田种草补贴2年（Xu et al.，2006）。喀斯特地区不同植被恢复策略如何影响土壤碳氮固持？针对这一问题，2002年在广西环江毛南族自治县下南乡古周村（24°54′～24°55′N，107°56′～107°57′E）建立了不同退耕模式长期控制试验区，包括5种植被恢复模式，即种植桂牧1号（GG）、种植香椿（TS）、任豆+桂牧1号混种（ZG）、撂荒地（SR），以玉米-大豆轮作坡耕地农田（CR）作为对照。退耕后小区生物多样性增加。据2007年统计，香椿地有植物物种19种，任豆+桂牧1号种植地有19种，桂牧1号地10种，撂荒地有22种。

于2014年7月采集0～15cm土壤测定了pH、容重、土壤质地、有机碳、氮和交换性钙、镁、钾、钠等指标（表5-3）。

表5-3　不同退耕模式和农田土壤基本理化性质（n=3）

指标	农田	香椿	桂牧1号	任豆+桂牧1号	撂荒地
pH	6.44（0.6）	6.98（0.15）	6.87（0.05）	6.42（0.11）	7.64（0.16）
C：N	14.81（1.06）	8.81（1.01）	12.22（3.73）	8.74（2.18）	10.20（2.93）
容重	1.36（0.05）	1.26（0.04）	1.38（0.04）	1.35（0.01）	1.24（0.03）
黏粒/%	43.4（0.8）	40.1（0.8）	29.3（1.6）	44.7（1.3）	36.7（0.3）
粉粒/%	46.4（0.6）	41.8（1.0）	57.0（1.4）	36.7（1.4）	45.8（3.9）
砂粒/%	10.3（0.7）	18.1（0.9）	13.7（0.3）	18.6（0.7）	17.5（0.6）
Ca/（cmol kg^{-1}）	13.8（0.5）	25.4（4.1）	11.8（0.9）	15.7（0.5）	23.1（2.6）
Mg/（cmol kg^{-1}）	0.3（0.0）	1.5（0.2）	1.4（0.1）	0.9（0.1）	7.2（1.2）
K/（cmol kg^{-1}）	1.6（0.1）	0.3（0.0）	0.1（0.0）	0.2（0.0）	0.2（0.0）
Na/（cmol kg^{-1}）	0.5（0.0）	0.5（0.0）	0.3（0.0）	0.4（0.0）	0.6（0.1）

土壤有机碳和氮储量根据土壤容重、有机碳、氮浓度和土壤深度（15cm）计算。土壤有机碳、氮储量绝对变化率根据农田和处理之间的有机碳、氮储量变化之差和时间来计算，其公式如下：

$$储量绝对变化率=\frac{\Delta X}{\Delta t} \tag{5-4}$$

式中，ΔX 表示退耕恢复模式与对照之间的有机碳、氮储量之差；Δt 表示农田退耕的时间，在本研究中为 13 年。农田和退耕地之间的有机碳、氮储量相对变化率根据方程 5-5 计算：

$$储量相对变化率=\frac{\Delta X}{X_{crop}\times\Delta t}\times100 \tag{5-5}$$

式中，X_{crop}为农田土壤的有机碳、氮储量。

一、退耕后土壤有机碳和氮累积特征

农田土壤碳储量为 4226. 1±262. 2g C m^{-2}（图 5-6）。香椿地和撂荒地土壤碳储量分别为 5833. 1±596. 9g C m^{-2}和 6156. 2±408. 2g C m^{-2}，比农田土壤分别提升了约 40% 和 50% 。而种植桂牧 1 号或任豆+桂牧 1 号混种则没有显著提升土壤有机碳储量。香椿地和撂荒地土壤碳储量相比牧草种植地分别增加了 50% 、60% 。撂荒地土壤有机碳储量显著高于任豆+桂牧 1 号混种处理［图 5-6（a)］。相对于农田土壤氮储量（287. 3±28. 7g N m^{-2}），桂牧 1 号地土壤氮储量没有显著增加，但香椿地、任豆+桂牧 1 号地和撂荒地土壤氮储量分别增加了 130% 、81% 和 117% 。但这三种退耕模式之间土壤氮储量无显著差异。

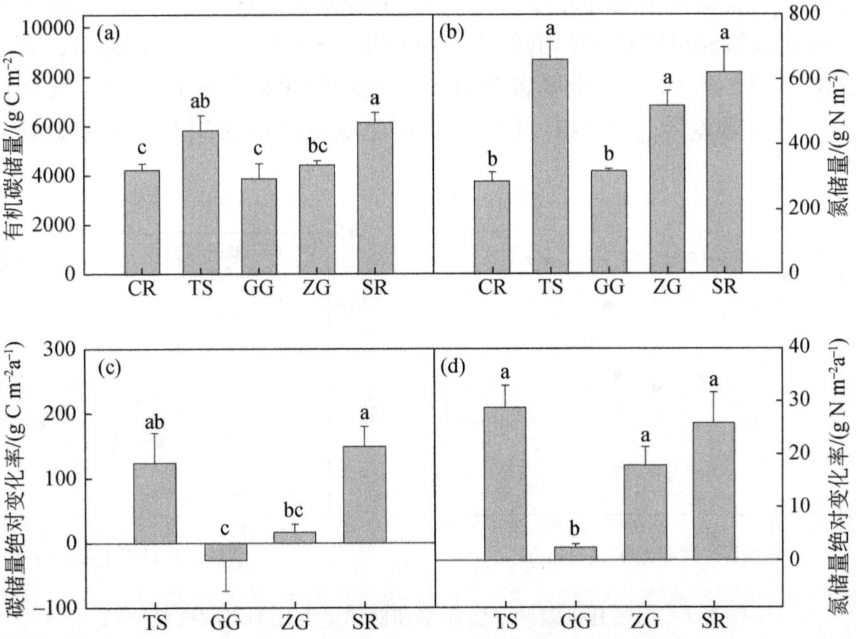

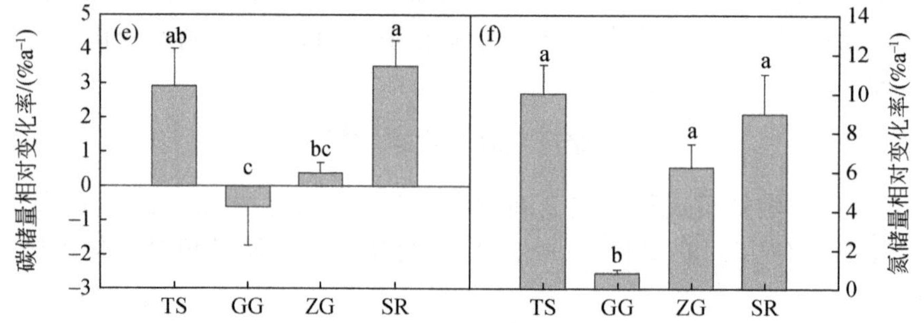

图 5-6 不同退耕恢复模式下土壤有机碳和氮储量变化特征

CR：农田；TS：香椿；GG：桂牧 1 号；ZG：任豆+桂牧 1 号；SR：撂荒地。
不同小写字母表示处理间在 0.05 水平上差异显著。

香椿地和撂荒地土壤有机碳储量的绝对变化率最高，分别为 123.6±45.9g C m^{-2} a^{-1}，148.5±31.4g C m^{-2} a^{-1}。桂牧 1 号地和任豆+桂牧 1 号地土壤有机碳储量绝对变化率很小［图 5-6（c）］。香椿地、任豆+桂牧 1 号地和撂荒地土壤氮储量绝对变化率均显著高于零，分别为 28.8±4.2g N m^{-2} a^{-1}、17.9±3.5g N m^{-2} a^{-1} 和 25.8±5.8g N m^{-2} a^{-1}，但三个处理之间无显著差异。桂牧 1 号地土壤氮储量绝对变化率（2.3±0.6g N m^{-2} a^{-1}）显著高于零［图 5-6（d）］。土壤有机碳储量的相对变化率和绝对变化率变化格局类似。香椿地和撂荒地土壤有机碳储量相对变化率分别为 2.9%±1.1% a^{-1} 和 3.5%±0.7% a^{-1}（图 5-6）。TS、GG、ZG 和 SR 四种退耕模式土壤氮储量相对变化率分别为 10.0%±1.5% a^{-1}、0.8%±0.2% a^{-1}、6.2%±1.2% a^{-1} 和 9.0%±2.0% a^{-1}［图 5-6（f）］。

土壤有机碳和氮储量绝对变化率呈显著线性相关关系（图 5-7），表明碳氮储量变化密切关联。根据碳氮储量线性回归的斜率，每增加 1 个单位的土壤碳储量，氮储量相应增加 5.5 个单位［图 5-7（a）］。土壤碳和氮储量相对变化率也密切相关，线性回归的斜率为 0.37，与 1 有显著差异［图 5-7（b）］，表明土壤氮储量的相对变化率显著高于碳储量相对变化率。

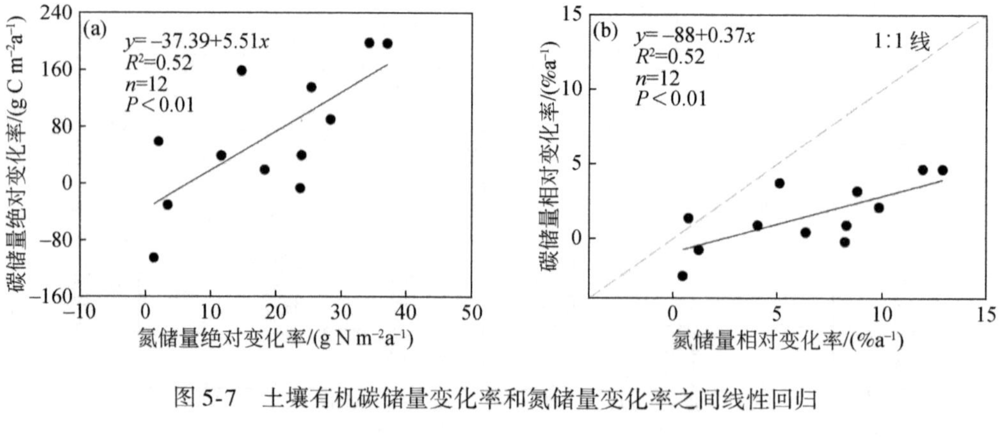

图 5-7 土壤有机碳储量变化率和氮储量变化率之间线性回归

总体看，不同退耕恢复模式下土壤无机氮主要以硝态氮为主［图 5-8（a）］。ZG 处理土壤铵态氮（NH_4^+）浓度高于 TS，且 ZG 和 TS 两个处理土壤铵态氮（NH_4^+-N）浓度高于其他三个处理。TS、ZG 和 SR 三个处理土壤硝态氮（NO_3^--N）浓度显著高于 CR 和 GG［图 5-8（a）］。TS、ZG 和 SR 三个处理土壤净硝化速率相似，且都显著高于 GG［图 5-8（b）］。土壤净氮矿化速率仅在 GG 和 ZG 之间差异显著，ZG 的速率相对较高［图 5-8（b）］。土壤 $\delta^{15}N$ 值在不同恢复模式之间的差异与氮储量类似，TS、ZG 和 SR 三个处理土壤 $\delta^{15}N$ 值显著高于 CR 和 GG 处理（图 5-9）。

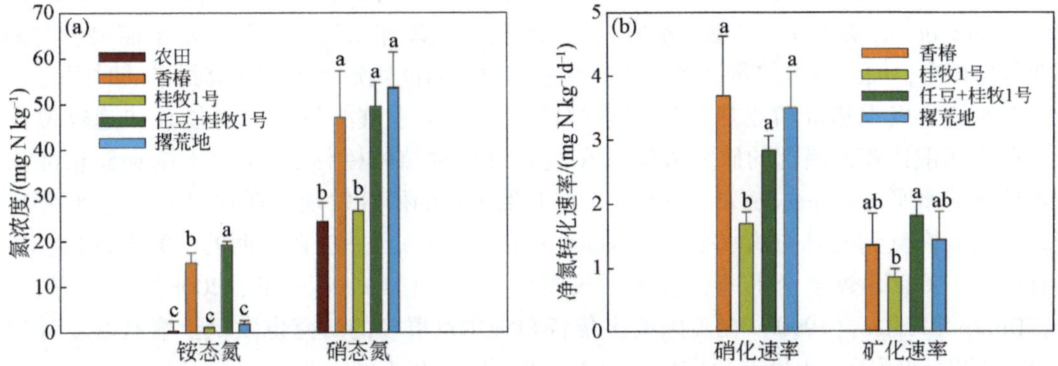

图 5-8　不同恢复模式下土壤无机氮含量（a）和净氮素转化速率（b）

不同小写字母表示处理间在 0.05 水平上差异显著。

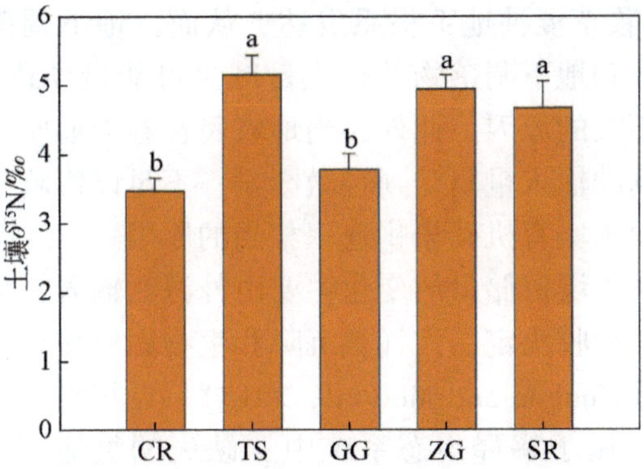

图 5-9　不同恢复模式下土壤 $\delta^{15}N$ 值

CR：农田；TS：香椿；GG：桂牧 1 号；ZG：任豆+桂牧 1 号；SR：撂荒地。

不同小写字母表示处理间在 0.05 水平上差异显著。

前期针对附近的退耕后自然演替序列的研究表明，土壤有机碳和氮累积速率分别为 138g C $m^{-2}a^{-1}$和 12.4g N m^{-2} a^{-1}（Wen et al.，2016；Yang et al.，2016），与本研究中观测到的土壤有机碳、氮累积速率差相当。以往针对热带和亚热带区植被恢复或演替的研究发现，0～10cm 或者 0～45cm 土层的土壤有机碳累积速率介于 0～200g C m^{-2} a^{-1}，土壤氮累积速率介于 0～16g N m^{-2} a^{-1}（Feldpausch et al.，2004；Fonseca et al.，2011）。与这些研究结果相比，本研究观测到的土壤有机碳、氮累积速率位于报道范围内。

前期研究发现，喀斯特原生林土壤有机碳、氮储量分别为977±504.5g C m^{-2}、866.2±35.3g N m^{-2}（Wen et al.，2016；Yang et al.，2016）。如果本研究观测到的累积速率继续维持，香椿地和撂荒地分别再需要25年和19年其土壤有机碳储量能达到原生林水平，其土壤氮储量达到原生林水平则分别再需要7年和9年左右。加上退耕到本研究采样的时间（13年），香椿地和撂荒地土壤碳储量达到原生林水平分别为38年和32年，氮储量达到原生林水平分别需要20年和21年。我们前期在邻近的木论国家级自然保护区的研究表明，自然抛荒后土壤有机碳和氮储量分别需要约40年和67年才能达到原生林水平（Wen et al.，2016；Yang et al.，2016）。可见，本研究观测到的土壤碳储量达到原生林水平需要的时间与前期研究相当，而土壤氮储量达到原生林水平需要的时间则短于前期研究报道的时间。

有研究也发现热带和亚热带地区植被恢复过程中土壤有机碳和氮能较快速恢复。例如，在埃塞俄比亚西南部的研究表明，在废弃牧场种植桉树林20年后土壤碳储量能恢复至毁林前的水平（Lemma et al.，2006）。在厄瓜多尔的研究发现，在甘蔗地抛荒20年后土壤碳含量能恢复到毁林前的水平（Rhoades et al.，2000）。一项在巴西的研究发现造林后土壤有机碳、氮储量恢复至本地森林水平仅需要13年（Macedo et al.，2008）。与本研究类似，Brown和Lugo（1990）在美国波多黎各和维尔京群岛的研究也发现土壤氮恢复（15～20年）的时间短于比土壤有机碳恢复（40～50年）的时间。

撂荒后，当恢复植被的凋落物输入的碳量足以抵消或超过因农田遗留的土壤碳持续分解而损耗的碳量时，土壤碳储量可能会增加，否则土壤碳储量可能会减少（Li et al.，2012）。本研究中，牧草会被持续收割，导致牧草种植地和任豆+牧草混种地的地上凋落物输入量减少，但是任豆+牧草混种地下根系发达，从而其地下凋落物输入量也比牧草单独种植地更多。因此，地上和地下凋落物的输入量减少可能是导致牧草地和任豆+牧草混种地土壤有机碳储量变化不大的原因。此外，当地农民在春天通常会收割部分香椿嫩芽，但是其收割量不大，凋落物的输入量只受到轻微影响，不足以影响土壤有机碳储量。这也可能是撂荒地和香椿种植地土壤有机碳累积速率相当的原因。

不同于土壤有机碳，土壤氮储量的变化主要由外源氮输入、生态系统通过不同途径的氮的损失以及植物对氮的吸收决定。大气氮沉降和生物固氮被认为是大多数自然生态系统外源氮输入的两个途径（Houlton and Morford，2015）。近年来，富氮基岩的风化被认为是一个潜在的重要氮源，并用于解释生态系统中“缺失的氮输入”（Houlton and Morford，2015）。根据前期研究，有几个证据富氮岩石风化过程氮释放是喀斯特土壤的一个重要氮源（Wen et al.，2016）。据估算，上述三大外源氮输入共5.4～12.7g N m^{-2} a^{-1}，但仅能够解释TS、ZG和SR三个处理土壤氮储量增加速率的19%～71%。需要注意的是，这些外源氮输入量的估算还存在很大的不确定性。然而，据我们所知，迄今为止没有一项相关研究能够定量解释氮储量动态的可能来源或解释氮输入和输出之间的平衡。

从氮储量相对变化率高于碳储量相对变化率来看，土壤氮的累积足以满足碳累积的需求。土壤氮供应充足还得益于较低的碳增益（每克氮增益5.5gC），而全球每克氮增益7克碳（Li et al.，2012）。与此相一致的是，研究表明，氮限制的加剧将导致土壤碳氮比增加（de Graaff et al.，2006）。因此，本研究支持自然生态系统在扰动（如土地利用变化）后可能具有累积氮和维持长期碳累积的内在能力（Li et al.，2012）。土壤氮累积会使矿质土壤为植物生长提供有效氮源，进而有利于土壤碳累积。本研究中 TS、ZG 和 SR 三个处理土壤有效氮增加，包括土壤硝态氮和铵态氮（图 5-8），提高了土壤氮素流失的潜力，并最终导致土壤^{15}N 的富集（图 5-9）。

二、土壤有机碳和氮累积的影响因素

逐步线性回归分析表明，交换性钙是土壤有机碳、氮含量变化的最强解释因子（土壤有机碳 = 7.58 + 0.99Ca，R^2 = 0.74，P < 0.0001；土壤氮 = 0.23 + 0.13Ca，R^2 = 0.90，P < 0.0001）（表 5-4）。基于上述关系估算的土壤有机碳、氮含量与观测值具有很强的相关性（图 5-10）。

表 5-4　土壤有机碳和氮含量与土壤因子的逐步回归分析结果

指标	解释因子	系数	R^2	模型 R^2	P
SOC	Ca	0.982	0.729	0.729	0.000
	C : N	1.293	0.065	0.794	0.001
	黏粒	0.29	0.072	0.866	0.004
	Mg	0.715	0.051	0.917	0.019
N	Ca	0.122	0.845	0.845	0.000
	C : N	−0.111	0.085	0.930	0.001

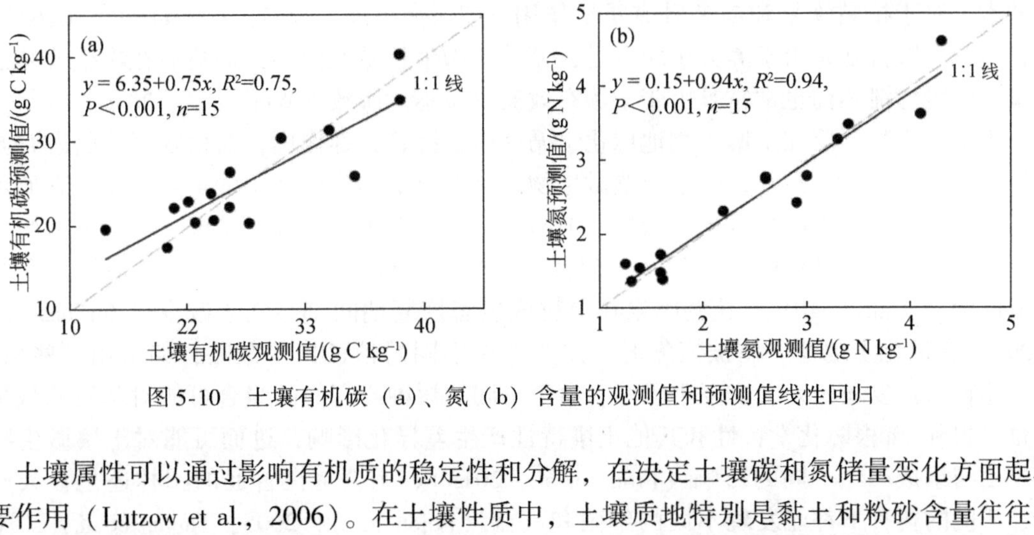

图 5-10　土壤有机碳（a）、氮（b）含量的观测值和预测值线性回归

土壤属性可以通过影响有机质的稳定性和分解，在决定土壤碳和氮储量变化方面起着重要作用（Lutzow et al.，2006）。在土壤性质中，土壤质地特别是黏土和粉砂含量往往与土壤有机碳的稳定性和储量有关（Wei et al.，2014）。本研究中，逐步回归分析结果表明交换性钙是控制土壤碳氮含量变化的关键因子。土壤有机质与矿物表面通过多价阳离子相互作用已被认为是土壤有机质稳定的主要途径，且在中性和碱性土壤中主要多价阳离子是 Ca^{2+} 和 Mg^{2+}（von Lützow et al.，2007）。研究表明，不管是天然形成还是人工添加，钙质土壤相比非钙质土壤含有更高的有机质（Poulton et al.，2003）。本研究中 GG 和 ZG 两个处理

土壤钙含量低，主要是由于植物生物量收割带走了部分钙，因而通过凋落物输入进入土壤的钙相应减少。

三、对喀斯特区植被恢复的意义

种植香椿的人工林和自然植被恢复对土壤碳固存的影响没有差异。由于地上生物量收获，牧草单独种植或与任豆混种对土壤的效果较差。然而，抛荒后自然演替除了短期内可获得政府补贴外，不能为农民提供长期收益。考虑到西南喀斯特区耕地短缺问题严重，退耕后如能持续从土地中获取收益无疑是更好的选择，因其能兼顾生态和经济效益。从这个角度来讲，种植具有经济价值的树种将是喀斯特区植被恢复的一个更好的策略。

第四节　不同退耕恢复模式下土壤微生物群落特征及其与有机碳和氮含量的关系

生态恢复对碳固持、生物多样性保存、石漠化治理和土壤肥力提升等都有很重要的影响。“联合国生物多样性公约”提出了至少恢复全球15%退化土地的目标。然而，目前也存在很多成效不大或失败的生态恢复工程。因此，有必要研究不同生态恢复策略对生态系统结构、功能和过程，包括土壤肥力，如土壤有机碳、氮、磷和土壤微生物等的影响。土壤碳增加有利于提高土壤的持水能力、养分保持能力、土壤结构和土壤生物质量，是判断退化土地是否得到改善的关键指标（Lal，2004）。土壤氮和磷是生态系统生产力的主要限制元素，对于植被恢复和演替具有重要作用（Zhang et al.，2015；Wen et al.，2016）。例如，造林失败常常是由于养分供应不足，尤其植物生长受氮限制；退耕后在次生演替过程的某一阶段停滞不前也常常是由于土壤有效氮供应不足所致（Wen et al.，2016）。

土壤微生物群落在土壤生物地球化学循环中发挥着关键作用，对植物群落的发育具有直接和间接的影响。此外，由于土壤微生物群落在土壤养分循环中的重要作用，它们可以作为土壤健康或肥力的综合衡量指标（Trivedi et al.，2016）。研究发现，影响土壤微生物群落丰度、组成和结构的因素很多，包括基质数量/质量、土壤pH和植物多样性和组成（Drenovsky et al.，2010）。这些因素在退耕或生态恢复期间都会发生改变（Zornoza et al.，2009）。在退化土地开展植被恢复时，需要考虑不同的植被恢复策略，如采用哪些植物，是采用自然恢复还是人工恢复手段等。由于不同的树种或它们的组合可能对基质的数量和质量、根际/菌根际化学特性和其他土壤特性产生差异化影响，进而可能对土壤微生物群落丰度与组成产生不同的影响（Frouz et al.，2013）。无论是在普通的园林还是在天然林里，不同的树种下都能发现不同的细菌和真菌（Lejon et al.，2005；Thoms et al.，2010）。高纤维素和木质素含量和高C∶N的土壤有机质可能通过真菌主导的“慢”途径分解，而潮湿、富氮的组织主要通过细菌主导的“快”途径分解（Bailey et al.，2002；Ferris et al.，2004）。此外，真菌介导的土壤碳组分可能比细菌介导的更稳定（Bailey et al.，2002）。因此，采用不同植物种类的生态恢复可能会影响土壤的生物和非生物特性，进而影响恢复系统的地上群落动态。

本研究的样地与第三节相同，但仅包括三种退耕恢复模式，即种植香椿（TS）、种植桂牧1号（GG）和任豆+桂牧1号（ZG）混种，以玉米-大豆轮作坡耕地农田（CR）为对照。于2017年5月采集土壤样品，一部分用于测定磷脂脂肪酸（PLFAs），一部分用于测定土壤pH、容重、土壤质地、有机碳、氮和交换性钙、镁、钾和钠、无机氮、净氮硝化速率、矿化速率和$\delta^{15}N$、土壤碳酸钙和土壤微生物量碳氮。不同土地利用方式之间PLFAs差异性采用多响应置换过程（Multi-response permutation procedure，MRPP）进行分析，选择Sørensen（Bray-Curtis）作为距离度量。效应大小（A）在-1～+1的范围内。效应量大于0.1表示群体的“高度”分离。利用PC-ORD 5.0软件进行指示物种分析，以确定每种土地利用类型的指示物种。

一、植被恢复策略对土壤有机碳、氮和磷及其计量比的影响

土壤容重、交换性钙镁含量在不同土地利用类型间存在显著的差异性（表5-5）。香椿地土壤容重最低，其他三种土地利用方式间无显著差异；农田土壤交换性钙、镁含量显著低于香椿地，但与其他两种模式无显著差异。另外，四种土地利用类型之间土壤碳酸钙含量无显著性差异。

表5-5　土壤基本理化性质

指标	农田	香椿	桂牧1号	任豆+桂牧1号
容重/(g cm^{-3})	1.37 (0.05) a	1.03 (0.09) b	1.36 (0.01) a	1.17 (0.02) ab
土壤含水率/%	16.52 (0.58)	17.30 (0.70)	16.07 (2.99)	15.06 (1.97)
pH	6.50 (0.02)	6.53 (0.02)	6.59 (0.06)	6.57 (0.18)
Ca/(cmol kg^{-1})	10.12 (0.73) b	17.03 (2.37) a	13.43 (2.01) ab	13.01 (1.11) ab
Mg/(cmol kg^{-1})	0.92 (0.08) b	1.63 (0.14) a	1.35 (0.01) a	0.82 (0.06) b
碳酸钙/(g kg^{-1})	6.33 (0.64)	7.44 (0.43)	7.78 (0.21)	7.68 (0.26)

注：不同小写字母表示处理间同一指标在0.05水平上差异显著。

农田土壤有机碳含量最低（10.26±0.78g C kg^{-1}），种植香椿、桂牧1号、任豆+桂牧1号地土壤有机碳含量相比农田分别增加了125.2%、46.7%和56.2%［图5-11（a）］。但是后两种模式间土壤有机碳含量无显著差异。桂牧1号和农田土壤氮含量最低，分别为1.22±0.07g N kg^{-1}和1.40±0.08g N kg^{-1}，香椿地和任豆+桂牧1号地土壤氮含量显著高于前两者。与农田相比，桂牧1号地土壤氮含量未发生显著增加，种植香椿和任豆+桂牧1号混种土壤氮含量分别增加了93%和53%，且香椿地土壤氮含量显著高于任豆+桂牧1号地［图5-11（a）］。和土壤氮含量类似，农田和桂牧1号地土壤磷含量显著低于香椿和任豆+桂牧1号地，但两两间土壤磷含量无显著差别［图5-11（a）］。香椿和桂牧1号地土壤C∶N、C∶P显著高于农田和任豆+桂牧1号地，且两两之间无显著性差异；香椿地土壤N∶P显著高于农田和桂牧1号地，但与任豆+桂牧1号地土壤无显著差异［图5-11（b）］。

可见，三种恢复策略对土壤碳、氮和磷含量的影响存在差异。TS和ZG两种策略土壤TN含量相比农田显著增加，但GG处理未显著增加，与2014年观察到的结果一致（Xiao

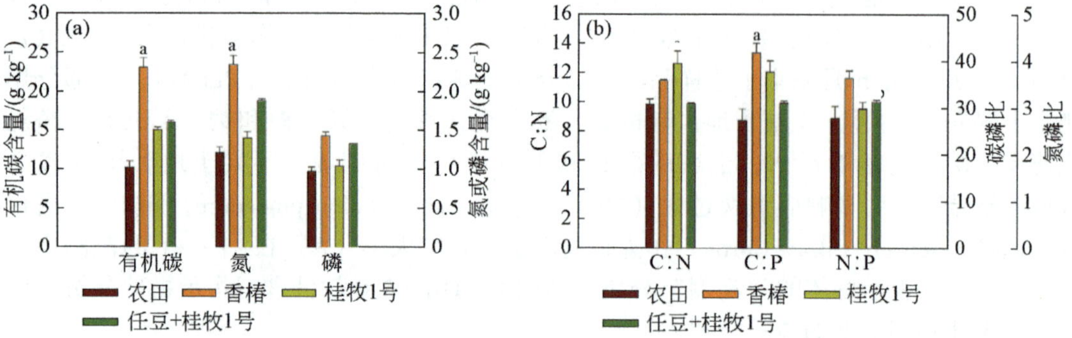

图 5-11　植被恢复对土壤有机碳、氮、磷含量及化学计量比的影响

数据为平均值±标准误。不同字母表示土地利用类型之间差异显著（$P<0.05$）。

et al.，2017）。土壤碳含量在三种恢复策略下均显著提高，其中 TS 的增加最为明显。这与 2014 年观察到的结果不同，当时土壤碳水平仅在 TS 处理下显著升高，而在 GG 和 ZG 两个处理没有显著升高（Xiao et al.，2017）。有可能是在过去三年中达到了显著水平。土壤碳库的变化是由有机质的输入和损失决定的，而有机质的输入和损失与土壤有机质稳定性密切相关（Davidson and Janssens，2006）。地上生物量的收获和耕作可能是造成农田土壤碳含量低的原因，因为生物量收获减少了凋落物的输入，而耕作刺激了土壤有机质的分解（Baker et al.，2007）。因此，停止耕作和增加有机物料投入有助于恢复系统土壤碳的累积。GG 和 ZG 的地上生物量大部分或部分收获。然而，有证据表明，多年生草本植物的根系生物量远远大于大豆或玉米（Jarecki and Lal，2003），因而有利于土壤碳累积。例如，Jarecki 和 Lal（2003）发现在经过 37 年 4 年草地-2 年春小麦轮作导致土壤有机碳储量相比单独种植春小麦高出 12Mg hm^{-2}。因此，较高的地下凋落物输入导致可能是桂牧 1 号地和任豆+桂牧 1 号地土壤碳含量显著高于农田。此外，在有机质累积的机制方面，我们认为有机质的稳定性比有机质的输入更重要。之前的研究已经发现有机质与钙镁矿物结合形成有机矿质复合体是喀斯特土壤有机质稳定的重要机制（Wen et al.，2016；Li et al.，2017b）。因此，香椿地、桂牧 1 号地和任豆+桂牧 1 号土壤钙含量显著高于农田可能也是导致其土壤碳含量显著高于农田的重要原因。

土壤总磷变化是外部输入和输出的平衡。施肥通常是农田磷的主要输入途径，但基岩释放和大气沉降，尤其是前者，是自然条件下土壤磷输入的主要途径（Hou et al.，2016）。农田土壤总磷浓度低可能是由于生物量收获去除所致，因为土壤总磷的流动性很低（Lynch and Brown，2001）。退耕后土壤磷含量增加，可能是由岩石释放引起的，因为大气磷沉降的贡献一般较低（Chadwick et al.，1999）。宋照亮等（2008）曾报道西南地区的石灰岩含有丰富的磷；同时，Turner 和 Engelbrecht（2011）也发现热带雨林钙质母岩发育的淋溶土磷含量很高。这就很好解释了 TS 和 ZG 两个处理的土壤总磷含量高于 CR 的原因。GG 处理土壤磷水平较低可能是由于通过生物量收获导致一部分磷被从系统中移除，与农田土壤磷水平较低的原因相同。

在陆地生态系统中，碳、氮和磷的生物地球化学循环与初级生产、呼吸和分解紧密关联（Delgado-Baquerizo et al.，2013）。它们的化学计量比通常受到约束，尤其是土壤碳氮比（Cleveland and Liptzin，2007）。本研究中，土地利用对土壤碳、氮、磷化学计量的影响因恢复策略的不同而存在差异。TS 和 GG 两个处理的土壤 C：N 和 C：P 相比农田显著增加，但仅 TS 处理下土壤 N：P 显著增加，说明 TS 和 GG 两个处理下氮和磷对植物生长的限制作用增加。以往的研究表明，土壤碳、氮和磷之间的化学计量比对土地利用变化的响应不一致。一些研究发现，土地利用变化改变了碳氮比（Groppo et al.，2015），有些研究则发现土壤碳氮比未改变（Ding et al.，2013）。研究区土壤碳、氮、磷比（C：N、C：P 和 N：P 分别为 14.4±0.4、136±11 和 9.3±0.7）远低于全国 0～10cm 土层的平均值，特别是 C：P 和 N：P，表明研究区土壤氮、磷含量高于中国其他生态系统。

二、植被恢复对土壤微生物生物量碳氮含量及其比值的影响

单因素方差分析表明，土壤微生物量碳（MBC）和微生物量氮（MBN）对植被恢复策略的响应类似（图 5-12）。农田土壤 MBC 和 MBN 含量分别为 182.04±17.15mg C kg^{-1} 和 29.52±2.76mg N kg^{-1}，香椿地土壤 MBC 和 MBN 含量最高，但香椿地和桂牧 1 号地之间土壤 MBC 和 MBN 含量无显著差异，农田和任豆+桂牧 1 号地之间也无显著差异。相较于农田，其他三种退耕模式土壤 MBC 含量分别增加了 123.6%、81.3%、35.7%；MBN 含量分别增加了 91.7%、59.9%、25.9% [图 5-12（a）]。退耕后，土壤微生物量碳氮比

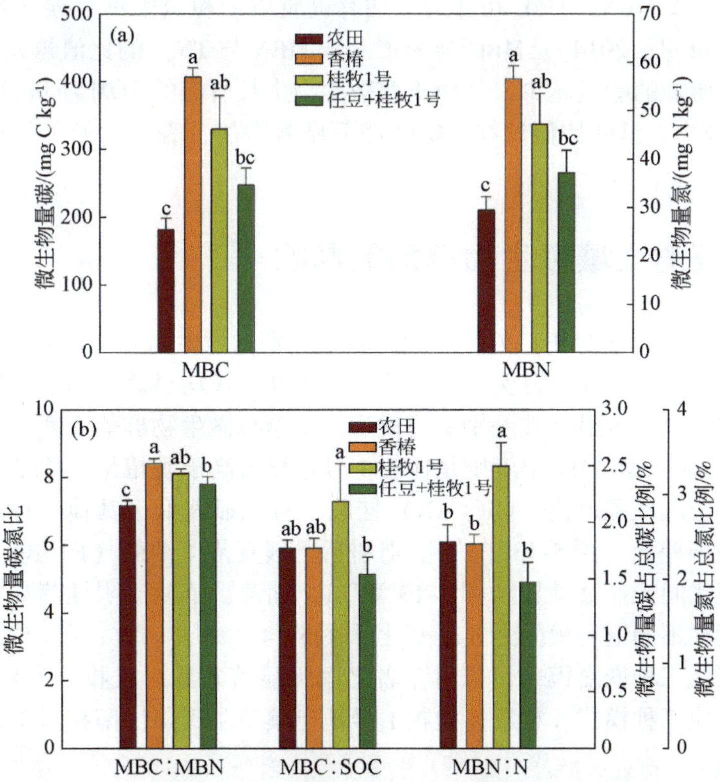

图 5-12　植被恢复对土壤微生物量碳氮含量及其比值的影响

数据为平均值±标准误。不同小写字母表示在不同土地利用类型间差异显著（P<0.05）。

（MBC：MBN）显著增加，其中香椿地最高，桂牧 1 号和任豆+桂牧 1 号地土壤次之［图 5-12（b）］。微生物量碳占总碳比例（MBC：SOC）则在桂牧 1 号地最高，农田和香椿地次之，任豆+桂牧 1 号地最低；微生物量氮占总氮比例（MBN：N）也是桂牧 1 号地显著高于其他三者，且其他三者之间无显著性区别［图 5-12（b）］。

MBC 和 MBN 对植被恢复策略的响应特征类似，均表现为香椿和桂牧 1 号地土壤高于农田（图 5-12）。其中土壤微生物量碳和土壤有机碳变化相似，但是微生物量氮和总氮变化不同。Xu 等（2013）针对全球不同生态系统土壤 MBC 和 MBN 作了整合分析，包括农田（MBN：32.2±2.8mg N kg^{-1}，MBC：247.2±9.6mg N kg^{-1}；数据为均值±95% 置信区间）、草原（MBN：77.0±12.6mg N kg^{-1}，MBC：520.8±57.6mg N kg^{-1}）和热带/亚热带森林（MBN：71.4±12.6mg N kg^{-1}，MBC：428.4±69.6mg N kg^{-1}）。可见，本研究观测到的 MBC 和 MBN 含量与全球平均水平相当。土壤 MBC：MBN 可以在一定程度反映微生物群落的结构和状态（Acosta-Martinez et al.，2004）。由于细菌的 C：N 约为 6.5，真菌的 C：N 介于 5～17（Cleveland and Liptzin，2007），较高的 MBC：MBN 可能表明土壤微生物群落以真菌为主，否则以细菌为主。本研究中，各利用方式下土壤 MBC：MBN 均大于 6.5，表明真菌在 4 种土地利用类型的土壤中可能占主导地位。此外，MBC：MBN（TS 区最高，GG 和 ZG 区居中，CR 区最低）在不同土地利用之间的差异表明，真菌在退耕后变得更占优势，尤其是在 TS 处理的土壤中。

MBC：SOC（或 MBN：TN）可作为评估有机质质量和微生物对碳（或氮）的固定比例的指标（Wen et al.，2014）。MBC 与 SOC（或 MBN 与 TN）的比值越大，意味着维持相同数量的微生物所需的能量越少，从而土壤微生物生长所需的 SOM 质量越高（Wen et al.，2014）。在本研究中，这些比值仅在 GG 处理下显著增加，表明该处理的土壤有机质质量更高。

三、植被恢复对土壤微生物群落的影响

除了丛枝菌根真菌（AMF）外，土壤中各个类别的微生物群落丰度变化和总微生物群落丰度变化一致（图 5-13），表现为退耕后三种恢复模式均显著增加了土壤微生物群落丰度，且三种模式之间没有显著性差别。退耕后，土壤总微生物群落丰度增加了 55%～69%［图 5-13（a）］。而土壤 AMF 丰度则是桂牧 1 号地显著高于香椿地［图 5-13（e）］。革兰氏阳性菌和革兰氏阴性菌比值（GP：GN）桂牧 1 号地显著低于其他三种模式，且三种恢复模式之间无显著差异［图 5-13（g）］。退耕后土壤真菌：细菌（F：B）也显著性增加，但在三种恢复模式间无显著差异［图 5-13（f）］。细菌、革兰氏阴性菌和放线菌三种微生物群落相对丰度在不同退耕模间无显著变化［图 5-14（a）（c）（e）］。农田土壤真菌相对丰度显著低于其他三种恢复模式，且后三者之间无显著差异。桂牧 1 号地土壤 AMF 相对丰度显著高于其他三种模式。相反，桂牧 1 号地土壤革兰氏阳性菌相对丰度显著低于其他三种模式。

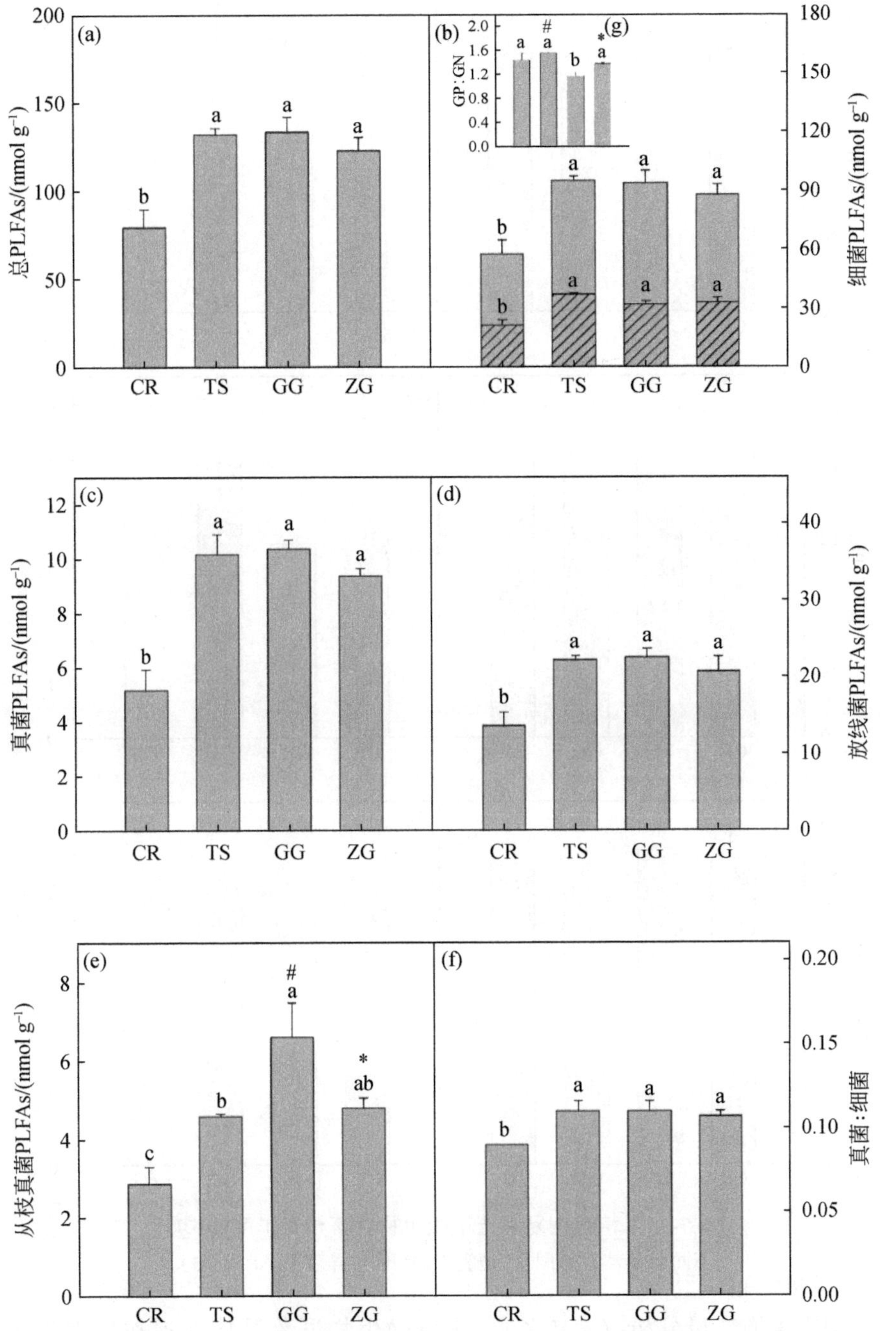

图 5-13 植被恢复对土壤微生物群落丰度及其比值的影响

(b) 图中斜线代表革兰氏阴性菌，(g) 图表示革兰氏阳性菌（GP）：革兰氏阴性菌（GN）。数据为平均值±标准误。不同字母表示在不同土地利用类型间差异显著（P<0.05）。（e）图中＊和#表示这两个处理间在 P<0.1 水平差异显著。CR：农田；TS：香椿；GG：桂牧1号；ZG：任豆+桂牧1号。

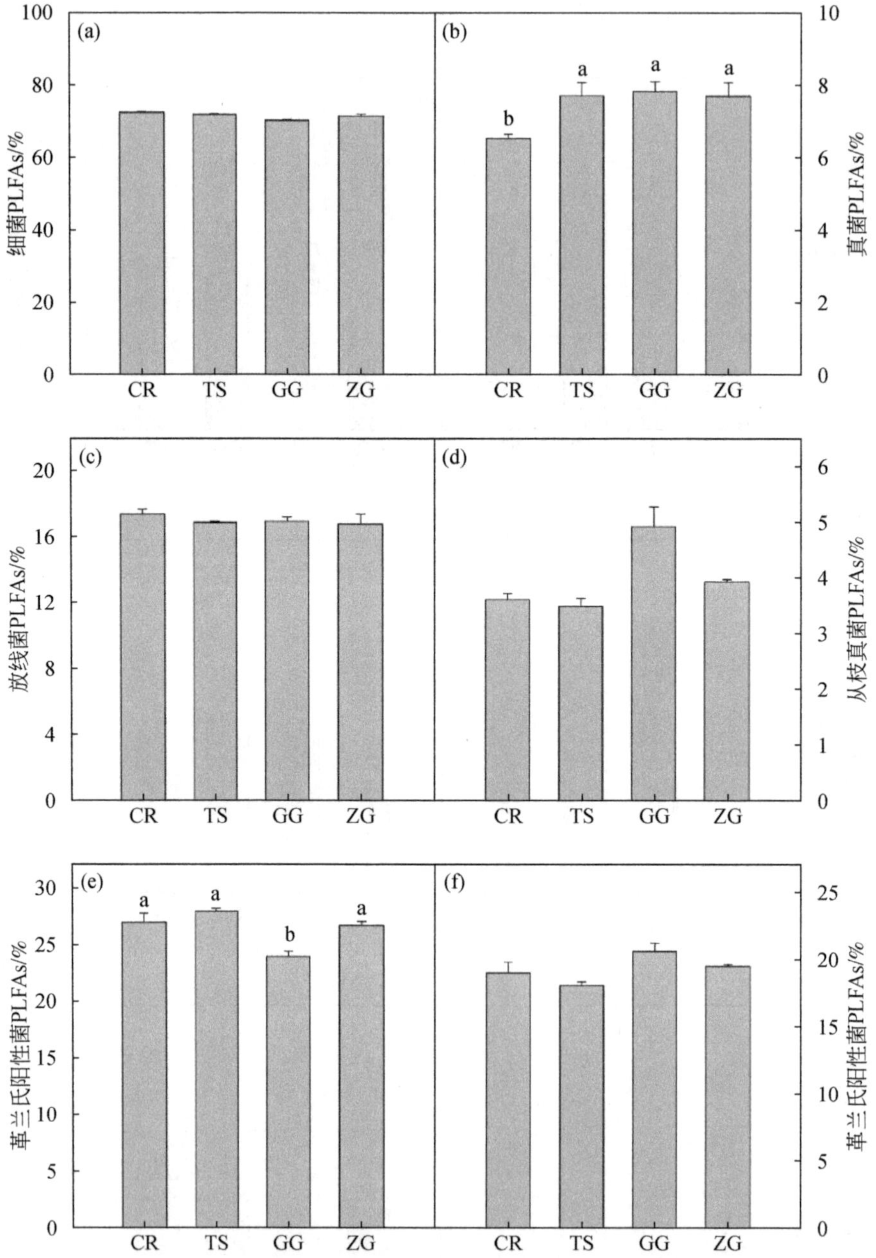

图 5-14　植被恢复对土壤微生物群落相对丰度的影响

不同字母表示在不同土地利用类型间差异显著（P<0. 05）。

根据多响应置换变量分析（表 5-6），土壤微生物群落结构在退耕后发生了显著性变化。其中，香椿地完全有别于桂牧 1 号地，但是香椿和任豆+桂牧 1 号，或桂牧 1 号和任豆+桂牧 1 号地无显著区别。三种植被恢复策略之间指示物种存在差异，香椿地的指标物种为 10Me 17，16：1 2OH，a 17：0，cy 19：0，i 16：0，i 17：0；桂牧 1 号地的指标物种为 14：0，16：1ω5c，16：1ω7c，18：1ω7c，i 14：0；任豆+桂牧 1 号地的指标物种为 10

Me 18，18：2 ω6，9c（表5-7）。

表 5-6　四种土地利用类型间 $PLFA_S$ 无差异的零假设的多响应置换（MRPP）检验结果

土地利用类型	*T*	*A*	*P*
农田 vs. 香椿	−2.69	0.37	0.024
农田 vs. 桂牧 1 号	−2.80	0.33	0.023
农田 vs. 任豆+桂牧 1 号	−2.62	0.29	0.024
香椿 vs. 桂牧 1 号	−2.61	0.27	0.024
香椿 vs. 任豆+桂牧 1 号	−1.20	0.13	0.120
桂牧 1 号 vs. 任豆+桂牧 1 号	−1.15	0.13	0.123

注：*T* 代表群落差异性，*A* 代表群落同质性，*P* 代表概率值。

表 5-7　三种退耕模式和农田土壤微生物群落指示种结果

指标物种	Maxgrp	Ⅳ	*P*
14：0	桂牧 1 号	29.1	0.04
16：0	桂牧 1 号	29.9	0.1388
17：0	香椿	29.7	0.2659
10 Me 16	桂牧 1 号	30.3	0.1232
10 Me 17	香椿	33	0.0174
10 Me 18	任豆+桂牧 1 号	30.6	0.093
16：1 2OH	香椿	35.3	0.016
16：1ω5c	桂牧 1 号	35.1	0.0214
16：1ω7c	桂牧 1 号	33.1	0.0098
16：1ω9c	农田	76	0.0572
17：1ω8c	桂牧 1 号	28.2	0.4057
18：1ω7c	桂牧 1 号	33.2	0.0214
18：1ω9c	香椿	29.3	0.2955
18：2ω6，9c	任豆+桂牧 1 号	30.5	0.3929
18：3ω6c	香椿	39.2	0.4335
a15：0	桂牧 1 号	30.5	0.0534
a17：0	香椿	33.1	0.0234
cy17：0	桂牧 1 号	29.5	0.1816
cy19：0	香椿	32.8	0.0344
i14：0	桂牧 1 号	35.7	0.0178
i15：0	香椿	28.2	0.1866
i16：0	香椿	32.9	0.0178
i17：0	香椿	32	0.0362

皮尔逊相关性分析表明，土壤总微生物群落丰度，细菌、真菌、革兰氏阳性菌丰度与SOC、N、P、MBC、MBN及MBC：MBN密切相关。除氮含量之外，放线菌丰度也与上述指标密切相关。但从枝真菌丰度仅和土壤C：N显著相关（表5-8）。根据逐步回归分析，SOC与土壤总微生物群落、细菌、真菌丰度显著相关，土壤C：N则与从枝菌根真菌丰度密切相关（表5-9）。

土壤有机质为微生物活动提供能量和底物，因此，微生物群落的变化能反映土壤有机质的变化（Deng et al.，2016）。在本研究中，退耕后土壤有机质包括土壤碳和氮均显著增加，土壤微生物指示物种丰度也相应增加。然而，香椿地和桂牧1号地或任豆+桂牧1号地之间土壤微生物指示物种丰度无显著差异，但前者的土壤碳含量显著高于后两者，可能是土壤微生物群落丰度变化影响因素的复杂性所致。总体上，除了AMF外，土壤微生物群落丰度均与土壤有机碳对植被恢复策略的响应类似，与以往的研究结果一致（Zhang et al.，2016）。本研究还发现土壤碳是控制微生物及其不同类群丰度的主要因素（AMF-PLFAs除外）。然而，有些研究却认为土壤有机碳仅和土壤总微生物群落丰度密切相关，而与不同微生物类群的相关性不一定显著（Zornoza et al.，2009），意味着土壤总微生物群落和其不同类群丰度的主控因子可能存在差异。土壤AMF丰度和土壤C：N之间显著的相关性表明土壤有机质质量是AMF丰度变化的主控因素。

土壤微生物群落结构常用PLFAs的相对丰度评价。退耕后，三种恢复策略下真菌PLFAs的相对丰度显著增加，但细菌的相对丰度保持不变，导致恢复处理的F：B相对于CR增加，即退耕后F：B会增加，这与其他研究一致，表明F：B随着退耕后植被恢复而增加（Zornoza et al.，2009）。真菌群落相对丰度的增加有两种机制。首先，真菌在新鲜有机物分解中起主导作用（Dilly et al.，2001）。三种恢复策略的地上与地下凋落物输入均高于农田，对于GG和ZG，虽然地上生物量部分被收获，但多年生牧草的根生物量远大于玉米地（Jarecki and Lal，2003），凋落物输入量也远高于农田，因此，三种恢复策略的地上与地下凋落物输入的增加反过来刺激了真菌群落的发展。其次，研究发现停止或减少耕作扰动能增加真菌丰度（van der Wal et al.，2006），这是因为真菌比细菌对耕作更敏感，因为耕作会破坏菌丝，这通常会导致耕作农田中真菌的相对丰度较低（Zornoza et al.，2009）。相反，停止耕作可刺激真菌菌丝发育（Zornoza et al.，2009）。在细菌群落中，革兰氏阳性菌比革兰氏阴性菌更能耐受干扰（Ma et al.，2015）。因此，GP：GN理论上会随着耕作停止而降低。然而，本研究仅发现牧草种植相对于农田的GP：GN明显降低。一种可能性是细菌群落可以在干扰（例如耕作）后迅速适应新环境（Drenovsky et al.，2010）。

在土地利用变化过程中，微生物群落结构的变化对土壤碳动态具有重要影响（Bailey et al.，2002）。相对于细菌，真菌的碳同化效率更高，能储存较多的碳（Bailey et al.，2002）。此外，与细菌膜的主要成分（如磷脂）相比，真菌细胞壁主要是由更稳定的聚合物（如几丁质和甲壳素）组成。由于这些原因，有人建议在土地利用变化期间或在不同的土地管理下增加F：B，以增强土壤碳封存（Bailey et al.，2002）。在本研究中，F：B随土壤碳含量的增加而显著增加，表明三种恢复策略下土壤碳的累积可以部分归因于F：B的增加。然而，香椿地土壤碳含量最高但F：B不是最大，表明凋落物输入等其他因素可能在土壤碳累积中起更重要的作用。另一方面，革兰氏阳性菌优先利用较老的有机物，而革兰氏阴性菌更喜欢新鲜凋落物或简单的有机化合物，并且往往更常见于根部附近（Borjesson et al., 2012）。MBC：SOC 和 MBN：TN 的变化表明，牧草种植地的土壤有机质质量可能高于其他土地利用类型，意味着土壤有机质在牧草地中更新鲜，有利于革兰氏阴性菌的生长，这部分解释了牧草地的 GP：GN 显著低于农田的原因。

表 5-8 土壤生物、非生物变量和土壤 PLFAs 指示物丰度的皮尔逊相关性关系

指标	总 PLFAs	B-PLFAs	F-PLFAs	ACT-PLFAs	AMF-PLFAs	GP-PLFAs	GN-PLFAs	F：B	GP：GN
土壤含水率	0.084	0.047	0.141	0.065	0.014	0.039	0.055	0.182	0.025
pH	0.276	0.266	0.232	0.379	0.213	0.256	0.254	0.031	-0.076
SOC	0.722**	0.733**	0.736**	0.703*	0.323	0.862**	0.526	0.431	0.376
TN	0.591*	0.611*	0.608*	0.575	0.124	0.786**	0.374	0.35	0.521
TP	0.597*	0.621*	0.603*	0.554	0.189	0.748**	0.441	0.299	0.317
MBC	0.757**	0.738**	0.786**	0.739**	0.517	0.755**	0.645*	0.502	0.035
MBN	0.744**	0.719**	0.780**	0.730**	0.5	0.734**	0.633*	0.511	0.019
MBC：MBN	0.729**	0.735**	0.734**	0.686*	0.562	0.750**	0.641*	0.462	0.046
MBC：SOC	0.224	0.174	0.252	0.223	0.405	0.01	0.326	0.219	-0.52
MBN：TN	0.297	0.244	0.313	0.295	0.551	0.041	0.427	0.244	-0.654*
C：N	0.579*	0.558	0.578*	0.563	0.681*	0.447	0.606*	0.387	-0.375
Ca	0.51	0.492	0.616*	0.508	0.172	0.604*	0.324	0.617*	0.297
Mg	0.574	0.553	0.601*	0.554	0.379	0.589*	0.448	0.421	0.134

注：B，细菌；F，真菌；ACT，放线菌；AMF，从枝真菌；GP，革兰氏阳性菌；GN，革兰氏阴性菌。
* 和 ** 表示分别在 0.05 和 0.01 水平上显著。

表 5-9 土壤微生物群落丰度和土壤理化性质的逐步回归分析结果

指标	解释因子	系数	R^2	模型 R^2	P 值
总 PLFAs	SOC	0.68	0.66	0.66	0.001
B-PLFAs	SOC	0.68	0.68	0.68	0.001
F-PLFAs	SOC	0.88	0.67	0.67	0.001
ACT-PLFAs	SOC	0.64	0.63	0.63	0.002
AMF-PLFAs	C：N	5.27	0.50	0.50	0.002
GP-PLFAs	SOC	0.73	0.82	0.82	<0.001
GN-PLFAs	SOC	0.63	0.49	0.49	0.012

注：B，细菌；F，真菌；ACT，放线菌；AMF，从枝菌根真菌；GP，革兰氏阳性菌；GN，革兰氏阴性菌。

四、结论

三种恢复策略均能有效改善土壤碳库，以种植香椿的效果最为显著，但只有种植香椿和任豆+牧草混种两种植被恢复策略能有效改善提升总氮和总磷的水平。撂荒后，种植香椿和牧草处理的碳氮比和碳磷比均显著升高，而种植香椿也显著增加了氮磷比。种植香椿和牧草处理的土壤 MBC 和 MBN 含量显著高于农田，MBC：MBN 以种植香椿处理最高，种植牧草或任豆与牧草混种两个处理居中，农田最低。土壤微生物生物量碳氮占土壤总碳氮总量的比例仅在种植牧草处理显著增加，总微生物丰度及其不同功能群丰度和 F：B 在退耕后均显著增加，除 AMF-PLFAs 外，其他微生物指标在三种恢复策略间差异不显著。土壤碳是土壤中总微生物丰度及其不同功能群丰度变化的主要调控因子。可见，三种恢复策略均能有效提高土壤肥力，其中以种植香椿的效果最佳。

第五节　农田利用方式转变对喀斯特土壤碳氮储量的影响

不合理的农业耕作是导致西南喀斯特山区土地退化的主要驱动因素。为了缓解或制止喀斯特土地退化，确定相应的解决方案非常关键。玉米（*Zea mays* Linn.）-大豆（*Glycine max*（Linn.）Merr.）轮作曾经是西南喀斯特山区最主要的农业种植模式。然而，由于玉米-大豆种植期间频繁的翻耕，水土流失严重，被认为是导致喀斯特山区土地退化主要农业模式（Li et al., 2018a，2018b）。从 20 世纪 80 年代起，为了阻止桂西北喀斯特山区土地退化，引入了桑树（*Morus alba* L.）和甘蔗（*Saccharum officinarum* L.）这两种农业模式。此外，为了支持畜牧业发展，相关国家政策建议将玉米-大豆轮作转变为牧草地（Li et al., 2018a，2018b）。相较于玉米-大豆轮作模式，其他三种农业种植模式在作物类型和农田管理措施上均存在较大的差异（Li et al., 2018a，2018b），它们对土壤的扰动程度也存在差异。然而，这些农田利用方式转变是否有助于增强土壤有机质固持尚不明确。

在桂西北喀斯特区按完全随机区组设计选择了玉米-大豆地、甘蔗地、桑园和牧草地，同时以成熟森林作为对照。于 2016 年 10 月按 0～10cm、10～20cm 和 20～30cm 三个层次分别采集矿质层土壤样品，用于测定土壤 pH、有机碳（SOC）、总氮（TN）、土壤交换性钙（Ca）和镁（Mg）、微生物量碳（MBC）和微生物量氮（MBN）等（表 5-10）。不同土层深度土壤有机碳或总氮储量（$Mg\ hm^{-2}$），根据不同土层的土壤有机碳或总氮含量、土壤取样深度、>2mm 碎石量以及土壤容重计算得出。

一、农田利用方式转变对土壤碳氮储量的影响

玉米-大豆轮作地的土壤含水量和土壤微生物量碳氮含量最低，甘蔗地、桑园和牧草地处于中等水平，而森林土壤最高（表 5-10）。森林土壤的 pH 和 Ca^{2+} 含量最高，而甘蔗地最低。此外，森林土壤的 Mg^{2+} 含量显著高于另外四种农田利用类型。玉米-大豆地、甘蔗地和桑园的土壤容重显著高于牧草地和森林。五种土地利用类型之间土壤容重的差异随土层深度的增加而逐渐缩小［图 5-15（a）］。与土壤容重相反，玉米-大豆地、甘蔗地和桑园的土壤有机质含量最低，牧草地处于中等水平，而森林最高［图 5-15（b）］。牧草地土壤有机碳含量在 0～10cm、10～20cm 和 20～30cm 土层分别是玉米-大豆地土壤有机碳含量的 1.8 倍、1.7 倍和 1.7 倍，但两个土层牧草地土壤有机碳含量分别是森林土壤有机

碳含量的42.8%、51.4%和66.3%。森林与农田之间土壤有机碳含量的差异随着土层深度增加而减小［图5-15（b）］。除了牧草地和桑园在0～10cm及10～20cm土层之间土壤总氮没有显著差异外，土壤总氮与有机碳有着相似的变化规律（图5-15）。0～10cm、10～20cm和20～30cm土层牧草地土壤总氮含量分别是玉米-大豆地的1.4倍、1.5倍和1.5倍，但分别只有森林土壤总氮的62.9%、62.5%和71.8%。

表5-10 不同土地利用类型的土壤（0～10cm）理化指标

指标	玉米-大豆地	甘蔗地	桑园	牧草地	森林
容重/(g cm^{-3})	1.30（0.04）a	1.28（0.03）a	1.33（0.02）a	1.12（0.03）b	0.82（0.05）c
含水率/%	18.91（2.39）c	21.95（1.91）c	18.92（1.20）c	30.64（2.11）b	36.42（2.83）a
SOC/(g C kg^{-1})	14.14（1.51）c	17.56（1.77）c	16.47（1.46）c	29.42（3.45）b	60.41（5.36）a
TN/(g N kg^{-1})	1.71（0.13）c	1.90（0.11）c	2.01（0.17）c	2.58（0.26）b	3.79（0.19）a
C∶N	9.68（0.63）c	10.76（0.69）c	9.58（0.38）c	13.27（0.49）b	18.47（0.71）a
MBC/(mg C kg^{-1})	462.17（70.83）c	541.29（77.59）c	494.90（100.88）c	954.83（148.75）b	2387.69（149.39）a
MBN/(mg N kg^{-1})	33.67（4.01）c	36.06（7.75）c	39.79（8.21）c	79.64（15.64）b	174.04（11.13）a
pH	6.69（0.46）ab	6.08（0.37）b	6.56（0.35）ab	6.70（0.41）ab	7.38（0.08）a
Ca/(cmol kg^{-1})	21.56（9.38）bc	14.65（7.49）c	22.06（7.91）bc	36.95（8.28）ab	37.52（11.10）a
Mg/(cmol kg^{-1})	1.61（0.61）b	1.16（0.49）b	1.29（0.28）b	1.15（0.54）b	11.24（0.72）a
碳酸盐/%	1.40（1.14）	2.68（2.38）	1.68（0.72）	4.38（2.55）	3.63（1.13）

注：括号内表示标准误，不同小写字母表示不同土地利用类型差异显著（$P<0.05$）。

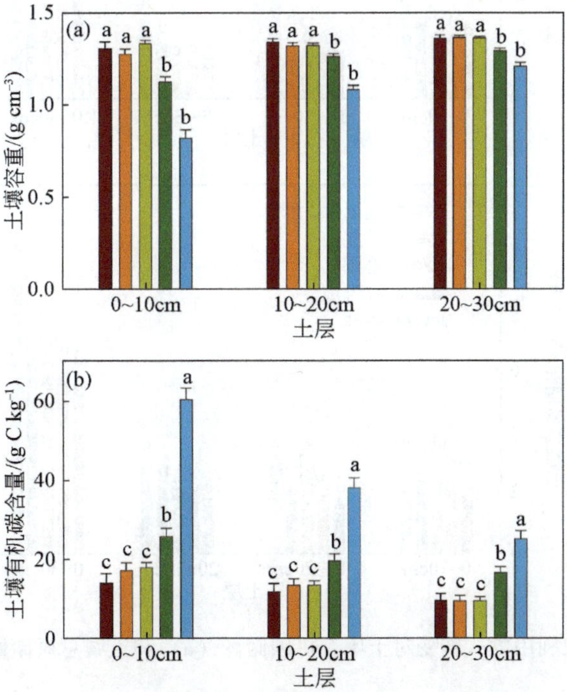

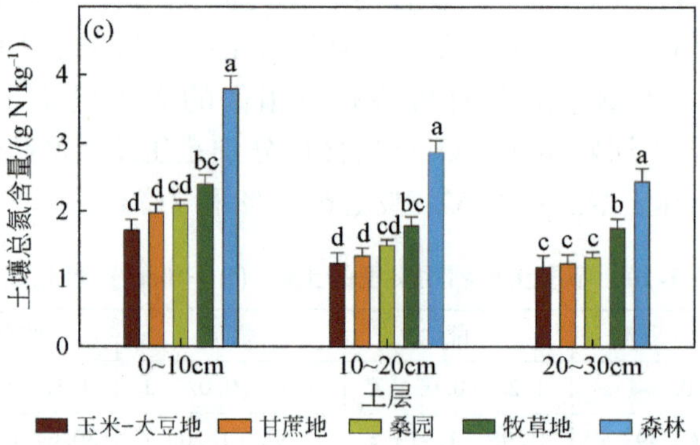

图 5-15　农田利用方式转变对土壤容重（a）、土壤有机碳含量（b）和土壤总氮含量（c）的影响

不同小写字母表示不同土地利用方式之间差异显著（$P<0.05$）

玉米-大豆轮作地在 0 ~ 10cm、10 ~ 20cm、20 ~ 30cm 土层的有机碳储量分别为 18.38±2.75Mg C hm^{-2}、15.89±2.20Mg C hm^{-2} 和 13.15±2.03Mg C hm^{-2}［图 5-16（a）］。同时，

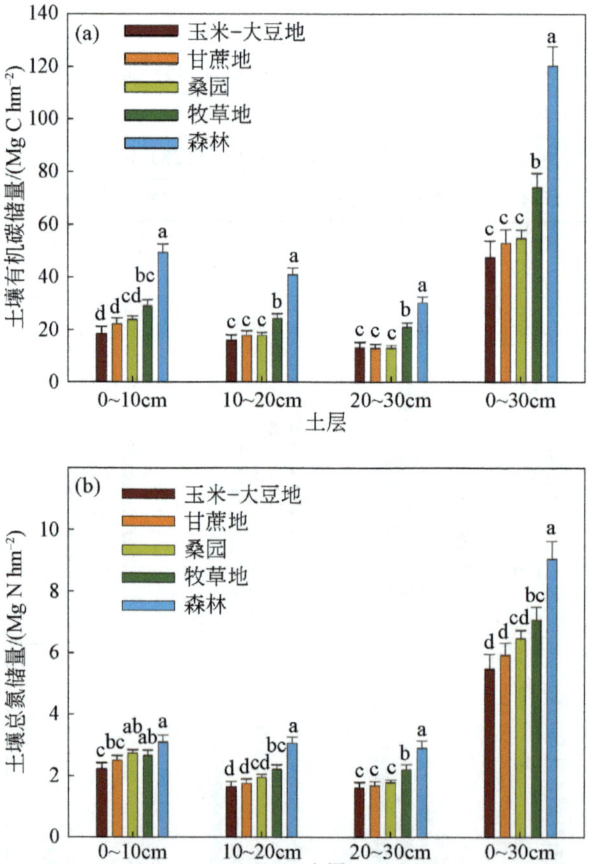

图 5-16　农田利用方式转变对土壤有机碳储量（a）和土壤总氮储量（b）的影响

玉米-大豆地、甘蔗地和桑园在三个土层的有机碳储量没有显著差别。0 ~ 10cm、10 ~ 20cm 和 20 ~ 30cm 土层牧草地土壤有机碳储量分别比玉米-大豆地高 57.6%、52.3% 和 59.4%，但比森林土壤分别低 41.2%、40.7% 和 30.4%。对于 0 ~ 30cm 土层，牧草地的有机碳储量（74.12 ± 5.30Mg C hm^{-2}）比玉米-大豆地（47.42 ± 6.34Mg C hm^{-2}）高 53.6%，但比森林土壤有机碳储量（120.17±7.5Mg C hm^{-2}）低 38.3%。此外，玉米-大豆地、甘蔗地和桑园之间土壤有机碳储量没有显著差异。

玉米-大豆地 0 ~ 10cm、10 ~ 20cm 和 20 ~ 30cm 土层的土壤总氮储量分别为 2.23 ± 0.20Mg N hm^{-2}、1.64±0.18Mg N hm^{-2} 和 1.61±0.20Mg N hm^{-2} [图 5-16（b）]。在 0 ~ 10cm 土层，桑园、牧草地和森林的总氮储量显著高于玉米-大豆地，但是，玉米-大豆地和甘蔗地之间土壤氮储量无差异。在 10 ~ 20cm 和 20 ~ 30cm 土层，森林土壤总氮储量最高，玉米-大豆地、甘蔗地和桑园土壤总氮储量最低且无显著差异。对于 0 ~ 30cm 土层，玉米-大豆地的土壤总氮储量为 5.47±0.49Mg N hm^{-2}，且与甘蔗地和桑园的土壤总氮储量没有显著差异。牧草地土壤总氮储量（7.08±0.41Mg N hm^{-2}）相比玉米-大豆地增加了 29.4%，但比森林土壤总氮储量（9.06±0.58Mg N hm^{-2}）低 21.8%。

可见，相比森林土壤，玉米-大豆轮作导致了大量的土壤有机碳和总氮损耗。在 0 ~ 30cm 土层，相比森林，玉米-大豆地损失了 60.5% 的土壤有机碳。这与其他研究结果一致，即农业耕作使得土壤有机碳储量大幅度降低（Lal，2004）。Lal（2004）认为农业耕作会使得土壤中原始有机碳储量降低 50% ~75%，本研究也支持这一观点。在本研究中，玉米-大豆轮作导致的土壤总氮损耗相比土壤有机碳损耗少，约为 40%。由于土壤碳氮之间紧密的耦合关系，在土地利用方式转变过程中，土壤碳氮储量常成比例变化（Li et al.，2012）。本研究观测到的土壤有机碳和总氮储量变化差异可能是由于农田生态系统氮肥添加所致，氮素不成比例累积也使得土壤碳氮比降低（Ostrowska and Porebska，2015），因此，农田土壤碳氮比低于森林。土壤总氮相对有机碳不成比例的累积使得玉米-大豆地土壤氮储量损耗较少。

本研究中，玉米-大豆地转换成甘蔗地或桑园并没有使土壤碳氮储量显著增加。一般认为，减少农田翻耕以及将一年生作物转换成多年生作物有利于土壤有机碳固持（Freibauer et al.，2004）。本研究中，相较于玉米-大豆轮作地，甘蔗地和桑园的土壤翻耕频率明显降低（Li et al.，2018a，2018b）。这就意味着，翻耕频率降低或一年生作物（玉米-大豆轮作）转换成多年生作物（甘蔗、桑园）并不一定导致土壤碳氮储量增加。此外，很多研究也发现少耕或免耕并不一定会导致土壤有机碳储量增加（Govaerts et al.，2009；Luo et al.，2010b）。Govaerts 等（2009）通过对 78 个免耕案例的分析发现，相较于传统耕作模式，有机碳储量增加的有 40 例，降低的有 7 例，含量没有发生变化的有 31 例。有研究发现，传统耕作转变成免耕模式未增加土壤碳氮储量，但改变了碳氮在土层中的分布（Luo et al.，2010b）。例如，Dolan 等（2006）发现传统翻耕转变成免耕模式使得 0 ~ 20cm 的土壤有机碳和总氮储量显著增加，而 20 ~ 50cm 土层碳氮储量降低，最终导致了 0 ~ 50cm 土层土壤碳储量无显著变化。一项整合分析表明，免耕是否增加土壤有机碳储量取决于种植频率和作物种类（Luo et al.，2010b）。西南喀斯特区农田土层浅薄，洼地平均土层厚度为 30 ~ 40cm，且较深的土层有大量石块。玉米-大豆地、甘蔗地和桑园的土壤碳氮储量没有显著差异意味着，相比玉米–大豆轮作地甘蔗和桑园不利于土壤碳氮固持。

玉米–大豆地转变为牧草地后土壤碳氮储量显著增加。然而，如上所述，少耕或免耕并不是增强土壤碳氮储量的有效措施。因此，玉米–大豆地转换成牧草地导致的土壤碳氮储量增加可能归因于其他因素。土壤有机质储量的变化受土壤有机质消耗和输入的控制，且有机质的消耗主要依赖于其稳定性（Davidson and Janssens，2006）。由于农田生态系统地上生物量被大量收割，同时地下生物量输入未测定，因此我们不能评估不同农田利用类型地下生物量输入之间的差异。有证据表明，相比玉米和大豆，多年生草本植物具有更高的根系生物量（Jarecki and Lal，2003）。一项实地调查显示，牧草地的根重量为 183 ~ 448g m^{-2}，而长度范围为 15.6 ~ 43.6km m^{-2}，均高于甘蔗（根质量约为 158g m^{-2}，根长度约为 14.6km m^{-2}）和玉米地（根长度约为 15.1km m^{-2}）（Sekiya et al.，2013）。由于其根系发达，多年生牧草种植可以有效促进土壤有机碳累积（Ma et al.，2000；Jarecki and Lal，2003）。例如，在休耕土地上种植柳枝稷（*Panicum virgatum* L.）后，0 ~ 15cm 和 15 ~ 30cm 土层有机碳储量分别增加了 45% 和 28%（Ma et al.，2000）。根据对 23 个采样点的整合分析，农田转变为牧场后土壤有机碳累积速率约为 1.01Mg C hm^{-2} a^{-1}（Conant et al.，2001）。在中国西北地区，玉米地转换为紫花苜蓿（*Medicago sativa* L.）后土壤有机碳的累积速率约 0.57Mg C hm^{-2} a^{-1}（Su，2007）。与以上研究相比，本研究中玉米–大豆地转换成牧草地的 15 年间，0 ~ 30cm 土层的土壤有机碳累积速率（1.78Mg C hm^{-2} a^{-1}）更高。在附近的研究表明，喀斯特地区农田退耕 59 年后，0 ~ 15cm 土层的土壤有机碳和总氮的累积速率分别为 1.38Mg C hm^{-2} a^{-1} 和 0.12Mg N hm^{-2} a^{-1}（Wen et al.，2016；Yang et al.，2016）。因此，牧草地土壤有机碳累积速率相对较高，但本研究中土壤总氮累积速率（0.11Mg N hm^{-2} a^{-1}）与之前的研究结果没有相当。

当土壤对有机质保护能力或土壤有机质的稳定性较弱时，进入土壤的有机质可能被迅速分解，因此，土壤对有机质保护能力或土壤有机质的稳定性对土壤有机质固持非常关键（Li et al.，2017a）。喀斯特土壤为钙质土壤，土壤有机质的稳定性主要依赖于土壤中的 Ca^{2+} 和 Mg^{2+} 矿物结合形成稳定的有机质–矿物复合体（Li et al.，2017）。因此，森林和牧草地的土壤碳氮储量高可能是由于土壤交换性 Ca^{2+} 含量高于其他三种农田类型。森林和牧草地无耕作使得 Ca^{2+} 损失减少，因此土壤中 Ca^{2+} 含量较高（Li et al.，2017）。另一种可能原因是牧草的根系更长，长而密的根系有利于从较深的土层或较大面积土壤区域吸收 Ca^{2+}，从而增加了根分解后土壤中的 Ca^{2+} 水平。

二、农田利用方式转变对土壤有机质质量的影响

在五种土地利用类型中，表层（0 ~ 10cm）土壤 C : N 与土壤有机碳有类似的变化规律［图 5-17（a）］。在 10 ~ 20cm，森林土壤 C : N 最高，而桑园土壤 C : N 最低。在最低层，牧草地土壤 C : N 与森林没有显著差异，但显著高于甘蔗地和桑园。在 0 ~ 10cm 土层，土壤 MBC : MBN 与土壤 C : N 有不同的变化规律，甘蔗地的土壤 MBC : MBN 显著高于其余四种土地利用类型［图 5-17（b）］。牧草地土壤微生物量碳与土壤有机碳比（MBC : SOC）显著高于甘蔗地和桑园［图 5-17（b）］。牧草地和森林的土壤微生物量氮

含量与土壤总氮比（MBN：TN）显著高于其余三种土地利用类型［图5-17（b）］。

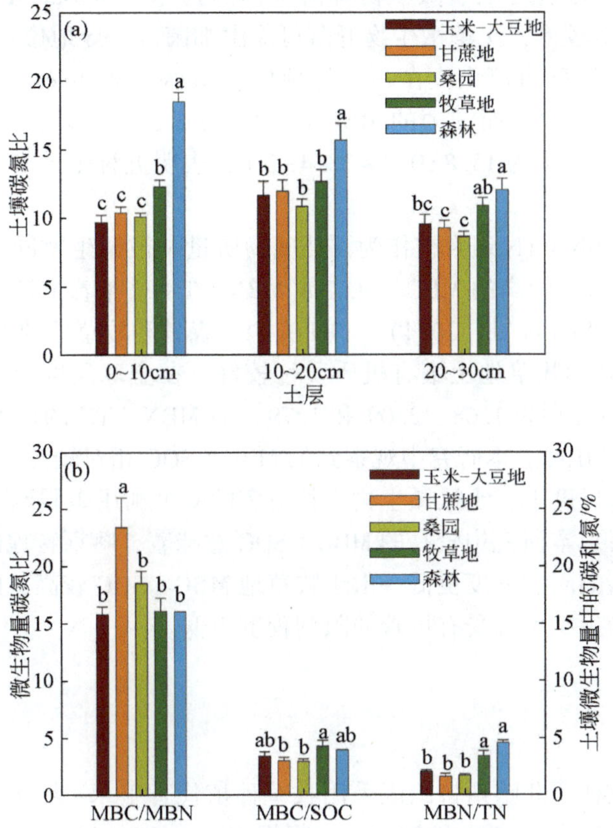

图5-17　农田利用方式转变对土壤碳氮比（a）和微生物量碳氮比（b）、微生物量碳占有机质比例以及微生物量氮占总氮比例（b）的影响

数据为平均值和标准误；不同小写字母表示不同土地利用类型之间差异显著（$P<0.05$）。

土壤碳氮循环通过初级生产和分解而紧密耦合（Li et al.，2017a），导致土壤C：N变化范围很小（Cleveland and Liptzin，2007）。由于土壤碳氮成比例的变化，土地利用变化后土壤C：N不一定有明显的变化（Li et al.，2012）。然而，氮肥施用可能引起农田土壤碳氮的生物地球化学循环发生解耦，进而导致不同土地利用类型或土地利用变化后土壤C：N可能会有很大差异（Groppo et al.，2015）。本研究也发现了这个现象，尤其是在0～10cm土层，可能是由于森林和牧草地土壤有机碳库相对于土壤氮库不成比例的增加，土壤C：N差异很大。此外，大量氮肥输入导致农田土壤C：N较低（Ostrowska and Porebska，2015）。随着土壤深度增加，施氮效应减弱，最终导致五种土地利用类型土壤C：N的差异随土层增加而下降。

土壤有机碳和总氮可以为微生物活动提供能量和底物，因此，它们的变化将导致微生物量碳氮的相应变化（Wen et al.，2014）。然而，不同于土壤C：N，在本研究中，除了甘蔗地MBC：MBN最高，大部分农田与森林的MBC：MBN没有显著差异，表明MBC：MBN比土壤C：N更受约束。其他研究也表明，尽管不同农田的氮肥施用、根系发育和种植模式存在较大的差异，但是 MBC：MBN 的变化非常小（Acosta-Martínez et al.，2004）。MBC：MBN 经常被作为描述土壤微生物群落结构的指标（Acosta-Martínez et al.，2004）。如果 MBC：MBN 相对较低，土壤微生物群落可能由细菌占主导地位；如果 MBC：MBN 相对较高，土壤微生物群落可能由真菌占主导地位（Acosta-Martínez et al.，2004），因为真菌的 MBC：MBN 为 5～17，而细菌的 MBC：MBN 为 6.5（Cleveland and Liptzin，2007）。本研究中 MBC：MBN 范围为 15.8±0.7～23.4±2.6，表明五种土地利用类型的土壤微生物群落可能以真菌为主。

MBC：SOC 或 MBN：TN 通常被作为评估底物质量和被微生物同化的碳或氮高低的指标（Wen et al.，2014）。较高的 MBC：SOC 或 MBN：TN 意味着维持土壤微生物生长需要的有机质质量更高（Wen et al.，2014）。本研究中，森林和牧草地的 MBC：SOC 和 MBN：TN 较高，意味着森林和牧草地土壤有机质质量较好。在全球尺度上，农田、草地和森林的 MBC：SOC 的均值分别为 1.68、2.09 和 1.79；而 MBN：TN 的均值分别为 2.53、4.28 和 3.08（Xu et al.，2013）。本研究中观察到的 MBC：SOC 相对较高，而 MBN：TN 接近全球平均水平。在全球尺度上，土壤微生物生长更多的受可利用碳限制，而不是氮和磷的限制（Xu et al.，2013）。本研究中较高的 MBC：SOC 意味着，喀斯特地区相比其他地区土壤微生物生长受有机碳的限制程度更低。由于牧草地 MBC：SOC 较高，因此牧草地相对其他土地利用类型土壤微生物生长受有机碳的限制程度更低。

三、结论

本研究表明，在桂西北喀斯特山区采用牧草种植代替玉米-大豆轮作模式可使土壤有机碳和总氮储量分别提升 56.3% 和 29.4%。根据 MBC：SOC 和 MBN：TN，牧草种植相比玉米-大豆轮作模式能有效提高土壤有机质质量。此外，保护性农业耕作能否提高土壤有机碳和总氮储量在很大程度上取决于作物类型，而且，牧草种植是促进土壤有机碳和总氮累积的有效途径。由于适当的有机碳储量对防止土壤退化至关重要，我们的研究显示牧草种植可以大幅度减轻因农业活动引起的土地退化的风险。

第六节　石灰岩与白云岩区退耕后土壤有机碳与总氮累积特征

地表岩性反映了岩石的地球化学、矿物和物理性质，与温度、降水、径流、土地覆盖和土壤类型一起，是地球表层系统的关键组成部分。岩性调节了地球表层的多个过程包括往土壤的物质输入通量（D'Amico et al.，2015）。由于其在决定土壤理化性质方面的重要作用，岩性能影响植物和微生物群落的组成和功能（D'Amico et al.，2015）。由于土壤性质、植物和微生物群落都影响土壤碳氮动态，因此有理由假设岩性影响土地利用变化后土壤碳氮含量及其动态变化。现有的将土壤碳与岩性联系起来的研究表明，岩性可能显著影响或不影响土壤碳含量（Oyonarte et al.，2008）。例如，页岩区土壤碳含量显著高于花岗岩区土壤（Turrión et al.，2009）。然而，另一项研究表明，在钙质和变质岩区的土壤碳含量没有显著差异，但其他一些土壤性质存在显著差异（Oyonarte et al.，2008）。值得注意的是，不同岩性类型区的土壤在土层深度、土地利用强度等方面可能存在差异。这些因素可能掩盖了岩性对土壤碳含量的影响。

虽然已经发现岩性会影响土壤碳含量，但岩性是否控制农田退耕后土壤碳氮动态的方向和幅度却很少有研究。Kosmas 等（2000）在希腊的研究表明，退耕后火山熔岩和片岩-大理岩区的土壤有机质（SOM，包括土壤碳和氮）显著增加，但页岩区却没有增加。然而，由于现有的研究有限，尚不清楚其他地区是否存在这种现象，即退耕后土壤碳氮动态模式因岩性类型而异。

过去西南喀斯特地区的很大部分土地由于自然植被破坏和不合理耕作发生了不同程度退化，但该区大部分退化土地随着农田退耕后通过自然更新（自然演替）或植树造林使得植被得到了一定程度的恢复。然而，很少有研究在区域尺度上评估了农田退耕后生态恢复对土壤碳氮累积的影响。2015 年 3 月底至 6 月初，在桂西北喀斯特峰丛洼地山区采用空间代替时间法开展了区域尺度采样以评估退耕后演替过程中土壤有机碳和总氮变化特征（图 5-18）。选择了农田、草地、灌丛和次生林，后三种由农田转变而来。选定的采样点分布在石灰岩或白云岩区。土地利用历史和农田施肥管理信息通过询问当地人获得。撂荒期草地小于 10 年，灌丛 10 ~ 20 年，次生林 30 ~ 50 年。总共选择了 125 个样点。各岩性类型、演替阶段和坡位的样点数量见表 5-11。年平均降水量（MAP）和年平均气温（MAT）数据来自 1950 ~ 2000 年的 WORLDCLIM 数据库（Hijmans et al.，2005）。测定了土壤有机碳、总氮、总磷、土壤质地（黏粒、粉粒、砂粒）、交换性钙、镁、钾和钠、交换性铁铝、锰和硅等。

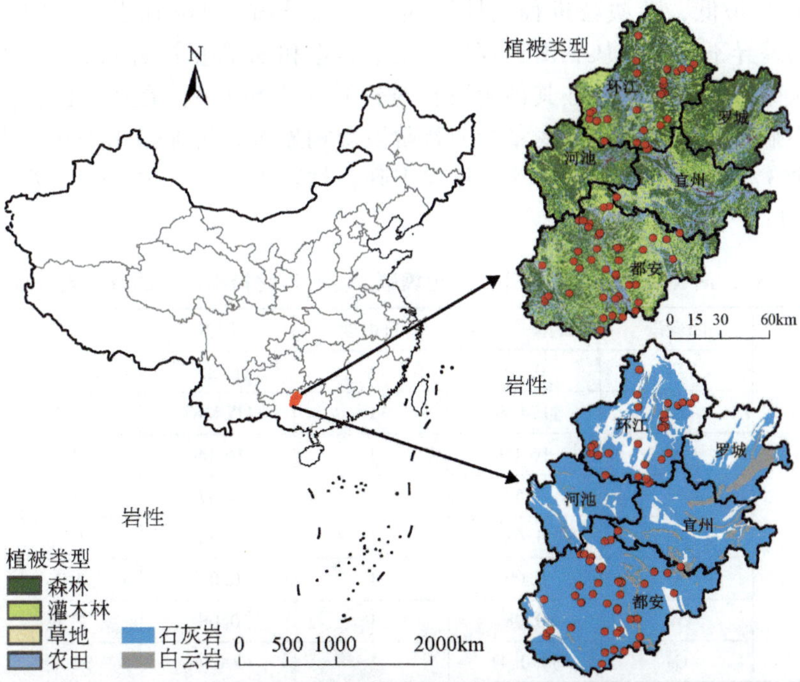

图 5-18 桂西北喀斯特山区采样点分布示意图

表 5-11　不同岩性、植被类型和坡位的采样点数量

岩性		植被类型				总量
		农田	草地	灌丛	森林	
洼地	白云岩	4	6	6	6	22
	石灰岩	5	4	6	5	20
下坡	白云岩	4	6	6	6	22
	石灰岩	5	3	6	5	19
中坡	白云岩	4	6	6	6	22
	石灰岩	5	4	6	5	20
总量		27	29	36	33	125

一、土壤理化性质

根据三因素方差分析，坡位和岩性或演替阶段对任何一个土壤理化指标都没有显著的交互效应。除土壤碳和氮外的 14 个土壤理化指标中，土壤容重、P、K、Na、Ca 和 Mg 含量受岩性影响显著（表 5-12，表 5-13）。白云岩区的土壤容重、Na 和 Mg 含量大于石灰岩区。相比之下，石灰岩区 P、K 和 Ca 含量较高（表 5-13）。除 Al 和 Fe 外，其他所有变量均受演替阶段的显著影响（$P<0.05$）或轻微（$P<0.1$）影响（表 5-12，表 5-13），但变化规律因指标而异。岩性和演替阶段对土壤容重、P、pH、Ca、Mg、Si 和砂粒有显著的交互作用（表 5-12）。因此，对这些变量作了进一步的分析（表 5-14）。对于白云岩区，所有 7 个变量均受演替阶段的显著影响。土壤 pH 和砂粒在农田阶段最低，其余阶段差异不显著。Ca 含量在农田中最低，随演替进程线性增加。与 Ca 相似，Mg 在次生林中含量最高，其他 3 个阶段间差异不显著。从农田到森林，土壤容重和 Si 含量没有明显的变化规律。P 含量在农田和次生林之间相似，在其他阶段相对较低（表 5-14）。在灰岩区，pH 和 Ca 受演替阶段影响不显著，而其他 5 个变量受演替阶段影响显著。耕地磷水平显著大于其他 3 个阶段，但其余 3 个阶段间差异不显著。从农田到森林容重、Mg、Si 和砂粒没有明显的变化规律（表 5-14）。

表 5-12　岩性、演替阶段及其相互作用对土壤碳、氮等理化指标影响的双因素方差分析结果

源	因变量	Ⅲ型平方和	自由度	均方	*F*	*P*
岩性	容重	0.25	1	0.25	7.21	0.008
	SOC	1124.88	1	1124.88	6.95	0.010
	N	16.09	1	16.09	13.76	0.000
	P	3.57	1	3.57	23.96	0.000
	pH	0.68	1	0.68	1.36	0.246
	K	0.09	1	0.09	7.73	0.006
	Na	0.08	1	0.08	7.56	0.007
	Ca	3090.41	1	3090.41	36.01	0.000

续表

源	因变量	Ⅲ型平方和	自由度	均方	F	P
岩性	Mg	3171.56	1	3171.56	12.11	0.001
	Al	0.04	1	0.04	3.07	0.082
	Fe	0.00	1	0.00	0.10	0.750
	Mn	0.00	1	0.00	0.83	0.363
	Si	0.00	1	0.00	0.63	0.431
	黏粒	7.25	1	7.25	0.33	0.568
	粉粒	22.26	1	22.26	0.70	0.405
	砂粒	3.92	1	3.92	0.40	0.527
	C∶N	1.57	1	1.57	0.30	0.584
	C∶P	61864.26	1	61864.26	8.76	0.004
	N∶P	819.80	1	819.80	11.59	0.001
	Ca∶C	0.02	1	0.02	6.91	0.010
演替阶段	容重	0.72	3	0.24	6.84	0.000
	SOC	4806.93	3	1602.31	9.90	0.000
	N	28.63	3	9.54	8.16	0.000
	P	1.71	3	0.57	3.84	0.012
	pH	3.78	3	1.26	2.51	0.063
	K	0.36	3	0.12	10.71	0.000
	Na	0.29	3	0.10	8.67	0.000
	Ca	928.97	3	309.66	3.61	0.015
	Mg	5701.73	3	1900.58	7.26	0.000
	Al	0.02	3	0.01	0.45	0.721
	Fe	0.03	3	0.01	1.31	0.275
	Mn	0.05	3	0.02	3.47	0.019
	Si	0.01	3	0.00	2.35	0.077
	黏粒	488.58	3	162.86	7.36	0.000
	粉粒	249.04	3	83.01	2.61	0.055
演替阶段	砂粒	199.25	3	66.42	6.82	0.000
	C∶N	105.61	3	35.20	6.75	0.000
	C∶P	195953.30	3	65317.77	9.25	0.000
	N∶P	1611.58	3	537.19	7.59	0.000
	Ca∶C	0.02	3	0.01	2.57	0.058
岩性×演替阶段	容重	0.45	3	0.15	4.27	0.007
	SOC	1824.40	3	608.13	3.76	0.013
	N	17.11	3	5.70	4.88	0.003
	P	1.57	3	0.52	3.51	0.018
	pH	7.10	3	2.37	4.71	0.004
	K	0.07	3	0.02	1.98	0.121
	Na	0.08	3	0.03	2.27	0.084

续表

源	因变量	Ⅲ型平方和	自由度	均方	F	P
岩性×演替阶段	Ca	1256.28	3	418.76	4.88	0.003
	Mg	2369.29	3	789.76	3.02	0.033
	Al	0.03	3	0.01	0.89	0.449
	Fe	0.05	3	0.02	2.21	0.091
	Mn	0.01	3	0.00	0.33	0.804
	Si	0.01	3	0.00	2.95	0.036
	黏粒	123.51	3	41.17	1.86	0.140
	粉粒	253.33	3	84.44	2.65	0.052
	砂粒	81.54	3	27.18	2.79	0.044
	C∶N	13.45	3	4.48	0.86	0.464
	C∶P	38008.57	3	12669.52	1.79	0.152
	N∶P	158.41	3	52.80	0.75	0.527
	Ca∶C	0.01	3	0.00	1.43	0.237

表 5-13　岩性和演替阶段对土壤性质的主效应

指标	岩性		演替阶段			
	白云岩	石灰岩	农田	草地	灌丛	森林
容重/(g cm^{-3})	1.28 (0.02) a	1.19 (0.03) b	1.32 (0.04) a	1.14 (0.04) b	1.30 (0.03) a	1.17 (0.03) b
P/(g kg^{-1})	0.51 (0.05) b	0.85 (0.05) a	0.83 (0.08) a	0.54 (0.08) c	0.58 (0.07) bc	0.77 (0.07) ab
pH	6.81 (0.09)	6.96 (0.10)	6.58 (0.14) b	7.03 (0.14) ab	7.03 (0.12) a	6.89 (0.13) ab
K/(cmol kg^{-1})	0.27 (0.01) b	0.32 (0.01) a	0.34 (0.02) a	0.31 (0.02) a	0.21 (0.02) b	0.32 (0.02) a
Na/(cmol kg^{-1})	0.46 (0.01) a	0.41 (0.01) b	0.39 (0.02) b	0.39 (0.02) b	0.46 (0.02) a	0.50 (0.02) a
Ca/(cmol kg^{-1})	20.01 (1.21) b	26.34 (1.28) a	21.11 (1.87) b	20.17 (1.86) b	22.98 (1.61) b	28.45 (1.69) a
Mg/(cmol kg^{-1})	29.72 (2.09) a	19.58 (2.22) b	21.25 (3.24) b	18.57 (3.22) b	22.81 (2.79) b	35.98 (2.93) a
Al/%	0.18 (0.01)	0.22 (0.01)	0.20 (0.02)	0.20 (0.02)	0.19 (0.02)	0.22 (0.02)
Fe/%	0.25 (0.01)	0.25 (0.01)	0.28 (0.02)	0.24 (0.02)	0.23 (0.02)	0.24 (0.02)
Mn/%	0.09 (0.01)	0.10 (0.01)	0.12 (0.01) a	0.07 (0.01) c	0.08 (0.01) bc	0.11 (0.01) ab
Si/%	0.06 (0.00)	0.06 (0.00)	0.07 (0.01) a	0.06 (0.01) ab	0.05 (0.01) b	0.06 (0.01) ab
黏粒/%	16.11 (0.62)	16.55 (0.66)	19.53 (0.96) a	16.45 (0.96) b	15.39 (0.83) bc	13.95 (0.87) c

续表

指标	岩性		演替阶段			
	白云岩	石灰岩	农田	草地	灌丛	森林
粉粒/%	74.48 (0.74)	73.70 (0.79)	72.99 (1.15) b	73.27 (1.14) b	73.64 (0.99) ab	76.46 (1.04) a
砂粒/%	9.41 (0.40)	9.75 (0.43)	7.48 (0.62) b	10.28 (0.62) a	10.96 (0.54) a	9.59 (0.56) a
Ca : SOC	0.10 (0.01) b	0.13 (0.01) a	0.13 (0.01) a	0.12 (0.01) ab	0.10 (0.01) b	0.10 (0.01) b

注：数值为平均值（标准误）。采用双因素方差分析评估各种理化指标在岩性或植被类型之间的差异是否显著。不同小写字母表示同一理化指标在不同岩性类型之间或不同植被类型之间差异显著（$P<0.05$）（LSD 检验）。

表 5-14　白云岩和石灰岩区四种植被类型下土壤理化性质

分区		农田	草地	灌丛	森林
白云岩	容重/(gcm^{-3})	1.42 (0.05) a	1.23 (0.04) b	1.34 (0.04) a	1.12 (0.04) b
	P/(gkg^{-1})	0.49 (0.09) b	0.45 (0.08) b	0.36 (0.08) b	0.73 (0.08) a
	pH	6.12 (0.21) b	6.94 (0.17) a	7.21 (0.17) a	6.97 (0.17) a
	Ca/(cmol kg^{-1})	11.68 (2.04) c	19.30 (1.67) b	21.31 (1.67) b	27.77 (1.67) a
	Mg/(cmol kg^{-1})	20.00 (6.19) b	23.35 (5.05) b	28.14 (5.05) b	47.40 (5.05) a
	Si/%	0.06 (0.01) ab	0.06 (0.01) ab	0.05 (0.01) b	0.07 (0.01) a
	砂粒/%	6.55 (0.99) b	9.84 (0.81) a	10.48 (0.81) a	10.77 (0.81) a
石灰岩	容重/(gcm^{-3})	1.21 (0.06) ab	1.05 (0.07) b	1.26 (0.05) a	1.22 (0.06) ab
	P/(g kg^{-1})	1.16 (0.12) a	0.63 (0.15) b	0.81 (0.11) b	0.81 (0.12) b
	pH	7.05 (0.19)	7.12 (0.23)	6.86 (0.18)	6.81 (0.19)
	Ca/(cmol kg^{-1})	31.20 (2.90)	31.98 (3.39)	26.88 (2.65)	30.47 (2.93)
	Mg/(cmol kg^{-1})	22.49 (2.24) ab	13.80 (2.64) c	17.48 (2.05) bc	24.56 (2.24) a
	Si/%	0.08 (0.01) a	0.07 (0.01) ab	0.05 (0.01) b	0.05 (0.01) b
	砂粒/%	8.42 (0.76) b	10.73 (0.90) a	11.45 (0.69) a	8.41 (0.76) b

注：采用单因素方差分析评价不同植被类型间变量的差异是否显著。

二、岩性对土壤有机碳和总氮的影响

岩性和演替阶段对土壤碳、氮含量均有显著影响（$P<0.05$，表 5-12）。岩性和演替阶段对土壤碳和氮的交互作用显著（$P<0.05$，表 5-12）。石灰岩区土壤碳和氮含量显著大于白云岩区［$P<0.05$，图 5-19（a）］。进一步分析表明，两种岩性类型之间总体含量的差异是由于农田和草地土壤碳和氮的差异所致（图 5-20）。在这些阶段，石灰岩土壤碳和氮明显高于白云岩区。然而，在其他阶段，两种岩性类型之间土壤碳和氮无显著差异（图 5-20）。

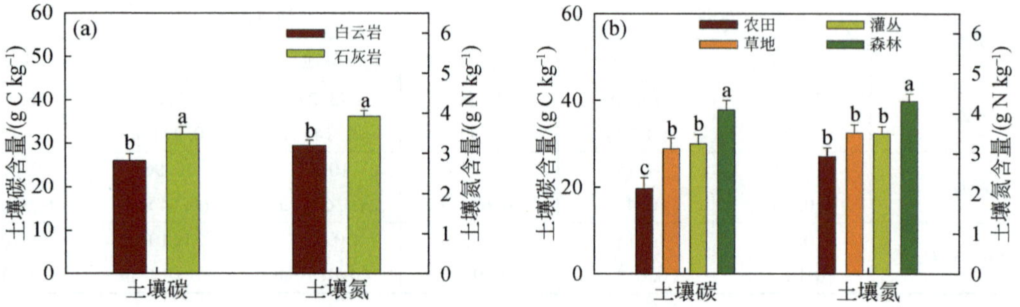

图 5-19 岩性（a）和演替阶段（b）对土壤碳和氮含量的主效应

柱状图表示平均值±标准误。白云岩和石灰岩区的样本量分别为 66 和 59；农田、草地、灌丛和次生林的样本量分别为 33、36、29 和 42。不同小写字母表示不同土地利用方式之间差异显著（$P<0.05$）。

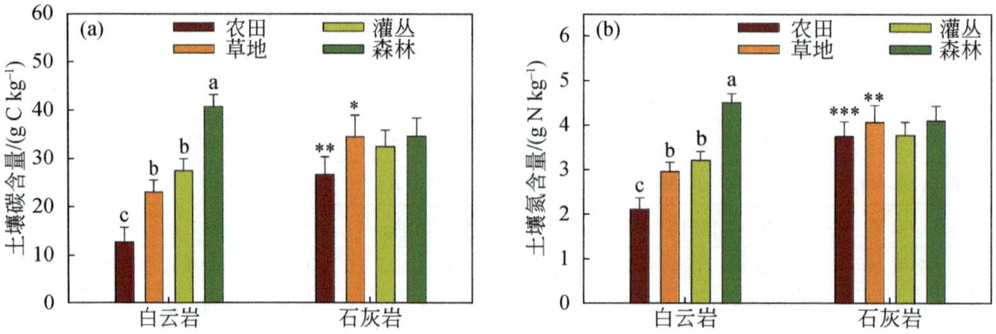

图 5-20 演替阶段对白云岩和石灰岩土壤碳（a）和氮含量（b）的影响

柱状图表示平均值±标准误。白云岩的样本量分别为 18、18、18 和 12；石灰岩的样本量分别为 15、18、11 和 15。不同字母表示植被类型间在 $P<0.05$ 水平上差异显著（LSD 检验）。对于相应的植被类型，符号 * * *（$P<0.001$）、* *（$P<0.01$）和 *（$P<0.05$）分别表示对应的值在石灰岩区大于白云岩区。

由于没有发现岩性和演替阶段对 C : N 和 Ca : C 的摩尔比有显著的交互效应（表 5-12），因此只给出了主效应（图 5-21）。土壤 C : N 在两种岩性类型之间没有显著差异，但演替阶段对其有显著影响［图 5-21（a），表 5-12］。平均 C : N 以农田最低（7.5±0.6）。草地（9.3±0.4）、灌丛（9.7±0.4）和次生林（10.1±0.4）间 C : N 无显著差异。石灰岩的 Ca : C 显著高于白云岩［图 5-21（b）］。在演替阶段中，农田的 Ca : C 大于灌丛和次生林，但后三个阶段间差异不显著［图 5-21（b）］。

逐步多元线性回归分析表明，所选变量分别能解释白云岩区土壤碳和氮变化的 81% 和 73%，分别能解释石灰岩区土壤碳和氮变化的 58% 和 54%（表 5-15）。Ca 是白云岩或石灰岩土壤碳和氮变化的最强解释变量，对土壤碳和氮的解释率占 78% ~91%（表 5-15）。偏相关分析也支持 Ca 在解释土壤碳和氮变化中的主导地位（表 5-16）。

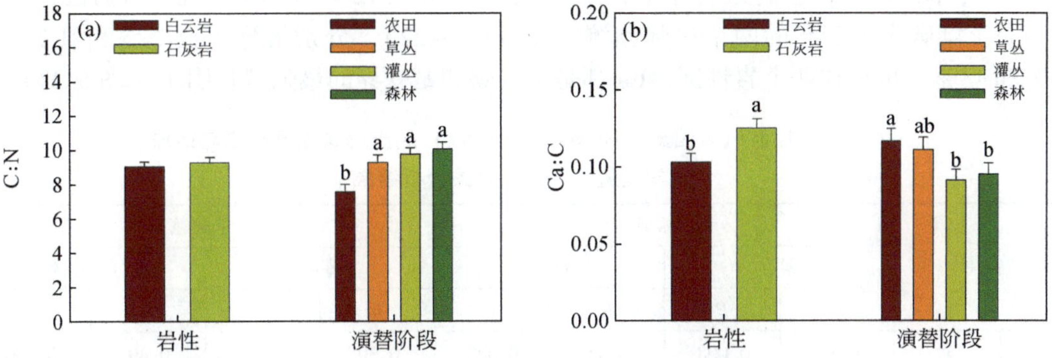

图 5-21　岩性和演替阶段对土壤碳/氮（a）和土壤钙/碳（b）的主效应

柱状图表示平均值±标准误。白云岩和石灰岩的样本量分别为 66 和 59；农田、草地、灌丛和次生林的样本量分别为 33、36、29 和 42。不同字母表示植被类型间在 $P<0.05$（LSD 检验）水平差异显著。

表 5-15　土壤理化性质对土壤碳或氮影响的逐步多元线性回归分析结果

解释变量			系数	偏决定系数	模型决定系数	P
土壤碳	白云岩	Ca	0.98	0.63	0.63	0.000
		黏粒	−2.17	0.06	0.69	0.001
		粉粒	−1.38	0.05	0.74	0.002
		K	29	0.05	0.79	0.000
		pH	−3.49	0.02	0.81	0.014
土壤碳	石灰岩	Ca	0.84	0.49	0.49	0.000
		黏粒	−1.48	0.06	0.55	0.007
		粉粒	−0.89	0.03	0.58	0.045
土壤氮	白云岩	Ca	0.09	0.59	0.59	0.000
		砂粒	0.11	0.04	0.63	0.01
		K	3.11	0.04	0.67	0.009
		Si	−14.68	0.04	0.71	0.007
		Mn	3.75	0.02	0.73	0.029
	石灰岩	Ca	0.07	0.49	0.49	0.000
		砂粒	0.09	0.05	0.54	0.022

注：系数的正值和负值分别表示解释变量与土壤碳或氮之间的正相关和负相关关系。

在白云岩区，大多数地球化学变量与土壤碳或氮的相关性显著，其中 Ca 的解释率最强（表 5-16 中的零阶相关性）。根据偏相关分析，去除与气候变量的相关性后仍存在相似的模式。与此相反，在石灰岩区大多数地球化学变量与土壤碳或氮的相关性不显著，但 Ca 仍然具有最强的解释率。同样，在去除与气候变量的相关性后，模式没有明显变化（表 5-16）。分类和回归树分析提供了第三个证据，支持 Ca 是土壤碳或氮的最强预测因子（图 5-22）。在白云岩区，Ca、砂粒、Mg 和 MAT 是土壤碳或氮变异的四个最强预测因子

（图5-22，图5-23），它们分别解释了土壤碳和氮变异的72%和59%。在石灰岩区，Ca和砂粒是土壤碳或氮变异的两个最强预测因子（图5-22），分别解释了土壤碳和氮变异的60%和48%。可见在两个岩性区，Ca都是土壤碳和氮变异的最强解释因子（图5-23）。

表5-16　控制气候因素（即MAP和MAT）后土壤碳或氮响应与地球化学变量之间的偏相关分析结果

岩性		土壤碳				土壤氮			
		零阶		气候因素		零阶		气候因素	
		R	*P*	*R*	*P*	*R*	*P*	*R*	*P*
白云岩	P	0.33	0.008	0.54	0.000	0.30	0.015	0.49	0.000
	K	0.35	0.004	0.28	0.025	0.33	0.006	0.28	0.028
	Na	0.32	0.010	0.36	0.004	0.32	0.009	0.38	0.002
	Ca	0.80	0.000	0.83	0.000	0.77	0.000	0.79	0.000
	Mg	0.59	0.000	0.62	0.000	0.61	0.000	0.64	0.000
	Al	0.32	0.010	0.44	0.000	0.35	0.004	0.46	0.000
	Fe	0.14	0.280	0.07	0.605	0.13	0.314	0.07	0.585
	Mn	0.11	0.370	0.15	0.244	0.11	0.377	0.14	0.264
	Si	0.26	0.038	0.31	0.012	0.20	0.104	0.24	0.062
	黏粒	-0.40	0.001	-0.44	0.000	-0.30	0.015	-0.36	0.003
	粉粒	-0.08	0.522	-0.11	0.396	-0.16	0.210	-0.16	0.211
	砂粒	0.65	0.000	0.71	0.000	0.64	0.000	0.68	0.000
石灰岩	P	0.37	0.004	0.32	0.014	0.43	0.001	0.42	0.001
	K	0.27	0.041	0.28	0.036	0.34	0.008	0.35	0.008
	Na	0.17	0.206	0.19	0.152	0.18	0.164	0.21	0.124
	Ca	0.70	0.000	0.68	0.000	0.70	0.000	0.68	0.000
	Mg	0.07	0.596	0.02	0.862	0.06	0.656	0.03	0.849
	Al	0.24	0.070	0.16	0.232	0.16	0.217	0.10	0.473
	Fe	0.05	0.706	-0.03	0.845	0.09	0.505	0.03	0.840
	Mn	-0.01	0.961	-0.06	0.677	0.03	0.820	-0.01	0.955
	Si	0.01	0.936	-0.11	0.436	0.06	0.670	-0.04	0.783
	黏粒	-0.26	0.046	-0.26	0.048	-0.07	0.579	-0.06	0.640
	粉粒	0.03	0.846	-0.01	0.940	-0.15	0.252	-0.20	0.141
	砂粒	0.42	0.001	0.50	0.000	0.42	0.001	0.49	0.000

注：零阶和偏相关之间的差异表示地球化学预测因子对气候预测因子的依赖程度。

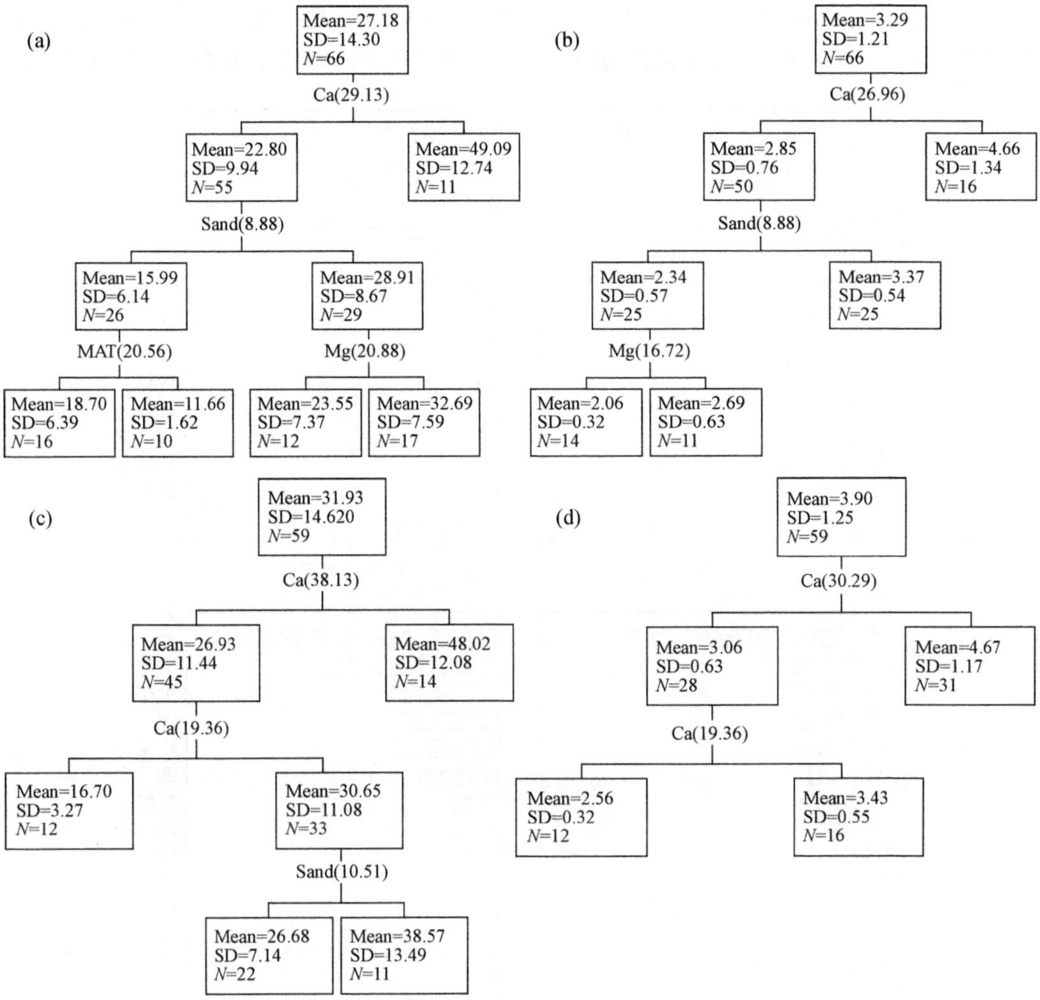

图 5-22 基于分类和回归树（CART）分析的不同预测变量解释白云岩区土壤碳（72% 方差解释）（a）、白云岩区土壤氮（59% 方差解释）（b）、石灰岩区土壤碳（60% 方差解释）（c）和石灰岩区土壤氮（48% 方差解释）（d）的变异

Mean：均值；SD：标准差；*N*：样本量；Sand：砂粒，MAT：年平均气温；Ca：钙；Mg：镁。

与本研究类似，也有少数研究报道了岩性对土壤碳和氮的显著影响（Kooijman et al.，2005；Rossel et al.，2014）。岩性是决定土壤性质的主要因素，包括 pH、质地、可交换阳离子（如 Ca、Mg）和游离氧化物（Oyonarte et al.，2008；Turrión et al.，2009）。这些变量都是影响 SOM 水平和稳定性的重要因素。例如，片岩区土壤碳水平明显高于花岗岩区，这是由于片岩区土壤酸度、粉粒+黏粒含量和金属络合作用更高（Turrión et al.，2009）。Aranda 等（2011）发现 SOM 在崩积灰岩土壤中的腐殖质比泥灰岩土壤中的腐殖质更稳定及发育程度更高。在本研究中，基岩来源的元素 P、K、Na、Ca 和 Mg 的含量在石灰岩和白云岩区土壤之间差异显著，其中石灰岩区土壤的 P、K 和 Ca 含量较高。尽管石灰岩区土壤碳和氮含量明显高于白云岩区，但两种岩性类型之间土壤 C：N 无显著差异，与碳和氮紧密耦合循环的观点一致（Cleveland and Liptzin，2007）。此外，土壤碳氮比经常被用作

SOM 质量的指标（Finzi et al.，1998）。低 C∶N 的 SOM 通常比高 C∶N 的分解更快。两种岩性区的土壤 C∶N 相似，这可能表明白云岩和石灰岩区的 SOM（土壤碳）质量相似。

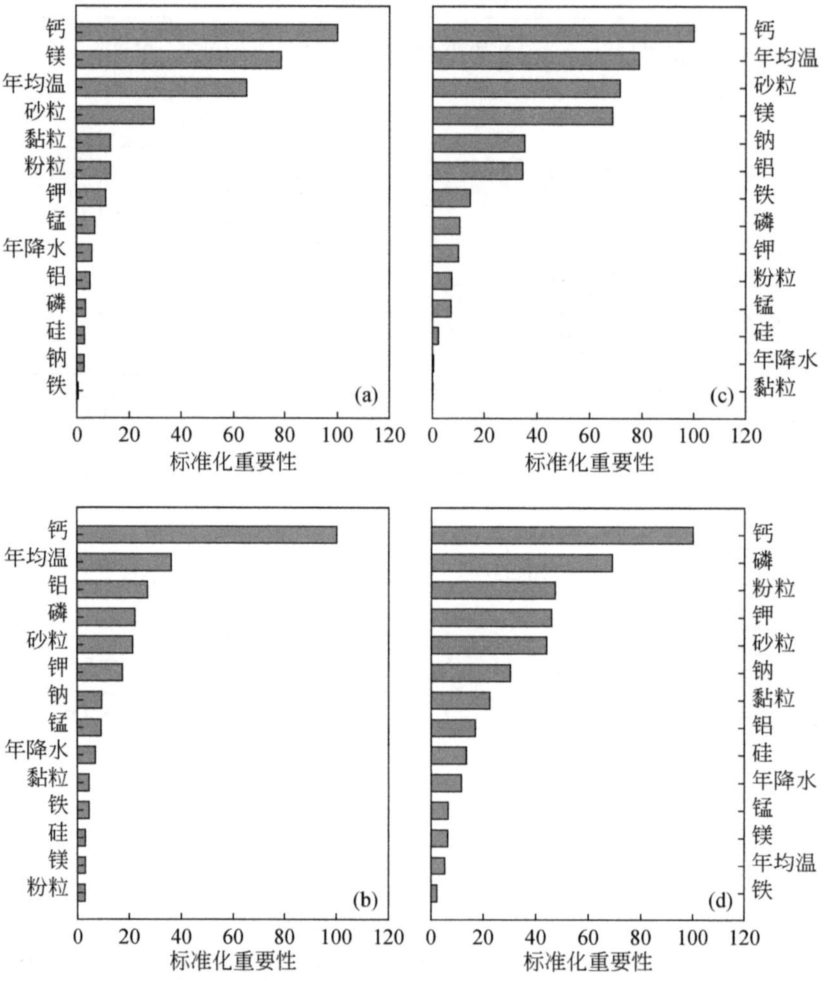

图 5-23　根据分类和回归树分析（CART）鉴别的不同解释变量在解释白云岩区土壤碳（a）、石灰岩区土壤碳（b）、白云岩区土壤氮（c）和石灰岩区土壤氮（d）变异的归一化重要性

Ca 是土壤碳和氮变化的最强解释变量。在农田和草地中，石灰岩的 Ca 含量明显高于白云岩，而在灌丛和森林中，两种岩性类型的 Ca 含量没有显著差异。与此一致的是，农田和草地土壤碳和氮含量在石灰岩区明显大于白云岩区。Ca 对土壤碳和氮的影响可能是由于其在 SOM 稳定性中的作用。越来越多的证据表明，SOM 通过多价阳离子与矿物表面的相互作用形成有机矿物复合体更稳定（von Lützow et al.，2006）。中性和碱性土壤中主要的多价阳离子是 Ca 和 Mg（von Lützow et al.，2006）。在本研究区域，有报道称与 Ca 结合形成络合形态是 SOM 稳定性的主要原因（Di et al.，2015）。同样，OM-Ca^{2+}-矿物质络合作用被认为是富 Ca 土壤中 SOM 稳定的主要机制（Kaiser et al.，2012）。因此，高含量的 Ca 很可能是本研究中石灰岩区农田和草地土壤碳和氮含量较高的原因。另一方面，由于

OM-Ca^{2+}-矿物质络合的形成有助于储存土壤碳，因此相对于土壤碳的交换 Ca 含量，即 Ca：C 可以作为评价 SOM 积累能力的指标。较高的 Ca：C 可能表明 SOM 积累的潜力更大。石灰岩区土壤由于 Ca：C 较高，可能具有更强的土壤碳和氮固持潜力。

三、农田退耕后演替过程中土壤有机碳和总氮变化特征

从 4 个演替阶段来看，土壤碳含量以农田最低，次生林最高。草地与灌丛之间土壤碳含量无显著差异［图 5-19（b）］。土壤氮含量在次生林阶段最高，但其他三个阶段之间无显著差异［图 5-19（b）］。当对岩性单独分析后，我们发现只有白云岩区在演替阶段之间存在显著差异，而石灰岩区在四个演替阶段之间没有显著差异（图 5-20）。在白云岩区土壤碳和氮含量从农田到次生林几乎呈线性增加，但在草地和灌丛之间差异不显著（图 5-20）。相对于农田（12.7±3.1g C kg^{-1}，2.1±0.3g N kg^{-1}），白云岩区草地、灌丛和次生林土壤碳含量分别增加了 81.6%、116.3% 和 221.3%［图 5-20（a）］，土壤氮含量则分别增加了 40.2%、52.0% 和 113.4%［图 5-20（b）］。土壤碳或氮储量（Mg C 或 N hm^{-2}）的变化模式与土壤碳或氮含量（g kg^{-1}）类似（图 5-24，图 5-25），证实了退耕后演替过程中土壤碳和氮的动态随岩性类型的不同而存在差异。

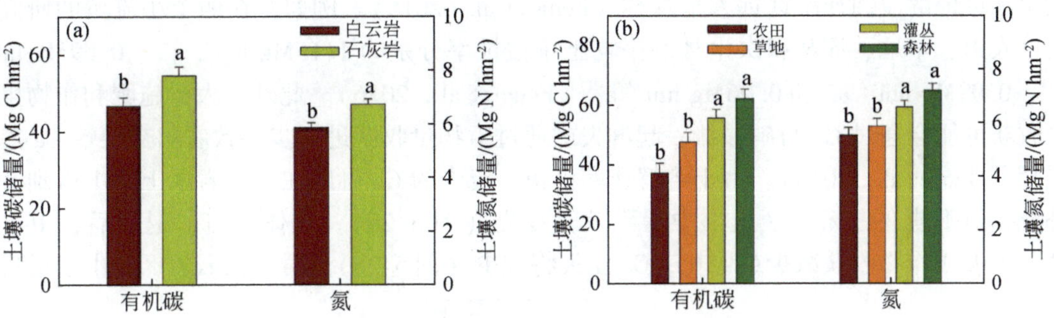

图 5-24　岩性（a）和演替（b）对土壤碳氮储量的主效应

不同小写字母表示同一指标在两个岩性之间（a）或土地利用类型之间（b）差异显著（$P<0.05$）。

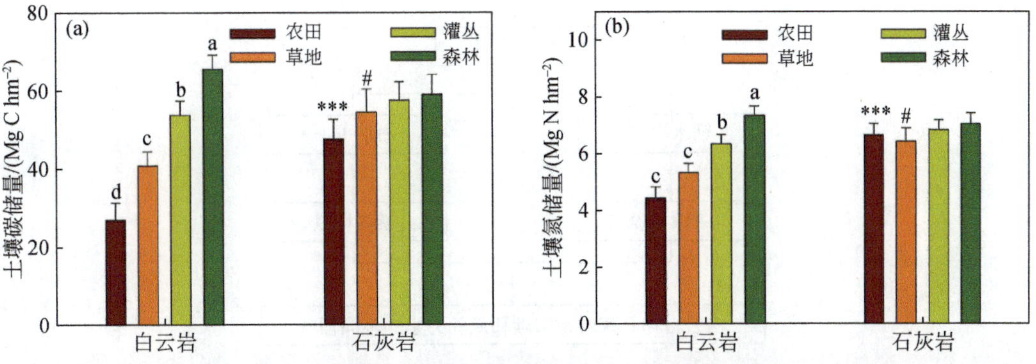

图 5-25　演替对白云岩和石灰岩土壤碳储量（a）和氮储量（b）的影响

不同小写字母表示在土地利用类型之间差异显著（$P<0.05$）。

#和 *** 分别表示石灰岩和碎屑岩之间同一指标在 0.1 和 0.001 水平上差异显著。

多项整合分析结果均支持退耕有助于促进土壤碳和氮的累积（Li et al.，2012；Shi and Han，2014）。然而，就单个研究而言，退耕后演替过程中土壤碳和氮可能增加（Feldpausch et al.，2004）、下降（Bautista-Cruz and del Castillo，2005）或无明显变化（Davidson et al.，2007）。在本研究中，退耕后演替过程中土壤碳和氮含量均增加。由于土壤碳和氮几乎成比例地增加，草地、灌丛和次生林的 C : N 保持不变。土壤 C : N 变化可用于评估在土地利用变化或全球变化背景下，植物生产力或土壤固碳潜力是否逐渐受到氮限制。在本研究中，土壤 C : N 从草地到次生林没有显著变化，这可能表明在退耕后演替过程中氮限制程度无明显变化。

然而，在本研究中，土壤碳和氮显著增加只在白云岩区明显。由于 Ca 在土壤碳和氮变化的重要作用，我们认为 Ca 在决定两种岩性区退耕后演替过程中土壤碳和氮变化差异中起着关键作用（图 5-26）。Ca 是影响 SOM 稳定性的主要因素，进而影响土壤碳、氮水平。在白云岩或石灰岩区 Ca 含量从农田到森林模式与土壤碳和氮的变化模式相似，即在白云岩区，Ca 从农田到森林几乎呈线性增加，而在石灰岩区，Ca 随演替的变化几乎可以忽略不计。交换性 Ca 变化的不同模式很可能是由于两种岩性区不同演替段交换性 Ca 输入（通过岩石溶解）和输出（通过土壤侵蚀、淋失和生物量收获）的差异。在相似的条件下，石灰岩的溶解速率是白云岩的 3 ~ 60 倍（Liu et al.，2006）。另一方面，在本研究区，农田和草地的侵蚀速率远远大于森林（Feng et al.，2016）。例如，在两个小流域的研究表明，农田、草地、灌丛和次生林的平均土壤侵蚀率分别为 1.15Mg hm^{-2} a^{-1}、0.59Mg hm^{-2} a^{-1}、0.08Mg hm^{-2} a^{-1}和 0.06Mg hm^{-2} a^{-1}（Feng et al.，2016）。此外，大量施肥和作物生物量收获可能会通过 Ca 与硝酸盐一起淋失或通过生物量收获进一步导致农田交换性 Ca 库的损耗（Guo et al.，2010）。由于溶解速率更快，流失的 Ca 可以在石灰岩区土壤中得到及时补充，但不能在白云岩区土壤中得到及时补充（图 5-26）。具体而言，退耕后，由于侵蚀、淋失或作物收获减少或停止，Ca 流失将减少（图 5-26）。对于白云岩区，由于退耕后

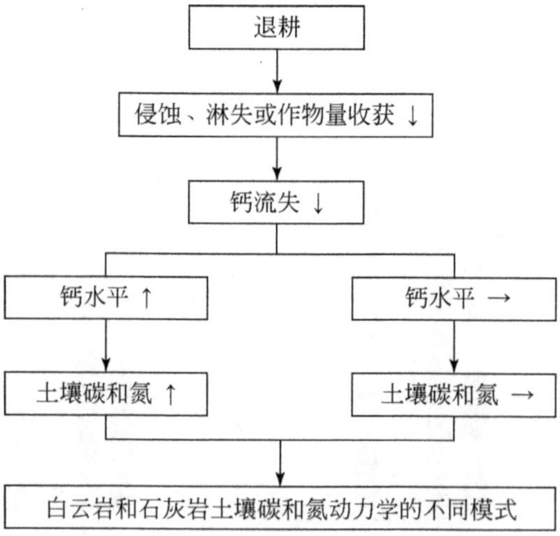

图 5-26　解释白云岩和石灰岩区土壤碳和氮对退耕后演替不同响应模式的机制示意图

↑、↓和→分别表示相应变量的增加、减少和不变。

流失减少，Ca 水平将逐渐恢复，进而增强对 SOM 的保护作用，土壤碳和氮也相应增加。相反，在石灰岩区，由于每个演替阶段 Ca 含量都很高，因此 Ca 水平不会发生明显改变，从而土壤碳和氮含量不会显著变化。此外，由于草地和次生林的 Ca：C 相近，土壤碳和氮积累能力在退耕后演替过程中相对稳定。

我们的发现为解释退耕或其他土地利用变化后土壤碳和氮动态变化的不同模式提供了新的机制。例如，造林后土壤碳和氮含量可能增加、减少或无明显变化（Li et al., 2012）。虽然前期土地利用、气候和种植树种差异常被用于解释土壤碳氮不同的变化模式（Li et al., 2012），但岩性差异为上述不同模式提供了一种新机制。然而，由于该研究仅在喀斯特地区进行，我们不能排除观察到的现象（即，岩性影响农田退耕后土壤碳和氮的变化模式）是否普遍适合。为了验证这一机制是否广泛适用，无疑还需要开展更多的研究。

四、结论

石灰岩区土壤碳氮含量均高于白云岩区。总体上撂荒后土壤碳、氮含量增加。土壤碳、氮在退耕后演替过程中的变化模式因岩性类型而异。在白云岩区撂荒后土壤碳、氮含量增加，但在石灰岩区保持相对稳定。土壤碳、氮的变化主要由交换性钙控制。土壤 C：N 变化不显著，说明该地区在农田退耕后的演替过程中，土壤碳的累积可能不受氮的限制。

第七节　造林对石灰岩与碎屑岩区土壤有机碳与总氮累积的影响

本研究在桂西北石灰岩和碎屑岩区采用配对样点法采样（图 5-27）。针对每种岩性类

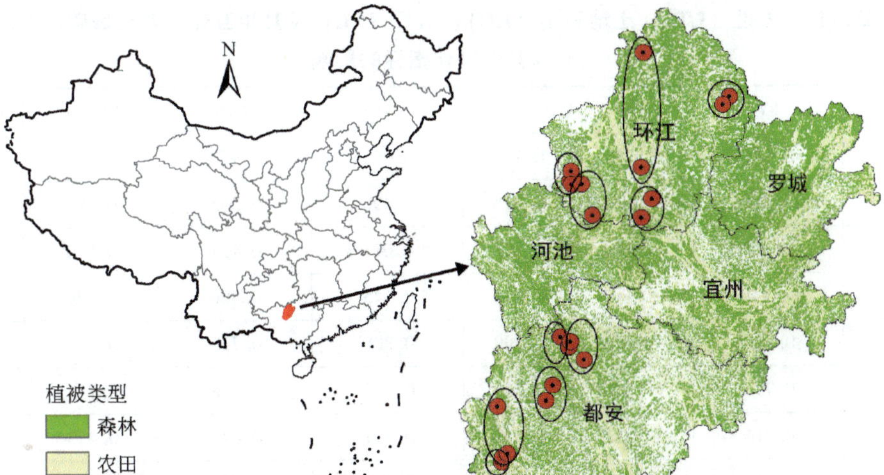

图 5-27　土壤采样点示意图

每个站点包括三个采样点，分别位于洼地、坡脚和坡地

型，选取5对地形序列。每对地形序列包括一个玉米-大豆（或下称玉米地）轮作地地形序列和一个坡度和坡向相似的人工林（马尾松）地形序列。对于每个农田或人工林的地形序列，分别在洼地、坡脚和坡地设置三个采样点。坡度通常为15°~20°，坡向为南到东南。一对地形序列内的任何两个采样点之间的距离通常不超过20km，但在极端情况下，距离约为60km。人工林仅限于林龄为30~40年的第一代，前期土地利用方式也是玉米-大豆轮作地。共选取了60个采样点（即5对地形序列×2种土地利用类型×3个采样点×2种岩性类型），在每个样地建立一个面积为20m×20m的样方（Li et al., 2017a）。于2015年3月底至6月初采集0~15cm矿质土层的土壤样品。测定容重（BD）、pH、总氮、总磷、有机碳、土壤质地、交换性钙（Ca）、镁（Mg）、钾（K）和钠（Na）以及交换性铁（Fe）、锰（Mn）、铝（Al）和硅（Si）。

一、岩性和造林对土壤理化指标的影响

三因素方差分析表明，在13个土壤理化指标（不包括土壤碳、氮、磷及其比值）中，仅有pH、钾、钙、镁、锰、硅、粉粒和砂粒这八个指标受岩性的显著影响（表5-17）。除粉砂外，所有变量在石灰岩区都显著高于碎屑岩区（表5-18）。相比之下，仅容重、钠、钙和镁这4个变量受造林的显著影响（表5-17）。在这些变量中，农田的容重、钾含量和镁含量高于人工林，而钠含量低于人工林（表5-18）。岩性和土地利用对土壤容重、钾和镁的交互影响显著（表5-17）。在石灰岩区，两种土地利用类型的容重相似，但农田的钾含量和镁含量高于人工林（表5-19）。此外，与农田相比，人工林土壤钠含量较高，而钙含量较低。在碎屑岩区，农田的土壤容重和镁含量均大于人工林，但钠在人工林土壤中的含量高于农田。

表5-17　岩性（LT）、土地利用（LU）、坡位（SL）及其相互作用对土壤碳、氮、磷和其他理化指标的影响

土壤性质	LT	LU	SL	LT×LU	LT×SL	LU×SL	LT×LU×SL
容重	0.541	0.017	0.129	0.003	0.959	0.375	0.587
C	<0.001	0.099	0.815	0.396	0.345	0.996	0.671
N	<0.001	<0.001	0.802	0.001	0.421	0.574	0.383
P	<0.001	<0.001	0.632	0.345	0.896	0.279	0.951
C∶N	0.180	<0.001	0.299	0.808	0.733	0.554	0.974
C∶P	0.752	<0.001	0.412	0.933	0.738	0.384	0.981
N∶P	0.716	0.002	0.572	0.791	0.645	0.473	0.998
pH	<0.001	0.130	0.789	0.915	0.749	0.354	0.988
K	0.001	0.070	0.452	0.052	0.494	0.508	0.808
Na	0.224	<0.001	0.112	0.285	0.903	0.606	0.812
Ca	<0.001	0.041	0.736	0.153	0.784	0.555	0.303

续表

土壤性质	LT	LU	SL	LT×LU	LT×SL	LU×SL	LT×LU×SL
Mg	0. 002	<0. 001	0. 994	0. 003	0. 689	0. 979	0. 704
Al	0. 113	0. 367	0. 777	0. 454	0. 157	0. 666	0. 739
Fe	0. 068	0. 453	0. 960	0. 963	0. 465	0. 730	0. 334
Mn	0. 002	0. 621	0. 972	0. 641	0. 264	0. 979	0. 612
Si	0. 018	0. 382	0. 932	0. 893	0. 195	0. 894	0. 754
黏粒	0. 179	0. 839	0. 639	0. 221	0. 991	0. 663	0. 838
粉粒	0. 005	0. 941	0. 383	0. 864	0. 930	0. 988	0. 931
砂粒	0. 007	0. 833	0. 305	0. 083	0. 690	0. 370	0. 841

注：表中数据为三因素方差分析的 P 值。

表 5-18　岩性和土地利用对土壤理化指标的主效应

指标	岩性		土地利用	
	石灰岩	碎屑岩	农田	人工林
容重/(g cm^{-3})	1. 23 (0. 03)	1. 20 (0. 03)	1. 27 (0. 03) a	1. 16 (0. 03) b
pH	6. 87 (0. 15) a	4. 92 (0. 15) b	6. 07 (0. 15)	5. 72 (0. 15)
K/(c mol kg^{-1})	0. 35 (0. 02) a	0. 25 (0. 02) b	0. 33 (0. 02)	0. 27 (0. 02)
Na/(c mol kg^{-1})	0. 51 (0. 02)	0. 47 (0. 02)	0. 35 (0. 02) b	0. 62 (0. 02) a
Ca/(c mol kg^{-1})	26. 76 (1. 71) a	8. 13 (1. 71) b	20. 07 (1. 71) a	14. 82 (1. 71) b
Mg/(c mol kg^{-1})	12. 12 (1. 18) a	6. 29 (1. 18) b	16. 83 (1. 18) a	1. 58 (1. 18) b
Al/%	0. 23 (0. 02)	0. 19 (0. 02)	0. 20 (0. 02)	0. 22 (0. 02)
Fe/%	0. 31 (0. 03)	0. 39 (0. 03)	0. 33 (0. 03)	0. 37 (0. 03)
Mn/%	0. 12 (0. 02) a	0. 04 (0. 02) b	0. 09 (0. 02)	0. 07 (0. 02)
Si/%	0. 07 (0. 01) a	0. 05 (0. 01) b	0. 07 (0. 01)	0. 06 (0. 01)
黏粒/%	20. 25 (0. 83)	18. 56 (0. 83)	19. 53 (0. 83)	19. 28 (0. 83)
粉粒/%	70. 59 (0. 85) b	74. 38 (0. 85) a	72. 44 (0. 85)	72. 53 (0. 85)
砂粒/%	9. 16 (0. 51) a	7. 06 (0. 51) b	8. 03 (0. 51)	8. 19 (0. 51)

注：容重单位为 g cm^{-3}，K、Na、Ca 和 Mg 的单位为 cmol kg^{-1}，可提取的铝、铁、锰和硅以及黏粒、粉粒和砂粒含量单位为百分比。数据为平均值（标准误）。不同小写字母表示同一指标在两个岩性之间或土地利用类型之间差异显著（P<0. 05）。

表 5-19　土地利用对每种岩性区土壤理化指标的影响

指标	石灰岩		碎屑岩	
	农田	人工林	农田	人工林
容重/(g cm^{-3})	1. 21 (0. 04)	1. 24 (0. 04)	1. 32 (0. 05) a	1. 08 (0. 05) b
pH	7. 05 (0. 26)	6. 68 (0. 26)	5. 08 (0. 16)	4. 76 (0. 16)
K/(c mol kg^{-1})	0. 41 (0. 04) a	0. 30 (0. 04) b	0. 24 (0. 02)	0. 25 (0. 02)

续表

指标	石灰岩		碎屑岩	
	农田	人工林	农田	人工林
Na/(c mol kg^{-1})	0.36 (0.03) b	0.66 (0.03) a	0.35 (0.03) b	0.59 (0.03) a
Ca/(c mol kg^{-1})	31.20 (3.29) #	22.32 (3.29)	8.95 (0.98)	7.32 (0.98)
Mg/(c mol kg^{-1})	22.49 (2.13) a	1.75 (2.13) b	11.17 (1.04) a	1.41 (1.04) b
Al/%	0.23 (0.03)	0.23 (0.03)	0.17 (0.02)	0.21 (0.02)
Fe/%	0.29 (0.04)	0.32 (0.04)	0.37 (0.05)	0.41 (0.05)
Mn/%	0.12 (0.03)	0.12 (0.03)	0.05 (0.01)	0.03 (0.01)
Si/%	0.08 (0.01)	0.07 (0.01)	0.05 (0.01)	0.05 (0.01)
黏粒/%	21.14 (1.38)	19.36 (1.38)	17.92 (0.91)	19.20 (0.91)
粉粒/%	70.44 (1.26)	70.75 (1.26)	74.44 (1.15)	74.32 (1.15)
砂粒/%	8.42 (0.66)	9.89 (0.66)	7.64 (0.79)	6.48 (0.79)

注：#表示差异显著（$P<0.1$）。不同小写字母表示同一指标在两个岩性之间或土地利用类型之间差异显著（$P<0.05$）。数据为平均值（标准误）。

二、岩性和造林对土壤碳、氮和磷储量的影响

土壤碳库受岩性的显著影响［$P<0.001$，图5-28（a），表5-17］，但受土地利用影响不显著［$P<0.001$，图5-28（b）］。土壤氮库和磷库受岩性和土地利用的显著影响［$P<0.001$，图5-28（a），表5-17］。石灰岩区土壤碳、氮和磷库均显著大于碎屑岩区［$P<0.001$，图5-28（a）］。就两种土地利用类型而言，人工林的土壤碳库大于农田，但土壤氮和磷库低于农田，表明造林后土壤碳水平普遍提高，但土壤氮和磷水平降低［图5-28（b）］。

岩性和土地利用的交互作用只对土壤氮有显著影响（$P<0.001$）（表5-20）。造林对土壤碳库的影响在石灰岩区不显著（$P=0.63$）［图5-29（a），表5-21］，但在碎屑岩区显著（$P<0.001$）。相对于农田（28.25±3.38Mg C hm^{-2}），人工林的土壤碳库增加了31.7%［图5-29（b），表5-21］。在石灰岩区造林对土壤氮的影响显著（$P<0.001$），其中人工林

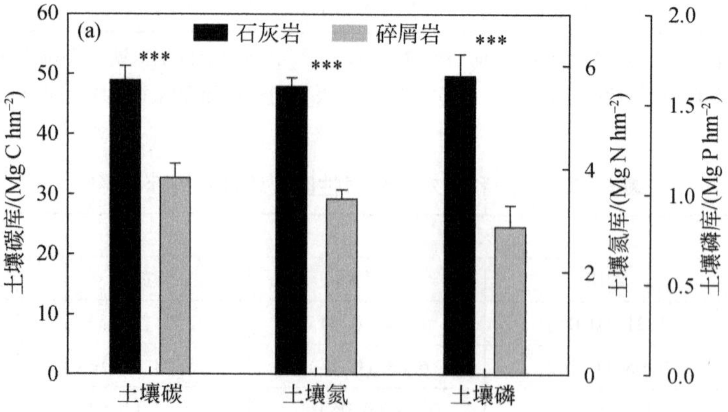

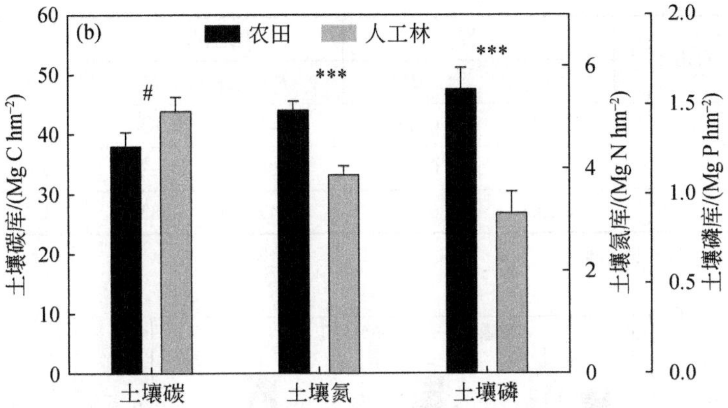

图 5-28　岩性和土地利用对土壤碳、氮和磷库影响的主效应

#和 *** 分别表示石灰岩和碎屑岩之间同一指标在 0.1 和 0.001 水平上差异显著。

的土壤氮库相对于农田（6.66±0.25Mg N hm^{-2}）减少了 32.2% [图 5-29（a），表 5-21]，但在碎屑岩区造林的影响不显著（P=0.21）[图 5-29（b），表 5-21]。相反，在两种岩性类型上造林后，土壤磷库显著减少（图 5-29，表 5-21）。石灰岩区的人工林土壤磷含量比农田（2.09±0.17Mg P hm^{-2}）降低了 41.2%，碎屑岩区的人工林土壤磷含量比农田（1.08±0.17Mg P hm^{-2}）降低了 48.1%。

表 5-20　岩性、土地利用及其相互作用对土壤碳、氮、磷和其他物理化学变量的影响

因变量	自由度	岩性		土地利用		岩性×土地利用	
		F	P	F	P	F	P
容重	1，56	0.383	0.539	6.121	0.016	9.564	0.003
C	1，56	23.203	<0.001	3.073	0.085	0.798	0.376
N	1，56	73.615	<0.001	24.951	<0.001	12.198	0.001
P	1，56	23.761	<0.001	16.161	<0.001	0.981	0.326
C：N	1，56	1.984	0.165	62.41	<0.001	0.064	0.802
C：P	1，56	0.108	0.744	19.978	<0.001	0.008	0.931
N：P	1，56	0.146	0.704	11.641	0.001	0.077	0.782
pH	1，56	82.718	<0.001	2.59	0.113	0.013	0.911
K	1，56	14.163	<0.001	3.652	0.061	4.209	0.045
Na	1，56	1.566	0.216	77.497	<0.001	1.205	0.277
Ca	1，56	58.999	<0.001	4.699	0.034	2.238	0.140
Mg	1，56	12.133	0.001	82.966	<0.001	10.778	0.002
Al	1，56	2.708	0.105	0.863	0.357	0.593	0.445
Fe	1，56	3.716	0.059	0.609	0.438	0.002	0.962
Mn	1，56	11.673	0.001	0.268	0.607	0.238	0.627
Si	1，56	6.393	0.014	0.834	0.365	0.02	0.889

续表

因变量	自由度	岩性		土地利用		岩性×土地利用	
		F	*P*	*F*	*P*	*F*	*P*
黏粒	1，56	2.081	0.155	0.047	0.830	1.717	0.195
粉粒	1，56	9.818	0.003	0.006	0.938	0.033	0.857
砂粒	1，56	8.284	0.006	0.047	0.830	3.278	0.076

注：基于双因素方差分析的结果。

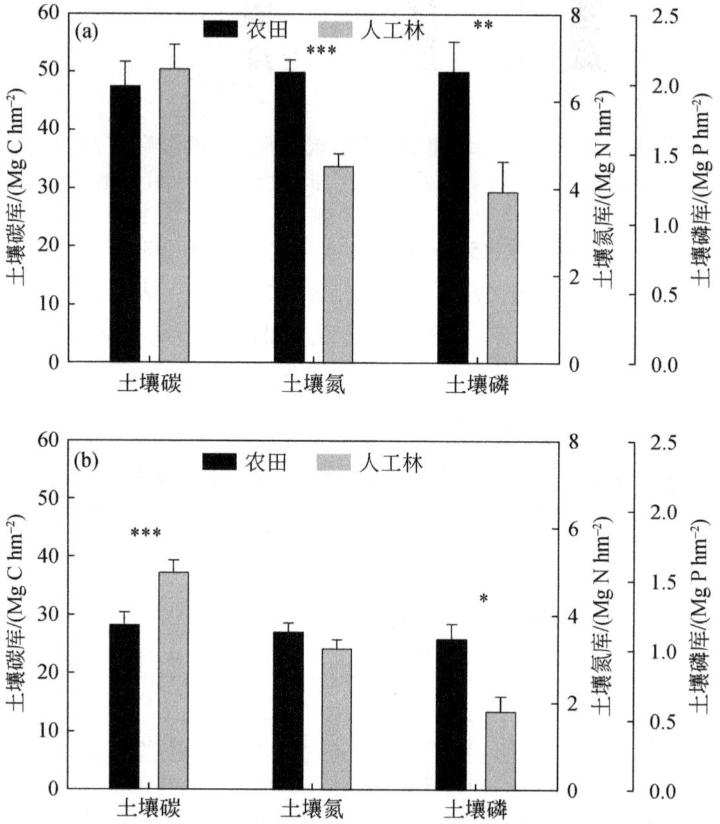

图 5-29　土地利用对石灰岩（a）和碎屑岩区（b）土壤碳、氮和磷库的影响

*和***分别表示农田和人工林之间同一指标在 0.05 和 0.001 水平上差异显著。

表 5-21　土地利用对石灰岩和碎屑岩区土壤理化变量的影响

因变量	自由度	土地利用对石灰岩区的影响		土地利用对碎屑岩区的影响	
		F	*P*	*F*	*P*
容重	1，28	0.27	0.607	12.00	0.002
C	1，28	0.23	0.632	8.32	0.007
N	1，28	27.53	<0.001	1.63	0.212
P	1，28	7.86	0.009	11.40	0.002

续表

因变量	自由度	土地利用对石灰岩区的影响		土地利用对碎屑岩区的影响	
		F	*P*	*F*	*P*
C : N	1，28	32.79	<0.001	29.64	<0.001
C : P	1，28	6.53	0.016	19.60	<0.001
N : P	1，28	3.34	0.078	12.86	0.001
pH	1，28	1.02	0.320	2.03	0.165
K	1，28	5.15	0.031	0.02	0.886
Na	1，28	49.22	<0.001	29.56	<0.001
Ca	1，28	3.66	0.066	1.37	0.251
Mg	1，28	47.63	<0.001	43.74	<0.001
Al	1，28	0.01	0.923	2.11	0.157
Fe	1，28	0.39	0.537	0.26	0.613
Mn	1，28	0.00	0.987	1.29	0.266
Si	1，28	0.42	0.521	0.43	0.516
黏粒	1，28	0.84	0.368	0.99	0.329
粉粒	1，28	0.03	0.861	0.01	0.940
砂粒	1，28	2.52	0.124	1.07	0.309

注：单因素多元方差分析的结果。

本研究表明，岩性对土壤碳、氮和磷库有显著影响，与以往研究一致（Rossel et al., 2014）。由于土壤碳和氮是 SOM 的主要成分，因此岩性对土壤碳和氮库的影响可能是其显著影响 SOM 所致。岩性通过对土壤物理化学性质的调控影响 SOM，进而影响植物生产力、SOM 的分解和稳定（Torn et al., 2009）。例如，Aranda 等（2011）发现，与泥灰岩相比，塌积灰岩（colluvial limestones）区 SOM 以更稳定且以经过生物加工的腐殖质形式存在。类似地，我们发现石灰岩区的土壤碳库和氮库都明显大于碎屑岩区的土壤。由于我们没有测量植物生产力或输入土壤的有机质，所以不能判断两种岩性类型的有机质输入是否存在差异。此外，SOM 库的变化由有机质输入和损失决定，后者与土壤稳定 SOM 的能力密切相关（Davidson and Janssens, 2006），且后者可能比前者更重要，因为如果土壤稳定 SOM 的能力较低，输入的有机质可能会损失掉。在本研究区域，与钙形成有机矿物复合体是 SOM 稳定的主要机制（Di et al., 2015）。OM-Ca^{2+}-矿物络合作用被认为是富钙土壤中 SOM 稳定的主要机制（Kaiser et al., 2012）。因此，在本研究中，石灰岩区较高的可交换性钙水平可能是土壤碳和氮库较高的原因（图 5-30）。

生态系统中土壤磷主要来源于岩石风化以及农田施肥（Groppo et al., 2015）。因此，不同岩性类型区土壤磷库可能存在较大差异（Leuschner et al., 2006）。在本研究中，无论人工林还是农田，石灰岩区土壤磷含量都显著大于碎屑岩区，这表明石灰岩区岩石风化释放的磷更多。Song 等（2008）的研究也支持这一观点，他们发现西南地区的石灰岩富含磷，但也有研究发现石灰性土壤磷相对贫乏（Hartmann and Moosdorf, 2012）。然而，与本

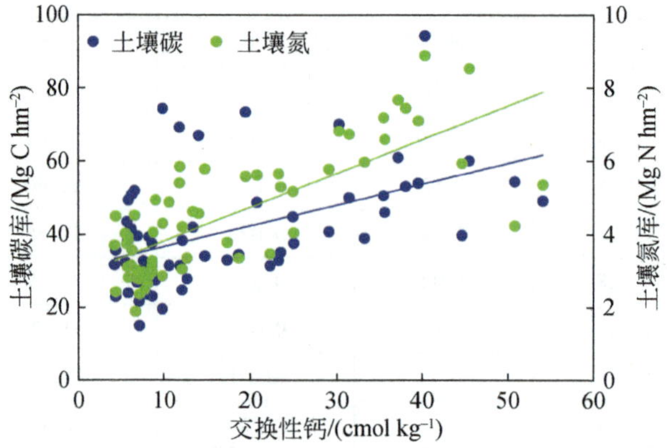

图 5-30 交换性钙与土壤碳库（R^2=0.24，P<0.001，n=60）或土壤氮库（R^2=0.58，P<0.001，n=60）之间的相关性

研究相似，Turner 和 Engelbrecht（2011）发现在热带雨林中石灰性母质发育的淋溶土含有最高的磷。

全球数据的整合分析表明，在农田采用松树造林对土壤固碳的促进效应有限，甚至会降低土壤碳库（Li et al.，2012）。然而，这些整合分析中包含的案例多数来源于温带气候区，造林前的农业用地大多是牧场（Li et al.，2012）。在亚热带和热带气候区开展的研究表明，在农田利用松树造林通常会增加土壤碳库（Garten，2002；Lemma et al.，2006）。然而，上述在亚热带和热带气候区进行的研究并没有同时调查造林后土壤氮库的变化。因此，不能根据这些研究来评估在农田利用松树造林是否对土壤碳和氮库具有类似的影响。

本研究表明，造林对土壤碳库或氮库的影响受岩性的调节。石灰岩区造林对土壤碳库影响不大，但碎屑岩区造林显著促进土壤碳氮累积。类似地，Kosmas 等（2000）发现，火山熔岩和片岩-大理岩区退耕后 SOM 显著增加，但在页岩区 SOM 变化不显著。根据 Kosmas 等（2000）的研究，耕作阶段 SOM 大量流失的区域如火山熔岩区退耕 SOM 显著增加。相反，耕作阶段 SOM 没有显著损失的页岩区退耕后 SOM 变化不显著（Kosmas et al.，2000）。如前所述，Ca 是决定富钙土壤 SOM 稳定性的重要因素（Kaiser et al.，2012）。就石灰岩区的土壤而言，农田中的 Ca 含量略高于人工林（P<0.1），因此人工林中 SOM 的流失潜力也相应较高。然而，由于农田因作物收获而带走部分生物量，因此人工林中有机质输入应高于农田。人工林中较高的有机质输入反过来能够抵消其较低的钙水平所造成的 SOM 损失。这可能是石灰岩区造林后土壤碳库没有显著变化的原因。就碎屑岩区而言，两种土地利用方式下土壤钙含量相似，因此较高的有机质输入可能是人工林土壤碳库高于农田的原因。

全球数据整合分析，在造林后或森林发展期间，土壤氮的变化模式通常与土壤碳相似（Li et al.，2012）。本研究还不能很好地解释造林对土壤氮与碳的差异化影响。一个可能因素是施氮。施氮会导致土壤氮不成比例地积聚在农田土壤中，从而使 C∶N 变小。这很好地解释了在石灰岩区造林后尽管土壤碳库未明显变化，但农田土壤氮库显著高于人工林这一发现。就碎屑岩区而言，人工林土壤碳库显著高于农田。由于土壤碳氮循环紧密耦合，在没有额外氮输入（例如施肥）的情况下，人工林中土壤氮库应会高于农田（Li et al.，2012）。由于额外的氮输入，农田土壤氮库与人工林没有显著差异。尽管如此，石灰岩和碎屑岩区土壤氮对造林的差异化响应至少表明岩性在决定造林后土壤氮库变化方面起着重要作用。

与土壤碳和氮相比，造林对土壤磷库的影响在两种岩性间类似，即农田土壤磷库显著高于人工林。与本研究相似，其他研究也常常发现由于磷在土壤中移动性较低，施磷常导致表层土壤中磷水平增加（Groppo et al.，2015）。因此，施用磷肥是造成本研究农田土壤磷含量较高的主要原因。此外，植物对磷的吸收也可能是人工林中土壤磷水平相对较低的原因。

三、岩性和造林对土壤碳、氮和磷化学计量比的影响

土壤碳、氮、磷之间的化学计量比受造林的显著影响，但受岩性影响不显著（图5-31，表5-20）。由于没有发现岩性和造林对元素比值的显著交互效应（表5-20），因此仅分析了主效应（图5-31）。总体上看，两种岩性的C：N：P为139：11：1。平均C：N从农田的8.6±0.3 增加到人工林的13.4±0.5，增加了55.4%。C：P增幅最大

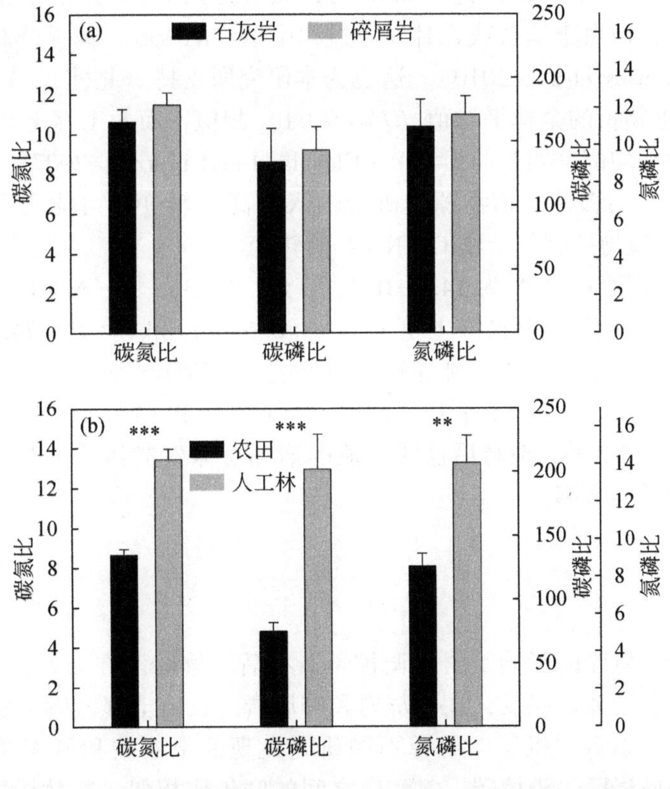

图5-31 岩性（a）和土地利用（b）对碳氮磷化学计量比的影响

** 和 *** 分别表示石灰岩和碎屑岩之间同一指标在0.01和0.001水平上差异显著。

(169.8%)，农田为74.9±7.1，人工林为202.2±27.1。农田和人工林的N：P分别为8.5±0.7和14.1±1.4，后者比前者高64.8%。农田和人工林的C：N：P分别为75：9：1和202：14：1。

陆地生态系统中碳、氮和磷的生物地球化学循环通过初级生产、呼吸和分解的作用而紧密耦合（Delgado-Baquerizo et al.，2013）。因此，这些比值的变化幅度较小，尤其是土壤C：N（Cleveland and Liptzin，2007）。在本研究中，虽然土壤碳、氮和磷之间的摩尔比在两种岩性类型之间相似，但它们的储量在石灰岩区显著较高，证明这些元素生物地球化学循环紧密耦合。一些整合分析也显示，尽管土壤元素储量变化较大，但大范围内表层土壤中的C：N：P受到很好的约束（Cleveland and Liptzin，2007）。

造林显著改变了两种岩性区土壤碳、氮和磷的比值。这种变化主要是由于造林后这三种元素循环的解耦造成，即造林后土壤碳没有变化或增加，而土壤氮或磷减少。以往的研究表明土地利用变化后（包括造林）土壤碳、氮、磷的比值变化并不一致。一些研究发现土地利用变化改变了比值（Groppo et al.，2015），但另一些研究表明C：N没有变化（Ding et al.，2013）。当土壤碳和氮紧密耦合并成比例变化时，常导致土壤C：N不随土地利用变化而变化（Li et al.，2012）。例如，整合分析表明，由于造林后土壤碳和氮的变化相似，因此造林后土壤C：N无明显变化（Li et al.，2012）。随着SOM的积累，土壤碳和氮循环常会逐渐与土壤磷循环解耦（Cleveland and Liptzin，2007）。解耦通常是由土壤碳和氮的积累引起的，但由于演替或森林发育过程中植物的吸收，磷循环越来越保守，C：P或N：P增加（Vitousek et al.，2010）。这也为本研究所支持。此外，本研究中农田土壤C：N：P与微生物生物量的全球平均值（74：9：1）相似，而人工林土壤C：N：P非常接近全球森林土壤的平均值（212：15：1）（Cleveland and Liptzin，2007）。随着农田（植物源有机质输入较低）向森林（植物源有机质输入较高）转变，可能会出现从微生物控制的土壤C：N：P向植物控制的土壤C：N：P的转变。

与全国的平均比值（C：N为14.4±0.4，C：P为136±11，N：P为9.3±0.7）相比（Tian et al.，2010），本研究中农田土壤C：N（8.6±0）和C：P（74.9±20）较低，而N：P（8.5±1）相近。这是由于施肥导致农田土壤氮、磷库相对较高。当农田转变为人工林后，C：N上升到与全国平均水平相近的水平，而C：P（202±20.1）和N：P（14.1±1.1）则高于全国平均水平。造林后这些比值的增加意味着造林后土壤碳固持将越来越受到土壤氮磷尤其是磷的限制。

四、结论

造林对土壤碳、氮库的影响受岩性调控。造林后土壤碳库在石灰岩区的变化不显著，而在碎屑岩区则显著增加。相反，在石灰岩和碎屑岩区农田土壤氮库分别大于和等于人工林。本研究提供了一条新的机制以解释不同研究发现的土壤碳和氮库对造林的差异化响应。在石灰岩和碎屑岩区，土壤碳、氮和磷之间的摩尔比相似。造林增加了土壤C：N和C：P，表明造林后土壤碳固持将越来越受到土壤氮和磷，尤其是磷的限制。

参考文献

刘元生，卜通达，陈祖拥，2012. 贵州喀斯特山区植被演替对土壤有效氮磷含量及酶活性的影响．中国岩溶，31（1）：31-35.

宋照亮，朱兆洲，杨成，等，2008. 西南乌江流域石灰岩风化过程中锰和磷的迁移富集．浙江林学院学报，25（6）：705-710.

Acosta-Martinez V，Zobeck T M，Allen V，2004. Soil microbial，chemical and physical properties in continuous cotton and integrated crop-livestock systems. Soil Science Society of America Journal，68（6）：1875-1884.

Aranda V，Ayora-Cañada M J，Domínguez-Vidal A，et al.，2011. Effect of soil type and management（organic vs. conventional）on soil organic matter quality in olive groves in a semi-arid environment in Sierra Mágina Natural Park（S Spain）. Geoderma，164（1-2）：54-63.

Bailey V L，Smith J L，Bolton H，2002. Fungal-to-bacterial ratios in soils investigated for enhanced C sequestration. Soil Biology & Biochemistry，34（7）：997-1007.

Baker J M，Ochsner T E，Venterea R T，et al.，2007. Tillage and soil carbon sequestration—What do we really know? Agriculture，Ecosystems & Environment，118（1-4）：1-5.

Bautista-Cruz A，del Castillo R F，2005. Soil changes during secondary succession in a tropical montane cloud forest area. Soil Science Society of America Journal，69（3）：906-914.

Bennett M T，2008. China's sloping land conversion program：Institutional innovation or business as usual? Ecological Economics，65（4）：699-711.

Borjesson G，Menichetti L，Kirchmann H，et al.，2012. Soil microbial community structure affected by 53 years of nitrogen fertilisation and different organic amendments. Biology and Fertility of Soils，48（3）：245-257.

Brookshire E N，Gerber S，Menge D N，et al.，2012. Large losses of inorganic nitrogen from tropical rainforests suggest a lack of nitrogen limitation. Ecology Letters，15（1）：9-16.

Brown S，Lugo A E，1990. Effects of forest clearing and succession on the carbon and nitrogen-content of soils in Puerto-Rico and US Virgin Islands. Plant and Soil，124（1）：53-64.

Chadwick O A，Derry L A，Vitousek P M，et al.，1999. Changing sources of nutrients during four million years of ecosystem development. Nature，397（6719）：491-497.

Chang R Y，Fu B J，Liu G H，et al.，2011. Soil Carbon Sequestration Potential for "Grain for Green" Project in Loess Plateau，China. Environmental Management，48（6）：1158-1172.

Chen H S，Zhang W，Wang K L，et al.，2012. Soil organic carbon and total nitrogen as affected by land use types in karst and non-karst areas of northwest Guangxi，China. Journal of the Science of Food and Agriculture，92（5）：1086-1093.

Cleveland C，Liptzin D，2007. C：N：P stoichiometry in soil：is there a "Redfield ratio" for the microbial biomass? Biogeochemistry，85（3）：235-252.

Conant R T，Paustian K，Elliott E T，2001. Grassland management and conversion into grassland：Effects on soil carbon. Ecological Applications，11（2）：343-355.

Craine J M，Brookshire E N J，Cramer M D，et al.，2015. Ecological interpretations of nitrogen isotope ratios of terrestrial plants and soils. Plant and Soil，396（1-2）：1-26.

D'Amico M，Gorra R，Freppaz M，2015. Small-scale variability of soil properties and soil-vegetation relationships in patterned ground on different lithologies（NW Italian Alps）. Catena，135：47-58.

Dahlgren R A，1994. Soil acidification and nitrogen saturation from weathering of ammonium-bearing rock. Nature，368（6474）：838-841.

Davidson E A, Janssens I A, 2006. Temperature sensitivity of soil carbon decomposition and feedbacks to climate change. Nature, 440 (7081): 165-173.

Davidson E A, de Carvalho C J, Figueira A M, et al., 2007. Recuperation of nitrogen cycling in Amazonian forests following agricultural abandonment. Nature, 447 (7147): 995-998.

de Graaff M-A, van Groenigen K-J, Six J, et al., 2006. Interactions between plant growth and soil nutrient cycling under elevated CO_2: a meta-analysis. Global Change Biology, 12 (11): 2077-2091.

Delgado-Baquerizo M, Maestre F T, Gallardo A, et al., 2013. Decoupling of soil nutrient cycles as a function of aridity in global drylands. Nature, 502 (7473): 672-676.

Deng Q, Cheng X, Hui D, et al., 2016. Soil microbial community and its interaction with soil carbon and nitrogen dynamics following afforestation in central China. Science of the Total Environment, 541: 230-237.

Di X, An X, Dong H, et al., 2015. The distribution and evolution of soil organic matter in the karst region, Guizhou Province, southwestern China. Earth and Environment, 43 (6): 697-708.

Dilly O, Bartsch S, Rosenbrock P, et al., 2001. Shifts in physiological capabilities of the microbiota during the decomposition of leaf litter in a black alder (*Alnus glutinosa* (Gaertn.) L.) forest. Soil Biology & Biochemistry, 33 (7-8): 921-930.

Ding F, Hu Y-L, Li L-J, et al., 2013. Changes in soil organic carbon and total nitrogen stocks after conversion of meadow to cropland in Northeast China. Plant and Soil, 373 (1-2): 659-672.

Dolan M S, Clapp C E, Allmaras R R, et al., 2006. Soil organic carbon and nitrogen in a Minnesota soil as related to tillage, residue and nitrogen management. Soil & Tillage Research, 89 (2): 221-231.

Dou X L, Deng Q, Li M, et al., 2013. Reforestation of *Pinus massoniana* alters soil organic carbon and nitrogen dynamics in eroded soil in south China. Ecological Engineering, 52: 154-160.

Drenovsky R E, Steenwerth K L, Jackson L E, et al., 2010. Land use and climatic factors structure regional patterns in soil microbial communities. Global Ecology and Biogeography, 19 (1): 27-39.

Fang Y T, Yoh M, Koba K, et al., 2011. Nitrogen deposition and forest nitrogen cycling along an urban-rural transect in southern China. Global Change Biology, 17 (2): 872-885.

Feldpausch T R, Rondon M A, Fernandes E C M, et al., 2004. Carbon and nutrient accumulation in secondary forests regenerating on pastures in central Amazonia. Ecological Applications, 14 (4): S164-S176.

Feng T, Chen H S, Polyakov V O, et al., 2016. Soil erosion rates in two karst peak-cluster depression basins of northwest Guangxi, China: Comparison of the RUSLE model with ^{137}Cs measurements. Geomorphology, 253: 217-224.

Ferris H, Venette R C, Scow K M, 2004. Soil management to enhance bacterivore and fungivore nematode populations and their nitrogen mineralisation function. Applied Soil Ecology, 25 (1): 19-35.

Finzi A C, Van Breemen N, Canham C D, 1998. Canopy tree soil interactions within temperate forests: Species effects on soil carbon and nitrogen. Ecological Applications, 8 (2): 440-446.

Fonseca W, Benayas J M R, Alice F E, 2011. Carbon accumulation in the biomass and soil of different aged secondary forests in the humid tropics of Costa Rica. Forest Ecology and Management, 262 (8): 1400-1408.

Freibauer A, Rounsevell M D A, Smith P, et al., 2004. Carbon sequestration in the agricultural soils of Europe. Geoderma, 122 (1): 1-23.

Frouz J, Liveckova M, Albrechtova J, et al., 2013. Is the effect of trees on soil properties mediated by soil fauna? A case study from post-mining sites. Forest Ecology and Management, 309: 87-95.

Garten C, 2002. Soil carbon storage beneath recently established tree plantations in Tennessee and South Carolina, USA. Biomass Bioenerg, 23: 93-102.

Govaerts B, Verhulst N, Castellanos- Navarrete A, et al., 2009. Conservation agriculture and soil carbon sequestration: Between myth and farmer reality. Critical Reviews in Plant Sciences, 28 (3): 97-122.

Groppo J D, Lins S R M, Camargo P B, et al., 2015. Changes in soil carbon, nitrogen, and phosphorus due to land-use changes in Brazil. Biogeosciences, 12 (15): 4765-4780.

Guo J H, Liu X J, Zhang Y, et al., 2010. Significant Acidification in Major Chinese Croplands. Science, 327 (5968): 1008-1010.

Hartmann J, Moosdorf N, 2012. The new global lithological map database GLiM: A representation of rock properties at the Earth surface. Geochemistry, Geophysics, Geosystems, 13 (12): Q12004.

Hedin L O, Brookshire E N J, Menge D N L, et al., 2009. The nitrogen paradox in tropical forest ecosystems. Annual Review of Ecology Evolution and Systematics, 613-635.

Hijmans R J, Cameron S E, Parra J L, et al., 2005. Very high resolution interpolated climate surfaces for global land areas. International Journal of Climatology, 25 (15): 1965-1978.

Hofmeister J, Mihaljevic M, Hosek J, et al., 2002. Eutrophication of deciduous forests in the Bohemian Karst (Czech Republic): the role of nitrogen and phosphorus. Forest Ecology and Management, 169 (3): 213-230.

Holloway J M, Dahlgren R A, 2002. Nitrogen in rock: Occurrences and biogeochemical implications. Global Biogeochemical Cycles, 16 (4): 65-1-65-17.

Holloway J M, Dahlgren R A, Hansen B, et al., 1998. Contribution of bedrock nitrogen to high nitrate concentrations in stream water. Nature, 395 (6704): 785-788.

Holloway J M, Dahlgren R A, Casey W H, 2001. Nitrogen release from rock and soil under simulated field conditions. Chemical Geology, 174 (4): 403-414.

Hou E Q, Chen C R, Kuang Y W, et al., 2016. A structural equation model analysis of phosphorus transformations in global unfertilized and uncultivated soils. Global Biogeochemical Cycles, 30 (9): 1300-1309.

Houlton B Z, Morford S L, 2015. A new synthesis for terrestrial nitrogen inputs. Soil Discussions, 1 (1): 381-397.

Houlton B Z, Wang Y P, Vitousek P M, et al., 2008. A unifying framework for dinitrogen fixation in the terrestrial biosphere. Nature, 454 (7202): 327-330.

Jarecki M K, Lal R, 2003. Crop management for soil carbon sequestration. Critical Reviews in Plant Sciences, 22 (6): 471-502.

Jiang Z, Lian Y, Qin X, 2014. Rocky desertification in southwest China: Impacts, causes, and restoration. Earth-Science Reviews, 132 (0): 1-12.

Jobbagy E G, Jackson R B, 2001. The distribution of soil nutrients with depth: Global patterns and the imprint of plants. Biogeochemistry, 53 (1): 51-77.

Johnson C M, Vieira I C G, Zarin D J, et al., 2001. Carbon and nutrient storage in primary and secondary forests in eastern Amazonia. Forest Ecology and Management, 147 (2-3): 245-252.

Kaiser M, Ellerbrock R H, Wulf M, et al., 2012. The influence of mineral characteristics on organic matter content, composition, and stability of topsoils under long-term arable and forest land use. Journal of Geophysical Research-Biogeosciences, 117 (G2): G02018.

Knops J M H, Tilman D, 2000. Dynamics of soil nitrogen and carbon accumulation for 61 years after agricultural abandonment. Ecology, 81 (1): 88-98.

Kooijman A M, Jongejans J, Sevink J, 2005. Parent material effects on Mediterranean woodland ecosystems in NE Spain. Catena, 59 (1): 55-68.

Kosmas C, Gerontidis S, Marathianou M, 2000. The effect of land use change on soils and vegetation over various lithological formations on Lesvos (Greece). Catena, 40 (1): 51-68.

Lal R, 2004. Soil carbon sequestration impacts on global climate change and food security. Science, 304 (5677): 1623-1627.

Lejon D P H, Chaussod R, Ranger J, et al., 2005. Microbial community structure and density under different tree species in an acid forest soil (Morvan, France). Microbial Ecology, 50 (4): 614-625.

Lemma B, Kleja D B, Nilsson I, et al., 2006. Soil carbon sequestration under different exotic tree species in the southwestern highlands of Ethiopia. Geoderma, 136 (3-4): 886-898.

Leuschner C, Meier I C, Hertel D, 2006. On the niche breadth of *Fagus sylvatica*: soil nutrient status in 50 Central European beech stands on a broad range of bedrock types. Annals of Forest Science, 63 (4): 355-368.

Li D, Niu S, Luo Y, 2012. Global patterns of the dynamics of soil carbon and nitrogen stocks following afforestation: a meta-analysis. New Phytologist, 195 (1): 172-181.

Li M, Zhou X H, Zhang Q F, et al., 2014. Consequences of afforestation for soil nitrogen dynamics in central China. Agriculture Ecosystems & Environment, 183: 40-46.

Li D, Wen L, Zhang W, et al., 2017a. Afforestation effects on soil organic carbon and nitrogen pools modulated by lithology. Forest Ecology and Management, 400: 85-92.

Li D J, Wen L, Yang L Q, et al., 2017b. Dynamics of soil organic carbon and nitrogen following agricultural abandonment in a karst region. Journal of Geophysical Research-Biogeosciences, 122 (1): 230-242.

Li D, Liu J, Chen H, et al., 2018a. Soil microbial community responses to forage grass cultivation in degraded karst soils, southwest China. Land Degradation & Development, 29 (12): 4262-4270.

Li D J, Liu J, Chen H, et al., 2018b. Soil gross nitrogen transformations in responses to land use conversion in a subtropical karst region. Journal of Environmental Management, 212: 1-7.

Li D, Zhang Q, Wang Z, 2019. Free-living N_2 fixation in three karst shrublands, southwest China. Ecosystems, 22 (4): 818-826.

Liu Z, Dreybrodt W, Li H, 2006. Comparison of dissolution rate-determining mechanisms between limestone and dolomite. Earth Science, 31 (3): 411-416.

Liu X Y, Koba K, Liu C Q, et al., 2012. Pitfalls and new mechanisms in moss isotope biomonitoring of atmospheric nitrogen deposition. Environmental Science Technology, 46 (22): 12557-12566.

Luo Y, Su B, Currie W S, et al., 2004. Progressive nitrogen limitation of ecosystem responses to rising atmospheric carbon dioxide. Bioscience, 54 (8): 731-739.

Luo H, Pu T, Chen Z, et al., 2010a. Effect of different vegetation community on soil nutrients of microhabitat in southern karst areas of Guizhou province. Guizhou Agricultural Sciences, 38 (6): 112-115.

Luo Z K, Wang E L, Sun O J, 2010b. Can no-tillage stimulate carbon sequestration in agricultural soils? A meta-analysis of paired experiments. Agriculture Ecosystems & Environment, 139 (1-2): 224-231.

Lutzow M v, Kogel-Knabner I, Ekschmitt K, et al., 2006. Stabilization of organic matter in temperate soils: mechanisms and their relevance under different soil conditions-a review. European Journal of Soil Science, 57 (4): 426-445.

Lynch J P, Brown K M, 2001. Topsoil foraging-an architectural adaptation of plants to low phosphorus availability. Plant and Soil, 237 (2): 225-237.

Ma Z, Wood C W, Bransby D I, 2000. Soil management impacts on soil carbon sequestration by switchgrass. Biomass & Bioenergy, 18 (6): 469-477.

Ma L, Guo C, Lu X, et al., 2015. Soil moisture and land use are major determinants of soil microbial community composition and biomass at a regional scale in northeastern China. Biogeosciences, 12 (8): 2585-2596.

Macedo M O, Resende A S, Garcia P C, et al., 2008. Changes in soil C and N stocks and nutrient dynamics 13 years after recovery of degraded land using leguminous nitrogen- fixing trees. Forest Ecology and Management, 255 (5): 1516-1524.

Markewitz D, Sartori F, Craft C, 2002. Soil change and carbon storage in longleaf pine stands planted on marginal agricultural lands. Ecological Applications, 12: 1276-1285.

Matamala R, Jastrow J D, Miller R M, et al., 2008. Temporal changes in C and N stocks of restored prairie: Implications for C sequestration strategies. Ecological Applications, 18 (6): 1470-1488.

Mobley M L, Lajtha K, Kramer M G, et al., 2015. Surficial gains and subsoil losses of soil carbon and nitrogen during secondary forest development. Global Change Biology, 21 (2): 986-996.

Morford S L, Houlton B Z, Dahlgren R A, 2011. Increased forest ecosystem carbon and nitrogen storage from nitrogen rich bedrock. Nature, 477 (7362): 78-81.

Ostrowska A, Porebska G, 2015. Assessment of the C/N ratio as an indicator of the decomposability of organic matter in forest soils. Ecological Indicators, 49: 104-109.

Oyonarte C, Aranda V, Durante P, 2008. Soil surface properties in Mediterranean mountain ecosystems: Effects of environmental factors and implications of management. Forest Ecology and Management, 254 (2): 156-165.

Poulton P R, Pye E, Hargreaves P R, et al., 2003. Accumulation of carbon and nitrogen by old arable land reverting to woodland. Global Change Biology, 9 (6): 942-955.

Prach K, Walker L R, 2011. Four opportunities for studies of ecological succession. Trends in Ecology & Evolution, 26 (3): 119-123.

Reed S C, Cleveland C C, Townsend A R, 2011. Functional ecology of free- living nitrogen fixation: A contemporary perspective//Futuyma D J, Shaffer H B, Simberloff D. Annual Review of Ecology Evolution and Systematics, 42: 489-512.

Ren H, Shen W-J, Lu H-F, et al., 2007. Degraded ecosystems in China: status, causes, and restoration efforts. Landscape and Ecological Engineering, 3 (1): 1-13.

Rhoades C C, Eckert G E, Coleman D C, 2000. Soil carbon differences among forest, agriculture, and secondary vegetation in lower montane Ecuador. Ecological Applications, 10 (2): 497-505.

Rossel R A V, Webster R, Bui E N, et al., 2014. Baseline map of organic carbon in Australian soil to support national carbon accounting and monitoring under climate change. Global Change Biology, 20 (9): 2953-2970.

Sekiya N, Shiotsu F, Abe J, et al., 2013. Distribution and quantity of root systems of field-grown Erianthus and Napier grass. American Journal of Plant Sciences, 4: 16-22.

Shi S, Han P, 2014. Estimating the soil carbon sequestration potential of China's Grain for Green Project. Global Biogeochemical Cycles, 28 (11): 1279-1294.

Song Z, Zhu Z, Yang C, et al., 2008. Mobility and enrichment of manganese and phosphorus during limestone weathering in the Wujiang Catchments of southwestern China. Journal of Zhejiang Forestry College, 25 (6): 705-710.

Su Y Z, 2007. Soil carbon and nitrogen sequestration following the conversion of cropland to alfalfa forage land in northwest China. Soil & Tillage Research, 92 (1-2): 181-189.

Sullivan B W, Smith W K, Townsend A R, et al., 2014. Spatially robust estimates of biological nitrogen (N) fixation imply substantial human alteration of the tropical N cycle. Proceedings of the National Academy of Sciences, 111 (22): 8101-8106.

Sun O J, Campbell J, Law B E, et al., 2004. Dynamics of carbon stocks in soils and detritus across chronosequences of different forest types in the Pacific Northwest, USA. Global Change Biology, 10 (9):

1470-1481.

Thoms C, Gattinger A, Jacob M, et al., 2010. Direct and indirect effects of tree diversity drive soil microbial diversity in temperate deciduous forest. Soil Biology & Biochemistry, 42 (9): 1558-1565.

Tian H, Chen G, Zhang C, et al., 2010. Pattern and variation of C : N : P ratios in China's soils: a synthesis of observational data. Biogeochemistry, 98 (1-3): 139-151.

Torn M S, Swanston C W, Castanha C, et al., 2009. Storage and Turnover of Organic Matter in Soil, Biophysico-Chemical Processes Involving Natural Nonliving Organic Matter in Environmental Systems. Hoboken, New Jersey: John Wiley & Sons, Inc.

Trivedi P, Delgado- Baquerizo M, Anderson I C, et al., 2016. Response of soil properties and microbial communities to agriculture: Implications for primary productivity and soil health indicators. Frontiers in Plant Science, 7. https: //doi. org/10. 3389/fpls. 2016. 00990.

Turner B L, Engelbrecht B M J, 2011. Soil organic phosphorus in lowland tropical rain forests. Biogeochemistry, 103 (1-3): 297-315.

Turrión M-B, Schneider K, Gallardo J F, 2009. Carbon accumulation in Umbrisols under Quercus pyrenaica forests: Effects of bedrock and annual precipitation. Catena, 79 (1): 1-8.

van der Wal A, van Veen J A, Smant W, et al., 2006. Fungal biomass development in a chronosequence of land abandonment. Soil Biology & Biochemistry, 38 (1): 51-60.

Vitousek P M, Porder S, Houlton B Z, et al., 2010. Terrestrial phosphorus limitation: mechanisms, implications, and nitrogen-phosphorus interactions. Ecological Applications, 20 (1): 5-15.

Vitousek P M, Menge D N L, Reed S C, et al., 2013. Biological nitrogen fixation: rates, patterns and ecological controls in terrestrial ecosystems. Philosophical Transactions of the Royal Society B- Biological Sciences, 368 (1621): 9.

von Lützow M, Kögel-Knabner I, Ekschmitt K, et al., 2006. Stabilization of organic matter in temperate soils: mechanisms and their relevance under different soil conditions- a review. European Journal of Soil Science, 57 (4): 426-445.

von Lützow M, Kögel- Knabner I, Ekschmitt K, et al., 2007. SOM fractionation methods: Relevance to functional pools and to stabilization mechanisms. Soil Biology and Biochemistry, 39 (9): 2183-2207.

Wang Z, Li D, Sun X, et al., 2023. Effects of lithology on asymbiotic N_2 fixation in subtropical secondary forests, southwest China. Ecosystems, 26: 1173-1182.

Wei H, Guenet B, Vicca S, et al., 2014. High clay content accelerates the decomposition of fresh organic matter in artificial soils. Soil Biology & Biochemistry, 77: 100-108.

Wen L, Lei P, Xiang W, et al., 2014. Soil microbial biomass carbon and nitrogen in pure and mixed stands of *Pinus massoniana* and *Cinnamomum camphora* differing in stand age. Forest Ecology and Management, 328: 150-158.

Wen L, Li D, Yang L, et al., 2016. Rapid recuperation of soil nitrogen following agricultural abandonment in a karst area, southwest China. Biogeochemistry, 129 (3): 341-354.

Xiao K C, He T G, Chen H, et al., 2017. Impacts of vegetation restoration strategies on soil organic carbon and nitrogen dynamics in a karst area, southwest China. Ecological Engineering, 101: 247-254.

Xu J T, Yin R S, Li Z, et al., 2006. China's ecological rehabilitation: Unprecedented efforts, dramatic impacts, and requisite policies. Ecological Economics, 57 (4): 595-607.

Xu X F, Thornton P E, Post W M, 2013. A global analysis of soil microbial biomass carbon, nitrogen and phosphorus in terrestrial ecosystems. Global Ecology and Biogeography, 22 (6): 737-749.

Yang Y H, Ma W H, Mohammat A, et al., 2007. Storage, patterns and controls of soil nitrogen in China. Pedosphere, 17 (6): 776-785.

Yang L, Luo P, Wen L, et al., 2016. Soil organic carbon accumulation during post-agricultural succession in a karst area, southwest China. Scientific Reports, 6: 37118.

Zhang B, Yang Y S, Zepp H, 2004. Effect of vegetation restoration on soil and water erosion and nutrient losses of a severely eroded clayey Plinthudult in southeastern China. Catena, 57 (1): 77-90.

Zhang W, Chen H, Wang K, et al., 2007. Effects of planting pattern and bare rock ratio on spatial distribution of soil nutrients in Karst depression area. The Journal of Applied Ecology, 18 (7): 1459-1463.

Zhang W, Zhao J, Pan F, et al., 2015. Changes in nitrogen and phosphorus limitation during secondary succession in a karst region in southwest China. Plant and Soil, 391 (1-2): 77-91.

Zhang Q, Wu J, Yang F, et al., 2016. Alterations in soil microbial community composition and biomass following agricultural land use change. Scientific Reports, 6.

Zhou J, Ma J, Li D, 2021. Symbiotic and free-living N_2 fixation in subtropical Pueraria lobata communities of southwest China. Journal of Geophysical Research-Biogeosciences, 126 (7): e2021JG006282.

Zhu J X, He N P, Wang Q F, et al., 2015. The composition, spatial patterns, and influencing factors of atmospheric wet nitrogen deposition in Chinese terrestrial ecosystems. Science of the Total Environment, 511: 777-785.

Zornoza R, Guerrero C, Mataix-Solera J, et al., 2009. Changes in soil microbial community structure following the abandonment of agricultural terraces in mountainous areas of Eastern Spain. Applied Soil Ecology, 42 (3): 315-323.

第六章 西南喀斯特地区植物与土壤微生物氮限制状况

第一节 引 言

氮与磷是陆地自然生态系统植物生长主要的限制性营养元素，其动态变化对生态系统结构、功能与过程具有重要影响（Du et al.，2020）。从植被恢复角度来讲，氮磷限制状况在很大程度上决定着植被恢复的方向与速率，即在类似气候与土壤条件下，土壤氮磷供应充足时植被往正向恢复演替且能更快达到顶级群落状态；相反，土壤氮磷供应不足时生态系统可能长期处于演替的早期阶段（Wen et al.，2016）。从生态系统固碳角度来看，氮磷限制状况在很大程度上决定着生态系统碳汇潜力，这是因为碳氮磷循环特别是碳氮循环紧密耦合，氮的供应能力一定程度决定着植被与土壤的固碳潜力（Li et al.，2017a）。从对全球变化响应的角度讲，氮磷限制状况在很大程度上决定着生态系统对全球变化的响应模式。如在大气 CO_2 升高背景下，氮磷状况较好或可利用性氮磷水平较高时 CO_2 对植被生长的促进效果更好。因此，研究生态系统的氮磷限制状况对于评估与预测生态系统碳汇潜力具有重要意义，在碳达峰碳中和战略目标背景下尤其显得必要和紧迫。

喀斯特生态系统是地球表层系统的重要组成部分，约占全球陆地面积的15%及我国陆地面积的36%左右（Jiang et al.，2014）。其中，湖南、广西、贵州和云南等南方八省（自治区）是全球喀斯特生态系统三大集中连片分布区之一。喀斯特生态系统具有一系列特殊属性，如岩性为岩酸盐岩、岩石出露率高、土层相对浅薄且分布不连续、土壤钙镁含量高、土壤酸碱度中性或偏碱性、适生植物具有喜钙耐旱特征、岩石裂隙管道发达、具有地上地下二元水文结构等。过去由于不合理人为活动，大面积的喀斯特生态系统遭到了破坏，导致生态退化及石漠化。虽然近些年来国家在喀斯特山区开展了一系列的生态恢复工程，植被恢复取得一定的效果，然而生态保护与修复任务依然艰巨。基于此，在最近发布的《全国重要生态系统保护和修复重大工程总体规划（2021—2035）》内容六“南方丘陵山地带生态保护和修复重大工程”中，“湘桂岩溶地区石漠化综合治理”是三大重点工程之一。此外，近期的研究发现广西、贵州和云南三大喀斯特集中分布省区植被恢复固碳占了我国陆地碳汇的32%（Wang et al.，2020），表明喀斯特山区植被恢复具有极强的碳汇效应。由于氮磷限制状况对植被恢复与生态系统固碳均具有重要作用，喀斯特集中分布区极强的碳汇功能是否由于生态系统充足的氮磷供应潜力？由于生态系统氮磷限制有多种形式，如仅受氮限制、仅受磷限制或受氮磷同时限制，喀斯特区不同植被恢复阶段分别以哪种氮磷限制形式为主？对这些问题的回答将有助于认识喀斯特生态系统氮磷养分循环特征，为喀斯特山区石漠化综合治理或植被恢复工程的深入实施提供科技支撑，为评估喀斯特生态系统碳汇潜力提供科学依据。

第二节 陆地生态系统植物与土壤微生物氮磷限制状况的常用研究方法

尽管理解生态系统的氮磷限制状况对植被恢复重建、碳汇功能评估及全球变化影响预测均具有重要意义，但是目前关于生态系统氮磷限制状况的有效评估方法尚缺乏统一的标准（Sullivan et al.，2014）。此外，以往关于养分限制的研究主要针对植物，而关于微生物养分限制的研究近年来逐渐受到重视。由于微生物在土壤养分循环及有机碳形成与维持中均起着关键作用，研究微生物的养分限制状况无疑具有重要意义。虽然土壤微生物生长与活性广泛受碳限制（Soong et al.，2020），但氮磷等养分限制也非常普遍（Camenzind et al.，2018）。目前关于同一个生态系统中植物与微生物氮磷限制状况是否具有可比性尚存在争议。由于植物与微生物均利用类似的土壤养分库，因此有研究认为同一个生态系统中植物与微生物氮磷限制状况理论上应该相似。然而，近期的研究表明该观点不一定成立。如在青藏高原草地开展的一项氮磷添加实验表明，多数种类植物生长受氮限制，而古菌受氮和磷共同限制（Ma et al.，2019）。另一项基于培养实验的结果则表明，当培养过程中添加碳源时，微生物养分限制状况与植物类似，而当不添加碳源时，则植物与微生物的氮磷限制状况存在差异（Reed et al.，2011）。以下我们将分别介绍目前用于评估植物与微生物氮磷限制的方法或指标。

值得一提的是，除了以下这些方法或指标外，还有其他指标被用于评估生态系统氮磷限制状况，包括土壤氮磷总量与有效态量及其比值、土壤 $\delta^{15}N$ 值、叶片 $\delta^{15}N$ 值、土壤 NO_3^- : NH_4^+、叶片氮含量、凋落物 N : P、N_2O 排放通量等（Davidson et al.，2007）。由于每种方法都有其局限性，为了较全面评估生态系统氮磷限制状况，有必要采用多种方法或指标综合评估植物与微生物的氮磷限制状况。

一、植物氮磷限制状况评估方法

（一）养分添加

养分添加法被认为是评估生态系统受某种养分限制状况的最直接方法。这种方法的原理是当植物与微生物受某种养分限制时，这种养分的添加会显著促进植物与微生物生长。如当氮添加促进某个生态系统净初级生产力时，认为该系统植物生长受氮限制（Sullivan et al.，2014）。过去几十年来，全球范围内采用氮磷添加手段开展了一系列的研究评估了不同类型生态系统氮或磷限制状况（Harpole et al.，2011；Du et al.，2020）。养分添加实验的结果可用于评估植物与微生物氮磷限制状况（Camenzind et al.，2018；Du et al.，2020）。现有研究多数添加单一养分，即单一添加氮或者磷。LeBauer 和 Treseder（2008）针对 126 个氮添加实验的结果作了全球整合分析（meta-analysis），发现氮添加显著促进了温带森林、热带森林、温带草地、热带草地、湿地和苔原植物的净初级生产力，但对沙漠植物的净初级生产力没有显著的影响；且将在夏威夷年轻火山土壤区森林开展的氮添加初级结果排除掉后，热带森林与温度森林净初级生产力受氮限制程度类似。针对全球652个（自然生态系统436个、农田216个）在野外条件下开展的磷添加实验整合分析结果表明，46.2%的实验中植物地上部分生长显著受磷限制；磷添加后，自然生态系统地上部分生物量平均提高了34.9%，但农田则仅提高了13.9%；磷限制不仅在热带普遍存在，在其他气候带也很常见。然而，基于多种养分添加的研究表明，同一生态系统的植物和微生物可能受氮、磷及其他元素同时限制，且采用不同生态系统组分对养分添加响应作为评估指标可能得出不同的结论。一项同时针对分布在澳大利亚、加拿大、中国、瑞士、坦桑尼亚、英国、美国和南非共42个草地开展的氮、磷、钾及微量元素添加的研究表明，29个草地地上净初级生产力受氮、磷、钾及微量元素同时限制（Fay et al.，2015）。在巴拿马热带低山森林的研究表明，氮和钾限制树木生长，但磷限制凋落物分解；氮、磷和钾同时添加显著降低了细根生物量、长度和组织密度，但增加了比细根长度，而细根直径未受养分添加影响（Wurzburger and Wright，2015）。Ma等（2019）在青藏高原草地开展了一项氮和磷添加实验，发现在群落水平上植物生长同时受氮和磷限制，但受氮限制程度更大；在物种水平上，多数植物生长仅受氮限制；磷添加显著降低了古菌总丰度，但不同古菌类群表现出不同的养分限制类型；而细菌则主要受其他资源限制。

然而，通过养分添加评估生态系统养分限制状况有其局限性。首先，通过养分添加评估生态系统养分限制状况的效率受生态系统类型的限制，如草地植物更新周期短，植物生长的差异能很快反映出来，因此通过养分添加能在很短时间如1～2年就反映出生长受哪种养分限制。相反，森林更新周期长，植物生长的差异需要数年时间才反映出来，如有研究显示养分添加6年后森林才能表现出受哪种养分限制（Harrington et al.，2001）。其次，养分添加实验还有其他方面的缺陷，如养分添加实验通过采用无机养分，如硫酸铵、硝酸钠、硝酸铵、磷酸二氢钠等，这些无机态养分的流失风险相对较高且流失效率因化合物、气候、土壤类型而异，如硝态氮的流失风险高于铵态氮，无机氮的流失风险高于无机磷，水热条件较高的气候条件下流失风险更高等。再次，氮添加通常导致土壤酸化，进而影响植物和微生物生长及群落结构，很难评判植物与微生物生长的变化是否是由于氮磷限制状况改变所致。第四，添加的养分中通常含有植物必需的微量元素，可能会干扰我们对养分限制状况结果的评估。此外，生态系统尺度的养分添加实验工作量大，特别是当要对多个生态系统或评估多种养分限制状况的时候工作量尤其巨大；正因为如此，同时针对多个类型森林开展多种养分添加的研究非常缺乏。

（二）叶片N：P比值法

叶片N：P被广泛应用于评估植物氮磷相对限制状况。该方法认为当N：P>16时，植物受磷限制；当N：P<16时，植物受氮限制；而当N：P介于14～16时，植物受氮磷共同限制（Koerselman and Meuleman，1996）。Koerselman and Meuleman（1996）认为该方法是氮磷添加实验的一种方便简单的替代方法。然而，通过叶片N：P评估植物氮磷限制存在局限性，例如，其对土壤磷库剧烈耗竭的响应不敏感：Walker and Syers（1976）在新西兰土壤发育年代序列中发现，尽管土壤总磷库从年轻土壤的1146mg/kg降至古老土壤的

138mg/kg（降幅达 88%），叶片 N：P 仅从 14 增加到 16（Walker and Syers，1976）。又如，有研究表明随着热带森林次生演替，土壤有效氮水平增加，但叶片 N：P 无显著变化（Davidson et al.，2007）。单位面积凋落物生物量与凋落物中养分量之间的比值可用于评估氮或磷限制状况（Vitousek，1984）。如当单位面积凋落物生物量与凋落物中含氮（或磷）量比值较低则意味着该生态系统氮（或磷）状况较低。如 Vitousek（1984）通过数据整合分析发现热带森林单位面积凋落物生物量与凋落物中含磷量比值显著高于温带森林。

（三）叶片氮与磷重吸收比值法

叶片氮与磷的重吸收（即从快要凋落的叶片中吸收养分）比值是反映植物氮磷相对限制状况非常有效的指标（Du et al.，2020）。氮磷重吸收是植物一条重要的养分利用或养分保存机制，氮与磷的重吸收效率（分别用 NRE 和 PRE 表示）常常随着氮和磷可利用水平的增加而下降。Du 等（2020）近期提出用生态系统优势植物 NRE：PRE 的加权平均值评估生态系统的氮磷相对限制状况，即 NRE：PRE>1 表示植物更受氮限制，而 NRE：PRE<1 则表示更受磷限制。此外，养分添加结合细根内生长土芯法也常用于评估植物养分限制状况（Graefe et al.，2010）。该方法是通过比较添加养分与不添加养分的内生长土芯中细根生物量判断植物受哪种养分限制，即当某种养分添加导致细根生长显著增加时意味着植物受该种养分限制。

二、土壤微生物碳、氮和磷限制状况评估常用方法

用于评估土壤微生物氮磷限制状况的其他方法也有多种。微生物生物量氮与磷之间比值（MBN：MBP）是评估微生物相对氮磷限制状况的一个简单指标（Camenzind et al.，2018）。养分添加培养实验也常用于评估微生物氮磷限制状况（Sullivan et al.，2014；Camenzind et al.，2018）。该方法通过向原位采集的土壤添加不同的养分，测定微生物生长、微生物呼吸或其他微生物参与的过程，评估微生物受碳、氮、磷或其他养分的限制情况。

近年来，土壤胞外酶活性化学计量参数被广泛用于评估微生物碳氮磷相对限制状况（Chen et al.，2018a；Jing et al.，2020）。该方法的原理是当微生物受某种底物（如碳、氮或磷）限制时，微生物为了满足生长需求，向土壤中释放获取这种底物的酶，该种酶活性相应增加，因此，可以通过碳、氮、磷获取酶活性的相对比例变化评估微生物受碳、氮、磷的相对限制状况。主要指标包括碳、氮、磷获取酶活性之间的比值、向量角度、向量长度、阈值比（threshold ratio，包括 $TER_{C:N}$ 和 $TER_{C:P}$）。针对该方法常用的胞外酶见表 6-1。

表 6-1　评估土壤微生物碳、氮和磷限制状况常用的胞外酶

类别	酶	简称	功能
碳获取酶	β-D-葡萄糖苷酶	BG	水解纤维二糖苷
磷获取酶	酸性磷酸酶	AP	水解有机磷

续表

类别	酶	简称	功能
氮获取酶	L-亮氨酸氨基肽酶	LAP	水解蛋白质
	β-N-乙酰氨基葡萄糖苷酶	NAG	水解甲壳素

C：N（或 C：P）的元素阈值比（TER）表示土壤微生物既不受碳限制也不受氮（或磷）限制时土壤中有效态 C：N（或 C：P），用式（6-1）或式（6-2）计算（Sinsabaugh et al.，2009）：

$$\mathrm{TER}_{C:N}=(\mathrm{BG}/(\mathrm{NAG}+\mathrm{LAP}))\times B_{C:N}/n_0 \tag{6-1}$$

$$\mathrm{TER}_{C:P}=(\mathrm{BG}/\mathrm{AP})\times B_{C:P}/p_0 \tag{6-2}$$

式中，$\mathrm{TER}_{C:N}$和 $\mathrm{TER}_{C:P}$是阈值比（无量纲）；$B_{C:N}$和 $B_{C:P}$是微生物生物量 C：N 或C：P；n_0 和 p_0 分别是氮和磷的无量纲常数，是 lnBG vs. ln(NAG+LAP) 和 lnBG vs. lnAP 回归分析的截距。通过比较 TER 与有效态 C：N($L_{C:N}$)或 C：P($L_{C:P}$)的大小，可反映微生物资源限制状况[式(6-3)～(6-6)]：

$$L_{C:N}-\mathrm{TER}_{C:N}<1\text{：微生物受碳限制} \tag{6-3}$$

$$L_{C:N}-\mathrm{TER}_{C:N}>1\text{：微生物受氮限制} \tag{6-4}$$

$$L_{C:P}-\mathrm{TER}_{C:P}<1\text{：微生物受碳限制} \tag{6-5}$$

$$L_{C:P}-\mathrm{TER}_{C:P}>1\text{：微生物受磷限制} \tag{6-6}$$

土壤微生物资源限制状况还可采用酶化学计量法的矢量分析（长度，L；角度，A）（Moorhead et al.，2013），具体计算见式（6-7）和式（6-8）：

$$\text{Vector } L=\sqrt{(\ln\mathrm{BG}/\ln(\mathrm{NAG}+\mathrm{LAP}))^2+(\ln\mathrm{BG}/\ln\mathrm{AP})^2} \tag{6-7}$$

$$\text{Vector } A=\mathrm{Degrees}(\mathrm{ATAN2}((\ln\mathrm{BG}/\ln\mathrm{AP}),(\ln\mathrm{BG}/\ln(\mathrm{NAG}+\mathrm{LAP})))) \tag{6-8}$$

相对较长的矢量长度表示更强的碳限制；矢量角度<45° 和>45°分别表示氮和磷限制的相对程度。

然而，也有研究认为基于土壤胞外酶活性化学计量法评估微生物氮磷限制状况存在问题。如 Rosinger 等（2019）认为酶活性之间的比值不能反映细菌与真菌生长氮磷限制状况；而 Mori（2020）则认为 BG：NAG 或 BG：（NAG+LAP）能否反映微生物碳氮限制状况取决于利用的碳源，当碳源主要为纤维素时，能反映碳氮限制状况，而当碳源主要为几丁质、肽聚糖或蛋白质则不能反映微生物碳氮限制状况。

第三节　西南喀斯特地区农田土壤微生物氮限制状况对施肥策略的响应

在农田生态系统中，单施或混合施入无机肥和有机肥（秸秆和牛粪）可能会改变土壤碳、氮与磷相对可利用水平（Zhu et al.，2015；Hu et al.，2018），从而导致微生物养分限制状况发生变化（Zhang et al.，2017）。对不同施肥策略下土壤微生物养分限制状况影响的研究有助于甄别高效施肥策略，从而有利于提高农田土壤固碳及促进作物增产（Kallenbach et al.，2016）。有研究表明农田土壤中微生物残体约占土壤碳库的 50% 以上，并且微生物残体碳相对稳定（Liang et al.，2011）。因此，采取有效的施肥策略来缓解微生物养分限制，进而促进微生物生长，这对于促进农田土壤固碳具有重要意义。此外，传统观点认为，土壤微生物相比植物具有更强的养分获取能力（Hodge et al.，2000）。当土壤微生物受某种养分限制时，植物也应受该养分限制。因此，研究不同施肥策略对土壤微生物养分限制影响，有助于确定作物生长的限制性养分。尽管已有大量研究探讨了合理施肥策略对作物生长和产量的影响（Cai and Qin，2006；Steiner et al.，2007），但是，在农田生态系统中，很少有研究直接评估不同施肥策略如何影响微生物养分限制性。

本研究以喀斯特地区玉米-大豆轮作地为对象，评估了不同施肥策略对微生物养分限制状况的影响。一般而言，施用无机肥可减缓土壤微生物养分限制，但会加剧微生物碳限制（Chen et al.，2018b）。施用有机肥能减缓微生物碳限制，但是会加剧氮或磷限制（Kamble and Baath，2014）。因此，单施无机肥处理可能会加剧微生物碳限制，而施用有机肥能减轻微生物碳限制。

本研究在中国科学院环江喀斯特生态系统观测研究站开展（Hu et al.，2018）。采用完全随机区组试验设计，在玉米-大豆轮作地设置了四个区组，每一区组包括六个处理，每个处理样方面积大小为4m×7.5m。各处理样方周围使用水泥隔板分隔以避免相互干扰。六个处理包括：

（1）对照组：不施肥处理（Control）。

（2）无机氮磷钾肥处理（NPK）：施加尿素、过磷酸肥和氯化钾；玉米生长季施肥量为200kg N hm^{-2}、90kg P_2O_5 hm^{-2}和120kg K_2O hm^{-2}；大豆生长季施肥量为22.5kg N hm^{-2}、60kg P_2O_5 hm^{-2}和67.5kg K_2O hm^{-2}。

（3）低量秸秆和无机氮磷钾肥配施处理（LSNPK）：在玉米生长季施入2700kg hm^{-2}大豆秸秆（相当于46.5kg N hm^{-2}、11kg $P_2O_5hm^{-2}$和36kg K_2O hm^{-2}）；同时在大豆生长季施入740kg hm^{-2}玉米秸秆（相当于6.75kg N hm^{-2}、1.7kg $P_2O_5hm^{-2}$和2.15kg K_2O hm^{-2}）。在玉米生长季无机肥施肥量为153.5kg N hm^{-2}、79kg P_2O_5 hm^{-2}和84kg K_2O hm^{-2}；在大豆生长季无机肥施肥量为15.75kg N hm^{-2}、58.3kg P_2O_5 hm^{-2}和65.35kg K_2O hm^{-2}。

（4）低量牛粪和无机氮磷钾肥配施处理（LMNPK）：在玉米生长季，牛粪施入量为3730kg hm^{-2}（相当于60kg N hm^{-2}、33kg $P_2O_5hm^{-2}$和43kg K_2O hm^{-2}）；在大豆生长季，牛粪施入量为420kg hm^{-2}（相当于6.8kg N hm^{-2}、3.8kg $P_2O_5hm^{-2}$和4.9kg K_2O hm^{-2}）；在玉米生长季，无机肥施肥量分别为140kg N hm^{-2}、57kg P_2O_5 hm^{-2}和77kg K_2O hm^{-2}；在大豆生长季，无机肥施肥量分别为15.7kg N hm^{-2}、56.2kg P_2O_5 hm^{-2}和62.6kg K_2O hm^{-2}。

（5）高量秸秆和无机氮磷钾肥配施处理（HSNPK）：在玉米生长季，施入大豆秸秆量为5400kg hm^{-2}（相当于93kg N hm^{-2}、22kg $P_2O_5hm^{-2}$和72kg K_2O hm^{-2}）；在大豆生长季，施入玉米秸秆量为1480kg hm^{-2}（相当于13.5kg N hm^{-2}、3.4kg $P_2O_5hm^{-2}$和4.3kg K_2O hm^{-2}）。在玉米生长季，无机肥施肥量为107kg N hm^{-2}、68kg $P_2O_5hm^{-2}$和48kg K_2O hm^{-2}；在大豆生长季，无机肥施肥量为9kg N hm^{-2}、56.6kg $P_2O_5hm^{-2}$和63.2kg K_2O hm^{-2}。

（6）高量牛粪和无机氮磷钾肥配施处理（HMNPK）：在玉米生长季，牛粪施入量为7430kg hm^{-2}（相当于120kg N hm^{-2}、68kg P_2O_5 hm^{-2}和87kg K_2O hm^{-2}）；在大豆生长季，

牛粪施入量为13.6kg N hm^{-2}、7.7kg P_2O_5 hm^{-2}和9.8kg K_2O hm^{-2}。在玉米生长季，无机肥施入量为60kg N hm^{-2}、22kg P_2O_5 hm^{-2}和33kg K_2O hm^{-2}；在大豆生长季，无机肥施肥量为8.9kg N hm^{-2}、52.3kg P_2O_5 hm^{-2}和57.7kg K_2O hm^{-2}。

本试验于2006年4月开始，在玉米生长季，分三次施肥：苗期、生长期、孕穗期；在大豆生长季期间共有两次施肥，分别为苗肥和开花期。土壤样品采集时间为2017年5月（Zheng et al.，2020）。在每个样方随机采集5个0～15cm土壤并混合成一个样品，用于测定土壤pH、土壤有机碳（SOC）、总氮（TN）、总磷（TP）、溶解有机碳（DOC）、总溶解氮（TDN）、可用性磷（AVP）、可用性钾（AVK）、微生物量碳（MBC）、微生物量氮（MBN）、微生物量磷（MBP）和土壤酶活性（表6-2）。并计算了有效态资源的C：N：P（$R_{C:N}$、$R_{C:P}$、$R_{N:P}$，即DOC：TDN、DOC：AVP、TDN：AVP）、微生物量碳氮磷比值（$M_{C:N}$、$M_{C:P}$、$M_{N:P}$）。

表6-2　不同施肥策略对土壤理化指标影响

变量	处理						单因素方差分析	
	Control	NPK	LSNPK	LMNPK	HSNPK	HMNPK	SEM	*P*
pH	6.71	6.58	6.63	6.57	6.68	6.62	0.16	0.938
SOC/(g kg^{-1})	21.12b	21.41b	22.55 ab	21.24b	23.06 ab	24.76a	1.11	0.029
TN/(g kg^{-1})	2.43c	2.54 bc	2.59 bc	2.51 bc	2.81 ab	2.91a	0.11	0.037
TP/(g kg^{-1})	0.97c	1.21 ab	1.23a	1.19 ab	1.11b	1.17 ab	0.06	0.001
C：N	8.69	8.43	8.73	8.47	8.19	8.51	0.31	0.61
C：P	21.87	17.75	18.47	17.88	20.9	21.29	1.62	0.06
N：P	1.8	1.51	1.52	1.51	1.82	1.78	0.14	0.079
MBC/(mg kg^{-1})	222.02b	202.36b	220.83b	221.50b	294.79a	315.44a	28.6	0.004
MBN/(mg kg^{-1})	37.03b	33.09b	35.45b	35.45b	57.56a	56.54a	6.2	0.001
MBP/(mg kg^{-1})	18.87c	31.65 ab	33.98a	30.90 ab	28.19b	30.88 ab	2.44	0.001
MBC：MBN	6.18	6.35	6.63	6.46	5.12	5.68	1.05	0.714
MBC：MBP	12.02a	6.53b	6.52b	7.28b	10.63 ab	10.23 ab	1.48	0.004
MBN：MBP	1.97a	1.07b	1.04b	1.17b	2.07a	1.84a	0.24	0.001
可溶性有机碳/(mg kg^{-1})	160.84	184.47	196.97	203.19	182.07	176.53	16.3	0.185
总可溶性有机氮/(mg kg^{-1})	35.22	39.48	49.37	38.83	39.66	39.54	4.67	0.12
有效磷/(mg kg^{-1})	14.86b	45.63a	39.27a	41.80a	40.45a	52.22a	6.77	0.001
有效钾/(mg kg^{-1})	91.58c	348.86a	323.90a	215.42b	341.18a	357.69a	19.7	0.001
DOC：TDN	4.82	4.69	4.00	5.27	4.65	4.63	0.61	0.503
DOC：AVP	11.39a	4.22b	5.02b	5.05b	4.73b	3.53b	1.35	0.001
TDN：AVP	2.46a	0.89b	1.27b	0.98b	1.05b	0.79b	0.33	0.001

注：数据为平均值±标准误；不同字母代表不同施肥策略之间差异显著。

一、施肥对单一酶活性的影响

对照样方土壤 BG、NAG、LAP 和 AP 的平均酶活性分别为 24.3±2.5nmol g^{-1} h^{-1}、11.4±1.1nmol g^{-1} h^{-1}、0.5±0.1nmol g^{-1} h^{-1}和 183.7±14.1nmol g^{-1} h^{-1}（基于单位质量的土壤表示；图 6-1），或分别为 1149±94nmol g^{-1} SOC h^{-1}、546±70nmol g^{-1} SOC h^{-1}、23±4nmol g^{-1} SOC h^{-1}和 8671±443nmol g^{-1} SOC h^{-1}。不同施肥处理对基于单位质量土壤和单位质量 SOC 表示的 BG 酶活性的影响一致［图 6-1（a）（e）］。与对照相比，除氮磷钾处理显著增加 BG 酶活性外（$P<0.05$），其他施肥处理对 BG 酶活性无明显影响（$P>0.05$）。所有施肥处理与对照相比均显著增加了 NAG 酶活性($P<0.05$)［图 6-1(b)(f)］。然而，施肥处理对 LAP 酶活性无明显影响($P>0.05$)［图 6-1(c)(g)］。LSNPK 处理显著降低了 AP 酶活性($P<0.05$)($P>0.05$)［图 6-1(d)(h)］。

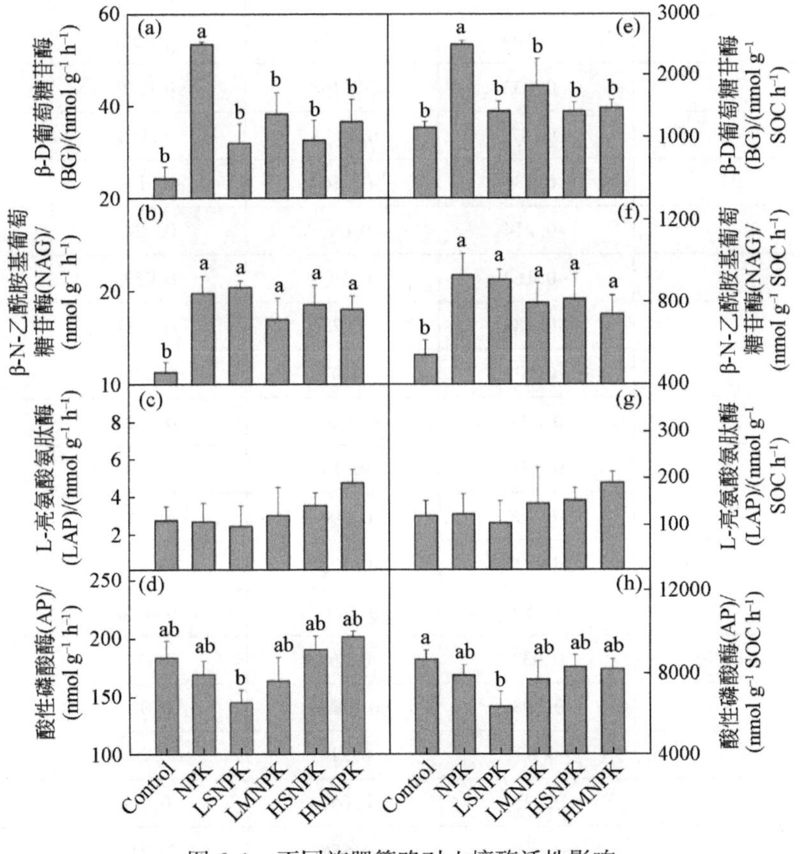

图 6-1 不同施肥策略对土壤酶活性影响

（a）~（d）表示酶活以土壤质量为单位，（e）~（h）表示酶活以 SOC 为单位。数据为平均值±标准误；不同小写字母代表处理之间具有显著差异。

本研究中测定的土壤酶（BG、NAG、LAP 和 AP）活性水平与邻近的喀斯特生态系统土壤酶活性水平相当（Chen et al.，2018a，2019）。氮磷钾肥处理提高了 BG 酶活性，可能是因为无机肥施用后土壤中有效氮、磷和钾的增加导致微生物对有效碳需求增加。然而，在其他施肥处理中，土壤 BG 酶活性无明显变化，这可能与秸秆和牛粪中的有机碳输入能满足微生物对碳需求有关。此外，施肥处理提高了 NAG 酶活性。一方面，可能与施肥过程中土壤 pH 的变化有关，例如，已有研究表明 NAG 酶活性与土壤 pH 呈负相关（Sinsabaugh et al.，2009）。土壤 pH 与 NAG 活性之间存在显著的负相关关系（表 6-3），支持上述解释。另一方面，可能与 NAG 酶参与有机碳的矿化有关（Stone et al.，2012）。本研究中有机无机配施处理的外源有机碳输入促进土壤 NAG 酶活性。另外，LSNPK 处理抑制了 AP 酶活性，可能与磷添加处理对土壤 AP 酶活性的负效应有关。这与以往研究结果一致（Marklein and Houlton，2012）。

表 6-3　土壤酶活性和土壤性质相关分析结果（*r* 值）

变量	BG	NAG	LAP	AP
pH	0.019	-0.468*	0.181	0.408*
SOC/($g\ kg^{-1}$)	-0.109	-0.304	0.006	0.022
TN/($g\ kg^{-1}$)	-0.032	-0.198	0.052	0.347
TP/($g\ kg^{-1}$)	0.187	0.682*	-0.051	-0.474*
C：N	-0.136	-0.104	-0.113	-0.668*
C：P	-0.214	-0.682*	0.024	0.322
N：P	-0.162	-0.593*	0.057	0.510*
MBC/($mg\ kg^{-1}$)	-0.184	-0.236	-0.037	0.406*
MBN/($mg\ kg^{-1}$)	-0.239	-0.076	0.059	0.200
MBP/($mg\ kg^{-1}$)	0.225	0.726*	0.128	-0.491*
MBC：MBN	0.171	-0.132	-0.079	0.152
MBC：MBP	-0.296	-0.696*	-0.149	0.594*
MBN：MBP	-0.332	-0.523*	-0.079	0.406*
可溶性有机碳/($mg\ kg^{-1}$)	0.182	0.489*	0.015	-0.400
总可溶性有机氮/($mg\ kg^{-1}$)	0.032	0.264	0.171	-0.306
有效磷/($mg\ kg^{-1}$)	0.208	0.584*	0.09	-0.286
有效钾/($mg\ kg^{-1}$)	-0.037	0.214	-0.249	-0.207
DOC：TDN	0.035	0.061	-0.166	0.005
DOC：AVP	-0.236	-0.556*	-0.215	0.274
TDN：AVP	-0.259	-0.547*	-0.140	0.281

* 表示相关性在 0.05 水平上显著。

然而，单一酶活性的变化并不能反映微生物受某一养分限制，因为微生物养分限制性并不是由单一养分决定的，而是受多种养分共同影响（Chen et al.，2018a）。例如，在本研究中，单施无机肥处理确实提高了土壤 BG 酶活性，但这并不表示单施无机肥处理加剧了土壤微生物碳限制，因为单施无机肥也会导致 NAG 酶活性增加。

二、施肥对微生物养分限制状况的影响

从土壤酶活性化学计量学散点图可知（图 6-2），所有研究点均落在微生物碳和磷共同限制区域内。仅氮磷钾肥处理显著增加了向量长度（$P<0.05$）［图 6-3（a）］。所有处理的矢量角度均大于 45°，NPK、LSNPK 和 LMNPK 处理相比对照显著降低了矢量角度（$P<0.05$）［图 6-3（b）］。与对照相比，仅 NPK 处理显著增加了 BG/(LAP+NAG)［图 6-3（c）］，NPK、LSNPK 和 LMNPK 处理显著提高了 BG/AP（$P<0.05$）［图 6-3（d）］。六个处理下的 $R_{C:N}$–$TER_{C:N}$ 与零之间无显著差异（$P>0.05$），且处理之间的 $R_{C:N}$–$TER_{C:N}$ 无显著差异（$P>0.05$）；六个处理的 $R_{C:P}$–$TER_{C:P}$ 均显著大于零（$P<0.05$）；且五个施肥处理显著降低了 $R_{C:P}$–$TER_{C:P}$（$P<0.05$）（图 6-3）。

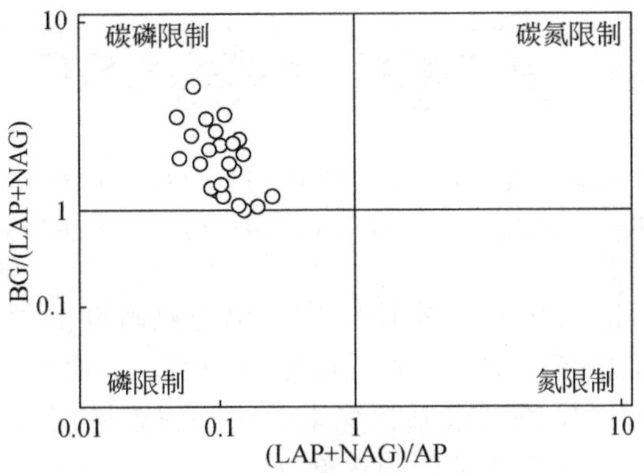

图 6-2　基于土壤酶活性化学计量比的散点图

本研究表明，农田土壤微生物主要受碳和磷共同限制，而不受氮限制。该结论得到了以下几个证据支持。首先，无论施肥与否，矢量角度均大于 45°，并且各处理中 $R_{C:P}$–$TER_{C:P}$ 均大于零［图 6-3（b）(f)］，表明各处理微生物均受磷限制。其次，根据 $R_{C:N}$–$TER_{C:N}$ 的结果，在某些处理下 $R_{C:N}$–$TER_{C:N}$ 小于零［图 6-3（e）］，表明土壤微生物可能达到“氮饱和状态”。此外，土壤酶活性化学计量散点图分析结果表明各处理土壤微生物受碳和磷共同限制，这也为土壤微生物受碳和磷限制提供了直观的证据（图 6-2）。这些结果与前期针对喀斯特农田、草地、灌丛和森林的研究结果一致（Chen et al., 2019）。在以往研究中，土壤微生物受碳和磷共同限制，与喀斯特土壤富氮低磷等特性有关。与之相似，本研究中土壤总氮含量（2.43±0.09 g N kg^{-1}）相对较高，但土壤总磷的含量相对较低（0.97±0.02 g P kg^{-1}）（表 6-2）。因此，施肥策略并未改变农田生态系统中微生物养分限制的一般模式（图 6-2），但长期施肥对微生物养分限制程度产生了一定影响（图 6-3）。

我们发现单施氮磷钾肥会加剧微生物碳限制，但有机无机肥混合施用对微生物碳限制无明显影响。矢量长度指标能反映土壤微生物碳限制程度，其值越大表明微生物受碳限制

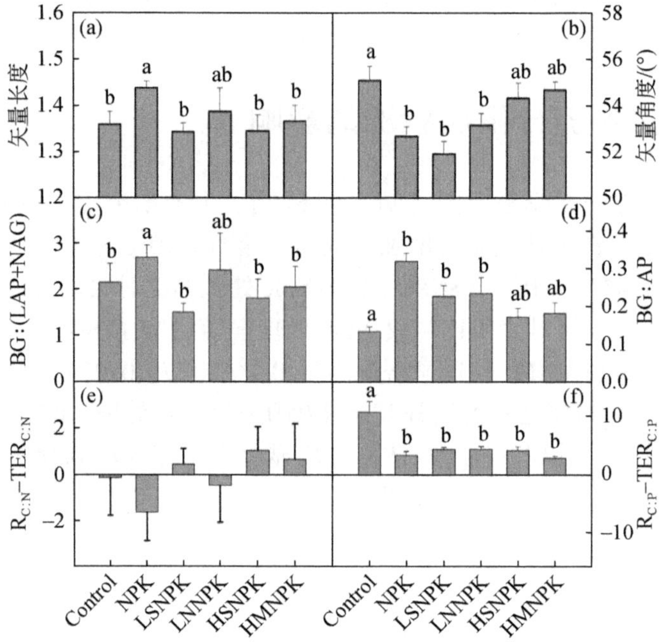

图 6-3　不同施肥策略对矢量长度（a）、矢量角度（b）、BG/（LAP+NAG）（c）、BG/AP（d）、$R_{C:N}$-$TER_{C:N}$（e）以及 $R_{C:P}$-$TER_{C:P}$（f）的影响

程度更高（Moorhead et al.，2013）。本研究中，单施氮磷钾的处理矢量长度显著大于对照，表明单施氮磷钾肥加剧了土壤微生物受碳限制程度。其他四个施肥处理的矢量长度相比对照无显著变化，表明微生物碳限制状况未受这些施肥处理的影响［图 6-2（a）］。有研究表明氮添加会加剧土壤微生物碳限制程度（Treseder，2008）。一项整合分析研究也表明，氮添加增加了矢量长度，即微生物碳限制程度在氮添加背景下加剧（Chen et al.，2018b）。根据元素化学计量理论，磷和钾添加也会加剧微生物碳限制。此外，我们发现氮磷钾肥处理提高了土壤有效磷和钾浓度，但降低了 DOC：AVP，表明氮磷钾肥施用降低了碳有效性水平，加剧了微生物碳限制程度（表 6-2）。相比之下，有机无机肥配施对土壤微生物碳限制无显著影响，可能与有机肥碳输入能满足微生物对碳的需求有关。也有研究报道施用农家肥会降低土壤微生物碳限制程度（Kamble and Baath，2014）。在本研究中，牛粪或秸秆处理后土壤 DOC 含量有微量增加，而在添加高量秸秆和牛粪处理中，土壤微生物量碳含量显著增加，这些结果均支持了上述解释。

本研究表明，施肥处理有利于减缓微生物磷限制。相比对照，五个施肥处理均显著降低了 $R_{C:P}$-$TER_{C:P}$［图 6-3（f）］，说明施肥处理特别是施磷肥处理能减缓微生物磷限制。然而，HSNPK 或 HMNPK 处理和对照相比对矢量角度和 BG：AP 无显著影响［图 6-3（b）（d）］，表明高量秸秆和牛粪处理对微生物磷限制影响较小。此外，高量秸秆或牛粪的施用可能会增加有效态碳含量，导致 C：P 增加，进而加剧土壤微生物磷限制。本研究中 HSNPK 和 HMNPK 处理的微生物量 C：P 高于其他施肥处理，该结果能较好地支持上述发现。因此，本研究表明有机肥施用并不一定有益于减缓微生物养分限制，还可能会加剧土壤微生物磷限制。本研究中，微生物磷限制指标与土壤有效磷、微生物生物量磷、DOC：AVP 以及微生物量 C：P 有显著的相关关系（图 6-4），表明其他土壤变量指标也可表征土壤微生物磷限制状况。然而，本研究并没有发现土壤性质与碳或氮限制指标之间存在密切关系（表 6-4），间接表明土壤微生物对磷变化更为敏感，或土壤微生物更易受磷限制。

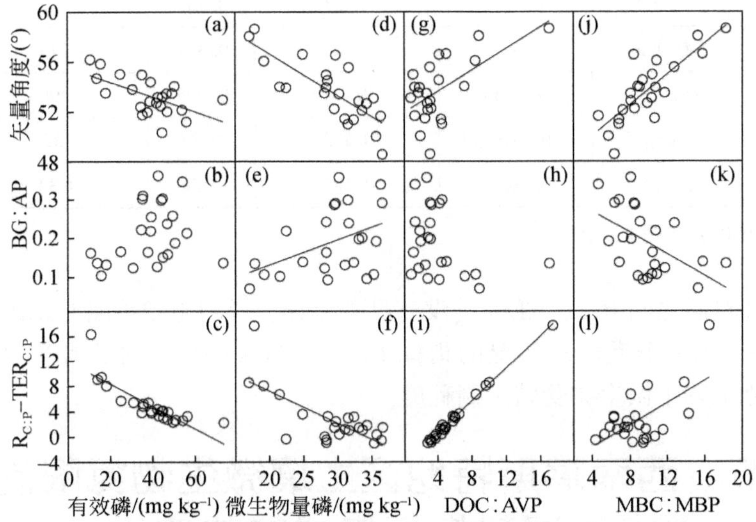

图 6-4 微生物磷限制指标（如矢量长度、矢量角度和 $R_{C:P}$–$TER_{C:P}$）与有效磷（a）~（c）、微生物量磷（d）~（f）、DOC（g）~（i）或微生物量 C：P（j）~（l）之间相关关系图

除（b）和（h）外，所有图 P 值均低于 0.05。

表 6-4 微生物养分限制性指标和土壤性质之间相关分析结果（*r* 值）

变量	矢量长度	矢量角度/(°)	BG/(NAG+LAP)	BG/AP	$R_{C:N}$–$TER_{C:N}$	$R_{C:P}$–$TER_{C:P}$
pH	0.203	0.203	0.203	0.203	–0.338	0.360
SOC	0.101	0.234	0.070	–0.105	–0.109	–0.247
TN	0.040	0.279	0.061	–0.206	–0.040	–0.291
TP	–0.124	–0.753*	–0.244	0.402	0.188	–0.676*
C：N	0.074	–0.183	–0.032	0.229	–0.066	0.123
C：P	0.155	0.676*	0.217	–0.344	–0.21	0.352
N：P	0.113	0.678*	0.201	–0.395	–0.161	0.278
MBC	–0.034	0.354	0.084	–0.328	–0.096	–0.009
MBN	–0.158	0.134	–0.116	–0.291	0.207	–0.160
MBP	–0.104	–0.788*	–0.247	0.439*	0.165	–0.716*
MBC：MBN	0.199	0.176	0.266	0.085	–0.422	0.157
MBC：MBP	0.075	0.814*	0.248	–0.520*	–0.236	0.617*
MBN：MBP	–0.033	0.590*	0.073	–0.478	0.068	0.376

续表

变量	矢量长度	矢量角度/(°)	BG/(NAG+LAP)	BG/AP	$R_{C:N}$-$TER_{C:N}$	$R_{C:P}$-$TER_{C:P}$
可溶性有机碳	0.001	-0.516*	-0.055	0.338	-0.105	-0.133
总可溶性有机氮	-0.015	-0.320	-0.079	0.174	-0.261	-0.116
有效磷	-0.069	-0.607*	-0.197	0.338	0.237	-0.834*
有效钾	-0.053	-0.613*	-0.19	0.344	0.245	-0.809*
DOC：TDN	-0.034	-0.035	-0.009	0.009	0.296	0.050
DOC：AVP	0.083	0.610*	0.213	-0.348	-0.255	0.997*
TDN：AVP	0.057	0.596*	0.183	-0.366	-0.33	0.945*

* 表示相关性在0.05水平上显著。

施肥处理和对照之间 $R_{C:N}$-$TER_{C:N}$没有显著差异，说明施肥策略并未改变喀斯特土壤“氮饱和”状态。另一个反映氮状况的指标 BG/（LAP+NAG）则是 NPK 处理高于对照，表明单施无机肥加剧了微生物受碳限制程度。

第四节　西南喀斯特地区土壤微生物氮限制状况对退耕恢复模式的响应

土壤微生物在有机质分解过程中起着关键作用，在很大程度上影响土壤生物地球化学循环（Blagodatskaya and Kuzyakov，2013）。然而，土壤微生物生长和活性受到一系列资源的限制，尤其是碳、氮和磷，或称为微生物资源限制。由于土壤微生物在生态系统过程中发挥重要作用，因此，了解哪种资源限制微生物活动对评估生态系统功能具有重要意义，同时也有助于制定有效的生态系统管理策略。前期研究表明，农田退耕模式影响土壤碳、氮和磷含量（Li et al.，2018），因此，有理由推测农田退耕模式也会影响微生物资源限制状况。

研究区域位于桂西北古周小流域（Li et al.，2018）。试验地在2002年以前为玉米-大豆轮作地。该试验为完全随机区组设计，包括3个区组和4个处理，共有12个样方。处理包括：①对照：玉米-大豆轮作地（CR）；②种植香椿（TS）；③种植桂牧1号（GG）；④任豆与桂牧1号混种（ZG）。实验设计详细信息可参见第五章发表的文章（Li et al.，2018）。于2017年5月采集土壤样品，测定土壤有机碳（SOC）、总氮（TN）、总磷（TP）、土壤pH、微生物生物量碳（MBC）、微生物生物量氮（MBN）、微生物生物量磷（MBP）以及土壤酶活性，包括β-D-葡萄糖苷酶（BG）、L-亮氨酸氨基肽酶（LAP）、β-N-乙酰葡萄糖苷酶（NAG）、酸性磷酸酶（AP）。

一、退耕恢复模式对土壤酶活性的影响

当以单位土壤质量表示时，BG、LAP、NAG 和 AP 酶活性分别为 68.3±4.5nmol g^{-1}

h^{-1}、0.39±0.1nmol g^{-1} h^{-1}、71.7±12.4nmol g^{-1} h^{-1}、261.6±39.2nmol g^{-1} h^{-1}；而当以单位有机碳表示时，BG、LAP、NAG 和 AP 酶活性分别为 4449±343nmol g^{-1} SOC h^{-1}、24±3nmol g^{-1} SOC h^{-1}、4267±588nmol g^{-1} SOC h^{-1}和 15805±1203nmol g^{-1} SOC h^{-1}。LAP 在两种氮获取酶总活性中仅占 0.5%，说明其重要性不如 NAG。

四种土地利用类型之间土壤酶活性有显著差异（$P<0.05$）[图 6-5（a）~（d）]。除种植香椿（TS）处理土壤 BG、LAP 和 AP 酶活性显著高于对照（CR）外（$P<0.05$），其余处理之间无显著差异（$P>0.05$）[图 6-5（a）（b）（d）]。ZG 和 GG 处理土壤 NAG 酶活性显著高于 CR（$P<0.05$），而 ZG 和 TS 之间土壤 NAG 酶活性无显著差异（$P>0.05$）[图 6-5（c）]。当以 SOC 为单位时，四种土地利用类型间酶活性的模式发生了变化[图 6-5（e）~（h）]。TS、GG 及 ZG 三个处理的土壤 BG 酶活性显著低于对照（$P<0.05$）[图 6-5（e）]。TS 和 GG 两个处理的土壤 NAG 酶活性显著高于对照（$P<0.05$），而 ZG 与对照之间 NAG 酶活性无差异（$P>0.05$）[图 6-5（g）]。GG 和 ZG 两个处理的 LAP 和 AP 酶活性均低于对照（CR）（$P<0.05$）。

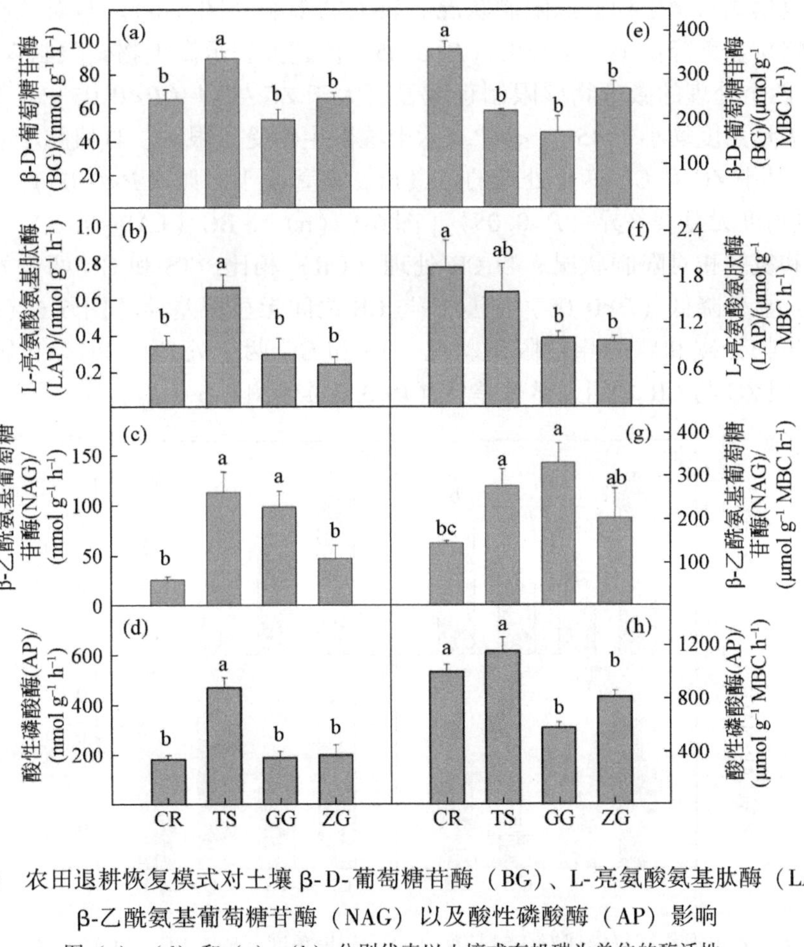

图 6-5　农田退耕恢复模式对土壤 β-D-葡萄糖苷酶（BG）、L-亮氨酸氨基肽酶（LAP）、β-乙酰氨基葡萄糖苷酶（NAG）以及酸性磷酸酶（AP）影响

图（a）~（d）和（e）~（h）分别代表以土壤或有机碳为单位的酶活性。

不同小写字母表示处理间差异显著（$P<0.05$）。

当土壤酶活性以单位土壤质量表示时，本研究中不同土地利用类型土壤酶活性水平介于附近不同喀斯特生态系统土壤酶活性范围内（Chen et al.，2019）。当酶活性以单位质量有机碳表示时，除 LAP 外，本研究中土壤酶活性水平与全球 40 个生态系统土壤酶活性水平相当（Sinsabaugh et al.，2008）。

农田退耕恢复策略会改变土壤酶活性。土壤酶活性变化通常与土壤性质变化密切相关，如有机质、pH 和微生物量等（Sinsabaugh et al.，2008）。这一点也得到了本研究的支持（表 6-6）。但是，当土壤酶活性以单位有机碳表示时，农田退耕恢复策略也影响了土壤酶活性（图 6-5）。基于酶活性化学计量理论，当以土壤有机碳为单位表示时，土壤酶活性更能有效反映不同底物浓度下土壤微生物养分需求状况（Sinsabaugh et al.，2009）。

二、退耕恢复模式对微生物资源限制状况的影响

退耕恢复模式对微生物资源限制状况有较大的影响（图 6-6）。与对照相比，不同的退耕恢复策略均显著降低了矢量长度（$P<0.05$，值越大表示微生物碳限制程度越高），其中 TS 和 GG 两个处理的微生物碳限制程度显著大于 ZG 处理（$P<0.05$）［图 6-6（a）］。各个处理的矢量角度均小于 45°（<45°表示土壤微生物受氮限制，且值越小表示受氮限制程度越高），其中 ZG 和 GG 两个处理的矢量角度显著低于对照（$P<0.05$），而 TS 处理与 CR 之间矢量角度无显著差异（$P>0.05$）［图 6-6（b）］。BG/(LAP+NAG) 指标也能表征微生物受碳和氮的相对限制状况。与 CR 处理（CR）相比，TS 和 GG 两个处理土壤 BG/(LAP+NAG) 显著降低（$P<0.05$），但 ZG 与 CR 之间无显著差异［图 6-6（c）］。BG/AP 表征土壤微生物受碳和磷的相对限制状况。TS 和 GG 两个处理的 BG/AP 显著低于对照（$P<0.05$），但 ZG 与 CR 之间无显著差异（$P<0.05$）［图 6-6（d）］。

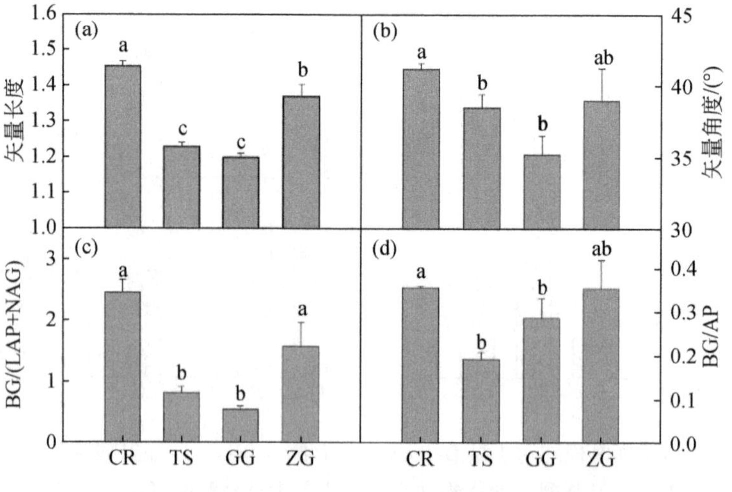

图 6-6　农田退耕恢复模式对矢量长度（a）、矢量角度（b）、BG/（LAP+NAG）（c）以及 BG/AP（d）的影响

不同小写字母表示处理间差异显著（$P<0.05$）。

农田退耕恢复模式影响土壤性质（表6-5）。与CR相比，三种退耕模式均显著增加了土壤有机碳含量（$P<0.05$）；TS和ZG两个处理显著提高了土壤总氮和总磷含量（$P<0.05$）；TS和GG处理显著提高了土壤C：N和C：P；TS处理显著提高了土壤N：P；TS和GG处理显著增加了MBC、MBN和MBP含量；TS、GG和ZG处理的土壤微生物量C：N、微生物量C：P和微生物量N：P显著高于对照。

表6-5　退耕模式对土壤理化性质的影响

指标	CR	TS	GG	ZG
pH	6.51(0.02)a	6.55(0.07)a	6.56(0.07)a	6.59(0.05)a
SOC/(g kg^{-1})	10.2(0.7)c	23.1(1.2)a	15.1(0.3)b	16.0(0.2)b
TN/(g kg^{-1})	1.2(0.0)c	2.3(0.1)a	1.4(0.0)c	1.8(0.1)b
总溶解氮/(mg kg^{-1})	15.05(1.1)c	23.7(1.4)a	16.3(1.5)c	22.3(0.8)b
TP/(g kg^{-1})	0.9(0.1)b	1.4(0.1)a	1.0(0.1)b	1.3(0.0)a
C：N	9.8(0.3)b	11.4(0.1)a	12.6(0.8)a	9.9(0.0)b
C：P	27.2(2.5)b	41.8(2.0)a	37.7(2.4)a	31(0.5)b
N：P	2.7(0.2)b	3.6(0.1)a	2.9(0.1)b	3.1(0.0)ab
MBC/(mg kg^{-1})	182(17)c	407(13)a	330(49)ab	247(25)bc
MBN/(mg kg^{-1})	29.5(2.7)c	56.5(2.7)a	47.1(6.4)ab	37.1(4.6)bc
MBP/(mg kg^{-1})	1.5(0.1)a	0.8(0.1)b	1.3(0.5)ab	1.3(0.4)ab
MBC：MBN	7.1(0.1)c	8.1(0.1)a	8.4(0.1)ab	7.8(0.2)b
MBC：MBP	299(35)c	796(233)b	1298(111)a	659(319)b
MBN：MBP	41(4)c	154(14)a	97(28)b	85(43)b

注：CR、TS、GG以及ZG分别代表农田、种植香椿、牧草单种以及任豆与牧草混种处理。不同小写字母表示同一指标在不同处理间差异显著（$P<0.05$）。

土壤性质与土壤酶活性和酶活性化学计量指标均有显著的相关关系（$P<0.05$）。其中，土壤BG酶活性与SOC、TN、TDN、TP及N：P呈显著正相关关系（$P<0.05$）；而LAP酶活性与土壤有机碳呈显著正相关关系（$P<0.05$）；NAG酶活性与SOC、C：N、C：P、MBC、MBN、MBC：MBN表现出显著正相关关系（$P<0.05$）；AP酶活性分别与SOC、TN、TDN、TP、土壤C：P、土壤N：P、MBC、MBN和MBN：MBP呈显著正相关关系（$P<0.05$）（图6-7和表6-6）。矢量长度与土壤SOC、土壤C：N、土壤C：P、MBC、MBN和MBC：MBN均有显著负相关关系（$P<0.05$）；矢量角度与土壤C：N和MBC：MBN表现出显著负相关关系（$P<0.05$）；BG：(NAG+LAP)与土壤SOC、土壤C：N、土壤C：P、MBC、MBN和MBC：MBN比呈显著负相关关系（$P<0.05$）；BG：AP与土壤SOC、TN、C：P、N：P、MBC、MBN、MBN：MBP之间表现出显著负相关关系（$P<0.05$）（图6-7和表6-6）。

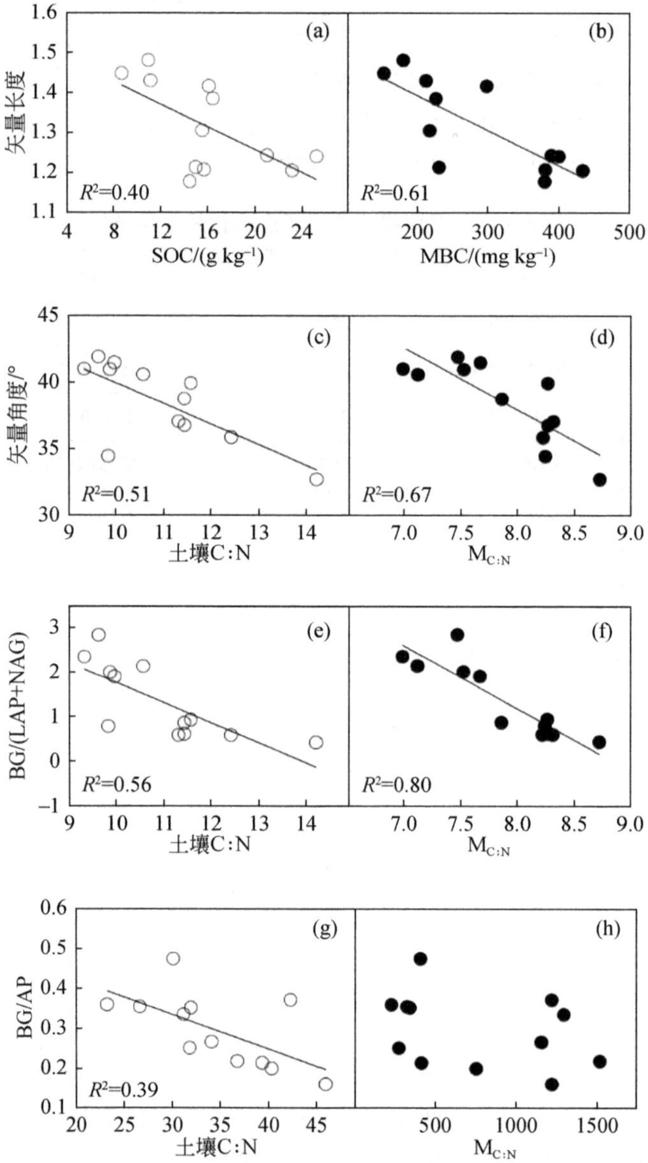

图 6-7　胞外酶活性化学计量与土壤、微生物化学计量指标相关关系

仅对相关性显著（P<0.05）的作了线性拟合。

陆地生态系统土壤微生物普遍受碳限制（Schimel and Weintraub，2003）。前期在喀斯特区的研究也表明，不同的土地利用类型下土壤微生物普遍受碳限制（Chen et al.，2019）。在本研究中，三种退耕恢复模式均减缓了土壤微生物碳限制程度。如退耕恢复模式显著降低了向量长度。土壤微生物碳限制程度减缓可能与土壤可利用性碳含量增加有关。本研究中，三种退耕恢复策略增加了土壤 SOC 和 MBC 水平，且矢量长度与 SOC 或 MBC 之间存在显著的正相关关系。

表 6-6　土壤性质与酶活性或酶活性化学计量指标之间相关分析结果（r 值）

指标	酶活性(以土壤质量为单位)				胞外酶活性化学计量学			
	BG	LAP	NAG	AP	矢量长度	矢量角度	BG/(LAP+NAG)	BG/AP
pH	0.027	0.039	−0.111	0.109	0.06	0.302	0.152	−0.355
SOC	0.718 *	0.602 *	0.688 *	0.882 *	−0.625 *	−0.190	−0.594 *	−0.693 *
TN	0.753 *	0.556	0.453	0.847 *	−0.384	0.036	−0.371	−0.610 *
TDN	0.812 *	0.531	0.423	0.833 *	−0.401	0.054	−0.366	−0.624 *
TP	0.703 *	0.385	0.414	0.694 *	−0.308	0.004	−0.357	−0.445
C : N	0.002	0.17	0.769 *	0.19	−0.775 *	−0.713	−0.747 *	−0.278
C : P	0.412	0.537	0.747 *	0.677 *	−0.763 *	−0.402	−0.681 *	−0.636 *
N : P	0.577 *	0.59	0.371	0.771 *	−0.389	0.057	−0.299	−0.640 *
MBC	0.474	0.506	0.701 *	0.730 *	−0.779 *	−0.257	−0.685 *	−0.792 *
MBN	0.486	0.525	0.664 *	0.722 *	−0.729 *	−0.210	−0.631 *	−0.792 *
MBP	−0.228	−0.535	−0.303	−0.332	0.308	0.145	0.277	0.219
MBC : MBN	0.004	0.265	0.820 *	0.232	−0.881 *	−0.823	−0.895	−0.248
MBC : MBP	−0.220	−0.013	0.334	0.11	−0.604	−0.366	−0.547	−0.341
MBN : MBP	0.395	0.559	0.426	0.615 *	−0.499	−0.069	−0.427	−0.592 *

* 表示相关性在 0.05 水平上显著。

氮是限制陆地生态系统微生物生长的另一个重要元素。本研究中，不同土地利用类型土壤矢量角度均小于45°，说明土壤微生物受氮限制（Moorhead et al.，2013）。然而，前期研究发现喀斯特森林土壤中有效氮含量较高，微生物表现出明显的氮饱和特征（Chen et al.，2018a）。可能的原因有以下两点：首先，喀斯特森林与受干扰的生态系统之间土壤微生物具有不同的氮限制状态，这是因为在生态系统演替过程中，氮的主要来源为生物固氮或大气氮沉降，这部分氮最终将导致成熟森林土壤达到“富氮或氮饱和”状态；相比之下，受干扰的生态系统更不稳定，造成较多的淋溶氮损失，因此这些受干扰的生态系统往往受“氮限制”。其次，前期研究发现，退耕后演替早期阶段生态系统植物与微生物受氮限制（Zhang et al.，2015；Wen et al.，2016）。本研究中退耕时间为 15 年，仍处于演替的早期阶段，因此，土壤微生物可能仍受氮限制。

TS 和 GG 处理加剧了土壤微生物氮限制程度。有以下两方面的证据：第一个证据来自矢量角度。与对照相比，香椿种植和牧草单种均显著降低了矢量角度，说明这两个处理加剧了土壤微生物氮限制程度（Waring et al.，2014）。另一个证据来自 BG：(LAP+NAG)。上述两个处理均显著降低了 BG：(LAP+NAG)，而 BG：(LAP+NAG)越低表明微生物受氮限制程度越高（Waring et al.，2014）。然而，TS 和 GG 两个处理增加了土壤氮含量（表6-

5），可能的原因是由于养分限制是相对的，养分限制不仅取决于相关元素的可利用性水平，还受其他养分元素含量的影响（Chen et al.，2018a）。本研究中 SOC 增加的幅度大于氮含量（表6-5），导致土壤 C：N 增加，可见相对于 SOC 而言，微生物生长相对更受氮限制。矢量角度与土壤 C：N 或微生物 C：N 之间呈显著负相关关系（图6-7），也支持退耕恢复加剧了土壤微生物氮限制程度。

退耕恢复处理也加剧了土壤微生物磷限制程度。表现在植被恢复降低了 BG：AP，而 BG：AP 越低表明该处理微生物越受磷限制；香椿种植和牧草单种均降低了 BG：AP，表明这两个处理加剧了微生物磷限制。可能的原因是因为 SOC 增加的幅度大于磷含量，这一点可以从香椿种植和牧草种植两个处理土壤 C：P 显著增加可以看出（表6-5）。土壤 C：P 与 BG：AP 之间存在显著的负相关关系，也支持上述观点。

第五节　石灰岩与白云岩区不同演替阶段生态系统土壤微生物氮磷限制状况

微生物资源限制状况受多种因素影响。有研究发现农田撂荒后的演替进程中由于土壤养分状况变化引起微生物养分限制状况发生变化（Fanin et al.，2016）。Yoshitake 等（2007）在北极地区开展的研究表明，在演替早期阶段土壤微生物主要受碳和氮限制，随演替进程微生物氮限制程度降低。但 Aikio 等（2000）针对芬兰岛屿的研究表明，生态演替过程中土壤微生物氮限制程度增加。在其他区域的研究也发现，随着生态演替进程，微生物磷限制更加明显（Liu et al.，2012）。可见，由于土壤性质和土壤类型等因素的差异，撂荒后演替进程中土壤微生物养分限制状况情况存在差异，但对其背后的机制仍认识欠缺（Castle et al.，2017）。

岩性是影响土壤形成的重要因素，调节地球表面的系列过程，如土壤养分输入通量。以往研究证实岩性会影响土壤性质以及微生物群落结构（D'Amico et al.，2015），从而可能影响土壤微生物养分限制状况。本研究在桂西北喀斯特峰丛洼地区开展，岩性为石灰岩、白云岩以及两者不同程度的混杂（Chen et al.，2019）。土壤为钙质土壤。在研究区域选择两种岩性（白云岩和石灰岩）和四种土地利用类型（农田、草地、灌丛和次生林），其中草地、灌丛和次生林代表农田撂荒后不同的演替阶段（Li et al.，2017a）。研究设计见 Chen 等（2019）。采集 0～15cm 矿质层土壤测定土壤有机碳、总氮、总磷、溶解有机碳、总溶解氮、可用性磷、pH、交换性钙（表6-7），以及土壤碳、氮、磷获取酶活性（BG、LAP、NAG 和 AP）。

表6-7　岩性和土地利用方式对土壤性质的影响

指标	岩性		土地利用方式			
	白云岩	石灰岩	农田	草地	灌丛	次生林
pH	6.69(0.13)b	7.03(0.12)a	7.04(0.22)	6.63(0.21)	7.14(0.16)	6.75(0.12)
SOC/($g\ kg^{-1}$)	31.18(1.04)b	35.69(1.48)a	26.79(2.93)c	28.41(4.08)bc	34.04(2.94)b	43.05(3.66)a

续表

指标	岩性		土地利用方式			
	白云岩	石灰岩	农田	草地	灌丛	次生林
TN/(g kg^{-1})	3.61(0.26)b	4.14(0.21)a	3.67(0.31)b	3.36(0.35)b	3.74(0.23)b	4.76(0.35)a
TP/(g kg^{-1})	0.34(0.03)b	0.82(0.07)a	0.85(0.13)a	0.37(0.07)c	0.65(0.11)b	0.62(0.08)b
可溶性有机碳/(mg kg^{-1})	135(4)a	117(3)b	111(5)b	149(11)a	131(7)ab	119(5)b
可溶性氮/(mg kg^{-1})	130(5)a	110(3)b	113(6)b	136(10)a	126(9)ab	119(5)b
有效磷/(mg kg^{-1})	4.49(0.24)b	6.08(0.3)a	6.35(0.87)	4.46(0.22)	5.08(0.37)	5.63(0.25)
交换性钙/(cmol kg^{-1})	20.20(1.9)b	27.44(1.97)a	28.77(3.74)a	16.34(2.52)b	24.89(2.32)ab	28.14(2.44)a
MBC/(mg kg^{-1})	356(22)b	445(27)a	288(8)c	293(33)bc	365(17)b	836(51)a
MBN/(mg kg^{-1})	71(7)	89(8)	38(0.5)c	58(10)bc	62(8)b	198(16)a
MBP/(mg kg^{-1})	48(1)b	60(1)a	61(1)	60(1)	60(3)	61(1)

注：不同字母表示岩性和土地利用类型之间差异显著（P<0.05）。

一、喀斯特区微生物资源限制总体格局

根据土壤胞外酶活性化学计量散点图，桂西北喀斯特峰丛洼地区土壤微生物普遍受磷限制或受碳和磷共同限制，仅有少数农田和草地土壤微生物受氮限制（图 6-8）。$TER_{C:N}$值大于$R_{C:N}$($R_{C:N}-TER_{C:N}<0$)，表示相比氮而言，土壤微生物更受碳限制；$TER_{C:P}$小于$R_{C:P}$($R_{C:P}-TER_{C:P}>0$)，说明相比碳而言，土壤微生物更受磷限制。矢量角度大于45°，也说明土壤微生物总体上受磷限制。有证据表明自然界中土壤微生物普遍受碳限制。

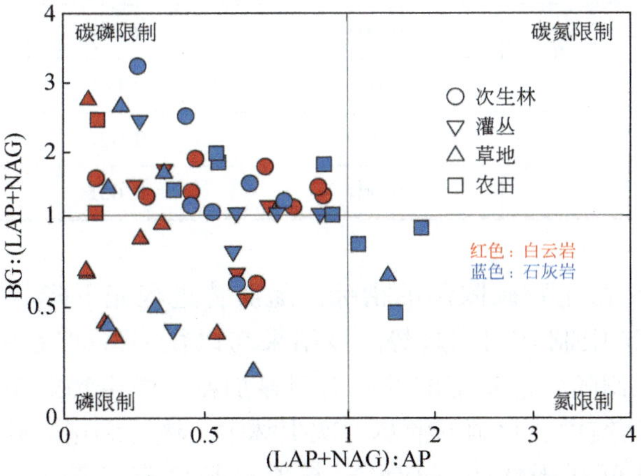

图 6-8　土壤胞外酶活性化学计量散点图

土壤有效养分供应不足会导致土壤微生物生长和活性受该养分限制（Castle et al., 2017）。例如，在热带区域，较高的岩石风化程度、有效磷与矿物结合等因素降低了土壤

中磷可利用水平，因而在该区域植物与土壤微生物普遍受磷限制。对于钙质土壤，钙与磷结合形成不溶性沉淀物进一步加剧磷限制（Iyamuremye and Dick，1996）。钙也与有机碳结合形成有机-矿物复合体降低了土壤有效性碳水平（Wen et al.，2017）。因此，亚热带喀斯特土壤中有效磷（4.46～6.35mg kg^{-1}）和有效碳（可溶解态碳）（111～149mg kg^{-1}）含量较低，可能是导致研究区域微生物普遍受碳或磷限制的原因。前期研究发现桂西北喀斯特区域土壤氮含量（1.9～6.7g kg^{-1}）在全球处于较高水平（Wen et al.，2017），这可能是本研究未发现土壤微生物受氮限制的原因。

二、植被演替或岩性对微生物资源限制状况的影响

土地利用和岩性对矢量长度、BG/（LAP+NAG）和 $R_{C:N}$-$TER_{C:N}$无显著的交互作用（P>0.05）（表6-8）。因此，本研究仅显示土地利用类型和岩性的主效应（图6-9）。白云岩区矢量长度显著低于石灰岩区（P<0.05）[图6-9（a）]。草地矢量长度最短，次生林最长，农田和次生林之间无显著差异（P>0.05）（图6-9）。岩性或土地利用类型之间BG：（LAP+NAG）和 $R_{C:N}$-$TER_{C:N}$无显著差异（P>0.05）（表6-8）。

表6-8　岩性、土地利用类型及其交互作用对一些指标影响的双因素方差分析结果（*P* 值）

指标	土地利用类型	岩性	土地利用类型×岩性
BG：AP	0.03	0.001	0.033
BG：（LAP+NAG）	0.085	0.872	0.851
矢量长度	0.002	0.025	0.471
矢量角度	0.032	0.001	0.008
$R_{C:N}$-$TER_{C:N}$	0.056	0.786	0.793
$R_{C:P}$-$TER_{C:P}$	0.003	0.001	0.004
TP	0.027	0.001	0.033
土壤有效磷	0.119	0.001	0.001
交换性钙含量	0.004	0.001	0.004

矢量长度作为表征微生物碳限制的指标，随演替进程先下降后增加［图6-9（d）］，表明演替后期微生物碳限制有加剧趋势。该结果与以往一些研究一致（Yoshitake et al.，2016），即微生物碳限制随生态系统的发展而明显加剧。微生物资源限制状况常与土壤资源有效性有关。在本研究中，草地、灌丛、次生林中土壤可利用的碳源（DOC）含量逐渐降低（表6-7），并且可利用性碳（DOC）与矢量长度有显著的负相关关系［图6-11（b）］，表明微生物碳限制与有效碳（DOC）的含量降低有关。此外，农田与次生林土壤微生物碳限制程度一致，可能是因为农田管理导致土壤 DOC 的淋溶增加。农田土壤中DOC 浓度最低也能解释其土壤微生物碳限制程度较高（表6-7）。

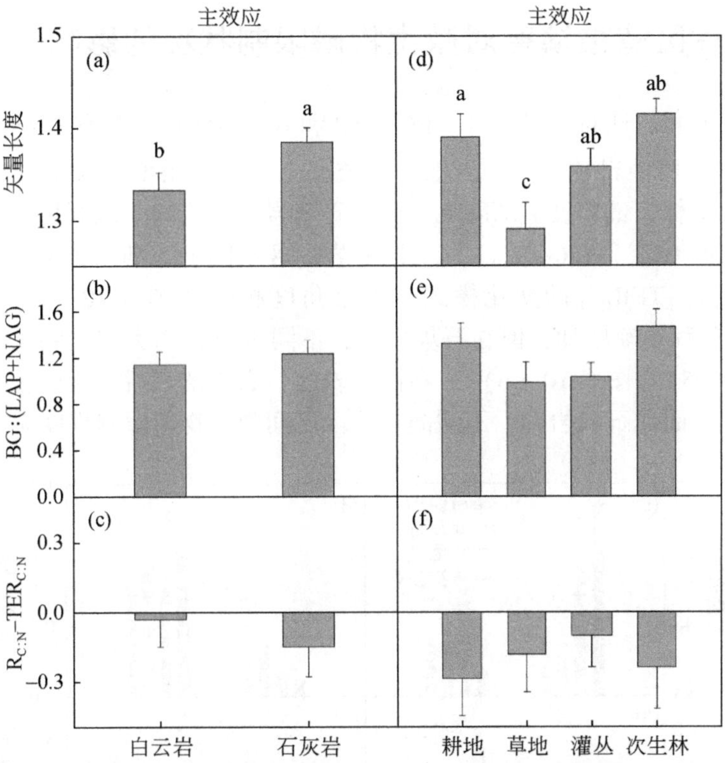

图 6-9　岩性和土地利用类型对矢量长度（a）（d）、BG：（LAP+NAG）（b）（e）、$R_{C:N}$-$TER_{C:N}$（c）（f）的影响

矢量长度表征微生物碳限制，矢量长度越长表明微生物越受碳限制。数据为平均值±标准误，不同字母代表岩性或土地利用类型之间差异显著。

石灰岩区土壤矢量长度明显大于白云岩区，表明石灰岩区土壤微生物碳限制程度较高。然而，石灰岩区 SOC 水平显著高于白云岩区（表 6-7）。前期研究表明，石灰岩区土壤有机碳更稳定（Wen et al.，2017）。与此一致，本研究中石灰岩区土壤可利用碳含量低于白云岩区土壤（表 6-7）。主要原因是喀斯特土壤有机质通过交换性钙与矿物结合形成有机-矿物复合体是土壤有机质稳定的重要机制。因此，石灰岩区较高的土壤交换性钙水平有助于形成更多的稳定有机质，导致微生物可利用的有机碳下降，最终导致微生物受碳限制程度更高。

本研究发现喀斯特区不同土地利用类型或岩性类型之间土壤微生物氮限制程度无显著差异，表现在不同土地利用类型或岩性类型下 BG：（NAG+LAP）和 $R_{C:N}$-$TER_{C:N}$无显著差异（表 6-8）。尽管不同岩性类型和不同演替阶段土壤总氮和总溶解氮水平（TN 或 TDN）存在差异（表 6-7），但由于微生物更受碳和磷的限制，因此，相对而言微生物受氮限制程度较低。

三、不同岩性区植被演替对微生物磷限制状况的影响

土地利用类型和岩性对矢量角度、BG : AP 和 $R_{C:P}$–$TER_{C:P}$具有显著的交互效应（P<0.05）（表 6-8）。两种岩性区不同土地利用类型土壤矢量角度均大于 45°。在白云岩区，农田、草地和次生林矢量角度逐渐降低；而在石灰岩区，不同土地利用类型之间矢量角度无显著差异（P>0.05）[图 6-10（a）]。两种岩性区不同土地利用类型土壤 $R_{C:P}$–$TER_{C:P}$均大于零，且 $R_{C:P}$–$TER_{C:P}$的变化模式与矢量角度相似 [图 6-10（c）]。在白云岩区，BG : AP 随演替进程逐渐增加，但在石灰岩区，不同土地利用类型之间土壤的 BG : AP 无显著差异（P>0.05）[图 6-10（b）]。在白云岩区，农田撂荒后土壤微生物磷限制程度随演替进程而降低；而在石灰岩区，不同演替阶段之间微生物磷限制程度无显著差异。

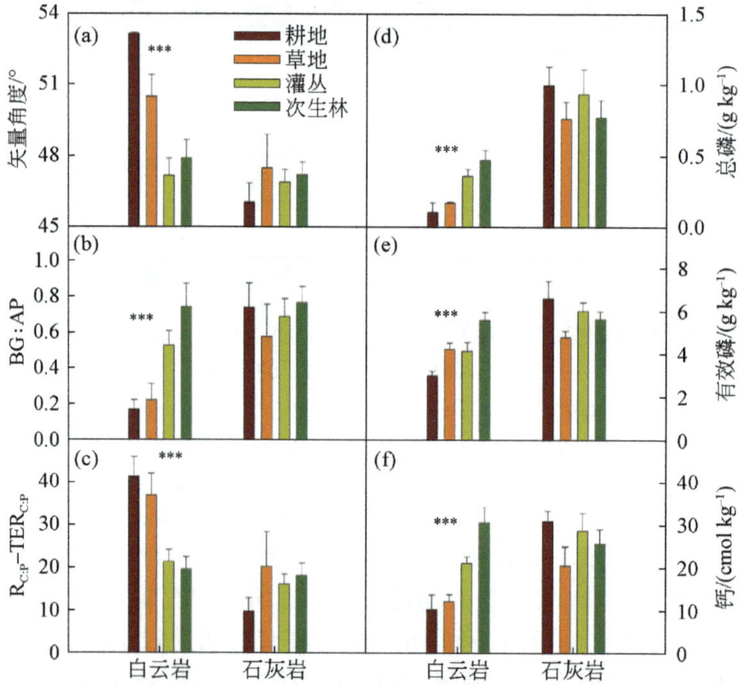

图 6-10　岩性和土地利用类型的交互作用对微生物资源限制状况及土壤性质的影响

＊＊＊表示在 P<0.001 水平上显著

在白云岩或石灰岩区，土壤全磷和有效磷含量与 BG : AP 随植被演替进程呈现类似的变化模式（图 6-10）。土壤全磷或有效磷与矢量角度呈显著负相关关系（图 6-11）。可见，土壤磷的动态变化能解释土壤微生物磷限制状况随演替的变化模式。在本研究中，土壤钙含量与土壤磷含量呈显著正相关关系（图 6-11），且在白云岩或石灰岩区，随植被演替进程土壤钙与磷呈现出类似的变化模式（图 6-10），因此，钙可能在土壤微生物磷限制状况变化中起着重要作用。基于此，我们提出，两种岩性区土壤有效磷含量随植被演替变化受制于土壤钙含量动态变化这一机制。这是因为在钙质土壤中钙含量是调控磷稳定性和含量

的一个重要因素（Iyamuremye and Dick，1996）。在白云岩区，土壤钙含量随演替序列（农田至森林）逐渐增加，但在石灰岩区，不同演替阶段之间土壤钙含量无显著差异。针对这一现象，我们前期提出了两种岩区在退耕后演替过程中钙调控土壤有机碳累积的机制（Li et al.，2017a）。在石灰岩区，岩石溶解速率较高，耕作阶段损失的钙能被迅速补充，

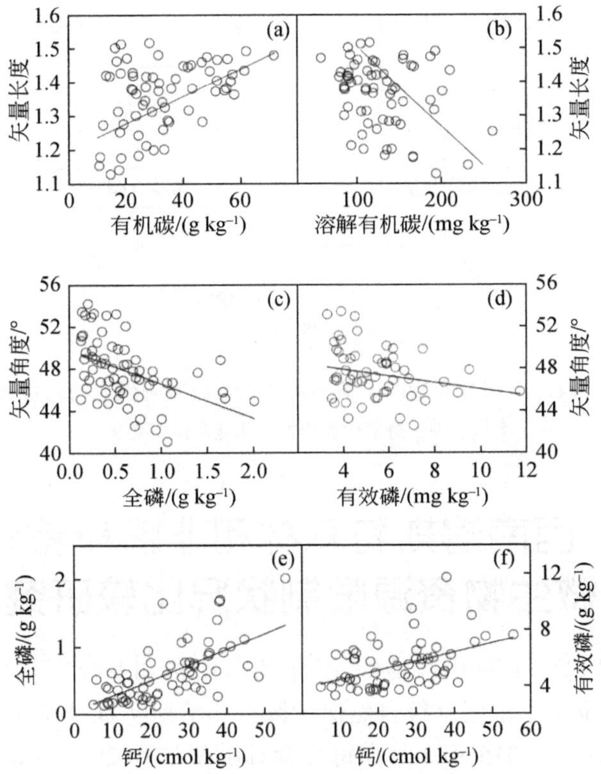

图 6-11　矢量长度和土壤总有机碳（a）或溶解有机碳（b）的相关性、矢量角度与土壤总磷（c）或有效磷（d）相关性、交换性钙与土壤总磷（e）或有效磷（f）相关性

因此，不同演替阶段之间交换性钙水平无显著差异，导致农田土壤有机碳水平较高，因此，退耕后演替进程中土壤有机碳累积速率较低；而在白云岩区，岩石溶解速率较低，退耕后耕作阶段损失的钙需要一段时间才能恢复，导致农田耕作土壤有机碳水平易流失，有机碳水平较低，因此退耕后演替进程中土壤有机碳累积速率较高（Li et al.，2017a）。本研究也提出类似的机制（图 6-12）。一方面农田和草地钙流失速率（钙输出）大于森林（Chen et al.，2012），因而土壤钙含量水平从农田至森林有增加趋势；另一方面，石灰岩区岩石溶解速率（钙输入）是白云岩区的 3 ~ 60 倍（Liu et al.，2005），导致石灰岩区流失的钙可以迅速得到补充，但在白云岩区，土壤中流失的钙得不到及时补充。因此，在白云岩区，从农田至森林演替过程中，土壤钙含量有增加趋势；而在石灰岩区，土壤钙含量无显著差异。不同岩性类型土壤钙含量动态变化导致了土壤磷含量变化，进而造成不同演替阶段之间土壤微生物磷限制差异。

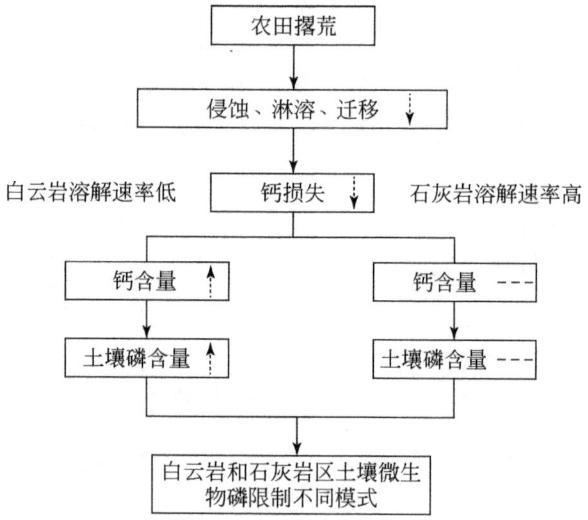

图 6-12　白云岩和石灰岩区土壤不同微生物磷限制模式的过程和机理图

↑、↓、--- 分别代表增加、降低和没有变化。

第六节　西南喀斯特森林和非喀斯特森林土壤微生物资源限制状况比较研究

在桂西北环江县选取了两片林龄约 35 年的喀斯特和非喀斯特次生林（Chen et al.，2018a）。喀斯特森林位于木伦国家级自然保护区，非喀斯特森林位于华山国有林场。两片森林间的距离约为 26km。2015 年 8 月在每片森林随机选择 29 个 10m×10m 的样方。在每个样方，随机采集 10 个 0～10cm 矿质层土壤样品，并混合为一个混合样品，用于分析土壤酶活性（BG、LAP、NAG、AP、多酚氧化酶（POX））、土壤有机碳（SOC）、总氮（TN）、总磷（TP）、可溶性有机碳（DOC）、总可溶性氮（TDN）、有效磷（AP）、土壤 pH 、微生物量碳（MBC）、微生物量氮（MBN）和微生物量磷（MBP）。酶活性用可溶性碳（DOC）进行标准化，并计算酶活性比值、元素阈值比（TER）、矢量角度和长度、碳利用效率（CUE）和模拟的有机质分解速率（M）。

木质素指数（LCI = LnPOX/（LnPOX + LnBG））用于评估底物碳的质量，值越高表示底物碳的质量较低（Tapia-Torres et al.，2015）。使用微生物酶分配模型估算了有机碳分解速率（M,%/ d^{-1}）（Sinsabaugh and Moorhead，1994）：

$$M = (CUE \times ENZ_{TOT}) / (1 + (NAG + LAP)/BG + AP/BG) \tag{6-9}$$

式中，ENZ_{TOT}是 BG、POX、（NAG+LAP）和 AP 根据其最大值归一化后的总和。微生物碳利用效率（CUE）按以下公式计算（Sinsabaugh et al.，2013）：

$$CUE = CUE_{max} \times \{(S_{C:N} \times S_{C:P}) / ((K_{C:N} + S_{C:N}) \times (K_{C:P} + S_{C:P}))\}^{0.5}$$

$$\text{where } S_{C:N} = (1/(BG/(LAP + NAG))) \times (B_{C:N}/L_{C:N})$$

$$S_{C:P} = (1/(BG/AP)) \times (B_{C:P}/L_{C:P}) \tag{6-10}$$

式中，CUE_{max}是微生物生长效率的上限（0.6）；$S_{C:N}$或$S_{C:P}$是一个标量，表示酶的分配能抵消"资源"和"微生物利用"之间的养分差距的程度；$K_{C:N}$和$K_{C:P}$是半饱和常数（0.5）；$B_{C:N}$和$B_{C:P}$分别是微生物量 C：N 和 C：P；$L_{C:N}$和$L_{C:P}$是有效态资源 C：N（即 DOC：TDN）和 C：P（即 DOC：AVP）。此外，还估算了土壤微生物呼吸速率［R_m（mmol C m^{-3} d^{-1}）］。

一、酶活性和酶化学计量

喀斯特森林和非喀斯特森林的土壤属性存在显著差异（表 6-9）。喀斯特森林的土壤 pH 为 6.6±0.1，显著高于非喀斯特森林。喀斯特森林的 SOC 和 TN 含量分别比非喀斯特森林高 120% 和 169%，但前者的 C：N 低 21%。此外，喀斯特森林的 TDN 含量比非喀斯特森林高 130%，而 DOC 水平比非喀斯特森林低 3%。尽管喀斯特土壤 TP 含量较非喀斯特森林高 1076%，但 AP 较非喀斯特森林低 48%。喀斯特森林土壤微生物量碳、氮和磷的含量较非喀斯特森林分别高 125%、167% 和 47%。因此，喀斯特森林的 MBC：MBN 较低，但 MBC：MBP 和 MBN：MBP 较高。

表 6-9　喀斯特和非喀斯特森林土壤属性

因子	喀斯特森林	非喀斯特森林	*P* 值
pH	6.6(0.1)	5.9(0.1)	<0.01
SOC/(g kg^{-1})	50.2(2.5)	22.8(0.5)	<0.01
TN/(g kg^{-1})	4.3(0.2)	1.6(0.0)	<0.01
C：N	11.82(0.44)	14.92(0.42)	<0.01
TP/(g kg^{-1})	2.00(0.05)	0.17(0.00)	<0.01
DOC/(mg kg^{-1})	53.5(1.8)	55.3(1.8)	<0.01
TDN/(mg kg^{-1})	72.28(6.10)	31.38(0.86)	<0.01
AP/(mg kg^{-1})	6.30(0.88)	12.09(0.41)	<0.01
MBC/(mg kg^{-1})	1122.4(75.5)	498.8(15.3)	<0.01
MBN/(mg kg^{-1})	289.5(20.8)	108.6(3.7)	<0.01
MBP/(mg kg^{-1})	31.1(2.3)	21.2(1.7)	<0.01
MBC：MBN	3.9(0.1)	4.6(0.1)	<0.01
MBC：MBP	40.1(3.6)	27.5(2.2)	<0.01
MBN：MBP	10.3(1.0)	5.9(0.5)	<0.01

酶活性（μmol h^{-1} g^{-1} DOC）在喀斯特和非喀斯特森林之间存在差异（表 6-10）。喀斯特森林中 BG、LAP 和 POX 活性显著高于非喀斯特森林，但喀斯特森林中 NAG 和 AP 活性则显著低于非喀斯特森林。因此，BG：AP、BG：（NAG+LAP）和（NAG+LAP）：AP 均以喀斯特森林较高（表 6-10）。然而，当土壤酶活性以 nmol h^{-1} g^{-1} SOC 表示时，由于喀斯特森林中的 SOC 含量较高，所研究的五种酶的活性均以喀斯特森林低于非喀斯特森林。此

外，喀斯特森林土壤木质纤维素指数（LCI）和微生物碳利用效率（CUE）均显著低于非喀斯特森林（表6-10）。

表6-10　喀斯特和非喀斯特森林土壤酶活性（μmol h⁻¹ g⁻¹ DOC）、酶活性比值、木质素指数（LCI）和微生物碳利用效率（CUE）

因子	喀斯特森林	非喀斯特森林	*P* 值
β-D-葡萄糖苷酶(BG)	1238(87)	722(45)	<0.01
L-亮氨酸氨基肽酶(LAP)	375(29)	170(12)	<0.01
β-N-乙酰氨基葡萄糖苷酶(NAG)	355(20)	750(57)	<0.01
酸性磷酸酶(AP)	2046(124)	7236(291)	<0.01
多酚氧化酶(POX)	38387(2494)	22312(1855)	<0.01
BG：AP	0.62(0.04)	0.10(0.01)	<0.01
BG：(NAG+LAP)	1.74(0.10)	0.80(0.03)	<0.01
(NAG+LAP)：AP	0.37(0.02)	0.13(0.01)	<0.01
木质素指数(LCI)	0.55(0.001)	0.56(0.002)	<0.01
微生物碳利用效率(CUE)	0.32(0.01)	0.36(0.002)	<0.01

除了非喀斯特森林lnBG与lnAP无显著相关性外［图6-13（b）］，两片森林中的碳、氮和磷获取酶活性之间以及用POX标准化后的碳、氮和磷获取酶活性之间均有显著相关（图6-13）。喀斯特森林中lnBG与ln（NAG+LAP）以及lnBG与lnAP的线性回归斜率分别为0.67和0.67，非喀斯特森林则分别为0.78和0.26。lnBG/lnPOX与ln（NAG+LAP）/lnPOX以及lnBG/lnPOX与lnAP/lnPOX的线性回归斜率喀斯特森林分别为0.83和0.75，

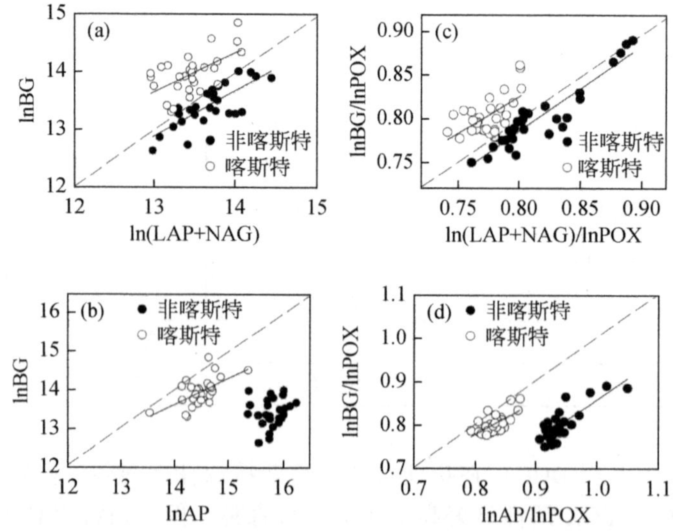

图6-13　喀斯特森林和非喀斯特森林土壤碳氮磷获取酶活性之间的线性回归分析

（a）（b）：碳氮磷获取酶活性间的关系；（c）（d）：POX标准化后的碳氮磷获取酶活性间的关系。

非喀斯特森林分别为 0.97 和 0.97，说明两个森林中 POX 标准化后和非 POX 标准化后的 C：N：P 酶活性比率接近 1：1：1（图 6-13）。

本研究中喀斯特森林土壤 BG、LAP、NAG、AP 和 POX 活性低于全球平均水平（Sinsabaugh et al.，2008），也低于中国 BG、LAP、NAG 和 AP 的平均水平（Xu et al.，2017）。喀斯特森林和非喀斯特森林之间酶活性存在差异。这种差异可能与土壤属性差异有关，特别是土壤 pH。已有研究表明，BG、POX 和 LAP 活性与土壤 pH 呈正相关关系，但 AP 和 NAG 与土壤 pH 呈负相关关系（Sinsabaugh et al.，2008）。本研究发现土壤 pH 与酶活性之间有类似的关系，且喀斯特森林的土壤 pH 比非喀斯特森林的高（表 6-9），在一定程度上解释了喀斯特森林中较高的 BG、POX 和 LAP 活性和较低的 AP 和 NAG 活性。

喀斯特森林和非喀斯特森林土壤 C：N：P 的酶活性比接近 1：1：1，与全球整合分析（Sinsabaugh et al.，2009）和其他区域性研究（Tapia-Torres et al.，2015）的结果一致。本研究中 POX 标准化后的碳、氮和磷获取酶活性也出现类似的 1：1：1 的模式。由于 POX 标准化酶活性的化学计量反映了难降解土壤有机物分解中的养分需求，所以我们的结果进一步表明，1：1：1 这一功能性比率不仅存在于易分解有机物的分解中，而且也存在于难降解有机物的分解中。

二、有机碳的分解和微生物呼吸速率

喀斯特森林有机碳分解率（M）和微生物呼吸速率（R_m）分别为 0.21% d^{-1}（相当于每年分解 76.6% 的质量）和 8098mmol C m^{-3} d^{-1}（相当于 4.1μg C g^{-1} h^{-1}），明显高于非喀斯特森林（分别为 0.11% d^{-1} 和 2563mmol C m^{-3} d^{-1}）[图 6-14（a）（b）]。喀斯特森林的矢量长度为 1.42，显著高于非喀斯特森林（1.30）[图 6-14（c）]。喀斯特森林土壤有机碳分解速率与热带亚热带地区已报道的高凋落物分解率（年质量损失范围为 5.7%~308%）相似（Mo et al.，2006）。本研究估算的喀斯特森林微生物呼吸速率低于其他在亚热带喀斯特地区的测量值（0.52~9.17μg C g^{-1} h^{-1}）（Cui et al.，2011）。在本研究中，喀斯特森林中较高的 BG 活性和较低的 LCI 均表明喀斯特森林的易分解有机碳具有较高的分解速率（表 6-10，图 6-15），因为较高的 BG 表明产生了更多的碳获取酶来分解易分解有机碳，而较低的 LCI 则表明有较高的难分解有机碳。同样，喀斯特森林中较高的 POX 活性也支持了喀斯特森林的难分解有机碳具有较高的分解率（表 6-10），因为 POX 是一种分解木质素和腐殖质等难分解碳的酶（Sinsabaugh，2010）。此外，喀斯特森林中较高的土壤微生物量碳也支持喀斯特森林中易分解和难分解有机碳的分解率较高的观点，因为较高的土壤微生物量意味着有更多的有机碳分解者（图 6-16）。

三、微生物资源限制状况

喀斯特森林的矢量长度为 1.42，显著高于非喀斯特森林（1.30）[图 6-14（c）]，说明喀斯特森林土壤微生物受碳限制程度更高。同时，喀斯特森林的 BG：（LAP+NAG）显著高于非喀斯特森林，进一步说明喀斯特森林土壤微生物更受碳限制。据我们所知，自然界中的土壤微生物普遍受碳限制（Schimel and Weintraub，2003）。然而，目前很少有研究比较了不同地区或生态系统之间碳限制的差异。

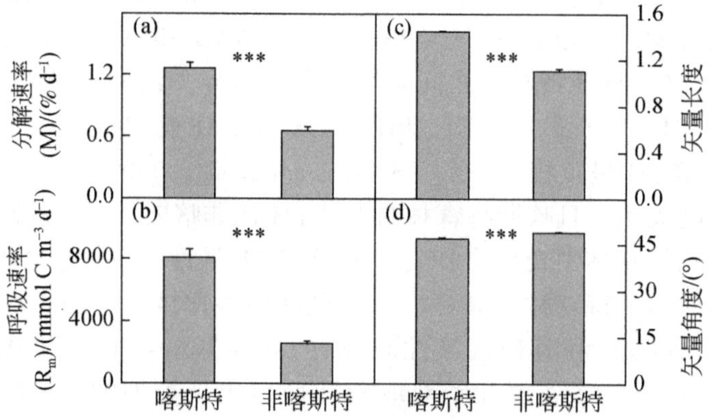

图 6-14　喀斯特和非喀斯特森林的分解速率（a）、微生物呼吸速率（b）（R_m，mmol C $m^{-3}d^{-1}$）、矢量长度（c）和矢量角度（d）

*** 表示喀斯特与非喀斯特森森之间在 0.001 水平上差异显著。

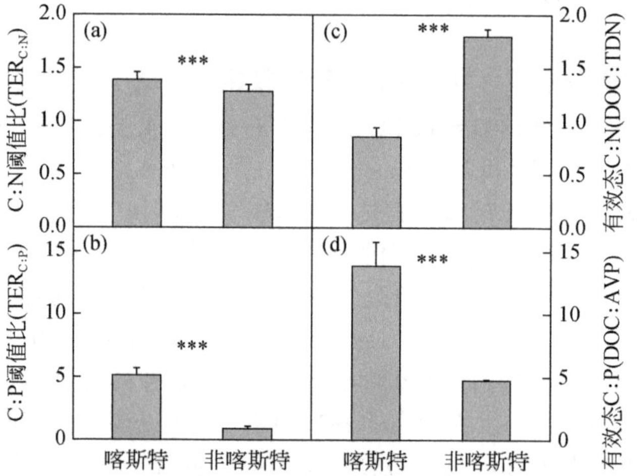

图 6-15　喀斯特和非喀斯特森林的 C∶N 阈值比（$TER_{C:N}$）（a）、C∶P 阈值比（$TER_{C:P}$）（b）、有效态 C∶N（即 DOC∶TDN）（c）和有效态 C∶P（即 DOC∶AVP）（d）

*** 表示喀斯特与非喀斯特森森之间在 0.001 水平上差异显著。

本研究中喀斯特森林土壤 DOC 显著低于非喀斯特森林（表 6-9），因此，可能是喀斯特森林土壤微生物更受碳限制的原因之一。喀斯特森林土壤 DOC 较低的原因可能是由于土壤钙和 SOC 结合导致 SOC 更稳定所致（Wen et al.，2017）。此外，导致喀斯特森林土壤微生物碳限制程度更高的另一个原因可能是喀斯特森林氮可利用性水平较高。土壤微生物碳限制是一个相对的概念，不仅取决于碳本身可利用水平，还受制于其他养分如氮的可利用水平。例如，如果土壤中可利用氮水平较高，土壤微生物对碳的需求相应增加，导致

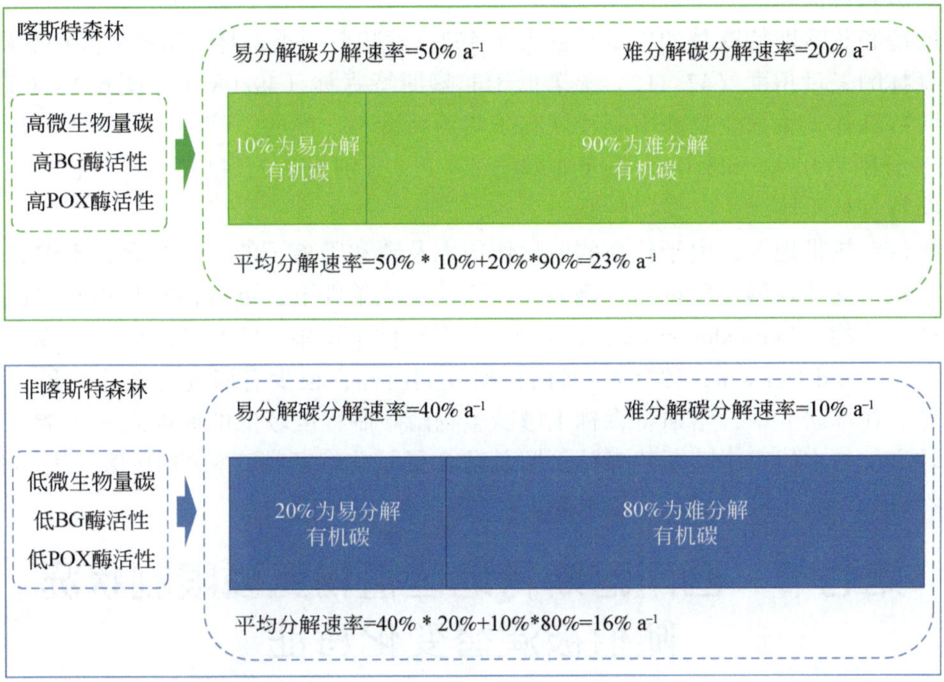

图 6-16　喀斯特森林土壤有机碳分解速率比非喀斯特森林高的机理示意图

我们假设难分解碳在喀斯特和非喀斯特森林土壤中的比例分别为 90% 和 80%。同时假设易分解和难分解有机碳的分解速率在喀斯特森林（假设分别为 50% a^{-1} 和 20% a^{-1}）比在非喀斯特森林（假设分别为 40% a^{-1} 和 10% a^{-1}）高。那么这将导致喀斯特森林的平均分解速率（23% d^{-1}）高于非喀斯特的（16% d^{-1}）（计算公式如图所示）。

有效碳的供应相对不足，从而引起微生物受碳限制程度增加。在本研究中，尽管喀斯特森林 SOC 和 TN 含量均高于非喀斯特森林，但喀斯特土壤 C∶N（11.82）显著低于非喀斯特森林（14.92）（表 6-9），支持我们前面的解释。

喀斯特森林的 $TER_{C:N}$ 和 $TER_{C:P}$ 都明显高于非喀斯特森林（分别为 1.39 和 5.09）[图 6-15（a），图 6-15（b）]。在喀斯特森林的 $TER_{C:N}$ 高于有效态 C∶N（即 DOC∶TDN），但 $TER_{C:P}$ 低于有效态 C∶P（即 DOC∶AVP）（图 6-15）。在非喀斯特森林中，$TER_{C:N}$ 低于有效态 C∶N，$TER_{C:P}$ 也低于有效态 C∶P（图 6-15）。这些结果表明，喀斯特森林土壤微生物可能不受氮限制，但非喀斯特森林可能受氮限制。

由于全球陆地自然生态系统普遍受氮限制（Du et al.，2020），因此，本研究中非喀斯特森林土壤微生物受氮限制并不令人惊讶。虽然热带亚热带区域氮相对丰富，但表现出氮饱和的生态系统主要是一些热带低地森林（Brookshire et al.，2012）。前期我们基于土壤初级氮转化（Li et al.，2017b）、无机氮与可溶性有机氮含量及其比值（Wen et al.，2016）推断喀斯特森林表现出明显的氮饱和特征。本研究利用酶活性化学计量学方法也发现喀斯特森林土壤微生物表现出明显的氮饱和特征，与前期基于其他方法的研究结果相互支持。基于喀斯特不同演替阶段植物群落叶片 N∶P 的研究表明，喀斯特森林植物表现出明显的氮饱和特征（Zhang et al.，2015）。可见，喀斯特森林植物与土壤微生物均表现出明显的氮饱和特征。

喀斯特和非喀斯特森林的矢量角度大于45°，意味着两类森林土壤微生物都受磷限制。喀斯特森林的矢量角度（47.11°）显著低于非喀斯特森林（49.08°）［图6-14（d）］，表明非喀斯特森林土壤微生物磷限制程度高于喀斯特森林。同时，喀斯特和非喀斯特森林的$TER_{C:P}$（分别为0.92和5.09）低于有效态C：P（分别为4.71和13.82），也表明喀斯特和非喀斯特森林土壤微生物受磷限制。

在热带亚热带地区，由于较高的风化作用以及磷和阳离子的强烈结合，土壤有效磷水平较低，植物受磷限制比较普遍。例如，在酸性土壤条件下，可溶性磷与铝和铁反应，形成不溶性沉淀物（Bottomley et al.，1994），但在碱性土壤中，它与钙反应，形成不溶性沉淀物（Ryther and Dunstan，1971）。然而，据我们所知，很少有研究比较这两种磷限制之间的差异。在本研究中，喀斯特森林土壤微生物磷限制程度较低的原因之一可能是因为总磷含量较高，如本研究中喀斯特森林土壤总磷含量是非喀斯特森林的10倍（表6-9），导致喀斯特森林土壤可利用磷水平也较高。

第七节　西南喀斯特地区植物氮磷限制状况随植被演替变化特征

氮和磷对植物群落演替和结构有着重要影响。在陆地生态系统中，上述两种元素是限制初级生产力和其他生物过程的主要营养元素。一些研究表明，在植被次生演替过程中磷限制会逐渐加剧（Huang et al.，2013）。也有研究表明，在次生演替进程中氮循环相关土壤性质指标逐渐恢复，保守型磷循环在森林中重新占据主导地位（Davidson et al.，2007）。可见，氮和磷的相对限制状况随着演替进程会发生变化。

叶片N：P常用于指示生态系统氮磷相对限制状况（Olde Venterink et al.，2003）。叶片N：P<14反映植物生长受氮限制，N：P>16反映植物生长受磷限制，而当N：P介于14～16之间表示植物生长受氮和磷共同限制（Koerselman and Meuleman，1996）。除了叶片N：P之外，磷酸酶活性也是指示氮或磷对植物生产力限制程度的有效指标。随着植物生长越来越受土壤磷素有效性限制，植物从土壤矿化中所获取的有效磷越来越依赖于磷酸酶（Huang et al.，2013）。因此，高磷酸酶活性常被用作磷限制的指标（Sinsabaugh et al.，2008；Huang et al.，2013）。

本研究在桂西北环江毛南族自治县的古周流域（24°54′～24°55′N，107°56′～107°57′E）和木论国家级自然保护区（25°06′～25°12′N，107°53′～108°05′E）选择了草地、灌丛、次生林和原生林，分别代表演替初期、中期、晚期和极晚期的演替阶段。在古周小流域，于2009年6月建立了6个草地样地、9个灌丛样地和9个次生林样地。同时在木论国家级自然保护区，建立了10个原生林样地。所有样地面积均为30m×20m。裸岩率通过地表上方出露岩石的比例计算得出。于2009年7～8月，在每个样地中，从每个优势物种的3～6个重复植株上采集了成熟的、受阳光照射的叶片（对于草本植物是采集叶片）。采样的植株具有较为一致的年龄。还从灌丛、次生林和原生林中共同存在的五个树种中采集了叶片样品：粉苹婆（*Sterculia euosma*）、红背山麻杆（*Alchornea trewioides*）、灰毛浆果楝

(*Cipadessa cinerascens*)、鞍叶羊蹄甲(*Bauhinia brachycarpa*)和茜树(*Aidia cochinchinensis*)。每个样地中还选择了相似年龄的五棵重复树木进行采样。所有叶片样品在70℃下烘干至恒重，用于测定氮和磷含量。同步采集土壤样品用于pH、SOC、总氮(TN)、碱解氮(AN)、有效磷(AP)、土壤含水量、碱性磷酸酶活性(APA)。

使用优势种叶片氮和磷含量比值平均值估算了植物群落氮磷比(质量比)。每个物种的氮磷比按照其在每个样地中的重要性值(Ⅳ)进行加权计算，使用公式如下(Du et al., 2011)：

$$N:P_{(\mathrm{comm.})}=\sum_{i=1}^{n}\left(N:P_{(i)}\times\frac{\mathrm{IV}_i}{\mathrm{IV}_n}\right) \tag{6-11}$$

式中，$N:P_{(\mathrm{comm.})}$和$N:P_{(i)}$分别是样地中植物群落的氮磷比和第i个物种的氮磷比；IV_i是第i个物种的重要性值；IV_n是所有样本物种的重要性值之和；n是样地中样本物种数量。重要性值的计算方式为，在每个样地中，对于乔木层，将相对密度、相对丰度和相对频率进行求和；对于灌木层和草本层，将相对高度和相对覆盖度进行求和。

一、退耕后植被演替进程中植物氮磷限制状况变化特征

SOC、TN、TP和AP均随演替进程呈增加趋势，但在后三个阶段间没有显著差异(表6-11)。土壤pH在演替阶段间没有显著差异。土壤碱性磷酸酶活性(APA)随演替进程而增加，但灌丛和次生林间没有显著差异(表6-11)。为了消除SOC对APA的影响，本研究计算了基于单位SOC的APA活性(APA/SOC)。与APA类似，APA/SOC随演替进程也呈增加趋势。

表6-11 四个演替阶段的土壤理化性质

指标	草地	灌丛	次生林	原生林
SOC/(g kg^{-1})	30.5±3.2a	63.4±14.3b	63.3±19.9b	80.0±28.1b
TN/(g kg^{-1})	2.5±0.5a	6.8±1.8b	7.6±2.7b	8.8±3.2b
TP/(g kg^{-1})	0.77±0.45a	1.26±0.58 ab	1.59±0.56b	1.66±0.67b
碱解氮/(mg kg^{-1})	91.9±12.1a	172.7±25.9b	185.2±44b	259.2±55.1c
AP/(mg kg^{-1})	3.69±1.99a	6.86±2.47 ab	10.22±8.67 ab	12.44±6.23b
碱性磷酸酶/(μg g^{-1} soil h^{-1})	198.7±67a	541.2±200.1b	549.9±186.3b	1010.8±340c
碱性磷酸酶/(μg mg^{-1} SOC h^{-1})	6.5±2.1a	8.4±1.7b	8.8±1.8b	12.7±1.5c
pH	6.84±0.24	6.78±0.25	7.28±0.38	7.26±0.51

注：数据为平均值±标准差；不同字母表示同一指标在不同演替阶段之间差异显著。

植物群落叶片氮含量以森林最高，草地最低[图6-17(a)]。植物群落叶片磷含量变化趋势与氮类似，但只有在次生林与草地间存在显著差异[图6-17(b)]。草地植物群落叶片N：P显著低于其他三个演替阶段[图6-17(c)]。

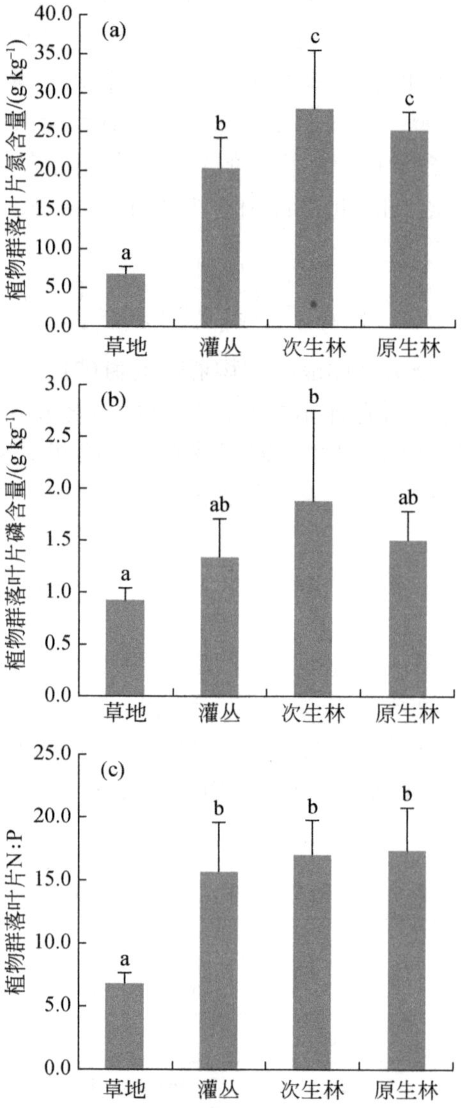

图 6-17　植物群落叶片氮含量（a）、磷含量（b）和 N：P（c）随植被演替变化特征

不同小写字母表示不同演替之间差异显著（$P<0.05$）

四个植物群落叶片 N：P 介于 5.5～23.4（图 6-18）。在四个演替阶段中，植物群落叶片 N：P 与叶片氮含量呈显著正相关（$R^2=0.64$，$P<0.01$）［图 6-18（a）］，但与叶片磷含量无显著相关性［图 6-18（b）］。当单独分析每个演替阶段时，植物群落叶片 N：P 与叶片氮含量无关［图 6-18（a）］，而与灌丛、次生林和原生林的叶片磷含量呈负相关［图 6-18（b）］。在所有演替阶段中，植物群落叶片 N：P 与土壤全氮（$R^2=0.44$，$P<0.01$）和有效氮（$R^2=0.43$，$P<0.01$）呈正相关，但与土壤全磷和有效磷无关（图 6-19）。当单独分析每个演替阶段时，草地叶片 N：P 与土壤全氮呈正相关［图 6-18（a）］，而次生林和原生林叶片 N：P 与土壤全磷呈负相关［图 6-18（b）］。在灌丛阶段，群落叶片 N：P

与土壤 TN 和 TP 均无关。

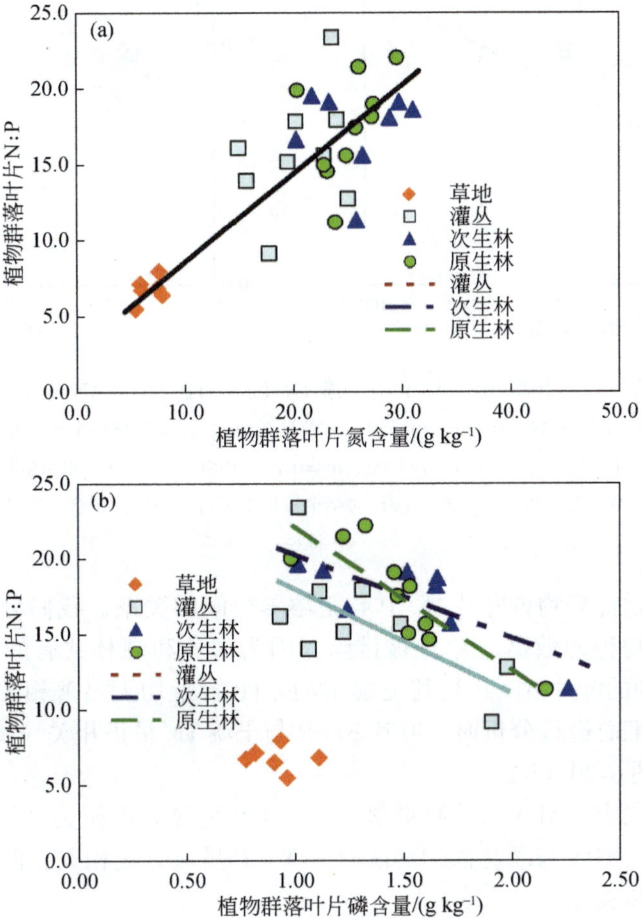

图 6-18 四个演替阶段植物群落叶片 N : P 与叶片氮（a）或磷（b）含量间的相关性

（a）用整个数据集进行线性回归分析（R^2=0.64，P<0.01，n=34）。（b）用各个演替阶段数据集分别进行线性回归分析（灌丛：$y=-7.08x+25.23$，R^2=0.47，P<0.05，n=9；次生林：$y=-5.52x+25.73$，R^2=0.63，P<0.05，n=9；原生林：$y=-9.58x+31.72$，R^2=0.73，P<0.01，n=10）。

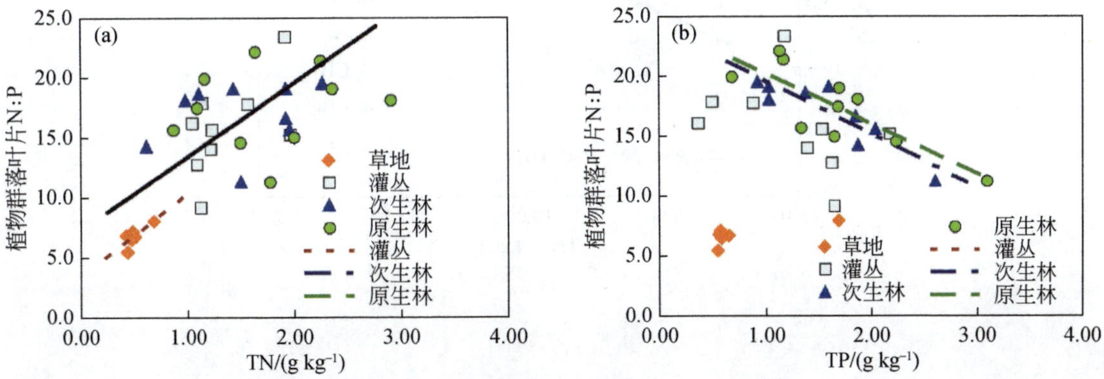

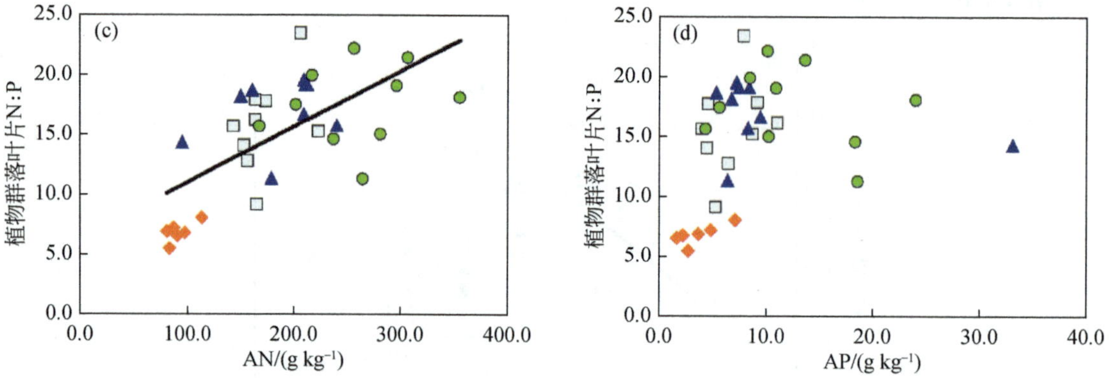

图 6-19　四个演替阶段植物群落叶片 N∶P 与土壤 TN（a）、TP（b）、AN（c）和 AP（d）的相关性

（a）对整个数据集（实线，$R^2=0.44$，$P<0.01$，$n=34$）和草地数据集（$y=0.45x-0.56$，$R^2=0.64$，$P<0.05$，$n=6$）进行线性回归分析。（b）对次生林（$y=-4.44x+24.05$，$R^2=0.81$，$P<0.01$，$n=9$）和原生林（$y=-4.14x+24.29$，$R^2=0.67$，$P<0.01$，$n=10$）数据集进行线性回归。（c）对整个数据集进行线性回归拟合（实线，$R^2=0.43$，$P<0.01$，$n=34$）。

为了进一步探讨优势物种叶片 N∶P 与土壤养分间的关系，我们分析了后三个演替阶段共有的五个优势物种的数据（草地被排除，因为灌丛和森林共有的物种在草地中不存在）。单个优势物种的叶片 N∶P 与其土壤 TN 或 TP 含量均无显著相关性（图 6-20）。当将 5 个树种的数据汇总进行分析时，叶片 N∶P 与土壤 TN 呈正相关［图 6-20（a）］，与土壤 TP 呈负相关［图 6-20（b）］。

在四个演替阶段中，APA 与植物群落叶片 N∶P 呈显著正相关（图 6-21）。当针对单个演替阶段分析时，APA 与灌丛植物群落叶片 N∶P 呈显著正相关，但在其他三个演替阶段两者之间无显著相关性。

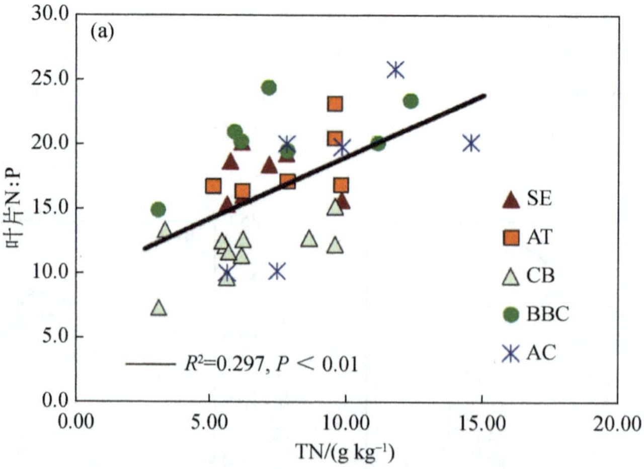

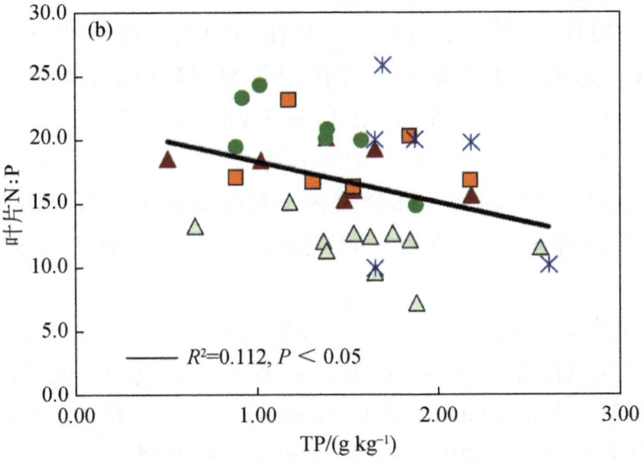

图 6-20 优势树种的叶片 N : P 与土壤 TN (a) 和 TP (b) 的相关性

线性回归适用于整个数据集。SE：粉苹婆（*Sterculia euosma*）；AT：红背山麻杆（*Alchornea trewioides*）；CB：灰毛浆果楝（*Cipadessa cinerascens*）；BBC：鞍叶羊蹄甲（*Bauhinia brachycarpa*）；AC：茜树（*Aidia cochinchinensis*）。

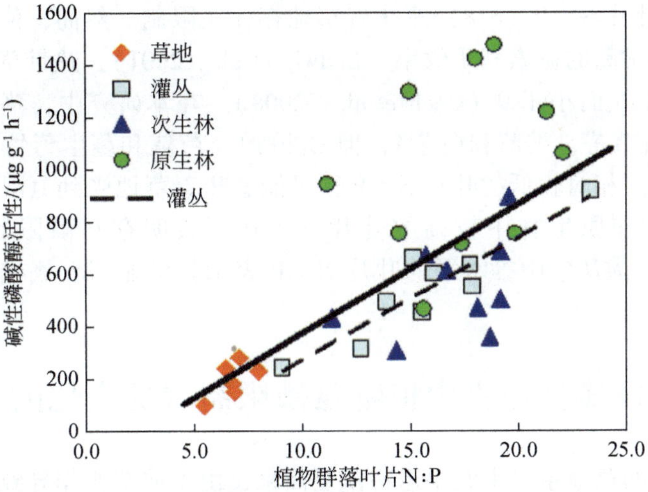

图 6-21 土壤碱性磷酸酶活性与植物群落叶片 N : P 的相关性

针对整个数据集（实线，$R^2=0.44$，$P<0.01$，$n=34$）和灌丛（$y=46.9x-196.5$，$R^2=0.847$，$P<0.05$，$n=9$）进行线性回归分析。

本研究结果表明，草地、次生林和原生林的植物群落叶片 N : P 与土壤 TN 和 TP 间存在显著相关性。然而，灌丛、次生林和原生林共有的 5 个优势树种的叶片 N : P 与土壤 TN 或 TP 均无相关性。Castle 和 Neff（2009）也发现植物改变元素化学计量比的能力极为有限。因此，对于目前观测结果，其中一个可能解释为：基因和生理调控是叶片元素含量及化学计量比的主要决定因素，进而阻隔了植物对自然养分梯度的响应（Castle and Neff, 2009）。

以往研究表明，相较于养分含量，生物量 N∶P 可能是评估氮或磷限制程度的更好指标（Güsewell et al.，2003）。然而，叶片 N∶P 在不同物种间可能存在很大差异。某些物种的 N∶P 在自然或人为氮磷添加条件下变化相差 50 倍（Güsewell，2004），但其他物种的氮磷化学计量比变化幅度较小（Amatangelo and Vitousek，2008）。这意味着在同一植物群落中，物种可能因氮或磷水平差异而受到不同限制。Koerselman 和 Meuleman（1996）的研究表明，在总体受氮限制的群落中部分植物生长受磷限制，反之亦然。许多研究指出，物种水平的养分需求差异可能导致表征氮或磷限制的 N∶P 产生显著差异（Townsend et al.，2007）。

一项针对 40 个欧洲湿地施肥研究的整合分析表明，叶片 N∶P>16 表示群落水平受磷限制，N∶P<14 表示受氮限制，而 N∶P 在 14～16 表示氮或磷可能是限制因子，或者植物生长受氮和磷共同限制（Koerselman and Meuleman，1996）。然而，Güsewell（2004）提供了对 N∶P 阈值更为保守的估计结果，即 N∶P<10 为氮限制，N∶P>20 为磷限制。在本研究中，植物群落叶片 N∶P 从草地的 6.8 增加到原生林的 17.4，表明所研究的喀斯特生态系统养分限制随演替进程而改变。此外，在四个演替阶段中，草地群落 N∶P 与叶片氮含量呈正相关，而与叶片磷含量无显著关联［图 6-18（a）（b）］，这与在演替过程中氮限制被磷限制取代这一发现相一致。根据上述两个 N∶P 阈值（Koerselman and Meuleman，1996），草地植物叶片 N∶P（6.8）意味着草地存在氮限制。然而，值得注意的是，由于 C_4 草本植物具有非常高的氮素利用效率（Ludwig et al.，2001），热带草地中表示氮限制的 N∶P 阈值可能高于 6 而小于 9（Cech et al.，2008）。在本研究中，草地的优势物种主要是 C_4 草本植物（五节芒、类芦和白茅），但 C_3 植物（芦荻和蔓生莠竹）也在样地中占据了很大比例。因此，相对较低的叶片 N∶P 很可能意味着草地受到氮限制而不是氮和磷的共同限制。次生林和原生林中较高的叶片 N∶P 则表明存在磷限制（Koerselman and Meuleman，1996）。灌丛中中等水平的叶片 N∶P 表示其可能存在氮或磷限制，或两者共同限制。

二、退耕后植被演替进程中植物氮磷限制状况变化的调控机理

本研究所选取的草地主要由农田退耕恢复而来，由于前期耕作导致养分严重流失，其养分状况通常较差。虽然耕作可能导致氮和磷的流失，但相对而言氮比磷更容易损失（Davidson et al.，2007）。本研究结果支撑了这一观点。相对于原生林，草地的氮和磷限制情况更为严重，如草地土壤 TN 含量比原生林低 72%，土壤 TP 含量比原生林低 54%（表 6-11）。草地群落叶片 N∶P 与土壤 TN 呈正相关，表明草地群落叶片 N∶P 主要受土壤氮的控制，支持该群落受氮限制的推论。次生林和原生林的群落叶片 N∶P 与土壤全磷呈负相关，但与土壤全氮无关，表明次生林和原生林群落叶片 N∶P 主要受土壤磷的控制，支持这两个演替阶段主要受磷限制的推论。灌丛群落叶片 N∶P 与土壤 TN 和 TP 均无关，表明灌丛阶段受氮和磷的共同限制，或者受其他土壤养分的限制。在这一短期演替过程中，从氮限制转变为磷限制，意味着在演替早期阶段增强生物固氮作用可以加快喀斯特退化生态系统的恢复进程。

在本研究中，土壤磷含量远高于中国土壤平均磷含量（0.56 g kg^{-1}）或美国土壤磷平均含量（0.70 g kg^{-1}）（Han et al.，2005）。对于钙质土壤，钙能够强烈吸附和沉积磷，导致磷限制（Vitousek et al.，2010）。由于碳酸盐岩中磷含量通常比砂岩低 2.7 倍（Castle and Neff，2009），通过岩石风化作用产生的磷输入量较低可能是喀斯特生态系统受磷限制的另一个原因。通过磷酸酶水解作用，土壤有机质矿化是有效磷产生的主要过程。因此，除了叶片 N：P 之外，土壤磷酸酶活性被认为是衡量植物生产力受氮或磷限制的重要指标（Huang et al.，2013）。本研究结果显示，在喀斯特生态系统演替过程中，APA 和 APA/SOC 活性增加，表明随着演替进程，土壤有机磷占土壤 TP 的比例逐渐增加，植物磷获取策略也相应转变，利用有机磷的比例增加。因此，APA 活性增加反映了有效磷比例降低和土壤中有机磷增加，而有效态磷的减少通常与植被磷限制相关。本研究发现 APA 活性与植物群落叶片 N：P 呈正相关（图6-21），表明植物群落 N：P 和 APA 活性均可指示磷限制（Huang et al.，2013）。然而，在演替早期阶段（草地和灌丛）APA 活性与植物群落叶片 N：P 之间的关系比在演替后期阶段（次生林和原始森林）更为密切（图6-21）。这与 Olde Venterink（2011）报道的模式相一致，即 APA 活性变化受到磷盈余或氮缺乏的影响更大，而受磷缺乏的影响较小。然而，这种模式与磷限制随着演替进程加剧的观点相矛盾，可能意味着在演替中后期群落中的某些植物可通过其他过程克服磷限制，如植物-土壤-微生物间的互作作用。正如 de Carvalho Mendes 等（2012）的研究发现，森林土壤微生物生物量和活性比草地或灌丛要高；Zhu 等（2012）也报道了类似的结果。根际中有益微生物与植物互作是土壤肥力的主要决定因子，特别是丛枝菌根真菌与大多数植物形成共生关系，在磷限制条件下影响植物群落发展和养分吸收（Johnson et al.，2010）。在演替后期阶段，APA 与植物群落叶片 N：P 关系变化很大，可能与从衰老叶片中回收养分有关（Du et al.，2011）。

根据输入和损失间的权衡关系，初级生产力和其他生物过程的养分限制随时间而变化，如随演替进程从氮限制转变到磷限制，这一变化模式在夏威夷群岛（Hedin et al.，2003）、新西兰（Richardson et al.，2004）、亚利桑那州（Selmants and Hart，2008，2010）和澳大利亚（Laliberté et al.，2012）的长时间尺度及亚马孙（Davidson et al.，2007）和中国（Du et al.，2011）的短时间尺度上均有观察到。以原生演替为例，在演替初期，生态系统氮素缺乏，因为有效氮主要通过生物固氮和大气氮沉降输入；但磷主要来源于岩石风化过程释放，在植被固定较低的情况下，有效磷相对充足（Chadwick et al.，1999）。因此，植物生产力和其他生态系统过程在演替初期常受到氮供应的限制。随着演替进程，生态系统中磷被大量固定到植被或微生物量中，导致有效磷水平下降，进而生态系统受磷限制（Menge et al.，2012）。

参考文献

Aikio S，Vare H，Strommer R，2000. Soil microbial activity and biomass in the primary succession of a dry heath forest. Soil Biology & Biochemistry，32（8-9）：1091-1100.

Amatangelo K L，Vitousek P M，2008. Stoichiometry of ferns in Hawaii：implications for nutrient cycling. Oecologia，157（4）：619-627.

Blagodatskaya E, Kuzyakov Y, 2013. Active microorganisms in soil: Critical review of estimation criteria and approaches. Soil Biology & Biochemistry, 67: 192-211.

Bottomley P S, Angle J S, Weaver R W, 1994. Nitrogen mineralization, immobilization, and nitrification.

Brookshire E N, Gerber S, Menge D N, et al., 2012. Large losses of inorganic nitrogen from tropical rainforests suggest a lack of nitrogen limitation. Ecology Letters, 15 (1): 9-16.

Cai Z C, Qin S W, 2006. Dynamics of crop yields and soil organic carbon in a long-term fertilization experiment in the Huang-Huai-Hai Plain of China. Geoderma, 136 (3-4): 708-715.

Camenzind T, Hättenschwiler S, Treseder K K, et al., 2018. Nutrient limitation of soil microbial processes in tropical forests. Ecological Monographs, 88 (1): 4-21.

Castle S C, Neff J C, 2009. Plant response to nutrient availability across variable bedrock geologies. Ecosystems, 12 (1): 101-113.

Castle S C, Sullivan B W, Knelman J, et al., 2017. Nutrient limitation of soil microbial activity during the earliest stages of ecosystem development. Oecologia, 185 (3): 513-524.

Cech P G, Kuster T, Edwards P J, et al., 2008. Effects of herbivory, fire and N_2-fixation on nutrient limitation in a humid African savanna. Ecosystems, 11 (6): 991-1004.

Chadwick O A, Derry L A, Vitousek P M, et al., 1999. Changing sources of nutrients during four million years of ecosystem development. Nature, 397 (6719): 491-497.

Chen J, Chen H, Feng T, et al., 2012. Anti-soil erodibility of different land use types in Northwest Guangxi Karst Regions. Chinese Journal of Eco-Agriculture, 20 (1): 105-110.

Chen H, Li D, Xiao K, et al., 2018a. Soil microbial processes and resource limitation in karst and non-karst forests. Functional Ecology, 32 (5): 1400-1409.

Chen H, Li D J, Zhao J, et al., 2018b. Nitrogen addition aggravates microbial carbon limitation: Evidence from ecoenzymatic stoichiometry. Geoderma, 329: 61-64.

Chen H, Li D, Mao Q, et al., 2019. Resource limitation of soil microbes in karst ecosystems. Science of the Total Environment, 650: 241-248.

Cui X X, Luo H N, Yuan-Chun Y U, et al., 2011. Soil microbial biomass, respiration, and metabolic quotient under different vegetation restoration stages in karsts gorge district. Journal of Soil & Water Conservation, 25 (5): 117-116.

D'Amico M, Gorra R, Freppaz M, 2015. Small-scale variability of soil properties and soil-vegetation relationships in patterned ground on different lithologies (NW Italian Alps). Catena, 135: 47-58.

Davidson E A, de Carvalho C J R, Figueira A M, et al., 2007. Recuperation of nitrogen cycling in Amazonian forests following agricultural abandonment. Nature, 447 (7147): 995-998.

de Carvalho Mendes I, Fernandes M F, Chaer G M, et al., 2012. Biologicalfunctioning of Brazilian Cerrado soils under different vegetation types. Plant and Soil, 359 (1): 183-195.

Du Y, Pan G, Li L, et al., 2011. Leaf N/P ratio and nutrient reuse between dominant species and stands: predicting phosphorus deficiencies in Karst ecosystems, southwestern China. Environmental Earth Sciences, 64 (2): 299-309.

Du E, Terrer C, Pellegrini A F A, et al., 2020. Global patterns of terrestrial nitrogen and phosphorus limitation. Nature Geoscience, 13 (3): 221-226.

Fanin N, Moorhead D, Bertrand I, 2016. Eco-enzymatic stoichiometry and enzymatic vectors reveal differential C, N, P dynamics in decaying litter along a land-use gradient. Biogeochemistry, 129 (1): 21-36.

Fay P A, Prober S M, Harpole W S, et al., 2015. Grassland productivity limited by multiple nutrients. Nature

Plants, 1: 15080.

Graefe S, Hertel D, Leuschner C, 2010. N, P and K limitation of fine root growth along an elevation transect in tropical mountain forests. Acta Oecologica-International Journal of Ecology, 36 (6): 537-542.

Güsewell S, 2004. N : P ratios in terrestrial plants: variation and functional significance. New Phytologist, 164 (2): 243-266.

Güsewell S, Koerselman W, Verhoeven J T A, 2003. Biomass N : P ratios as indicators of nutrient limitation for plant populations in wetlands. Ecological Applications, 13 (2): 372-384.

Han W, Fang J, Guo D, et al., 2005. Leaf nitrogen and phosphorus stoichiometry across 753 terrestrial plant species in China. New Phytologist, 168 (2): 377-385.

Harpole W S, Ngai J T, Cleland E E, et al., 2011. Nutrient co-limitation of primary producer communities. Ecology Letters, 14 (9): 852-862.

Harrington R A, Fownes J H, Vitousek P M, 2001. Production and resource use efficiencies in N- and P-limited tropical forests: A comparison of responses to long-term fertilization. Ecosystems, 4 (7): 646-657.

Hedin L O, Vitousek P M, Matson P A, 2003. Nutrient losses over four million years of tropical forest development. Ecology, 84 (9): 2231-2255.

Hodge A, Robinson D, Science A F J T i P, 2000. Are microorganisms more effective than plants at competing for nitrogen? Trends in Plant Science, 5 (7): 304-308.

Hu Y, Xia Y, Sun Q, et al., 2018. Effects of long-term fertilization on phoD-harboringbacterial community in Karst soils. Science of the Total Environment, 628-629: 53-63.

Huang W, Liu J, Wang Y P, et al., 2013. Increasing phosphorus limitation along three successional forests in southern China. Plant and Soil, 364 (1): 181-191.

Iyamuremye F, Dick R P, 1996. Organic amendments and phosphorus sorption by soils. Advances in Agronomy, 56: 139-185.

Jiang Z, Lian Y, Qin X, 2014. Rocky desertification in southwest China: Impacts, causes, and restoration. Earth-Science Reviews, 132: 1-12.

Jing X, Chen X, Fang J, et al., 2020. Soil microbial carbon and nutrient constraints are driven more by climate and soil physicochemical properties than by nutrient addition in forest ecosystems. Soil Biology and Biochemistry, 141: 107657.

Johnson N C, Wilson G W T, Bowker M A, et al., 2010. Resource limitation is a driver of local adaptation in mycorrhizal symbioses. Proceedings of the National Academy of Sciences, 107 (5): 2093-2098.

Kallenbach C M, Frey S D, Grandy A S, 2016. Direct evidence for microbial-derived soil organic matter formation and its ecophysiological controls. Nature Communnications, 7: 13630.

Kamble P N, Baath E, 2014. Induced N-limitation of bacterial growth in soil: Effect of carbon loading and N status in soil. Soil Biology & Biochemistry, 74: 11-20.

Koerselman W, Meuleman A F M, 1996. The vegetation N : P ratio: A new tool to detect the nature of nutrient limitation. Journal of Applied Ecology, 33 (6): 1441-1450.

Laliberté E, Turner B L, Costes T, et al., 2012. Experimental assessment of nutrient limitation along a 2-million-year dune chronosequence in the south-western Australia biodiversity hotspot. Journal of Ecology, 100 (3): 631-642.

LeBauer D S, Treseder K K, 2008. Nitrogen limitation of net primary productivity in terrestrial ecosystems is globally distributed. Ecology, 89 (2): 371-379.

Li D, Wen L, Yang L, et al., 2017a. Dynamics of soil organic carbon and nitrogen following agricultural abandonment in a karst region. Journal of Geophysical Research-Biogeosciences, 122 (1): 230-242.

Li D, Yang Y, Chen H, et al., 2017b. Soil gross nitrogen transformations in typical karst and nonkarst forests, southwest China. Journal of Geophysical Research-Biogeosciences, 122 (11): 2831-2840.

Li D, Wen L, Jiang S, et al., 2018. Responses of soil nutrients and microbialcommunities to three restoration strategies in a karst area, southwest China. Journal of Environmental Management, 207: 456-464.

Liang C, Cheng G, Wixon D L, et al., 2011. An absorbing Markov chain approach to understanding the microbial role in soil carbon stabilization. Biogeochemistry, 106 (3): 303-309.

Liu Z H, Yuan D X, Dreybrodt W, 2005. Comparative study of dissolution rate-determining mechanisms of limestone and dolomite. Environmental Geology, 49 (2): 274-279.

Liu L, Gundersen P, Zhang T, et al., 2012. Effects of phosphorus addition on soil microbial biomass and community composition in three forest types in tropical China. Soil Biology & Biochemistry, 44 (1): 31-38.

Ludwig F, de Kroon H, Prins H H T, et al., 2001. Effects of nutrients and shade on tree-grass interactions in an East African savanna. Journal of Vegetation Science, 12 (4): 579-588.

Ma B, Zhou X, Zhang Q, et al., 2019. How do soil micro-organisms respond to N, P and NP additions? Application of the ecological framework of (co-) limitation by multiple resources. Journal of Ecology, 107 (5): 2329-2345.

Marklein A R, Houlton B Z, 2012. Nitrogen inputs accelerate phosphorus cycling rates across a wide variety of terrestrial ecosystems. New Phytologist, 193 (3): 696-704.

Menge D N L, Hedin L O, Pacala S W, 2012. Nitrogen and phosphorus limitation over long-term ecosystem development in terrestrial ecosystems. PLoS One, 7 (8): e42045.

Mo J M, Brown S, Xue J, et al., 2006. Response of litter decomposition to simulated N deposition in disturbed, rehabilitated and mature forests in subtropical China. Plant and Soil, 282 (1-2): 135-151.

Moorhead D L, Rinkes Z L, Sinsabaugh R L, et al., 2013. Dynamic relationships between microbial biomass, respiration, inorganic nutrients and enzyme activities: informing enzyme-based decomposition models. Frontiers in Microbiology, 4 (4): 223.

Mori T, 2020. Does ecoenzymatic stoichiometry really determine microbial nutrient limitations? Soil Biology and Biochemistry, 146: 107816.

Olde Venterink H, 2011. Legumes have a higher root phosphatase activity than other forbs, particularly under low inorganic P and N supply. Plant and Soil, 347 (1): 137-146.

Olde Venterink H, Wassen M J, Verkroost A W M, et al., 2003. Species richness-productivity patterns differ between N-, P-, and K-limited wetlands. Ecology, 84 (8): 2191-2199.

Reed S C., Vitousek P M, Cleveland C C, 2011. Are patterns in nutrient limitation belowground consistent with those aboveground: results from a 4 million year chronosequence. Biogeochemistry, 106 (3): 323-336.

Reed S C, Townsend A R, Davidson E A, et al., 2012. Stoichiometric patterns in foliar nutrient resorption across multiple scales. New Phytologist, 196 (1): 173-180.

Richardson S J, Peltzer D A, Allen R B, et al., 2004. Rapid development of phosphorus limitation in temperate rainforest along the Franz Josef soil chronosequence. Oecologia, 139 (2): 267-276.

Rosinger C, Rousk J, Sandén H, 2019. Can enzymatic stoichiometry be used to determine growth-limiting nutrients for microorganisms? - A critical assessment in two subtropical soils. Soil Biology and Biochemistry, 128: 115-126.

Ryther J H, Dunstan W M, 1971. Nitrogen, phosphorus, and eutrophication in the coastal marine environment. Science, 171 (3975): 1008.

Schimel J P, Weintraub M N, 2003. The implications of exoenzyme activity on microbial carbon and nitrogen limitation in soil: a theoretical model. Soil Biology and Biochemistry, 35 (4): 549-563.

Selmants P C, Hart S C, 2008. Substrate age and tree islands influence carbon and nitrogen dynamics across a retrogressive semiarid chronosequence. Global Biogeochemical Cycles, 22: GB1021.

Selmants P C, Hart S C, 2010. Phosphorus and soil development: Does the Walker and Syers model apply to semiarid ecosystems? Ecology, 91 (2): 474-484.

Sinsabaugh R L, 2010. Phenol oxidase, peroxidase and organic matter dynamics of soil. Soil Biology & Biochemistry, 42 (3): 391-404.

Sinsabaugh R L, Moorhead D L, 1994. Resource allocation to extracellular enzyme production: A model for nitrogen and phosphorus control of litter decomposition. Soil Biology & Biochemistry, 26 (10): 1305-1311.

Sinsabaugh R L, Lauber C L, Weintraub M N, et al., 2008. Stoichiometry of soil enzyme activity at global scale. Ecology Letters, 11 (11): 1252-1264.

Sinsabaugh R L, Hill B H, Shah J J F, 2009. Ecoenzymatic stoichiometry of microbial organic nutrient acquisition in soil and sediment. Nature, 462 (7274): 795-798.

Sinsabaugh R L, Manzoni S, Moorhead D L, et al., 2013. Carbon use efficiency of microbial communities: stoichiometry, methodology and modelling. Ecology Letters, 16 (7): 930-939.

Soong J L, Fuchslueger L, Marañon- Jimenez S, et al., 2020. Microbial carbon limitation: The need for integrating microorganisms into our understanding of ecosystem carbon cycling. Global Change Biology, 26: 1953-1961.

Steiner C, Teixeira W G, Lehmann J, et al., 2007. Long term effects of manure, charcoal and mineral fertilization on crop production and fertility on a highly weathered Central Amazonian upland soil. Plant and Soil, 291 (1-2): 275-290.

Stone M M, Weiss M S, Goodale C L, et al., 2012. Temperature sensitivity of soil enzyme kinetics under N-fertilization in two temperate forests. Global Change Biology, 18 (3): 1173-1184.

Sullivan B W, Alvarez-Clare S, Castle S C, et al., 2014. Assessing nutrient limitation in complex forested ecosystems: alternatives to large-scale fertilization experiments. Ecology, 95 (3): 668-681.

Tapia-Torres Y, Elser J J, Souza V, et al., 2015. Ecoenzymatic stoichiometry at the extremes: How microbes cope in an ultra-oligotrophic desert soil. Soil Biology & Biochemistry, 87: 34-42.

Townsend A R, Cleveland C C, Asner G P, et al., 2007. Controls over foliar N : P ratios in tropical rain forests. Ecology, 88 (1): 107-118.

Treseder K K, 2008. Nitrogen additions and microbial biomass: a meta-analysis of ecosystem studies. Ecology Letters, 11 (10): 1111-1120.

Vitousek P M, 1984. Litterfall, nutrient cycling, and nutrient limitation in tropical forests. Ecology, 65 (1): 285-298.

Vitousek P M, Porder S, Houlton B Z, et al., 2010. Terrestrial phosphorus limitation: mechanisms, implications, and nitrogen-phosphorus interactions. Ecological Applications, 20 (1): 5-15.

Walker T W, Syers J K, 1976. The fate of phosphorus during pedogenesis. Geoderma, 15 (1): 1-19.

Wang J, Feng L, Palmer P I, et al., 2020. Large Chinese land carbon sink estimated from atmospheric carbon dioxide data. Nature, 586 (7831): 720-723.

Waring B G, Weintraub S R, Sinsabaugh R L, 2014. Ecoenzymatic stoichiometry of microbial nutrient acquisition in tropical soils. Biogeochemistry, 117 (1): 101-113.

Wen L, Li D, Yang L, et al., 2016. Rapid recuperation of soil nitrogen following agricultural abandonment in a karst area, southwest China. Biogeochemistry, 129 (3): 341-354.

Wen L, Li D, Chen H, et al., 2017. Dynamics of soil organic carbon in density fractions during post-agricultural succession over two lithology types, southwest China. Journal of Environmental Management, 201: 199-206.

Wurzburger N, Wright S J, 2015. Fine- root responses to fertilization reveal multiple nutrient limitation in a lowland tropical forest. Ecology, 96 (8): 2137-2146.

Xiao K, He T, Chen H, et al., 2017. Impacts of vegetation restoration strategies on soil organic carbon and nitrogen dynamics in a karst area, southwest China. Ecological Engineering, 101: 247-254.

Xu Z, Yu G, Zhang X, et al., 2017. Soil enzyme activity and stoichiometry in forest ecosystems along the North-South Transect in eastern China (NSTEC). Soil Biology & Biochemistry, 104: 152-163.

Yoshitake S, Uchida M, Koizumi H, et al., 2007. Carbon and nitrogen limitation of soil microbial respiration in a High Arctic successional glacier foreland near Ny- angstrom lesund, Svalbard. Polar Research, 26 (1): 22-30.

Yoshitake S, Fujiyoshi M, Masuzawa T, et al., 2016. Substrate limitation to soil microbial communities in a subalpine volcanic desert on Mount Fuji, Japan. European Journal of Soil Biology, 73: 34-45.

Zhang W, Zhao J, Pan F, et al., 2015. Changes in nitrogen and phosphorus limitation during secondary succession in a karst region in southwest China. Plant and Soil, 391 (1-2): 77-91.

Zhang Q, Miao F, Wang Z, et al., 2017. Effects of long- term fertilization management practices on soil microbial biomass in China's cropland: A meta-analysis. Agronomy Journal, 109 (4): 1183-1195.

Zheng L, Chen H, Wang Y, et al., 2020. Responses of soil microbial resource limitation to multiple fertilization strategies. Soil and Tillage Research, 196: 104474.

Zhu H, He X, Wang K, et al., 2012. Interactions of vegetation succession, soil bio-chemical properties and microbial communities in a Karst ecosystem. European Journal of Soil Biology, 51: 1-7.

Zhu L, Li J, Tao B, et al., 2015. Effect of different fertilization modes on soil organic carbon sequestration in paddy fields in south China: A meta-analysis. Ecological Indicators, 53: 144-153.

第七章　喀斯特和非喀斯特森林土壤氮转化过程特征

第一节　引　言

氮是多数陆地生态系统中限制植物生产力和微生物活性的主要营养元素，对生态系统的结构、过程和功能具有重要影响。尽管土壤是陆地生态系统最为主要的氮库，但绝大多数的土壤氮是以复杂的大分子有机形态存在（Schimel and Bennett，2004）。这些大分子有机氮无法被微生物和植物根系直接利用，需要通过分解过程释放出铵、硝等无机氮以及小分子有机氮才能供应植物生长（Schimel and Bennett，2004）。当土壤有效氮含量超过了植物与土壤微生物的需求量时，过量的氮素，尤其是硝态氮又会通过径流、淋溶、反硝化等过程流失，进而引发地下水硝酸盐污染、地表水体富营养化、温室气体排放与大气污染等一系列负面的环境问题（Elrys et al.，2021b）。因此，针对森林、草地及农田等陆地生态系统土壤氮含量与氮动态的研究近几十年受到广泛的重视。测定不同形态的氮含量或单位时间的变化量，如铵、硝含量或净矿化、净硝化速率，虽然对指示土壤氮供应能力、评价其生态风险具有重要意义，但该方法无法区分土壤有效氮具体的来源和消耗过程（Zhang et al.，2011，2013）。因此，需要进一步量化土壤中不同形态氮之间的转化过程以揭示土壤氮动态的机制。

土壤有效氮的释放包括两个途径（图 7-1）。首先是微生物通过分泌胞外酶解聚复杂的大分子有机氮并生成分子结构简单的溶解性有机氮，如氨基酸等；这部分简单有机氮被植物吸收，或被微生物吸收并通过代谢转化成微生物量或进一步分解为无机氮（Geisseler et al.，2010；Mooshammer et al.，2014a）。土壤有效氮通过根系吸收进入植物体内，最终又以凋落物残体形式归还，变成土壤有机氮。铵、硝等无机氮还可以通过微生物固持、硝化作用、异化还原成铵等过程进一步转化。研究表明，土壤氮转化过程速率受到微生物丰度与组成、底物有效性以及土壤理化性质等因素的共同控制（Elrys et al.，2021a，2021b）。尽管已开展了较多的研究，但现有的研究对土壤氮转化特征及其调控机理，特别是微生物氮转化相关功能基因、微生物组成等微生物机制，还缺乏深入的认识。由于对土壤氮循环特征及其调控机理的认识直接影响到我们对生态系统过程与功能及其对全球变化响应的理解及预测能力，因此，有必要深入研究土壤氮循环过程，以揭示土壤氮保持与流失的机制。

尽管近年来全球针对森林生态系统土壤氮转化及其影响因素开展了较多的研究，但针对喀斯特生态系统的研究非常少，导致对喀斯特森林土壤氮转化过程及主要驱动因素的认

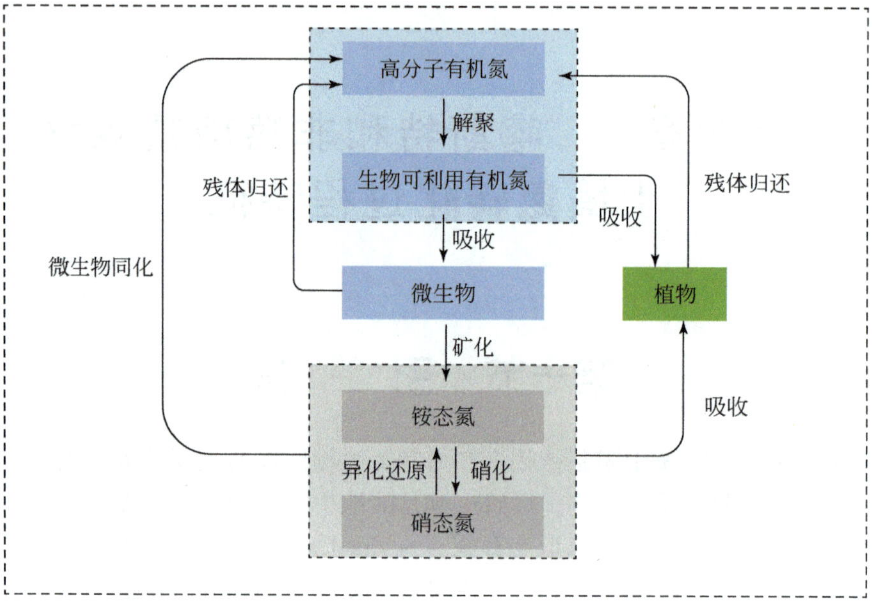

图 7-1　土壤主要氮转化过程示意图

识欠缺。基于退耕演替序列和区域尺度的研究均表明，桂西北喀斯特山区退耕后土壤有机碳和总氮能快速累积（Wen et al.，2016；Yang et al.，2016；Li et al.，2017a）。喀斯特森林土壤有机碳与总氮含量均较高；尽管土层相对浅薄，但生态系统单位面积碳氮储量与中国其他区域/类型森林平均水平相比并无明显差异（Wen et al.，2016；Yang et al.，2016；Li et al.，2017a）。然而，目前对于喀斯特森林土壤氮累积的内在机制尚不清楚。与同纬度地带性土壤相比，喀斯特土壤具有 pH 中性或偏碱性、富钙镁的特征。独特的土壤性质可能导致喀斯特土壤氮转化特征有别于其他地带性土壤，基于其他区域/类型森林获得的结论极可能不适用于喀斯特森林。

第二节　土壤氮转化过程的研究方法

一、有机氮转化过程的研究方法

目前定量土壤有机氮转化速率主要通过两种方法：一种是通过^{14}C 标记方法研究蛋白质解聚速率和氨基酸矿化速率；另一种是通过^{15}N 同位素稀释法测定蛋白质解聚速率和氨基酸吸收速率。一项研究基于^{14}C 标记的方法测定了蛋白质解聚速率和氨基酸矿化速率，结果表明胞外蛋白酶介导的蛋白质解聚为氨基酸过程是土壤氮循环的限制性步骤（Jan et al.，2009）。有研究采用^{14}C 标记方法测定了蛋白质解聚和氨基酸的矿化速率，发现蛋白质解聚速率几乎与氨基酸矿化速率相当（Greenfield et al.，2020）。由于通过^{14}C标记方法并不能直接测定初级蛋白质解聚速率，Wanek 等（2010）开发了一种基于

^{15}N同位素稀释技术以定量有机氮转化速率的方法，该方法的基本原理是将游离氨基酸（FAA）库用^{15}N同位素标记，当通过蛋白质解聚产生的未被标记的游离氨基酸进入后，会造成游离氨基酸库的^{15}N丰度降低，因此，通过测定转化前后游离氨基酸库中氮素含量和^{15}N丰度的变化计算初级蛋白解聚速率和氨基酸吸收速率。该方法通过同时标记18种氨基酸以及测定每种氨基酸的$^{15}N:^{14}N$来定量有机氮转化速率，相较于^{14}C标记法有较大提升，但逐一测定氨基酸的$^{15}N:^{14}N$工作量较大，操作繁琐。Noll等（2019a）在此基础上开发了一种新的方法，该方法通过向土壤中添加^{15}N标记的20种混合氨基酸，随后通过将所有氨基酸氧化成NO_2^-并进一步还原成N_2O，并借助同位素质谱仪进行^{15}N丰度的分析，大大减少了工作量。由于此方法操作简单高效，目前已成为测定有机氮转化速率的主流方法。

二、初级氮转化过程的研究方法

目前测定土壤初级氮转化速率的方法均以20世纪50年代Kirkham和Bartholomew（1954）提出的^{15}N稳定同位素稀释法为基本原理。^{15}N稳定同位素稀释法的基本原理是将某种形态的氮库用^{15}N同位素标记，当某个过程产生的该种形态氮进入后会导致该氮库的^{15}N丰度降低；而被标记氮库中的氮素转化到其他形式的氮库时会造成其他氮库的^{15}N丰度升高。通过测定转化前后各个氮库的氮素含量及丰度的变化，可计算出土壤初级氮转化速率。

Blackburn（1997）在Kirkham和Bartholomew（1954）提出的方法的基础上加以改进，将^{15}N的自然丰度考虑进初级氮转化速率的计算过程。Blackburn提出的分析方法可以进行NH_4^+-^{15}N和NO_3^--^{15}N的双标记，当铵态氮库被标记时，可以计算铵态氮的消耗速率和初级氮矿化速率；当硝态氮库被标记时，可以计算硝态氮同化速率和初级硝化速率，将铵态氮的消耗速率减去初级硝化速率就是铵态氮同化速率。

随后发展出了结合^{15}N成对标记示踪技术和数值模型的方法以估算更多的初级氮转化过程速率，其中以FLUAZ模型和马尔可夫链蒙特卡罗方法（Makov Chain Monte Carlo，MCMC）应用较为广泛。FLUAZ模型由Mary等（1998）总结分析了前人的研究结果而建立，该模型结合了数值方法和非线性拟合方法，可以计算出6种初级氮转化过程速率，包括氨挥发速率、反硝化速率、微生物同化氮的再矿化速率。在FLUAZ模型的基础上，Müller等（2004）提出了新的^{15}N示踪模型（Model B）。这一概念模型将有机氮库区分成易矿化有机氮和难矿化有机氮，并且将初级硝化速率区分为自养硝化和异养硝化，还计算了反硝化速率和硝态氮异化还原成铵（DNRA）的速率。由于拟合参数过多，Model B的优化和模拟效果并不理想。为了解决这一问题，Müller等（2007）将MCMC方法引入到数值分析模型中来提高计算结果的准确性，使用该方法对已发表文献的数据重新计算，结果表明该方法更加接近于氮转化的真实过程。

三、微生物氮利用效率的研究方法

微生物氮利用效率（NUE）指微生物将吸收利用的氮转化为其自身生物量的比例。目前有多种方法估算 NUE。有研究将微生物 NUE 定义为微生物将吸收利用的氨基酸氮转变为其自身生物量氮的比例（Mooshammer et al.，2014a）。该方法具有两点局限性：①只考虑了微生物对氨基酸的吸收，没有考虑微生物对无机氮的吸收；②只量化了氨基酸对氮同化的贡献，没有考虑其他潜在的氮源，如通过微生物残体分解而来的氨基糖，因此，该方法可能会造成对微生物 NUE 的低估。Wild 等（2018）在此方法上加以改进，将微生物对铵态氮的吸收考虑进来，根据微生物对氨基酸氮和铵态氮的吸收以及初级氮矿化速率计算微生物 NUE。也有研究采用胞外酶活性化学计量方法估算微生物 NUE，该方法使用微生物生长所需的氮（微生物生物量中的氮和用于获取的酶投资）和底物中的氮含量（土壤有机质中的氮）之间差异的函数计算 NUE（Mooshammer et al.，2014a）。Zhang 等（2019b）提供了一种基于同时测量微生物生长和初级氮矿化速率计算微生物 NUE 的新方法。基于该方法，微生物 NUE 为微生物氮生长速率与微生物对有机氮的吸收速率之间的比值。微生物有机氮吸收速率为微生物氮生长和初级氮矿化速率之和。该方法采用 ^{18}O-H_2O 同位素标记土壤，利用标记前后微生物 DNA 中 ^{18}O 丰度的变化估算微生物氮生长速率（Zhang et al.，2019）。这是目前较为常用的研究方法。

第三节　喀斯特和非喀斯特森林土壤有机氮转化及其影响因素

目前仅有少量研究定量了蛋白质解聚和氨基酸吸收速率并分析了两者的主控因素。一些研究表明，蛋白质可利用水平是影响土壤蛋白质解聚速率的主要因素（Wanek et al.，2010；Noll et al.，2019b）。气候变化对有机氮转化速率的影响并不显著，如有研究发现蛋白质解聚和氨基酸吸收对 CO_2 浓度升高、短期内温度和水分变化等因素具有较低的敏感性（Wild et al.，2017，2018；Fuchslueger et al.，2019；Noll et al.，2019b）。碳和氮添加对有机氮转化的影响在不同研究之间存在差异。一些研究表明，添加有机氮或无机氮对土壤蛋白质解聚和氨基酸吸收速率无显著影响（Wild et al.，2017）。有研究发现生物炭添加降低了土壤有机氮转化速率（Prommer et al.，2014），但有机碳（纤维素）添加增加了有机氮解聚速率（Noll et al.，2019a），过量的碳添加也有可能降低微生物对氨基酸和肽的吸收速率（Farrell et al.，2014）。土壤胞外蛋白酶由古菌、细菌和真菌产生，而编码胞外蛋白酶的基因丰度在三类微生物之间存在差异，因此，微生物群落结构可能影响蛋白质解聚速率。总体来看，目前针对土壤有机氮转化速率及其影响因素的研究非常有限，且这些研究集中在温带或苔原生态系统。据我们所知，目前针对热带或亚热带森林土壤有机氮转化的研究尚未开展。

本研究在桂西北环江县开展。分别在木论国家级自然保护区和华山国有林场选取喀斯特和非喀斯特森林，两个森林相距约 26km，均为 20 世纪 50 年代末被砍伐后自然发展起来的森林。喀斯特森林的优势树种包括伞花木（*Eurycorymbus cavaleriei*）、厚壳桂（*Cryptocarya chinensis*）和化香树（*Platycarya strobilacea*）等，非喀斯特森林的优势树种为椎木（*Castanopsis Fagaceae*）和鸭脚木（*Schefflera octophylla*）等。在每个森林分别建立一个面积为 100m×100m 的采样区，在每个采样区内随机选取 3 个 10m×10m 的样方。土壤样品于2019年9月采集。在每个样方随机选取两个采样点，去除凋落物层后分别采集0～10cm、10～20cm、20～40cm三个土层的矿质土壤样品，并将同一样方同一土层的样品混合均匀，组成一个混合样品。测定氮转化过程速率、酶活性（土壤蛋白酶、β-D-葡萄糖苷酶（BG）、L-亮氨酸氨基肽酶（LAP）、β-N-乙酰氨基葡萄糖苷酶（NAG））、微生物量、氮转化相关的功能基因丰度以及土壤理化指标（土壤含水率（SWC）、田间持水率（WHC）、pH、SOC、总氮（TN）、交换性钙和镁离子含量、微生物量碳（MBC）、微生物量氮（MBN）、土壤质地（包括黏粒、砂粒和粉粒含量）。采用物理分级方法测定颗粒有机态氮（PON）和结合态有机氮（MAON）含量（Cotrufo et al.，2019）。利用同位素稀释法原理，使用^{15}N标记的氨基酸测定蛋白质解聚速率和氨基酸吸收速率（Noll et al.，2019a）。

一、土壤生物与非生物指标

双因素方差分析结果表明，森林类型对PON、蛋白酶活性、BG活性、NAG活性和LAP活性无显著影响，但显著（$P<0.05$）影响其他的生物与非生物因子（表7-1）。pH、C∶N、交换性钙和镁、蛋白酶活性和LAP活性在土层之间无显著差异，但其他因子在土层之间差异显著（表7-2）。森林类型和土层仅对BG活性有显著（$P<0.05$）交互影响（表7-1）。土壤pH、TN、交换性钙（Ca）和交换性镁（Mg）、MAON、黏粒、MBC和MBN含量均是喀斯特森林显著高于非喀斯特森林，砂粒和粉粒含量则是非喀斯特森林显著高于喀斯特森林（表7-2）。两个森林的SOC、TN、PON、MAON、粉粒、MBC和NAG活性均随土层深度增加而降低，交换性钙和镁含量以及蛋白酶活性随土层无显著变化（表7-2）。对于喀斯特森林，C∶N、砂粒和BG活性随土层深度增加而降低，黏粒含量随土层深度增加而增加，而pH、MBN和LAP活性随土层深度无显著变化。对于非喀斯特森林，土壤pH和黏粒含量随土层深度增加而增加，MBN和LAP活性随土层深度增加而显著降低，而C∶N、砂粒和BG活性随土层深度无显著变化（表7-2）。

表7-1 森林类型、土层及其交互作用对土壤因子和有机氮转化速率的影响

指标	森林类型		土层		森林类型×土层	
	F	*P*	*F*	*P*	*F*	*P*
pH	972.2	<0.001	0.8	0.485	1.0	0.410
SOC	5.6	0.036	11.1	0.002	1.2	0.328
TN	23.8	<0.001	10.7	0.002	1.1	0.369
C∶N	5.4	0.039	3.0	0.089	1.4	0.278
PON	0.5	0.482	12.4	0.001	0.2	0.812
MAON	18.3	0.001	10.4	0.002	0.5	0.637
Ca	37.2	<0.001	1.6	0.241	0.4	0.665
Mg	37.7	<0.001	0.5	0.629	0.0	0.999

续表

指标	森林类型		土层		森林类型×土层	
	F	*P*	*F*	*P*	*F*	*P*
MBC	6. 2	0. 029	13. 5	0. 001	2. 8	0. 102
MBN	17. 7	0. 001	4. 4	0. 037	0. 8	0. 482
黏粒	49. 6	<0. 001	9. 0	0. 004	2. 2	0. 156
粉粒	56. 9	<0. 001	6. 2	0. 014	3. 4	0. 067
砂粒	16. 5	0. 002	10. 1	0. 003	0. 2	0. 82
蛋白酶活性	2. 5	0. 137	2. 4	0. 132	0. 5	0. 639
BG 活性	0. 2	0. 646	6. 8	0. 011	5. 5	0. 021
NAG 活性	0. 3	0. 611	17. 9	<0. 001	1. 4	0. 284
LAP 活性	0. 3	0. 569	2. 8	0. 1	2. 2	0. 157
GP	2. 6	0. 135	18. 8	<0. 01	1. 1	0. 349
GU	21. 3	<0. 001	0. 4	0. 671	3. 8	0. 054

注：GP，蛋白质解聚速率；GU，微生物氨基酸吸收速率。

表 7-2　喀斯特和非喀斯特森林不同土层理化性质和酶活性（平均值±标准误）

指标		0 ~ 10cm	10 ~ 20cm	20 ~ 40cm	0 ~ 40cm
喀斯特森林	pH	7. 04±0. 11a	7. 02±0. 13a	7. 02±0. 19a	7. 03±0. 07 *
	SOC/($g\ kg^{-1}$)	78. 23±19. 32a	35. 43±4. 47b	23. 96±0. 83b	27. 42±3. 63
	TN/($g\ kg^{-1}$)	4. 80±1. 07a	2. 75±0. 28 ab	2. 13±0. 12b	2. 87±0. 26 *
	C : N	18. 80±0. 99a	14. 98±0. 70b	13. 18±0. 30b	15. 66±0. 90
	Ca/($cmol\ kg^{-1}$)	18. 52±2. 25a	15. 42±1. 61a	15. 14±0. 98a	16. 36±1. 01 *
	Mg/($cmol\ kg^{-1}$)	8. 58±0. 93a	8. 03±0. 58a	8. 10±0. 87a	8. 24±0. 41 *
	PON/($g\ kg^{-1}$)	0. 97±0. 35a	0. 48±0. 09 ab	0. 21±0. 06b	0. 55±0. 15
	MAON/($g\ kg^{-1}$)	4. 27±0. 59a	3. 01±0. 32 ab	2. 02±0. 38b	3. 10±0. 39 *
	黏粒/%	39. 00±5. 32b	60. 92±2. 27a	64. 83±2. 23a	54. 92±4. 89 *
	粉粒/%	52. 93±3. 66a	37. 37±2. 37b	34. 34±2. 10b	41. 55±3. 61
	砂粒/%	8. 06±1. 69a	1. 71±0. 13b	0. 83±0. 16b	3. 53±1. 38
	MBC/($mg\ kg^{-1}$)	1413. 6±412. 2a	317. 6±72. 6b	219. 5±82. 5b	650. 3±227. 6 *
	MBN/($mg\ kg^{-1}$)	182. 67±41. 38a	88. 81±27. 62a	84. 54±37. 77a	118. 67±24. 12 *
	蛋白酶活性/($\mu mol\ g^{-1} d^{-1}$)	0. 08±0. 05a	0. 15±0. 04a	0. 04±0. 02a	0. 09±0. 02
	BG 活性/($\mu mol\ g^{-1}\ h^{-1}$)	290. 6±91. 9a	47. 42±13. 20b	25. 96±1. 64b	121. 3±50. 2
	NAG 活性/($\mu mol\ g^{-1}\ h^{-1}$)	66. 23±18. 01a	13. 92±3. 41b	8. 08±1. 34b	29. 41±10. 66
	LAP 活性/($\mu mol\ g^{-1}\ h^{-1}$)	4. 29±1. 74a	3. 99±0. 91a	4. 04±0. 57a	4. 10±0. 59

续表

指标		0~10cm	10~20cm	20~40cm	0~40cm
非喀斯特森林	pH	4.00±0.07b	4.15±0.07 ab	4.30±0.05a	4.14±0.05
	SOC/(g kg^{-1})	43.55±7.37a	29.56±9.39 ab	9.79±1.56b	17.60±3.23
	TN/(g kg^{-1})	2.19±0.14a	1.24±0.11b	0.75±0.04c	1.39±0.22
	C : N	22.90±2.60a	27.26±7.17a	15.13±1.65a	21.77±2.87
	Ca/(cmol kg^{-1})	10.15±1.54a	9.16±0.59a	9.05±0.44a	9.45±0.52
	Mg/(cmol kg^{-1})	5.64±0.26a	5.15±0.14a	5.19±0.04a	5.32±0.12
	PON/(g kg^{-1})	1.11±0.18a	0.67±0.05b	0.19±0.07c	0.65±0.14
	MAON/(g kg^{-1})	2.48±0.62a	1.50±0.18 ab	1.01±0.04b	1.66±0.29
	黏粒/%	24.25±0.89b	30.56±2.15a	33.79±2.75a	29.54±1.98
	粉粒/%	63.22±0.67a	61.26±0.95a	60.28±2.06a	61.59±0.87 *
	砂粒/%	12.54±0.42a	8.18±1.46b	5.92±1.31b	8.88±1.28 *
	MBC/(mg kg^{-1})	578.6±37.5a	197.0±41.6b	105.3±17.4b	293.6±74.4
	MBN/(mg kg^{-1})	54.12±12.36a	14.89±4.29b	14.92±10.20b	27.98±8.10
	蛋白酶活性/(μmol g^{-1}d^{-1})	0.23±0.09a	0.25±0.12a	0.06±0.04a	0.18±0.05
	BG 活性/(μmol g^{-1} h^{-1})	145.3±17.8a	153.6±33.9a	114.1±26.5a	137.66±14.7
	NAG 活性/(μmol g^{-1} h^{-1})	53.62±7.20a	25.41±2.90b	19.93±4.78b	32.99±5.84
	LAP 活性/(μmol g^{-1} h^{-1})	6.18±1.24a	2.91±0.53b	1.74±0.65b	3.61±0.79

注：不同小写字母表示同一类型同一指标在土层间差异显著（$P<0.05$）。

* 表示同一指标在喀斯特与非喀斯特森林之间差异显著（$P<0.05$）

二、蛋白质解聚和氨基酸吸收速率

双因素方差分析结果表明，森林类型显著（$P<0.01$）影响氨基酸吸收速率；蛋白质解聚速率在土层之间差异显著（$P<0.01$）（表 7-1）。氨基酸吸收速率表现为非喀斯特森林显著高于喀斯特森林，非喀斯特森林（200.56±18.65μg N g^{-1} d^{-1}）的氨基酸吸收速率是喀斯特森林（104.82±14.17μg N g^{-1} d^{-1}）的 2 倍（图 7-2）。对于喀斯特森林，土壤蛋白质解聚速率随土层深度增加而降低，0～10cm 土层的蛋白质解聚速率最高（52.26±12.09μg N g^{-1} d^{-1}），20～40cm 土层的蛋白解聚速率最低（7.94±2.67μg N g^{-1} d^{-1}）［图 7-3（a）］。对于非喀斯特森林，土壤蛋白质解聚速率随土层深度增加而降低，而氨基酸吸收速率在土层间没有显著差异（图 7-3）。0～10cm 土层的蛋白质解聚速率（70.14±10.43μg N g^{-1} d^{-1}）显著高于 10～20cm 和 20～40cm 土层［图 7-3（a）］。

目前尚未有针对热带或亚热带森林土壤有机氮转化速率的研究，本研究结果填补了此项空白。本研究三个土层蛋白质解聚速率的平均值为 35.61±5.56μg N g^{-1} d^{-1}，氨基酸吸收速率的平均值为 171.49±22.61μg N g^{-1} d^{-1}。与世界其他地区相比，本研究中的蛋白质解聚速率和微生物氨基酸吸收速率则处于文献报告的范围值内。一项研究表明温带森林土壤蛋白质解聚速率的平均值为 133.32±10.47μg N g^{-1} d^{-1}，氨基酸吸收速率的平均值为

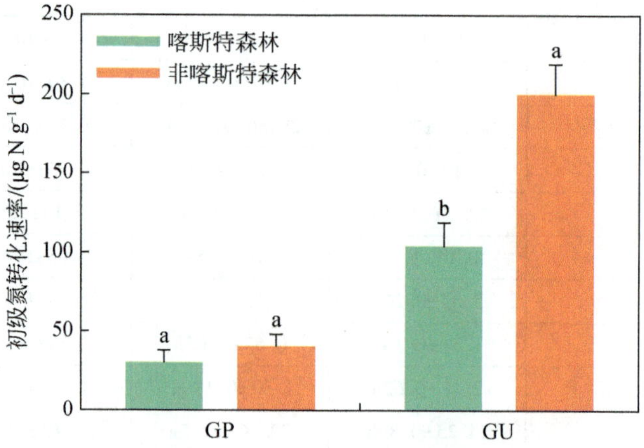

图 7-2　喀斯特和非喀斯特森林土壤有机氮转化速率

不同字母表示氮转化速率在森林之间差异显著。GP：蛋白质解聚速率；GU：微生物氨基酸吸收速率。

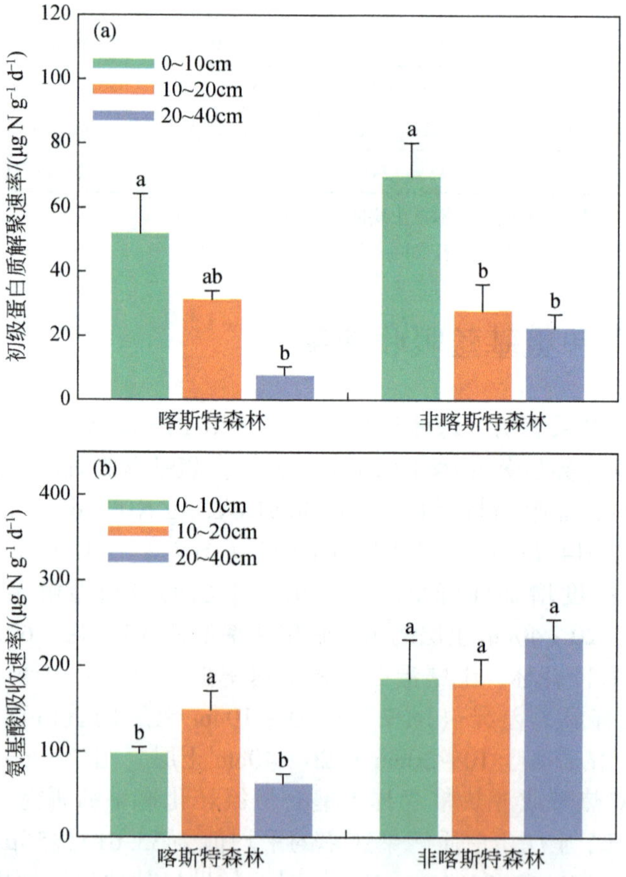

图 7-3　喀斯特和非喀斯特森林三个土层土壤有机氮转化速率

不同字母表示有机氮转化速率在同一森林三个土层间的差异显著。

89. 69±20. 30μg N g^{-1} d^{-1}（Noll et al.，2019b）。而另一项针对温带森林的研究表明土壤蛋白质解聚速率和氨基酸吸收速率的平均值分别为 28. 79±7. 84μg N g^{-1} d^{-1} 和 4. 57±1. 46μg N g^{-1} d^{-1}（Wild et al.，2017）。另一项针对温带荒地的研究表明土壤蛋白质解聚速率和氨基酸吸收速率的平均值分别为 4. 31±1. 27μg N g^{-1} d^{-1} 和 4. 93±0. 88μg N g^{-1} d^{-1}（Wild et al.，2018）。

研究表明，在陆地生态系统中，由于土层深度的增加，蛋白质解聚速率随之降低（Wild et al.，2013，2015）。其中一项研究表明，有机表土、矿物表土和矿物底土的蛋白质解聚速率分别为 289. 68±64. 56μg N g^{-1} d^{-1}、7. 92±0. 96μg N g^{-1} d^{-1} 和 0. 96±0. 24μg N g^{-1} d^{-1}（Wild et al.，2015）。另一项研究表明，温带苔原土壤有机层、低温扰动层和矿物层的蛋白质解聚速率分别为 128. 43±19. 23μg N g^{-1} d^{-1}、8. 99±0. 68μg N g^{-1} d^{-1} 和 3. 42±0. 41μg N g^{-1} d^{-1}（Wild et al.，2013）。与此前研究结果一致，本研究发现土壤蛋白质解聚速率随土层深度的增加而降低，0～10cm 土层的蛋白质解聚速率（61. 20±8. 18μg N g^{-1} d^{-1}）显著高于 10～20cm 和 20～40cm 土层，10～20cm 和 20～40cm 土层的蛋白质解聚速率分别为 30. 06±3. 78μg N g^{-1} d^{-1} 和 15. 58±4. 03μg N g^{-1} d^{-1}。不同的是，本研究中蛋白质解聚速率随土层深度增加而降低的程度并不如前两项研究剧烈，本研究中 0～10cm 土层蛋白质解聚速率分别是 10～20cm 和 20～40cm 土层的 203% 和 393%。而在前两项研究中，不同土层的蛋白质解聚速率最大相差超过两个数量级。

三、蛋白质解聚和氨基酸吸收速率的主控因素

相关分析表明，土壤蛋白质解聚速率与 SOC、C：N、PON、MAON、MBC、砂粒、粉粒，及 BG、NAG 和 LAP 活性显著正相关，并与黏粒显著负相关，而与 MBN 和蛋白酶活性的相关性不显著（表 7-3）。氨基酸吸收速率与 pH、交换性钙和镁、MBN 和黏粒量显著负相关，并与砂粒、粉粒和蛋白酶活性显著正相关（表 7-3）。对于喀斯特森林，蛋白质解聚速率与 SOC、TN、C：N、PON、MAON、MBC、砂粒、粉粒和 BG 活性显著正相关，并与黏粒含量显著负相关（表 7-3）。对于非喀斯特森林，蛋白质解聚速率与 SOC、TN、PON、MAON、交换性镁、MBC、MBN 和 LAP 活性正相关。多元线性逐步回归分析结果表明，蛋白质解聚速率的最强解释因子为 PON，解释了变异的 66%（表 7-4）。氨基酸吸收速率的最强解释因子为 pH，解释了变异的 55%（表 7-4）。

表 7-3　土壤有机氮转化速率与生物和非生物因子之间的相关性

指标	总体		喀斯特森林		非喀斯特森林	
	GP	GU	GP	GU	GP	GU
pH	-0. 25	-0. 74 **	-0. 02	0. 24	-0. 54	-0. 14
SOC	0. 66 **	-0. 20	0. 85 **	0. 12	0. 86 **	0. 23
TN	0. 46	-0. 41	0. 85 **	0. 13	0. 92 **	0. 31
C：N	0. 49 *	0. 32	0. 77 *	0. 30	0. 41	-0. 06
PON	0. 81 **	0. 18	0. 80 *	0. 07	0. 84 **	0. 23

续表

指标	总体		喀斯特森林		非喀斯特森林	
	GP	GU	GP	GU	GP	GU
MAON	0.53*	-0.32	0.89**	0.19	0.82**	0.29
Ca^{2+}	0.03	-0.55*	0.34	0.23	0.58	0.42
Mg^{2+}	-0.11	-0.63**	0.01	0.02	0.72*	0.38
MBC	0.56*	-0.25	0.80*	0.01	0.82**	0.21
MBN	0.29	-0.51*	0.64	-0.12	0.82**	0.32
黏粒	-0.59**	-0.58*	-0.86**	0.06	-0.57	-0.22
粉粒	0.52*	0.57*	0.82**	-0.09	0.36	-0.02
砂粒	0.73**	0.54*	0.89**	0.03	0.63	0.35
蛋白酶活性	0.35	0.68**	0.20	0.81*	0.36	0.64
BG 活性	0.54*	-0.03	0.84**	0.02	0.06	-0.33
NAG 活性	0.59**	0.03	0.61	0.08	0.66	-0.03
LAP 活性	0.53*	-0.20	0.43	-0.31	0.68*	-0.13

* 和 ** 分别表示相关性在 $P<0.05$ 和 $P<0.01$ 水平显著。

表 7-4　多元线性逐步回归显示生物和非生物指标对有机氮转化速率的解释度

指标	解释变量	系数	模型 R^2	F	P
蛋白质解聚速率	颗粒态有机氮	44.05	0.66	31.49	<0.001
氨基酸吸收速率	pH	-45.78	0.55	17.94	0.001

本研究没有发现蛋白质解聚速率在喀斯特森林和非喀斯特森林之间存在差异，蛋白质解聚速率只在土层之间存在显著差异。在两个森林土壤中，胞外蛋白酶的潜在活性与蛋白质解聚速率均无显著相关性，相比之下，土壤理化指标与蛋白质解聚速率紧密相关。底物的数量和质量是土壤氮转化过程的主要影响因素之一，研究表明蛋白质解聚速率受底物可利用水平影响最大，土壤蛋白质可利用水平高会促进土壤蛋白质解聚作用而蛋白质可利用水平低则抑制蛋白质解聚作用（Wanek et al.，2010；Noll et al.，2019b）。我们的研究也观察到这一现象，蛋白质解聚速率与 PON 呈正相关关系，且 PON 能解释蛋白质解聚速率变异的 66%。换句话说，0～10cm 土层较高的 PON 含量有利于蛋白质解聚过程，这是由于 PON 为蛋白质解聚提供了底物。两个森林之间土壤不同形态氮素的差异也能证明这一点，我们发现，喀斯特森林土壤 TN 含量显著高于非喀斯特森林，两个森林土壤 TN 的差异主要体现在 MAON 上，MAON 含量与 TN 含量的规律一致，这导致 PON 含量在两个森林土壤中没有显著差异（表 7-2）。这表明 TN 含量并不是蛋白质解聚速率的主要影响因素，蛋白质解聚过程的快慢主要受到 PON 含量的影响。蛋白质解聚速率受 PON 影响的原因可能是土壤中黏土矿物对蛋白质的吸附（Noll et al.，2019b；Kleber et al.，2007），蛋白质是一类特殊的两亲分子，可以强烈地与矿物表面结合，因为它们加强了初始有机矿物键，这些键形成有熵有利的构象变化，为更多的吸附作用提供了进一步的机会（Haynes and Norde，1994）。本研究中黏粒含量对蛋白质解聚速率的强烈负响应的结果也支持这一观

点，因此，黏粒含量在不同土层的差异也是蛋白质解聚速率随土层变化的重要因素。此外，研究表明土壤中的游离蛋白质迅速吸附在黏土上形成矿物结合态有机氮，其最大吸附量通常与土壤中阳离子交换容量、电荷密度和饱和阳离子类型等相关（Kleber et al.，2007）。本研究也观察到这一现象，交换性钙镁离子与结合态有机氮呈正相关关系。总体而言，蛋白质解聚速率与 PON 的强烈正效应和它与潜在蛋白酶活性之间缺失的关系表明土壤蛋白质解聚速率更受底物限制而非胞外酶限制，这一点已被广泛证明（Wanek et al.，2010；Noll et al.，2019b；Daly et al.，2021）。

虽然有机氮解聚可以限制土壤有机氮循环的整体速率，但微生物和植物竞争并直接利用的是低分子有机氮和含氮单体。我们认为喀斯特森林和非喀斯特森林土壤氨基酸吸收速率的差异可能由以下两个机制调控：①土壤中矿物对生物可利用有机氮库（包括氨基酸）的吸附。蛋白质解聚释放氨基酸单体，氨基酸随后与土壤矿物质结合又再一次形成 MAOM，两个森林土壤氨基酸吸收速率的差异来源于土壤矿物吸附潜力的不同（Daly et al.，2021），这一点得到我们结果的支持，喀斯特森林土壤的交换性钙镁离子这两个典型的矿物阳离子显著高于非喀斯特森林，黏粒含量也呈现出同样的规律（表 7-2），这意味着相较于非喀斯特森林土壤，喀斯特森林土壤蛋白质解聚释放的氨基酸更易被矿物吸附而失去生物可利用性。研究表明土壤酸碱度也能通过蛋白质有效性来调控有机氮转化速率（Hu et al.，2020）。在低 pH 下，水合氢离子占据土壤矿物质的表面位置，并能强烈结合羧酸基团（—COOH），这些基团在氨基酸中广泛存在，如天冬氨酸和谷氨酸（Newcomb et al.，2017）。而在本研究中并没有出现此结果，这是合理的，因为大量研究均表明有机氮的有机-矿物结合对有机氮转化的影响占据主导作用（Prommer et al.，2014；Noll et al.，2019b），pH 的影响并不显著，目前只有少量研究报道了 pH 对有机氮转化的影响（Hu et al.，2020）。②微生物的碳氮需求。具体而言，非喀斯特森林土壤的氨基酸吸收速率显著高于喀斯特森林，这可能是由于相比于喀斯特森林，非喀斯特森林土壤微生物更受氮限制，因此非喀斯特森林土壤微生物氨基酸吸收速率更为快速。微生物的碳氮需求是影响氨基酸吸收的一个因素，这一点已被很好地记录下来，过量的外源碳或氮添加使氨基酸吸收速率降低表明了导致土壤微生物对氨基酸的吸收减少，表明氨基酸的吸收主要是为了满足它们的碳氮需求（Farrell et al.，2014）。我们之前的研究能为这一观点提供证据，生态酶化学计量和退耕演替的结果表明，喀斯特森林土壤相对于氮来说更受碳限制，也就是说，喀斯特森林土壤微生物是氮饱和的，而非喀斯特森林受氮限制（Wen et al.，2016；Chen et al.，2018）。因此，我们认为氨基酸吸收速率可能受矿物吸附能力和微生物碳氮需求的双重影响，这一点在别的研究中也已被证实（Farrell et al.，2014）。

四、结论

本研究结果表明，西南喀斯特森林和非喀斯特森林的土壤蛋白质解聚速率无显著差异，两个森林的蛋白质解聚速率均随土层深度的增加而下降，而非喀斯特森林的氨基酸吸收速率显著高于喀斯特森林。土壤蛋白质解聚速率由底物可利用性调控而不是酶活性，而氨基酸吸收速率可能涉及矿物吸附性和微生物碳氮需求的双重调控。喀斯特森林土壤特殊的有机氮保护机制如土壤黏土矿物含量高，蛋白质和游离氨基酸容易被吸附、结合形成矿物结合态有机氮等特征使土壤有机氮转化速率较慢，这也可能是该区域喀斯特森林土壤氮素能快速积累并保持的原因。

第四节　喀斯特与非喀斯特森林土壤初级氮转化速率及其主控因素

关于森林氮状况的认识大多基于对土壤硝态氮淋失、净氮转化速率、土壤叶片、凋落物氮含量或^{15}N丰度、可溶性无机氮与有机氮的比值、可浸提无机氮含量、含氮气体排放等指标的评估（Aber et al.，2003；Sotta et al.，2008；Almaraz and Porder，2016）。尽管上述指标能在一定程度上反映土壤氮素可利用性，但这些指标无法揭示土壤氮固持或氮流失的内在机理。例如，土壤中较低的硝态氮含量与净硝化速率可能是初级硝化速率与硝态氮固持速率同时较高所致（Stark and Hart，1997），也可能是较低的初级硝化速率伴随较高的硝态氮固持速率所致（Zhang et al.，2013）。正因为净氮转化速率具有较大的局限性，初级氮转化速率被认为是评估森林氮状况的更好指标而越来越受到关注（Booth et al.，2005；Sotta et al.，2008）。

土壤初级氮转化过程受很多生物和非生物因素的影响（Schimel and Bennett，2004；Booth et al.，2005；Rütting et al.，2011；Zhang et al.，2011）。在生物因素中，植被类型或树种组成可通过影响凋落物的数量与质量、根系分泌物、土壤通气性以及土壤水分分布进而在影响土壤氮转化方面起着非常重要的作用（Butterbach-Bahl et al.，2011；Zhang et al.，2011）。影响土壤氮转化的非生物因素包括土壤质地、土壤有机碳、土壤总氮、碳氮比和土壤 pH（Booth et al.，2005；Butterbach-Bahl et al.，2011；Rütting et al.，2011）。然而，主要的控制因子可能因氮转化过程而异。一项整合分析研究表明，底物水平（如有机碳和总氮含量）和土壤碳氮比均可影响土壤初级氮矿化速率，而初级硝化速率则可能主要由土壤铵态氮含量控制（Booth et al.，2005）。尽管经过了多年的研究，目前对于土壤初级氮转化控制机理的认识仍很不足。

目前已经有一些研究测定了我国亚热带森林土壤的初级氮转化速率（Zhang et al.，2011，2013）。但这些研究大多是在红壤地区开展，结果表明这些红壤区森林能够有效固持氮。然而，石灰性土壤在中国亚热带地区也广泛分布，尤其是西南喀斯特地区（Jiang et al.，2014）。中国喀斯特生态系统面积约占陆地总面积的36%，或占全球陆地总面积的15.6%（Jiang et al.，2014）。但迄今为止仅有一项关于初级氮转化的研究在西南喀斯特山区开展（Zhu et al.，2016）。该研究表明，喀斯特森林（石灰土）和非喀斯特森林（红壤）土壤初级氮转化速率存在显著差异（Zhu et al.，2016），非喀斯特森林的初级氮矿化速率较高，而喀斯特森林的土壤初级硝化速率较高；喀斯特森林土壤和非喀斯特森林土壤微生物对硝态氮的固持速率分别为各自初级硝化速率的2.9%和153%（Zhu et al.，2016）。考虑到喀斯特森林在西南地区广大的分布面积，单项研究的代表性显然远远不够。此外，Zhu 等（2016）所选取的样地中，红壤和石灰性土壤的有机碳、总氮含量及阳离子交换量都非常接近。而在其他流域和区域尺度上的研究均表明，石灰性土壤的有机碳、总氮含量及阳离子交换量都要显著高于红壤（Chen et al.，2012；Li et al.，2017a）。我们猜测 Zhu 等（2016）所选取的样地可能并不典型，因此，亟须开展更多的研究以揭示喀斯特森林土壤初级氮转化特征及其影响因素。

本研究选择了两个相邻的喀斯特森林和非喀斯特森林以研究土壤初级氮转化过程特征。我们前期的研究结果表明，在西南喀斯特山区，退耕后土壤氮状况会随演替进程而快速提升（Wen et al.，2016）。由于土壤硝态氮：铵态氮远高于 1 且硝态氮浓度高达 66.5 ~ 120.8mg N kg^{-1}，同时森林源头水（溪流和泉水）中的硝态氮浓度也高达 413±17 ~ 2187±165μg N L^{-1}，我们提出喀斯特森林已处于氮饱和状态（Wen et al.，2016）。我们前期的研究表明岩石风化过程中氮释放是喀斯特生态系统的一个潜在的氮源，也是导致喀斯特森林氮饱和的重要因素（Wen et al.，2016）。而在我国亚热带红壤地区，森林土壤的硝态氮：铵态氮及硝态氮浓度均处于较低水平，森林氮循环呈现“保守”特征（Zhang et al.，2013）。我们猜测在喀斯特森林中，初级硝化过程产生的硝态氮仅有部分通过异化还原过程（此过程将硝态氮还原为铵态氮，由于铵态氮相比硝态氮而言不易流失，因此被认为有助于氮固持）或微生物同化吸收而被固持，从而导致土壤硝态氮累积并随之淋失进入地下水。相反，我们猜测在非喀斯特森林中初级硝化作用产生的硝态氮大部分通过异化还原过程或微生物同化吸收而被固持在土壤中，导致硝态氮净产生量低，从而土壤硝态氮含量也相应维持在较低水平，类似于在红壤地区其他森林研究的结果（Zhang et al.，2013）。

本研究在桂西北环江县开展。分别在木论国家级自然保护区和华山国有林场选取喀斯特和非喀斯特森林，两片森林都是在 20 世纪 50 年代末被砍伐后经次生演替发展形成的，相距约为 26km。在每片森林的洼地或坡底处选择一片面积 100m×100m 的具有代表性的采样区域。喀斯特森林的优势树种有伞花木（*Euryeorymbus cavaleriei*）、枫香（*Liquidambar formosana*）、小果厚壳桂（*Cryptocarya chinensis*）等。非喀斯特森林的优势树种为罗伞（*Brassaiopsis glomerulata*）、白椎（*Castanopsis Fagaceae*）、檵木（*Loropetalum chinensis*）等。土壤样品采集于 2015 年 8 月。在 100m×100m 的采样范围内沿三条平行线设置了 9 块 10m ×10m 的样方（图 7-4）。在每个样方内用土钻随机采集 10 个土壤样品组成一个混合样。

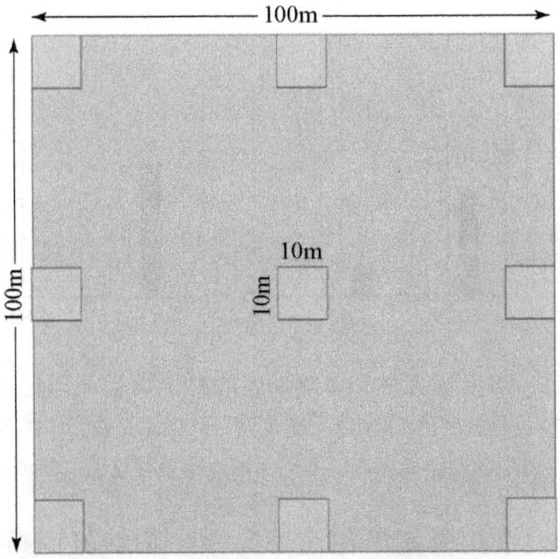

图 7-4 样方分布示意图

采样深度为10cm。用环刀法测定了土壤容重。将采集的土壤样品带回实验室，一部分样品风干后过2mm或0.15mm筛，用以测定土壤中的有机碳（SOC）、总氮（TN）、pH和交换性阳离子等。另一部分新鲜土壤样品通过2mm筛后，分析无机氮浓度和氮转化过程速率（Li et al.，2017b）。土壤初级氮转化速率采用^{15}N同位素稀释法测定（Li et al.，2017b）。测定的初级氮转化过程包括初级氮矿化（GNM）、初级硝化（GN）、硝态氮异化还原为铵（DNRA）、微生物对铵态氮固持（GAI）、微生物对硝态氮固持（GNI）。总硝态氮消耗速率（DNRA+GNI）与初级硝化速率的比值用于表征硝态氮固持潜力（NRC,%）。净硝态氮产生速率（NNP）由初级硝化速率减去总硝态氮消耗速率得来，用于表征硝态氮淋失潜力。

一、初级氮转化速率及其影响因素

喀斯特森林土壤的大多数氮转化过程速率显著高于非喀斯特森林（图7-5和图7-6）。喀斯特森林土壤初级矿化速率为4.29±0.33mg N $kg^{-1}d^{-1}$，比非喀斯特森林土壤高出约68%（2.56±0.39mg N $kg^{-1}d^{-1}$）。两种森林土壤之间初级硝化速率的差异更大（图7-5）。喀斯特森林土壤初级硝化速率为7.24±0.44mg N $kg^{-1}d^{-1}$，比非喀斯特森林土壤（0.70±0.51mg N $kg^{-1}d^{-1}$）高出935%。与初级氮矿化速率和初级硝化速率类似，硝态氮异化还原为铵速率和总硝态氮同化速率也是喀斯特森林显著高于非喀斯特森林，幅度分别达到178%和1668%。两种森林土壤的铵氮同化速率差异不显著。在非喀斯特森林中，GN：GAI与0相比没有显著差异，而喀斯特森林土壤的GN：GAI则高达6.30±1.29。非喀斯特森林土壤净氮矿化速率呈负值，而喀斯特森林土壤净氮矿化速率为2.21±0.18mg N $kg^{-1}d^{-1}$（图7-6）。非喀斯特森林土壤净硝化速率极低（0.49±0.17mg N $kg^{-1}d^{-1}$），而喀斯特森林土壤净硝化速率则较高，为3.55±0.15mg N $kg^{-1}d^{-1}$。

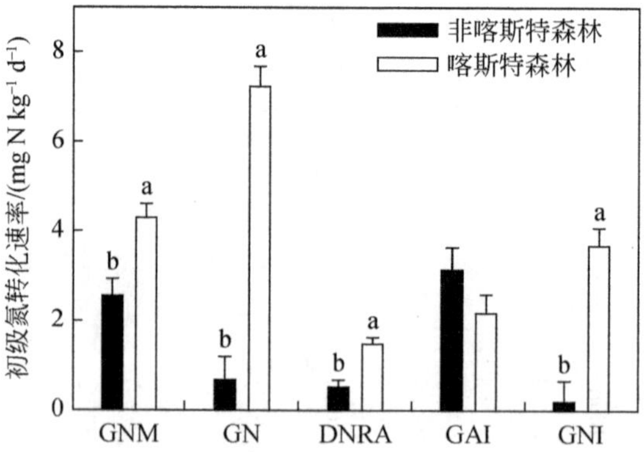

图7-5　喀斯特森林和非喀斯特森林土壤初级氮转化速率

GNM：初级氮矿化；GN：总氮硝化；DNRA：硝态氮异化还原为铵；GAI：微生物对铵态氮固持；GNI：微生物硝态氮固持。不同字母表示差异显著（P<0.05）。

对于非喀斯特森林，土壤初级氮矿化速率与微生物铵氮固持速率之间无显著性差异，但是显著高于初级硝化速率、硝态氮异化还原为铵和微生物硝态固持速率（图7-5和图7-

7)。而喀斯特森林土壤则是初级硝化速率最高，硝态氮异化还原为铵则最低。初级氮矿化速率与微生物硝态氮固持速率相当，但显著高于微生物铵态氮固持速率（图 7-5 和图 7-7)。净硝态氮产生速率，即硝态氮产生量和消耗量的差值，在非喀斯特森林土壤中几乎可以忽略不计，但在喀斯特森林土壤中则达 2.05±0.20mg N $kg^{-1}d^{-1}$（图 7-6)。非喀斯特森林土壤的硝态氮固持潜力（62.0%±6.2%）远远大于喀斯特森林土壤（41.6%±4.2%)(图 7-6)。

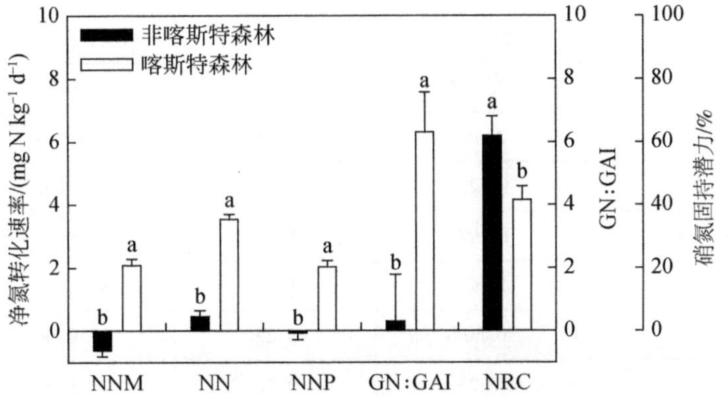

图 7-6　喀斯特和非喀斯特森林土壤净转化速率差异

NNM：净氮矿化速率；NN：净硝化速率；NNP：净硝态氮产生速率；GAI：GAI：氮饱和指数；NRC：氮固持潜力。不同字母表示差异显著（$P<0.05$）。

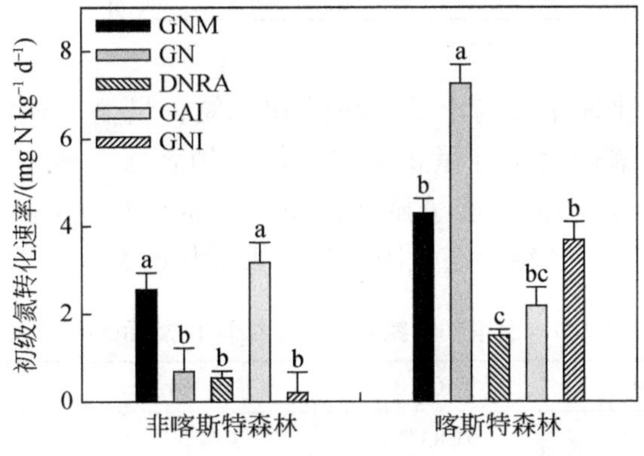

图 7-7　喀斯特森林和非喀斯特森林土壤初级氮转化速率

GNM：初级氮矿化；GN：总氮硝化；DNRA：硝态氮异化还原为铵；GAI：微生物对铵态氮固持；GNI：微生物硝态氮固持。不同字母表示差异显著（$P<0.05$）。

测定的 14 个土壤理化指标中，有 12 个指标在喀斯特森林与非喀斯特森林土壤之间存在差异显著，只有交换性钾和钠含量接近（表 7-5）。在有显著差异的指标中，只有土壤容重、碳氮比和铵态氮含量是非喀斯特森林土壤显著高于喀斯特森林土壤。两种森林土壤的无机氮组成相反，如非喀斯特森林土壤铵态氮含量较高，而喀斯特森林土壤硝态氮含量高。在非喀斯特森林土壤硝态氮：铵态氮与 1 无显著性差异，而喀斯特森林土壤硝态氮：

铵态氮显著大于1（表7-5）。

表7-5　喀斯特森林和非喀斯特森林土壤理化指标比较

指标	非喀斯特森林		喀斯特森林	
	Mean	SE	Mean	SE
容重/(g cm^{-3})	1.20 a	0.04	0.95 b	0.03
pH/(1∶2.5 H_2O)	5.70 b	0.11	6.35 a	0.09
SOC/(g C kg^{-1})	24.35 b	1.45	41.02 a	1.26
TN/(g N kg^{-1})	1.69 b	0.1	3.53 a	0.09
^{15}N/(100‰)	2.68 b	0.31	5.05 a	0.26
C∶N	17.23 a	0.76	13.54 b	0.66
NH_4^+/(mg N kg^{-1})	11.99 a	1.13	1.07 b	0.98
NO_3^-/(mg N kg^{-1})	2.66 b	1.92	36.02 a	1.66
NO_3^-∶NH_4^+	0.50 b	0.25	37.92 a	3.09
C∶NO_3^-	17.23 a	0.76	13.54 b	0.66
Ca/(cmol kg^{-1})	8.11 b	1.44	17.32 a	1.25
K/(cmol kg^{-1})	0.14	0.01	0.17	0.01
Mg/(cmol kg^{-1})	0.59 b	0.32	5.89 a	0.28
Na/(cmol kg^{-1})	0.43	0.04	0.40	0.04

注：n=9；不同字母表示差异显著(P<0.05)。

土壤中的初级氮矿化速率仅与土壤有机碳和总氮含量显著相关（表7-6）。相反，初级硝化速率与大部分土壤理化指标呈正相关，仅与硝态氮：铵态氮和铵态氮含量呈负相关。DNRA与pH、TN、硝态氮、镁呈显著正相关，而与C∶N呈负相关。初级铵态氮固持与铵态氮呈显著正相关。初级硝态氮固持与初级硝化速率呈显著正相关。

表7-6　土壤初级氮转化与土壤理化指标的相关性

指标	GNM	GN	DNRA	GAI	GNI
pH	0.41	0.83**	0.47*	-0.11	0.76**
SOC	0.48*	0.97**	0.38	-0.43	0.94**
TN	0.60*	0.96**	0.49*	-0.37	0.90**
C∶N	-0.30	-0.72**	-0.51*	0.24	-0.59*
^{15}N	0.32	0.818**	0.23	-0.24	0.76**
NH_4^+	-0.14	-0.87**	-0.36*	-0.54*	-0.78**
NO_3^-	0.29	0.98**	0.48*	-0.45	0.91**
Ca	0.34	0.87**	0.45	-0.1	0.90**

续表

指标	GNM	GN	DNRA	GAI	GNI
K	0.03	0.59 *	0.23	-0.31	0.64 **
Mg	0.31	0.98 **	0.51 *	-0.41	0.94 **
Na	-0.08	-0.05	-0.17	0.20	0.05

* 和 ** 分别表示在 $P<0.05$ 和 $P<0.01$ 水平上显著。

本研究中所测得土壤初级氮矿化速率处于文献报道的范围值之内（0.9～9.2mg N kg^{-1} d^{-1}）（Zhang et al.，2011，2013）。一项区域尺度的研究结果表明，我国亚热带红壤区土壤初级氮矿化速率平均为 3.04±0.22mg N kg^{-1} d^{-1}（Zhang et al.，2013），这一水平与本研究结果相近。与世界其他亚热带/热带地区相比，本研究中的初级氮矿化速率要高于澳大利亚亚热带森林土壤（0.6～1.8mg N kg^{-1} d^{-1}）（Burton et al.，2007），但与热带森林土壤相比（2～14mg N kg^{-1} d^{-1}）则处于较低水平（Silver et al.，2001；Sotta et al.，2008；Rütting et al.，2011）。

我们发现，喀斯特森林土壤的初级氮矿化速率显著高于非喀斯特森林土壤。这与 Zhu 等（2016）的研究结果相反。导致研究结果差异的原因可能有两个：一个是两个研究是在不同季节开展的，Zhu 等（2016）的研究是在 1 月进行的，此时该地区正处于旱季且气温较低，而我们的研究是在植物生长季节进行的。但也有研究发现两个热带森林土壤的初级氮矿化速率在旱季和湿季并无显著变化，而且黏土的初级氮矿化速率高于砂土（Sotta et al.，2008）。因此，季节差异性可能并不是我们的研究与 Zhu 等（2016）研究结果不同的主要原因。另一个可能原因是土壤性质存在一定程度的差异。在 Zhu 等（2016）的研究中，石灰性土壤与红壤之间的有机碳、总氮和阳离子交换水平差异不显著。然而，在我们的研究中，石灰性土壤的有机碳和总氮含量显著高于红壤，这与其他区域尺度上所进行的研究结果一致（Chen et al.，2012；Li et al.，2017a）。整合分析结果表明，有机碳和总氮都是影响氮素矿化的主要因素（Booth et al.，2005）。由于土壤有机氮库（大体相当于土壤总氮）是无机氮的最终来源，土壤总氮会对初级氮矿化产生显著影响，即总氮含量较高的土壤初级氮矿化速率也较高（Booth et al.，2005）。我们的研究结果与此相符。与总氮不同，土壤有机碳对初级氮矿化有直接和间接的影响。第一，除了化能自养硝化微生物外，土壤氮转化主要是由异养微生物驱动，需要有机碳作为能源，因而土壤初级氮矿化与土壤有机碳含量紧密相关（Booth et al.，2005）。第二，土壤微生物量与土壤有机碳通常呈一个大体固定的比值（Cleveland and Liptzin，2007），前者往往控制着初级氮矿化（Elrys et al.，2021a）。第三，有机碳和总氮通常是紧密耦合的，本研究也发现两者呈现相似的变化特征（$R^2=0.92$，$P<0.0001$，$n=18$），这和其他研究结果类似（Li et al.，2012；Wen et al.，2016；Yang et al.，2016）。以上可能是本研究中喀斯特森林土壤初级氮矿化速率较高的原因。另外，喀斯特森林土壤初级氮矿化速率较高的原因还可能是土壤碳氮较低（Burton et al.，2007；Sotta et al.，2008），而土壤碳氮比常被用来解释不同生态系统之间初级氮矿化速率的差异（Burton et al.，2007；Sotta et al.，2008）。

我国亚热带红壤区森林土壤微生物对铵态氮固持速率介于 0～6.2mg N kg^{-1} d^{-1} 变化（Zhang et al.，2011，2013）。本研究结果也在此范围内。与 Zhu 等（2016）研究结果类似，我们发现喀斯特与非喀斯特森林土壤的铵态氮固持速率没有显著差异。由于初级氮矿化速率与铵态氮固持速率没有显著差异，铵态氮可被较好地固持在两种森林土壤中。以前的研究也同样发现我国亚热带地区非喀斯特森林土壤微生物铵态氮固持速率占初级矿化速率的 0 ~ 100%（Zhang et al.，2011，2013），而喀斯特森林土壤占 100%（Zhu et al.，2016）。在亚马孙东部低地森林的研究也发现其对于铵态氮有很强的固持能力（Sotta et al.，2008）。而非洲的原始山地雨林土壤对铵态氮的固持能力则较低（只有初级氮矿化速率的 25% ±0.2%），氮循环呈现开放特征（Rütting et al.，2015）。

有研究报道我国亚热带非喀斯特森林土壤初级硝化速率介于 0.5 ~ 2.0mg N kg^{-1} d^{-1}（Zhang et al.，2011，2013），一些热带森林土壤的值则介于 0.3±0.3 ~ 5.09±2.02mg N kg^{-1} d^{-1}。我们的研究结果在上述范围之内，但处于较高水平。

本研究中关于喀斯特和非喀斯特森林土壤初级硝化速率的模式与 Zhu 等（2016）的结果相似。土壤理化指标的变化可能起着重要作用。土壤 pH 是土壤生物和非生物属性的主要影响因素之一，对净硝化作用有重要影响（Cheng et al.，2013）。研究表明土壤 pH 升高会促进土壤硝化作用而 pH 降低则抑制土壤硝化作用（Cheng et al.，2013）。我们的研究也观察到这一现象，初级硝化速率与土壤 pH 呈正相关关系。换句话说，喀斯特森林土壤较高的 pH 有利于硝化作用。由于初级矿化为硝化作用提供了底物，喀斯特森林土壤较高的矿化速率也是其初级硝化速率较高的原因之一。而在非喀斯特森林土壤中铵态氮大量累积，这表明在较低的土壤 pH 条件下，自养硝化细菌不能有效地将铵态氮氧化成硝态氮。Zhu 等（2016）的研究也支持这一观点，其发现在非喀斯特森林土壤中铵态氮氧化速率极低（0.03±0.04mg N kg^{-1} d^{-1}），而异养硝化作用，即有机氮氧化成硝态氮的过程则相对较高（0.67±0.06mg N kg^{-1} d^{-1}）。

DNRA 是生态系统氮固持的一个重要途径，它能够将硝态氮转化为铵态氮进而降低其移动性（Rütting et al.，2011）。本研究中，非喀斯特森林土壤的 DNRA 速率处于报道的其他亚热带非喀斯特森林土壤的 DNRA 速率范围内（0 ~ 0.29mg N kg^{-1} d^{-1}）（Zhang et al.，2011，2013）。而在热带森林土壤中，DNRA 速率在 0.03 ~ 2.89mg N kg^{-1} d^{-1}，大部分低于 0.5mg N kg^{-1} d^{-1}（Pett-Ridge et al.，2006；Sotta et al.，2008；Templer et al.，2008）。与其他热带森林相比，本研究中喀斯特森林土壤的 DNRA 速率处于相对较高的水平。

目前对 DNRA 动态变化的机理尚未有充分认识（Rütting et al.，2011；Minick et al.，2016）。碳/硝态氮被认为是控制 DNRA 变化的一个关键因素，但不同研究结果之间相互矛盾，有研究认为碳/硝态氮对 DNRA 有正效应，有的研究发现碳/硝态氮对 DNRA 有负效应，还有的研究认为碳/硝态氮对 DNRA 无显著影响（Minick et al.，2016）。我们的研究并未发现硝态氮异化还原为铵与碳/硝态氮显著相关，而是与硝态氮含量显著相关，表明 DNRA 可能与底物浓度呈正相关关系。pH 对 DNRA 的影响也是矛盾的（Rütting et al.，2011）。一些研究发现土壤 pH 与 DNRA 呈负相关（Davidsson and Ståhl，2000），而有些报道则指出在土壤 pH 较高的土壤中（如碱性土壤）DNRA 速率较高（Zhang et al.，2015）。同样，我们也发现喀斯特森林土壤的 DNRA 速率较高。

二、对森林氮状况的指示意义

土壤内部氮转化过程对氮固持和损失有很大的影响（Huygens et al., 2008；Zhang et al., 2013）。当初级氮矿化速率和初级硝化速率较高而硝态氮固持速率较低时，硝态氮的淋失风险相应较高（Zhu et al., 2016）。反之，微生物氮固持速率和硝态氮异化还原为铵速率较高则有利于氮固持，从而降低硝态氮淋失风险（Zhang et al., 2013；Zhu et al., 2016）。本研究中，非喀斯特森林土壤微生物铵态氮固持速率与初级氮矿化速率相当，因而矿化过程中产生的铵态氮可以被有效固持。此外，非喀斯特森林土壤的硝态氮固持能力也非常高（62.0%±6.2%）。换句话说，大量产生的硝态氮可以被固持下来，导致非喀斯特森林土壤的净硝态氮产生量非常低。相反，喀斯特森林土壤的微生物对铵态氮固持速率只有初级氮矿化速率的一半，加之喀斯特森林土壤环境利用硝化作用发生，如相对较高的土壤 pH、底物有效性高等，导致喀斯特森林土壤初级硝化速率非常高，大部分经矿化作用释放出来的铵态氮被硝化，这也部分解释了为什么喀斯特森林土壤铵态氮浓度非常低。初级硝化速率较高，加上硝态氮固持速率较低，导致喀斯特森林土壤净硝态氮产生量相对较高，导致喀斯特森林土壤硝态氮累积，尤其是在不下雨的时候。由于硝态氮易随水流失，土壤中硝态氮浓度高往往伴随淋失量增大。我们的研究也发现喀斯特森林溪水和泉水中的硝态氮含量很高，浓度在 413±17 ~ 2187±165μg N L^{-1}（Wen et al., 2016），远高于其他被认为是氮饱和的热带森林（8 ~ 878μg N L^{-1}，均值为 212±236μg N L^{-1}）（Brookshire et al., 2012）。

我们的研究结果表明，非喀斯特森林氮循环处于相对保守封闭的状态，而喀斯特森林氮循环则是处于一个更开放的状态。有以下证据支持：第一，在受氮限制的生态系统中，铵态氮往往是无机氮主要的存在形式，当铵态氮有效性增加时，大量的铵态氮会经硝化作用转化成硝态氮（Schimel and Bennett, 2004；Davidson et al., 2007）。因此，硝态氮/铵态氮>1 可认为是土壤氮有效性高的重要指标（Davidson et al., 2007）。在我们的研究中，非喀斯特森林土壤的硝态氮/铵态氮与 1 相比没有显著差异，而喀斯特森林土壤的硝态氮/铵态氮则远远大于 1，说明非喀斯特森林是受氮限制，而喀斯特森林则是处于富氮状态。第二，初级硝化速率高而硝态氮固持速率低是氮饱和森林的典型特征（Tietema, 1998）。我们的研究中，非喀斯特森林土壤初级硝化速率低，而喀斯特森林土壤的初级硝化速率高而硝态氮固持速率低，表明喀斯特森林表现出明显的氮饱和特征。第三，有研究发现 GN：GAI 与硝态氮淋失呈正相关的，因此 GN：GAI 也被用来指示氮饱和程度（Murphy et al., 2003）。通常认为 GN：GAI 大于 1 往往意味着生态系统不受氮限制，而小于 1 则意味着缺氮（Murphy et al., 2003）。在我们的研究中，非喀斯特森林土壤的 GN：GAI 与 1 相比无显著差异，而喀斯特森林土壤的 GN：GAI 则远远大于 1。土壤 $\delta^{15}N$ 值较高也证实喀斯特森林土壤氮循环更开放，氮状况更好。在开放的氮循环中，通过微生物介导的氮流失过程如气态氮损失增加；由于微生物优先利用 ^{14}N 而不是 ^{15}N，微生物介导的氮流失越高，土壤氮库中 ^{15}N 越富集（Craine et al., 2015）。

三、结论

本研究表明喀斯特森林的初级氮矿化速率、初级硝化速率、硝态氮异化还原为铵速率以及微生物硝态氮固持速率都显著高于非喀斯特森林。非喀斯特森林土壤微生物铵态氮固持速率与初级氮矿化速率相当，使得铵态氮可被有效固持；同时产生的硝态氮能大部分经硝态氮异化还原为铵和微生物固持，导致净硝态氮产生量非常低。喀斯特森林则相反，其微生物对铵态氮的固持速率仅占初级氮矿化速率的一半左右，而且硝态氮固持能力非常低，导致喀斯特森林土壤硝态氮累积。喀斯特森林氮循环处于更开放状态，而非喀斯特森林氮循环则处于相对封闭和保守的状态。

第五节　喀斯特与非喀斯特森林土壤微生物氮利用效率及其主控因素

微生物是土壤生物地球化学循环的重要驱动者和调控者，在维持生态系统功能和调控生态系统生物地球化学循环方面具有重要作用。土壤微生物在酶的作用下将高分子有机氮裂解为含氮单体，使其能够直接吸收和同化有机氮化物，如寡肽、游离氨基酸和氨基糖（Hu et al.，2018）。当微生物吸收的有机氮超过其需求，则通过氮矿化将多余的氮素排放至土壤环境中。微生物氮利用效率（NUE）是微生物分配给生物合成（主要是生长）的有机氮占获得的氮（有机氮吸收）的比例（Mooshammer et al.，2014a）。

基于土壤化学计量学理论，当受氮素限制时微生物吸收的氮素首先用于满足自身生长需要，导致微生物的 NUE 较高。在氮素过剩或受碳限制的条件下，微生物吸收的氮素用于自身生长的比例较小，导致微生物 NUE 较低（Mooshammer et al.，2014a，2014b）。此外，较高的微生物 NUE 还反映了微生物对土壤氮素的固持能力，微生物分配有机氮来产生新的生物量可提高氮在土壤中的稳定性，通过微生物生长和死亡的重复过程，氮的持续周转累积的微生物残体也构成了生态系统氮固持的重要机制（Wild et al.，2017）。因此，对微生物 NUE 的深入了解将极大地提高对微生物如何影响土壤无机氮的有效性及微生物氮固持能力的认识。

目前基于微生物 NUE 如何响应环境变化的相关研究比较少。温度变化对微生物 NUE 的影响在不同环境下存在差异。有研究发现微生物 NUE 对温度变化的敏感性较弱（Fuchslueger et al.，2019），也有研究表明微生物 NUE 随温度升高而增加（Zhang et al.，2019）。长期的气候变暖还具有适度降低微生物 NUE 的作用，可能是由于温度升高缓解了微生物群落的氮限制（Wild et al.，2018）。除气温外，土壤水分和氧气含量的降低会抑制好氧菌活性与有机质分解，同样会降低微生物 NUE（Wild et al.，2018；Zhang et al.，2019）。土壤中长期尿素的添加通过提高细菌与真菌的比例和呼吸速率，导致 CUE：NUE 降低（Zhong et al.，2015）。尽管上述因素已被证明会随着土地利用方式、岩性的变化而变化，但从现有的研究来看微生物 NUE 在不同土地利用方式或不同基岩类型下并没有表现出较大的差异（Zhang et al.，2019）。土壤微生物 NUE 取决于代谢合成与代谢分解的平衡关系，两者对土壤环境变化的响应现阶段还没有被充分探讨。综上所述，目前对微生物NUE 等关键生理参数如何影响土壤氮转化过程以及微生物 NUE 的主控因素的研究尚不全面，对于微生物氮代谢过程如何影响土壤无机氮和微生物量的产生尚不明确，因此还需要进一步探究。

本研究在桂西北选择了一个喀斯特森林及其邻近的一个非喀斯特森林，在每一个森林选择三个样方，测定 0～10cm、10～20cm 及 20～40cm 三个土层的微生物生长速率和初级氮矿化速率，用以计算微生物氮利用效率；同步测定了微生物周转时间，将微生物生理参数结合土壤理化因子（表 7-1 和表 7-2）分析两个森林土壤微生物氮利用效率的主控因素。样地选取、采样及理化指标分析见本章第三节。实验方法及 NUE、微生物氮生长、微生物氮周转（Turnover time）、微生物氮吸收（N_{uptake}）计算见其他研究（Zhang et al.，2019；Yang et al.，2023）。

一、喀斯特与非喀斯特森林微生物氮代谢过程比较

双因素方差分析结果表明，森林类型显著（$P<0.05$）影响所有测定的微生物氮代谢参数；微生物氮吸收速率在土层之间差异显著；森林类型和土层对微生物周转时间有显著（$P<0.01$）交互作用。土壤微生物氮吸收速率、微生物生长速率和微生物 NUE 均表现为喀斯特森林显著高于非喀斯特森林，微生物周转时间则相反（图 7-8）。喀斯特森林土壤微生物氮吸收速率为 3.63±0.36mg N $kg^{-1}d^{-1}$，比非喀斯特森林土壤高出约 3 倍（1.12±0.32mg N $kg^{-1}d^{-1}$）。两个森林土壤之间微生物生长速率和微生物周转时间的差异更大（图 7-8）。喀斯特森林土壤微生物 NUE 为 0.41±0.05，比非喀斯特森林土壤（0.14±0.04）高出 1.93 倍。对于喀斯特森林，微生物周转时间随土层深度增加而降低，微生物氮吸收速率、微生物生长速率和微生物 NUE 在土层间没有显著差异（图 7-9）。对于非喀斯特森林，微生物 NUE 在土层间没有显著差异，微生物氮吸收速率和微生物生长速率随土层深度增

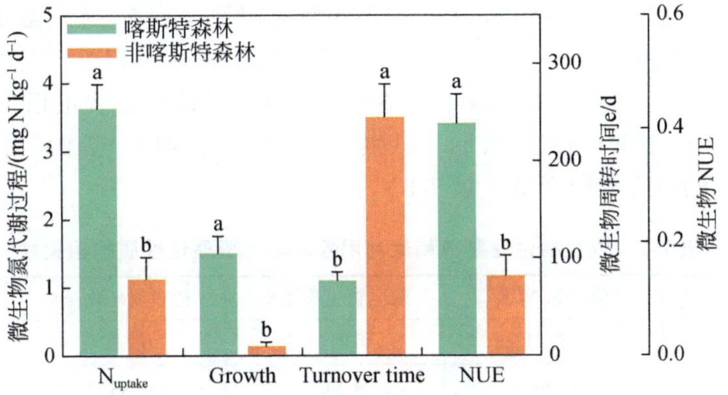

图 7-8　喀斯特和非喀斯特森林土壤微生物氮吸收速率（N_{uptake}）、生长速率（Growth）、微生物周转时间（Turnover time）和微生物氮利用效率（NUE）

不同字母表示土壤微生物生理参数和微生物 NUE 在同一森林 3 个土层间的差异显著。

加而显著降低，微生物周转时间在 20 ~ 40cm 土层（375. 10±21. 05 d）显著高于 0 ~ 10cm 和 10 ~ 20cm 土层（图 7-9）。

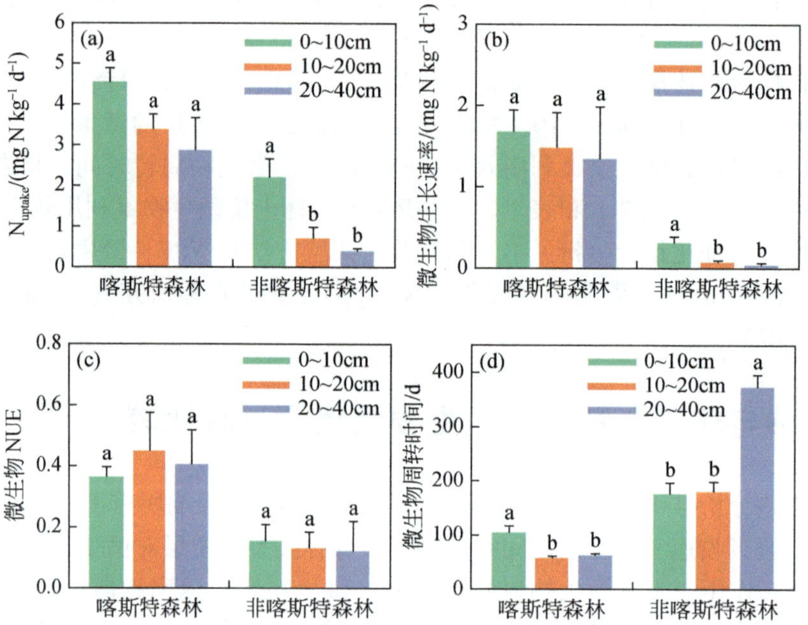

图 7-9　喀斯特和非喀斯特森林三个土层微生物氮吸收速率（N_{uptake}）、生长速率（Growth）、微生物周转时间（Turnover time）和微生物氮利用效率（NUE）

不同字母表示土壤微生物生理参数和微生物 NUE 在同一森林 3 个土层间的差异显著。

相关分析表明，微生物氮吸收速率和生长速率与土壤非生物因子和生物因子的关系表现出一致性，两者均与 pH、SOC、TN、MBC、MBN、交换性钙和镁离子和黏粒显著正相关，与 MBC：MBN 和粉粒含量显著负相关（表 7-7，图 7-10）。初级氮矿化速率与 pH、SOC、TN、MBC、MBN 和交换性钙和镁离子显著正相关（表 7-7）。微生物 NUE 与 pH、TN、MBN、碳氮比失衡程度、交换性钙和镁离子和黏粒显著正相关，与 MBC：MBN 和粉粒含量显著负相关，并与微生物氮吸收速率和微生物生长速率显著正相关（表 7-7，图 7-10）。多元线性逐步回归分析结果表明，微生物生长速率、MBC：MBN 和微生物氮吸收速率是微生物 NUE 的最强解释变量（表 7-8）。

表 7-7　微生物生理参数和氮利用效率与土壤理化性质的相关性

指标	微生物 NUE	微生物生长速率	初级氮矿化速率	微生物周转时间
pH	0. 72 **	0. 81 **	0. 69 **	0. 79 **
SOC	0. 34	0. 54 *	0. 85 **	0. 80 **
TN	0. 57 *	0. 75 **	0. 90 **	0. 92 **
SOC：TN	-0. 38	-0. 31	0. 02	-0. 12
MBC	0. 25	0. 50 *	0. 73 **	0. 68 **

续表

指标	微生物 NUE	微生物生长速率	初级氮矿化速率	微生物周转时间
MBN	0.72**	0.89**	0.77**	0.89**
MBC：MBN	−0.79**	−0.62**	−0.47	−0.57*
碳氮失衡程度	0.68**	0.43	0.03	−0.23
Ca	0.62**	0.83**	0.82**	0.89**
Mg	0.77**	0.90**	0.73**	0.87**
黏粒	0.58*	0.58*	0.27	0.43
粉粒	−0.64**	−0.64**	−0.35	−0.51*
砂粒	−0.34	−0.34	−0.02	−0.14

注：碳氮比失衡程度=（SOC：TN）：（MBC：MBN）。

*和**表示相关性分别在0.05和0.01水平上显著。

表 7-8　多元线性逐步回归显示生物和非生物指标对微生物 NUE 的解释度

解释变量	系数	部分 R^2	模型 R^2	P
微生物生长速率	1.154	0.86	0.80	<0.001
MBC：MBN	−0.394	0.69	0.62	<0.001
微生物氮吸收速率	−0.564	0.61	0.47	<0.001

二、喀斯特与非喀斯特森林微生物氮代谢过程影响因素分析

微生物生长和元素利用效率被认为是调节土壤养分循环的关键生理参数，因此微生物碳利用效率（CUE）和 NUE 对土壤有机质和养分循环至关重要（Mooshammer et al.，2014a）。质量平衡方程 $B_{C:N}=R_{C:N}$（CUE／NUE）表明，微生物 CUE、NUE 和生物量 C：N（$B_{C:N}$）是相互关联的，并且依赖于资源 C：N（$R_{C:N}$）（Mooshammer et al.，2014a）。基于生态化学计量学理论，微生物生物量 C：N 在很大程度上是维持稳态的（Cleveland and Liptzin，2007），而微生物资源 C：N 随着时空变化等因素在全球范围内呈现出巨大差异，因此微生物生物量 C：N 与资源 C：N 之间存在失衡。为了应对 C：N 失衡，微生物需要相应地调整其 NUE。在本研究中，微生物 NUE 和土壤有机质与微生物量之间碳氮失衡系数显著正相关，且喀斯特森林的碳氮比失衡系数显著高于非喀斯特森林。这表明相对于非喀斯特森林，喀斯特森林土壤微生物对氮的需求更迫切。因此，上述机理能部分解释喀斯特森林土壤微生物 NUE 显著高于非喀斯特森林。尽管微生物 NUE 对有机质与微生物量之间 C：N 的化学计量不平衡较为敏感，但研究表明土壤微生物能够通过调节碳或氮获取酶的产生以最大限度地获取受限制的元素，进而缓解这种不平衡（Mooshammer et al.，2014b）。此外，微生物群落的动态变化也可以缓解其生物量和底物之间的化学计量失衡，而不需要调整元素利用效率（Kaiser et al.，2014），因此，仅从化学计量理论的角度无法

解释两个森林土壤微生物 NUE 的差异。

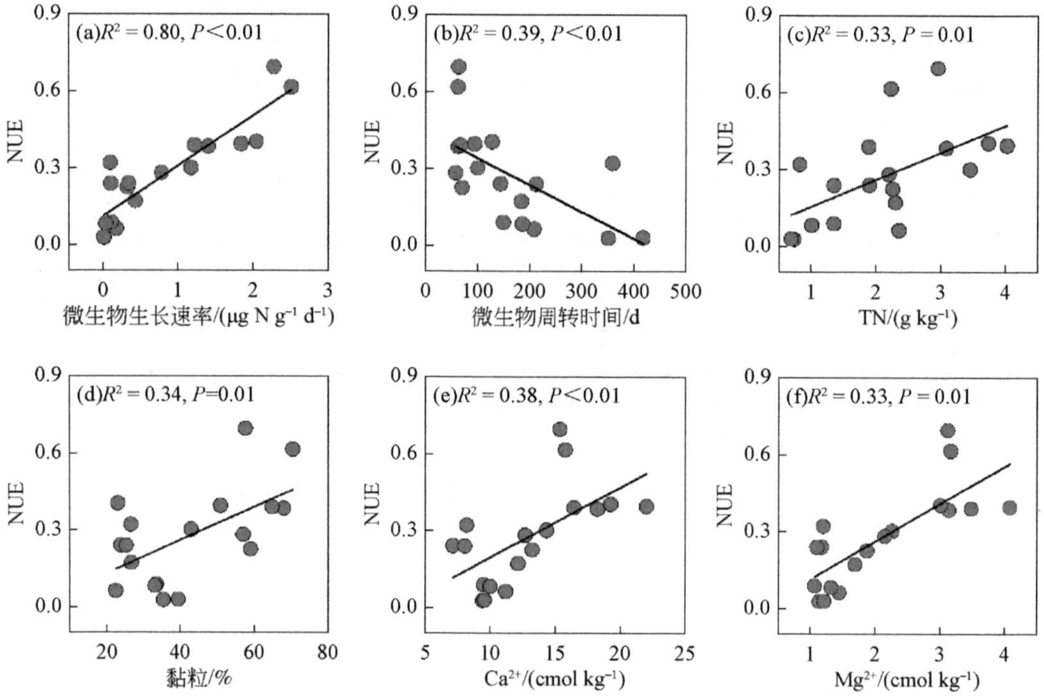

图 7-10　微生物氮利用效率（NUE）与微生物生理参数和理化性质的线性回归

微生物生长是微生物 NUE 的重要组成部分，它促进有机氮的同化，从而提高微生物生物量中氮的保存效率。多项研究表明，微生物生长速率对微生物 NUE 起到调控作用（Zhang et al.，2019；Li et al.，2021）。本研究表明微生物生长速率是两个森林土壤微生物 NUE 差异的最强解释因子，其在逐步回归分析中能够单独解释微生物 NUE 变异的 80%。因此，微生物生长速率可能是两个森林微生物 NUE 差异的主控因素。此外，微生物周转时间可以通过调控微生物生长速率进而对微生物 NUE 产生影响，因为与生长较慢的微生物相比，周转较快的微生物每单位时间对氮的需求更高，因此生长速率更快，微生物 NUE 相对更高（Kaiser et al.，2014）。本研究中，喀斯特森林土壤微生物周转时间显著少于非喀斯特森林，因此，较高的微生物周转速率也是喀斯特森林土壤微生物 NUE 较高的重要原因。

除土壤微生物生理参数对微生物 NUE 的调控外，两个森林理化性质的差异也对微生物 NUE 产生影响。在本研究中，土壤 pH 显著影响微生物 NUE 以及所有的微生物生理参数，微生物生长速率和土壤 pH 分别与交换性钙和镁离子显著正相关。研究表明，土壤 pH 受基岩离子的强烈影响，被认为是影响微生物群落组成和微生物生长速率的主要因素（Zhang et al.，2019）。因此喀斯特森林土壤的微生物 NUE 比非喀斯特森林土壤中的微生物 NUE 更高，可能是由于较高 pH 的土壤对微生物生长更有利，进而对微生物 NUE 产生影响，也间接反映了交换性钙和镁离子通过土壤 pH 对微生物 NUE 的影响。

三、结论

本研究发现喀斯特森林土壤微生物 NUE 显著高于非喀斯特森林，两个森林的微生物 NUE 在土层之间没有显著差异。微生物 NUE 与微生物的活动和生理密切相关。具体来说，微生物 NUE 与微生物生长速率和氮吸收速率显著正相关，与微生物周转时间显著负相关。此外，微生物 NUE 与资源 C∶N 和微生物量 C∶N 之间的失衡也呈正相关。土壤理化性质通过影响土壤微生物生理参数的变化来调节微生物 NUE。本研究表明，两个森林微生物 NUE 的差异主要由微生物生长速率驱动，仅靠化学计量理论的解释力度较小，此外，微生物 NUE 的变化对微生物氮矿化的影响不显著。

参考文献

Aber J D, Goodale C L, Ollinger S V, et al., 2003. Is nitrogen deposition altering the nitrogen status of northeastern forests? BioScience, 53 (4): 375-389.

Almaraz M, Porder S, 2016. Reviews and syntheses: measuring ecosystem nitrogen status-a comparison of proxies. Biogeosciences, 13 (18): 5395-5403.

Blackburn T H, 1997. Method for measuring rates of NH_4^+ turnover in anoxic marine sediments, using a ^{15}N-NH_4^+ dilution technique. Applied and Environmental Microbiology, 37 (4): 760-765.

Booth M S, Stark J M, Rastetter E, 2005. Controls on nitrogen cycling in terrestrial ecosystems: A synthetic analysis of literature data. Ecological Monographs, 75 (2): 139-157.

Brookshire E, Gerber S, Menge D N, et al., 2012. Large losses of inorganic nitrogen from tropical rainforests suggest a lack of nitrogen limitation. Ecology Letters, 15 (1): 9-16.

Burton J, Chen C, Xu Z, et al., 2007. Gross nitrogen transformations in adjacent native and plantation forests of subtropical Australia. Soil Biology and Biochemistry, 39 (2): 426-433.

Butterbach-Bahl K, Gundersen P, Ambus P, et al., 2011. Nitrogen Processes in Terrestrial Ecosystems, The European Nitrogen Assessment: Sources, Effects and Policy Perspectives. Cambridge: Cambridge University Press.

Chen H, Zhang W, Wang K, et al., 2012. Soil organic carbon and total nitrogen as affected by land use types in karst and non-karst areas of northwest Guangxi, China. Journal of the Science of Food and Agriculture, 92 (5): 1086-1093.

Chen H, Li D, Xiao K, et al., 2018. Soil microbial processes and resource limitation in karst and non-karst forests. Functional Ecology, 32 (5): 1400-1409.

Cheng Y, Wang J, Mary B, et al., 2013. Soil pH has contrasting effects on gross and net nitrogenmineralizations in adjacent forest and grassland soils in central Alberta, Canada. Soil Biology and Biochemistry, 57: 848-857.

Cleveland CC, Liptzin D J B, 2007. C∶N∶P stoichiometry in soil: is there a "Redfield ratio" for the microbial biomass? Biogeochemistry, 85 (3): 235-252.

Cotrufo M F, Ranalli M G, Haddix M L, et al., 2019. Soil carbon storage informed by particulate and mineral-associated organic matter. Nature Geoscience, 12 (12): 989-994.

Craine J M, Brookshire E, Cramer M D, et al., 2015. Ecological interpretations of nitrogen isotope ratios of terrestrial plants and soils. Plant and Soil, 396: 1-26.

Daly A B, Jilling A, Bowles T M, et al., 2021. A holistic framework integrating plant- microbe- mineral regulation of soil bioavailable nitrogen. Biogeochemistry, 154: 211-229.

Davidson E A, de Carvalho C J R, Figueira A M, et al., 2007. Recuperation of nitrogen cycling in Amazonian forests following agricultural abandonment. Nature, 447 (7147): 995-998.

Davidsson T E, Ståhl M, 2000. The influence of organic carbon on nitrogen transformations in five wetland soils. Soil Science Society of America Journal, 64 (3): 1129-1136.

Elrys A S, Ali A, Zhang H, et al., 2021a. Patterns and drivers of global gross nitrogen mineralization in soils. Global Change Biology, 27 (22): 5950-5962.

Elrys A S, Wang J, Metwally M A S, et al., 2021b. Global gross nitrification rates are dominantly driven by soil carbon-to-nitrogen stoichiometry and total nitrogen. Global Change Biology, 27 (24): 6512-6524.

Farrell M, Prendergast-Miller M, Jones D L, et al., 2014. Soil microbial organic nitrogen uptake is regulated by carbon availability. Soil Biology and Biochemistry, 77: 261-267.

Fuchslueger L, Wild B, Mooshammer M, et al., 2019. Microbial carbon and nitrogen cycling responses to drought and temperature in differently managed mountain grasslands. Soil Biology & Biochemistry, 135: 144-153.

Geisseler D, Horwath W R, Joergensen R G, et al., 2010. Pathways of nitrogen utilization by soil microorganisms - A review. Soil Biology and Biochemistry, 42 (12): 2058-2067.

Greenfield L M, Hill P W, Seaton F M, et al., 2020. Is soluble proteinmineralisation and protease activity in soil regulated by supply or demand? Soil Biology and Biochemistry, 150: 108007.

Haynes C A, Norde W, 1994. Globular proteins at solid/liquid interfaces. Colloids and Surfaces B: Biointerfaces, 2 (6): 517-566.

Hu Y, Zheng Q, Zhang S, et al., 2018. Significant release and microbial utilization of amino sugars and D-amino acid enantiomers from microbial cell wall decomposition in soils. Soil Biology and Biochemistry, 123: 115-125.

Hu Y, Zheng Q, Noll L, et al., 2020. Direct measurement of thein situ decomposition of microbial-derived soil organic matter. Soil Biology and Biochemistry, 141: 107660.

Huygens D, Boeckx P, Templer P, et al., 2008. Mechanisms for retention of bioavailable nitrogen in volcanic rainforest soils. Nature Geoscience, 1 (8): 543-548.

Jan M T, Roberts P, Tonheim S K, et al., 2009. Protein breakdown represents a major bottleneck in nitrogen cycling in grassland soils. Soil Biology and Biochemistry, 41 (11): 2272-2282.

Jiang Z, Lian Y, Qin X, 2014. Rocky desertification in southwest China: Impacts, causes, and restoration. Earth-Science Reviews, 132: 1-12.

Kaiser C, Franklin O, Dieckmann U, et al., 2014. Microbial community dynamics alleviate stoichiometric constraints during litter decay. Ecology Letters, 17 (6): 680-690.

Kirkham D O N, Bartholomew W V, 1954. Equations for following nutrient transformations in soil, utilizing tracer data. Soil Science Society of America Journal, 18 (1): 33-34.

Kleber M, Sollins P, Sutton R, 2007. A conceptual model of organo-mineral interactions in soils: self-assembly of organic molecular fragments into zonal structures on mineral surfaces. Biogeochemistry, 85 (1): 9-24.

Li D, Niu S, Luo Y, 2012. Global patterns of the dynamics of soil carbon and nitrogen stocks following afforestation: a meta-analysis. New Phytologist, 195 (1): 172-181.

Li D, Wen L, Yang L, et al., 2017a. Dynamics of soil organic carbon and nitrogen following agricultural abandonment in a karst region. Journal of Geophysical Research-Biogeosciences, 122 (1): 230-242.

Li D, Yang Y, Chen H, et al., 2017b. Soil gross nitrogen transformations in typical karst andnonkarst forests, southwest China. Journal of Geophysical Research-Biogeosciences, 122 (11): 2831-2840.

Li J, Sang C, Yang J, et al., 2021. Stoichiometric imbalance and microbial community regulate microbial elements use efficiencies under nitrogen addition. Soil Biology and Biochemistry, 156: 108207.

Mary B, Recous S, Robin D, 1998. A model for calculating nitrogen fluxes in soil using ^{15}N tracing. Soil Biology and Biochemistry, 30 (14): 1963-1979.

Minick K, Pandey C, Fox T, et al., 2016. Dissimilatory nitrate reduction to ammonium and N_2O flux: effect of soil redox potential and N fertilization in loblolly pine forests. Biology and Fertility of Soils, 52: 601-614.

Mooshammer M, Wanek W, Hämmerle I, et al., 2014a. Adjustment of microbial nitrogen use efficiency to carbon: nitrogen imbalances regulates soil nitrogen cycling. Nature Communications, 5: 3694.

Mooshammer M, Wanek W, Zechmeister- Boltenstern S, et al., 2014b. Stoichiometric imbalances between terrestrial decomposer communities and their resources: mechanisms and implications of microbial adaptations to their resources. Frontiers in Microbiology, 5: 22.

Müller C, Stevens R J, Laughlin R J, 2004. A ^{15}N tracing model to analyse N transformations in old grassland soil. Soil Biology and Biochemistry, 36 (4): 619-632.

Müller C, Rütting T, Kattge J, et al., 2007. Estimation of parameters in complex ^{15}N tracing models by Monte Carlo sampling. Soil Biology and Biochemistry, 39 (3): 715-726.

Murphy D, Recous S, Stockdale E, et al., 2003. Gross nitrogen fluxes in soil: theory, measurement and application of ^{15}N pool dilution techniques. Advances in Agronomy, 79 (69): e118.

Newcomb C J, Qafoku N P, Grate J W, et al., 2017. Developing a molecular picture of soil organic matter-mineral interactions by quantifying organo-mineral binding. Nature Communications, 8 (1): 396.

Noll L, Zhang S, Wanek W, 2019a. Novel high-throughput approach to determine key processes of soil organic nitrogen cycling: Gross protein depolymerization and microbial amino acid uptake. Soil Biology and Biochemistry, 130: 73-81.

Noll L, Zhang S, Zheng Q, et al., 2019b. Wide- spread limitation of soil organic nitrogen transformations by substrate availability and not by extracellular enzyme content. Soil Biology and Biochemistry, 133: 37-49.

Pett-Ridge J, Silver W L, Firestone M K, 2006. Redox fluctuations frame microbial community impacts on N-cycling rates in a humid tropical forest soil. Biogeochemistry, 81: 95-110.

Prommer J, Wanek W, Hofhansl F, et al., 2014. Biochar decelerates soil organic nitrogen cycling but stimulates soil nitrification in a temperate arable field trial. PLoS One, 9 (1): e86388.

Rütting T, Boeckx P, Müller C, et al., 2011. Assessment of the importance of dissimilatory nitrate reduction to ammonium for the terrestrial nitrogen cycle. Biogeosciences, 8 (7): 1779-1791.

Rütting T, Cizungu Ntaboba L, Roobroeck D, et al., 2015. Leaky nitrogen cycle in pristine African montane rainforest soil. Global Biogeochemical Cycles, 29 (10): 1754-1762.

Schimel J P, Bennett J, 2004. Nitrogen mineralization: challenges of a changing paradigm. Ecology, 85 (3): 591-602.

Silver W L, Herman D J, Firestone M K, 2001. Dissimilatory nitrate reduction to ammonium in upland tropical forest soils. Ecology, 82 (9): 2410-2416.

Silver W L, Thompson A W, Reich A, et al., 2005. Nitrogen cycling in tropical plantation forests: potential controls on nitrogen retention. Ecological Applications, 15 (5): 1604-1614.

Sotta E D, Corre M D, Veldkamp E, 2008. Differing N status and N retention processes of soils under old-growth lowland forest in Eastern Amazonia, Caxiuanã, Brazil. Soil Biology and Biochemistry, 40 (3): 740-750.

Stark J M, Hart S C, 1997. High rates of nitrification and nitrate turnover in undisturbed coniferous forests.

Nature, 385 (6611): 61-64.

Templer P H, Silver W L, Pett-Ridge J, et al., 2008. Plant and microbial controls on nitrogen retention and loss in a humid tropical forest. Ecology, 89 (11): 3030-3040.

Tietema A, 1998. Microbial carbon and nitrogen dynamics in coniferous forest floor material collected along a European nitrogen deposition gradient. Forest Ecology and Management, 101 (1): 29-36.

Wanek W, Mooshammer M, Blöchl A, et al., 2010. Determination of gross rates of amino acid production and immobilization in decomposing leaf litter by a novel 15N isotope pool dilution technique. Soil Biology and Biochemistry, 42 (8): 1293-1302.

Wen L, Li D, Yang L, et al., 2016. Rapid recuperation of soil nitrogen following agricultural abandonment in a karst area, southwest China. Biogeochemistry, 129 (3): 341-354.

Wild B, Schnecker J, Bárta J, et al., 2013. Nitrogen dynamics in turbic cryosols from Siberia and Greenland. Soil Biology and Biochemistry, 67: 85-93.

Wild B, Schnecker J, Knoltsch A, et al., 2015. Microbial nitrogen dynamics in organic and mineral soil horizons along a latitudinal transect in western Siberia. Global Biogeochemical Cycles, 29 (5): 567-582.

Wild B, Alaei S, Bengtson P, et al., 2017. Short-term carbon input increases microbial nitrogen demand, but not microbial nitrogen mining, in a set of boreal forest soils. Biogeochemistry, 136 (3): 261-278.

Wild B, Ambus P, Reinsch S, et al., 2018. Resistance of soil protein depolymerization rates to eight years of elevated CO_2, warming, and summer drought in a temperate heathland. Biogeochemistry, 140 (3): 255-267.

Yang L, Luo P, Wen L, et al., 2016. Soil organic carbon accumulation during post-agricultural succession in a karst area, southwest China. Scientific Reports, 6: 37118.

Yang X, Duan P, Hicks L, et al., 2023. Mechanisms underlying the responses of microbial carbon and nitrogen use efficiencies to nitrogen addition are mediated bytopography in a subtropical forest. Science of the Total Environment, 880: 163236.

Zhang J, Zhu T, Cai Z, et al., 2011. Nitrogen cycling in forest soils across climate gradients in Eastern China. Plant and Soil, 342: 419-432.

Zhang J, Cai Z, Zhu T, et al., 2013. Mechanisms for the retention of inorganic N in acidic forest soils of southern China. Scientific Reports, 3 (1): 1-8.

Zhang J, Lan T, Müller C, et al., 2015. Dissimilatory nitrate reduction to ammonium (DNRA) plays an important role in soil nitrogen conservation in neutral and alkaline but not acidic rice soil. Journal of Soils and Sediments, 15 (3): 523-531.

Zhang S, Zheng Q, Noll L, et al., 2019. Environmental effects on soil microbial nitrogen use efficiency are controlled by allocation of organic nitrogen to microbial growth and regulate gross N mineralization. Soil Biology and Biochemistry, 135: 304-315.

Zhong Y, Yan W, Shangguan Z J S B, et al., 2015. Impact of long-term N additions upon coupling between soil microbial community structure and activity, and nutrient-use efficiencies. Soil Biology and Biochemistry, 91: 151-159.

Zhu T, Zeng S, Qin H, et al., 2016. Low nitrate retention capacity in calcareous soil under woodland in the karst region of southwestern China. Soil Biology and Biochemistry, 97: 99-101.

第八章 喀斯特地区土壤氮转化过程对土地利用变化的响应

第一节 引 言

氮（N）是构成蛋白质与核酸的物质基础，因此，一切生命体都需要氮素。对于多数陆地自然生态系统，氮是植物生长的主要限制性元素。植物生长所需的氮绝大多数通过根系从土壤中吸收。对于多数陆地自然生态系统，土壤氮素主要以大分子有机氮形态存在，植物不能直接吸收利用，而必须通过氮转化过程生成无机氮［主要为铵态氮（NH_4^+）和硝态氮（NO_3^-）］后才能被植物吸收利用（有些情况下植物也能直接吸收利用一部分小分子有机氮）。土壤中的氮转化过程极其复杂。总体来讲，土壤中的大分子有机氮首先需要经过胞外酶的解聚作用转变为小分子有机氮后微生物才能利用，进而经过矿化过程和硝化过程生成铵态氮和硝态氮。生成的无机氮可被植物根系吸收利用，但微生物也会与植物竞争性利用这些无机氮，包括铵态氮固持及硝态氮固持。此外，微生物也可通过硝氮异化还原为铵氮过程将硝态氮转化为氨态氮。上述土壤氮转化过程有些易导致氮流失（如矿化与硝化过程），有些则有助于氮固持（如微生物固持、硝氮异化还原为铵氮），因此，阐明氮转化过程有助于理解土壤氮的固持与流失。同时，土壤初级氮转化过程中产生的无机氮是植物可利用氮素的最终来源，因此，揭示土壤初级氮转化过程有助于理解土壤氮状况及其随退耕后生态演替的变化特征，进而有助于评估或预测生态演替的方向与速率。此外，由于氮是多数陆地自然生态系统植物生长与生态系统固碳的限制性元素，通过测定土壤氮转化进而揭示土壤氮状况有助于预测不同生态系统结构、功能和过程对全球变化响应的差异。

第二节 西南喀斯特地区退耕后土壤净氮转化过程随演替变化特征

目前关于土地利用方式变化如退耕后植被恢复对土壤氮素转化过程的影响已有不少报道。例如，Li 等（2014）发现净氮矿化和硝化速率随演替而下降，而氨化速率则不断增加；Yang 等（2016）发现氮净矿化速率在演替初期和后期较高，而在中期较低，而净硝化速率则呈现随演替进程增加的趋势，且不同季节之间变化趋势存在差异。生态系统类型、土壤母质和土壤类型是导致这些差异的主要原因。然而，目前的研究主要集中在酸性土壤区域，对中性偏碱性的喀斯特石灰土壤的氮素转化特征的认识还十分不足。此外，对氮转化速率的研究多数只关心净（或总）氮转化速率，对其具体的通路，如自养、异养硝化过程的研究缺乏深入了解。

本研究于 2014 年 7 月在桂西北环江县选择了喀斯特农田、草地、灌丛和次生林 4 种不同的植被恢复阶段。其中农田种植的是玉米。草地的恢复年限为 10 年左右，优势物种以五节芒（*Miscanthus floridulus*）、类芦（*Neyraudia reynaudiana*）等为主；灌丛封育年限为 15～20 年，主要优势种为火棘（*Pyracantha fortuneana*）、金丝桃（*Hypericum monogynum*）和小果蔷薇（*Rosa cymosa*）等。次生林封育年限为30 年以上，主要的优势种有伞花木（*Eurycorymbus cavaleriei*）、樟树（*Cinnamomum camphora*）、厚壳桂（*Cryptocarya chinensis*）等。每个植被恢复阶段建立 3 个 10m×10m 的样方，每个样方按 S 形布设 5 个样点，采集表层（0～10cm）矿质层土壤样品，并按样方混成一个混合土样。一部分新鲜样品用于土壤氮转化速率测定；另一部分经自然风干后用于土壤理化性质分析（表 8-1）。

表 8-1　不同植被恢复阶段下的土壤属性

指标	农田	草地	灌丛	次生林
SOC/($g\ kg^{-1}$)	36.07±1.72 ab	26.47±1.79b	33.31±3.35 ab	40.85±5.45a
TN/($g\ kg^{-1}$)	2.08±0.38b	2.27±0.22b	3.49±0.53a	3.64±0.20a
C∶N	17.79±3.74a	11.77±1.81a	9.61±0.63b	11.20±0.97 ab
硝氮/($mg\ kg^{-1}$)	9.5±0.9c	2.8±0.4d	18.2±0.6b	36.4±3.0a
铵氮/($mg\ kg^{-1}$)	2.2±1.0b	1.5±0.2c	5.7±0.3a	2.5±0.4b
K/($cmol\ kg^{-1}$)	0.23±0.07a	0.19±0.01a	0.29±0.08a	0.21±0.03a
Ca/($cmol\ kg^{-1}$)	12.91±2.23b	18.60±2.26a	18.39±2.31a	19.08±4.38a
Na/($cmol\ kg^{-1}$)	0.31±0.03a	0.34±0.04a	0.38±0.03a	0.33±0.02a
Mg/($cmol\ kg^{-1}$)	2.80±1.77b	2.04±0.10b	4.74±2.08 ab	6.27±1.52a
pH	6.66±0.30 ab	6.92±0.11a	6.36±0.16b	6.58±0.08 ab
黏粒/%	13.53±1.76 ab	15.95±1.02a	12.62±5.51 ab	10.92±0.64b
粉粒/%	77.43±3.52a	71.79±3.06a	74.46±0.56a	73.99±1.68a
砂粒/%	9.04±5.22a	12.26±2.07a	12.92±5.00a	15.09±2.16a
MBC/($mg\ kg^{-1}$)	288±8c	293±33 bc	365± 17b	836± 51a
MBN/($mg\ kg^{-1}$)	38±0.5c	58±10 bc	62±8b	198±16a
BG/($nmol\ g^{-1}\ h^{-1}$)	29.5±1.4c	43.6±2.6b	49.9±5.8b	86.1±11.8a
CBH/($nmol\ g^{-1}\ h^{-1}$)	4.3±0.7c	6.2±0.6c	10.2±2.5b	15.2±2.1a
LAP/($nmol\ g^{-1}\ h^{-1}$)	0.8±0.1c	1.1±0.3c	2.7±0.6b	3.4±0.9a
NAG/($nmol\ g^{-1}\ h^{-1}$)	11.2±1.5c	30.3±3.6 bc	26.4±3.1b	40.8±6.3a
脲酶/($nmol\ g^{-1}\ h^{-1}$)	135.4±8.0 ab	126.9±44.6b	183.7±12.0a	268.0±64.3a

注：表中数值为平均值±标准差；不同字母表示差异性显著；BG：β-D-葡糖苷酶；CBH：α-纤维素酶；LAP：L-亮氨酸氨基肽酶；NAG：β-N-乙酰葡糖胺糖苷酶。

一、土壤潜在净氮转化速率的测定方法

土壤潜在净氮转化速率的测定参考 Trap 等（2011）。具体步骤如下：将新鲜土样分为 A、B、C、D、E5 组。

A 组：称 5g 土测定土壤 NH_4^+ 和 NO_3^- 浓度，作为培养的初始值。

B 组：将 10g 土壤放入 250mL 培养瓶中，不添加任何物质。

C 组：将 10g 土壤放入 250mL 培养瓶中，添加纯度为 99% 的乙炔。乙炔的注入量为 2%（体积比），用以抑制微生物的自养硝化。

D 组：将 10g 土壤放入 250mL 培养瓶中，添加 2mL 的放线菌酮试剂，用以抑制土壤的真菌活动。

E 组：将 10g 土壤放入 250mL 培养瓶中，添加 2mL 的链霉素试剂，用以抑制土壤的细菌活动。

所有土壤样品，调节含水量至土壤最大持水率的 85%。用聚乙烯膜将 B ~ E 组的瓶口包扎。除 B 组的外，C ~ E 组在膜上扎 5 个小孔以保证透气性，然后将 B ~ E 组所有土壤置于 25℃培养室中培养 7d。培养期间，每隔两天调节一次含水率。培养结束后，加入 2mol L^{-1} KCl 溶液 100mL，于温度为 25℃的恒温振荡机内振荡 1h 后进行过滤，滤液用 AA3 连续流动分析仪（Fiastar 5000）测定土壤中的 NH_4^+ 和 NO_3^- 含量。土壤潜在净氮转化速率（mg N kg^{-1} d^{-1}）的计算如下（Trap et al.，2009）：

净氮矿化速率 = [（B 组的 NH_4^++NO_3^-）-（A 组的 NH_4^++NO_3^-）]/7d

净氨化率 = [（B 组的 NH_4^+）-（A 组的 NH_4^+）]/ 7d

净硝化率 = [（B 组的 NO_3^-）-（A 组的 NO_3^-）]/ 7d

自养硝化速率 = [（C 组的 NO_3^- 浓度）-（B 组的 NO_3^- 浓度）]/ 7d

异氧硝化速率 = 净硝化速率 - 自养硝化速率

细菌异氧硝化速率 = [（D 组的 NO_3^- 浓度）-（B 组的 NO_3^- 浓度）]/7d

真菌异氧硝化速率 = [（E 组的 NO_3^- 浓度）-（B 组的 NO_3^- 浓度）]/ 7d

细菌氨化速率 = [（D 组的 NH_4^+ 浓度）-（B 组的 NO_3^- 浓度）]/ 7d

真菌氨化速率 = [（E 组的 NH_4^+ 浓度）-（B 组的 NO_3^- 浓度）]/ 7d

二、土壤氮转化过程速率及其影响因素

四种喀斯特生态系统类型的土壤净氨化速率均较低，介于 -0. 16 ~ 0. 63mg N kg^{-1} d^{-1}（图 8-1）。方差分析结果表明，随着植被的恢复，土壤净氨化速率显著降低，甚至在次生林阶段表现为负值（图 8-1）。通过添加细菌和真菌抑制剂计算出来的细菌氨化（0. 37 ~ 3. 88mg N kg^{-1} d^{-1}）与真菌氨化速率（0. 11 ~ 3. 37mg N kg^{-1} d^{-1}）均高于总的净氨化速率（图 8-1）。细菌氨化速率在次生林阶段显著低于农田、草地和灌丛，而后三个阶段之间没有显著差异。真菌氨化速率表现出和细菌氨化速率一致的规律（图 8-1）。

四种喀斯特生态系统类型的土壤净硝化速率均较高，介于 1. 49 ~ 16. 94mg N kg^{-1} d^{-1}，

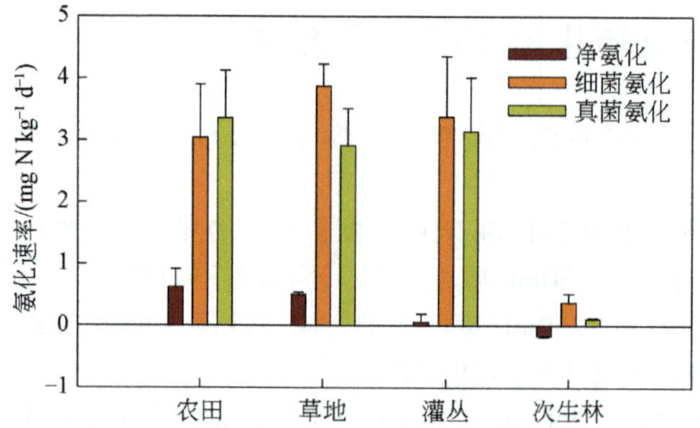

图 8-1　退耕后不同演替阶段对土壤的净氨化、细菌氨化与真菌氨化速率的影响

其中自养硝化（1. 24 ~13. 02mg N kg^{-1} d^{-1}）相比异养硝化（0. 25 ~3. 92mg N kg^{-1} d^{-1}）占到总净硝化速率比重的 76. 8%~83. 3%（图 8-2）。细菌硝化介于 0. 80 ~4. 46mg N kg^{-1} d^{-1}之间，平均约占净硝化速率的 41%；真菌硝化速率介于 1 ~6. 46mg N kg^{-1} d^{-1}之间，平均约占 59%（图 8-3）。以上几种硝化速率类型均表现为随着植被恢复不断增加的趋势，其中在草地最低，次生林最高。

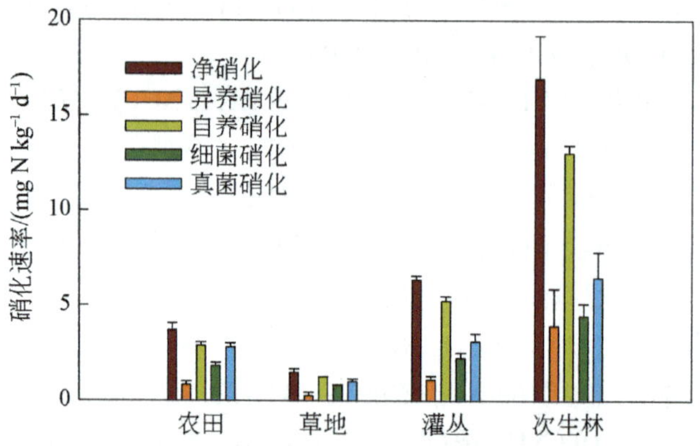

图 8-2　退耕后不同演替阶段对土壤的初级硝化、自养与异养硝化和真菌与细菌硝化速率的影响

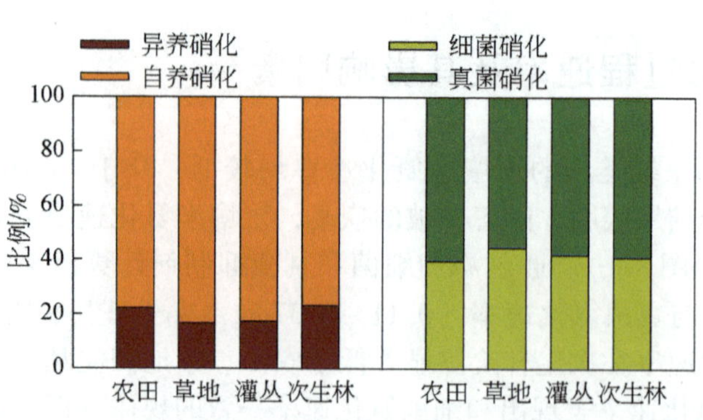

图 8-3　异养硝化、自养硝化、细菌硝化和真菌硝化占总净硝化的比例

土壤净氮矿化速率介于2.00～16.78mg N kg^{-1} d^{-1}，在次生林阶段显著高于农田、草地和灌丛（图8-4）。细菌氮矿化速率（0.37～3.88mg N kg^{-1} d^{-1}）与真菌氮矿化速率（0.11～3.37mg N kg^{-1} d^{-1}）也表现出相同的规律（图8-4）。细菌氮矿化速率（0.37～3.88mg N kg^{-1} d^{-1}）与真菌氮矿化速率（0.11～3.37mg N kg^{-1} d^{-1}）在处理间差异不明显（图8-4）。

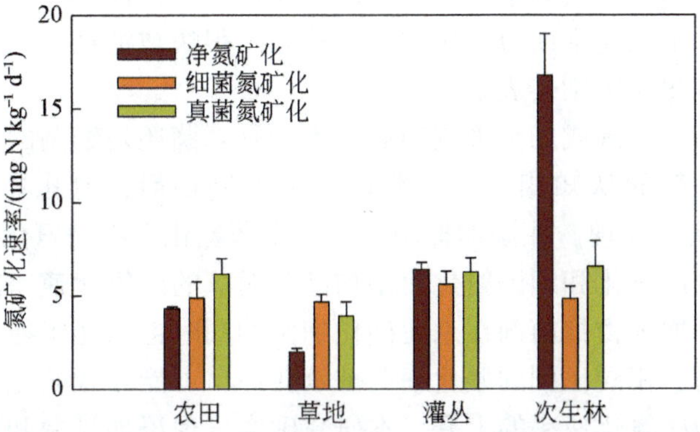

图8-4　退耕后不同演替阶段对土壤的初级氮矿化、细菌和真菌氮矿化速率的影响

相关性分析的结果显示，土壤氮转化速率与土壤有机碳、总氮、硝态氮的关系密切，而与土壤pH、碳氮比、铵态氮、土壤钾钙钠镁的含量无显著相关（表8-2）。其中，土壤有机碳与净氮矿化、真菌矿化、细菌矿化、净硝化、异养硝化、自养硝化、真菌硝化和细菌硝化速率呈显著正相关；土壤总氮与净氮矿化、真菌矿化、细菌矿化、净氨化、净硝化、异养硝化、自养硝化、真菌硝化和细菌硝化速率呈显著正相关；而土壤硝态氮与测定的所有氮转化速率均呈正相关。

表8-2　土壤氮转化速率与土壤属性的相关分析结果（*P*值）

氮转化	pH	有机碳 SOC	总氮 TN	碳氮比 C∶N	硝氮 NO_3^-	铵氮 NH_4^+	钾 K	钙 Ca	钠 Na	镁 Mg
净氮矿化	0.761	0.001	0.001	0.210	0.000	0.752	0.659	0.498	0.242	0.349
真菌矿化	0.488	0.001	0.002	0.116	0.000	0.315	0.557	0.839	0.200	0.229
细菌矿化	0.547	0.002	0.001	0.259	0.000	0.199	0.257	0.481	0.098	0.410
净氨化	0.536	0.128	0.032	0.906	0.004	0.556	0.217	0.236	0.419	0.197
真菌氨化	0.431	0.060	0.062	0.430	0.008	0.459	0.713	0.232	0.772	0.823
细菌氨化	0.966	0.078	0.128	0.280	0.005	0.441	0.725	0.745	0.896	0.194
净硝化	0.741	0.001	0.001	0.230	0.000	0.734	0.618	0.469	0.242	0.328
异养硝化	0.742	0.001	0.002	0.199	0.000	0.727	0.598	0.496	0.226	0.371
自养硝化	0.748	0.003	0.001	0.408	0.000	0.773	0.712	0.380	0.335	0.195
真菌硝化	0.719	0.000	0.001	0.122	0.000	0.532	0.551	0.620	0.249	0.287
细菌硝化	0.647	0.002	0.003	0.206	0.000	0.540	0.499	0.519	0.218	0.263

喀斯特钙质土壤的无机氮主要以硝态氮形式存在，而铵态氮所占比例很低（表8-1）。该结果与其他钙质土壤地区的研究一致（Zhu et al.，2016），而与酸性土壤的研究相反：一般酸性土壤中的无机氮以铵态氮为主（Xie et al.，2018；Zhu et al.，2016）。偏碱性的钙质土壤硝态氮含量高可能是由于其较高的硝化速率。一般认为，硝化作用在 pH<5 的时候很低，而随着土壤 pH 的升高硝化作用不断增加（Zhang et al.，2012b，2013b）。与此相符，本研究中喀斯特钙质土壤的硝化速率很高，相反，氨化速率非常低，甚至在次生林中表现出负值。较高的硝化速率使得氨化产生的铵态氮很快被消耗。当初级硝化速率超过了总氨化速率时，净氨化速率则会表现为负值。

研究发现在添加了真菌或细菌抑制剂后，无论是真菌还是细菌的氨化速率都比总的净氨化速率高。这和一般的认知相反。一般地添加抑制剂后，氨化速率都会下降。比如，Trap 等（2011）的研究发现，在添加抑制剂后，真菌氨化和细菌氨化速率均比净氨化速率低。导致本研究中真菌氨化和细菌氨化速率均高于对照的净氨化速率的原因还不清楚。我们推测可能是由于添加生物抑菌剂在杀死硝化细菌的同时也杀死了氨化细菌。由于喀斯特地区的硝化速率较高，相同比例的硝化细菌被杀死后，可能导致硝化速率下降，使得铵态氮累积，最终表现为净氨化速率的上升。本研究确实发现添加真菌和细菌抑制剂后，铵态氮增加了，但硝化速率和硝态氮浓度均下降（表8-1），这个结果支持了上述的解释。

研究还发现自养硝化相比异养硝化占更重要的地位。这和目前的认知是一致的。自养硝化细菌在低 pH 的环境中含量很低，所以一般认为在酸性土壤中自养硝化很弱，相反地，在中性或碱性土壤（pH=7～8），自养硝化速率达到最高（Zhang et al.，2011，2013b；Zhu et al.，2016）。此外，在喀斯特生态系统中细菌和真菌对硝化的贡献均较高，分别占41%和59%。之前的研究结果表明，喀斯特地区土壤的细菌约占总微生物量的11.3%～63.6%（宋敏等，2013），略低于真菌的比例。这部分支持了我们的结果。然而，进一步的研究有待揭示具体起作用的真菌与细菌种类及其作用机制。

随着农田退耕后演替土壤净氮矿化速率（包括其子通路）和净硝化速率（包括其子通路）会呈不断增加趋势，而净氨化作用（包括其子通路）不断下降。氮矿化速率和硝化速率随着农田退耕不断上升的规律与之前的研究一致。比如，刘欣等（2016）研究发现，即随着植被的正向演替（草地—灌丛—次生林—原生林），土壤氮净矿化速率、净硝化速率均呈增加趋势。然而，其测定的净氨化速率也呈现增加的趋势，这与我们的结果相反。目前关于喀斯特地区土壤氮素转化特征随农田退耕后演替变化的研究较少。因此，到底氨化速率随农田退耕后演替如何改变还需进一步的研究。

导致净氮矿化和硝化速率上升的原因可能与土壤属性的变化有关。一般认为土壤中的有机碳和氮的增加会导致初级氮矿化或者硝化的作用增加，因为其增加了微生物的能量和底物来源（刘欣等，2016）。本研究中土壤有机碳、总氮与净矿化和硝化速率有显著的正相关关系，说明土壤有机碳和氮含量的增加对土壤净矿化和硝化速率的上升有显著贡献。与我们的结果一致，刘欣等（2016）和周练川等（2009）也发现相似的结果。而本研究中净氨化作用下降则可能是由于初级硝化作用的上升幅度高过了总氨化作用，从而导致氨氮的生成赶不上其消耗，最终表现为净氨化作用的下降。虽然本研究并没有测定总氨化和初级硝化速率，但是相关分析显示，土壤净氨化与土壤硝态氮成显著的负相关关系。这个结果部分支持了上述解释。

三、结论

本研究表明喀斯特区土壤硝化作用强烈，导致土壤无机氮主要以硝态氮为主。喀斯特土壤硝化作用主要以自养硝化为主，真菌和细菌均对土壤硝化有重要贡献。随着植被恢复，土壤净氮矿化速率（包括其子通路）和净硝化速率（包括其子通路）从农田到森林不断增加，而净氨化作用（包括其子通路）不断下降。

第三节　西南喀斯特地区退耕后土壤初级氮转化过程随演替变化特征

热带和亚热带区退耕后自然演替进程中土壤氮状况变化的驱动机制尚不清楚。多数研究只关注土壤 TN 水平如何变化，仅有少数研究了其他土壤氮循环变量，如溶解态无机氮浓度（Davidson et al.，2007；Wen et al.，2016）。土壤铵态氮（NH_4^+）和硝态氮（NO_3^-）在退耕后演替进程中可能增加或减少（Davidson et al.，2007；Wen et al.，2016）。由于土壤 NH_4^+ 和 NO_3^- 在初级氮转化过程中同时会产生和消耗，因此，研究初级氮转化过程有助于揭示无机氮产生和消耗的过程机理，也有助于阐释演替过程中土壤 NH_4^+ 和 NO_3^- 的变化特征。例如，初级氮矿化是控制土壤氮有效性的关键过程，而初级硝化通常被视为反映土壤氮流失（如通过 NO_3^- 淋失还是通过气态氮排放）潜力的重要指标（Yang et al.，2017）。有限的证据表明，初级氮转化速率沿次生演替或造林后的模式并不一致（Scowcroft et al.，2004；Banning et al.，2008；Xie et al.，2018）。Banning 等（2008）通过对采伐后森林恢复时间序列的研究发现，初级氮矿化速率和 NH_4^+ 固定速率先升高后趋于平稳，但初级硝化速率和 NO_3^- 固定速率的变化规律不明显。在亚热带酸性土壤中，氮矿化、NH_4^+ 固定、NO_3^- 固定和异养硝化速率在造林后迅速增加，而自养硝化速率在造林后下降（Xie et al.，2018）。相反，在夏威夷的植树造林只显著提高了初级硝化速率，但对初级氮矿化速率、NH_4^+ 固定速率和 NO_3^- 固定速率没有显著影响（Scowcroft et al.，2004）。可见，初级氮转化速率在造林后如何变化取决于区域和氮循环过程。然而，有关退耕后初级氮转化过程如何沿次生演替序列变化仍认识欠缺。

本研究在桂西北喀斯特峰丛洼地选择了退耕演替序列，包括玉米–大豆轮作地（CR）、草地（GR）、灌丛（SH）和次生林（SF），其中玉米–大豆轮作地为参照。农田在退耕前种植年限超过 50 年，每年施氮量为 150kg N hm^{-2}。其他生态系统是由农田退耕后自然形成的。草地的优势物种以五节芒（*Miscanthus floridulus*）、类芦（*Neyraudia reynaudiana*）等为主；灌丛主要优势种为火棘（*Pyracantha fortuneana*）、金丝桃（*Hypericum monogynum*）和小果蔷薇（*Rosa cymosa*）等。次生林优势种有伞花木（*Eurycorymbus cavaleriei*）、樟树（*Cinnamomum camphora*）、厚壳桂（*Cryptocarya chinensis*）等。每一个阶段设置 3 个重复样地，每个样地规格为 20m×20m。采集土壤测定初级氮转化速率及土壤生物与非生物指标。土地利用历史通过询问当地的老年人来确定，因此退耕年限存在一定的不确定性。草地、灌木和次生林退耕年限分别约为4年、15年和30年。采用^{15}N同位素稀释法测定初级氮矿化（GNM）、初级硝化（GN）、硝态氮异化还原为铵（DNRA）、微生物对铵态氮固持（GAI）以及微生物对硝态氮固持（GNI）速率，初级氮转化速率的单位为mg N kg^{-1} d^{-1}。硝态氮总消耗速率（DNRA加GNI）与初级硝化速率的比值为硝态氮保留能力（NRC,%）的指标。净硝态氮产生速率（NNP）为初级硝化速率减去总硝态氮消耗速率，用作硝态氮淋失潜力的指标。L-亮氨酸氨基肽酶（LAP）和β-N-乙酰氨葡萄糖酶（NAG）的活性用96孔微孔板检测。非特异性蛋白酶活性采用Folin-Ciocalteu试剂比色法测定（Landi et al.，2011）。采用7天好氧培养法测定净氮矿化（NNM）和净硝化（NN）速率。

一、土壤性质与氮转化相关的胞外酶活性

土壤性质在四种植被类型中呈现出不同的变化模式（图8-5）。农田与草地的SOC和TN浓度无显著差异［图8-5（a）］。灌丛和森林的SOC和TN浓度显著高于农田和草地。四种植被类型的土壤C：N比值相似［图8-5（a）］。土壤NO_3^-浓度从农田到草地呈先下降后上升趋势，森林和灌丛显著大于农田［图8-5（b）］。灌木土壤NH_4^+浓度显著高于其

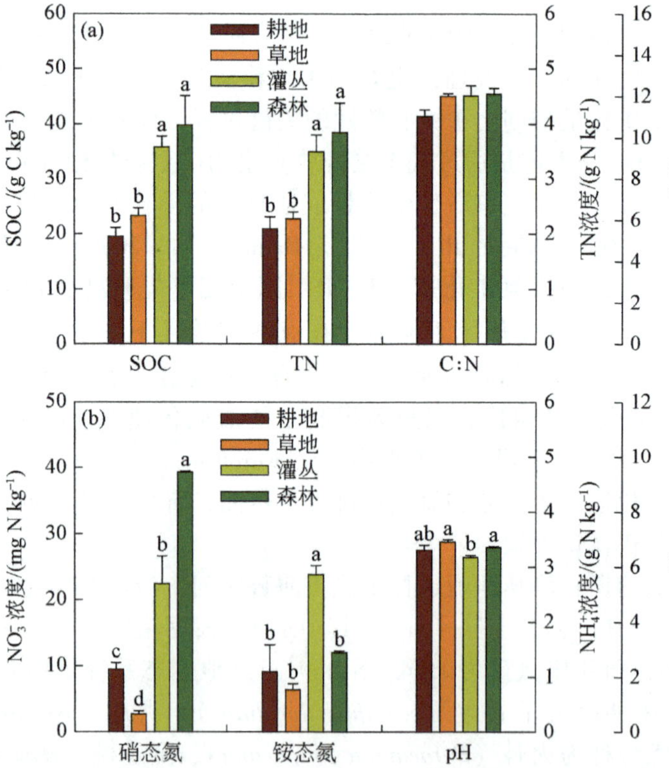

图8-5　退耕后演替进程中（a）土壤SOC浓度（$F_{3,12}=10.24$，$P=0.004$）、TN浓度（$F_{3,12}=6.79$，$P=0.014$）、C：N（$F_{3,12}=2.55$，$P=0.129$）和（b）土壤NO_3^-浓度（$F_{3,12}=57.32$，$P<0.001$）、NH_4^+浓度（$F_{3,12}=12.03$，$P=0.002$）、土壤pH（$F_{3,12}=4.78$，$P=0.034$）的变化特征

数据为平均数±标准误（$n=3$）。不同字母表示植被类型之间在$P<0.05$水平差异显著。

他演替阶段［图 8-5（b）］。灌丛土壤 pH 为 6.37±1.09，草地土壤 pH 为 6.92±0.06，接近中性。LAP 活性在灌丛最高，以农田最低（图 8-6）。三个退耕后演替阶段之间土壤 NAG 活性无显著差异，但均高于农田。蛋白酶活性从农田到森林呈线性增加（图 8-6），且与土壤 TN 浓度呈正相关（图 8-7）。

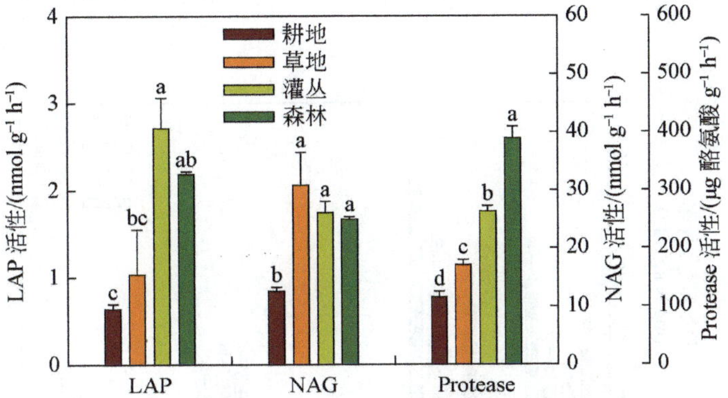

图 8-6　退耕后演替进程中土壤胞外酶活性变化特征

LAP，L-亮氨酸氨基肽酶（$F_{3,12}=9.57$，$P=0.005$）；NAG，β-N-乙酰氨基葡萄糖苷酶（$F_{3,12}=6.72$，$P=0.014$）；Protease，蛋白酶（$F_{3,12}=84.53$，$P<0.001$）。数据为平均数±标准误（$n=3$）。不同字母表示植被类型之间在 $P<0.05$ 水平差异显著。

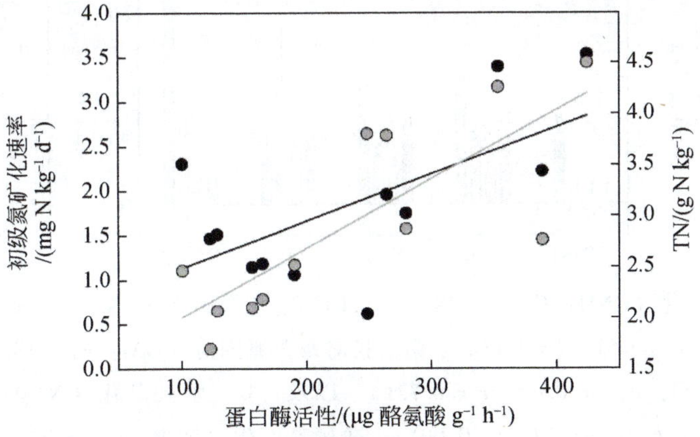

图 8-7　土壤蛋白酶活性与初级氮矿化速率（$R^2=0.41$，$P=0.024$）和土壤 TN（$R^2=0.63$，$P=0.002$）的相关性

二、退耕后演替进程中土壤氮转化速率变化特征

初级氮矿化速率从农田（1.76±0.27mg N kg^{-1} d^{-1}）到草地（1.13±0.04mg N kg^{-1} d^{-1}）显著降低，但从草地到森林（3.05±0.41mg N kg^{-1} d^{-1}）显著增加［图 8-8（a）］。初级氮矿化速率与土壤蛋白酶活性（图 8-7）、SOC 或 TN 浓度［图 8-9（a）］呈正相关。初级硝

化速率的变化方式与初级氮矿化相似，草地最低（1.25±0.18mg N kg^{-1} d^{-1}），森林最高（4.74±0.58mg N kg^{-1} d^{-1}）［图 8-8（a）］。初级硝化速率也与 SOC 或 TN 呈正相关［图 8-9（b）］。四种植被类型的 DNRA 和初级硝氮固定速率相似，平均值分别为 0.19±0.04mg N $kg^{-1}d^{-1}$和 0.54±0.25mg N kg^{-1} d^{-1} ［图 8-8（a）］。农田、草地和灌丛的初级氨氮固定速率相似（1.10～1.58mg N kg^{-1} d^{-1}），且显著高于森林（0.35±0.04mg N kg^{-1} d^{-1}）［图 8-8（a）］。

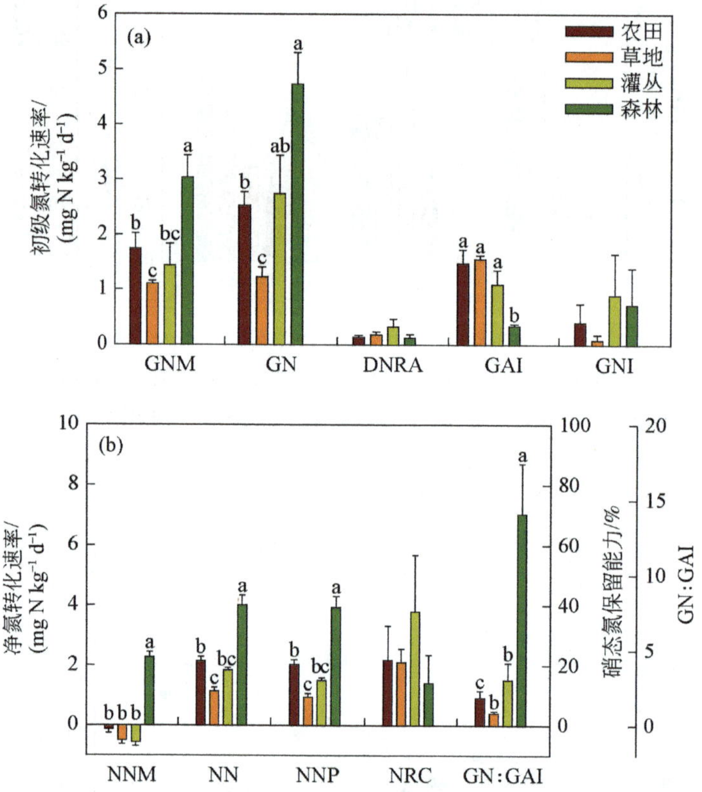

图 8-8 （a）初级氮矿化（GNM：$F_{3,12}$=6.78，P=0.014）、初级硝化（GN：$F_{3,12}$=5.35，P=0.026）、硝氮还原为铵（DNRA：$F_{3,12}$=51，P=0.132）、微生物对铵态氮固持（GAI：$F_{3,12}$=8.59，P =0.007）、微生物对硝氮固定（GNI：$F_{3,12}$=0.46，P=0.721），以及（b）净氮矿化（NNM：$F_{3,12}$=113.86，$P<0.001$）、净硝化（NN：$F_{3,12}$=41.17，$P<0.001$）、净硝氮产生（NNP：$F_{3,12}$=34.94，$P<0.001$）速率、硝态氮保留能力（NRC：$F_{3,12}$=0.66，P=0.598）和 GN：GAI（$F_{3,12}$=14.07，P=0.001）随退耕后演替变化特征

数据为平均值±标准误（n=3）。不同字母表示植被类型之间在 $P<0.05$ 水平差异显著。

净氮矿化速率在农田中与零无显著差异，在草地和灌丛低于零，以森林最高（2.27±0.17mg N kg^{-1} d^{-1}）［图 8-8（b）］。净硝化速率表现出与初级硝化速率相似的模式，森林最高（4.01±0.33mg N kg^{-1} d^{-1}），草地最低（1.16±0.12mg N kg^{-1} d^{-1}），净硝态氮产生速率表现出与净硝化速率相同的模式，即从农田到草地减少，但从草地到森林显著增加［图 8-8（b）］。森林的硝态氮净产生速率（4.19±0.51mg N kg^{-1} d^{-1}）是农田和灌丛的 2 倍多，是草地的 4 倍多。在硝态氮保留能力方面，四种植被类型间无显著差异，平均值为 23.8% ± 5.8% 。GN：GAI 表现出与初级硝化速率相似的规律，森林的值显著高于其他三种植被类型。草地的 GN：GAI 为 0.80±0.13，与 1 无显著差异，而农田、灌丛和森林的 GN：GAI 均显著大于 1。

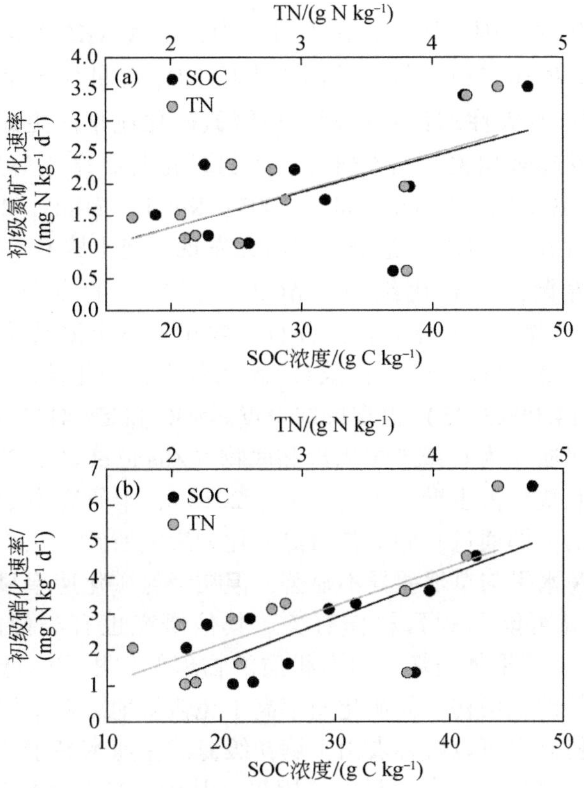

图 8 9　初级氮矿化速率与 SOC 浓度（R^2=0.37，P=0.034）和 TN（R^2=0.37，P=0.037）的相关性（a）、初级硝化速率与 SOC 浓度（R^2=0.54，P=0.007）和 TN 浓度（R^2=0.51，P=0.009）的相关性（b）

初级氮矿化速率的变化受 SOC 和 TN 浓度等土壤理化变量的驱动（Booth et al.，2005；Yang et al.，2017）。由于土壤有机氮库（大致相当于 TN）为负责氮矿化的微生物提供基质，经常发现土壤 TN 与初级氮矿化速率显著相关（Booth et al.，2005；Yang et al.，2017）。因此，TN 的增加可能是本研究中从草地向森林初级氮矿化速率增加的前提。此外，本研究中 SOC 浓度也与初级氮矿化速率显著相关，与其他研究一致［图 8-9（a）］（Booth et al.，2005）。潜在的机制是，参与初级氮矿化的微生物是异养微生物，依赖于易利用的 SOC 提供能量（Zhang et al.，2013b），而易利用的 SOC 通常是总 SOC 的一小部分（Wen et al.，2017）。因此，SOC 有效性的增加也有助于退耕后演替进程中初级氮矿化的增加。此外，碳和氮的循环过程紧密耦合（本研究中 SOC 和 TN 显著相关：R^2=0.98，P<0.001），氮与氮矿化速率显著相关也会导致 SOC 与氮矿化过程密切相关。强相关性也可

以部分解释初级氮矿化速率与 SOC 和 TN 均显著相关。

硝化速率受许多因素的影响，包括 SOC、TN、NH_4^+ 有效性、pH 和 C：N（Booth et al.，2005；Li et al.，2017a）。以往在西南喀斯特区的研究表明，初级硝化几乎完全由自养硝化贡献（即微生物通过好氧过程将 NH_4^+ 经过 NO_3^- 转化为 NO_2^- 的过程），其中 NH_4^+ 是底物（Zhu et al.，2016）。因此，在本研究中，NH_4^+ 有效性很可能是导致退耕后演替过程中初级硝化过程变化的原因。然而，在本研究中，土壤 NH_4^+ 含量与初级硝化没有显著的相关性（$R^2=0.04$，$P=0.54$）。可能是因为土壤 NH_4^+ 含量是产生和消耗多个过程之间的平衡，因此不是 NH_4^+ 有效性的良好指标。初级氮矿化速率能更好地反映 NH_4^+ 有效性，因此，经常与初级硝化显著相关。如本研究初级氮矿化与硝化速率显著相关（$R^2=0.85$，$P<0.001$），其他研究也类似（Booth et al.，2005；Kuroiwa et al.，2011）。硝化微生物和异养微生物之间可能存在对 NH_4^+ 的竞争。有研究发现，当土壤 C：N 大于 20～25 时，相对于同化 NH_4^+ 的异养菌，氨氧化细菌（AOB）对 NH_4^+ 的竞争较弱（Kuroiwa et al.，2011）。在本研究中，土壤 C：N 比较低，并且在农田和三个演替阶段之间的变化范围很窄（从 10.99±0.35 到 12.09±0.25）。在低 C：N 条件下，硝化菌对 NH_4^+ 的竞争更强，GN：GAI（0.80±0.13～14.09±3.33）也支持这一点。SOC 和 TN 对异养硝化有直接影响，因为异养微生物依赖有机质作为 C 或能量来源和底物（Zhang et al.，2015b）。然而，由于自养硝化在喀斯特生态系统中占主导（Zhu et al.，2016），本研究中 SOC 和 TN 对初级硝化的影响很可能是间接的，即通过它们对初级氮矿化的影响所致。

农田的 SOC 和 TN 水平与草地差异不显著，但初级氮矿化速率显著高于草地。农田土壤初级氮矿化速率较高可能与频繁耕作有关。其他研究也有类似的发现（Dong et al.，2012），即由于耕作导致团聚体破坏，对有机质的物理保护相应较低从而有机质更易被微生物获取，最终导致耕地土壤初级氮矿化速率高于免耕耕地。在本研究中，耕地每年翻耕两次。因此，同样的机制也可以解释农田土壤初级氮矿化速率高于草地。此外，氮肥可能是导致农田初级硝化速率相对较高的另一个因素，其中大部分初级硝化是由 AOB 进行的（Zhang et al.，2013b）。据报道，在农田土壤中，化肥施用可导致 AOB 丰度增加达 10 倍（Chu et al.，2008）。

总无机氮产生通量为氮消耗过程提供了基质，包括微生物氮固定（Sotta et al.，2008）。正因为如此，无机氮的产生速率与氮的固定速率常呈正相关（Booth et al.，2005）。如果这适用于本研究，那么总氮固定速率应该与初级氮矿化速率和硝化速率表现出相似的变化模式。总氮固定速率和氮产生速率的变化差异表明，其他因素可能起着重要作用。总铵态氮固定率与初级氮矿化呈负相关（$R^2=0.55$，$P<0.01$）。这可能是因为在退耕后演替过程中，随着土壤氮状况的增加，更多的 NH_4^+ 被硝化而不是被微生物固定。同样，四种植被类型间的总硝氮固定速率没有显著差异，可能是因为随着演替进程中氮状况的提升，产生的 NO_3^- 未被微生物有效固定。

DNRA 是一个通过将 NO_3^- 转化为流动性较差的氮形态（即 NH_4^+）以减少氮损失的过程（Rutting et al.，2011）。最近的证据表明，DNRA 可以在有氧和无氧条件下发生（Rutting et al.，2011；Yang et al.，2017）。然而，对 DNRA 变化的机制尚认识欠缺（Rutting et al.，2011；Minick et al.，2016）。氧化还原、SOC：NO_3^-、SOC 浓度和 pH 是影

响 DNRA 的主要因素（Silver et al.，2001；Rutting et al.，2011；Zhang et al.，2015a；Minick et al.，2016）。SOC：NO_3^- 已被认为是控制 DNRA 变化的关键因素，但已有的结果相互矛盾，因为在不同的研究中 SOC：NO_3^- 对 DNRA 的影响可能是促进、抑制或不显著（Minick et al.，2016）。在本研究中，DNRA 与 SOC：NO_3^-、SOC 或 NO_3^- 浓度之间没有显著的相关性，尽管 SOC 和 NO_3^- 浓度在相对较宽的范围内变化。这可能意味着 DNRA 不受 SOC 或 NO_3^- 浓度的限制，与其他一些研究相似（Silver et al.，2005；Sotta et al.，2008）。pH 对 DNRA 的影响也是相互矛盾（Rutting et al.，2011）。与一些研究类似（Zhang et al.，2015a；Rutting et al.，2011），本研究发现 DNRA 与土壤 pH 呈负相关，尽管土壤 pH 变化范围较窄（$R^2=0.37$，$P<0.05$）。这可能是因为 NO_2^- 还原和 NO_3^- 还原的最佳 pH 分别为 6.5 和 7.5 左右（Rutting et al.，2011），因此 pH 的降低可能会抑制 NO_2^- 和 NO_3^- 的还原。

在退耕后演替进程中，净氮矿化速率和硝化速率存在不同变化模式，如增加、减少或不变（Vitousek et al.，1989；Jussy et al.，2000；Erickson et al.，2001）。由于净氮矿化速率和硝化速率是无机氮产生和消耗之间的平衡，因此，净转化速率的不同模式只能从初级氮转化的角度来解释。在本研究中，净氮矿化和硝化速率的增加是由于在退耕后演替进程中，总无机氮产生速率增加而无机氮消耗速率（如 GAI）降低或无机氮消耗速率（如 DNRA 和 GNI）无明显变化。相对于 NO_3^- 消耗而言，有效的 NH_4^+ 消耗能很好解释为什么退耕后土壤 NH_4^+ 水平低而 NO_3^- 水平高。

三、多聚体有机氮解聚过程是土壤氮循环限速步骤的证据

有研究认为，胞外酶介导的多聚体有机氮解聚过程是土壤氮循环的限速步骤（Schimel and Bennett，2004）。然而，这一点很少有实测证据。在本研究测定的酶中，蛋白酶催化蛋白质中解聚为小分子量的多肽或氨基酸（Landi et al.，2011），而 NAG 在甲壳素和其他 β-1,4-氨基葡萄糖聚合物的降解中起重要作用（Sinsabaugh et al.，2008）。LAP 也是一种蛋白酶，负责从多肽的氮端水解亮氨酸和其他疏水氨基酸（Sinsabaugh et al.，2008）。在退耕后演替过程中，蛋白酶活性有所增加，但 NAG 和 LAP 活性变化不明显。初级氮矿化速率与蛋白酶活性显著相关，而与 NAG 或 LAP 活性无关，这表明蛋白质解聚是所研究的生态系统初级氮矿化的限速步骤。一方面，蛋白质是多聚体有机氮输入土壤的主要形式。另一方面，蛋白质水解细菌在土壤微生物群落中占主导地位，占土壤微生物总量的 22%~89%（Kumar et al.，2006）。有研究发现抑制蛋白酶表达可以减缓氮矿化（Kumar et al.，2006）。

蛋白质解聚可能是初级氮矿化的限速步骤，对退耕后演替进程中土壤 TN 累积具有重要意义。大部分进入土壤的凋落物氮是含氮聚合物，包括蛋白质、几丁质和肽聚糖，仅蛋白质就占植物和微生物细胞中总氮的 60% 以上（Geisseler et al.，2010）。如果输入的含氮聚合物都被快速解聚和矿化，它们可能通过无机氮，特别是 NO_3^- 淋失或在土壤氮转化过程中作为含氮气体而迅速损失。因此，无论有机氮的投入量如何，土壤 TN 累积速率都将非常低或可以忽略不计。因此，我们提出了以下机制用于解释土壤 TN 随演替的累积（图 8-10）。净初级生产力在次生演替进程中通常呈指数增长，直到达到最大值（Goulden et al.，

2011），导致凋落物输入相应增加。由于植物活体生物量和凋落物具有很强的 C、N 化学计量特征（McGroddy et al.，2004），植物体内储存和进入土壤的有机氮量也随之增加。土壤 TN（大致相当于土壤有机氮）与蛋白酶活性显著正相关表明仅有一定比例的土壤 TN 被解聚，即含氮聚合物的解聚受到限制。因此，正如本研究或我们之前的研究（Wen et al.，2016）所示，尽管在退耕后演替进程中有机氮矿化增加，但土壤 TN 也随演替进程而累积直至达到最大值。

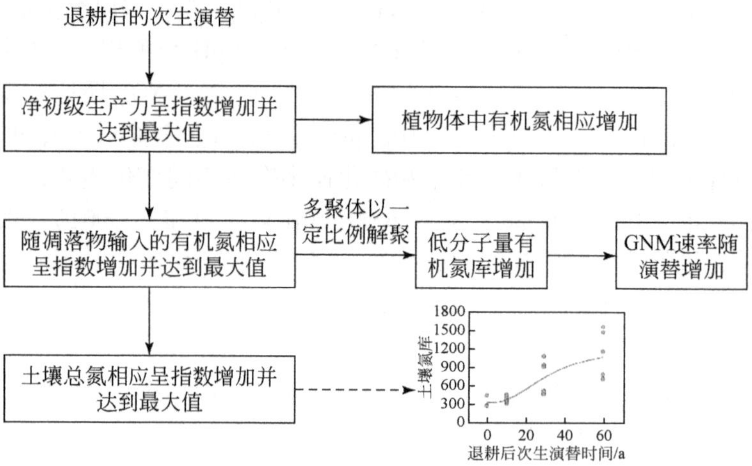

图 8-10　退耕后演替进程中土壤内部氮转化与氮累积关系示意图

四、退耕后演替进程中土壤氮状况变化特征

土壤内部氮转化对生态系统氮状况、氮保留和损失具有重大影响（Sotta et al.，2008；Yang et al.，2017）。就本研究而言，从草地到森林的净硝氮产生模式表明，在退耕后演替过程中，土壤 NO_3^- 的淋溶潜力增加。此外，GN：GAI 可以反映异养菌和硝化细菌之间对 NH_4^+ 竞争（Murphy et al.，2003）。当 GN：GAI 大于 1 时，意味着生态系统氮饱和，因为土壤 NH_4^+ 更容易转化为 NO_3^-，而不是被异养微生物同化（Murphy et al.，2003）。在本研究中，GN：GAI 从草地向森林呈增加趋势，这也证实了退耕后演替过程中氮循环逐渐变得更加开放。此外，草地的 GN：GAI 与 1 差异不显著，但灌丛和森林的 GN：GAI 显著高于 1，说明草地可能受氮限制，灌丛和森林则表现出氮饱和特征。这与之前基于其他证据的发现一致，包括叶片 N：P、土壤 NO_3^-：NH_4^+ 和土壤 ^{15}N 丰度（Zhang et al.，2015c；Wen et al.，2016；Xiao et al.，2018）。

五、结论

随着土壤有机碳和总氮水平的增加，初级氮矿化和硝化速率也随之增加。多聚体有机氮解聚可能是初级氮矿化的限速步骤。退耕后，多聚体有机氮解聚过程受限导致土壤总氮累积。在退耕后演替过程中，土壤氮循环逐渐变得更加开放。由于土壤氮有效性一定程度上决定着生态系统固碳（Li et al.，2012），退耕后演替进程中土壤氮状况变化模式表明，喀斯特退耕后土壤有效氮供应可以维持生态系统的长期固碳对氮的需求。

第四节　西南喀斯特地区土壤初级氮转化对三种植被恢复策略的响应

植被恢复过程中土壤氮有效性的动态变化常通过测量土壤全 TN 来评估，但其他土壤氮循环变量，特别是初级氮转化的研究相对较少。土壤 TN 不是氮有效性的直接指标，因为它主要由有机聚合态组成，不能被植物或微生物直接利用（Schimel and Bennett，2004；Geisseler et al.，2010）。检测到的土壤无机氮是被植物和微生物同化后产生的总无机氮的剩余物，因此无机氮和净氮转化的测量不能提供基于过程的土壤氮有效性机制。例如，土壤 NH_4^+ 含量低或净氮矿化率低可能是由于高初级氮矿化与高初级硝化作用的平衡所致。因此，有必要确定土壤初级氮转化，以揭示土壤氮有效性变化的机制（Yang et al.，2017）。有限的证据表明，无机氮含量和初级氮转化速率对植被恢复的响应模式不同（Scowcroft et al.，2004；Banning et al.，2008；Xie et al.，2018；Song et al.，2019）。例如，在亚热带酸性土壤中，随着初级氮矿化、无机氮固定化和异养硝化速率的增加，土壤 NH_4^+ 含量增加，NO_3^- 含量降低，但在农田造林后，自养硝化速率降低（Xie et al.，2018）。从亚热带钙质土壤的退耕后演替序列来看，NH_4^+ 含量无明显变化规律，NO_3^- 含量随演替而增加；初级氮矿化率和硝化率除初期降低外显著增加（Song et al.，2019）。然而，在相同的土壤条件下，初级氮转化对不同植被恢复策略如何响应的研究很少。

在过去的几十年中，国家先后在西南喀斯特区域实施了一系列植被恢复工程，多数退化的喀斯特土地得到了一定程度的恢复（Lu et al.，2018）。玉米（*Zea mays* Linn.）和大豆（*Glycine max*（Linn.））轮作系统是该地区典型的农业模式，但由于该模式涉及强烈的土壤干扰，被认为是导致喀斯特耕地水土流失的主要驱动因素，因此大部分已被转变为其他土地利用模式（Li et al.，2018b）。为了防止土地退化和维持农民收入，常采用种植经济树种或牧草恢复退化土地或取代玉米-大豆轮作模式（Xiao et al.，2017；Li et al.，2018b，2018c）。为了评估玉米地转变为其他土地利用类型后土壤初级氮转化速率的变化特征，本研究基于桂西北环江古周小流域植被恢复策略试验平台（见第五章）开展了研究。试验于 2002 年开始，采用完全随机区组设计，包括三个区组和四个处理，即玉米-大豆轮作地（CR）、种植香椿（TS）、种植桂牧 1 号牧草（GG）、桂牧 1 号牧草与任豆混种（ZG）（Li et al.，2021）。2017 年 5 月采集 0～15cm 矿质层土壤。初级氮转化速率测定见 Li 等（2021）。其他土壤理化指标见表 8-3。

表 8-3　不同恢复模式土壤理化性质（n=3；表层 0～15cm）

指标	CR	TS	GG	ZG
容重/(g cm^{-3})	1.37(0.04)a	1.03(0.09)b	1.36(0.01)a	1.17(0.02)ab
pH	6.50(0.02)	6.53(0.02)	6.59(0.06)	6.57(0.18)

续表

指标	CR	TS	GG	ZG
SOC/(g C kg^{-1})	10.26(0.79)c	23.11(1.21)a	15.06(0.35)b	16.03(0.26)b
TN/(g N kg^{-1})	1.22(0.07)c	2.35(0.12)a	1.40(0.09)c	1.89(0.02)b
C : N	9.85(0.37)b	11.49(0.05)a	12.64(0.84)a	9.90(0.04)b
Mg/(Cmol kg^{-1})	0.92(0.08)b	1.63(0.14)a	1.35(0.01)a	0.82(0.05)b
Ca/(Cmol kg^{-1})	10.11(0.72)b	17.03(2.37)a	13.43(2.01)ab	13.01(1.11)ab
MBC/(mg C kg^{-1})	182.04(17.15)c	407.66(13.48)a	330.39(49.76)ab	247.40(25.51)bc
MBN/(mg N kg^{-1})	29.52(2.75)c	56.59(2.76)a	47.19(6.47)ab	37.16(4.65)bc
MBC : MBN	7.19(0.14)c	8.42(0.15)a	8.13(0.14)ab	7.81(0.22)b
C : NO_3^-	0.76(0.01)b	1.78(0.24)a	0.80(0.13)b	1.66(0.12)a

注:数据为平均值和标准误。不同字母表示同一指标在不同土地利用类型之间差异显著。

一、植被恢复策略对初级氮矿化和硝化速率的影响

退耕后初级氮矿化速率显著提高（图8-11），TS、GG和ZG处理的氮矿化速率分别比农田（2.88±0.05mg N kg^{-1} d^{-1}）提高了124.0%、96.8%和60.3%，其中TS处理的氮矿化速率提高最为明显。初级硝化速率仅在TS处理中显著提高，比农田（4.05±0.03mg N kg^{-1} d^{-1}）高35.3%。逐步多元线性回归分析表明，初级氮矿化速率和硝化速率的最强解释变量是MBC，分别解释了两者变异的82%和66%（图8-12（a）（b），表8-4）。初级氮矿化速率受底物有效性、微生物群落丰度和结构变化的影响（Booth et al.，2005；Huygens et al.，2011）。土壤TN、SOC、MBC和MBN通常与初级氮矿化显著相关（Booth et al.，2005；Yang et al.，2017）。土壤TN主要由有机氮库组成，有机氮库是初级氮矿化的直接基质（Booth et al.，2005）。氮矿化是由异养生物进行的，因此，受SOC提供能量/碳源的

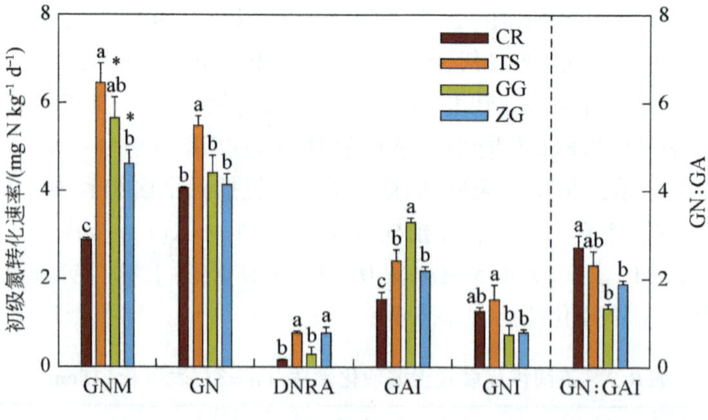

图8-11　三种植被恢复策略对土壤初级氮转化速率和GN：GAI的影响
数据为平均值±标准误（n=3）；不同字母表示四个处理间差异显著（P<0.05）。

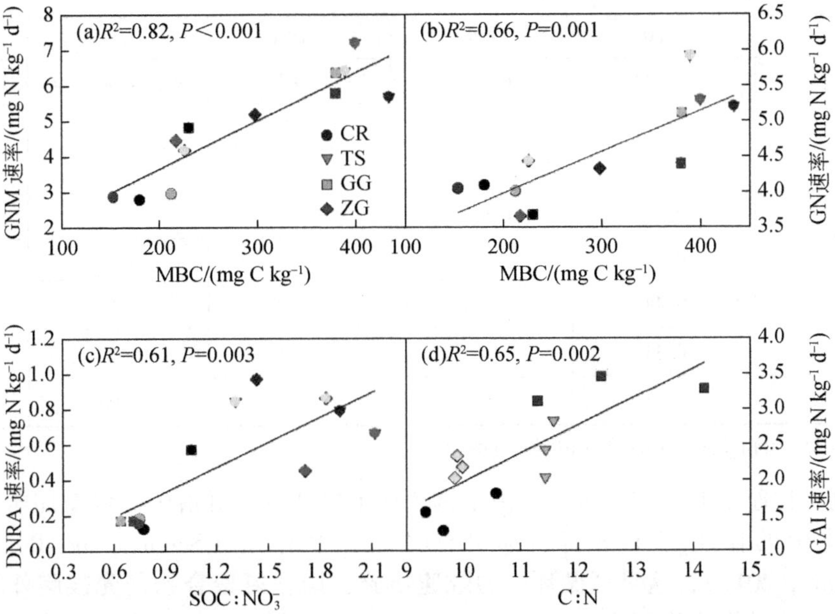

图 8-12　初级氮矿化（GNM）（a）、初级硝化（GN）（b）、NO_3^- 异化还原为 NH_4^+（DNRA）（c）和 NH_4^+ 固定（GAI）速率（d）与土壤生物、非生物因子的相关性分析

影响（Zhang et al.，2013b）。在自然和管理的生态系统中，SOC 有效性是限制微生物生物量和活性的主要因素（Huygens et al.，2011）。因此，常发现 SOC 与氮矿化之间呈显著正相关（Booth et al.，2005；Yang et al.，2017）。与其他研究一致，本研究中初级氮矿化速率也与 SOC 和 TN 呈显著正相关（表 8-5）。然而，多元线性回归分析表明，恢复策略引起的初级氮矿化速率变化主要由 MBC 解释（表 8-4）。这可能是因为微生物生物量代表了土壤微生物最容易利用的土壤有机质的部分，而 MBC 通常被视为土壤微生物活性的指标。因此，较高水平的 MBC 常伴随着较高的土壤有机质矿化速率，包括初级氮矿化速率。

表 8-4　初级氮矿化速率与土壤理化指标的逐步多元线性回归分析结果

指标	解释变量	系数	R^2	模型 R^2	P 值
GNM	MBC	0.01	0.82	0.82	<0.001
GN	MBC	0.01	0.66	0.66	0.001
DNRA	SOC : NO_3^-	0.47	0.61	0.61	0.003
GAI	C : N	0.40	0.65	0.65	0.002
GNI	—	—	—	—	—

表 8-5　土壤性质与初级氮矿化速率之间的 Pearson 相关系数（*R* 值）

指标	GNM	GN	DNRA	GAI	GNI
SOC	0.85 **	0.75 **	0.63 *	0.52	0.48

续表

指标	GNM	GN	DNRA	GAI	GNI
TN	0.71**	0.71*	0.70*	0.38	0.42
MBC	0.91**	0.72**	0.28	0.81**	0.29
MBN	0.88**	0.70*	0.29	0.81**	0.24
MBC：MBN	0.87**	0.59*	0.25	0.67*	0.46
C：N	0.56	0.21	0.03	0.47	0.25
NH_4^+	0.44	0.50	0.83**	0.17	0.27
NO_3^-	0.34	0.19	-0.56	0.62*	-0.01
SOC： NO_3^-	0.43	0.39	0.77**	0.06	0.27

*与**分别表示相关性在0.05和0.01水平上显著。

初级氮矿化速率的增加也可能是由于真菌在土壤微生物群落中优势增加所致。真菌在控制氮矿化中的作用与土壤有机质（SOM）解聚有关（Schimel and Bennett，2004；Huygens et al.，2011），这是氮循环中的限速步骤，即含氮聚合物需先被胞外酶解聚成小分子有机质才能被微生物利用（Schimel and Bennett，2004）。解聚含氮聚合物的胞外酶主要由真菌产生（Schimel and Bennett，2004）。因此，真菌丰度的增加可能通过为微生物提供更多的有机单体来促进初级氮矿化。前期基于MBC：MBN的研究表明，在植被恢复后，土壤微生物群落中真菌优势度逐渐增加（Li et al.，2018c）。真菌的C：N（5～17）高于细菌的C：N（约6.5），因此，MBC：MBN越高，说明土壤微生物群落中真菌优势度越高（Mooshammer，et al.，2014）。本研究中，MBC：MBN在不同处理之间表现出与初级氮矿化速率相似的模式，即真菌在三种恢复处理下更加占优势，特别是TS处理（表8-3），并且与初级氮矿化速率表现出很强的正相关（表8-5），说明真菌在土壤微生物群落中的优势度增加可能是导致植被恢复后初级氮矿化速率增加的重要原因。

本研究表明，与CR相比，初级硝化速率仅在TS处理显著增加。初级硝化包括异养和自养硝化过程，其相对重要性因土壤条件而异（Zhu et al.，2013，2016）。西南喀斯特地区初级硝化以自养硝化为主（Zhu et al.，2016）。因此，在本研究中，NH_4^+有效性应是导致初级硝化过程变化的主要原因。然而，在本研究中，初级硝化作用与NH_4^+之间的相关性并不显著（表8-5），可能是由于土壤NH_4^+产生和消耗过程中受到多个过程的影响。初级氮矿化速率可能是反映NH_4^+可利用水平更好的指标，与初级硝化速率密切关联，这一点为本研究（$R^2=0.43$，$P=0.02$，$N=12$）和其他研究（Booth et al.，2005；Li et al.，2017b）所证实。由于喀斯特生态系统中自养硝化作用在初级硝化中占主导地位（Zhu et al.，2016），因此，强烈影响初级氮矿化的因素也会影响初级硝化过程。

二、植被恢复策略影响DNRA的主控因素

TS和ZG处理下DNRA速率分别比CR（0.15 ± 0.02mg N kg^{-1} d^{-1}）高408.9%和406.7%，GG和CR两个处理的DNRA速率相当（图8-11）。DNRA对氮保持具有重要意

义，因为它将 NO_3^-（与 NH_4^+ 相比更容易淋失）转化为 NH_4^+（Rutting et al.，2011）。这表明 TS 和 GG 处理下由硝化过程产生的部分 NO_3^- 将通过 DNRA 过程被有效保留。DNRA 的变化可能与土壤 pH、SOC、TN、NH_4^+ 和 NO_3^- 等因素有关（Rutting et al.，2011；Minick et al.，2016；Yang et al.，2017）。在本研究中，SOC、TN、NH_4^+ 和 SOC：NO_3^- 与 DNRA 呈正相关（图 8-11，表 8-5），其中 SOC：NO_3^- 解释了 DNRA 变化的 61%［图 8-11（c），表 8-4］。DNRA 与 SOC 或 TN 之间的强相关性可能是因为 SOM 为进行 DNRA 的异养生物提供能量或碳源。TS 和 ZG 较高的 NH_4^+ 水平说明这两个处理下相当一部分土壤 NH_4^+ 来自于 DNRA。上述结果表明，SOC：NO_3^- 是影响植被恢复过程中 DNRA 变化的主要因子。SOC：NO_3^- 可用于评估 DNRA 是否受到 SOC 或 NO_3^- 供应的限制（Minick et al.，2016）。DNRA 与土壤 NO_3^- 的显著相关性表明，土壤 DNRA 受到 NO_3^- 的限制（Yang et al.，2017）。在本研究中，DNRA 与 SOC 和 SOC： NO_3^- 均呈强相关，但与 NO_3^- 不相关，表明 DNRA 受 SOC 供应的限制。

三、植被恢复策略对微生物氮固定的影响

GG 处理的 GAI 速率最高，TS 和 ZG 居中，CR 最低（1.54 ± 0.15mg N kg^{-1} d^{-1}）。TS 处理的 GNI 速率与 CR 相当（1.28 ± 0.07mg N kg^{-1} d^{-1}），但显著高于 GG 或 ZG 两个处理（图 8-11）。CR 处理的 GN：GAI 显著高于 GG 和 ZG，但与 TS 相当（图 8-11）。土壤 C：N 是初级 NH_4^+ 固定速率的最强解释因子，解释了变异的 65%［图 8-12（d），表 8-4］。然而，所测定的指标不能显著解释 GNI 速率的变异（表 8-4）。

土壤 C：N 是导致 GAI 对植被恢复策略差异化响应的主控因素，可能与土壤碳和氮的相对可利用性有关（Zechmeister-Boltenstern et al.，2015）。微生物生物量 C：N 通常在一个较小的范围内变化（Mooshammer et al.，2014；Zechmeister- Boltenstern et al.，2015）。土壤微生物根据其自身生物量与底物（即土壤有机质）之间 C：N 的差异调整其碳和氮利用效率，以保持体内元素稳态（Mooshammer et al.，2014；Zechmeister- Boltenstern et al.，2015）。当土壤 C：N 增加时，土壤微生物受氮限制程度增加，从而提高氮利用效率；反之则提高对碳的利用效率，以保持微生物体内元素的稳态（Zechmeister- Boltenstern et al.，2015）。在本研究中，GG 处理的土壤 C：N 明显高于 CR 和 ZG 处理（表 8-3），说明 GG 处理下土壤微生物受氮限制程度更高。GN：GAI 也支持这一观点，该比值越低，意味着氮状况越低，因此常被用作评估氮状况的指标（Li et al.，2017b）。GG 处理下 GN：GAI 显著低于 CR，说明植被恢复后 GG 处理下土壤微生物氮状况显著降低。一种可能是，由于 GG 处理没有氮肥施用，因此自然条件下的外源氮输入无法补充因植物生长和生物量收获而造成的氮损失。前期研究表明，GG 处理下土壤 TN 含量相对于 CR 没有显著增加，但 TS 或 ZG 处理下土壤 TN 含量明显高于 CR（Li et al.，2018c）（表 8-3）。由于较高的 C：N 意味着更高的微生物氮限制，理论上讲微生物固氮速率会随土壤 C：N 的增加而增加。然而，本研究只观察到土壤 C：N 与 GAI 之间显著相关，而与 GNI 没有显著的相关性。然而，有研究发现土壤 C：N 是造成林地和农田之间 GNI 差异的主要因素（Zhang et al.，

2013b)。事实上，GNI 与本研究中测量的任何土壤变量都无显著相关性（表 8-5）。植被恢复导致 GNI 动态变化的机制有待进一步研究。

四、植被恢复策略对土壤氮有效性的影响

植被恢复策略对土壤 NH_4^+ 和 NO_3^- 含量的影响存在差异（图 8-13）。TS 和 ZG 两个处理下土壤 NH_4^+ 含量分别比对照（10.21±0.29mg N kg^{-1}）高 65.2% 和 72.1%，但 GG 和 CR 两个处理之间土壤 NH_4^+ 含量相当（图 8-13）。TS 和 ZG 两个处理土壤 NO_3^- 含量相比对照（13.56±0.97mg N kg^{-1}）差异不显著，但 GG 处理比对照高 45.1%（图 8-13）。植被恢复对总无机氮（NH_4^+ 和 NO_3^- 之和）含量无显著影响，但 TS 处理的含量略高于 CR（$P<0.1$）。

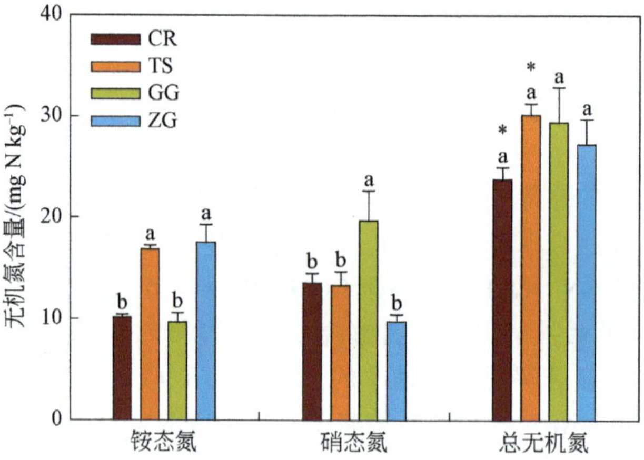

图 8-13　三种植被恢复策略对土壤铵态氮、硝态氮和总无机氮含量的影响

数据为平均值±标准误（$n=3$）；不同字母表示四个处理间差异显著（$P<0.05$）。

在氮有效性相对较高的条件下，如亚热带/热带生态系统，土壤 NH_4^+ 和 NO_3^- 是植物直接利用的主要氮形态（Schimel and Bennett，2004）。由于能提供无机氮的产生和消耗过程的信息，因此，对初级氮转化过程的研究有助于揭示土壤 NH_4^+ 和 NO_3^- 动态变化的机制。CR 处理下土壤 NH_4^+ 和 NO_3^- 水平较低的原因可能是因为无机氮的产生和消耗速率都较低。TS 和 ZG 处理下土壤 NH_4^+ 水平高于 CR 可能是因为前两个处理下初级氮矿化和 DNRA 速率均较高所致。尽管 GG 处理下土壤初级氮矿化速率也高于 CR，但是由于 GG 处理下土壤微生物对铵态氮固持速率较高，所以两个处理下土壤 NH_4^+ 水平相似。TS 处理下土壤初级硝化速率高于 CR 处理，但 TS 处理下 DNRA 速率较高且 GNI 速率较高，导致两个处理下土壤 NO_3^- 水平无显著差异。GG 处理下 DNRA 速率较低是该处理下土壤 NO_3^- 水平高于其他三个处理的主要原因。土壤 NH_4^+ 和 NO_3^- 含量对不同植被恢复策略的差异化响应导致不同处理之间土壤总无机氮水平相当。因此，如果将土壤总无机氮水平作为土壤氮有效性的指标，那么植被恢复 16 年后并没有显著提高土壤氮有效性。从植物氮吸收的角度，初级氮矿化常被视为比土壤无机氮或净氮转化速率更有用的土壤氮有效性指标，因为它对于评估

有机氮矿化产生的氮供应至关重要，即所谓本底氮供应能力（Yang et al.，2017）。基于初级氮矿化角度，植被恢复尤其是 TS 处理显著提高了土壤氮有效性。因此，考虑到碳和氮循环之间的紧密耦合，这三种恢复策略可以提高土壤氮有效性，从而有利于生态系统长期固碳。

五、结论

不同初级氮转化过程对三种恢复策略的响应存在差异。初级氮矿化速率在三种恢复策略，尤其是 TS 处理下均显著增加。MBC 是初级氮矿化速率和硝化速率变化的最强预测因子，而 SOC：NO_3^- 和 C：N 是解释 DNRA 和 GAI 随植被恢复变化的主控因素。从初级氮矿化速率来看，植被恢复显著提高了土壤氮有效性，特别是在 TS 恢复策略下提升效果最好。

第五节　桂西北喀斯特地区土壤初级氮转化对农田利用方式转变的响应

西南喀斯特山区传统上大面积种植玉米。然而，玉米-大豆轮作每年需要 2 ~ 3 次翻耕，是导致土地退化或石漠化的主要驱动因素之一。甘蔗和桑树种植为广西喀斯特区重要的保护性农业模式，在防控土地退化的同时能提高经济效益。为了提升喀斯特区土壤肥力，防止土地退化，近期提出以牧草种植-家畜饲养模式取代玉米-大豆轮作模式。然而，三种保护性农业模式在改善土壤肥力和减少 NO_3^- 淋失潜力的效果如何尚不清楚。

本研究在桂西北喀斯特峰丛洼地区按完全随机区组设计选取了玉米-大豆轮作地（对照）、蔗田、桑园和牧草地，测定了土壤初级氮转化速率，包括初级氮矿化（GNM）、初级硝化（GN）、硝态氮异化还原为铵（DNRA）、微生物对铵态氮固持（GAI）和微生物对硝氮固持（GNI）。共选取了 5 个区组（每个区组约 9 km^2），在每个区组内选取玉米-大豆轮作地、蔗田、桑园和牧草地，并分别建立样方，每个样方面积大于 400m^2。后三种土地利用类型由玉米-大豆轮作地转变而来，并已连续耕作 15 年左右。此外，还选择了附近 5 个成熟森林（>50 年）进行比较。所有样地均分布在洼地或下坡底。牧草地种植桂牧 1 号牧草。于 2016 年 10 月采集土壤测定初级氮转化速率以及土壤生物与非生物指标（Li et al.，2018a）。净硝态氮产生速率（NNP）为初级硝化速率和硝态氮消耗速率（DNRA+GNI）之间的差值。硝态氮固定潜力（NRC，%）= 硝态氮消耗速率（DNRA+GNI）/初级硝化速率×100%。

一、农田利用方式转变对土壤初级氮转化速率的影响

不同氮转化速率的模式不同（图 8-14）。甘蔗地（2.66±0.76mg N kg^{-1} d^{-1}）和桑园（3.52±0.76mg N kg^{-1} d^{-1}）的 GNM 速率最低，而玉米-大豆轮作地和牧草地的差异不显著。玉米-大豆轮作地、甘蔗地和桑园的 GN 速率相似，但牧草地的 GN 速率略高于或显著高于其他三种农田。GNM 和 GN 速率均以森林最高。DNRA 速率在几种土地利用类型间无

显著差异。桑园的 GAI 速率与甘蔗地相似，但显著低于玉米-大豆轮作地和牧草地。森林的 GAI 速率显著高于甘蔗地和桑园。牧草地和森林的 GNI 速率显著高于其他三种土地利用类型（图 8-14）。NNP 速率以森林最高，玉米-大豆轮作地和牧草地居中，甘蔗地和桑园最低（图 8-15）。五种土地利用类型之间 NRC 没有差异（图 8-15）。

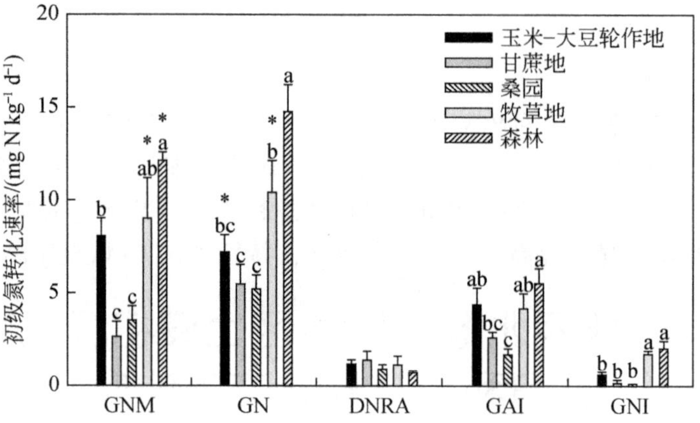

图 8-14　五种土地利用类型土壤初级氮转化速率比较

数据为平均值±标准误（n=5）。不同的字母表示五种土地利用类型之间的差异显著（$P<0.05$）。

* 表示在某个氮转化过程在两种土地利用类型之间在 $P<0.1$ 水平差异显著。

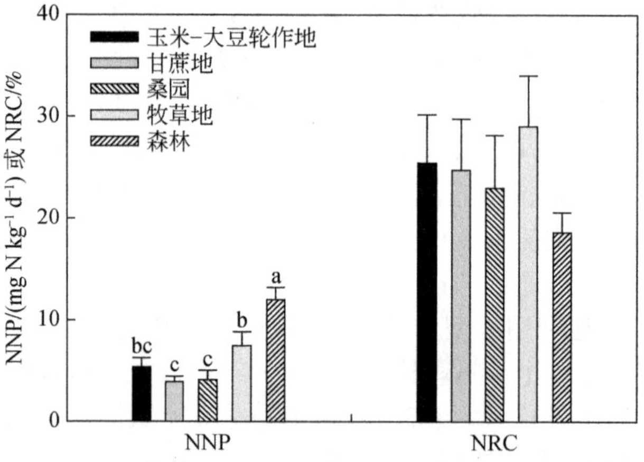

图 8-15　五种土地利用类型的硝态氮净产生（NNP）和硝态氮保持能力（NRC）

数据为平均值±标准误（n=5）。不同的字母表示五种土地利用类型之间的差异显著（$P<0.05$）。

以往有相当多的研究测定了农田和森林初级氮转化速率，但不同研究之间氮转化速率差异很大。本研究观察到的初级氮转化速率基本上在文献报道的范围内（表 8-6）。例如，农田土壤的 GNM 速率介于 0.5～10.0mg N kg^{-1} d^{-1}；中国亚热带森林土壤 GNM 速率介于 0.9～9.2mg N kg^{-1} d^{-1}，其他区域的热带/亚热带森林土壤 GNM 速率介于 1.1～13.9mg N kg^{-1} d^{-1}（表 8-6）。

表 8-6　热带/亚热带区域农田和森林土壤初级氮转化速率的范围

初级氮转化速率	范围/($mg\ N\ kg^{-1}\ d^{-1}$)	土地利用类型	地区	参考文献
GNM	0.5～10.0	农田	中国亚热带地区	Wan 等(2009); Zhang 等(2012a); Zhang 等(2013b); Zhang 等(2012b); Zhu 等(2011)
	0.9～9.2	森林	中国亚热带地区	Zhang 等(2013a); Zhang 等(2016); Zhang 等(2011); Zhu 等(2013); Zhu 等(2016)
	1.1～13.9	森林	其他热带/亚热带地区	Burton 等(2007); Rutting 等(2015); Silver 等(2001); Silver 等(2005); Sotta 等(2008); Templer 等(2008)
GAI	0～6.2	农田和森林	中国亚热带地区	Zhang 等(2013a); Zhang 等(2011); Zhu 等(2013); Zhu 等(2016); Zhu 等(2011)
GN	0.5～43.0	农田	中国亚热带地区	Wan 等(2009); Zhang 等(2012a); Zhang 等(2013b); Zhang 等(2012b); Zhu 等(2011)
	0.5～8.0	森林	中国亚热带地区	Zhang 等(2013a); Zhang 等(2016); Zhang 等(2011); Zhu 等(2013); Zhu 等(2016)

续表

初级氮转化速率	范围/($mg\ N\ kg^{-1}\ d^{-1}$)	土地利用类型	地区	参考文献
GN	0.3～8.0	森林	其他热带亚热带地区	Burton 等(2007); Rutting 等(2015); Silver 等(2001); Silver 等(2005); Sotta 等(2008); Templer 等(2008)
GNI	0～35.8	农田	中国亚热带地区	Zhang 等(2013b); Zhu 等(2011)
	0.2～1.8	森林	中国亚热带地区	Zhang 等(2013a); Zhang 等(2016); Zhang et al. (2013b); Zhu 等(2013); Zhu 等(2016)
	0.01～10.0	农田和森林	其他热带亚热带地区	Booth 等(2005)
DNRA	0～0.6	农田和森林	中国亚热带地区	Zhang 等(2013a); Zhang 等(2013b); Zhu 等(2013); Zhu 等(2016); Zhu 等(2011)
	0～2.89	农田和森林	其他热带/亚热带地区	Rutting 等(2011)

本研究不同土地利用类型之间初级氮转化速率的变化模式与之前的两项研究存在差异，这两项研究均是在区域尺度上开展的（Booth et al.，2005；Yang et al.，2017）。例如，本研究中甘蔗地和桑园的GNM速率最低，玉米-大豆轮作地和牧草地居中，森林的最高。然而，根据温带和北极地区的研究，GNM速率从草地、林地和农田依次降低（Booth et al.，2005）。在美国加州进行的一项研究也表明，草地的GNM速率高于森林（Yang et al.，2017）。本研究不同土地利用类型之间GN速率的变化模式，即森林最高，饲草地居中，其他三种土地利用类型最低，也与其他研究的结果不同（Booth et al.，2005；Yang et al.，2017）。例如，Booth等（2005）发现GN速率在土地利用类型之间没有显著差异；但Yang等（2017）的研究则表明草地的GN速率明显高于森林。本研究中不同土地利用类型之间GAI速率的变化格局与GNM相似，但Booth等（2005）的整合分析表明，GNI速率在草地和林地之间没有差异，在农田则最低。美国加州草地和森林之间的GAI和GNI速率均无显著差异（Yang et al.，2017）。可能的原因是其他两项研究中的

每种土地利用/植被类型都包含不同的子类型（Booth et al.，2005；Yang et al.，2017）。例如，草地下的类群包括城市草坪、一年生草地、树冠稀疏的栎树林、树冠密集的栎树林和雀木属为主的花园；森林下的类群包括针叶混交林、巨红杉、以黄松为主针叶混交林、红杉-道格拉斯冷杉林等（Yang et al.，2017）。如果优势物种不同，同样的土地利用/植被类型土壤初级氮转化速率可能存在明显的差异，这一点已为我们前期研究所证明（Li et al.，2017b）。

二、农田利用方式转变对土壤初级氮转化速率影响的主控因素

土壤容重以玉米-大豆轮作地、甘蔗地、桑园最高，牧草地居中，森林最低（表8-7）。土壤SOC、TN、C：N、MBC和MBN在不同土地利用类型之间的变化格局相似，即玉米-大豆轮作地、甘蔗地、桑园最低，牧草地居中，森林最高。森林土壤pH和交换性钙水平均高于甘蔗地和桑园。五种土地利用类型之间的NH_4^+浓度无显著差异。森林土壤交换性Mg和NO_3^-含量高于其他土地利用类型（表8-7）。除DNRA外，土壤氮转化速率与大部分土壤性质呈显著相关（表8-8），SOC、TN、MBC、MBN、pH、Ca和Mg与除DNRA外的氮转化速率呈显著正相关。NH_4^+浓度与氮素转化速率呈负相关。NO_3^-与GN、GNI呈正相关。路径分析表明，土壤性质对4种氮素转化的影响相似（表8-9，图8-16）。只有MBN对4种氮素转化有显著的直接影响。然而，交换性Mg、TN和SOC对四种氮转化过程有显著的间接影响（表8-9，图8-16）。

表8-7 不同土地利用方式下土壤性质

指标	玉米-大豆轮作地	甘蔗地	桑园	牧草地	森林
容重/($g\ cm^{-3}$)	1.31(0.02)a	1.27(0.06)ab	1.35(0.03)a	1.16(0.06)b	0.82(0.01)c
SOC/($g\ C\ kg^{-1}$)	14.14(1.51)c	17.56(1.77)c	16.47(1.46)c	29.42(3.45)b	60.41(5.36)a
TN/($g\ N\ kg^{-1}$)	1.70(0.13)c	1.90(0.11)c	2.01(0.17)c	2.58(0.26)b	3.79(0.19)a
C：N	9.68(0.63)c	10.76(0.69)c	9.58(0.38)c	13.27(0.49)b	18.47(0.71)a
pH/(1：2.5 H_2O)	7.03(0.56)ab	5.99(0.56)b	6.13(0.37)ab	7.15(0.46)ab	7.38(0.08)a
Ca/($cmol\ kg^{-1}$)	26.63(13.10)ab	7.46(2.02)b	10.65(3.36)b	45.56(13.16)a	37.52(2.50)a
Mg/($cmol\ kg^{-1}$)	1.81(0.38)b	0.81(0.17)b	1.27(0.37)b	1.49(0.34)b	11.24(1.65)a
MBC/($mg\ C\ kg^{-1}$)	529.42(93.95)c	549.08(115.39)c	454.50(74.84)c	1041.00(215.01)b	2405.80(228.21)a
MBN/($mg\ N\ kg^{-1}$)	37.72(4.95)c	33.36(6.76)c	37.27(5.67)c	91.14(22.97)b	175.40(17.01)a
NH_4^+/($mg\ N\ kg^{-1}$)	3.62(1.47)	2.94(0.75)	2.77(1.17)	2.37(0.73)	0.83(0.08)
NO_3^-/($mg\ N\ kg^{-1}$)	11.16(4.91)b	11.50(2.82)b	7.70(1.74)b	14.93(2.67)b	34.66(3.67)a

注：数值为平均值(括号内为标准误，n=5)。不同字母表示不同土地利用类型之间在P<0.05水平上差异显著。

表 8-8　土壤性质与氮素转化速率之间的皮尔逊相关系数

指标	GNM	GN	DNRA	GAI	GNI
SOC	0. 588 **	0. 791 **	0. 061	0. 461 **	0. 627 **
TN	0. 616 **	0. 777 **	0. 133	0. 493 **	0. 602 **
C : N	0. 560 **	0. 737 **	0. 043	0. 457 **	0. 586 **
MBC	0. 587 **	0. 742 **	0. 108	0. 429 **	0. 659 **
MBN	0. 615 **	0. 774 **	0. 152	0. 442 **	0. 659 **
pH	0. 690 **	0. 536 **	0. 195	0. 715 **	0. 378 **
Ca	0. 682 **	0. 505 **	0. 261	0. 613 **	0. 495 **
Mg	0. 544 **	0. 728 **	−0. 033	0. 472 **	0. 542 **
NH_4^+	−0. 314 *	−0. 426 **	−0. 013	−0. 308 *	−0. 256
NO_3^-	0. 188	0. 546 **	−0. 099	0. 137	0. 372 **

* 和 ** 分别表示在 $P<0.05$ 和 $P<0.01$ 水平显著相关。

表 8-9　土壤性质对总氮转化影响的路径分析结果

影响		Ca	Mg	TN	SOC	pH	MBN	MBC
初级氮矿化速率	直接	—	—	—	—	—	0. 72 **	−0. 11
	间接	0. 11	0. 46 **	0. 36 *	0. 57 **	0. 04	−0. 08	—
	总计	0. 11	0. 46 **	0. 36 *	0. 57 **	0. 04	0. 64 **	−0. 11
初级硝化速率	直接	—	—	—	—	—	0. 88 **	−0. 11
	间接	0. 13	0. 58 **	0. 46 *	0. 71 **	0. 04	−0. 08	—
	总计	0. 13	0. 58 **	0. 46 *	0. 71 **	0. 04	0. 80 **	−0. 11
初级铵态氮固定速率	直接	—	—	—	—	—	0. 43 *	0. 01
	间接	0. 08	0. 34 **	0. 27#	0. 41 *	0. 02	0. 01	—
	总计	0. 08	0. 34 **	0. 27#	0. 41 *	0. 02	0. 44 *	0. 01
初级硝态氮固定速率	直接	—	—	—	—	—	0. 34 *	0. 33
	间接	0. 11	0. 51 **	0. 41 **	0. 63 **	0. 03	0. 24	—
	总计	0. 11	0. 51 **	0. 41 **	0. 63 **	0. 03	0. 58 *	0. 33

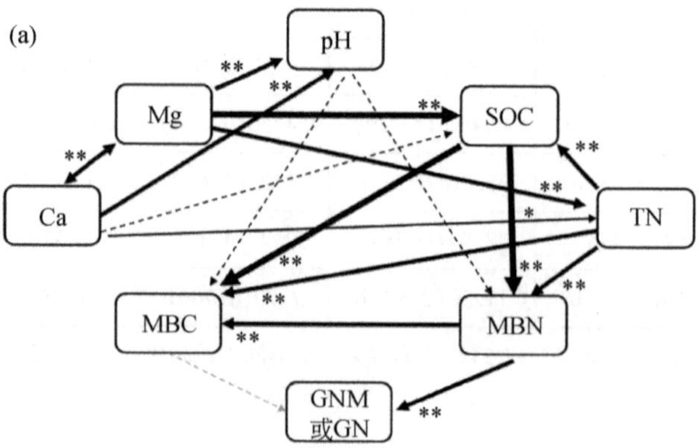

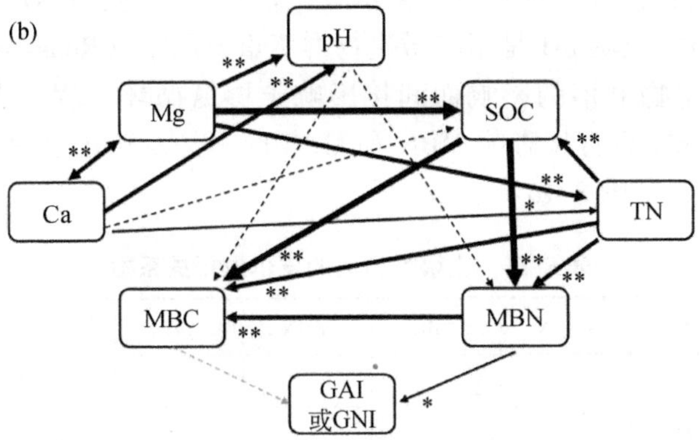

图 8-16　土壤性质对初级氮矿化（GNM）或初级硝化（GN）（a）和初级铵氮固定（GAI）或硝氮固定（GNI）（b）影响的路径分析结果图

实线和虚线分别表示影响显著和不显著的路径。黑色和灰色线分别代表正和负影响。线条的粗细与关系的强度成正比。* 、** 分别为 $P<0.05$、$P<0.01$。

初级氮转化速率可能受到多种因素的影响（Booth et al., 2005）。本研究表明，除 DNRA 外，大多数土壤性质都与初级氮转化显著相关。具体而言，无机氮生产过程（GNM、GN）随底物（SOC 和 TN）浓度和微生物量（MBC 和 MBN）的增加而增加。由于无机氮的产生和固定（GAI、GNI）都是由微生物进行的，因此它们常受相同因素的影响（Booth et al., 2005）。本研究也证实了这一点，即①SOC、TN、MBC 和 MBN 都与无机氮产生过程和固定速率呈正相关；②初级无机氮固定速率与无机氮产生过程速率呈显著正相关（表 8-10）。

表 8-10　初级氮转化速率之间的皮尔逊相关系数

初级氮转化	GNM	GN	DNRA	GAI
GN	0.759**			
DNRA	0.413**	0.25		
GAI	0.888**	0.569**	0.277*	
GNI	0.551**	0.773**	0.061	0.368**

* 和 ** 分别表示相关性在 0.05 和 0.01 水平上显著。

与相关分析结果不同，路径分析表明，在土壤性质中，只有 Mg、TN、SOC 和 MBN 对无机氮的产生过程和固定速率有显著影响。虽然氮转化速率与 MBC 或 MBN 之间存在直接关系，但只有 MBN 与氮转化速率显著相关。可能是因为 MBN 不仅是微生物群落丰度的指标，而且代表土壤活性土壤有机氮，是 GNM 过程的直接基质（Booth et al., 2005）。SOC 和 TN 对氮转化过程的影响在很大程度上是间接的，因为它们是微生物生物量的底物（Booth et al., 2005）。Mg 对氮转化速率的显著影响是通过其对土壤有机质（SOM）稳定和积累的影响（Wen et al., 2016；Li et al., 2017a）。我们之前的研究表明，SOC 和 TN 含量随 Ca 和/或 Mg 水平的增加而增加（Wen et al., 2016；Li et al., 2017a）。在本研究中，Mg 浓度水平的变化模式与 SOC 和 TN 相似，导致 Mg 浓度与 SOC 或 TN 的相关性相对于 Ca 更强（表 8-11）。土壤 pH 是影响微生物群落重要因素（Rousk et al.，2010）。因此，土壤 pH 会通过对微生物群落的影响而间接影响土壤氮循环过程，本研究也支持这一点（表 8-8）。然而，当 pH 只直接影响 MBN 和 MBC 而不是氮转化过程的时候，则对氮转化过程速率的影响不显著（图 8-16）。

表 8-11　土壤性质间的皮尔逊相关系数

指标	SOC	TN	C : N	MBC	MBN	pH	Ca	Mg	NH_4^+
TN	0.946**								
C : N	0.942**	0.816**							
MBC	0.928**	0.875**	0.854**						
MBN	0.910**	0.861**	0.831**	0.967**					
pH	0.419**	0.494**	0.383**	0.405**	0.419**				
Ca	0.390**	0.478**	0.325*	0.434**	0.462**	0.821**			
Mg	0.882**	0.803**	0.815**	0.792**	0.765**	0.423**	0.281*		
NH_4^+	−0.334*	−0.357*	−0.362**	−0.233	−0.196	−0.411**	−0.293*	−0.344*	
NO_3^-	0.596**	0.515**	0.556**	0.584**	0.631**	0.038	0.01	0.539**	−0.13

*和**分别表示相关性在 0.05 和 0.01 水平上显著。

然而，上述因素不能解释玉米-大豆轮作地土壤 GNM 速率高于甘蔗地和桑园，因为这三种农业用地类型的底物和微生物量都无显著差异。玉米-大豆轮作地土壤 GNM 速率显著高的原因很可能是由于频繁耕作，团聚体遭到破坏，从而降低了 SOM 的物理保护（Alvaro-Fuentes et al.，2008）。SOM 受保护程度较低导致其更易被微生物利用从而促进 GNM。以往研究也表明，耕地的 GNM 速率高于减少耕作/免耕作的耕地（Dong et al.，2012）。同样的机制也可用于解释玉米-大豆轮作地和牧草地相似的 GNM 速率，尽管前者的底物和微生物生物量都明显较低。

三、农田利用方式转变对土壤肥力改善和硝酸盐淋失风险的影响

初级氮矿化速率决定了进入土壤的总无机氮通量。由于土壤氮供应能力是土壤肥力的关键指标，因此 GNM 在决定土壤肥力方面起着重要作用。根据 Osterholz 等（2017）的研究，GNM 比净氮矿化等其他指标更能代表土壤的氮供应能力。一些研究表明，GNM 速率是作物氮吸收峰值的几倍，或者来自 GNM 的氮贡献了作物总氮吸收的一半以上（Osterholz et al.，2017）。这表明 GNM 对维持作物生产力至关重要。在本研究中，10 月测量的 GNM 可能代表年平均值，因为 10 月的温度接近年平均温度（图 8-17）。此外，氮肥的影响应该可以忽略不计，因为最后一次施肥一般在 7 月。本研究表明，玉米-大豆轮作地转变为甘蔗地或桑园导致由有机氮矿化产生的土壤本底氮供应能力下降，并且农田本底氮供应能力低于成熟森林。虽然玉米-大豆轮作地和牧草地本底氮供应能力相当，但前者

的本底氮供应能力是以有机氮耗竭为代价获得的，因此不可持续。

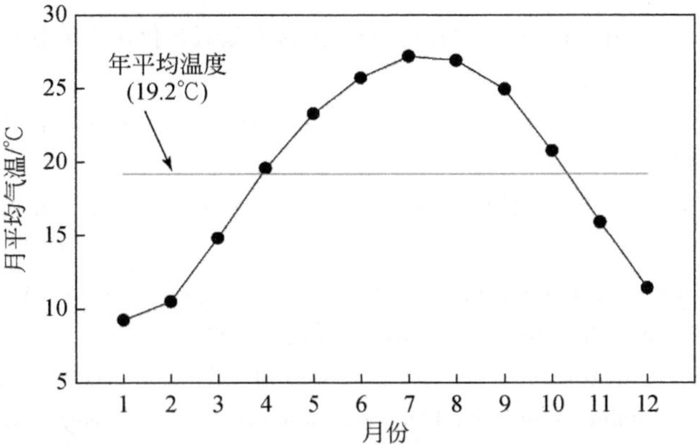

图 8-17　研究区月平均气温和年平均气温

研究土壤内部氮转化也有助于评估 NO_3^- 淋失风险。较高的 GNM 和 GN 速率以及相对较低的 NO_3^- 消耗速率将导致较高的 NO_3^- 淋失风险。相比之下，相对较高的 NO_3^- 消耗速率有助于有效保存氮，从而防止氮，特别是 NO_3^- 淋失（Zhang et al.，2013a；Li et al.，2017b）。在本研究中，NH_4^+ 的产生速率（GNM 和 DNRA）和消耗速率（GN 和 GAI）要么表现出相似的格局（GNM vs GN 或 GAI），要么在五种土地利用类型（DNRA）之间无显著差异，导致五种土地利用类型之间的 NH_4^+ 浓度没有差异。然而，由于 NO_3^- 滞留能力较低（平均为 24.1%±2.0%），产生的 NO_3^- 大部分将在土壤中积累，导致土壤 NO_3^- 浓度和 NNP 速率较高。由于 NO_3^- 易被淋失，土壤 NO_3^- 浓度高可能伴随着高 NO_3^- 淋失。由于 NO_3^- 保持能力（NRC）没有差异，土壤 NO_3^- 淋失风险在五种土地利用类型之间也没有差异，即土地利用转变可能不会改变土壤 NO_3^- 淋失风险。值得注意的是，森林的 NNP 速率和土壤 NO_3^- 浓度高于农田（表 8-7，图 8-15）。因为采样是在不受氮肥直接影响的时期，应该代表背景情况。在喀斯特成熟林的溪流和泉水中也观测到了很高的 NO_3^- 浓度（Wen et al.，2016）。该研究为森林中观测到的高 NO_3^- 淋失提供了机理解释。

四、结论

玉米-大豆轮作地转变为甘蔗、桑园后 GNM 速率降低，而转变为牧草地则保持不变。不同土地利用类型之间 GNM 变化模式表明，玉米-大豆轮作地转变为甘蔗地和桑园后有机氮矿化引起的土壤本底氮供应减少。然而，玉米-大豆轮作地相对较高水平的土壤本底氮供应能力在很大程度上是以土壤有机氮耗竭为代价获得的，因此不可持续。由于四种农业用地类型土壤 NO_3^- 保持能力相当，土地利用转变后土壤 NO_3^- 淋失风险保持不变。MBN 对氮矿化速率、硝化速率、NH_4^+ 固定速率和 NO_3^- 固定速率有显著的直接影响，而 SOC、TN 和交换态 Mg 对这些氮转化速率有显著的间接影响。本研究表明，从增加土壤氮供应而不损耗土壤有机氮库的角度，应推荐种植牧草而不是其他三种农业模式。

参考文献

刘欣，黄运湘，袁红，等，2016. 植被类型与坡位对喀斯特土壤氮转化速率的影响. 生态学报，36（9）：2578-2587.

宋敏，邹冬生，杜虎，等，2013. 不同土地利用方式下喀斯特峰丛洼地土壤微生物群落特征. 应用生态学报，24（9）：2471-2478.

周炼川，陈效民，李孝良，等，2009. 西南喀斯特地区典型石漠化阶段土壤氮素变异研究. 农业环境科学学报，28（8）：1753-1757.

Alvaro-Fuentes J, Arrue J L, Cantero-Martinez C, et al., 2008. Aggregate breakdown during tillage in a Mediterranean loamy soil. Soil & Tillage Research, 101 (1-2): 62-68.

Banning N C, Grant C D, Jones D L, et al., 2008. Recovery of soil organic matter, organic matter turnover and nitrogen cycling in a post-mining forest rehabilitationchronosequence. Soil Biology and Biochemistry, 40 (8): 2021-2031.

Booth M S, Stark J M, Rastetter E, 2005. Controls on nitrogen cycling in terrestrial ecosystems: A synthetic analysis of literature data. Ecological Monographs, 75 (2): 139-157.

Burton J, Chen C, Xu Z, et al., 2007. Gross nitrogen transformations in adjacent native and plantation forests of subtropical Australia. Soil Biology and Biochemistry, 39 (2): 426-433.

Chu H, Fujii T, Morimoto S, et al., 2008. Population size and specific nitrification potential of soil ammonia-oxidizing bacteria under long-term fertilizer management. Soil Biology and Biochemistry, 40 (7): 1960-1963.

Davidson E A, de Carvalho C J R, Figueira A M, et al., 2007. Recuperation of nitrogen cycling in Amazonian forests following agricultural abandonment. Nature, 447 (7147): 995-998.

Dong W X, Hu C S, Zhang Y M, et al., 2012. Gross mineralization, nitrification and N_2O emission under different tillage in the North China Plain. Nutrient Cycling in Agroecosystems, 94 (2-3): 237-247.

Erickson H, Keller M, Davidson E A, 2001. Nitrogen oxide fluxes and nitrogen cycling duringpostagricultural succession and forest fertilization in the humid tropics. Ecosystems, 4 (1): 67-84.

Geisseler D, Horwath W R, Joergensen R G, et al., 2010. Pathways of nitrogen utilization by soil microorganisms - A review. Soil Biology and Biochemistry, 42 (12): 2058-2067.

Goulden M L, McMillan A M S, Winston G C, et al., 2011. Patterns of NPP, GPP, respiration, and NEP during boreal forest succession. Global Change Biology, 17 (2): 855-871.

Huygens D, Roobroeck D, Cosyn L, et al., 2011. Microbial nitrogen dynamics in south central Chilean agricultural and forest ecosystems located on an Andisol. Nutrient Cycling in Agroecosystems, 89 (2): 175-187.

Jussy J H, Colin- Belgrand M, Ranger J, 2000. Production and root uptake of mineral nitrogen in a chronosequence of Douglas- fir (*Pseudotsuga menziesii*) in the Beaujolais Mounts. Forest Ecology and Management, 128 (3): 197-209.

Kuroiwa M, Koba K, Isobe K, 2011. Gross nitrification rates in four Japanese forest soils: heterotrophic versus autotrophic and the regulation factors for the nitrification. Journal of Forest Research, 16 (5): 363-373.

Kumar K, Rosen C J, Russelle M P, 2006. Enhanced protease inhibitor expression in plant residues slows nitrogen mineralization. Agronomy Journal, 98 (3): 514-521.

Landi L, Renella G, Giagnoni L, et al., 2011. Activities of proteolytic enzymes//Dick R P. Methods of Soil Enzymology. Soil Science Society of America, Madison, WI.

Li D, Niu S, Luo Y, 2012. Global patterns of the dynamics of soil carbon and nitrogen stocks following afforestation: a meta-analysis. New Phytologist, 195 (1): 172-181.

Li M, Zhou X, Zhang Q, et al., 2014. Consequences of afforestation for soil nitrogen dynamics in central China. Agriculture, Ecosystems & Environment, 183: 40-46.

Li D, Wen L, Yang L, et al., 2017a. Dynamics of soil organic carbon and nitrogen following agricultural abandonment in a karst region. Journal of Geophysical Research-Biogeosciences, 122 (1): 230-242.

Li D, Yang Y, Chen H, et al., 2017b. Soil gross nitrogen transformations in typical karst andnonkarst forests, southwest China. Journal of Geophysical Research-Biogeosciences, 122 (11): 2831-2840.

Li D, Liu J, Chen H, et al., 2018a. Soil gross nitrogen transformations in responses to land use conversion in a subtropical karst region. Journal of Environmental Management, 212: 1-7.

Li D J, Liu J, Chen H, et al., 2018b. Soil microbial community responses to forage grass cultivation in degraded karst soils, southwest China. Land Degradation & Development, 29 (12): 4262-4270.

Li D J, Wen L, Jiang S, et al., 2018c. Responses of soil nutrients and microbial communities to three restoration strategies in a karst area, southwest China. Journal of Environmental Management, 207: 456-464.

Li D, Wen L, Xiao K, et al., 2021. Responses of soil gross nitrogen transformations to three vegetation restoration strategies in a subtropical karst region. Land Degradation & Development, 32 (8): 2520-2527.

Lu F, Hu H F, Sun W J, et al., 2018. Effects of national ecological restoration projects on carbon sequestration in China from 2001 to 2010. Proceedings of the National Academy of Sciences of the United States of America, 115 (16): 4039-4044.

McGroddy M E, Daufresne T, Hedin L O, 2004. Scaling of C : N : P stoichiometry in forests worldwide: implications of terrestrial Redfield-type ratios. Ecology, 85 (9): 2390-2401.

Minick K J, Pandey C B, Fox T R, et al., 2016. Dissimilatory nitrate reduction to ammonium and N_2O flux: effect of soil redox potential and N fertilization in loblolly pine forests. Biology and Fertility of Soils, 52 (5): 601-614.

Mooshammer M, Wanek W, Zechmeister- Boltenstern S, et al., 2014. Stoichiometric imbalances between terrestrial decomposer communities and their resources: mechanisms and implications of microbial adaptations to their resources. Frontiers in Microbiology, 5: 22.

Murphy D V, Recous S, Stockdale E A, et al., 2003. Gross nitrogen fluxes in soil: Theory, measurement and application of ^{15}N pool dilution techniques. Advances in Agronomy, 79: 69-118.

Osterholz W R, Rinot O, Liebman M, et al., 2017. Can mineralization of soil organic nitrogen meet maize nitrogen demand? Plant and Soil, 415 (1): 73-84.

Rousk J, Baath E, Brookes P C, et al., 2010. Soil bacterial and fungal communities across a pH gradient in an arable soil. Isme Journal, 4 (10): 1340-1351.

Rutting T, Boeckx P, Mueller C, et al., 2011. Assessment of the importance of dissimilatory nitrate reduction to ammonium for the terrestrial nitrogen cycle. Biogeosciences, 8 (7): 1779-1791.

Rutting T, Ntaboba L C, Roobroeck D, et al., 2015. Leaky nitrogen cycle in pristine African montane rainforest soil. Global Biogeochemical Cycles, 29 (10): 1754-1762.

Schimel J P, Bennett J, 2004. Nitrogen mineralization: Challenges of a changing paradigm. Ecology, 85 (3): 591-602.

Scowcroft P G, Haraguchi J E, Hue N V, 2004. Reforestation and topography affect montane soil properties, nitrogen pools, and nitrogen transformations in Hawaii. Soil Science Society of America Journal, 68 (3): 959-968.

Silver W L, Herman D J, Firestone M K, 2001. Dissimilatory nitrate reduction to ammonium in upland tropical forest soils. Ecology, 82 (9): 2410-2416.

Silver W L, Thompson A W, Reich A, et al., 2005. Nitrogen cycling in tropical plantation forests: potential controls on nitrogen retention. Ecological Applications, 15 (5): 1604-1614.

Sinsabaugh R L, Lauber C L, Weintraub M N, et al., 2008. Stoichiometry of soil enzyme activity at global scale. Ecology Letters, 11 (11): 1252-1264.

Song M, He T G, Chen H, et al., 2019. Dynamics of soil gross nitrogen transformations during post-agricultural succession in a subtropical karst region. Geoderma, 341: 1-9.

Sotta E D, Corre M D, Veldkamp E, 2008. Differing N status and N retention processes of soils under old-growth lowland forest in Eastern Amazonia, Caxiuana, Brazil. Soil Biology and Biochemistry, 40 (3): 740-750.

Templer P H, Silver W L, Pett-Ridge J, et al., 2008. Plant and microbial controlson nitrogen retention and loss in a humid tropical forest. Ecology, 89 (11): 3030-3040.

Trap J, Bureau F, Vinceslas-Akpa M, et al., 2009. Changes in soil N mineralization and nitrification pathways along a mixed forest chronosequence. Forest Ecology and Management, 258 (7): 1284-1292.

Trap J, Bureau F, Akpa-Vinceslas M, et al., 2011. Changes in humus forms and soil N pathways along a 130-year-old pure beech forest chronosequence. Annals of Forest Science, 68: 595-606.

Vitousek P, Matson P, Van Cleve K, 1989. Nitrogen availability and nitrification during succession: Primary, secondary, and old-field seres. Plant and Soil, 115 (2): 229-239.

Wan Y, Ju X, Ingwersen J, et al., 2009. Gross Nitrogen Transformations and Related Nitrous Oxide Emissions in an Intensively Used Calcareous Soil. Soil Science Society of America Journal, 73 (1): 102-112.

Wen L, Li D J, Yang L Q, et al., 2016. Rapid recuperation of soil nitrogen following agricultural abandonment in a karst area, southwest China. Biogeochemistry, 129 (3): 341-354.

Wen L, Li D, Chen H, et al., 2017. Dynamics of soil organic carbon in density fractions during post-agricultural succession over two lithology types, southwest China. Journal of Environmental Management, 201: 199-206.

Xiao K, Li D, Wen L, et al., 2018. Dynamics of soil nitrogen availability during post-agricultural succession in a karst region, southwest China. Geoderma, 314: 184-189.

Xiao K C, He T G, Chen H, et al., 2017. Impacts of vegetation restoration strategies on soil organic carbon and nitrogen dynamics in a karst area, southwest China. Ecological Engineering, 101: 247-254.

Xie Y, Yang L, Zhu T, et al., 2018. Rapid recovery of nitrogen retention capacity in a subtropical acidic soil following afforestation. Soil Biology and Biochemistry, 120: 171-180.

Yang L, Luo P, Wen L, et al., 2016. Soil organic carbon accumulation during post-agricultural succession in a karst area, southwest China. Scientific Reports, 6 (1): 1-8.

Yang W H, Ryals R A, Cusack D F, et al., 2017. Cross-biome assessment of gross soil nitrogen cycling in California ecosystems. Soil Biology and Biochemistry, 107: 144-155.

Zechmeister-Boltenstern S, Keiblinger K M, Mooshammer M, et al., 2015. The application of ecological stoichiometry to plant- microbial- soil organic matter transformations. Ecological Monographs, 85 (2): 133-155.

Zhang J, Zhu T, Cai Z, et al., 2011. Nitrogen cycling in forest soils across climate gradients in Eastern China. Plant and Soil, 342 (1-2): 419-432.

Zhang J, Cai Z, Yang W, et al., 2012a. Long-term field fertilization affects soil nitrogen transformations in a rice-wheat-rotation cropping system. Journal of Plant Nutrition and Soil Science, 175 (6): 939-946.

Zhang J, Zhu T, Cai Z, et al., 2012b. Effects of long-term repeated mineral and organic fertilizer applications on soil nitrogen transformations. European Journal of Soil Science, 63 (1): 75-85.

Zhang J, Cai Z, Zhu T, et al., 2013a. Mechanisms for the retention of inorganic N in acidic forest soils of southern China. Scientific Reports, 3: 2342.

Zhang J, Zhu T, Meng T, et al., 2013b. Agricultural land use affects nitrate production and conservation in humid subtropical soils in China. Soil Biology and Biochemistry, 62: 107-114.

Zhang J, Lan T, Müller C, et al., 2015a. Dissimilatory nitrate reduction to ammonium (DNRA) plays an important role in soil nitrogen conservation in neutral and alkaline but not acidic rice soil. Journal of Soils and Sediments, 15 (3): 523-531.

Zhang J, Müller C, Cai Z, 2015b. Heterotrophic nitrification of organic N and its contribution to nitrous oxide emissions in soils. Soil Biology and Biochemistry, 84: 199-209.

Zhang W, Zhao J, Pan F, et al., 2015c. Changes in nitrogen and phosphorus limitation during secondary succession in a karst region in southwest China. Plant and Soil, 391 (1-2): 77-91.

Zhang J, Tian P, Tang J, et al., 2016. The characteristics of soil N transformations regulate the composition of hydrologic N export from terrestrial ecosystem. Journal of Geophysical Research- Biogeosciences, 121 (6): 1409-1419.

Zhu T, Zhang J, Cai Z, et al., 2011. The N transformation mechanisms for rapid nitrate accumulation in soils under intensive vegetable cultivation. Journal of Soils and Sediments, 11 (7): 1178-1189.

Zhu T, Meng T, Zhang J, et al., 2013. Nitrogen mineralization, immobilization turnover, heterotrophic nitrification, and microbial groups in acid forest soils of subtropical China. Biology and Fertility of Soils, 49 (3): 323-331.

Zhu T, Zeng S, Qin H, et al., 2016. Low nitrate retention capacity in calcareous soil under woodland in the karst region of southwestern China. Soil Biology and Biochemistry, 97: 99-101.

第九章　氮沉降对喀斯特森林土壤氮转化过程的影响机制

第一节　引　　言

大气氮沉降增加是当前全球变化的一个重要方面。全球大气氮沉降通量已由1860年的13Tg a^{-1}增长至2000年的100～115Tg a^{-1}，预计到2050年将达到200Tg a^{-1}（de Vries et al.，2014）。欧洲、北美洲、中国和印度是全球最严重的4个大气氮沉降区。从20世纪80年代初到本世纪初，我国平均氮沉降通量增加了约8kg hm^{-2}，并以每年0.41kg hm^{-2}的速率增长。据统计，在2011～2015年，我国平均氮沉降量为19.6Tg a^{-1}（Yu et al.，2019）。其中，我国东部和南部的部分地区氮沉降通量达到了80kg N hm^{-2} a^{-1}。氮沉降增加所引起的森林生态系统“氮饱和”对其结构和功能造成了很多负面影响，如导致土壤酸化、水体富营养化、土壤微生物和植物群落多样性下降以及改变土壤碳氮循环过程，从而影响生态系统的多功能性，并最终威胁人类社会的可持续发展。

土壤氮转化过程与土壤氮的有效性和累积紧密关联（Zhang et al.，2018a）（图9-1）。由于氮素通常是植物生产力和微生物活性的主要限制养分，因此土壤氮转化过程的变化对陆地生态系统结构、过程和功能具有重要影响（Kicklighter et al.，2019）。在土壤氮转化过程中，初级氮矿化和硝化过程为土壤产生无机氮，而微生物对铵态氮（NH_4^+）和硝态氮（NO_3^-）固持过程是指微生物与植物竞争将无机氮吸收到自己体内的过程（Zhang et al.，2018a）。硝化和反硝化过程也会通过NO_3^-淋失和氧化亚氮（N_2O）排放造成土壤氮素损失（Duan et al.，2019）。土壤中其他氮转化过程还包括初级蛋白质解聚和氨基酸吸收等，其中蛋白质解聚过程被认为是土壤氮循环的限速步骤，而氨基酸吸收过程则决定了微生物与植物对氨基酸的竞争能力（Schimel and Bennett，2004）。此外，微生物氮利用效率（NUE），即微生物将吸收利用的氮转化为自身生物量的比例，决定了土壤氮的合成代谢和分解代谢过程之间的平衡（Zhang et al.，2019）。微生物氮代谢不仅控制着活体微生物生物量氮的数量，还影响微生物残体氮的累积。微生物残体氮易于与矿物结合形成较稳定的有机-矿物复合体，从而有助于土壤有机氮的积累。

喀斯特土壤富含碳酸盐、钙/镁含量高、pH呈中性或偏碱性，对氮沉降引起的土壤酸化有较高的缓冲能力。这些特点降低了氮沉降增加通过土壤酸化而对喀斯特生态系统造成影响的风险。一些在非喀斯特森林的研究表明，氮沉降增加通过引起土壤酸化而抑制土壤氮矿化和硝化过程（Cheng et al.，2020a）。喀斯特森林对土壤酸化较强的缓冲能力是否意味着氮沉降增加背景下土壤氮转化过程并不会受到抑制？基岩出露率高，裸露

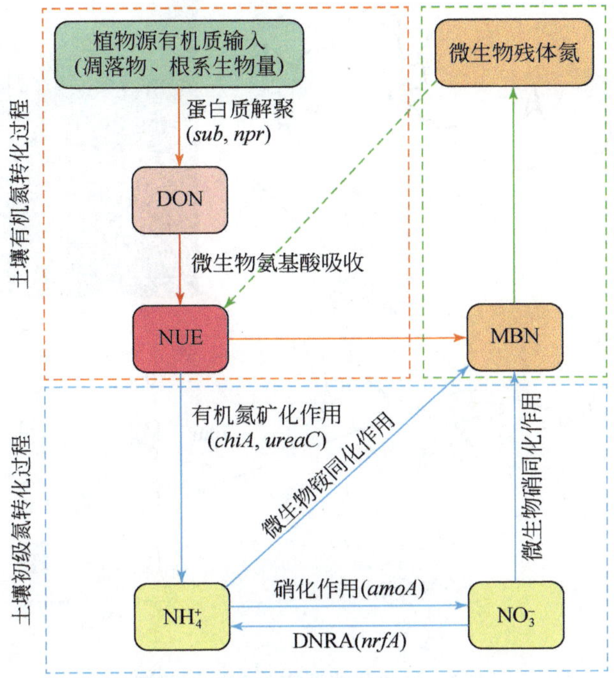

图 9-1 土壤氮转化过程示意图

DON，溶解性有机氮；NUE，微生物氮利用效率；DNRA，硝态氮异化还原为铵氮过程。

基岩与土壤交错分布。由于沉降到裸露岩石表面的氮经雨水冲刷最终汇聚到周边土壤中，相同氮沉降通量情况下喀斯特森林土壤实际接受的沉降氮量相比非喀斯特森林更高。这是否意味着相同氮沉降速率对喀斯特森林土壤氮转化过程的影响更大？碳酸盐岩成土速率缓慢，土层相对浅薄，且土层厚度随坡度或坡位的增加快速下降；此外，喀斯特山区地表入渗系数高，水文过程变化迅速。这些特点可能造成喀斯特森林土壤对沉降氮的拦截能力较弱，沉降氮尤其是硝态氮易于随地下径流流失。有研究表明，降雨引起的喀斯特坡地土壤流失的可溶性氮中硝态氮占60%~95%（Song et al.，2017）。喀斯特土壤对沉降氮尤其是硝态氮较低的拦截能力是否意味着氮沉降对土壤氮转化过程的影响可能较小？为了回答上述问题，我们于 2016 年在广西木论国家级自然保护区建立了模拟大气氮沉降对喀斯特森林影响研究平台（图 9-2）。利用该平台结合室内培养，采用同位素标记（^{15}N 和^{18}O）和分子生物学方法（qPCR）研究模拟氮沉降对喀斯特森林土壤氮转化过程的影响。研究结果有助于理解和预测氮沉降增加背景下喀斯特森林结构、过程和功能的响应。

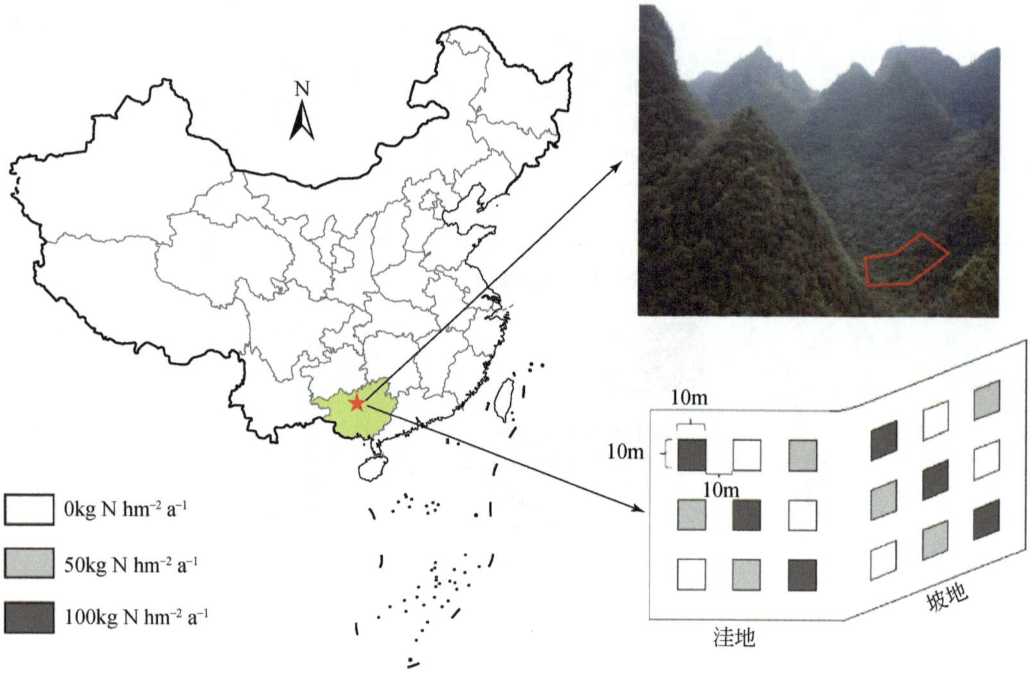

图 9-2　洼地和坡地实验布局示意图

第二节　模拟大气氮沉降对喀斯特森林洼地和坡地土壤氮转化过程的影响机制

在过去的几十年，已有大量的研究评估了氮沉降对陆地生态系统无机氮转化过程的影响，特别是对氮矿化、硝化的影响。例如，对酸性森林土壤氮添加显著促进初级氮矿化速率（Zhao et al.，2017）。相反，对氮饱和的草原氮添加显著降低了氮矿化速率（Ye et al.，2018）。与此类似，氮添加对森林土壤硝化速率的影响也表现出增加（Zhao et al.，2017）、降低（Cheng et al.，2020a）或无显著影响（Kwak et al.，2018）。一项整合分析研究表明，氮添加导致森林有机层土壤氮矿化和硝化速率分别增加了 51.1% 和 87.5%；导致森林矿质层土壤硝化速率增加了 25.2%，但并没有显著影响氮矿化速率（Cheng et al.，2020b）。氮矿化过程、硝化过程和 DNRA 对氮添加的差异性响应常归因于微生物受碳、氮或磷的限制程度，后者可用 C：N：P 化学计量比表示（Ye et al.，2018）。土壤 pH、微生物生物量、酶活性、氨氧化古菌（AOA）和细菌（AOB）的 *amoA* 基因丰度以及微生物群落组成（Li et al.，2021b）也一定程度上决定氮添加对土壤氮转化过程的影响。尽管氮添加对土壤无机氮转化过程（氮矿化、硝化、微生物氮固持和 DNRA）的影响已被广泛研究，但有关氮添加对土壤有机氮（蛋白质解聚和氨基酸吸收）转化过程的影响研究非常缺乏（图 9-1）。

此外，其他土壤性质，如土壤有机碳（SOC）水平也会影响森林生态系统中的土壤氮转化速率（Huang et al.，2021）。例如，根据一项整合分析研究，农田、草地和森林土壤初级氮矿化速率与 SOC 呈正相关（Booth et al.，2005）。研究表明，坡位影响土壤氮、SOC、磷的含量（Chadwick and Asner，2016），并进一步影响土壤微生物群落的丰度、组成和功能。由于这些生物和非生物因素与土壤氮转化过程密切相关（Booth et al.，2005），因此，坡位有可能影响土壤氮转化过程。此外，坡位还可能影响土壤温度和湿度，并进一步影响土壤有效氮含量和沉降氮的去向（Enanga et al.，2016）。

本研究基于广西木论国家级自然保护区建立的模拟大气氮沉降对喀斯特森林影响研究平台开展研究（图 9-2）。处理前的土壤、坡位和植被属性见表 9-1。于 2019 年 9 月 24 日采集土壤、凋落物和细根样品。土壤样品过 2mm 筛，并分成三部分。一部分在室温下风干，用于分析 SOC、总氮（TN）、总磷（TP）和 pH。第二部分储存在 4℃，用于分析土壤溶解性有机碳（DOC）、总溶解性氮（TDN）、NO_3^-、NH_4^+、可溶性磷（AVP）、胞外酶活性、微生物生物量碳氮磷等。土壤理化性质和微生物特性见表 9-2。第三部分储存在-20℃，用于测定氨氧化古菌 *amoA*（AOA *amoA*）、氨氧化细菌 *amoA*（AOB *amoA*）、*sub*、*npr*、*chiA* 和 *nrfA* 等与土壤氮转化有关的功能基因丰度。一部分新鲜土壤用于测定碳、氮和磷获取酶活性（German et al.，2011），包括 β-D-葡萄糖苷酶（BG）、L-亮氨酸氨基肽（LAP）、β-N-乙酰氨基葡萄糖苷酶（NAG）和酸性磷酸酶（AP），并计算了矢量长度和矢量角度（图 9-3 和图 9-4）。此外，自 2017 年 1 月起，每月收集植物凋落物以测定 2017 年 1 月至 2019 年 9 月期间的凋落物累积通量（gm^{-2}）。植物样品测定了碳、氮和磷含量。植物凋落物和根部碳、氮和磷含量的数据见图 9-5，土壤理化性质和养分含量见表 9-2。初级蛋白质解聚（GD）和氨基酸吸收（GU）速率的测定方法见 Noll 等（2019）。采用^{15}N 同位素稀释法测定土壤初级氮矿化速率（GNM）、硝化速率（GN）、微生物对 NH_4^+ 或 NO_3^- 的固持速率以及 DNRA 速率（Li et al.，2017）。微生物氮代谢指标，包括微生物氮生长速率（N_{growth}）、微生物氮利用效率（NUE）、微生物氮吸收速率（N_{uptake}）和微生物量氮周转时间，采用$^{18}O-H_2O$ 标记法测定（Zhang et al.，2019）。氨基葡萄糖（GlcN）和胞壁酸（MurA）采用高效液相色谱法（Milford，MA，USA）测定（Indorf et al.，2011），并分别转换为真菌残体碳和细菌残体碳（Liang et al.，2019）。

表 9-1　氮添加处理前土壤、坡位和植被信息

指标	洼地	坡地
土壤厚度/m	0.0～0.8*	0.0～0.3
土壤容重/($g\ cm^{-3}$)	0.83～0.97	0.87～1.02
pH	6.90～7.48	6.59～8.25
SOC/($g\ kg^{-1}$)	33.94～46.98	43.57～60.91*
TN/($g\ kg^{-1}$)	3.14～4.35	3.86～5.59*
TP/($g\ kg^{-1}$)	1.98～2.54	1.53～2.29
NH_4^+-N/($mg\ kg^{-1}$)	6.89～8.30	5.23～6.13
NO_3^--N/($mg\ kg^{-1}$)	14.71～25.12*	11.48～15.18
Ca/($g\ kg^{-1}$)	5.82～8.25	1.68～18.43*
硝态氮淋失率/($mg\ d^{-1}kg^{-1}$ dry resin)	3.26～3.29	4.99～5.03*

* 表示洼地和坡地之间土壤性质差异显著(P<0.05)。

表 9-2　氮添加对洼地和坡地土壤理化性质和微生物特性的影响

指标	洼地			坡地		
	N0	N50	N100	N0	N50	N100
土壤含水量/%	33.72±1.4a	34.19±4.99a	40.28±9.32a	39.68±7.6a	34.72±3.55a	33.42±10.43a
土壤容重/($g\ cm^{-3}$)	0.88±0.05a	1.03±0.07a	0.94±0.21a	0.91±0.08a	0.89±0.1a	0.98±0.02a
pH_{H_2O}	7.1±0.27a	7.24±0.08a	7.3±0.21a	7.53±0.03a*	7.5±0.18a	7.46±0.05a
Ca/($cmol\ kg^{-1}$)	7.04±1.99a	11.29±2.64a	12.32±3a	14.46±2.79a*	10.89±1.47a	10.84±2a
Mg/($cmol\ kg^{-1}$)	1.88±0.85a	2.42±0.23a	2.59±0.8a	2.78±0.27a	2.64±0.7a	2.25±1.02a
SOC/($g\ kg^{-1}$)	42.08±2.32b	49.43±3.61a	52.58±12.83 ab	59.3±20.36a	56.6±3.12a	67.37±1.05a
TN/($g\ kg^{-1}$)	3.67±0.17a	4.53±0.37a	4.82±1.28a	5.3±1.84a	5.17±0.19a	6.19±0.25a
TP/($g\ kg^{-1}$)	2.09±0.08a	2.31±0.38a	2.39±0.5a	1.87±0.44a	1.76±0.36a	2.07±0.04a
DOC/($mg\ kg^{-1}$)	140.2±9.73b	191.28±24.05 ab	231.65±80.62a	322.08±43.52a*	193.29±25.59b	318.99±36.55a
TDN/($mg\ kg^{-1}$)	67.85±8.18b	116.58±28.38a	144.32±5.47a	158.72±10.07a*	143.06±32.68a	177.74±11.33a*
DON/($mg\ kg^{-1}$)	43.41±12.81b	86.26±32.35a	111.84±7.56a	118.27±4.26a*	107.22±39.21a	136.56±16.39a*
AVP/($mg\ kg^{-1}$)	105.9±2.14b*	151.62±27.98a*	82.09±10.98b	47.73±5.79b	42.8±3.37b	88.46±5.92a
NH_4^+/($mg\ kg^{-1}$)	7.04±4.64a	6.99±1.57a	8.91±5.94a	12.12±1.96a	8.59±2.69a	10.35±3.39a
NO_3^-/($mg\ kg^{-1}$)	17.4±0.15b	23.32±3.71a	23.57±3.12a	28.34±10.39a	27.24±4.06a	30.83±8.55a
NO_2^-/($mg\ kg^{-1}$)	0.07±0.03a	0.06±0.02a	0.03±0.02a	0.05±0.02a	0.04±0.00a	0.06±0.02a
MBC/($mg\ kg^{-1}$)	1627.08±214.74a	2185.46±302.35a	2356.73±534.88a	2692.01±205.93b*	2934.74±623.26a	3071.8±57.08a*
MBN/($mg\ kg^{-1}$)	268.48±44.33a	360.08±81.92a	395.23±90.2a	268.64±57.97b	500.16±138.87a	498.9±97.42a
MBP/($mg\ kg^{-1}$)	54.63±32.14a	68±21.75a	83.86±40.85a	95.33±34.04a	79.87±18.05a	103.83±20.38a
C∶N	11.46±0.12a	10.92±0.18b	10.95±0.24b	11.21±0.07a	10.96±0.83a	10.9±0.61a
C∶P	20.18±1.59a	21.99±5.55a	21.9±0.77a	31.37±6.88a*	33.52±9.36a	32.63±1.18a*
N∶P	1.76±0.12a	2.02±0.54a	2±0.11a	2.8±0.63a*	3.03±0.62a	3±0.06a*
DOC∶TDN	2.1±0.38a	1.68±0.27a	1.6±0.53a	2.03±0.18a	1.42±0.45a	1.81±0.32a
DOC∶AVP	1.33±0.11a	1.29±0.27a	2.93±1.41a	6.77±0.83a*	4.51±0.37b*	3.61±0.36b
TDN∶AVP	0.64±0.08b	0.8±0.31b	1.78±0.29a	3.36±0.44a*	3.39±1.02a*	2.02±0.22b
MBC∶MBN	6.09±0.57a	6.15±0.6a	5.97±0.38a	10.38±2.54a*	5.96±0.55b	6.3±1.14b
MBC∶MBP	38.29±24.96a	34.27±10.32a	32.9±17.86a	31.5±13.7a	37.81±11.5a	30.36±5.94a
MBN∶MBP	6.53±4.67a	5.57±1.58a	5.41±2.56a	2.98±0.75b	6.37±1.88a	4.85±0.73 ab

注：不同小写字母表示在同一坡位不同氮添加处理间差异显著(P<0.05)。N0、N50 和 N100 分别表示对照、50 kg N $hm^{-2}\ a^{-1}$氮添加处理和 100 kg N $hm^{-2}\ a^{-1}$氮添加处理。

* 表示洼地和坡地之间土壤性质差异显著(P<0.05)。

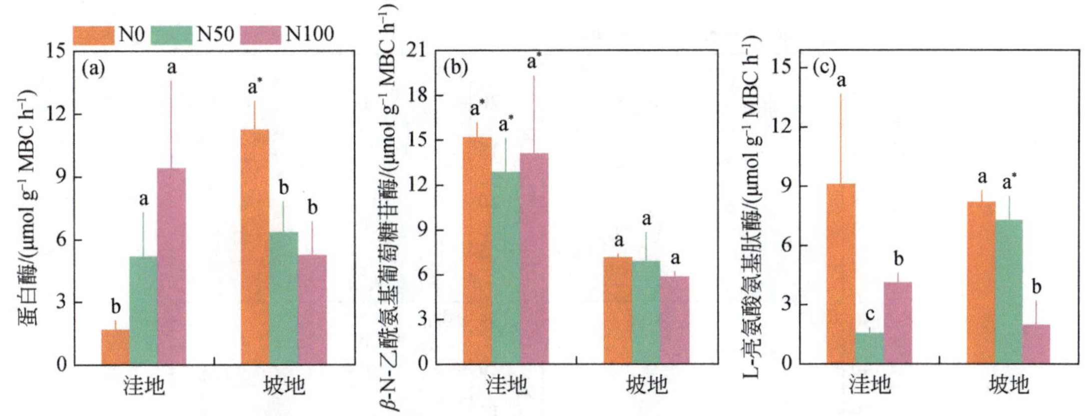

图 9-3　氮添加对土壤酶活性的影响

不同小写字母表示在同一坡位不同氮添加处理间差异显著（$P<0.05$）。N0、N50 和 N100 分别表示对照、50kg N hm^{-2} a^{-1}氮添加处理和 100kg N hm^{-2} a^{-1}氮添加处理。* 表示洼地和坡地之间土壤性质差异显著（$P<0.05$）。

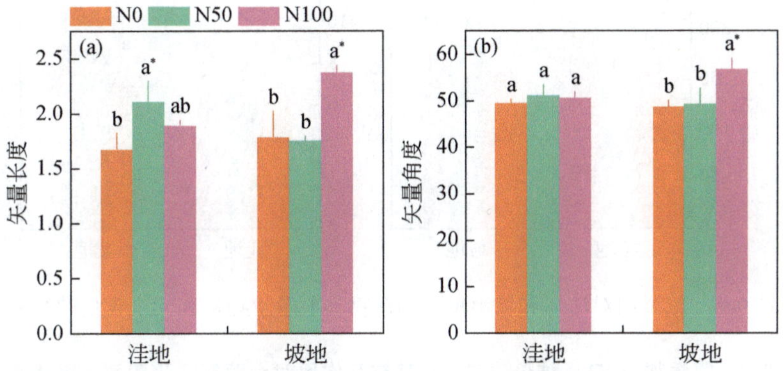

图 9-4　氮添加影响对矢量长度和矢量角度的影响

不同小写字母表示在同一坡位不同氮添加处理间差异显著（$P<0.05$）。N0、N50 和 N100 分别表示对照、50kg N hm^{-2} a^{-1}氮添加处理和 100kg N hm^{-2} a^{-1}氮添加处理。* 表示洼地和坡地之间土壤性质差异显著（$P<0.05$）。

一、土壤氮转化速率及其对氮添加的响应

氮添加对土壤 GN 速率有显著影响，而坡位对 GD、GU、GNM、GN 和 DNRA 速率有显著影响（表 9-3）。氮添加与坡位的交互效应对 GD、GU、GNM、GN 和 DNRA 速率有显著影响（表 9-3）。N0 处理下洼地 GD、GU、GNM、GN 和 DNRA 的平均速率分别为 26.24±0.72μg N g^{-1} d^{-1}、55.75±12.94μg N g^{-1} d^{-1}、2.53±0.35μg N g^{-1} d^{-1}、2.48±0.74μg N g^{-1} d^{-1}和 0.54±0.03μg N g^{-1} d^{-1}，坡地的平均速率分别为 88.05±6.48μg N g^{-1} d^{-1}、122.06±12.27μg N g^{-1} d^{-1}、3.06±0.79μg N g^{-1} d^{-1}、6.08±0.80μg N g^{-1} d^{-1}和 0.94±0.14μg N g^{-1} d^{-1}。N0 处理下洼地 GD、GU、GN 和 DNRA 速率均显著低于坡地［图 9-6(a)(b)(e)(f)］。N50 和 N100 处理下，除 GNM 和 DNRA 洼地显著高于坡地外，其他氮转化速率在两个坡位间无显著差异（图 9-6）。

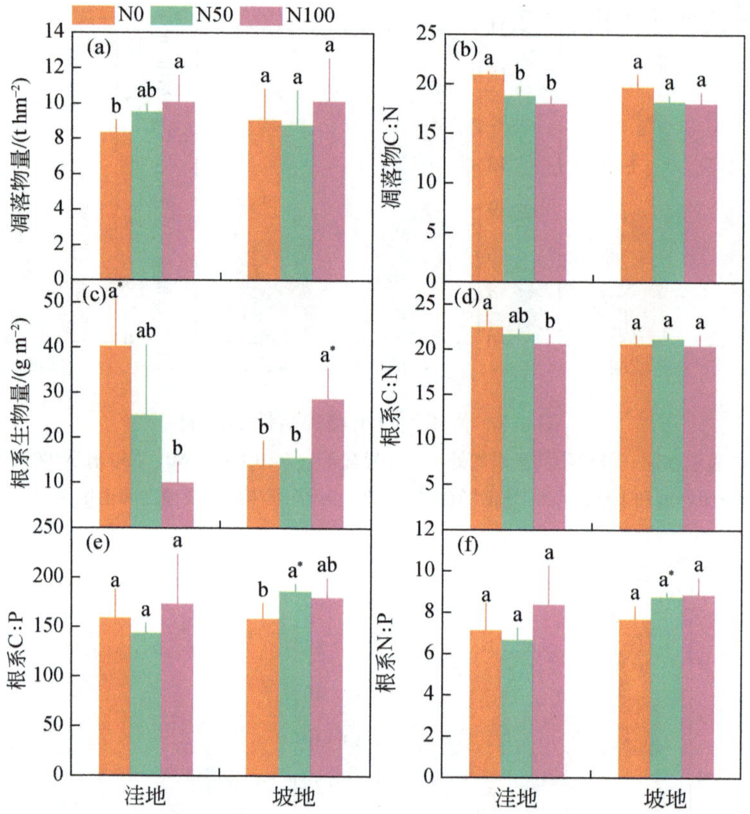

图 9-5　氮添加对洼地和坡地植物凋落物和根系生物量和元素含量的影响

表 9-3　氮添加（*N*）、坡位（*T*）及其交互作用对土壤氮转化速率、微生物氮利用效率和微生物残体氮影响的双因素方差分析结果

指标		*N*	*T*	*N*×*T*
蛋白质解聚速率	*F*	2.215	98.676	20.415
	P	0.152	0.000	0.000
氨基酸吸收速率	*F*	1.507	5.993	8.686
	P	0.261	0.031	0.005
初级氮矿化速率	*F*	1.423	21.899	15.460
	P	0.279	0.001	0.000
铵吸收速率	*F*	0.608	2.294	0.088
	P	0.560	0.156	0.916
硝化速率	*F*	50.659	24.948	9.641
	P	0.000	0.000	0.003
硝酸盐异化还原	*F*	0.560	10.103	26.557
	P	0.585	0.008	0.000

续表

指标		*N*	*T*	*N*×*T*
微生物氮生长速率	*F*	11.800	13.810	4.019
	P	0.001	0.003	0.046
微生物氮吸收速率	*F*	3.878	0.000	8.574
	P	0.05	0.983	0.005
微生物氮利用效率	*F*	37.984	79.346	4.484
	P	0.000	0.000	0.035
微生物氮周转时间	*F*	6.299	11.444	7.068
	P	0.013	0.005	0.009
真菌残体氮	*F*	2.300	3.404	11.526
	P	0.143	0.090	0.002
细菌残体氮	*F*	0.876	2.915	3.454
	P	0.442	0.113	0.065
微生物总残体氮	*F*	1.895	3.481	9.255
	P	0.193	0.087	0.004

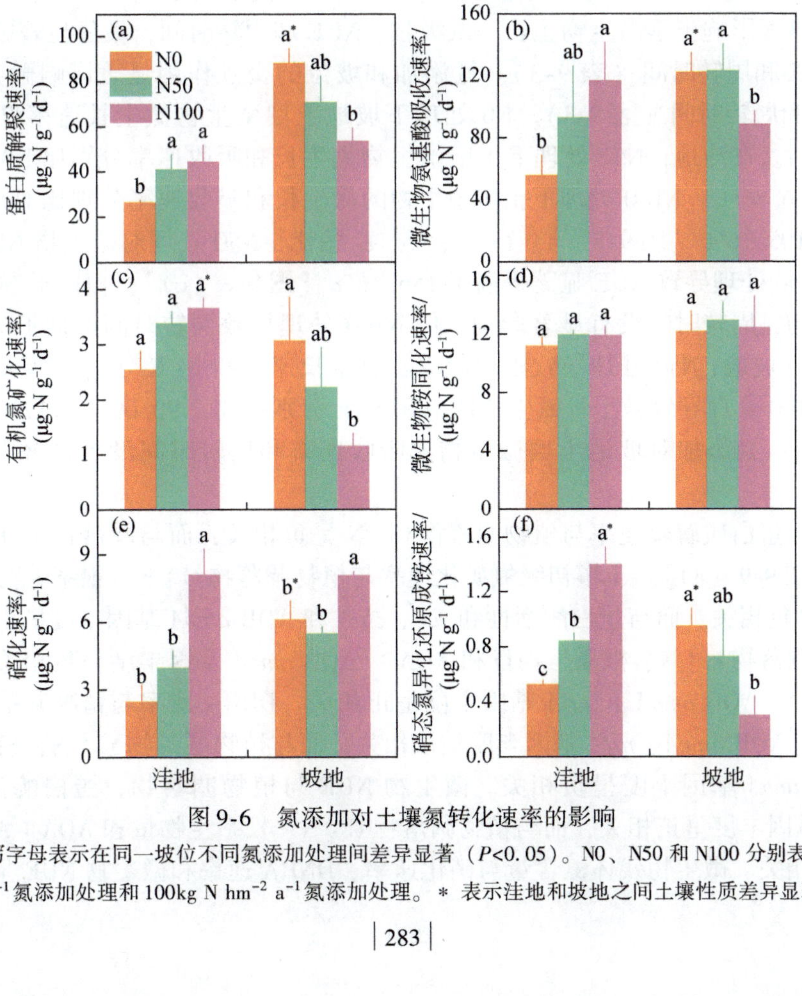

图 9-6　氮添加对土壤氮转化速率的影响

不同小写字母表示在同一坡位不同氮添加处理间差异显著（*P*<0.05）。N0、N50 和 N100 分别表示对照、50kg N hm^{-2} a^{-1} 氮添加处理和 100kg N hm^{-2} a^{-1} 氮添加处理。* 表示洼地和坡地之间土壤性质差异显著（*P*<0.05）。

在洼地，N50 和 N100 处理均显著提高了 GD 和 GNM 的速率，GD 平均增加了 62.56%，GNM 平均增加了 39.15%，但 GD 和 GNM 速率 N50 和 N100 处理下没有显著差异［图 9-6（a）（c）］；与 N0 处理相比，N50 处理没有显著影响 GU 速率，但 N100 处理显著提高了 GU 速率约 110.08%［图 9-6（b）］；与 N0 处理相比，N50 处理下 DNRA 速率增加了 57.17%，N100 处理增加了 160.39%［图 9-6（f）］。在坡地，N0 和 N50 处理下 GD、GU、GNM 和 DNRA 速率无显著差异，但 N100 处理下 GD、GU、GNM 和 DNRA 速率较 N0 处理分别显著降低了 39.10%、27.19%、62.52% 和 67.88%［图 9-6（a）（b）（c）（f）］；N50 和 N100 处理对两个坡位 NH_4^+ 吸收和 GN 速率无显著影响［图 9-6（d）（e）］。N100 处理导致洼地土壤 GN 速率提高了 227.03%，导致坡地土壤 GN 速率提高了 32.98%。

N0 处理下，坡地土壤 *npr*、*sub* 和 *chiA* 基因丰度显著高于洼地［图 9-7（a）~（c）］。氮添加显著增加了（$P<0.05$）洼地土壤 *chiA* 基因丰度，但显著降低了坡地土壤 *chiA* 基因丰度［图 9-7（b）（c）］。氮添加对两个坡位土壤 *npr*、*ureaC* 和 AOA *amoA* 基因丰度均无显著影响［图 9-7（a）~（e）］。N100 处理显著增加了（$P<0.05$）洼地土壤 AOB *amoA* 基因丰度，但降低了坡地土壤 AOA：AOB *amoA* 丰度比值［图 9-7（f）（g）］。N100 处理显著增加了（$P<0.05$）洼地土壤 *nrfA* 基因丰度，但对坡地没有显著影响［图 9-7（h）］。在 N100 处理下，洼地土壤 *nrfA* 基因丰度显著（$P<0.05$）高于坡地［图 9-7（h）］。

氮添加显著影响土壤微生物生长、氮吸收、NUE 和周转时间，坡位显著影响土壤微生物生长、NUE 和周转时间（表 9-3）。氮添加和坡位的交互作用显著影响微生物氮生长、吸收、NUE 和周转时间（表 9-3）。N0 处理下坡地土壤微生物氮生长速率显著高于洼地［图 9-8（a）］。在洼地，N50 处理下土壤微生物氮生长和吸收速率分别比 N0 处理提高了 116.03% 和 46.86%，N100 处理下土壤微生物的氮生长和吸收速率分别比 N0 处理提高了 428.66% 和 105.26%［图 9-8（a）（b）］；与 N0 相比，N50 处理对微生物 NUE 的影响不显著，但 N100 处理导致 NUE 显著提高了 156.36%［图 9-8（c）］；相比于 N0 处理，N50 处理对微生物氮周转时间没有显著影响，但 N100 处理导致周转时间降低了 77.67%［图 9-8（d）］。在坡地，N50 处理导致土壤微生物氮生长速率和 NUE 分别提高了 123.86% 和 46.67%，N100 处理导致微生物氮生长速率和 NUE 分别提高了 90.09% 和 123.08%［图 9-8（a）（c）］；氮添加对坡地土壤微生物氮吸收速率和周转时间没有显著影响［图 9-8（b）（d）］。

在洼地，蛋白质解聚速率与植物凋落物 C：N 呈负相关，而与凋落物量和蛋白酶活性呈正相关［图 9-9（a）］。土壤初级氮矿化速率与植物凋落物 C：N、根系生物量和 AOA：AOB *amoA* 呈负相关，而与蛋白酶活性和 *sub*、*chiA* 和 AOB *amoA* 基因丰度呈正相关。硝化速率与植物凋落物 C：N、根系生物量和 AOA：AOB *amoA* 基因丰度呈负相关，而与蛋白酶活性和 *chiA*、AOB *amoA* 和 *nrfA* 基因丰度呈正相关。DNRA 速率与植物凋落物、蛋白酶活性和 *chiA*、AOB *amoA*、*nrfA* 基因丰度呈正相关，而与植物凋落物 C：N、根系生物量和 AOA：AOB *amoA* 基因丰度呈负相关。微生物 NUE 与植物凋落物、蛋白酶活性和 *chiA*、AOB *amoA* 基因丰度呈正相关，而与植物凋落物 C：N、根系生物量和 AOA：AOB *amoA* 基因丰度呈负相关。微生物残体氮含量与硝化速率、DNRA 速率和微生物 NUE 呈正相关。

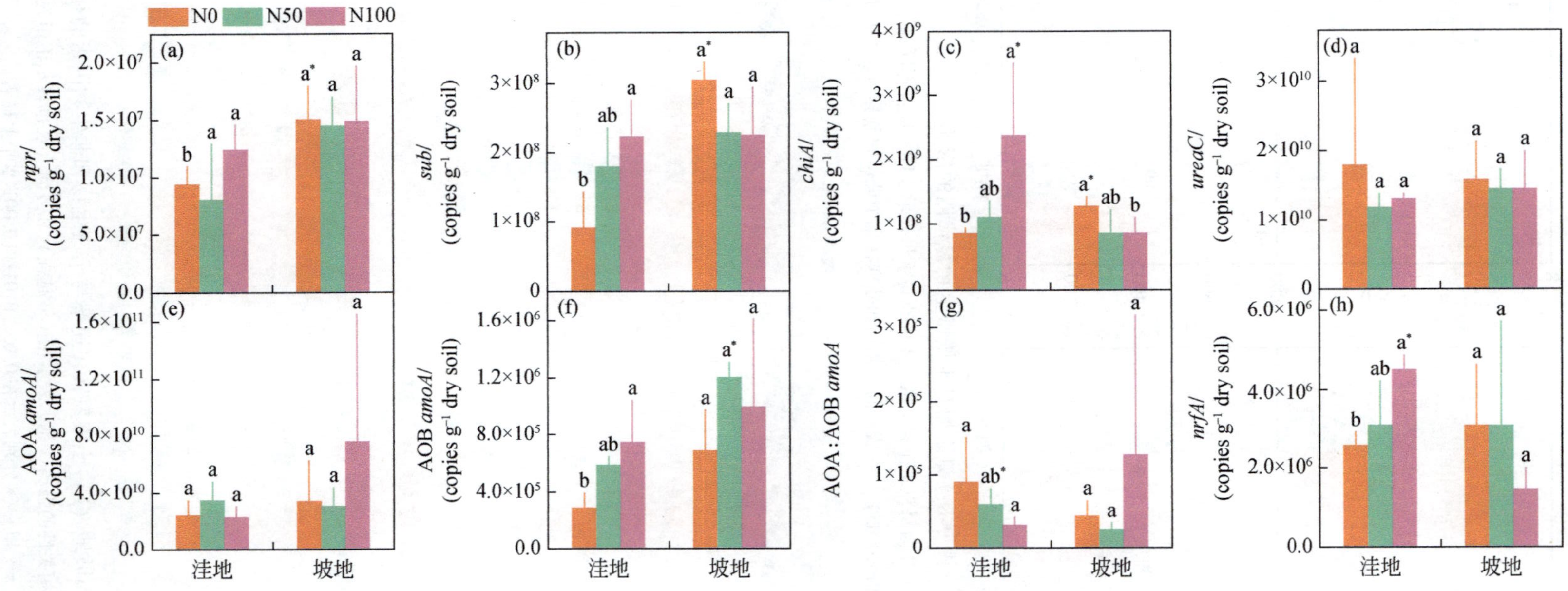

图 9-7　氮添加对土壤微生物功能基因丰度的影响

Copies g^{-1}dry soi为每克干图拷贝数不同小写字母表示在同一坡位不同氮添加处理间差异显著($P < 0.05$)。*表示同一氮添加处理在二个坡位间差异显著($P < 0.05$)。

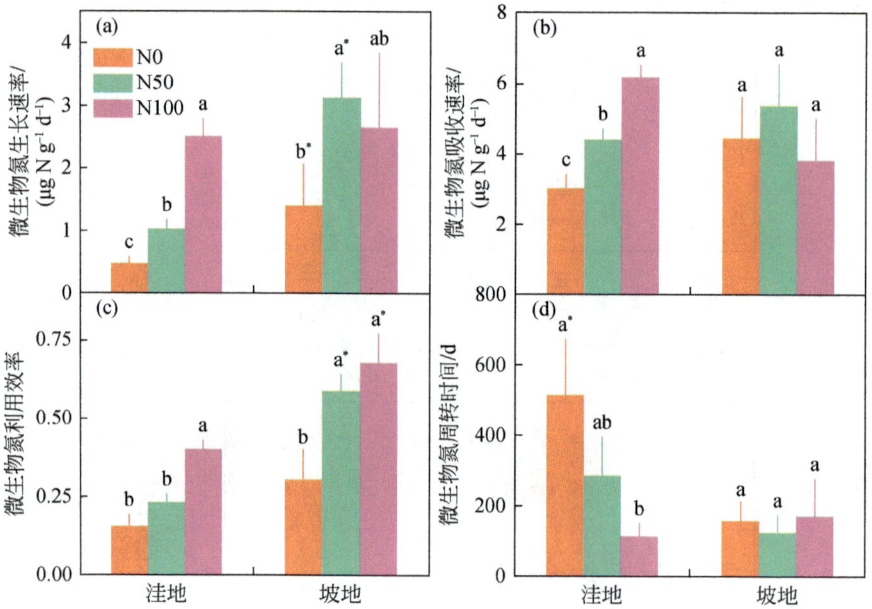

图 9-8　氮添加对土壤微生物氮代谢的影响

Copies g^{-1} dry soil 为每克干土拷贝数。不同小写字母表示在同一坡位不同氮添加处理间差异显著（$P<0.05$）。* 表示同一氮添加处理在二个坡位间差异显著（$P<0.05$）。

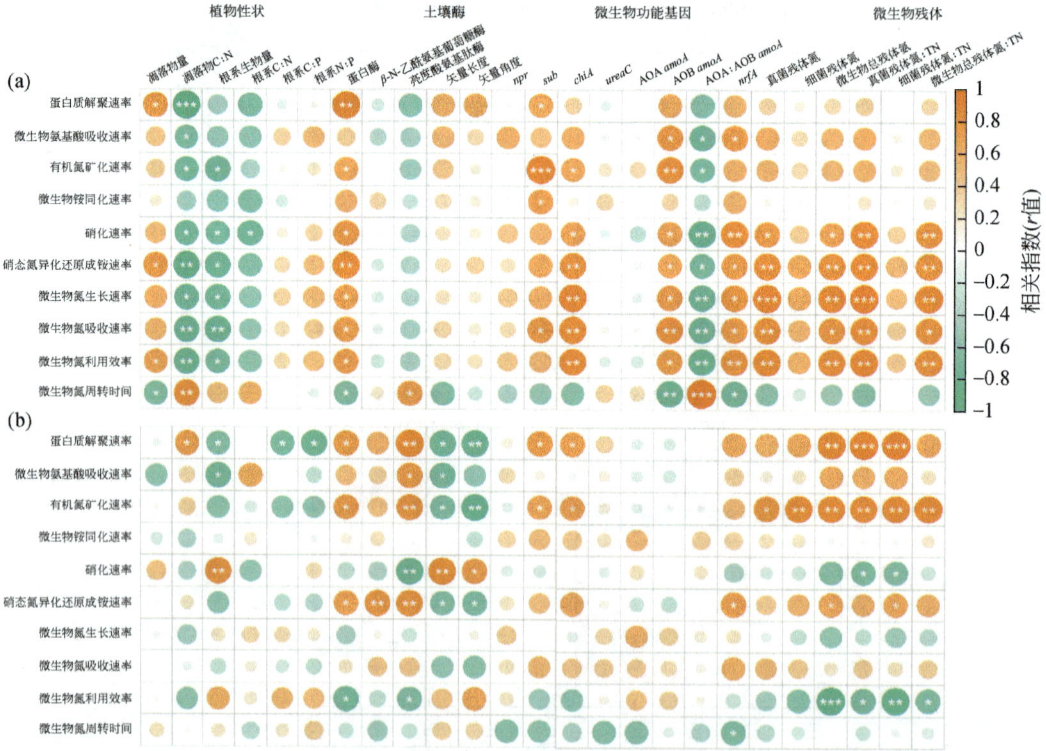

图 9-9　洼地（a）和坡地（b）土壤氮转化速率与土壤生物和非生物因素的相关性分析

图中圆圈的大小和颜色分别表示相关性的强弱（越大表示相关性越强）和方向（红色表示正相关，绿色表示负相关）。

*、** 和 *** 分别表示在 0.05、0.01 和 0.001 水平上显著。

在坡地，蛋白质解聚速率与根系生物量、根系 C：P、根系 N：P、矢量长度和矢量角度呈负相关，而与植物凋落物 C：N、蛋白酶活性、LAP 活性及 *chiA* 基因丰度呈正相关［图 9-9（b）］。氨基酸吸收速率与根系生物量、矢量长度呈负相关，而与 LAP 活性呈正相关。初级氮矿化速率与蛋白酶、LAP、*chiA* 基因丰度呈正相关，而与矢量长度和矢量角度呈负相关。硝化速率与根系生物量、矢量长度和矢量角度呈正相关，与 LAP 活性呈负相关。DNRA 速率与蛋白酶、NAG、LAP 活性呈正相关，而与矢量长度和矢量角度呈负相关。微生物 NUE 与蛋白酶、LAP 活性呈负相关。微生物残体氮含量与蛋白质解聚、氮矿化、DNRA 呈正相关，而与微生物 NUE 呈负相关。

可见，坡位显著影响多数氮转化过程。较高的土壤蛋白质解聚速率通常与较高的土壤 DON 含量紧密相关（Noll et al.，2019）。因此，本研究较高的土壤 DON 含量（表 9-2）可能是坡地蛋白质解聚速率高于洼地的重要原因。然而，两个坡位之间土壤初级氮矿化速率没有显著差异［图 9-6（c）］。研究表明，坡位影响森林土壤氮矿化速率是由于土壤 SOC 和 TN 的差异（Zhu et al.，2021）。然而，本研究中两个坡位间 SOC 和总氮的含量无显著差异（表 9-2），这可能解释了两个坡位间相似的初级氮矿化速率。土壤 pH 通过对土壤底物有效性和微生物活性、生物量的正效应而影响土壤硝化速率（Elrys et al.，2021）。因此，在本研究中，坡地土壤较高的硝化速率可能归因于其较高的土壤 pH（表 9-2）。土壤 NO_3^-、碳有效性和 pH 是控制 DNRA 速率的关键因素（Cheng et al.，2022）。本研究中，洼地和坡地的 NO_3^- 含量相似，但坡地土壤 DOC 含量和 pH 高于洼地（表 9-2）。因此，较高的 DNRA 速率［图 9-6（f）］可能部分归因于坡地土壤较高的 DOC 和 pH 水平。

微生物生长和 NUE 的增加以及微生物量周转时间的减少有利于微生物残体氮的积累。总溶解性氮（TDN）是微生物可利用的底物，因此土壤 TDN 含量越高，微生物生长速率越快（Zhang et al.，2019）。在本研究中，坡地土壤微生物生长速率高于洼地，但微生物周转时间却相反［图 9-8（a）（c）］，这可能是造成坡地土壤较高的微生物残体氮含量的重要影响。

本研究表明，氮添加显著增加了洼地蛋白质解聚速率，但降低坡地蛋白质解聚速率［图 9-6（a）］。以往也有研究表明，氮添加显著减少了蛋白质解聚速率（Chen et al.，2018），这与坡地的结果相似。蛋白酶活性与蛋白质解聚紧密相关（Landi et al.，2011）。在本研究中，氮添加后洼地土壤蛋白酶活性显著增加，而坡地蛋白酶活性显著降低［图 9-3（a）］，因此氮添加后蛋白质解聚速率的变化可能部分归因于蛋白酶活性的变化。此外，底物有效性增加也有利于提高微生物对复杂有机氮化合物的解聚速率。氮添加处理能增加植物生产力、凋落物数量和质量，可能导致底物可用性增加，进而增加蛋白质解聚（Greenfield et al.，2020）。在洼地，解聚速率与植物凋落物呈正相关，而与凋落物 C：N 呈负相关［图 9-9（a）］，说明氮添加提高了植物凋落物数量和质量，从而增加蛋白质解聚速率。有机氮解聚过程是由微生物对能量或养分的需求驱动的（Moreau et al.，2019）。在本研究中，用矢量长度和角度指示的微生物碳和磷的限制程度在坡地上均与蛋白质解聚速率呈显著负相关［图 9-9（b）］，表明蛋白质解聚速率的降低主要是由于微生物碳和磷限制程度加剧所致，从而抑制了微生物活性。此外，根系分泌物可以通过非生物过程促进有机–无机复合物中碳或养分的释放（Ding et al.，2021）。在本研究中，氮添加显著促进了坡地细根生物量［图9-3（c）］，说明植物会为细根生长投入更多的光合碳，以获得更多的养分。根系生物量的增加会导致根系分泌物的增加，这可能是解释氮添加导致坡地土壤蛋白质解聚速率降低的重要原因。蛋白质解聚产生游离氨基酸，可以直接供给微生物吸收利用（Mooshammer et al.，2012），因此，在两个坡位中微生物氨基酸吸收速率与蛋白质解聚速率具有相似的变化趋势［图9-6（a）（b）］。

微生物NUE是指微生物将吸收的有机氮转化为自身生物量氮的比例（Thompson，2019）。与本研究结果相似，以往也有研究发现氮添加显著增加了森林矿质土壤的微生物NUE（Li et al.，2021b）。当土壤微生物群落受到氮限制时，微生物NUE会相应增加。然而，氮添加处理提高了洼地土壤氮的有效性（表9-2），表明氮添加缓解了土壤微生物氮限制。因此，氮添加处理下洼地土壤NUE的增加并不是由微生物氮限制加剧所致。此外，蛋白质解聚速率增加是缓解微生物碳限制的必要条件（Spohn et al.，2016）。因此，蛋白质解聚速率增加可以为微生物提供更多的能量，从而促进微生物氮吸收和生长［图9-8（a）（b）］。然而，在本研究中，氮添加处理没有显著影响微生物氮吸收速率，但降低了坡地土壤初级氮矿化速率［图9-6（c）］。这些结果表明，氮添加处理下坡地土壤微生物重新分配了吸收的氮素，将更多的氮用以维持自身生长，而将较少的氮通过氮矿化过程释放到体外。

初级氮矿化速率通常由土壤碳、氮、磷水平以及相关酶和底物驱动（Cheng et al.，2020b），因此，植物凋落物质量和碳、氮、磷相关酶活性的增加可能促进土壤氮矿化速率（Darby et al.，2020）。在本研究中，洼地植物凋落物质量、蛋白酶活性、*sub* 和 *chiA* 基因丰度与初级氮矿化速率显著相关［图9-9（a）］，说明洼地土壤初级氮矿化速率的增加主要是由于微生物和/或植物对氮的需求增加所致。然而，氮添加降低了坡地土壤初级氮矿化速率。以往的研究表明，当森林土壤氮近饱和时，氮添加处理会抑制初级氮矿化速率（Corre et al.，2007）。本研究表明，坡地土壤初级氮矿化速率与矢量长度和角度呈显著的负相关［图9-9（b）］，说明氮添加降低坡地土壤初级氮矿化速率可能是由于微生物碳和磷限制加剧所导致。此外，微生物能从蛋白质解聚过程中获得充足的底物，以促进后续的氮矿化过程（Booth et al.，2005）。因此，坡地氮添加通过减少蛋白质解聚过程提供的底物从而抑制初级氮矿化速率。

硝化速率通常与NH_4^+含量或氮矿化速率紧密相关（Booth et al.，2005）。本研究表明，氮添加显著提高了洼地土壤硝化速率［图9-6（e）］。以往的研究表明，在亚热带森林氮添加可以直接为土壤硝化过程提供充足的底物（Zhao et al.，2017）。在本研究中，洼地土壤初级氮矿化速率与硝化速率呈显著正相关［图9-9（a）］，说明初级氮矿化速率的增加有助于提高硝化速率。此外，已有研究表明氮添加处理下充足的NH_4^+有益于AOB群落活性，从而促进硝化过程（Duan et al.，2022）。在本研究，在洼地氮添加显著增加了AOB *amoA* 基因丰度，这可能是导致土壤硝化速率增加的原因［图9-9（a）］。相比之下，在坡地氮添加并没有显著影响NH_4^+有效性、AOA和AOB *amoA* 基因丰度［表9-2，图9-7（e）（f）］，说明硝化速率的增加并不是由底物有效性及AOA和AOB *amoA* 基因丰度引起的。在碱性森林土壤中，氮添加处理提高了将氨完全氧化成硝态氮的完全氨氧化细菌群落（comammox）的活性（Li et al.，2020a）。在本研究中，所研究的土壤呈碱性，而氮添加并没有显著影响土壤pH（表9-2），因此氮添加引起硝化速率的变化可能是由comammox

群落的增加导致，但是这些推测需要进一步验证。

如上所述，土壤碳有效性增加有益于 DNRA 过程（Friedl et al.，2018）。本研究表明，高量氮添加增加了土壤 DOC 含量和 *nrfA* 基因丰度（表 9-2），这可能是解释洼地土壤中 DNRA 速率增加的重要原因。据报道，土壤磷含量的增加可能有利于反硝化过程，因此，氮添加会抑制土壤 DNRA 速率，因为氮添加处理加剧了 DNRA 与反硝化过程对底物的竞争关系（Deveautour et al.，2022）。本研究表明，氮添加处理降低了土壤 DOC：AVP 和 TDN：AVP（表 9-2），这间接说明氮添加处理增加了坡地土壤磷有效性。因此，在坡地氮添加通过增加土壤 AVP 可利用性水平导致 *nrfA* 基因丰度降低，进而有益于反硝化过程最终抑制 DNRA。

氮添加对土壤生物地球化学过程的影响具有累积效应，例如，单一、高剂量施氮的影响与长期、低剂量施氮的影响相似（Hall and Matson，1999）。因此，为了模拟长期大气氮沉降对生态系统结构、过程和功能的影响，开展了大量氮添加试验（Zheng et al.，2022）。在这些研究中，高量的氮添加旨在较短时间尺度内探索生态系统结构、过程和功能在相对较长时间尺度对真实大气氮沉降的响应模式和机制。这也可能解释了为什么多数土壤氮转化过程对 N50 处理的响应不显著，而对 N100 的响应显著。此外，在本研究中，氮添加后多数氮转化过程在洼地增加，而在坡地则降低。初级氮矿化、DNRA、微生物氮周转、真菌残体氮或微生物残体氮总量在洼地显著高于坡地。在 N100 处理下，洼地和坡地之间的几个氮转化过程速率无显著差异（图 9-10）。随着氮添加的继续，预计这些氮转化过程和氮库也会有显著性差异。

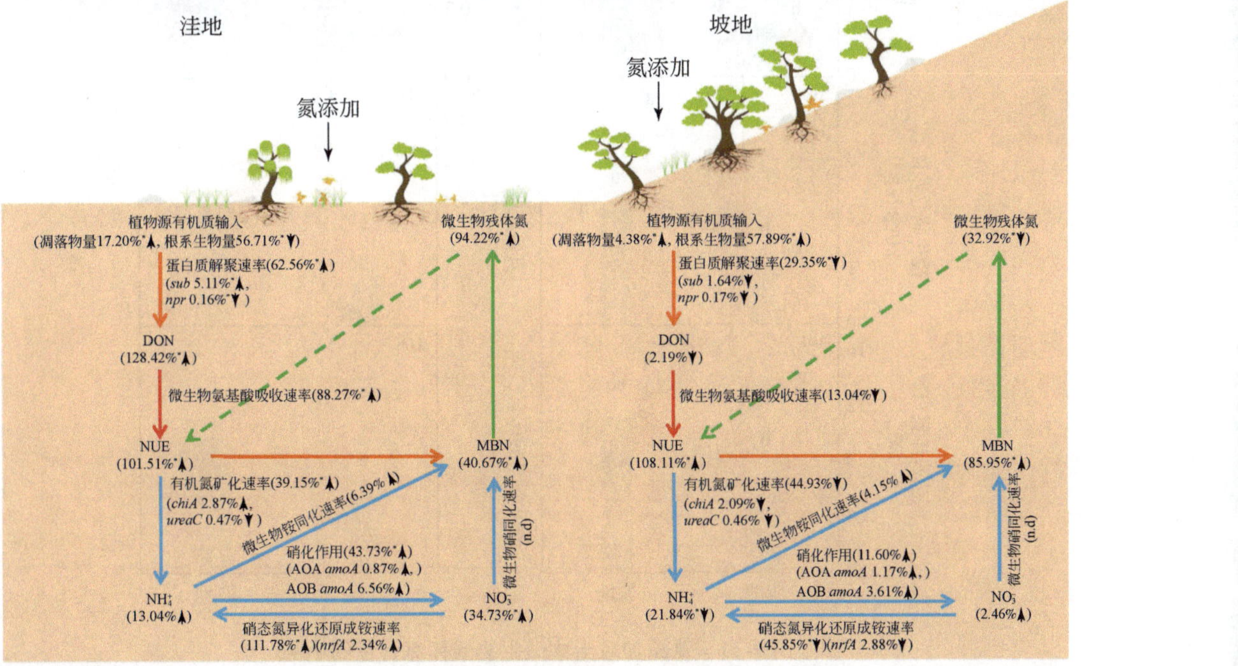

图 9-10　氮添加对洼地和坡地土壤氮转化过程影响格局

箭头朝上（↑）与朝下（↓）分别表示氮处理相比对照增加和下降。* 表示氮处理相比对照增加和下降的幅度在 0.1 水平上显著。

二、土壤微生物残体氮及其对氮添加的响应

氮添加与坡位的交互作用显著影响真菌和总微生物残体氮含量（表 9-3）。N0 处理下洼地土壤真菌、细菌和总微生物残体氮含量分别为 0.68±0.08mg N g^{-1}、0.35±0.13mg N g^{-1}和 1.03±0.13mg N g^{-1} [图 9-11（a）~（c）]，分别占土壤全氮的 18.48%、9.62% 和 28.09% [图 9-11（d）~（f）]。N0 处理下，坡地土壤真菌、细菌和总微生物残体氮的含量分别为 2.15±0.74mg N g^{-1}、0.71±0.26mg N g^{-1}和 2.86±0.99mg N g^{-1} [图 9-11（a）~（c）]，分别占土壤全氮的 40.83%、13.35% 和 54.18% [图 9-11（d）~（f）]。与 N0 相比，N50 处理对两个坡位土壤真菌残体氮含量无显著影响，但 N100 处理导致洼地土壤真菌残体氮含量增加了 234.12%，导致坡地土壤真菌残体氮含量减少了 42.89% [图 9-11（a）（c）]。氮添加处理对两个坡位土壤细菌残体氮含量无显著影响 [图 9-11（b）]。与 N0 相比，N100 处理导致洼地土壤微生物总残体氮量增加了 184.87%，但氮添加没有显著影响坡地土壤微生物总残体氮含量 [图 9-11（c）]。

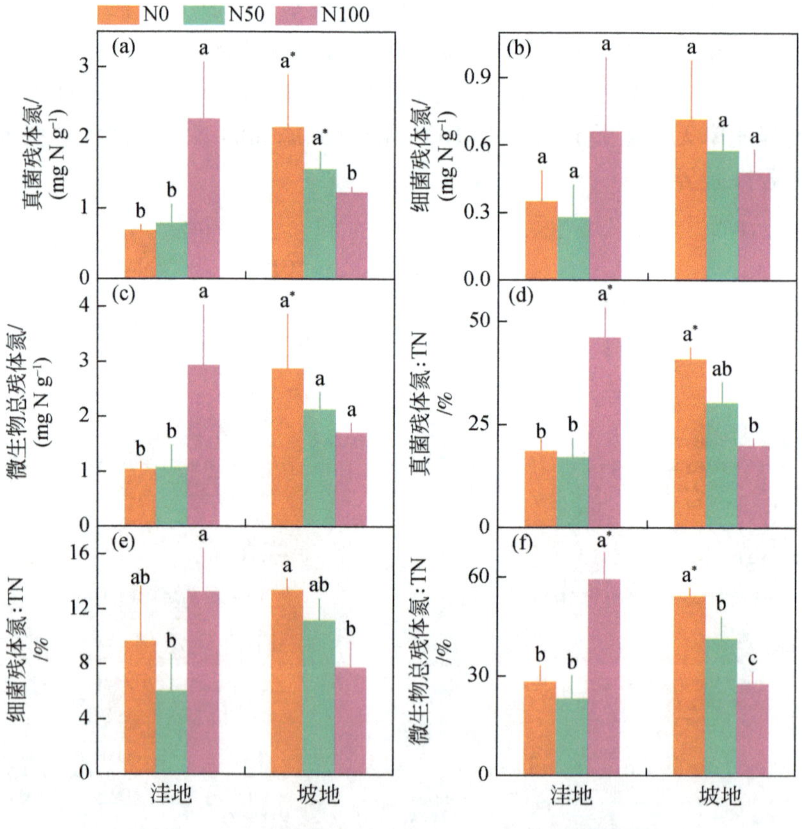

图 9-11　氮添加对土壤微生物残体氮含量的影响

不同小写字母表示在同一坡位不同氮添加处理间差异显著（$P<0.05$）。

* 表示同一氮添加处理在二个坡位间差异显著（$P<0.05$）。

土壤氮有效性增加通过促进土壤微生物对无机氮的吸收进而增加微生物残体氮的累积。然而，在本研究中，氮添加并没有显著影响微生物对 NH_4^+ 和 NO_3^- 吸收速率（图 9-10），因此，氮添加促进微生物残体氮含量应不是由微生物对无机氮吸收的增加所致。与土壤无机氮库相比，土壤有机氮如氨基酸由于浓度低、相对稳定且周转快，从能量角度考虑氨基酸比无机氮更容易被微生物吸收（Charteris，2019）。在本研究中，氮添加显著增加了洼地土壤氨基酸吸收速率［图 9-6（b）］。氨基酸吸收速率的提高通过加快微生物生长、NUE 和周转促进洼地微生物残体氮的累积，因为微生物 NUE 增加和周转时间降低有利于微生物残体氮的累积（Sokol et al.，2022）。此外，有机物输入为微生物代谢提供了能量和养分，有助于增加微生物的生长和生物量，从而促进微生物残体氮的累积（Li et al.，2020b）。本研究中，洼地植物凋落物 C∶N 与微生物 NUE 和周转时间呈显著负相关［图 9-9（a）］，说明更高的凋落物质量有助于提高微生物 NUE、降低周转时间，从而增加微生物对氮的保留。因此，微生物 NUE 增加和周转时间降低是外源氮添加下洼地土壤微生物残体氮积累的主要原因。

在坡地，氮添加增加了微生物 NUE 和生物量氮［图 9-8（c），表 9-2］，因此，氮添加引起的微生物残体氮与土壤全氮的比值降低可能并不是由微生物 NUE 和生物量氮的变化造成。由于微生物残体是土壤有机质的重要组成部分，微生物碳和磷限制程度加剧会促使微生物利用残体碳和磷以满足其自身对碳或磷的需求（Buckeridge et al.，2022）。因此，微生物碳和磷的限制会导致微生物残体的消耗。在本研究中，氮添加加剧了坡地土壤微生物碳和磷的限制程度。因此，氮添加通过对微生物残体氮的分解减少了坡地土壤微生物残体氮的积累。

三、结论

土壤氮转化过程对氮添加的响应因坡位而异。由于土壤 DOC、TDN 和 pH 较高，坡地土壤蛋白质解聚、氨基酸吸收、硝化和 DNRA 速率均显著高于洼地。氮添加通过缓解微生物碳和氮限制程度增加了洼地土壤蛋白质解聚、氨基酸吸收、氮矿化、硝化和 DRNA 速率，并通过加剧微生物碳和磷限制程度减少了坡地土壤蛋白质解聚、氨基酸吸收、氮矿化和 DRNA 速率。此外，土壤蛋白质解聚、氨基酸吸收、氮矿化、微生物 NUE 增加和周转时间降低促进了洼地微生物残体氮的积累。然而，氮添加引起的微生物碳和磷限制程度加剧减少了坡地土壤微生物残体氮的积累。

第三节　模拟大气氮沉降对喀斯特森林洼地和坡地土壤微生物碳与氮利用效率的影响机制

微生物碳利用效率（CUE）和氮利用效率（NUE）是影响土壤有机碳和氮去向的重要参数（Spohn et al.，2016；Zhang et al.，2019）。微生物 CUE（或 NUE）表示用于生长的碳（或氮）相对于微生物吸收的总有机碳（或氮）的比例，其中不用于生长的碳（或氮）通过微生物呼吸（或氮矿化）释放到环境中（Fuchslueger et al.，2019）。因此，微生物

CUE 和 NUE 能一定程度反映土壤中碳和氮的保留能力。虽然 CUE 在调节土壤碳储存和流失方面的作用已被广泛研究，但对 NUE 的研究相对较少。

底物化学计量比一定程度上决定了微生物是否分泌酶来获取所需资源，因此，在调控微生物 CUE 和 NUE 方面具有重要作用（Zhang et al.，2019；Li et al.，2021a）。根据化学计量稳态理论，较高的土壤 C：N 通常与较低的微生物 CUE 和较高的 NUE 有关，因为微生物需要通过溢出呼吸和合成酶以获取所需养分来维持其自身 C：N 稳态平衡（Feng et al.，2021）。反之，当土壤 C：N 较低时，微生物保存更多的碳在体内，并通过初级氮矿化过程释放多余的氮，因此微生物可能会增加 CUE 的同时降低 NUE（Mooshammer et al.，2014）。微生物 CUE 和 NUE 是群落的特征之一，反映了微生物群落组成与可利用资源化学计量比之间的复杂相互作用（Preusser et al.，2017）。微生物 CUE 也可能受到系统发育限制，表明不同的微生物群落可能会导致微生物 CUE 的差异。例如，Domeignoz-Horta 等（2020）发现，微生物群落组成的变化与 CUE 关联，CUE 与细菌多样性呈正相关，而与真菌多样性没有显著的相关性。然而，其他研究发现微生物多样性与 CUE 之间的关系为无显著（Malik et al.，2018）或负相关关系（Zhang et al.，2020）。在人为管理的草原土壤，较低的真菌：细菌生物量（F：B）与较高的微生物 CUE 紧密相关，但与 NUE 无明显关系（Fuchslueger et al.，2019）。不同微生物群落的代谢特征存在差异，真菌较细菌具有更高的 CUE。由于微生物群落组成与土壤基质的数量和质量密切相关（Zhang et al.，2018b），因此，非生物环境（如资源限制和有效性）变化也会引起微生物群落组成和多样性的变化，从而影响 CUE 和 NUE。

大气氮沉降增加会影响土壤资源有效性、微生物群落组成，进而影响微生物代谢（Li et al.，2021b）。在高寒草原持续6 年的氮添加试验表明，氮添加增加了微生物生长速率与 CUE（Feng et al.，2022）。在温带森林氮添加通过增加微生物氮吸收速率和降低初级氮矿化速率提高了有机层土壤微生物 NUE；有机层土壤中真菌群落结构与 CUE 也呈显著的正相关，矿质土壤中细菌群落结构则与微生物 CUE 和 NUE 均呈显著的正相关（Li et al.，2021b）。然而，目前关于底物有效性以及微生物群落组成如何同时影响微生物 CUE 和 NUE 研究尚不清楚。

坡位也能影响土壤碳和养分的有效性，从而影响底物的化学计量比，进而影响土壤微生物或酶活性、微生物群落丰度和组成。例如，在山地针叶林中，洼地土壤酶活性显著低于坡地（Keller et al.，2023）。坡位也影响大气沉降氮的去向，从而影响土壤氮状况，并导致不同坡位之间微生物对外源氮添加响应存在差异（Zhu et al.，2021）。

本研究中土壤采样、微生物氮利用效率、初级氮矿化速率测定见本章第一节。土壤 DNA 提取后一部分利用高通量测序方法测定细菌和真菌群落的多样性，并计算了细菌和真菌群落的丰富度与生物量之比（richness：biomass），用来表示微生物多样性相对于生物量的高低程度（Bastida et al.，2021）。参考 Zheng 等（2019）采用短期培养实验测定微生物呼吸、微生物碳生长速率和 CUE。

一、氮添加对洼地和坡地土壤生物与非生物因素的影响

在洼地，氮添加显著降低了土壤 C：N，但 N50 和 N100 处理之间没有显著差异［图

9-12（a）]。N50 处理没有显著影响土壤 TDN∶AVP，但 N100 处理显著增加了土壤 TDN∶AVP［图 9-12（f）]。在坡地，氮添加显著降低土壤 DOC∶AVP［图 9-12（e）]、MBC∶MBN［图 9-12（g）］和 $SI_{C:P}$［$SI_{C:P}$=（C∶P）/（MBC∶MBP），图 9-12（k）]。与 N0 处理相比，土壤 TDN∶AVP［图 9-12（f）］和 $SI_{N:P}$［$SI_{N:P}$=（N∶P）/（MBN∶MBP），图 9-12（l）］未受 N50 处理显著影响，但在 N100 处理下显著降低［图 9-12（f）（l）]。土壤 MBC∶MBP 在 N50 处理下显著增加，但在 N100 处理下没有显著变化［图 9-12（h）]。在 N100 处理下，坡地土壤 C∶P 和 N∶P 显著高于洼地［图 9-12（b）（c）]。在 N0 或 N50 处理下，坡地土壤 DOC∶AVP 和 TDN∶AVP 显著高于洼地［图 9-12（e）（f）]。N0 处理下，坡地土壤 $SI_{C:P}$和 $SI_{N:P}$显著高于洼地［图 9-12（k）（l）]。

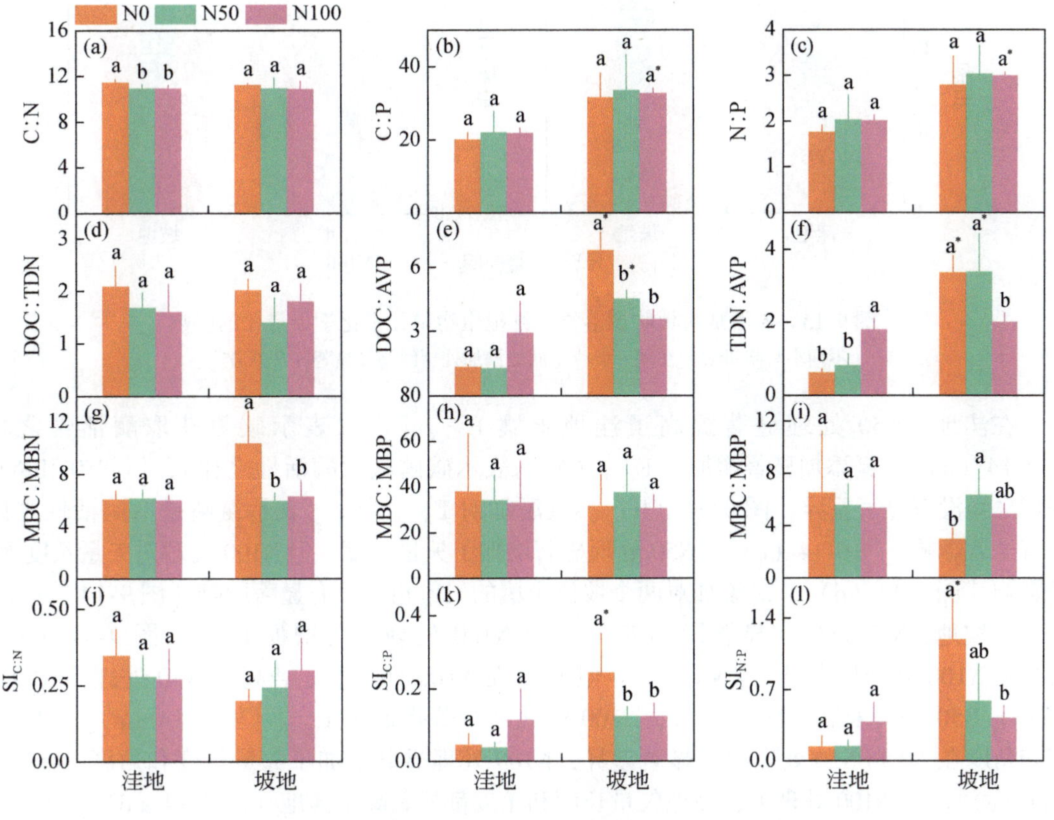

图 9-12　氮添加对土壤碳、氮和磷化学计量比的影响

不同小写字母表示在同一坡位不同氮添加处理间差异显著（P<0.05）。* 表示同一氮添加处理在二个坡位间差异显著（P<0.05）。

在洼地，氮添加处理显著降低了植物凋落物 C∶N，但在 N50 和 N100 处理之间没有显著差异［图 9-13（a）]。N50 处理对植物细根 C∶N 没有显著影响，但 N100 处理显著降低了细根 C∶N［图 9-13（b）]。氮添加处理对细根 C∶P 和 N∶P 无显著影响［图 9-13（c）（d）]。在坡地，氮添加未显著影响坡地植物凋落物 C∶N、细根 C∶N 和 N∶P［图 9-13（a）（b）（d）]。然而，N50 处理显著增加了细根 C∶P，但 N100 对细根 C∶P 无显著影响［图 9-13（d）]。

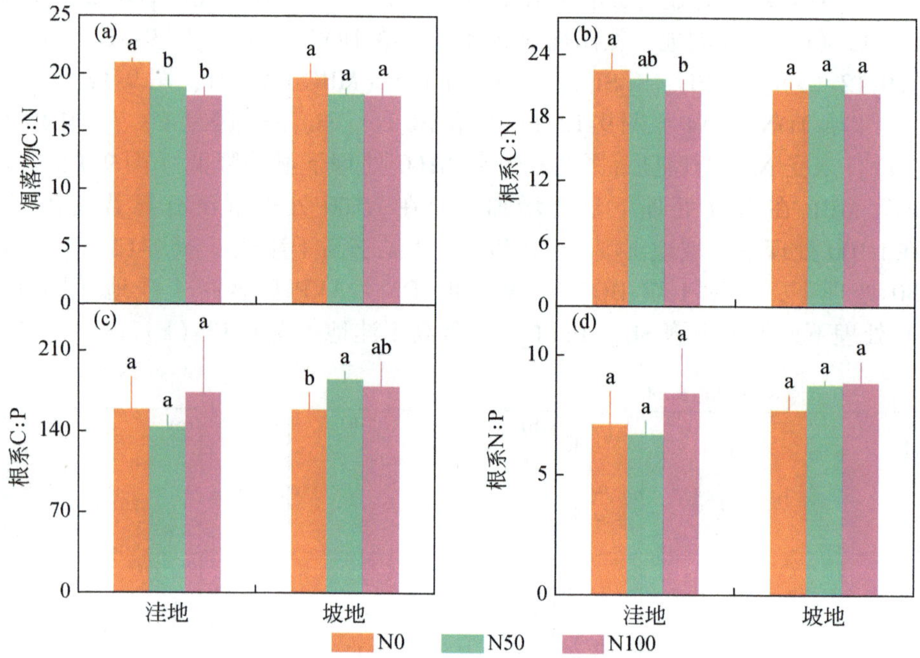

图 9-13　氮添加对植物凋落物和细根生物量元素化学计量比的影响

不同小写字母表示在同一坡位不同氮添加处理间差异显著（$P<0.05$）。

在洼地，N50 处理显著提高了洼地土壤 $E_{C:N}$［$E_{C:N}$表示碳氮获取酶活性之比；图 9-14（a）］。氮添加显著增加了 $E_{C:P}$（$E_{C:P}$表示碳磷获取酶活性之比），但 N50 和 N100 处理之间没有显著差异［图 9-14（b）］。氮添加对 $E_{N:P}$（$E_{N:P}$表示氮磷获取酶活性之比）没有显著影响［图 9-14（c）］。N50 处理显著增加了矢量长度，但 N100 处理对矢量长度无显著影响［图 9-14（d）］。氮添加对两个坡位土壤的矢量角度没有显著影响［图 9-14（e）］。

在坡地，N50 处理未显著影响 $E_{C:N}$，但 N100 处理显著增加 $E_{C:N}$［图 9-14（a）］。N50 和 N100 处理均未显著影响 $E_{C:P}$，但 $E_{C:P}$在 N100 处理下显著高于 N50 处理［图 9-14（b）］。N50 处理未显著影响 $E_{N:P}$，N100 处理则显著降低了 $E_{N:P}$［图 9-14（c）］。矢量长度和角度在 N0 和 N50 处理间无显著差异，N100 处理显著增加了矢量长度和角度［图 9-14（d）（e）］。在 N100 处理下，坡地矢量长度和角度都显著高于洼地［图 9-14（d）（e）］。

在洼地，氮添加处理对真菌多样性、生物量，以及细菌多样性、丰富度、生物量和细菌丰富度：生物量均没有显著影响（图 9-15）。氮添加显著增加了真菌的丰富度，但在 N50 和 N100 处理间无显著差异［图 9-15（b）］。真菌丰富度：生物量在 N0 和 N50 处理间无显著差异，N100 处理显著增加了真菌丰富度：生物量［图 9-15（d）］。在坡地，氮添加对真菌多样性、生物量，以及细菌多样性、生物量和细菌丰富度：生物量没有显著影响（图 9-15）。与 N0 相比，N50 处理并没有显著影响真菌丰富度和丰富度：生物量，但 N100 处理显著增加了丰富度：生物量［图 9-15（b）（d）］。细菌丰富度在 N50 处理下没有显著变化，但在 N100 处理下显著降低［图 9-15（f）］。在不同氮处理下，坡地土壤真菌和细菌生物量都显著高于洼地［图 9-15（c）（g）］；真菌和细菌的丰富度：生物量在洼地显

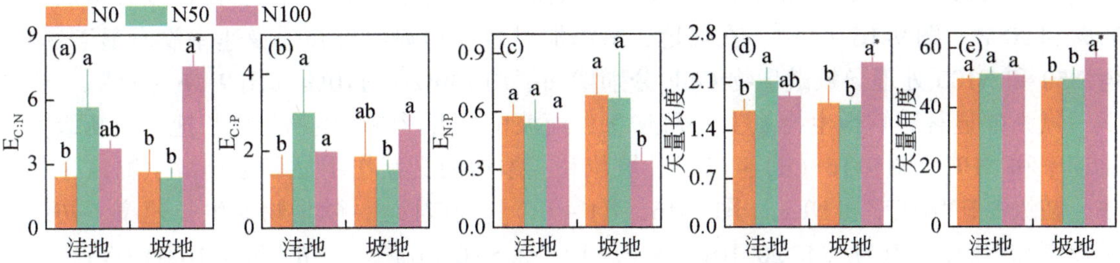

图 9-14 氮添加对土壤酶活性化学计量比的影响

不同小写字母表示在同一坡位不同氮添加处理间差异显著（$P<0.05$）。＊表示同一氮添加处理在二个坡位间差异显著（$P<0.05$）。

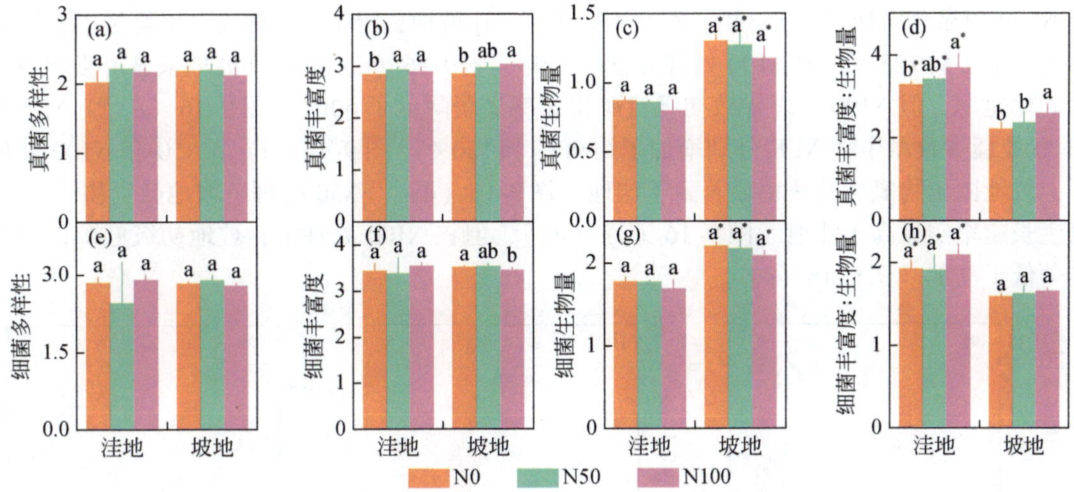

图 9-15 氮添加对真菌和细菌的多样性和生物量的影响

不同小写字母表示在同一坡位不同氮添加处理间差异显著（$P<0.05$）。＊表示同一氮添加处理在二个坡位间差异显著（$P<0.05$）。

著高于坡地［图 9-15（d）（h）］。

二、氮添加对洼地和坡地土壤微生物碳和氮利用效率的影响

氮添加显著影响微生物 CUE，而坡位显著影响微生物碳生长和 CUE［图 9-16（a）~（c）］。坡位与氮添加的交互作用显著影响微生物呼吸速率和 CUE［图 9-16（b）（c）］。对于对照样方，洼地土壤微生物碳生长速率、呼吸速率和 CUE 平均值分别为 2.9±0.6μg C g^{-1} d^{-1}、16.9±2.8μg C g^{-1} d^{-1}和 0.14±0.01μg C g^{-1} d^{-1}；坡地土壤的平均值分别为 13.3±3.0μg C g^{-1} d^{-1}、68.8±37.6μg C g^{-1} d^{-1}和 0.18±0.06μg C g^{-1} d^{-1}［图 9-16（a）~（c）］。在洼地，微生物碳生长速率在 N50 和 N100 处理下分别相比对照增加了 120% 和 420%［图 9-16（a）］；N50 处理没有显著影响微生物呼吸速率，N100 处理则导致微生物呼吸速率显

著增加了约 165% ［图 9-16（b）］；N50 和 N100 处理分别导致微生物 CUE 显著增加了约 35% 和 90% ［图 9-16（c）］。在坡地，氮添加对微生物碳生长和呼吸速率没有显著影响，但 N50 和 N100 处理导致微生物 CUE 分别增加了约 130% 和 110% ［图 9-16（c）］。

氮添加显著影响微生物氮生长和 NUE，而坡位显著影响微生物氮生长速率、初级氮矿化速率和 NUE［图 9-16（d）~（f）］。坡位和氮添加的交互作用显著影响微生物氮生长速率、初级氮矿化速率和 NUE［图 9-16（d）~（f）］。在洼地，微生物氮生长速率、初级氮矿速率和 NUE 均值为 $0.48\pm0.10\mu g\ N\ g^{-1}\ d^{-1}$、$2.5\pm0.4\mu g\ N\ g^{-1}\ d^{-1}$ 和 $0.16\pm0.03\mu g\ N\ g^{-1}\ d^{-1}$，坡地的平均值分别为 $1.4\pm0.7\mu g\ N\ g^{-1}\ d^{-1}$、$3.1\pm0.8\mu g\ N\ g^{-1}\ d^{-1}$ 和 $0.3\pm0.1\mu g\ N\ g^{-1}\ d^{-1}$［图 9-16（d）~（f）]）。在洼地，N50 处理导致微生物氮生长速率提高了约 115%，而 N100 处理下提高了约 430% ［图 9-16（d）］；N50 和 N100 处理导致初级氮矿化速率分别提高了约 30% 和 45% ［图 9-16（e）］；微生物 NUE 未受 N50 处理的显著影响，但 N100 比 N0 处理显著增加了约 155% ［图 9-16（f）］。在坡地，N50 处理导致微生物氮生长速率显著增加了约 125%，但 N100 处理无显著影响［图 9-16（d）］；N50 处理未显著影响初级氮矿化速率，但 N100 处理导致初级氮矿化速率显著降低了 60% ［图 9-16（e）］；N50 和 N100 处理导致微生物 NUE 分别增加了约 90% 和 120% ［图 9-16（f）］；N50 和 N100 处理下，坡地微生物氮生长速率显著高于洼地［图 9-16（d）］。N50 处理下坡地微生物 CUE 和氮生长速率明显高于洼地［图 9-16（c）（d）］，但在 N100 处理下，坡地初级氮矿化速率显著低于洼地［图 9-16（e）］。

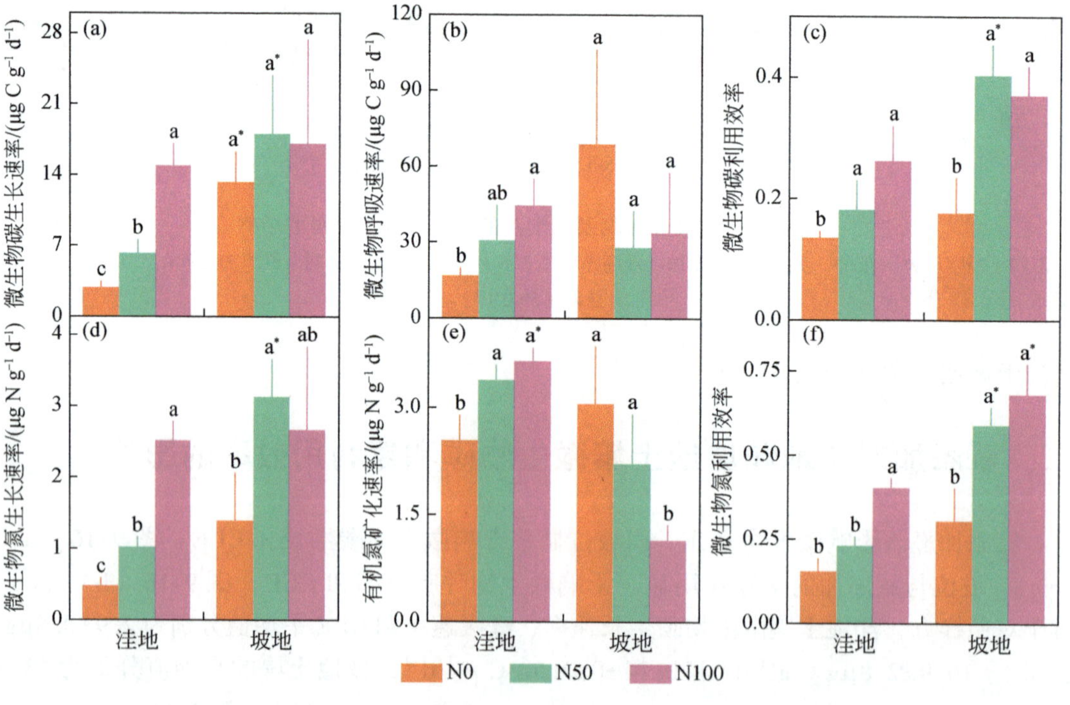

图 9-16　氮添加对微生物碳和氮代谢的影响

不同小写字母表示在同一坡位不同氮添加处理间差异显著（$P<0.05$）。* 表示同一氮添加处理在二个坡位间差异显著（$P<0.05$）。

本研究表明对照样方两个坡位之间微生物 CUE 无显著差异［图 9-16（c）］，但洼地微生物碳生长速率显著低于坡地［图 9-16（a）］。对照样方两个坡位之间矢量长度无显著差异［图 9-14（d）（e）］，因此，尽管洼地土壤 DOC 含量较低，但两个坡位之间微生物碳限制程度无显著差异。这可能是造成两个坡位之间微生物 CUE 无显著差异的重要原因。

两个坡位之间对照样方土壤微生物 NUE 相似。前期研究表明，坡地对照样方土壤 TDN 含量要高于洼地（表 9-2）（Duan et al., 2022）。然而，两个坡位之间土壤微生物氮的生长、初级氮矿化速率和 NUE 均无显著差异［图 9-16（d）~（f）］。与本研究不同，以往有些研究发现较高的土壤氮有效性常伴随着较高的微生物 NUE（Wild et al., 2015）。本研究中，洼地与坡地之间的土壤 C：N（11.5±0.1 与 11.2±0.1）和 DOC：TDN（2.1±0.4 与 2.0±0.2）均没有显著差异。根据微生物的资源需求，当底物 C：N 较高时，微生物会增加其自身的 NUE。因此，尽管土壤 TDN 含量有差异，但土壤中相似的 C：N 可能解释了两个坡位间相似的 NUE。

氮添加对微生物碳和氮代谢的影响因坡位而异。如上所述，较高的微生物 CUE 和 NUE 往往与较高的土壤有效碳和氮有关（Wild et al., 2015）。在本研究中，尽管在 N50 处理下，坡地和洼地土壤 DOC 和 TDN 含量没有显著差异，但坡地的 DOC：AVP 和 TDN：AVP 明显高于洼地（表 9-2）。洼地中 N50 处理下较低的 DOC：AVP 和 TDN：AVP 是由于较高的 AVP 含量造成的（表 9-2）。在 N50 处理下，初级氮矿化速率显著增加，可能导致洼地土壤中释放出更多的有效磷，尽管在 N50 处理下洼地中氮矿化速率并没有显著高于坡地的氮矿化速率［图 9-16（e）］。此外，更多的微生物量碳经常伴随较高的微生物 NUE（Zhang et al., 2019）。本研究也发现在 N100 处理下微生物量碳、真菌和细菌生物量均以坡地显著高于洼地［表 9-2，图 9-15（c）（g）］。因此，N100 处理下较高的微生物量可能导致了坡地较高的微生物 NUE［图 9-16（f）］。

本研究中无论坡位如何，氮添加处理都显著增加了微生物 CUE，这与以往研究一致。对于农田土壤，长期施用氮肥可以通过提高微生物碳生长速率来增加微生物 CUE（Feng et al., 2022），而在草原土壤中，氮添加通过减少微生物呼吸速率来增加微生物的 CUE。在本研究中，氮添加处理显著增加了洼地土壤微生物碳生长速率，但对坡地微生物碳生长速率没有显著影响［图 9-16（a）］。两个坡位间的微生物碳生长速率对氮添加的响应不同，这可能是由于土壤氮有效性的差异造成的（Feng et al., 2022）。在高氮（N100）处理下，微生物可能分配更多的碳用于生物量合成（Manzoni and Porporato, 2009），从而提高微生物碳生长速率和 CUE。氮添加处理显著增加了洼地土壤 TDN 含量（表 9-2），且 TDN 含量与微生物碳生长速率呈正相关关系［图 9-18（a）］，这有助于提高洼地土壤微生物 CUE。相比之下，N100 处理显著增加了洼地土壤微生物呼吸速率，但没有显著影响坡地微生物呼吸速率［图 9-16（b）］。

以往研究发现，氮添加处理下土壤碳和养分的有效性及 C：N：P 化学计量比的变化是驱动草原和森林土壤微生物呼吸速率关键因素（Ning et al., 2021）。微生物 CUE 与土壤 C：N 呈负相关（Li et al., 2015）。主要原因是因为微生物生物量 C：N 相对稳定，当底物 C：N 高时，微生物将多余的碳以呼吸的形式释放出细胞外，因为 CUE 相对较低；而当底物的 C：N 较低时，微生物通过氮矿化以铵氮形式将多余的氮释放出细胞外，CUE 相应较高（Cheng et al.，2014）。本研究中，氮添加显著提高了洼地土壤 TDN 含量，从而降低了土壤 C∶N（表 9-2），因此，底物有效性和化学计量比都有助于氮添加后洼地土壤微生物 CUE 的增加。土壤酶活性的化学计量比结果表明，N50 处理显著增加了洼地土壤矢量长度［图 9-14（d）］，表明氮添加加剧了微生物碳限制。因此，微生物对碳的需求增加，相应导致 CUE 增加。

植物在调节微生物 CUE 变化方面也起着重要作用。本研究中氮添加对两个坡位植物凋落物中元素化学计量比的影响存在差异［图 9-17（a）（c）］。在洼地，氮添加通过降低植物凋落物 C∶N 提高了微生物 CUE［图 9-17（a）］。与洼地相反，氮添加增加了坡地细根 N∶P，从而减少了微生物呼吸速率，最终增加了微生物 CUE［图 9-17（c）］。据报道，在氮添加处理下，根部通过增加细根生物量从而减少细根 N∶P，继而从营养吸收功能转向营养运输功能（Zhu et al.，2020）。N100 处理显著增加了坡地细根生物量［图 9-5（c）］，表明外源氮输入增加可能促使磷元素从根部运输到叶片。因此，植物对磷吸收的增加可能进一步加剧了土壤微生物对磷的限制，从而抑制了微生物的活性，导致坡地土壤微生物呼吸速率降低。尽管氮添加没有显著影响坡地细根 N∶P［图 9-13（d）］，但 N50 处理显著增加了细根 C∶P［图 9-13（c）］，表明氮添加对根系磷含量有负效应。磷元素是微生物细胞壁和 ATP 的重要组成元素，可以调节微生物的生长和功能（Macdonald et al.，2018）。因此，底物中磷含量的减少可能会抑制微生物呼吸，从而有助于微生物 CUE 增加。

氮添加也可通过影响微生物群落组成来调节微生物 CUE［图 9-17（a）］。以往研究表明，氮添加会影响微生物群落的多样性和生物量（Zhang et al.，2018b），微生物群落的变化也会反过来影响微生物 CUE（Domeignoz-Horta et al.，2020）。一项整合分析表明，较高的真菌丰富度∶生物量常常伴随着较低的微生物呼吸率（Bastida et al.，2021）。本研究中氮添加增加了洼地土壤真菌丰富度∶生物量［图 9-15（d）］，从而抑制微生物呼吸，相应促进了微生物碳生长速率，最终增加了微生物 CUE。这可能是因为真菌群落在分泌降解有机物的胞外酶方面占有优势，有利于微生物的生长（Bonner et al.，2018）。

结构方程模型分析表明，在洼地氮添加通过降低植物凋落物 C∶N 和增加真菌丰富度∶生物量增加了微生物 CUE，该模型解释度为 92%［图 9-17（a）］。在坡地，氮添加一方面通过降低土壤 DOC∶AVP 进而促进 CUE；另一方面，土壤 DOC∶AVP 减少和细根 N∶P 增加通过降低微生物呼吸而增加了微生物 CUE，该模型解释度为 78%［图 9-17（c）］。在洼地，氮添加通过增加土壤 TDN∶AVP 和真菌丰富度∶生物量而促进微生物氮生长速率，最终导致微生物 NUE 增加［图 9-17（b）］。在坡地，氮添加通过降低土壤 DOC∶AVP 导致初级氮矿化速率下降，最终引起微生物 NUE 增加［图 9-17（d）］。这些模型对洼地和坡地土壤微生物 NUE 解释度分别为 86% 和 64%。

可见，在两个坡位氮添加都会增加微生物 NUE。最近的一项研究表明，氮添加提高了森林矿质土壤微生物 NUE，而且较高的微生物 NUE 通常伴随着较高的微生物氮生长速率和较低的初级氮矿化速率（Li et al.，2021b）。本研究中氮添加增加了两坡位的微生物氮吸收以促进其生长，但氮添加减少了坡地土壤初级氮矿化速率，而增了洼地初级氮矿化速率［图 9-16（d）~（f）］。研究表明，微生物氮吸收会随着底物中氮可利用性增加而增加

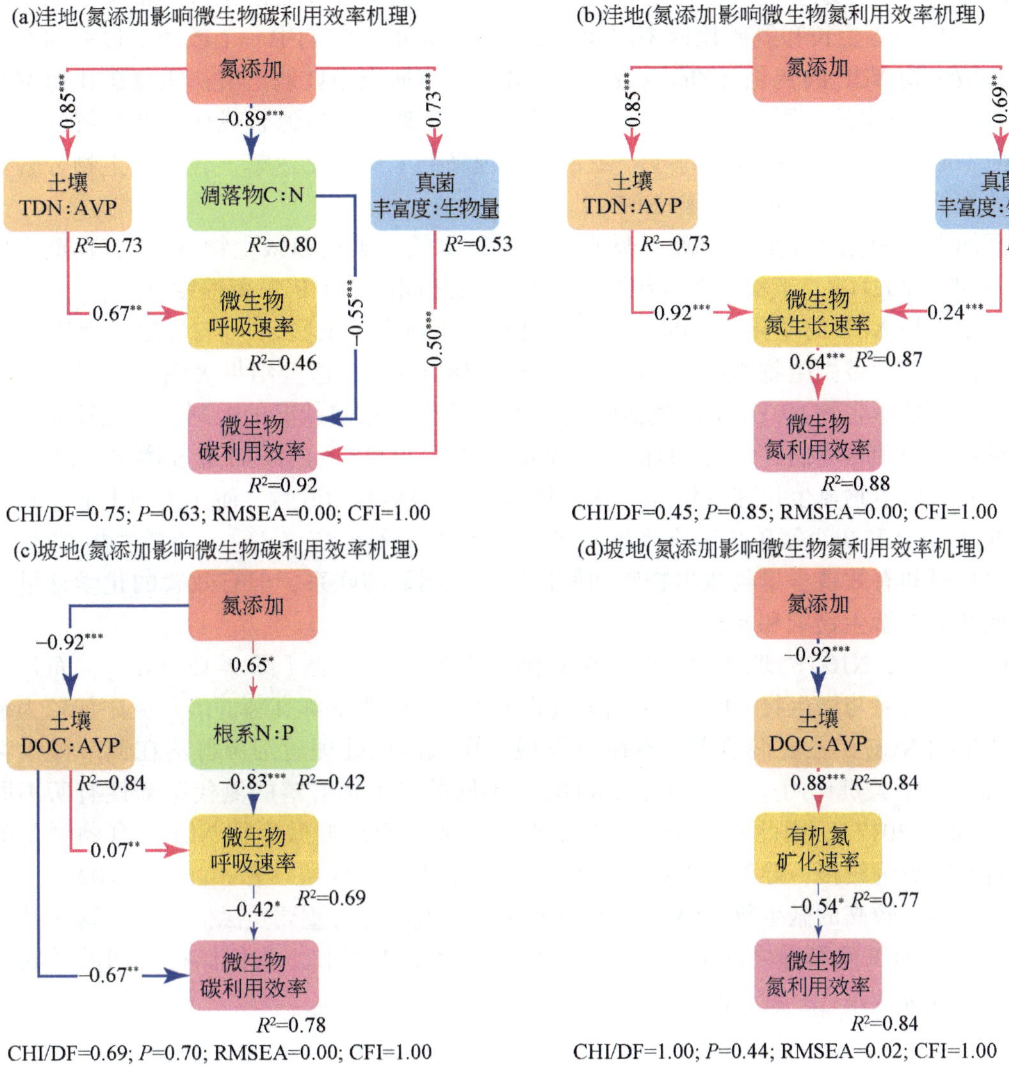

图 9-17 氮添加影响微生物碳和氮利用效率的机理

*、** 和 *** 分别表示在 0.05、0.01 和 0.001 水平上显著。

(Wild et al., 2015)。本研究中 N100 处理明显提高了洼地土壤 TDN 含量和 TDN：AVP（表 9-2）。因此，较高的氮有效性可能会促使较高的微生物氮生长速率，这有助于提高洼地土壤微生物 NUE。坡地上植物凋落物含氮量与微生物氮生长速率呈正相关［图 9-18（b）］，表明植物来源氮的增加也可能会增加微生物氮生长速率。初级氮矿化速率的变化可以反映微生物生长过程中碳或养分的相对不平衡，一定程度上意味着微生物有机氮吸收与实际氮需求的解耦（Zhang et al., 2019）。当微生物受碳限制时，微生物会分解含有碳和氮的有机化合物，用于自身的生长和能量代谢（Spohn et al., 2016）。本研究中，N50 处理显著增加了洼地土壤矢量长度［图 9-14（e）］，表明氮添加处理加剧了微生物碳限制程度。在洼地中微生物氮生长速率与 NUE 呈显著的正相关［图 9-17（b）］。这些结果表明，氮添加引起了洼地土壤微生物限制从而导致微生物氮生长和氮矿化过程增强。微生物NUE是由微生物氮生长和氮矿化速率之间的平衡来决定的，它们中一个或两个过程的变化均会引起微生物NUE的变化（Zhang et al.，2019）。本研究中坡地土壤初级氮矿化速率与微生物NUE呈负相关［图9-17（d）］。微生物NUE在调节有机氮合成代谢和分解代谢过程的分配中起着核心作用。在坡地上，氮添加处理降低了氮矿化速率，表明微生物分解代谢过程的降低会反过来增加微生物NUE。

氮添加引起的化学计量不平衡在调节微生物氮生长、矿化和微生物NUE起着重要作用（Li et al.，2021b）。土壤可溶性组分与微生物量之间的N：P失衡程度（$SI_{N:P}$）可以部分解释微生物NUE的差异（Wild et al.，2015）。本研究中土壤$SI_{N:P}$与洼地微生物NUE呈正相关，但与山坡微生物NUE呈负相关［图9-18（b）］。这些结果表明，更多的有效磷可以促进坡地微生物NUE，因为坡地微生物可能更受土壤磷状况的限制，因此较高的有效磷含量可能有利于微生物对氮的同化（Wu et al.，2022）。氮添加通过增加洼地土壤TDN：AVP和微生物氮生长速率增加了微生物NUE［图9-17（b）］，而在坡地上通过减少土壤DOC：AVP和初级氮矿化速率增加了微生物NUE［图9-17（d）］。与微生物CUE相似，土壤总磷和有效磷含量与微生物碳和氮代谢没有明显的联系，但有效磷的化学计量比却强烈地调节着微生物碳和氮代谢。

本研究表明，N100处理增加了两坡位真菌丰富度：生物量［图9-15（d）］，而且真菌丰富度：生物量与微生物NUE呈正相关（图9-18），说明土壤真菌群落对氮添加较为敏感，是微生物NUE的主要调节者。有研究发现，在氮添加处理后细菌群落在调节微生物NUE方面发挥了关键作用（Li et al.，2021b）。不同的微生物群落的氮代谢活性有所不同（Cheng et al.，2017），因此氮添加可能改变群落组成继而影响微生物NUE。真菌群落的元素周转通常较为缓慢，导致生态系统内更多的氮素累积和保留（Ren et al.，2023）。由于真菌群落具有较高的微生物NUE，因此可能对土壤氮储存有重要贡献。总之，这些结果揭示了微生物NUE和群落之间的关联，对于解释微生物群落和土壤氮储存之间的关联具有一定意义（de Vries et al.，2012）。

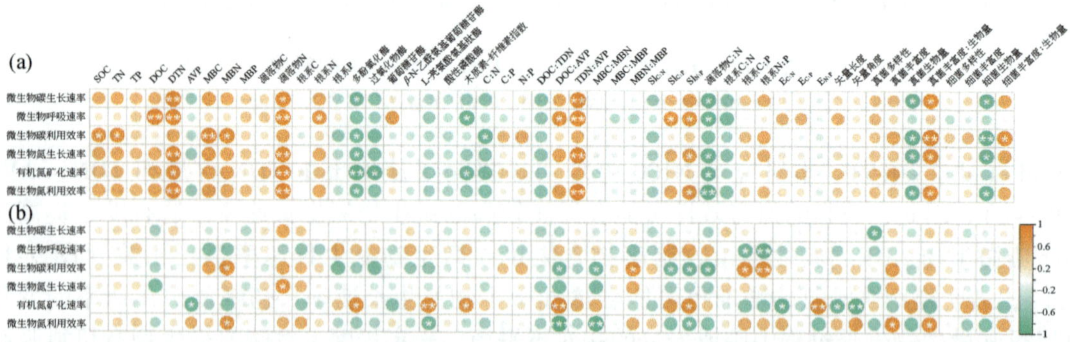

图9-18　洼地（a）和坡地（b）土壤微生物碳和氮代谢与土壤、植物和微生物性质间相关性分析

图中圆圈的大小和颜色分别表示相关性的强弱（越大表示相关性越强）和方向（红色表示正相关，绿色表示负相关）。
*和**分别表示在0.05和0.01水平上显著。

三、结论

氮添加增加了洼地和坡地土壤微生物 CUE 和 NUE。然而，微生物 CUE 和 NUE 对氮添加的响应机制在两个坡位之间存在差异。在洼地，氮添加通过降低植物凋落物 C：N 和增加真菌丰富度：生物量增加了微生物 CUE；通过增加土壤 TDN：AVP 和真菌丰富度：生物量而促进微生物氮生长速率，最终导致微生物 NUE 增加。在坡地，氮添加一方面通过降低土壤 DOC：AVP 进而促进 CUE，另一方面，土壤 DOC：AVP 减少和细根 N：P 增加通过降低微生物呼吸而增加了微生物 CUE；通过降低土壤 DOC：AVP 导致初级氮矿化速率下降，最终引起微生物 NUE 增加。坡位介导的微生物 CUE 和 NUE 对氮添加的差异化响应被纳入地球系统模型，以便更好地预测在大气氮沉降增加背景下土壤碳和氮动态变化。

参考文献

Bastida F, Eldridge D J, García C, et al., 2021. Soil microbial diversity-biomass relationships are driven by soil carbon content across global biomes. The ISME Journal, 15 (7): 2081-2091.

Booth M S, Stark J M, Rastetter E, 2005. Controls on nitrogen cycling in terrestrial ecosystems: A synthetic analysis of literature data. Ecological Monographs, 75 (2): 139-157.

Bonner M T L, Shoo L P, Brackin R, et al., 2018. Relationship between microbial composition and substrate use efficiency in a tropical soil. Geoderma, 315: 96-103.

Buckeridge K M, Mason K E, Ostle N, et al., 2022. Microbial necromass carbon and nitrogen persistence are decoupled in agricultural grassland soils. Communications Earth & Environment, 3 (1): 114.

Chadwick K D, Asner G P, 2016. Tropical soil nutrient distributions determined by biotic and hillslope processes. Biogeochemistry, 127 (2-3): 273-289.

Charteris A F, 2019. Compound-specific amino acid ^{15}N stable isotope probing of nitrogen assimilation by the soil microbial biomass using gas chromatography-combustion-isotope ratio mass spectrometry//Charteris A F. ^{15}N Tracing of Microbial Assimilation, Partitioning and Transport of Fertilisers in Grassland Soils. Cham, Springer International Publishing.

Cheng Y, Wang J, Wang J, et al., 2017. The quality and quantity of exogenous organic carbon input control microbial NO_3^- immobilization: A meta-analysis. Soil Biology and Biochemistry, 115: 357-363.

Cheng W, Parton W J, Gonzalez-Meler M A, et al., 2014. Synthesis and modeling perspectives of rhizosphere priming. New Phytologist, 201 (1): 31-44.

Chen H, Li D, Zhao J, Xiao K, Wang K, 2018. Effects of nitrogen addition on activities of soil nitrogen acquisition enzymes: A meta-analysis. Agriculture, Ecosystems & Environment, 252: 126-131.

Cheng Y, Wang J, Ge Z, et al., 2020a. Background nitrogen deposition controls the effects of experimental nitrogen addition on soil gross N transformations in forest ecosystems. Biogeochemistry, 151 (2): 335-341.

Cheng Y, Wang J, Wang J, et al., 2020b. Nitrogen deposition differentially affects soil gross nitrogen transformations in organic and mineral horizons. Earth-Science Reviews, 201: 103033.

Cheng Y, Elrys A S, Merwad A-R M, et al., 2022. Global patterns and drivers of soil dissimilatory nitrate reduction to ammonium. Environmental Science & Technology, 56 (6): 3791-3800.

Corre M D, Brumme R, Veldkamp E, et al., 2007. Changes in nitrogen cycling and retention processes in soils under spruce forests along a nitrogen enrichment gradient in Germany. Global Change Biology, 13 (7): 1509-1527.

Darby B A, Goodale C L, Chin N A, et al., 2020. Depth patterns and connections between gross nitrogen cycling and soil exoenzyme activities in three northern hardwood forests. Soil Biology and Biochemistry, 147: 107836.

de Vries F T, Bloem J, Quirk H, et al., 2012. Extensive management promotes plant and microbial nitrogen retention in temperate grassland. PLoS One, 7 (12): e51201.

de Vries W, Du E, Butterbach-Bahl K, 2014. Short and long-term impacts of nitrogen deposition on carbon sequestration by forest ecosystems. Current Opinion in Environmental Sustainability, 9-10: 90-104.

Deveautour C, Rojas-Pinzon P A, Veloso M, et al., 2022. Biotic and abiotic predictors of potential N_2O emissions from denitrification in Irish grasslands soils: A national-scale field study. Soil Biology and Biochemistry, 168: 108637.

Ding W, Cong W-F, Lambers H, 2021. Plant phosphorus-acquisition and -use strategies affect soil carbon cycling. Trends in Ecology & Evolution, 36 (10): 899-906.

Domeignoz-Horta L A, Pold G, Liu X-J A, et al., 2020. Microbial diversity drives carbon use efficiency in a model soil. Nature Communications, 11 (1): 3684.

Duan P, Zhou J, Feng L, et al., 2019. Pathways and controls of N_2O production in greenhouse vegetable production soils. Biology and Fertility of Soils, 55 (3): 285-297.

Duan P, Xiao K, Jiang Y, et al., 2022. Mechanisms underlying the responses of soil N_2O production by ammonia oxidizers to nitrogen addition are mediated by topography in a subtropical forest. Geoderma, 425: 116036.

Elrys A S, Wang J, Metwally M A S, et al., 2021. Global gross nitrification rates are dominantly driven by soil carbon-to-nitrogen stoichiometry and total nitrogen. Global Change Biology, 27 (24): 6512-6524.

Enanga E M, Creed I F, Casson N J, et al., 2016. Summer storms trigger soil N_2O efflux episodes in forested catchments. Journal of Geophysical Research-Biogeosciences, 121 (1): 95-108.

Feng J, Zeng X-M, Zhang Q, et al., 2021. Soil microbial trait-based strategies drive metabolic efficiency along an altitude gradient. ISME Communications, 1 (1): 71.

Feng X, Qin S, Zhang D, et al., 2022. Nitrogen input enhances microbial carbon use efficiency by altering plant-microbe-mineral interactions. Global Change Biology, 28 (16): 4845-4860.

Friedl J, De Rosa D, Rowlings D W, et al., 2018. Dissimilatory nitrate reduction to ammonium (DNRA), not denitrification dominates nitrate reduction in subtropical pasture soils upon rewetting. Soil Biology and Biochemistry, 125: 340-349.

Fuchslueger L, Wild B, Mooshammer M, et al., 2019. Microbial carbon and nitrogen cycling responses to drought and temperature in differently managed mountain grasslands. Soil Biology and Biochemistry, 135: 144-153.

German D P, Weintraub M N, Grandy A S, et al., 2011. Optimization of hydrolytic and oxidative enzyme methods for ecosystem studies. Soil Biology and Biochemistry, 43 (7): 1387-1397.

Greenfield L M, Hill P W, Seaton F M, et al., 2020. Is soluble protein mineralisation and protease activity in soil regulated by supply or demand? Soil Biology and Biochemistry, 150: 108007.

Hall S J, Matson P A, 1999. Nitrogen oxide emissions after nitrogen additions in tropical forests. Nature, 400 (6740): 152-155.

Huang L, Chakrabarti S, Cooper J, et al., 2021. Ammonia-oxidizing archaea are integral to nitrogen cycling in a highly fertile agricultural soil. ISME Communications, 1 (1): 19.

Indorf C, Dyckmans J, Khan K S, et al., 2011. Optimisation of amino sugar quantification by HPLC in soil and plant hydrolysates. Biology and Fertility of Soils, 47 (4): 387-396.

Keller N, Bol R, Herre M, et al., 2023. Catchment scale spatial distribution of soil enzyme activities in a mountainous German coniferous forest. Soil Biology and Biochemistry, 177: 108885.

Kicklighter D W, Melillo J M, Monier E, et al., 2019. Future nitrogen availability and its effect on carbon sequestration in Northern Eurasia. Nature Communications, 10 (1): 3024.

Kwak J H, Naeth M A, Chang S X, 2018. Microbial activities and gross nitrogen transformation unaffected by ten-year nitrogen and sulfur addition. Soil Science Society of America Journal, 82 (2): 362-370.

Landi L, Renella G, Giagnoni L, et al., 2011. Activities of proteolytic enzymes. Methods of Soil Enzymology: 247-260.

Li W, Jin C, Guan D, et al., 2015. The effects of simulated nitrogen deposition on plant root traits: A meta-analysis. Soil Biology and Biochemistry, 82: 112-118.

Li D, Yang Y, Chen H, et al., 2017. Soil gross nitrogen transformations in typical karst and nonkarst forests, southwest China. Journal of Geophysical Research-Biogeosciences, 122 (11): 2831-2840.

Li C, Hu H W, Chen Q L, et al., 2020a. Niche differentiation of clade A comammox Nitrospira and canonical ammonia oxidizers in selected forest soils. Soil Biology and Biochemistry, 149: 107925.

Li X, Li Z, Zhang X, et al., 2020b. Disentangling immobilization of nitrate by fungi and bacteria in soil to plant residue amendment. Geoderma, 374: 114450.

Li J, Pei J, Dijkstra F A, et al., 2021a. Microbial carbon use efficiency, biomass residence time and temperature sensitivity across ecosystems and soil depths. Soil Biology and Biochemistry, 154: 108117.

Li J, Sang C, Yang J, et al., 2021b. Stoichiometric imbalance and microbial community regulate microbial elements use efficiencies under nitrogen addition. Soil Biology and Biochemistry, 156: 108207.

Liang C, Amelung W, Lehmann J, et al., 2019. Quantitative assessment of microbialnecromass contribution to soil organic matter. Global Change Biology, 25 (11): 3578-3590.

Macdonald C A, Delgado-Baquerizo M, Reay D S, et al., 2018. Chapter 6 - Soil nutrients and soil carbon storage: modulators and mechanisms//Singh B K. Soil Carbon Storage. Academic Press.

Malik A A, Puissant J, Buckeridge K M, et al., 2018. Land use driven change in soil pH affects microbial carbon cycling processes. Nature Communications, 9 (1): 3591.

Manzoni S, Porporato A, 2009. Soil carbon and nitrogen mineralization: Theory and models across scales. Soil Biology and Biochemistry, 41 (7): 1355-1379.

Mooshammer M, Wanek W, Schnecker J, et al., 2012. Stoichiometric controls of nitrogen and phosphorus cycling in decomposing beech leaf litter. Ecology, 93 (4): 770-782.

Mooshammer M, Wanek W, Hämmerle I, et al., 2014. Adjustment of microbial nitrogen use efficiency to carbon: nitrogen imbalances regulates soil nitrogen cycling. Nature Communications, 5: 3694.

Moreau D, Bardgett R D, Finlay R D, et al., 2019. A plant perspective on nitrogen cycling in the rhizosphere. Functional Ecology, 33 (4): 540-552.

Morris K A, Richter A, Migliavacca M, et al., 2022. Growth of soil microbes is not limited by the availability of nitrogen and phosphorus in a Mediterranean oak-savanna. Soil Biology and Biochemistry, 169: 108680.

Ning Q, Hättenschwiler S, Lü X, et al., 2021. Carbon limitation overrides acidification in mediating soil microbial activity to nitrogen enrichment in a temperate grassland. Global Change Biology, 27 (22): 5976-5988.

Noll L, Zhang S, Zheng Q, et al., 2019. Wide-spread limitation of soil organic nitrogen transformations by substrate availability and not by extracellular enzyme content. Soil Biology and Biochemistry, 133: 37-49.

Preusser S, Marhan S, Poll C, et al., 2017. Microbial community response to changes in substrate availability and habitat conditions in a reciprocal subsoil transferexperiment. Soil Biology and Biochemistry, 105: 138-152.

Ren G, Zhang X, Xin X, et al., 2023. Soil organic carbon and nitrogen fractions as affected by straw and nitrogen management on the North China Plain. Agriculture, Ecosystems & Environment, 342: 108248.

Schimel J P, Bennett J, 2004. Nitrogen mineralization: challenges of a changing paradigm. Ecology, 85 (3): 591-602.

Sokol N W, Slessarev E, Marschmann G L, et al., 2022. Life and death in the soil microbiome: how ecological processes influence biogeochemistry. Nature Reviews Microbiology, 20: 415-430.

Song X, Gao Y, Green S M, et al., 2017. Nitrogen loss from karst area in China in recent 50 years: An in-situ simulated rainfall experiment's assessment. Ecology and Evolution, 7 (23): 10131-10142.

Spohn M, Pötsch E M, Eichorst S A, et al., 2016. Soil microbial carbon use efficiency and biomass turnover in a long-term fertilization experiment in a temperate grassland. Soil Biology and Biochemistry, 97: 168-175.

Thompson B E, 2019. Microbial communities regulate nitrogen use efficiency by balancing tradeoff between resource acquisition and growth rate. University of New Hampshire.

Wild B, Schnecker J, Knoltsch A, et al., 2015. Microbial nitrogen dynamics in organic and mineral soil horizons along a latitudinal transect in western Siberia. Global Biogeochemical Cycles, 29 (5): 567-582.

Wu W, Wang F, Xia A, et al., 2022. Meta-analysis of the impacts of phosphorus addition on soil microbes. Agriculture, Ecosystems & Environment, 340: 108180.

Xia Y, Chen X, Zheng S, et al., 2021. Manure application accumulates more nitrogen in paddy soils than rice straw but less from fungal necromass. Agriculture, Ecosystems & Environment, 319: 107575.

Ye C, Chen D, Hall S J, et al., 2018. Reconciling multiple impacts of nitrogen enrichment on soil carbon: plant, microbial and geochemical controls. Ecology Letters, 21 (8): 1162-1173.

Yu G, Jia Y, He N, et al., 2019. Stabilization of atmospheric nitrogen deposition in China over the past decade. Nature Geoscience, 12 (6): 424-429.

Zhang J, Cai Z, Müller C, 2018a. Terrestrial N cycling associated with climate and plant-specific N preferences: a review. European Journal of Soil Science, 69 (3): 488-501.

Zhang T A, Chen H Y H, Ruan H, 2018b. Global negative effects of nitrogen deposition on soil microbes. The ISME Journal, 12 (7): 1817-1825.

Zhang S, Zheng Q, Noll L, et al., 2019. Environmental effects on soil microbial nitrogen use efficiency are controlled by allocation of organic nitrogen to microbial growth and regulate gross N mineralization. Soil Biology and Biochemistry, 135: 304-315.

Zhang K, Chen L, Li Y, et al., 2020. Interactive effects of soil pH and substrate quality on microbial utilization. European Journal of Soil Biology, 96: 103151.

Zhao W, Zhang J, Müller C, et al., 2017. Mechanisms behind the stimulation of nitrification by N input in subtropical acid forest soil. Journal of Soils and Sediments, 17 (9): 2338-2345.

Zheng Q, Hu Y, Zhang S, et al., 2019. Growth explains microbial carbon use efficiency across soils differing in land use and geology. Soil Biology and Biochemistry, 128: 45-55.

Zheng M, Zhang T, Luo Y, et al., 2022. Temporal patterns of soil carbon emission in tropical forests under long-term nitrogen deposition. Nature Geoscience, 15: 1002-1010.

Zhu X, Liu M, Kou Y, et al., 2020. Differential effects of N addition on the stoichiometry of microbes and extracellular enzymes in the rhizosphere and bulk soils of an alpine shrubland. Plant and Soil, 449 (1): 285-301.

Zhu J, Jansen-Willems A, Müller C, et al., 2021. Topographic differences in nitrogen cycling mediate nitrogen retention in a subtropical, N-saturated forest catchment. Soil Biology and Biochemistry, 159: 108303.

第十章　模拟大气氮沉降对喀斯特森林土壤 N_2O 排放的影响机制

第一节　引　言

近代以来，以含氮化肥的生产和使用及石化能源燃烧为代表的人类活动向环境中排放的活性氮快速增加，导致大气氮沉降也相应快速增加。全球因人类活动产生的活性氮从1860 年约 15Tg a^{-1}（$Tg=10^{12}g$）增至 2010 年的 210Tg a^{-1}（Fowler et al.，2013）。大气氮沉降已成为当前全球变化的一个重要方面。据估计，全球大气氮沉降量从 19 世纪 60 年代的 31.6Tg a^{-1}（包括自然和人为产生的活性氮沉降）增加至 20 世纪末期的 103Tg a^{-1}，且仍在逐年增加，预计在 2050 年将增加至 195Tg a^{-1}（Galloway et al.，2004）。过量的大气氮沉降会显著影响生态系统结构、功能与过程，如导致土壤酸化、改变植物与土壤微生物群落组成与多样性、改变生态系统养分循环包括土壤二氧化碳（CO_2）、甲烷（CH_4）和氧化亚氮（N_2O）等温室气体通量等，从而影响生态系统的健康，并最终威胁人类社会的可持续发展。正因为如此，生态系统对大气氮沉降的响应与适应已成为全球变化生态学等多门学科研究的热点与前沿。

土壤 N_2O 的产生与消耗是氮循环过程的重要环节，对它们通量的研究不仅有助于评估氮沉降对生态系统氮循环过程的影响，也可为气候变化的模拟与预测提供科技支撑。一方面，氮循环是生态系统基本的物质循环，氮沉降通过影响土壤 pH 等理化性质、土壤微生物群落结构、植物生长等而影响土壤氮循环过程。N_2O 是氮循环过程中的产物，对它的研究有助于深入理解生态系统氮循环过程及其对氮沉降的响应。另一方面，N_2O 是大气中主要的温室气体，N_2O 的全球增温潜势是 CO_2 的 298 倍。近代以来，大气中 N_2O 浓度的快速增加被认为是导致全球变暖的重要驱动因素。如何通过抑制大气 N_2O 浓度升高从而减缓全球变暖已成为各国政府和科学界共同关注的热点问题。N_2O 对全球变暖的贡献约为 6.24%，且是平流层臭氧破坏的最主要物质（Butterbach-Bahl et al.，2013）。获取代表性区域及生态系统类型土壤 N_2O 交换通量及其对氮沉降的响应对于修正地球系统模型参数进而准确模拟与预测未来气候变化非常关键。

第二节　土壤 N_2O 产生路径及其研究方法进展

传统观点认为硝化和反硝化过程是土壤 N_2O 的主要来源，但是随着对 N_2O 排放机制的深入研究，发现硝化细菌反硝化、硝化耦合反硝化、异养反硝化、联合反硝化、硝酸盐异化还原成铵等生物过程以及羟胺氧化和化学反硝化等非生物过程也可产生 N_2O，且多个过程往往同时发生（Hu et al.，2015；Chalk and Smith，2020）。以往由于方法与技术限制，难以定量多个过程对 N_2O 产生的贡献。近几年来，新的方法与技术陆续出现并被应用于定量不同过程对 N_2O 产生的贡献（Kool et al.，2011；Duan et al.，2019d；Friedl et al.，2021）。区分并定量不同路径对土壤 N_2O 产生的贡献是制定合理减排措施的前提，也是科学预测土壤 N_2O 排放对全球变化响应的基础。尽管已经开展了不少研究，但是目前对不同环境条件或不同类型土壤 N_2O 产生路径贡献及其主控因素的认识仍非常不足。

一、土壤 N_2O 产生的生物过程

土壤产生的 N_2O 主要来源于微生物参与的氮转化过程（Prosser et al.，2020），包括自养硝化、异养硝化、硝化细菌反硝化、硝化耦合反硝化、异养反硝化、联合反硝化等过程（图 10-1）。

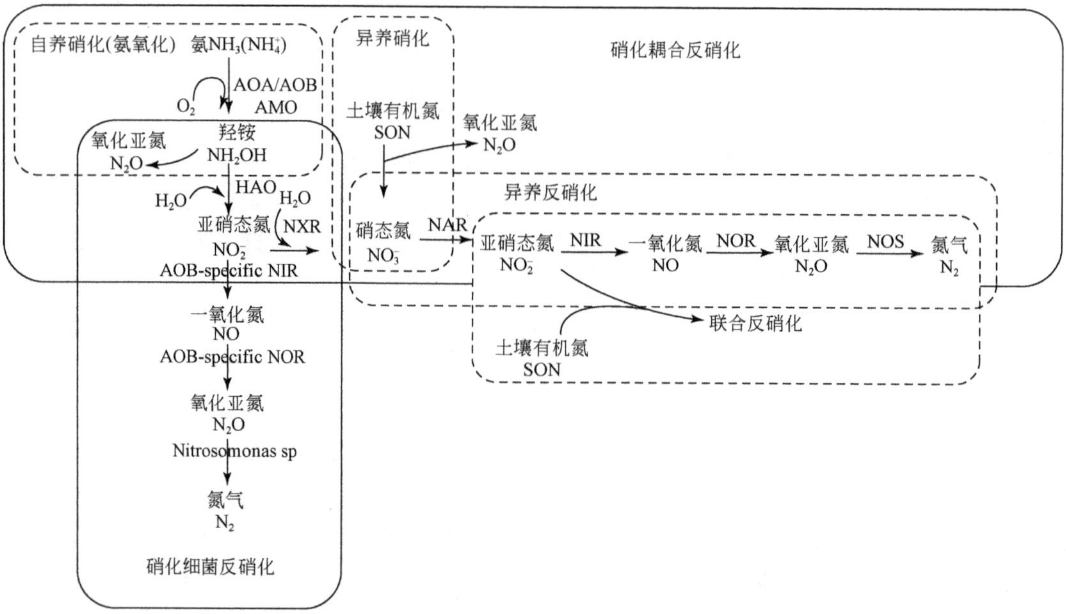

图 10-1　土壤 N_2O 产生的生物路径示意图

AOA：氨氧化古菌；AOB：氨氧化细菌；AMO：氨单加氧酶；HAO：羟氨氧化还原酶；NXR：亚硝酸盐氧化还原酶；NAR：硝酸盐还原酶；NIR：亚硝酸盐还原酶；NOR：一氧化氮还原酶；NOS：氧化亚氮还原酶。

（一）自养硝化过程

自养硝化也称氨氧化，是指自养硝化细菌在需氧条件下，利用 CO_2 作为碳源，将氨（NH_3）氧化为硝态氮（NO_3^-）的过程，N_2O 作为副产物被释放（Stieglmeier et al.，2014；Prosser et al.，2020）（图 10-1）。自养硝化过程主要分两步进行：第一步，氨氧化细菌（AOB）和古菌（AOA）通过氨单加氧酶（AMO）将氨催化生成亚硝态氮（NO_2^-）；第二

步，亚硝酸氧化细菌通过亚硝酸氧化酶（NXR）将 NO_2^- 氧化成 NO_3^-。AOB 产生 N_2O 主要有两种方式。一种方式是羟胺氧化酶（HAO）将羟胺（NH_2OH）氧化为一氧化氮（NO），继而在一氧化氮还原酶（NOR）的催化下还原为 N_2O（羟胺氧化过程）；第二种方式是 AOB 通过亚硝酸盐还原酶（NIR）和 NOR 将亚硝态氮还原为 N_2O（硝化细菌反硝化过程）。也有研究表明，AOB 可以通过酶细胞色素（cyt）P460 直接将羟铵或 NO 氧化为 N_2O（White and Lehnert，2016）。与 AOB 不同，AOA 缺乏 HAO 和 NOR，不能进行反硝化过程，其产生 N_2O 主要是通过 NH_2OH 与 NO 的非生物耦合过程。但最新结果表明，AOA 可以通过细胞色素 P450 将 NO_2^- 还原为 N_2O，说明 AOA 也可以进行反硝化作用（Jung et al.，2019）。研究发现，环境中存在一种能将氨直接氧化成硝态氮的微生物，被称为“完全氨氧化细菌”（comammox *Nitrospira*）（Daims et al.，2015；van Kessel et al.，2015），但由于缺少 NorB，comammox *Nitrospira* 产生 N_2O 的主要方式为 NH_2OH 的非生物转化（Kits et al.，2019；Han et al.，2021）。然而，针对 comammox *Nitrospira* 产生 N_2O 的研究仍处于起步阶段，存在较多不确定性，需要更多的研究加以阐明。

影响自养硝化过程对 N_2O 产生贡献的因素有土壤 pH、碳氮比、温度和氧气有效性等。研究表明，自养硝化过程占碱性土壤 N_2O 排放的 65%~86%，但对于酸性土壤，则仅占 5%~25%（Zhang et al.，2018c，2019a；Duan et al.，2019d）。这主要是由于酸性土壤中 AOA 在硝化过程起主要作用，而在中性和碱性土壤中 AOB 对 N_2O 产生的贡献更大（Hink et al.，2017b）。土壤氧气有效性下降能够抑制自养硝化对 N_2O 产生的贡献（Zhu et al.，2013；Guo et al.，2018）。目前关于温度如何影响自养硝化过程 N_2O 产生尚认识不足，有限的研究表明自养硝化过程 N_2O 产生对温度的响应随土壤类型和温度范围而异（Jansen-Willems et al.，2016；Duan et al.，2019b）。由于自养硝化过程是整个氮循环的初始步骤，明确自养硝化过程对温度的响应有助于我们理解 N_2O 排放对气候变化的反馈机制。

（二）异养硝化过程

异养硝化是在需氧条件下，异养微生物以有机碳为碳源和能源，将有机氮氧化为亚硝态氮或硝态氮的过程（图 10-1）。真菌、放线菌和一些异养细菌均能参与异养硝化过程。异养硝化类似于自养氨氧化，并且与反硝化联系紧密，表明异养硝化在土壤中普遍存在。在特定条件下异养硝化过程能产生大量的 N_2O。在低 pH 条件下，自养硝化微生物活性常常被抑制，导致在酸性土壤中异养硝化是 N_2O 产生的主要过程（Stange et al.，2013；Zhang et al.，2018c）。但也有研究表明，异养硝化过程对 N_2O 的产生贡献跟土壤 pH 无关，而与土壤碳氮比或土壤全氮含量的关系更密切（Zhang et al.，2017，2018b；Duan et al.，2019d）。此外，含水量也显著影响异养硝化过程 N_2O 的产生。Tang 等（2018）在热带森林的研究表明，土壤含水量上升会导致异养硝化过程产生的 N_2O 通量显著增加。另一项在温带森林的研究表明，厌氧条件会降低异养硝化在 N_2O 产生中的重要性（Stange et al.，2013）。关于温度对异养硝化过程产生 N_2O 的影响研究还相对较少。Jansen-Willems 等（2016）在草原进行的研究表明，温度能够促进异养硝化过程中 N_2O 的产生。由于气温升高可能会通过促进土壤有机质的分解为异养微生物提供碳源，因此，增温很可能也促进其他生态系统异养硝化过程产生 N_2O，但这需要进一步研究加以验证。

（三）硝化细菌反硝化过程

硝化细菌反硝化是 NO_2^- 通过 NO 还原为 N_2O 的过程（图 10-1）。由于 AOB 包含 NXR 和 NOR 两种酶，而 AOA 仅有 NXR，因此只有 AOB 能够进行硝化细菌反硝化过程，并且这个过程与有机氮的氧化不耦合，因而不同于传统的异养反硝化过程。硝化细菌反硝化能够在有氧条件下进行，虽然微厌氧条件会增加这个过程的发生，但某些亚硝化单胞菌属的生长需要厌氧条件（Schmidt and Matzner，2009）。以往硝化细菌反硝化过程被认为是一种厌氧呼吸过程，或者是 NOB 对 O_2 竞争优胜或解除 NO_2^- 毒性的一种机制。然而，在 *N. europaea* 中，硝化细菌反硝化过程可以作为来自 c 细胞色素库的电子汇，加速羟胺氧化过程。通过直接或间接的方法，目前有很多研究证明了硝化细菌反硝化在土壤 N_2O 产生中起着重要的作用。Di 等（2014）在草原土壤的研究表明，双氰胺（DCD）能显著降低 AOB *amoA* 和亚硝酸盐还原酶基因（*nirK*）丰度，揭示了潜在的硝化细菌反硝化过程。Breuillin-Sessoms 等（2017）通过 NO_2^- 与 *amoA* 正相关以及与 *nxrA/B* 负相关的关系得出硝化细菌反硝化在 N_2O 产生中起重要作用的结论。

随着同位素技术的发展，一些方法能够直接被用于评估硝化细菌反硝化对 N_2O 产生的贡献。农田土壤在低 O_2 条件下，硝化细菌反硝化对 N_2O 排放的贡献达 72.7%（Zhu et al.，2013）。也有研究表明，硝化细菌反硝化过程广泛存在于农田土壤中，并且是 N_2O 产生的主要路径（Kool et al.，2011；Huang et al.，2014；Zhang et al.，2021）。硝化细菌反硝化在土壤中的发生主要受到土壤含水量、pH、O_2 浓度、土壤有机碳（SOC）和 NO_2^- 含量等条件的影响。Wrage-Mönnig 等（2018）证明了硝化细菌反硝化过程在低氧分压、低碳浓度以及低 pH 条件下更容易发生。但也有研究表明，对于高 pH 土壤，硝化细菌反硝化在 N_2O 产生中的作用更大（Duan et al.，2019b）。作为影响 N_2O 排放最重要的环境因子之一，温度对硝化细菌反硝化过程的影响研究较少。Duan 等（2019b）在农田土壤的研究表明，温度对硝化细菌反硝化产生 N_2O 的影响因土壤类型而异，如温度对酸性土壤中硝化细菌反硝化过程 N_2O 的产生没有显著影响，但增加了碱性土壤中硝化细菌反硝化过程 N_2O 的产生。以后的研究需要更多关注硝化细菌反硝化对土壤 N_2O 产生的贡献及其控制因子。此外，关于硝化细菌反硝化是否为 N_2O 的汇（还原为 N_2）以及 AOA 是否能参与此过程，也需要加强研究。

（四）硝化耦合反硝化过程

硝化耦合反硝化是指在土壤有氧和缺氧微环境共存或者微环境快速变化的条件下，硝化过程所产生的 NO_2^- 和 NO_3^- 被反硝化微生物迅速利用而最终产生 N_2 的过程（图 10-1）。可见，该过程包含硝化和反硝化两个子过程，由参与硝化和反硝化的微生物协同完成。硝化耦合反硝化过程一般在有氧和缺氧共存的微环境条件下对 N_2O 产生的贡献较高，如土壤中颗粒表面的水膜界面、龟裂土壤边缘或者土壤干湿交替条件（Guardia et al.，2018）。Verhoeven 等（2018）发现干湿交替条件下硝化耦合反硝化对土壤 N_2O 产生贡献的增加幅度达 34.8%。影响硝化耦合反硝化对 N_2O 产生贡献的因素主要是土壤 pH 和底物浓度等。

有研究表明，在高 pH 土壤中硝化耦合反硝化对 N_2O 产生的贡献更高。但 Kool 等（2010）研究表明，硝化耦合反硝化对 N_2O 产生的贡献随土壤 pH 增加而降低。此外，Duan 等（2019b）研究表明，由于土壤可溶性有机碳（DOC）能促进 N_2O 还原为 N_2，硝化耦合反硝化对 N_2O 产生的贡献随土壤 DOC 浓度的增加而降低。在全球变化背景下，极端气候如极端降雨、干旱和热浪等会显著影响土壤微环境，因此，在以后研究中应关注硝化耦合反硝化过程对这些全球变化因子的响应。

（五）异养反硝化过程

异养反硝化是在厌氧条件下，异养反硝化微生物利用 NO_3^- 作为电子受体，以有机物作为碳源和电子供体，将 NO_3^- 逐步还原为 NO_2^-、NO、N_2O 和 N_2 的过程（图 10-1）。由于异养反硝化的最终产物是 N_2，因此，如果 N_2O 的总消耗大于总产生，那么该过程的净效应为土壤 N_2O 消耗。可见，N_2O 的还原在土壤表层的净 N_2O 排放或者消耗过程中起着非常重要的作用。关于异养反硝化过程 N_2O 产生的相关研究已有大量的报道。研究表明，在全球尺度上，来源于异养反硝化的 N_2O 占反硝化过程 N_2O 产生总的通量比例介于 6%～11%（Scheer et al. 2020）。异养反硝化对 N_2O 产生的贡献常常随含水量的增加而增加；在高含水量条件下，异养反硝化是土壤 N_2O 产生的主要过程（Butterbach-Bahl et al.，2013；Harris et al.，2021）。施肥、土壤碳、氮和氧气有效性以及 pH 等也会影响异养反硝化过程 N_2O 的产生速率。Qu 等（2014）研究表明，长期施肥造成土壤酸化，导致反硝化产物 N_2O/（N_2O+N_2）比值增加。针对集约化草地的研究表明，随土壤碳和氮有效性以及含水量的增加，反硝化过程对 N_2O 产生的贡献也随之增加（Friedl et al.，2021）。

由于真菌缺少 *nosZ* 基因，真菌反硝化是某些土壤 N_2O 产生的主要途径。土壤 SOC 含量通常决定着真菌反硝化对 N_2O 的贡献。森林转变为茶园之后，由于 SOC 含量增加，真菌对 N_2O 产生贡献相应增加（Zheng et al.，2020b）。土壤高 NO_3^- 浓度和较低的氧气有效性能显著刺激真菌反硝化过程（Wei et al.，2014）。此外，温度也能显著影响真菌反硝化，如温度增加能促进真菌反硝化对 N_2O 产生的贡献（Xu et al.，2017）。但也有研究表明，低温也能促进真菌反硝化对 N_2O 产生的贡献（Zhong et al.，2018）。由于真菌对 O_2 有效性、pH、温度和底物（NO_2^- 或 NO_3^-）等的适应范围很广，因此，真菌反硝化对土壤 N_2O 产生贡献不可忽视，需要深入关注。

（六）联合反硝化过程

NO_2^- 和 NO_3^- 结合其他含氮化合物（NH_3、NH_2OH、氨基酸或其他有机氮）产生 N_2O 或 N_2 的过程被称为联合反硝化（图 10-1）。细菌、真菌和古菌均能参与联合反硝化过程。Spott 和 Stange（2011）发现联合反硝化对 N_2O 产生的贡献可达 95%，大于羟胺氧化和反硝化过程。目前关于联合反硝化对土壤 N_2O 产生贡献的研究大多集中在草原。Müller 等（2014）发现联合反硝化对 N_2O 产生的贡献为 18%，而 Jansen-Willems 等（2016）发现联合反硝化对 N_2O 产生的贡献仅为 1%～5%。联合反硝化过程主要受土壤含水量、氮有效性和 pH 的影响（Tang et al.，2018；Duan et al.，2019d）。联合反硝化、化学反硝化、真菌反硝化和厌氧氨氧化等过程在土壤中可以共存。关于联合反硝化过程 N_2O 产生的控制因子及关联微生物等方面的认识尚非常欠缺，下一步应重点关注。

（七）硝酸盐异化还原过程

硝态氮的异化还原（DNRA）是指 NO_3^- 还原为 NH_4^+ 的过程，类似于微生物氮固定或者重新氮矿化，有利于有效氮的固持（图 10-1）。DNRA 属于严格厌氧过程，由兼性或专性厌氧微生物主导，需要 *nrfA* 基因编码还原 NO_2^- 的酶。对 DNRA 的研究多集中在湿地，但 DNRA 在旱地土壤中也普遍发生（Huygens et al.，2008；Wang et al.，2015；Friedl et al.，2018）。有研究表明，土壤 C：NO_3^- 与 DNRA 速率呈正相关，与反硝化速率呈负相关（Putz et al.，2018；Zhang et al.，2019b）。但 Friedl 等（2018）发现 C：NO_3^- 与 DNRA 速率无明显相关性，可能是由于碳有效性的增加刺激了土壤呼吸，促进了 DNRA 对 NO_3^- 的消耗，表明在 SOC 水平高的土壤中，氧化还原潜势是区分 DNRA 和反硝化过程的重要预测因子。另外，有效碳能直接增加 DNRA 速率或者 *nrfA* 基因丰度（Schmidt et al.，2011；Chen et al.，2015b），而 NO_3^- 含量的增加会降低土壤 DNRA 速率（Schmidt et al.，2011；Zhang et al.，2019b）。尽管 DNRA 过程作为产生 N_2O 的途径已经被很多研究证明，且这个过程在根际土壤中更容易发生（Baggs，2011），但目前仍没有任何方法能够直接定量 DNRA 过程对土壤 N_2O 产生的贡献。很多研究采用间接的方法在土壤中观察到了 DNRA 过程跟 N_2O 排放之间的联系。另一方面，由于 DNRA 细菌（*Wolinella succinogenes* 和 *Anaeromyxobacter dehalogenans*）含有非典型 N_2O 还原酶基因（*nosZ* Ⅱ），因此 DNRA 过程也可能是 N_2O 潜在的汇。一项研究表明，*nrfA* 基因丰度与 DNRA 速率呈正相关，但与 N_2O 产生速率呈负相关（Putz et al.，2018）。综上所述，尽管针对土壤 DNRA 速率已开展了很多研究，但关于 DNRA 对 N_2O 产生的贡献及其控制机理还需深入研究。

（八）厌氧氨氧化过程

传统观点认为，厌氧氨氧化（anammox）是指 NO_2^- 和 NH_4^+ 直接转化为 N_2 的过程（图 10-1）。但最新研究发现，在缺乏 NO_2^- 的条件下，*Kuenenia stuttgartiensis* 细菌可以直接通过 NH_4^+ 氧化以及 NO 还原的耦合而产生 N_2，且以 NO 为底物的厌氧氨氧化过程在自然界中普遍存在。到目前为止共发现 5 种厌氧氨氧化细菌，*Candidatus kuenenia*、*Candidatus brocadia*、*Candidatus anammoxoglobus*、*Candidatus jettenia* 和 *Candidatus scalindua*。最新一项针对湿地的研究表明，厌氧氨氧化微生物能够产生 N_2O，且具备还原 N_2O 的能力（Suenaga et al.，2021）。厌氧氨氧化过程的发生在稻田土壤中很普遍（Zhu et al.，2011，2018；Shan et al.，2016），但也有研究表明 anammox 细菌普遍存在于旱地和森林土壤中（Shen et al.，2015；Xi et al.，2016）。然而，现有证据显示厌氧氨氧化过程对土壤 N_2O 产生的贡献可能较弱。但由于研究尚非常有限，该过程对土壤 N_2O 产生的贡献仍存在很大的不确定性。

二、土壤 N_2O 产生的非生物过程

越来越多的证据显示，在一定条件下，非生物过程可能是土壤 N_2O 产生的重要路径。

在非生物产生 N_2O 过程中，底物主要是 NO_3^-、NH_2OH 和 NO_2^-。NO_3^- 驱动的非生物过程 N_2O 产生主要是通过光分解引起的非生物反应以及和土壤矿物通过铁离子（Fe^{2+}）还原而形成（Samarkin et al.，2010）。作为硝化过程的中间产物，NH_2OH 和 NO_2^- 导致的非生物 N_2O 产生过程主要有 NO_2^- 和还原性金属离子（如铁 Fe^{3+} 和锰 Mn^{2+}）反应、有机质和 NH_2OH 的反应以及 NH_2OH 被 Fe^{3+} 和二氧化锰（MnO_2）的氧化过程（Zhu et al.，2015；Heil et al.，2016）（图 10-2）。

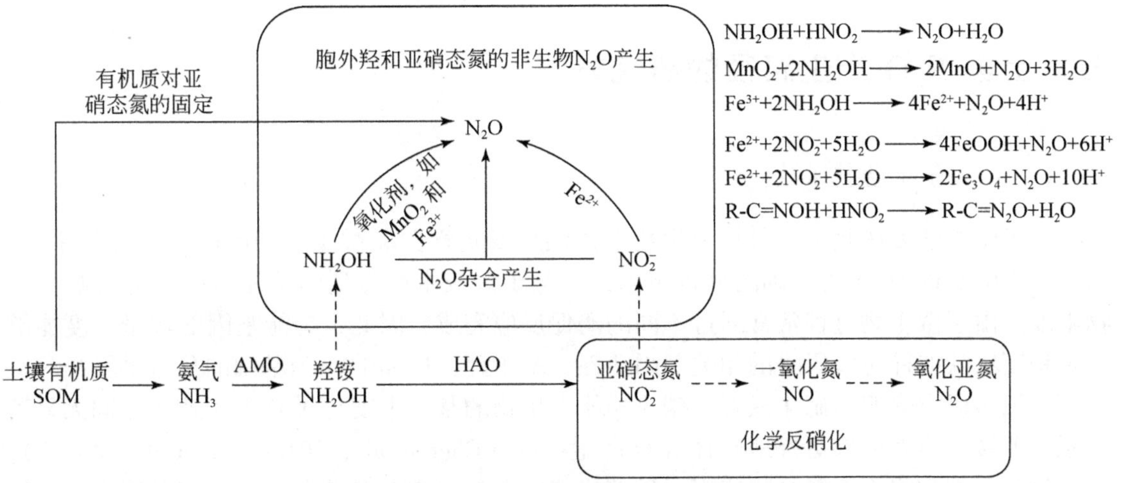

图 10-2　土壤 N_2O 产生的非生物路径示意图

AMO：氨单加氧酶；HAO：羟氨氧化还原酶。

NO_2^- 通过非生物降解生成 N_2O 的过程被称为化学反硝化（图 10-2）。尽管参与此过程的 NO_2^- 是由生物过程产生，但是以往针对化学反硝化的研究多关注其非生物反应环节，而未将生物和非生物过程当作整体考虑。随着研究的深入，生物和非生物的耦合过程逐渐受到重视。如 Onley 等（2018）通过纯培养实验发现，尽管 *Anaeromyxobacter dehalogenans* 细菌不含 *nirK* 和 *nirS* 基因，但在 Fe^{2+} 存在条件下可以通过生物和非生物耦联过程产生 N_2O。另一项纯培养研究也表明，由 AOA、AOB 和 comammox *Nitrospira* 所产生的 NH_2OH 释放到细胞外后能通过非生物过程产生 N_2O（Liu et al.，2017b）。尽管 NH_2OH 和 NO_2^- 都能通过非生物过程产生 N_2O，但 NH_2OH 直接参与的过程生成 N_2O 的效率可能更高（图 10-2）。在低 pH 或土壤 Fe^{3+}、有机质（SOM）和 NO_2^- 浓度较高的条件下，NH_2OH 经由非生物过程生成 N_2O 的效率可达 20%~80%（Schreiber et al.，2012；Liu et al.，2017a）。

土壤 N_2O 的非生物产生过程与土壤 pH、SOM、Fe 和 Mn 含量密切相关（Heil et al.，2015；Wei et al.，2017）。有研究表明，在低 SOC 和高铁离子含量的土壤条件下，NO_2^- 能够促进 NH_2OH 向 N_2O 的非生物转化（Duan et al.，2020）。但最新的一项荟萃分析表明，NH_2OH 向 N_2O 的非生物转化过程与土壤 Fe^{3+}、Mn^{2+}、SOC 和总氮含量无关，而与土壤 pH 呈正相关关系（Wei et al.，2022）。相对于 NO_2^-，NH_2OH 在土壤中存在的时间较短，因此，在土壤中难以被检测到。这主要是因为 NH_2OH 既通过生物和非生物过程快速生成

N_2O，又能通过非生物过程被 SOM 固定，还可以通过硝化过程被快速氧化成 NO_2^-。Liu 等（2014b）采用了一种快速测定土壤 NH_2OH 含量的方法针对森林土壤开展了研究，发现 NH_2OH、NO_3^- 和 Mn 含量可以较好解释 N_2O 排放速率的变化。此外，在特殊环境条件下，如干湿交替或者冻融循环频发的环境中，由生物-非生物耦联过程产生 N_2O 的几率可能更高，但由于目前对生物-非生物耦联过程产生 N_2O 的研究还处于探索阶段，生物-非生物耦联过程产生 N_2O 的比例可能被高估或者低估。因此，今后需加强对生物-非生物耦联过程 N_2O 产生的研究，以期深入揭示土壤 N_2O 产生与消耗过程。

三、土壤 N_2O 产生路径的研究方法

（一）分子生物技术法

分子生物学方法是定量分析微生物群落结构及定性关联微生物功能的一种有效手段。以往常用的是以 DNA 为基础的分析技术，但基于该技术所得到的功能基因仅能反映微生物丰度。由于微生物过程常常通过不同的酶促反应完成，因此，功能基因的转录丰度能够一定程度反映取样时编码酶的相关基因活性。基于此，以 mRNA 为基础的分析手段相对被认可。很多研究表明，硝化或者反硝化功能微生物的基因丰度与 N_2O 产生速率之间无显著关系，但转录丰度能够更好地解释 N_2O 产生机制（Chen et al.，2015c；Li et al.，2017b）。

研究者们常将土壤氨氧化速率、反硝化速率和 N_2O 产生速率与相关功能基因丰度、群落结构以及转录丰度（*amoA*、*hao*、*nxrA/B*、*nirK*、*nirS*、*narG*、*norB*、*napA*、*nrfA* 和 *nosZ* Ⅰ/Ⅱ）进行关联分析以探讨 N_2O 的产生机制。Giguere 等（2018）发现，（*nxrA*+*nxrB*）/（AOA+AOB *amoA*）与 NO_2^-/（NO_2^-+NO_3^-）存在显著的正相关关系，一定程度上能够解释硝化过程 N_2O 的产生。一项针对草地的研究表明，土壤 N_2O 的产生跟 AOB *amoA* 基因丰度以及 *nirK* 基因丰度显著相关，表明土壤 N_2O 可能主要来源于硝化细菌反硝化过程，因为 AOB 通常含有 *nirK* 基因，能够进行硝化细菌反硝化（Di et al.，2014）。有研究表明，*narG*/*nosZ* 与 N_2O 排放呈正相关关系，表明反硝化是 N_2O 产生的主要路径（Grave et al.，2018）。此外，由于真菌参与的反硝化过程往往通过真菌 *nirK* 和 *P450nor*（细胞色素 P450*norB* 基因）完成，因此，常用这两个基因的丰度来表征土壤真菌反硝化过程。因为微生物群落结构的多样性，仅用功能微生物的基因丰度或转录丰度来解释土壤 N_2O 的产生机理可能过于片面。如鉴于参与反硝化过程的微生物多样性高，基于普通的实时荧光定量技术（RT-qPCR）不一定能获取参与该过程微生物的关键信息，但结合宏基因组和元基因组技术能够提升我们对参与反硝化过程微生物的新认识。也有研究表明，尽管在酸性土壤中 AOA *amoA* 基因丰度要远大于 AOB *amoA* 基因丰度，但 *Nitrosospira* Cluster 8a 却主导硝化过程（Lin et al.，2018），表明微生物多样性在一定程度上能够解释土壤 N_2O 的产生机制。

虽然功能基因丰度、转录活性和群落结构在一定程度上能反映土壤 N_2O 产生路径及其速率相对大小，但仅是通过相关性或者遗传学上的可能性并不能完全解释土壤中复杂的 N_2O 产生过程。因此，分子生物学方法经常与其他方法，如抑制剂和同位素法相互

结合，以更好揭示土壤 N_2O 的产生机理。

（二）抑制剂法

用于区分土壤 N_2O 来源的常用抑制剂主要分为硝化和反硝化抑制剂。常用的硝化微生物抑制剂包括双氰胺（DCD）、3,4-二甲基吡唑磷酸酯（DMPP）、硝唑、乙炔、1-辛炔、辛伐他汀、烯丙基硫脲（ATU）、2-(4-羧基苯基)-4,4,5,5-四甲基咪唑啉-1-氧-3-氧化钾盐（PTIO）、氯酸盐等；常用的反硝化微生物抑制剂包括氯霉素、硫酸链霉素、放线菌酮和二乙硫代胺甲酸钠等。

有研究表明，硝化抑制剂不仅能够阻碍硝化过程的发生，还能够通过降低来源于硝化过程的底物，进而对反硝化过程产生影响（Zhang et al.，2018a）。低浓度的乙炔（10～100 Pa）能够有效抑制 AOA、AOB 和 comammox *Nitrospira* 的氨单加氧酶活性，从而抑制氨氧化过程，但对异养硝化和反硝化过程没有影响，因此，经常被用来区分自养硝化过程与异养硝化或者反硝化过程。如 Zhu 等（2013）利用低浓度乙炔作为抑制剂开展室内培养实验，发现当氧气浓度>0 时，氨氧化过程产生的 N_2O 对 N_2O 总通量贡献介于 72%～97%。然而，高浓度乙炔（>1%）既能抑制自养硝化过程，还能抑制反硝化过程对 N_2O 的还原，因此，常被用于测定反硝化速率。

基于纯培养实验的研究表明，1-辛炔或烯丙基硫脲能够抑制 AOB 活性，而 PTIO 能够抑制 AOA 活性，因而能被用来区分不同氨氧化微生物对硝化过程以及 N_2O 产生的贡献（Taylor et al.，2013；Martens-Habbena et al.，2015）。在低铵态氮含量或酸性条件下，AOA 在硝化过程中起主导作用，而在高铵态氮含量或中性和碱性条件下，AOB 是硝化过程的主要驱动者；相对于 AOA，AOB 产生 N_2O 的效率更高（Hink et al.，2018）。基于抑制剂方法的研究表明 AOA 的最适温度要高于 AOB（Taylor et al.，2017；Duan et al.，2018；Lin et al.，2022）。氯酸根离子（ClO_3^-）能够抑制 NOB 活性，因此常被用于区分硝化过程中的 NO_2^- 产生速率以及定量 comammox *Nitrospira* 对硝化作用的贡献（Duan et al.，2018；Han et al.，2018a）。利用乙炔结合 1-辛炔和氯酸钾抑制剂的研究表明，AOA 在酸性土壤环境中占主导地位，而在好氧–缺氧过渡的河岸带环境中，comammox *Nitrospira* 是氨氧化过程的主要驱动者（Wang et al.，2021）。由于氯霉素或链霉素可以抑制细菌生长，而放线菌酮则能抑制真菌生长，因此常被用于区分细菌和真菌反硝化对 N_2O 产生的贡献。此外，二乙硫代胺甲酸钠能专一抑制 *nirK* 基因，可以用于区分 *nirK* 和 *nirS* 对 N_2O 产生的相对贡献（Kim et al.，2010）。

尽管抑制剂方法被广泛用于 N_2O 溯源的研究，但由于土壤微生物复杂多样，需根据土壤条件选取抑制剂类型并优化浓度。如过高浓度的 PTIO 或者 1-辛炔可能会影响其他非目标微生物的活性。comammox 过程的发现，说明利用乙炔、1-辛炔和 PTIO 等抑制剂直接区分 AOA 和 AOB 对 N_2O 产生贡献具有很大的不确定性。此外，上述抑制剂方法不能有效区分异养硝化、硝化细菌反硝化等其他过程。

（三）同位素法

目前用于 N_2O 溯源的同位素方法主要有同位素富集法和自然丰度法。硝化过程产生的

N_2O 能够通过添加 $^{15}NH_4^+$ 定量，而反硝化产生的 N_2O 能够通过添加 $^{15}NO_3^-$ 定量（Butterbach-Bahl et al.，2013）。采用 ^{15}N-N_2 通量法可以定量 N_2O 的还原（Well et al.，2019）。通过 $^{15}NH_4^+$ 和 $^{15}NO_3^-$ 成对标记的方式结合溯源模型，能够区分自养硝化、异养硝化、异养反硝化和联合反硝化过程对 N_2O 产生的贡献。如有研究表明，反硝化和异养硝化过程是草地土壤 N_2O 产生的主要路径，且受土壤含水量和质地的显著影响。采用同位素富集法区分土壤 N_2O 产生路径需要假设所产生的 $^{15}N_2O$ 均来自添加的标记物中的 ^{15}N。然而，标记物添加到土壤之后，^{15}N 可能会重新分配。另有研究者提出了 $^{15}N_2O$ 的非均衡分布假设，即 N_2O 中的 ^{15}N 可能一部分源于土壤本身氮库，而另一部分源于标记物氮库，如 $^{14}N^{14}NO$、$^{14}N^{15}NO+^{15}N^{14}NO$ 和 $^{15}N^{15}NO$。有研究通过向土壤中添加 $^{15}NO_3^-$，结合非均衡分布和 ^{15}N 气体通量法，发现草原向农田转变后会增加反硝化对 N_2O 产生的贡献，而联合反硝化对 N_2O 产生的贡献很低（Buchen et al.，2016）。

^{15}N-^{18}O 双标记方法近年被广泛用于揭示硝化细菌反硝化对土壤 N_2O 产生的贡献（Wrage-Mönnig et al.，2018）。这一方法的理论依据是：在 NH_3 氧化过程中，氧气中的一个氧原子会进入到 NH_2OH 中，而接下来的硝化反应则由 H_2O 中的 O 原子参与生成 NO_2^- 和 NO_3^-。N_2O 中 N 和 O 原子在氨氧化、硝化细菌反硝化、异养反硝化和硝化耦合反硝化中来源不同的事实可以帮助我们更好地认识 N_2O 产生路径。理论上，氨氧化过程中产生的 N_2O 中 O 原子应该 100% 来源于 O_2。但对于异养反硝化来说，三分之一的 O 原子来源于 O_2，另外三分之二来源于 H_2O，且 H_2O 与中间产物之间常存在潜在的 O 原子交换，从而增加了通过这种方法溯源的不确定性。然而，结合标记 ^{18}O-NO_3^- 添加后产生的 N_2O 中 ^{18}O 的测定，可以解决硝化过程和反硝化过程中 N_2O 与 H_2O 之间的 O 交换对 N_2O 来源解析的干扰问题。因此，通过向土壤中添加 $^{15}NO_3^-$、$^{15}NH_4^+$、$N^{18}O_3^-$ 和 $H_2{}^{18}O$ 的标记物，测定 N_2O 中 ^{15}N 和 ^{18}O 丰度，可以定量上述各途径对 N_2O 产生的相对贡献（Kool et al.，2010；Zhu et al.，2013；Zhang et al.，2021）。需要注意的是，这个方法的前提假设是氨氧化微生物产生的 NO_2^- 被 AOB 利用从而进行反硝化，因而常会高估硝化细菌反硝化对 N_2O 产生的贡献。可能由以下两点原因造成：首先，很多异养反硝化微生物在还原 NO_3^- 的同时也伴随着 NO_2^- 的还原。其次，由于缺少 *nirK* 基因，土壤中一些异养微生物只能还原 NO_2^-，而不是 NO_3^-。此外，Hink 等（2017a）通过监测氨氧化微生物中从 NO_2^- 向 NorB 的电子流，提出在任何 O_2 含量条件下，≥99% 的呼吸电子流直接导向末端的氧化酶而不是进行反硝化；同时这些微生物在维持呼吸代谢时，反硝化过程并没有起任何作用。上述结果说明低 O_2 和高 NH_4^+ 浓度条件下，从 NO_2^- 流向 NorB 的中性电子流是为了保证氧化还原反应的平衡而不是维持呼吸代谢。如果这个猜测被证明，那么之前认定的“硝化细菌反硝化”这个命名应该是不太合适，但此过程还需要在纯培养试验中进一步验证。

尽管同位素富集法在研究 N_2O 溯源方面取得了很大的进展，但也有一定的局限性。如标记物扩散不均匀、同位素富集可能会干扰本底土壤微生物活性和田间原位标记难度大等。随着同位素技术的快速发展，通过测定 N_2O 分子间 ^{15}N 位置优势值（site preference，SP）的新方法逐渐受到重视。N_2O 分子中（N–N–O），中间 N 原子位置被称为 α 位，边缘 N 原子位置被称为 β 位，则 $SP=\delta^{15}N^{\alpha}-\delta^{15}N^{\beta}$。与富集同位素法相比，该方法具有以下优势：无需向土壤中添加底物，能应用于田间原位测定；SP 值不受 N_2O 产生底物（NH_4^+、NO_3^-、NO_2^- 和 H_2O）同位素值的影响；N_2O 的不同产生过程的 SP 值具有明显差异。因此，通过 SP 值结合 $\delta^{15}N^{bulk}$-N_2O 和 $\delta^{18}O$-N_2O 的方法目前被广泛用于土壤 N_2O 溯源研究（Toyoda et al.，2017）。如 Congreves 等（2019）采用 SP 和 $\delta^{18}O$-N_2O 结合的方法重新评估了土壤硝化和反硝化的最适含水量范围，发现当田间充水孔隙度大于 78% 时，完全由反硝化主导 N_2O 的产生。Gil 等（2017）采用 SP 和 $\delta^{15}N^{bulk}$-N_2O 结合的方法表明，反硝化是冻土 N_2O 的主要来源，且随土层深度增加，反硝化的贡献相应增加。最新研究表明，SP 值结合模型能够比较准确定量原位条件下 N_2 的产生通量。

然而，采用 SP 值的方法在 N_2O 溯源上仍存在一定的局限性，包括 N_2O 还原过程的发生会增加 SP 值；真菌反硝化和硝化（氨氧化）过程的 SP 值重叠；不同纯培养试验中得到的 SP 值有很大的差异；联合反硝化、异养硝化和 DNRA 等过程的 SP 值范围仍不清楚。如氨氧化过程中 AOA 和 AOB 的 SP 值变化范围分别为 13.1‰～34.0‰和 14.9‰～36.3‰（Hu et al.，2015），均接近非生物过程产生 N_2O 的 SP 值（28.4‰～35.6‰）（Heil et al.，2014；Duan et al.，2020），以及真菌反硝化的 SP 值（22.8‰～40.0‰）（Hu et al.，2015）。尽管有研究表明在培养试验中 SP 值随反应时间保持稳定，但 Yang 等（2014）通过对真菌 NorB（*P450nor*）的研究表明，在 NO 的还原过程中，其 SP 值从 15‰升高到了 29‰，这主要是因为酶和胞外 NO 之间发生了耦合过程。

总之，目前已知的 N_2O 溯源方法均具有一定的不足，因此，在应用这些方法时，应充分了解各个方法的优缺点，根据研究条件以及研究目的针对性选择某种方法或综合使用多种方法。

四、结论

土壤有多条 N_2O 产生路径，包括自养硝化、异养硝化、硝化细菌反硝化、硝化耦合反硝化、异养反硝化、联合反硝化、硝酸盐异化还原以及羟胺氧化和化学反硝化等过程。这些路径之间相互关联，受多种环境因素的共同制约。虽然有关土壤 N_2O 产生路径的研究已取得了重要的进展，但受方法学的限制，目前对土壤 N_2O 产生路径的研究大多集中在室内模拟研究阶段，而在原位揭示 N_2O 产生机制的研究还相对较少。综合采用多种方法能有效揭示土壤 N_2O 的产生机制，如通过抑制剂结合分子生物学方法，能有效判断土壤 N_2O 的产生过程及其关键微生物（如 AOA 和 AOB，真菌和细菌）在 N_2O 产生中的相对重要性。目前，同位素方法结合分子生物学技术被认为是揭示 N_2O 来源的有效手段。如有研究综合运用 SP 与 N_2O 产生的相关功能基因，发现在干湿交替频繁的草地土壤中反硝化是 N_2O 产生的主要路径（Harris et al.，2021）。Fang 等（2021）结合 ^{15}N-^{18}O 双同位素技术、宏基因组以及高通量测序，揭示了熏蒸土壤中生物质炭对 N_2O 产生的影响机制。稳定性同位素核酸探针技术（DNA-SIP）是将复杂环境中的微生物物种组成与生理功能耦合分析的有力工具，被广泛运用于研究氨氧化微生物对硝化过程的贡献。尽管有其优越性，但 DNA-SIP 方法在对反硝化过程研究的应用上具有受限性，因为反硝化微生物也能通过其他呼吸方式来同化标记的碳。因此，在以后的研究中，应充分挖掘不同方法的优缺点，综合运用多种方法更有助于揭示土壤 N_2O 产生机制。

第三节　喀斯特森林洼地与坡地土壤 N_2O 排放对模拟大气氮沉降的响应

土壤 N_2O 排放对氮沉降增加的响应受多种因素影响，包括氮和磷状况改变、铵（NH_4^+）和硝（NO_3^-）有效性增加以及土壤酸化（Martinson et al.，2013；Redding et al.，2016；Deng et al.，2020）。然而，在亚热带/热带地区的不同研究结果并不一致。例如，Han 等（2019）发现，在氮状况较差的条件下，氮添加通过增加硝化菌和反硝化菌的丰度而促进土壤 N_2O 排放，而在氮状况较高的条件下，通过抑制反硝化菌的丰度减少亚热带森林 N_2O 排放。Zheng 等（2016）发现，施氮显著增加了富氮的热带森林土壤 N_2O 排放。Müller 等（2015）发现氮添加只在土壤含水量高的时期增加了 N_2O 通量。Corre 等（2014）也报道了热带森林土壤 N_2O 排放对氮添加的响应在湿润年份比干旱年份更为明显。可见，亚热带/热带森林土壤初始氮状况和水分含量影响土壤 N_2O 排放对氮添加的响应。

坡位通过影响土壤氮状况、氮转化速率、有机碳水平、微生物群落组成和丰度、水分等进而影响土壤 N_2O 排放（Stewart et al.，2014；Enanga et al.，2016）。例如，有报道称，由于高反硝化作用，坡度较低的位置是土壤 N_2O 排放的热点区（Stewart et al.，2014；Yu et al.，2019）。坡位也可以通过其对土壤养分有效性、水分和微生物群落的影响而间接影响氮的有效性和大气沉降氮的去向（Enanga et al.，2017）。由于氮状况可能影响土壤 N_2O 排放对氮添加的响应，因此土壤 N_2O 排放对氮添加的响应可能因坡位而异。

本研究在桂西北喀斯特森林的洼地和坡地两个坡位开展了野外氮添加实验，样地详情已在前面作了介绍。土壤为钙质土壤，对酸化具有较高的缓冲能力（Wang et al.，2019；Zheng et al.，2020a）。因此，氮输入可以促进钙质土壤的硝化作用，而不会导致土壤酸化（Hao et al.，2020）。前期研究表明，由于坡地土壤氮状况高于洼地，氮添加抑制了洼地土壤非共生固氮速率，但对坡地土壤非共生固氮速率则没有显著影响（Wang et al.，2019）。由于土壤氮状况会影响土壤 N_2O 排放对氮添加的响应（Koehler et al.，2009），因此，坡位可能会调节土壤 N_2O 排放对氮添加的响应。

从 2016 年 11 月至 2019 年 10 月，采用静态箱法测定每个样方的土壤 N_2O 排放（Duan et al.，2022a）。同步测定土壤温度和湿度，根据土壤容重和体积含水量，计算了土壤孔隙度百分比（%WFPS）。每 3 个月采集一次 0～10cm 矿质层土壤样品用于测定土壤 NH_4^+、NO_3^-、DOC 等理化指标（表 10-1）。采用随时间变化的梯形积分法计算土壤 NH_4^+、NO_3^- 和 DOC 强度（mg N 或 C g^{-1} d^{-1}）。有效氮或碳强度类似于氮或碳含量的时间加权平均值，但包含了持续时间，可反映碳或氮可利用性对微生物过程的长期影响（Maharjan and Venterea，2013）。于 2019 年 9 月 24 日采集土壤提取 DNA 测定参与 N_2O 产生的微生物功能基因（包括氨氧化细菌（AOB）和氨氧化古菌（AOA）的氨单加氧酶基因（*amoA*）、细菌亚硝酸盐还原酶基因（*nirS* 和 *nirK*）、真菌亚硝酸盐还原酶基因（*nirK*）和氧化亚氮还原酶基因（*nosZ* Ⅰ and *nosZ* Ⅱ））的丰度。计算了采样期间 N_2O 累积排放通量（kg N

hm^{-2}），也计算了因氮添加引起的土壤 N_2O 排放变化（Change（%）=（Xt−Xc）/Xc×100，其中 Xt 和 Xc 分别表示同一区组内氮添加样方和对照样方 N_2O 累积排放量）。

表 10-1　氮添加对喀斯特森林洼地和坡地土壤理化性质和微生物属性的影响（n=3，平均值±标准误）

指标	洼地			坡地		
	N0	N50	N100	N0	N50	N100
土壤含水率/%	33.72±1.4a	34.19±4.99a	40.28±9.32a	39.68±7.6a	34.72±3.55a	33.42±10.43a
土壤容重/（g cm^{-3}）	0.88±0.05a	1.03±0.07a	0.94±0.21a	0.91±0.08a	0.89±0.1a	0.98±0.02a
pH_{H_2O}	7.1±0.27a	7.24±0.08a	7.3±0.21a	7.53±0.03a	7.5±0.18a	7.46±0.05a
Ca/（cmol kg^{-1}）	7.04±1.99a	11.29±2.64a	12.32±3a	14.46±2.79a*	10.89±1.47a	10.84±2a
Mg/（cmol kg^{-1}）	1.88±0.85a	2.42±0.23a	2.59±0.8a	2.78±0.27a	2.64±0.7a	2.25±1.02a
SOC/（g kg^{-1}）	42.08±2.32b	49.43±3.61a	52.58±12.83a	59.3±20.36a	56.6±3.12a	67.37±1.05a
TN/（g kg^{-1}）	3.67±0.17a	4.53±0.37a	4.82±1.28a	5.3±1.84a	5.17±0.19a	6.19±0.25a
TP/（g kg^{-1}）	2.09±0.08a	2.31±0.38a	2.39±0.5a	1.87±0.44a	1.76±0.36a	2.07±0.04a
DOC/（mg kg^{-1}）	140.2±9.73b	191.28±24.05 ab	231.65±80.62a	322.08±43.52a*	193.29±25.59b	318.99±36.55a
TDN/（mg kg^{-1}）	67.85±8.18b	116.58±28.38a	144.32±5.47a	158.72±10.07a*	143.06±32.68a	177.74±11.33a*
AVP/（mg kg^{-1}）	105.9±2.14b*	151.62±27.98a*	82.09±10.98b	47.73±5.79b	42.8±3.37b	88.46±5.92a
NH_4^+/（mg kg^{-1}）	7.04±4.64a	6.99±1.57a	8.91±5.94a	12.12±1.96a	8.59±2.69a	10.35±3.39a
NO_3^-/（mg kg^{-1}）	17.4±0.15b	23.32±3.71a	23.57±3.12a	28.34±10.39a	27.24±4.06a	30.83±8.55a
NO_2^-/（mg kg^{-1}）	0.07±0.03a	0.06±0.02a	0.03±0.02a	0.05±0.02a	0.04±0.00a	0.06±0.02a
C：N	11.46±0.12a	10.92±0.18b	10.95±0.24b	11.21±0.07a	10.96±0.83a	10.9±0.61a
C：P	20.18±1.59a	21.99±5.55a	21.9±0.77a	31.37±6.88a*	33.52±9.36a	32.63±1.18a*
N：P	1.76±0.12a	2.02±0.54a	2±0.11a	2.8±0.63a*	3.03±0.62a	3±0.06a*
DOC：TDN	2.1±0.38a	1.68±0.27a	1.6±0.53a	2.03±0.18a	1.42±0.45a	1.81±0.32a
DOC：AVP	1.33±0.11a	1.29±0.27a	2.93±1.41a	6.77±0.83a*	4.51±0.37b*	3.61±0.36b
TDN：AVP	0.64±0.08b	0.8±0.31b	1.78±0.29a	3.36±0.44a*	3.39±1.02a*	2.02±0.22b

注：不同小写字母表示某个指标在同一坡位的不同处理之间差异显著（P<0.05）。

*表示同一氮添加处理在两个坡位间差异显著（P<0.05）。

一、土壤 N_2O 排放通量及其在两个坡位间的差异

土壤温度和含水量分别介于 4～38℃［图 10-3（a）（b）］和 15%～90% WFPS［图 10-3（c）（d）］。对照样方洼地平均 N_2O 通量为 4.43±5.49mg N m^{-2} h^{-1}，坡地平均为 6.12±5.89 mg N m^{-2} h^{-1}［图 10-3（e）（f）］。2017 年、2018 年、2019 年土壤 N_2O 排放受氮添加量显著影响，其中 2018 年土壤 N_2O 排放也受坡位的显著影响（表 10-2）。虽然 2017 年和 2019 年坡位对 N_2O 通量没有显著影响，但 2017 年和 2019 年坡位×氮添加量×采样日期和坡位×氮添加量分别对 N_2O 通量存在显著的交互效应（表 10-2）。

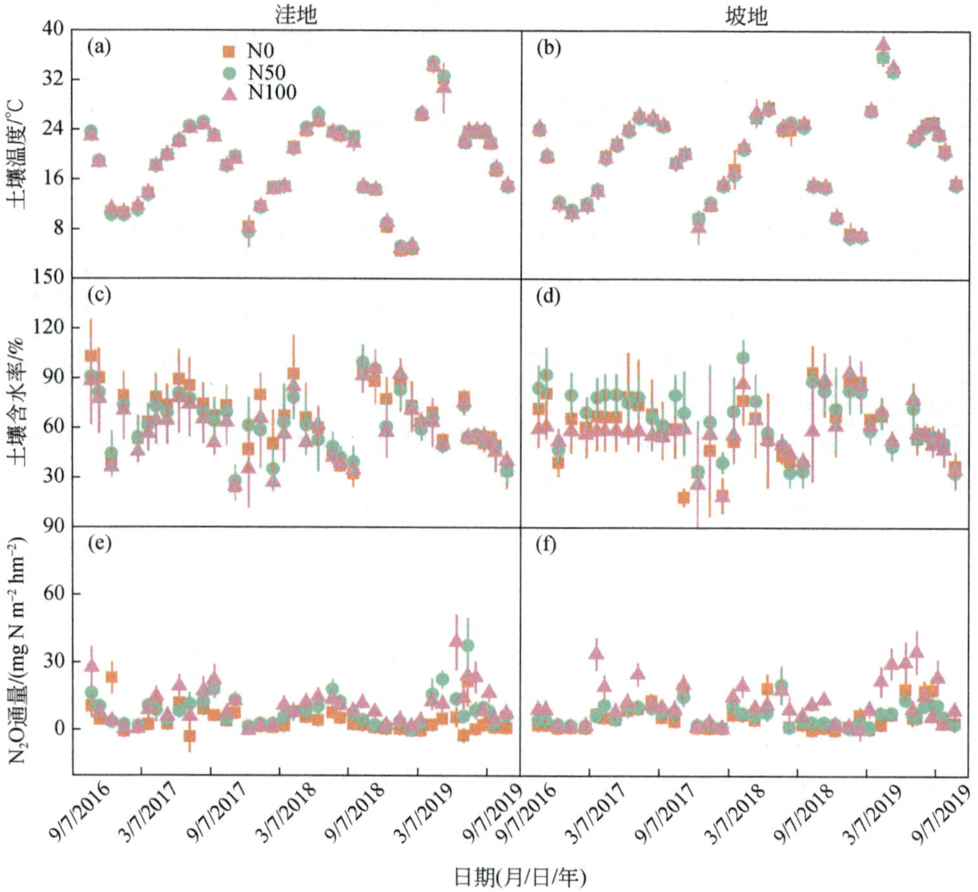

图 10-3 洼地和坡地土壤温度（a）（b）、WFPS（c）（d）和 N_2O 通量（e）（f）随时间变化特征

N0、N50 和 N100 分别表示对照（0kg N hm^{-2} a^{-1}）、中氮添加（50kg N hm^{-2} a^{-1}）和高氮添加（100kg N hm^{-2} a^{-1}）处理。数据为平均值和标准差（n=3）。

表 10-2 基于线性混合效应模型检验的氮添加（*N*）、坡位（*T*）、采样日期（*S*）及其相互作用对土壤 N_2O 通量和氮添加导致的 N_2O 排放变化的影响

指标		因子	df	ddf	F	p
2017 年	N_2O 通量	N	2	155	12. 907	0. 000
		T	1	155	0. 772	0. 381
		S	12	155	4. 746	0. 000
		$N \times T$	2	155	0. 672	0. 512
		$N \times S$	24	155	2. 232	0. 002
		$T \times S$	12	155	2. 956	0. 001
		$N \times T \times S$	24	155	2. 348	0. 001

续表

指标		因子	df	ddf	F	p
2017 年	N_2O 变化	N	1	104	6. 131	0. 015
		T	1	104	12. 023	0. 001
		S	12	104	4. 419	0. 000
		$N×T$	1	104	0. 341	0. 560
		$N×S$	12	104	0. 536	0. 887
		$T×S$	12	104	3. 301	0. 000
		$N×T×S$	12	104	1. 050	0. 410
2018 年	N_2O 通量	N	2	154	20. 963	0. 000
		T	1	154	5. 313	0. 023
		S	12	154	10. 489	0. 000
		$N×T$	2	154	3. 497	0. 033
		$N×S$	24	154	2. 600	0. 000
		$T×S$	12	154	1. 179	0. 303
		$N×T×S$	24	154	2. 541	0. 000
	N_2O 变化	N	1	104	10. 974	0. 001
		T	1	104	9. 764	0. 002
		S	13	104	13. 136	0. 000
		$N×T$	1	104	5. 405	0. 022
		$N×S$	12	104	4. 303	0. 000
		$T×S$	12	104	10. 971	0. 000
		$N×T×S$	12	104	2. 985	0. 001
2019 年	N_2O 通量	N	2	164	17. 528	0. 000
		T	1	164	0. 913	0. 341
		S	13	164	7. 797	0. 000
		$N×T$	2	164	4. 437	0. 013
		$N×S$	26	164	2. 244	0. 001
		$T×S$	13	164	3. 184	0. 000
		$N×T×S$	26	164	0. 694	0. 863

续表

指标		因子	df	ddf	F	p
2019 年	N_2O 变化	N	1	112	0. 050	0. 823
		T	1	112	0. 387	0. 535
		S	13	112	3. 364	0. 000
		$N\times T$	1	112	0. 937	0. 335
		$N\times S$	13	112	1. 389	0. 176
		$T\times S$	13	112	3. 545	0. 000
		$N\times T\times S$	13	112	1. 369	0. 185
2017 年+2018 年	N_2O 通量	N	2	309	26. 678	0. 000
		T	1	309	1. 789	0. 543
		S	23	309	4. 543	0. 289
		$N\times T$	1	309	5. 098	0. 657
		$N\times S$	23	309	2. 621	0. 068
		$T\times S$	23	309	1. 437	0. 443
		$N\times T\times S$	23	309	5. 411	0. 021
	N_2O 变化	N	1	208	15. 936	0. 000
		T	1	208	17. 492	0. 000
		S	25	208	12. 517	0. 000
		$N\times T$	1	208	5. 648	0. 018
		$N\times S$	25	208	3. 828	0. 000
		$T\times S$	25	208	9. 639	0. 000
		$N\times T\times S$	25	208	2. 765	0. 000
3 年	N_2O 通量	N	2	473	67. 765	0. 000
		T	1	473	4. 343	0. 908
		S	39	473	2. 232	0. 045
		$N\times T$	1	473	0. 223	0. 675
		$N\times S$	39	473	5. 098	0. 008
		$T\times S$	39	473	1. 944	0. 987
		$N\times T\times S$	39	473	2. 498	0. 432

续表

指标		因子	df	ddf	*F*	*p*
3 年	N_2O 变化	*N*	1	320	0. 566	0. 452
		T	1	320	2. 623	0. 106
		S	39	320	3. 747	0. 000
		N×*T*	1	320	2. 300	0. 130
		N×*S*	39	320	1. 493	0. 034
		T×*S*	39	320	3. 738	0. 000
		N×*T*×*S*	39	320	1. 407	0. 061

注：df 和 ddf 分别为分子自由度和分母自由度。时间嵌套样方作为随机效应。

施氮量显著影响累积 N_2O 排放（$P<0.05$）（图 10-4），洼地 2017 年、2018 年和 2019 年累积 N_2O 排放量分别为 0. 59±0. 07kg N hm^{-2}、0. 35±0. 03kg N hm^{-2} 和 0. 22±0. 18kg N hm^{-2}，坡地对照样方累积 N_2O 排放量分别为 0. 46±0. 08kg N hm^{-2}、0. 56±0. 14kg N hm^{-2} 和 0. 49±0. 13kg N hm^{-2} [图 10-4（a）（b）（c）]。中等施氮量导致洼地 2018 年和 2019 年累积 N_2O 排放量分别显著（$P<0.05$）增加了 94. 68% 和 251. 17%。高氮添加导致洼地 2017 年、

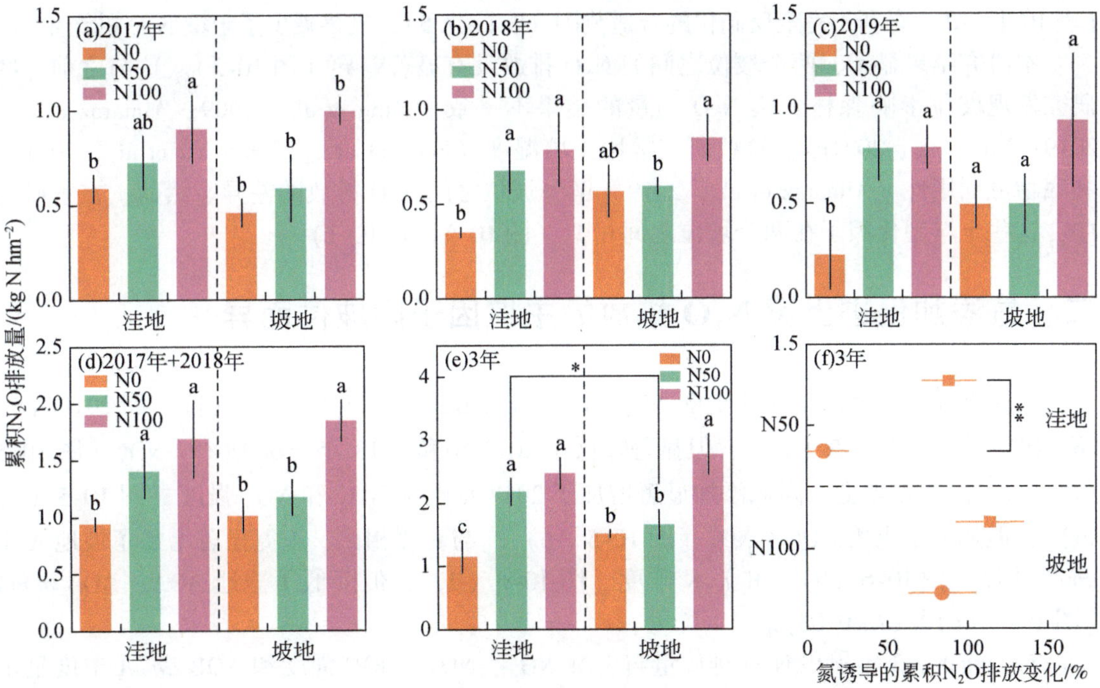

图 10-4　氮添加对 2017 年、2018 年、2019 年、2017+2018 年和 3 年累积 N_2O 排放（a）~（e），以及氮添加诱导的洼地和坡地累积 N_2O 排放变化（f）的影响

不同小写字母表示在洼地或坡地不同氮添加处理之间的差异显著（$P<0.05$）。* 和 ** 表示在相同的氮添加处理下，洼地和坡地之间在 $P<0.05$ 和 $P<0.01$ 水平差异显著。

2018 年和 2019 年累积 N_2O 排放量分别显著（$P<0.05$）增加了 53.31%、124.30% 和 252.92%，导致坡地 2017 年排放量增加了 117.54%。对于对照样方，2017 年和 2018 年洼地和坡地的累积 N_2O 排放量分别为 0.93±0.07kg N hm^{-2} 和 1.02±0.15kg N hm^{-2}，洼地和坡地 3 年累积 N_2O 排放量分别为 1.16±0.24kg N hm^{-2} 和 1.50±0.06kg N hm^{-2} [图 10-4（d）（e）]。3 年处理期内，中、高氮添加导致洼地土壤 N_2O 排放量显著增加了 88.7%~113.3%；高氮添加导致坡地土壤 N_2O 排放量显著增加了 84.27%。仅在 N50 处理下，3 年累积 N_2O 排放量洼地高于坡地（$P<0.05$）[图 10-4（e）]。2017 年和 2018 年，坡位对氮添加导致的 N_2O 通量变化有显著影响，2017 年、2018 年和 2019 年坡位与采样日期对氮添加引起的 N_2O 通量变化有显著的交互作用（表 10-2）。因此，在 N50 处理下，洼地 3 年累积 N_2O 排放变化显著高于坡地（$P<0.05$）[图 10-4（f）]。

本研究对照样方的年 N_2O 排放量（0.39±0.08~0.50±0.02kg N hm^{-2} a^{-1}）与之前在一些亚热带/热带森林中观察到的通量（0.39~0.52kg N hm^{-2} a^{-1}）相当（Fan et al., 2017），但远低于其他亚热带/热带森林的通量（0.70~3.50kg N hm^{-2} a^{-1}）（Zheng et al., 2016；Xie et al., 2018；Han et al., 2019）。本研究土壤 N_2O 排放通量较低的原因有以下两种可能。首先，在大部分采样期土壤含水量都很高，平均 WFPS 为 61.4%（图 10-3）。高 WFPS 可能会阻碍 N_2O 从土壤剖面向大气的扩散（Butterbach-Bahl et al., 2013）。其次，完全反硝化（从 N_2O 到 N_2 的过程）可能在本研究的森林中主导反硝化过程，因为土壤 pH（表 10-1）处于有利于完全反硝化的合适范围（7.1~7.5），最终减少了土壤 N_2O 的产生。

本研究结果显示，两个坡位之间的 N_2O 排放没有显著差异（图 10-3）。这与之前一些研究发现坡位影响森林土壤 N_2O 通量的结果不一致（Fang et al., 2009；Almaraz et al., 2019；Yu et al., 2021a）。这些研究常用土壤湿度（Fang et al., 2009；Yu et al., 2021a）和底物可利用性（Almaraz et al., 2019）解释坡位之间 N_2O 排放的差异。然而，在本研究中，这些土壤理化因子在两个坡位之间相似（图 10-5，表 10-1）。

二、氮添加促进土壤 N_2O 排放的主控因子因坡位而异

高氮添加显著增加了洼地土壤 NH_4^+ 和 NO_3^- 的强度 [图 10-5（a）~（j）] 和 2019 年土壤 DOC 强度 [图 10-5（m）]，但显著降低了 2017 年和 2018 年土壤 DOC：NO_3^- [图 10-5（p）（q）]。在坡地上，高氮添加显著增加了 2017 年土壤 NH_4^+ 和 NO_3^- 强度 [图 10-5（a）（f）]，但降低了土壤 DOC：NO_3^- [图 10-5（p）]。与对照相比，施氮显著增加了坡地 AOB *amoA* 丰度 [图 10-6（b）] 和 *nirK* 丰度 [图 10-6（d）]，但降低了洼地 AOA：AOB *amoA* [图 10-6（c）]（$P<0.05$）。

对于洼地，3 年累积 N_2O 排放量与土壤 NH_4^+、NO_3^-、DOC 强度和 AOB *amoA* 丰度呈正相关（$P<0.05$）[图 10-7（a）~（e）]，但与 DOC：NO_3^- 和 AOA：AOB *amoA* 呈负相关（$P<0.05$）[图 10-7（d）（g）]。在坡地，3 年累积 N_2O 排放量与 NO_3^- 强度、AOB *amoA* 或 *nirK* 丰度呈显著正相关（$P<0.05$）[图 10-7（b）（f）（h）]，而与 DOC：NO_3^- 负相关（$P<0.05$）[图 10-7（d）]。

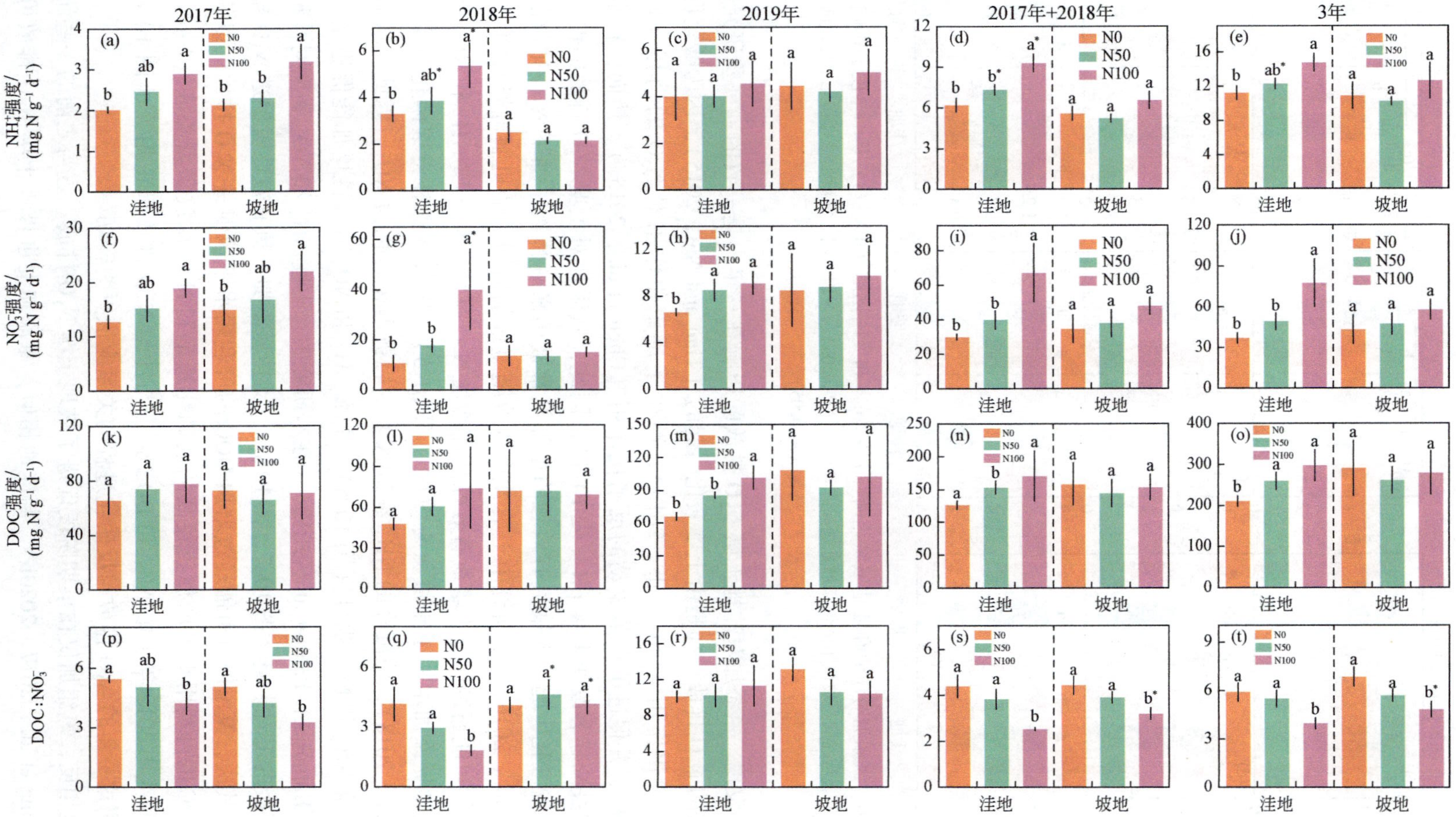

图 10-5 氮添加对洼地和坡地土壤NH_4^+[(a)~(e)]、NO_3^-[(f)~(j)]、DOC强度[(k)~(o)]和DOC:NO_3^-[(p)~(t)]的影响

不同小写字母表示在同一坡位不同氮添加处理间差异显著($P < 0.05$)。*表示同一氮添加处理在二个坡位间差异显著($P < 0.05$)。

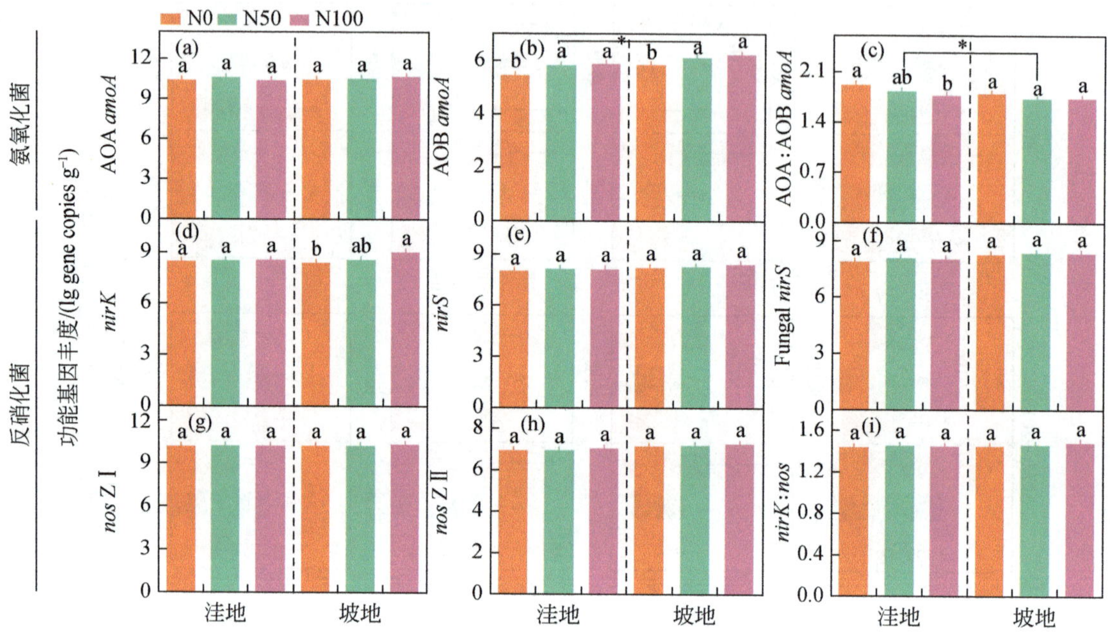

图 10-6　氮添加对洼地和坡地氨氧化菌（a）~（c）和反硝化菌（d）~（i）基因丰度的影响

不同小写字母表示在同一坡位不同氮添加处理间差异显著（$P<0.05$）。* 表示同一氮添加处理在二个坡位间差异显著（$P<0.05$）。

本研究发现，氮添加对洼地土壤 N_2O 排放的影响在三年内是一致的。一些研究表明，氮添加导致的 N_2O 排放增加是由土壤酸化引起的（Tian and Niu，2015），因为酸化促进了 AOA 驱动的硝化作用（Shi et al.，2018），减少了反硝化作用对 N_2O 的消耗（Koehler et al.，2009），并促进了真菌驱动的反硝化作用（Chen et al.，2015a）。然而，在本研究中，氮添加并未显著改变土壤 pH（表 10-1），因此，氮添加对土壤 N_2O 排放的促进作用应不是由土壤酸化引起。土壤氮有效性的增加经常被用来解释氮添加下 N_2O 排放的增加（Redding et al.，2016）。本研究中土壤 N_2O 排放随氮添加而增加的机制可能有两个方面。首先，氮添加可能通过促进土壤氮有效性从而增加 N_2O 排放。从土壤 NH_4^+ 和 NO_3^- 强度可以看出，洼地氮添加增加了土壤氮有效性（图 10-5）。喀斯特森林土壤硝化速率快（Li et al.，2017a，2018），使沉降的 NH_4^+ 在进入土壤后被迅速转化为 NO_3^-。因此，氮添加显著促进了土壤 NH_4^+ 和 NO_3^- 强度（图 10-5）。土壤 NH_4^+ 和 NO_3^- 有效性增加能促进硝化和反硝化速率（Butterbach-Bahl et al.，2013）。在本研究中，土壤 NH_4^+ 和 NO_3^- 强度对洼地 N_2O 排放均有直接的正向影响（图 10-7，图 10-8），支持氮添加下氮有效性对促进 N_2O 排放的关键作用。其次，氮添加也可能通过增加 DOC 的可利用水平而促进 N_2O 排放。以往的研究表明，DOC 的可利用水平增加与较高的反硝化速率和 N_2O 排放紧密关联（Yin et al.，2017）。本研究中 2019 年土壤 NO_3^- 和 DOC 强度与洼地 N_2O 排放呈正相关［图 10-8（j）（k）］，说明这一年的 N_2O 排放与反硝化过程的关系应该更为密切。

与洼地相反，氮添加仅在早期阶段促进了坡地土壤 N_2O 排放。这与之前的一些研究结果一致（Song et al.，2017，2020b）。与洼地相似，氮添加促进坡地土壤 N_2O 排放可能归

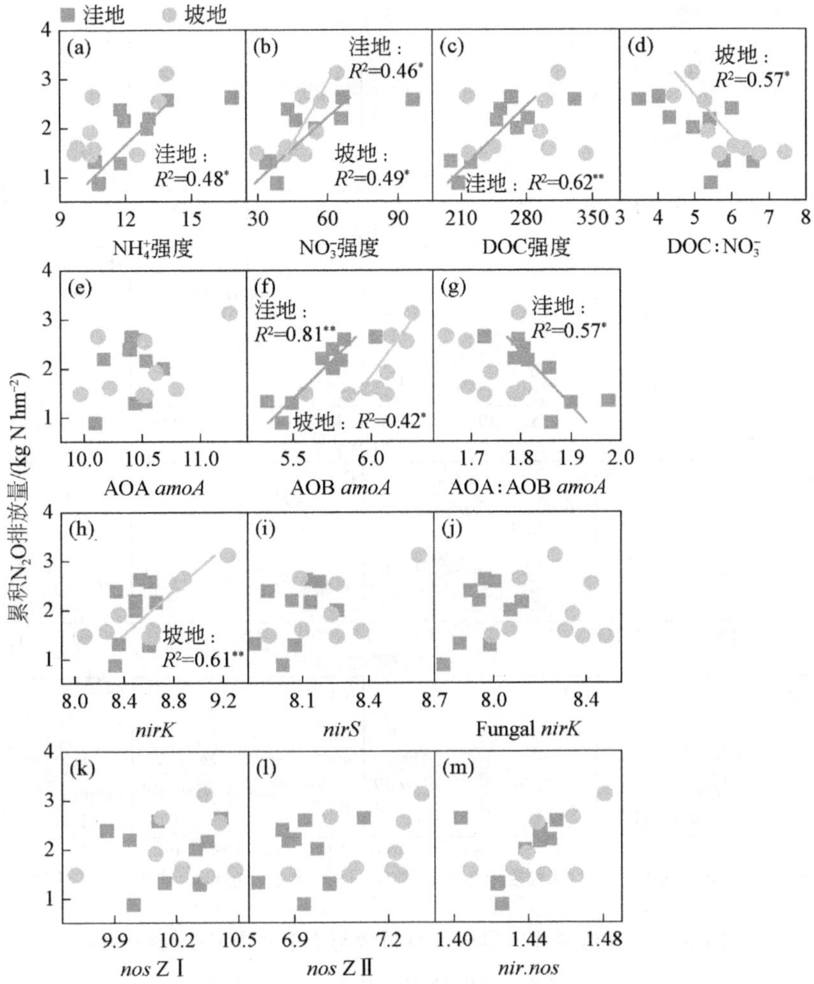

图 10-7　洼地和坡地累积 N_2O 排放通量与土壤碳氮底物强度（a）~（d）和功能基因丰度（e）~（m）的相关性

*、**表示在 0.05、0.01 水平上显著相关。

因于氮有效性增加（图 10-5，图 10-8）。此外，由于 DOC 可用性下降导致的 DOC：NO_3^- 降低会抑制 N_2O 的还原，从而导致 N_2O 排放通量增加（Grave et al.，2018）。因此，土壤 DOC：NO_3^- 的降低可能是本研究中 2017 年坡地 N_2O 排放增加的另一个机制。如前所述，根据前期的研究（Chen et al.，2021），坡地的氮状况和土壤 NO_3^- 淋失比洼地高。2017 年之后，坡地土壤可能已经达到氮饱和。由于喀斯特森林土壤的高硝化作用，坡地土壤中更多沉降的 NH_4^+ 被转化为 NO_3^-，导致输入坡地的氮淋失更多（Wang et al.，2019）。这解释了 2017 年以后坡地土壤 NH_4^+ 和 NO_3^- 强度以及 N_2O 排放没有显著变化的原因。

氮添加后，土壤 N_2O 排放增加最终是由于氮素增加引起的硝化菌和反硝化菌的活性增强所致（Tang et al.，2016）。相对较高的 NH_4^+ 供应有利于 AOB（Prosser et al.，2020）。在本研究中，AOB *amoA* 丰度与 N_2O 排放呈显著正相关，表明 AOB 在两个坡位主要负责

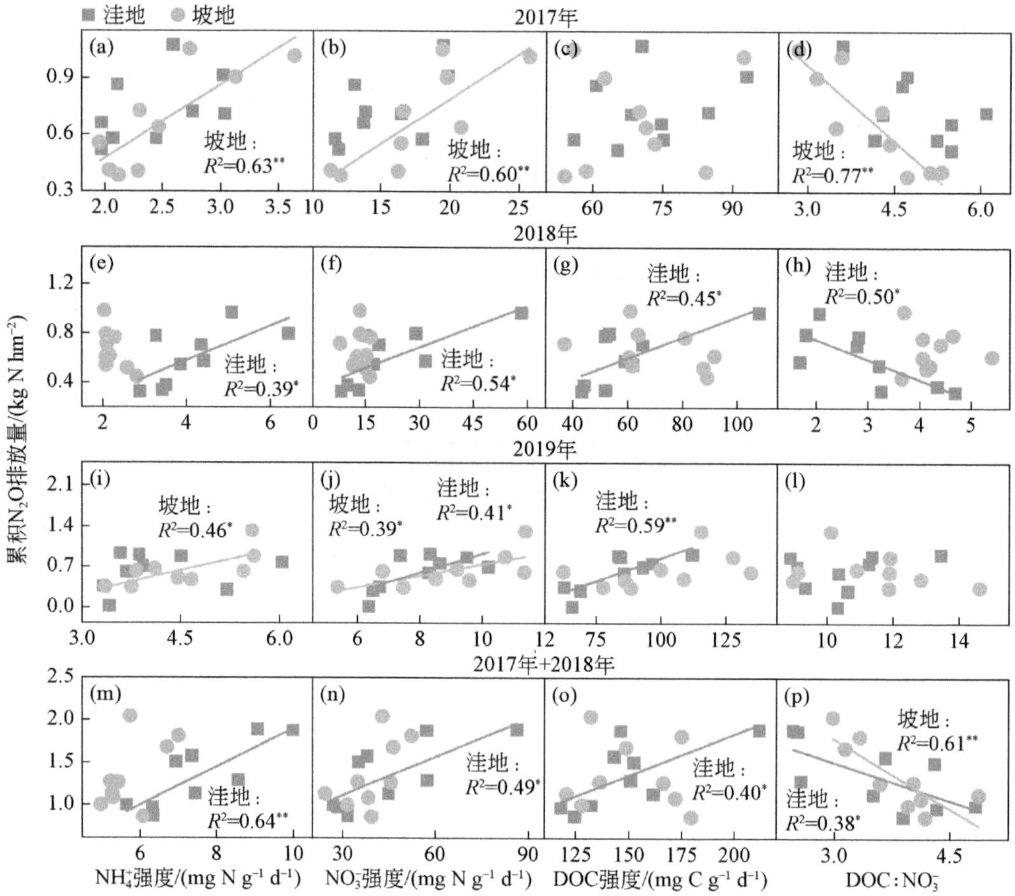

图 10-8　洼地和坡地累积 N_2O 排放与土壤底物强度的相关性

* 和 ** 表示在 0.05 和 0.01 水平上显著相关。

N_2O 的产生。已发现 AOB 在缺氧条件下能存活，并含有 *nirK* 基因，该基因参与硝化细菌反硝化（Wrage-Mönnig et al.，2018）。在本研究中，*nirK* 丰度与坡地 AOB *amoA* 丰度呈正相关（图 10-9），说明观察到的 *nirK* 基因主要属于 AOB。此外，N_2O 排放与 AOB *amoA* 或 *nirK* 丰度之间存在正相关关系［图 10-6（e）（g）］，表明硝化细菌反硝化可能对 N_2O 排放有贡献。土壤中大量的 N_2O 积累往往通过促进亚硝酸盐还原酶而不是减少 NO_3^- 还原酶而增加土壤 N_2O 排放（Giles et al.，2012）。因此，2017 年坡地 N_2O 排放增加可能是由于 NO_3^- 积累加速了 AOB 驱动的反硝化作用。硝化细菌反硝化在氨氧化速率高的土壤中普遍存在（Butterbach-Bahl et al.，2013；Duan et al.，2019c），但这需要通过使用双同位素方法进一步证实。

三、氮添加对洼地土壤 N_2O 排放的促进作用大于坡地

在 N50 处理下，氮添加对 N_2O 排放的促进作用可能受到坡位的调节，导致在洼地的

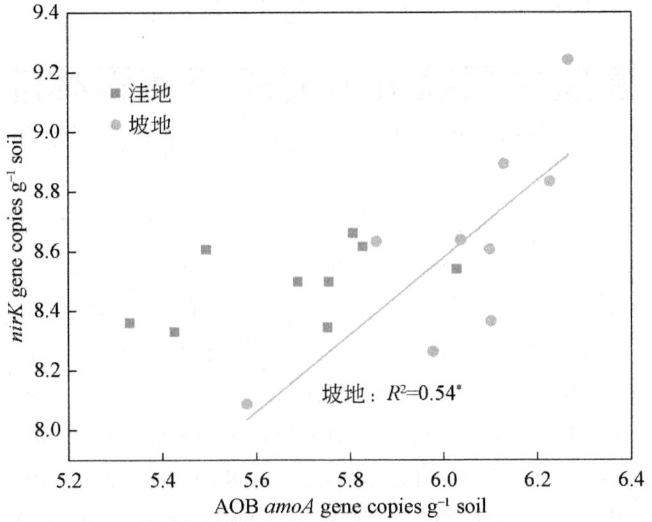

图 10-9　AOB *amoA* 与洼地和坡地土壤 *nirK* 基因丰度相关性分析

* 表示在 0.05 水平上显著相关。

促进作用要大于坡地。N_2O 排放对氮添加的坡位依赖性响应可能是由土壤氮状况差异引起的。有证据表明，相比氮状况较高的生态系统，氮添加对缺氮生态系统氮有效性的促进作用更明显，因此，氮添加对缺氮生态系统土壤 N_2O 排放的促进作用相应更高（Fu et al.，2015）。整合分析显示，氮添加显著增加了氮素受限森林的土壤 N_2O 排放，但对富氮森林没有显著影响（Deng et al.，2020）。本研究基于土壤 NO_3^- 淋失的数据表明坡地土壤氮状况高于洼地，在邻近森林的研究也发现，坡地土壤硝态氮流失（2.14±0.06kg N hm^{-2} a^{-1}）高于洼地（1.91±0.04kg N hm^{-2} a^{-1}）（Wang et al.，2019）。土壤 N：P 通常被用作土壤 N 或 P 状况的指标，比值越大意味着氮状况越高（Tian et al.，2010）。本研究的对照处理中，坡地土壤氮磷比高于洼地（表 10-1），也说明坡地上的土壤氮状况较高。由于氮状况较低，在 N50 处理下，洼地土壤 NH_4^+ 强度比坡地增加更明显［图 10-5（b）（d）（e）］。然而，功能基因丰度在洼地和坡地之间没有显著差异［图 10-9］。因此，氮添加对洼地土壤 N_2O 排放的促进作用更强应主要归因于 N50 处理下土壤氮有效性的动态变化。相反，高氮添加可导致洼地土壤氮状况提高到与坡地相当的水平，如 N100 处理下，洼地和坡地土壤氮有效性对施氮不敏感。因此，土壤 N_2O 排放对高氮添加的响应程度在两个坡位无显著差异。

四、结论

本研究表明，氮添加持续促进洼地 N_2O 排放，但仅对坡地早期 N_2O 排放有促进作用。另外，由于洼地氮状况较低，适度氮输入对土壤 N_2O 排放的促进作用在洼地比在坡地更为明显。然而，不确定本研究中观察到的模式是否适用于其他气候条件。由于不同坡位的土壤氮状况普遍存在差异（Stewart et al.，2014；Enanga et al.，2016），因此，土壤 N_2O 排放对氮添加的坡位依赖性响应应该是广泛存在的。本研究结果说明，为了更好地预测土壤

N_2O 排放对大气氮沉降的响应，应将坡位纳入地球系统模型。

第四节　模拟大气氮沉降对喀斯特森林洼地和坡地土壤氨氧化微生物介导的 N_2O 产生的影响

氨氧化是硝化作用的第一步及限速步骤，由土壤氨氧化古菌（AOA）、氨氧化细菌（AOB）和完全氨氧化菌（comammox）完成（Prosser et al.，2020），其中前两者是土壤 N_2O 产生的主要参与者（Stein，2020）。所有氨氧化菌都利用氨（NH_3）作为能量和还原剂的唯一来源以驱动碳固定和生物合成，但在 NH_3 转化为亚硝酸盐（NO_2^-）的过程中产生 N_2O 的机制是不同的（Stein，2019）。研究表明，与 AOA 相比，AOB 具有更高的 N_2O 产物化学计量（表示 NH_3 氧化过程中每消耗单位 NO_3^--N 和 NO_2^- N 产生 N_2O-N 的量）（Hink et al.，2017b；Duan et al.，2018；Lu et al.，2018a），因为 AOB 通过不完全羟胺（NH_2OH）氧化和硝化细菌反硝化直接产生 N_2O（Hink et al.，2017b），而 AOA 仅通过羟胺与 NO 或 NO_2^- 之间的非生物反应过程产生 N_2O（Stieglmeier et al.，2014）。然而，一些研究报道了 AOA 和 AOB 产生 N_2O 的速率相当（Duan et al.，2019a；Lin et al.，2022）。例如，Giguere 等（2017）发现 AOA（0.06%~0.22%）和 AOB（0.06%~0.25%）驱动硝化过程产生的 N_2O 产物化学计量之间没有显著差异。因此，应进一步评价 AOA 和 AOB 在土壤 N_2O 产生中的作用。

AOA 和 AOB 表现出不同的生理特征，通常对 pH 或氮有效性的变化很敏感（Lehtovirta-Morley，2018）。氮沉降通常会增加森林土壤氮有效性和导致土壤酸化（Lu et al.，2018b），进而可能对 AOA 和 AOB 活性及其对氨氧化的贡献产生不同影响（Prosser et al.，2020）。例如，在温带森林中，氮添加增加了土壤 AOB，但没有增加 AOA 丰度，同时硝化作用与 AOB 丰度有很强的相关性，意味着 AOB 可能主导硝化作用（Wertz et al.，2012）。然而，在热带森林中，氮添加降低了土壤 pH，增加了 AOA，但没有增加 AOB 的丰度，AOA 而不是 AOB 负责 CO_2 同化，证实了 AOA 在氨氧化中的主导地位（Shi et al.，2018）。这些相互矛盾的结果可能表明，土壤 pH 变化与否在很大程度上决定了 AOA 和 AOB 对氮沉降的响应模式。

此外，土壤有机碳（SOC）等其他土壤资源也会影响 AOA 和 AOB 的生态位分化（Xiao et al.，2020；Yang et al.，2020）。例如，当土壤微生物受到碳限制时，土壤碳有效性增加可能通过增强土壤氮矿化而有利于 AOA 的生长（Huang et al.，2021）。坡位是影响土壤资源可利用性和土壤水分含量的主要因素，进而可能通过影响土壤微生物群落组成和丰度而影响土壤氮转化速率（Fairbanks et al.，2020；Zhu et al.，2021）。相对于洼地，坡地土壤水分较低，SOC 含量较高，有利于 AOA 活性（Isobe et al.，2020；Yu et al.，2021b）。几项研究还表明，地形是土壤 N_2O 产生的关键驱动因素（Ashiq et al.，2021；Zhu et al.，2021）。然而，据我们所知，尚未有研究探索过地形是否以及如何调节氮添加条件下 AOA 和 AOB 对 N_2O 产生的贡献。

本研究基于喀斯特森林洼地和坡地的氮添加控制试验开展研究（Wang et al.，2019；Chen et al.，2021）。2019 年 9 月，在每个样方采集有机层和矿质层土壤。样品筛至 2mm

后按样方分土层分别混合为一个样品，并分成三部分。一部分在室温下风干用于 pH 分析。一部分于 4℃保存，用于测定土壤溶解有机碳（DOC）、总溶解氮（TDN）、NO_2^-、NO_3^-、铵（NH_4^+）、有效磷（AVP）、微生物量 C（MBC）、N（MBN）、P（MBP）和酶活性，并于 2019 年 11 月进行培养实验。第三部分保存于−20℃，用于 DNA 提取，并测定 AOB 和 AOA 氨单加氧酶基因（*amoA*）。酶活性包括 β-d-葡萄糖苷酶（BG）、L-亮氨酸氨基肽酶（LAP）、β-*N*-乙酰氨基葡萄糖苷酶（NAG）和酸性磷酸酶（AP），并计算了矢量长度（vector length）和矢量角度（vector angle）。土壤净氮矿化和硝化速率采用 14 天室内培养法测定。土壤理化指标见表 10-3 和表 10-4。

表 10-3　不同氮添加处理下有机层土壤性质（平均值±标准差，*n*=3）

指标	洼地			坡地		
	N0	N50	N100	N0	N50	N100
土壤含水率/%	45. 33±2. 5aA	48. 62±3. 56aA	49. 65±7. 23aA	41. 74±10. 21aA	44. 27±3. 75aA	43. 42±8. 23aA
SOC/(g kg^{-1})	112. 08±11. 54aA	119. 43±9. 68aB	123. 58±8. 74aB	167. 37±9. 69aA	156. 6±10. 47aA	119. 3±12. 69bA
pH	7. 17±0. 04bA	7. 26±0. 02bA	7. 35±0. 04aA	7. 24±0. 02aA	7. 32±0. 03aA	7. 27±0. 02aA
DOC/(mg kg^{-1})	271. 59±53. 14bB	406. 79±46. 19abA	460. 31±66. 44aB	467. 41±17. 41bA	478. 75±128. 35abA	711. 22±55. 81aA
TDN/(mg kg^{-1})	34. 13±10. 56aA	43. 7±4. 16aA	53. 13±17. 24aA	47. 21±2. 45bA	43. 55±9. 1abA	57. 69±3. 22aA
AVP/(mg kg^{-1})	114. 12±41. 3aA	176. 46±39. 4aA	128. 28±32. 51aA	66. 55±7. 76cA	90. 1±2. 47bB	143. 3±13. 23aA
NH_4^+/(mg kg^{-1})	4. 12±0. 45aB	4. 53±1. 01aB	4. 36±0. 27aB	8. 99±0. 57aA	6. 58±0. 63b*A	6. 9±0. 22bA
NO_3^-/(mg kg^{-1})	19. 4±4. 51bB	50. 85±3. 42aA	58. 26±16. 15aA	45. 94±7. 24aA	63. 02±14. 11aB	67. 15±16. 92aB
NO_2^-/(mg kg^{-1})	0. 05±0. 01bB	0. 06±0. 01aB	0. 07±0aB	0. 07±0. 01bA	0. 08±0. 01abA	0. 1±0. 01aA
NH_3/(mg kg^{-1})	0. 03±0. 00bB	0. 05±0. 01aB	0. 06±0. 01aA	0. 09±0. 01aA	0. 08±0. 01abA	0. 07±0. 01bA
MBC/(mg kg^{-1})	1470. 98±693. 43aA	2500. 2±267. 8aA	2860. 15±739. 76aA	2535. 83±281. 71aA	2166. 09±559. 03abA	1709. 41±296. 92bA
MBN/(mg kg^{-1})	430. 07±174. 15aA	645. 61±59. 23aA	718. 13±243. 05aA	608. 29±139. 46aA	521. 59±83. 5aA	642. 23±197. 9aA
MBP/(mg kg^{-1})	86. 53±41. 38aA	102. 49±40. 49aA	120. 76±62. 1aA	124. 59±25. 2aA	123. 94±20. 04aA	150. 11±42. 67aA
DOC：DON	8. 12±0. 83aA	9. 42±1. 9aA	8. 97±1. 43aA	9. 91±0. 14aA	10. 94±1. 52aA	12. 35±1. 23aA
DOC：AVP	2. 61±0. 99aB	2. 43±0. 83aB	3. 65±0. 44aB	7. 1±0. 96aA	5. 31±1. 39abA	4. 98±0. 4bA
TDN：AVP	0. 32±0. 13aB	0. 25±0. 04aA	0. 41±0. 03aA	0. 72±0. 1aA	0. 48±0. 11abA	0. 4±0. 02bA

注：NH_3 的浓度是根据离子浓度平衡理论计算的（$NH_4^+ \leftrightarrow NH_3 + H^+$；pKa=9. 25（25℃））。不同小写字母表示在同一坡位不同氮添加处理间差异显著（P<0. 05）。不同大写字母表示同一氮添加处理在二个坡位间差异显著（P<0. 05）。

表 10-4　不同氮添加处理下矿质层土壤性质

指标	洼地			坡地		
	N0	N50	N100	N0	N50	N100
土壤含水率/%	13. 22±4. 55aA	14. 19±3. 69aA	21. 28±5. 98aA	19. 68±8. 87aA	21. 72±5. 47aA	18. 42±9. 65aA

续表

指标	洼地			坡地		
	N0	N50	N100	N0	N50	N100
SOC/(g kg^{-1})	44. 21±3. 56bB	53. 43±6. 87aA	62. 87±9. 45aA	55. 45±5. 63aA	61. 24±7. 54aA	68. 37±8. 44aA
pH	7. 12±0. 03aB	7. 22±0. 03aA	7. 09±0. 04aA	7. 27±0. 03aA	7. 27±0. 03aA	7. 18±0. 04aA
DOC/(mg kg^{-1})	153. 14± 5. 72bB	254. 67± 46. 5bA	289. 79± 145. 47aA	388. 45± 67. 35aA	274. 51± 81. 24bA	288. 87± 57. 34bA
TDN/(mg kg^{-1})	13. 67±3. 38bB	30. 96±3. 97aA	35. 43±14. 33aA	44. 29±7. 01aA	30. 55±4. 85aA	30. 6±8. 26aA
AVP/(mg kg^{-1})	62. 63±10. 66aA	142. 75±19. 51aA	85. 28±42. 3aA	33. 94±4. 44aB	30. 01±4. 63aB	38. 05±8. 48aB
NH_4^+/(mg kg^{-1})	5. 52±0. 42bA	4. 94±0. 33bA	7. 88±1. 26aA	4. 89±0. 16bA	5. 61±0. 64bA	8. 4±0. 78aA
NO_3^-/(mg kg^{-1})	9. 58±0. 99aA	12. 58±1. 77aA	14. 23±4. 34aA	12. 65±4. 77bA	23. 43±8. 54aA	18. 07±1. 64aA
NO_2^-/(mg kg^{-1})	0. 03±0. 01aA	0. 04±0. 01aA	0. 03±0. 01aA	0. 03±0bA	0. 04±0. 01abA	0. 05±0. 01aA
NH_3/(mg kg^{-1})	0. 04±0. 01bA	0. 05±0. 01abA	0. 06±0. 01aA	0. 05±0bA	0. 06±0. 01abA	0. 07±0. 01aA
MBC/(mg kg^{-1})	346. 54± 53. 17bB	1255. 78± 87. 29aA	1453. 61± 671. 45aA	2231. 34± 560. 45aA	1437. 24± 559. 3abA	1440± 605bA
MBN/(mg kg^{-1})	80. 5± 7. 39bB	237. 42± 25. 82aA	244. 21± 104. 64aA	427. 41± 60. 92aA	227. 6± 90. 49bA	245. 9± 88. 88bA
MBP/(mg kg^{-1})	14. 46±1. 52bB	46. 06±13. 89abB	62. 14±33. 72aB	108. 8±20. 43aA	67. 61±24. 19aA	76. 37±15. 24aA
DOC : DON	11. 61±2. 53aA	8. 2±0. 86aA	8. 03±1. 03aA	8. 76±0. 14aA	8. 87±1. 63aA	9. 69±1. 96aA
DOC : AVP	2. 5±0. 53aB	1. 83±0. 56aB	3. 55±1. 05aB	11. 68±3. 28aA	9. 24±2. 82aA	7. 66±0. 86aA
TDN : AVP	0. 23±0. 09aB	0. 22±0. 06aB	0. 46±0. 19aB	1. 33±0. 35aA	1. 02±0. 14aA	0. 8±0. 08aA

注：不同小写字母表示在同一坡位不同氮添加处理间差异显著($P<0.05$)。不同大写字母表示同一氮添加处理在二个坡位间差异显著($P<0.05$)。

一、AOA 和 AOB 对 N_2O 产生的贡献测定方法

通过室内短期培养试验，分别测定了 AOA 和 AOB 对 N_2O 产生的贡献。将土壤样品装入 120ml 血清瓶中，每瓶 10g 土壤（干重等效），持水量为 50% WHC①，用丁基橡胶塞和金属盖密封，在 25℃黑暗中预培养 7 天。预培养后，每瓶加入 $NHCl_4$ 溶液（50mg N kg^{-1}）或水，以确保土壤水分保持在 60% WHC。50mg N kg^{-1} 的添加量相当于研究区域 37kg N hm^{-2} a^{-1} 的大气氮沉降速率。需要说明的是，培养用的水分（60% WHC）和温度（25℃）条件设置是基于以下两个理由；首先，60% WHC 是硝化和反硝化过程同时发生的最佳条件（Congreves et al.，2019）。其次，硝化等生物反应过程的平均最适温度为 25℃（Alster et al.，2020）。

采用 NH_4Cl 或水进行以下 4 种处理，即无抑制剂（对照）、添加 200μM 2-苯基-5-四甲基咪唑-1-氧基 3-氧化物（PTIO，AOA 抑制剂）、添加 0.03%（v/v）1-辛烷（OCT，AOB

① 50% WHC 代表土壤含水量为最大田间持水量的 50%。

抑制剂）和添加 0.01%（v/v）乙炔（ACE、AOA 和 AOB 抑制剂）（Duan et al., 2018; Meinhardt et al., 2018）。本研究同时使用了 1-辛烷和 PTIO。将 PTIO 加入水或 NH_4Cl 溶液中，最终 PTIO 浓度为 200μM。调好湿度后（60% WHC），将血清瓶盖密封。用注射器加入乙炔气体。按照以往研究描述的方法制备挥发液体 1-辛炔的原液（Taylor et al., 2013），用注射器加入气体。将土壤在 25℃下培养 2 天。选择短期好氧培养，以最大限度地发挥抑制剂对氨氧化菌的作用，并最大限度地减少氧有效性变化对土壤硝化的影响（Duan et al., 2018; Meinhardt et al., 2018）。共有 576 个血清小瓶（2 个坡位×3 个氮添加水平×3 个区组×2 个土层×4 个抑制剂处理×2 种溶液添加×2 个采样时间）。

预培养结束后立即（0 d）采集初始 N_2O 样品，处理 2 天后（2 d）采集另一组 N_2O 样品。随后，用 2MKCl 浸提土壤，用自动分析仪（FIAstar 5000，FOSS，瑞典）测定 NH_4^+、NO_2^- 和 NO_3^- 的浓度。采用气相色谱仪（安捷伦 7890A，安捷伦有限公司）测定 N_2O 浓度。AOA 和 AOB 的 N_2O 产物化学计量学通过 N_2O-N 产生速率（N_2O）除以 NO_3^--N 与 NO_2^--N 浓度（$NO_3^-+NO_2^-$）计算，分别由式（10-1）和式（10-2）计算：

$$\text{AOA 的 }N_2O\text{ 产物化学计量学}=\frac{\left(\frac{N_2O}{NO_3^-+NO_2^-}\right)_{OCT}-\left(\frac{N_2O}{NO_3^-+NO_2^-}\right)_{ACE}+\left(\frac{N_2O}{NO_3^-+NO_2^-}\right)_{\text{对照}}-\left(\frac{N_2O}{NO_3^-+NO_2^-}\right)_{PTIO}}{2} \tag{10-1}$$

$$\text{AOB 的 }N_2O\text{ 产物化学计量学}=\frac{\left(\frac{N_2O}{NO_3^-+NO_2^-}\right)_{\text{对照}}-\left(\frac{N_2O}{NO_3^-+NO_2^-}\right)_{OCT}+\left(\frac{N_2O}{NO_3^-+NO_2^-}\right)_{PTIO}-\left(\frac{N_2O}{NO_3^-+NO_2^-}\right)_{ACE}}{2} \tag{10-2}$$

由于土壤微生物群落的高度复杂性，1-辛烷可能无法完全抑制细菌群落的活性。PTIO 的情况与此类似。此外，当将 1-辛烷或 PTIO 应用于矿物质或有机物含量相对较高的土壤时，它们的抑制效果会打折扣（Fu et al., 2018; Yin et al., 2021）。为了避免高估由于抑制剂添加而导致的 AOA 或 AOB 介导的 N_2O 产生，本研究修改了以往的计算方法（Duan et al., 2018; Meinhardt et al., 2018; Lin et al., 2022）。AOA 和 AOB N_2O 产生速率（ng N g^{-1} soil d^{-1}）分别由式（10-3）和式（10-4）计算。1-辛烷和 PTIO 添加后 AOA 和 AOB 介导的 N_2O 产生速率见表 10-5。

$$\text{AOA 介导的 }N_2O\text{ 产生速率}=\frac{(N_2O_{OCT}-N_2O_{ACE})+(N_2O_{\text{对照}}-N_2O_{PTIO})}{2} \tag{10-3}$$

$$\text{AOB 介导的 }N_2O\text{ 产生速率}=\frac{(N_2O_{\text{对照}}-N_2O_{OCT})+(N_2O_{PTIO}-N_2O_{ACE})}{2} \tag{10-4}$$

二、对照样方 AOA 和 AOB 介导的土壤 N_2O 产生

氮添加对土壤酶活性化学计量的影响因土层和坡位而异（图 10-10）。在有机层，氮添加显著（$P<0.05$）降低了洼地土壤 C：N 和 C：P 酶活性比或矢量长度［图 10-10（a）（b）（e）］，以及降低了坡地土壤 C：P 和 N：P 酶活性比［图 10-10（b）（c）］，但显著

(P<0.05) 增加了坡地土壤 C∶N 酶活性比或矢量角度［图 10-10 (a) (d)］。对于矿质土壤层，氮添加显著增加了坡地土壤 C∶N、C∶P 和 N∶P 酶活性比［图 10-10 (f) (g) (h)］或矢量长度［图 10-10 (j)］，但显著降低了矢量角度［图 10-10 (i)］。

表 10-5　1-辛烷和 PTIO 添加后 AOA 和 AOB 介导 N_2O 产生速率（ng N g^{-1} soil d^{-1}）

坡位		氮添加	AOA_{OCT}	AOA_{PTIO}	AOB_{OCT}	AOB_{PTIO}
有机层	洼地	N0	61.04±7.24	58.12±12.55	52.85±12.55	55.76±6.54
		N50	129.69±18.27	104.56±39.89	93.46±39.89	118.59±11.23
		N100	145.41±9.31	129.33±30.49	126.96±30.49	143.04±6.89
	坡地	N0	167.49±13.78	110.08±3.35	118.89±3.35	176.3±8.55
		N50	100.13±7.52	83.5±6.54	96.83±6.54	113.46±10.15
		N100	77.95±6.39	92.81±49.61	205.97±49.61	191.11±33.3
矿质层	洼地	N0	0.96±0.56	0.3±1.19	7.34±1.19	8±2.17
		N50	1.84±0.44	1.79±3.22	14.25±3.22	14.3±1.28
		N100	1.3±0.46	0.94±2.4	17.05±2.4	17.41±2.04
	坡地	N0	0.46±0.09	1.67±6.21	22.48±6.21	21.27±3.72
		N50	1.15±0.2	0.86±3.48	23.2±3.48	23.5±7.21
		N100	5.36±0.92	5.29±3.89	33.69±3.89	33.76±3.89

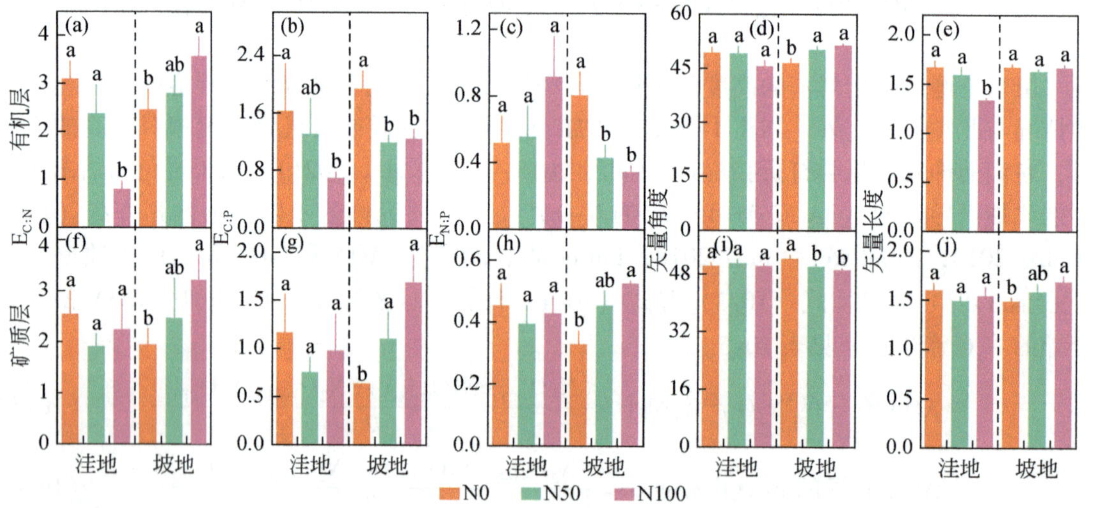

图 10-10　氮添加对洼地和坡地有机层［(a)~(e)］和矿质层［(f)~(j)］土壤 BG、NAG、LAP 和 AP 胞外酶活性化学计量的影响

不同小写字母表示在同一坡位不同氮添加处理间差异显著（P<0.05）。

氮添加对洼地和坡地有机层土壤净氮矿化或硝化速率的影响相反，即促进了洼地土壤净氮转化速率但抑制了坡地土壤净氮转化速率［图 10-11 (a)(b)］。对于矿质层土壤，氮添加促进了坡地的净氮矿化与硝化速率，但仅促进了洼地的净硝化速率［图 10-11（c)(d)］。

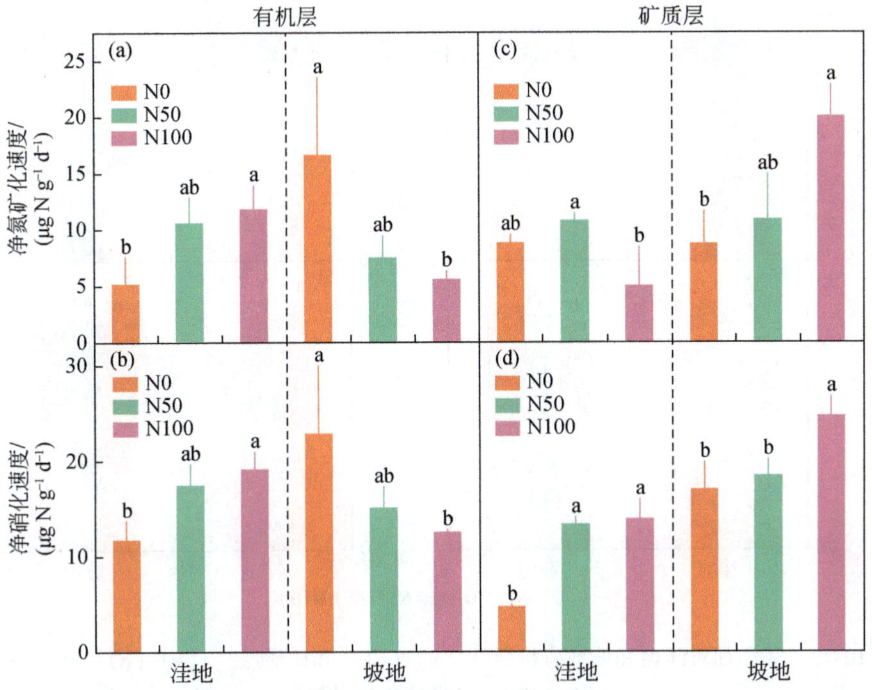

图 10-1 1 氮添加对洼地和坡地有机层［（a）（b)］和矿质层［（c）（d)］土壤净氮矿化和硝化速率的影响

不同小写字母表示在同一坡位不同氮添加处理间差异显著（$P<0.05$）。

对于有机层，氮添加对洼地 AOA *amoA* 丰度没有显著影响，但显著（$P<0.05$）降低了坡地 AOA *amoA* 丰度［图 10-12（a)］。氮添加显著（$P<0.05$）提高了洼地 AOB *amoA* 丰度，但对坡地影响不显著［图 10-12（c)］。此外，在高氮添加条件下，洼地 AOA 和 AOB *amoA* 丰度均高于坡地。对于矿质层，氮添加仅显著（$P<0.05$）增加了坡地 AOA 和 AOB *amoA* 丰度［图 10-12（b)(d)］。对于对照样方，洼地土壤 AOA *amoA* 丰度高于坡地。

对于对照样方，氨氧化是两个土层 N_2O 产生的主要途径，对土壤 N_2O 总产生的贡献均大于 95%［图 10-13（a）（b)］。不管哪个坡位或土层，氮添加对氨氧化对 N_2O 产生的贡献都没有显著影响。

氮添加×坡位×土层的交互作用对 AOA 和 AOB 介导的 N_2O 产生速率有显著的影响（表 10-6）。对于有机层，洼地氮添加导致 AOA 介导的 N_2O 产生速率增加了 112.5%～138.2%，但导致坡地 AOA 和 AOB 介导的 N_2O 产生速率下降了 40.2%～53.5% 和 26%～64.5%［图 10-13（c)］。对于矿质层，除了 AOA 介导的 N_2O 产生速率未受影响外，氮添加显著增加了两个坡位 AOA 和 AOB 介导的 N_2O 产生速率［图 10-13（d)］。AOB 是 N_2O 产生的主要微生物类群，N_2O 产生的贡献是 AOA 的 7～38 倍。

可见，AOA 和 AOB 介导的 N_2O 生成受坡位调节。NH_3 是 AOA 和 AOB 的底物，因此，较高的 NH_3 可利用水平通常有利于 AOA 和 AOB 介导的 N_2O 产生（Prosser et al.，2020）。

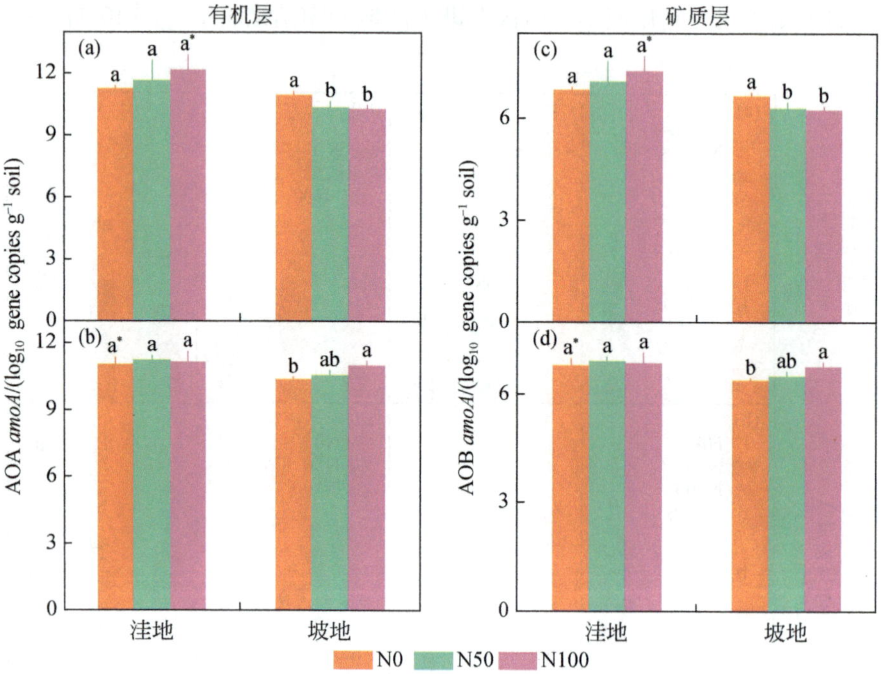

图 10-12　氮添加对洼地和坡地有机层［（a）（c）］和矿质层［（b）（d）］AOA *amoA* 和 AOB *amoA* 基因丰度的影响

不同小写字母表示在同一坡位不同氮添加处理间差异显著（$P<0.05$）。* 表示同一氮添加处理在二个坡位间差异显著（$P<0.05$）。

在本研究中，坡地有机层 NH_3 水平高于坡地（表 10-3）。因此，较高的 NH_3 水平是坡地有机层 AOA 和 AOB 介导的 N_2O 产生速率高于洼地的重要原因。碳有效性通过刺激微生物群落的丰度和活性增加氮矿化（Dove et al.，2019），从而有利于氨累积、AOA 和 AOB 活性（Prosser et al.，2020）。与此一致，在本研究中两个土层的 DOC 浓度均是坡地高于洼地（表 10-3，表 10-4）。因此，较高的碳有效性可以部分解释坡地 AOA 和 AOB 介导的 N_2O 产生速率高于洼地。

表 10-6　氮添加（*N*）、坡位（*T*）、土层（*H*）及三者之间的交互作用对 N_2O 产生速率影响的三因素方差分析结果

因素	AOA-derived N_2O		AOB-derived N_2O		$C_{N_2O\text{-}AOA}$		$C_{N_2O\text{-}AOB}$	
	F	*P*	*F*	*P*	*F*	*P*	*F*	*P*
N	0.03	0.969	21.26	0.000	17.17	0.000	7.22	0.004
T	0.60	0.447	46.36	0.000	9.69	0.005	11.63	0.002
H	1770.76	0.000	1021.13	0.000	853.48	0.000	411.30	0.000
N×*T*	95.14	0.000	34.31	0.000	6.02	0.008	8.32	0.002
N×*H*	0.42	0.664	38.43	0.000	4.99	0.015	6.63	0.005

续表

因素	AOA-derived N_2O		AOB-derived N_2O		$C_{N_2O\text{-}AOA}$		$C_{N_2O\text{-}AOB}$	
	F	P	F	P	F	P	F	P
$T\times H$	0.17	0.685	21.40	0.000	1.64	0.213	0.17	0.685
$N\times H\times T$	102.60	0.000	37.45	0.000	14.64	0.000	7.90	0.002

注：AOA-derived N_2O 与 AOB-derived N_2O 分别表示 AOA 介导的 N_2O 产生速率与 AOB 介导的 N_2O 产生速率；$C_{N_2O\text{-}AOA}$ 和 $C_{N_2O\text{-}AOB}$ 分别表示 AOA 和 AOB 介导的 N_2O 产生对总 N_2O 产生的相对贡献。

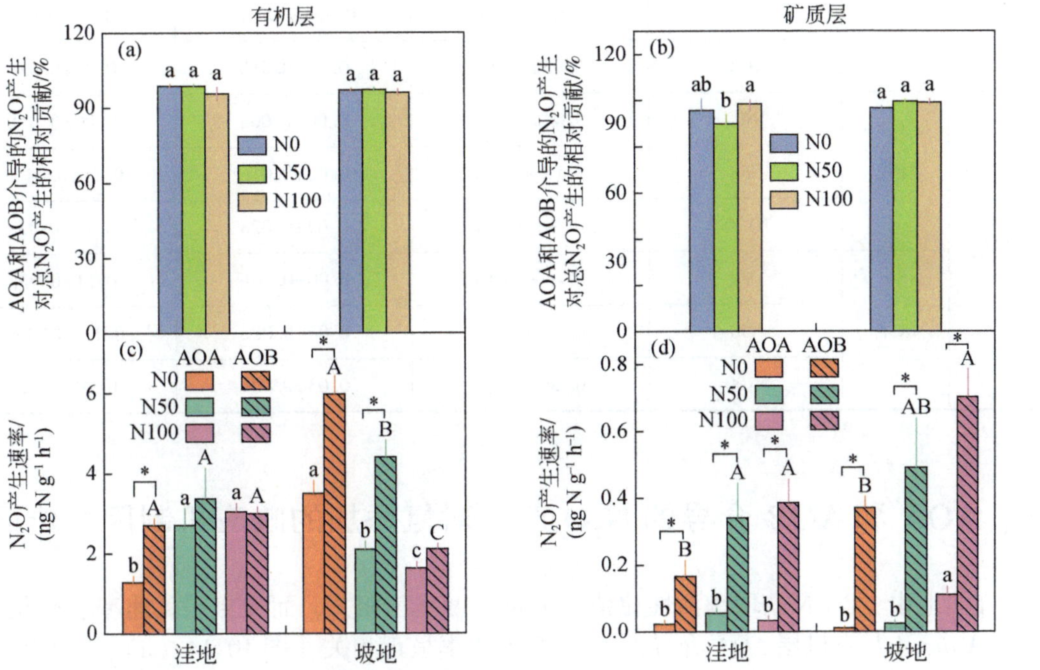

图 10-13　不同氮添加处理下有机层和矿质层土壤氨氧化（AO）对 N_2O 产生贡献（a）（b）、AOA 和 AOB 介导的 N_2O 产生速率（c）（d）

对于图（a）和（b），不同小写字母表示在同一坡位不同氮添加处理间差异显著（$P<0.05$）；对于图（c）和（d），不同小写字母表示同一坡位不同氮添加处理间 AOA 介导的 N_2O 产生速率差异显著（$P<0.05$），不同大写字母表示同一坡位不同氮添加处理间 AOB 介导的 N_2O 产生速率差异显著（$P<0.05$）。* 表示同一氮添加处理在二个坡位间差异显著（$P<0.05$）。

在中性/碱性土壤中，AOB 介导的 N_2O 产生速率较高（Hink et al.，2017b；Lu et al.，2018a）。在本研究中，N_2O 的产生主要来源于 AOB 的贡献。AOB 相比 AOA 较高的 N_2O 产物化学计量比（表 10-7），可能是由于中性/碱性土壤中 NH_2OH 氧化和硝化菌反硝化过程不彻底（Hink et al.，2017b，2018）。由于 AOA 缺乏编码典型羟胺脱氢酶和 NO 还原酶的基因，因此不能进行硝化细菌反硝化，它们在酸性土壤条件下通过与羟胺氧化相关的非生物反应产生 N_2O（Stieglmeier et al.，2014）。本研究的土壤 pH 为中性（表 10-3，表 10-4），较低的 AOA 介导 N_2O 产物化学计量比可能是由于非生物杂交过程的贡献较小。

表 10-7　在氨氧化菌抑制剂存在和不存在的情况下土壤培养 2 天期间氨氧化细菌（AOB）和氨氧化古菌（AOA）介导的 N_2O 产物化学计量（×10^3）

土层		氮添加	总和	AOA	AOB
有机层	洼地	N0	0.34±0.04b	0.19±0.01b	0.43±0.03a
		N50	0.72±0.18a	0.40±0.06a	0.50±0.10a
		N100	0.74±0.13a	0.34±0.03a	0.32±0.04b
有机层	坡地	N0	0.78±0.11 ab	0.45±0.09a	0.69±0.06a
		N50	0.65±0.07b	0.33±0.03 ab	0.69±0.07a
		N100	0.95±0.08a	0.27±0.01b	0.32±0.03b
矿质层	洼地	N0	0.07±0.01b	0.00±0.00a	0.06±0.01b
		N50	0.11±0.04b	0.02±0.01a	0.11±0.04 ab
		N100	0.10±0.01a	0.02±0.02a	0.11±0.03a
	坡地	N0	0.14±0.04b	0.00±0.00b	0.11±0.03b
		N50	0.13±0.02b	0.00±0.00b	0.13±0.04 ab
		N100	0.24±0.01a	0.03±0.00a	0.20±0.02a

三、AOA 和 AOB 介导的 N_2O 产生对氮添加的响应机制因坡位而异

在洼地中，C∶N 获取酶活性比值与矢量长度呈正相关，而净氮矿化速率、硝化速率和 AOA *amoA* 与有机层 AOA 介导的 N_2O 产生速率呈正相关［图 10-14（a）］。AOB *amoA* 与 AOB 衍生 N_2O 呈正相关［图 10-14（a）］。对于坡地有机层土壤，C∶N 获取酶活性比和矢量角度与 AOA 或 AOB 介导的 N_2O 产生速率呈正相关，而 C∶P、N∶P 获取酶活性比、净氮矿化速率和硝化速率与 AOA 或 AOB 介导的 N_2O 产生速率呈正相关［图 10-14（b）］。对于坡地矿质层土壤，净硝化速率和 AOB *amoA* 丰度与 AOB 介导的 N_2O 产生速率呈正相关［图 10-14（c）］；C∶N、C∶P 和 N∶P 获取酶活性比、矢量长度、净氮矿化速率和硝化速率与 AOA 或 AOB 介导的 N_2O 产生速率呈正相关，而矢量角度与 AOA 或 AOB 介导的 N_2O 产生速率呈负相关［图 10-14（d）］。

可见，对于有机层，氮添加促进了洼地 AOA 介导的 N_2O 产生速率，但降低了坡地 AOA 和 AOB 介导的 N_2O 产生速率。土壤酸化有利于 AOA 活性但不利于 AOB 活性。以往研究表明，氮添加常通过导致土壤酸化促进 AOA 介导的 N_2O 产生，但抑制 AOB 介导的 N_2O 产生（Duan et al.，2019a；Fu et al.，2020）。在本研究中，氮添加显著提高了洼地有机层的土壤 pH，而对坡地有机层的土壤 pH 无显著影响（表 10-3），因此，氮添加对氨氧化菌介导的 N_2O 产生应不能由土壤酸化这条机制解释。两个坡位之间 AOA 和 AOB 介导 N_2O 产生对氮添加的响应差异可能是由于氮添加对底物有效性的不同影响所致，因为底物

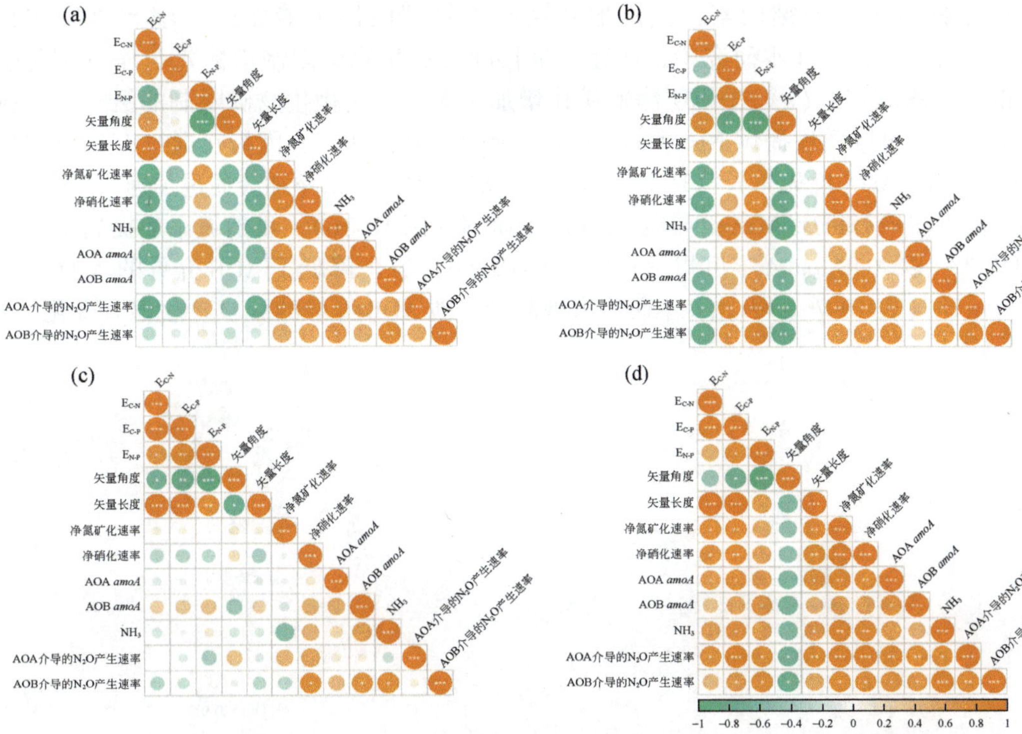

图 10-14　洼地和坡地有机层（a）（b）和矿质层（c）（d）AOA 和 AOB 介导的 N_2O 产生速率与胞外酶化学计量、净氮转化速率、NH_3 浓度和功能基因丰度的相关性

圆圈的大小和颜色表示相关性的强度和正负。*、** 和 *** 分别表示相关性在 0.05、0.01 和 0.001 水平上显著。

有效性水平会显著影响硝化过程的产物化学计量比（Hink et al.，2017b；Shi et al.，2018）。氮添加能通过增加土壤有机质的矿化而提高 NH_3 有效性水平，导致较高的 AOA 介导的氨氧化和产物化学计量比（图 10-15 和表 10-7），从而促进洼地有机层 AOA 介导的 N_2O 产生速率［图 10-13（c）］。氮添加可以通过促进受氮限制生态系统生产力、增加凋落物输入而缓解土壤微生物碳限制（Soong et al.，2020）。鉴于微生物碳限制是调节微生

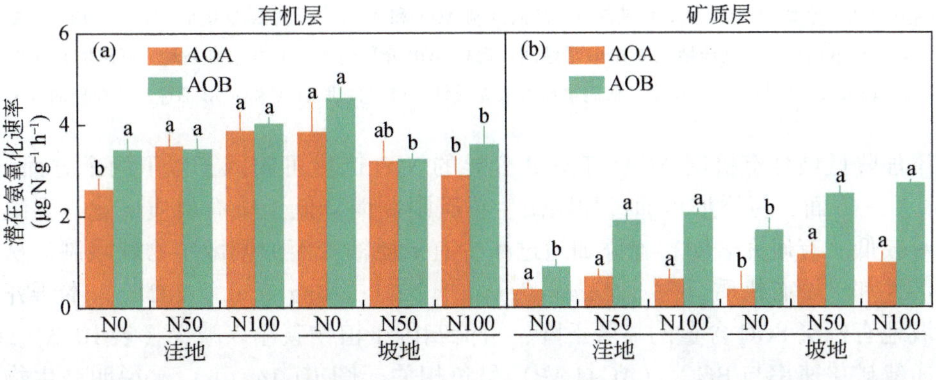

图 10-15　氮添加对洼地和坡地有机层（a）和矿质层（b）土壤氨氧化速率的影响

不同小写字母表示在同一坡位不同氮添加处理间 AOA 或 AOB 介导的潜在氨氧化速率差异显著（$P<0.05$）。

物生长和呼吸速率的关键因素，氮添加减缓微生物碳限制可能促进土壤有机质矿化（Zheng et al.，2022）。在本研究中，洼地矢量长度（微生物碳限制指标）与净氮矿化呈显著负相关［图 10-14（a）］，说明净氮矿化增加主要归因于微生物碳限制的缓解。净氮矿化速率的增加可以通过提供 NH_3 促进 AOA 介导的氨氧化速率，因为在通过有机氮矿化产生 NH_3 增加时 AOA 优先生长（Hink et al.，2018）。因此，氮添加会通过加速 AOA 介导氨氧化，促进洼地有机层 AOA 介导的 N_2O 产生速率（图 10-16）。虽然氮添加提高了洼地 AOB 的活性（以 AOB *amoA* 丰度指示）［图 10-12（c）］，但降低了 AOB 介导的 N_2O 产物的化学计量比（表 10-7）。因此，本研究未观测到洼地 AOB 介导的 N_2O 产生显著变化。

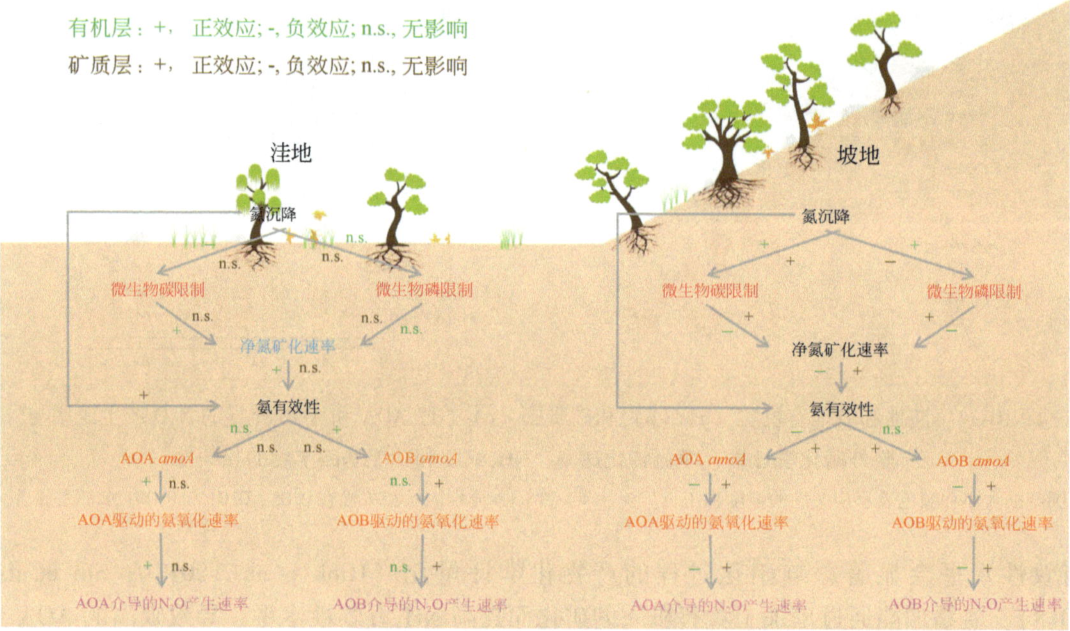

图 10-16　氮添加对 AOA 和 AOB 介导 N_2O 产生影响的机理示意图

对于有机层，氮添加缓解了微生物碳的限制，从而引起更高的净氮矿化率，导致洼地 NH_3 有效性的增加，进而促进洼地土壤 AOA 活性及其介导的 N_2O 产生。然而，氮添加加剧了有机层土壤微生物碳和磷限制程度，通过降低净氮矿化率降低了 NH_3 有效性，导致 AOA 和 AOB 活性降低，从而抑制 AOA 和 AOB 介导的 N_2O 生成。对于矿质层，氮添加控制土壤 NH_3 有效性，从而通过促进洼地土壤 AOB 活性间接提高 AOB 介导的 N_2O 产生。在坡地，氮添加通过加剧微生物碳限制和减轻磷限制提高净氮矿化率，从而增加 NH_3 有效性，最终促进 AOA 和 AOB 活性及其介导的 N_2O 生成。

氮添加降低坡地有机层 AOA 和 AOB 介导的 N_2O 产生可归因于以下两个方面［图 10-13（d）］。一方面，氮添加可通过加剧微生物碳限制而降低土壤有机质矿化，导致 NH_3 有效性相对较低。有研究表明，氮添加通过减少有机质输入而加剧微生物碳限制，从而抑制微生物活性和土壤有机质分解（Margalef et al.，2021；Ning et al.，2021）。本研究也发现氮添加坡地有机层 SOC 含量的显著下降，可能归因于植物碳输入减少（表 10-3）。坡地有机质层净氮矿化速率与 BG：（AG+LAP）呈负相关［图 10-14（b）］，说明微生物碳限制加剧导致氮矿化降低，从而 NH_3 有效性降低。另一方面，微生物磷限制加剧也可能通过降低有机质矿化而减少 NH_3 有效性。对于富氮生态系统，氮添加易加剧土壤微生物磷限制（Chen et al.，2020）。本研究中，从对照样方来看，洼地土壤 TDN：AVP 较低，说明洼地土壤氮状态低于坡地（表 10-3 和表 10-4）。因此，氮添加加剧了坡地土壤磷限制（由矢量角度指示）（图 10-10）。磷限制加剧可能抑制微生物生长，从而降低土壤有机质矿化（Pold et al.，2022）。与此一致，氮添加降低了坡地土壤净氮矿化速率（图 10-11）。氮矿化降低进一步抑制了 AOA 和 AOB 介导的硝化过程（Rütting et al.，2021），因为硝化菌的活性与 NH_3 的产生密切相关（Xiao et al.，2020；Rütting et al.，2021）。综上所述，氮添加引起的 NH_3 浓度降低通过限制氨氧化菌活性抑制坡地有机层 AOA 和 AOB 介导的 N_2O 产生，这一点可以从潜在氨氧化和 N_2O 产物化学计量比反映（图 10-16）。

对于矿质层土壤，氮添加促进了两个坡位 AOB 介导的 N_2O 产生速率，但仅促进了坡地 AOA 介导的 N_2O 产生［图 10-13（d）］。氮添加可能通过对土壤氮有效性和氮矿化的促进作用而增加土壤 NH_4^+ 或 NH_3 有效性。然而，洼地土壤净氮矿化率并未发生显著变化［图 10-11（c）］，因此，氮添加对洼地土壤氮有效性的促进应不是由氮矿化引起。AOA 倾向于利用低供给率的 NH_4^+，而 AOB 倾向利用由施肥等引起的高供给率的 NH_4^+（Prosser et al.，2020）。因此，相比 AOA，AOB 更倾向于直接利用氮添加输入的 NH_4^+，进而促进洼地 AOB 介导的氨氧化活性［图 10-15（b）］和 N_2O 产生速率（图 10-16）。AOB 介导的 N_2O 产生速率与 NH_3 浓度呈正相关［图 10-14（c）］也证实了这一点。

与低碳土壤相比，富碳土壤的氮矿化速率对氮添加的响应更敏感（Cheng et al.，2020）。本研究中，坡地矿质层土壤 SOC、DOC 和 MBC 含量均高于洼地（表 10-4），表明坡地土壤碳可利用水平较高。在富氮条件下，微生物由于受碳限制程度更高，产生 BG 和 NAG 以获取碳，因为甲壳素和肽聚糖同时含有碳和氮，其末端反应由 NAG 催化（Mori et al.，2021），导致有机质矿化增加（Yuan et al.，2019）。本研究也支持这一点，因为净氮矿化与 C：N 获取酶活性比和矢量长度的比例呈正相关［图 10-14（d）］，并且在氮添加的情况下，坡地上的 NAG 活性增加［图 10-17（b）］。此外，坡地的净氮矿化率与矢量角度呈负相关［图 10-14（d）］，表明微生物磷限制的缓解有助于净氮矿化的增加，因为磷有效性的增加促进了微生物生长和土壤有机质矿化（Bicharanloo et al.，2022）。氮矿化增加相应促进了 NH_3 有效性以及 AOA 和 AOB 的 *amoA* 丰度［图 10-12（d）］，进而通过增加氨氧化速率或增加 AOA 和 AOB 的 N_2O 产物化学计量比而促进 AOA 和 AOB 介导的 N_2O 产生速率（图 10-16）。

四、研究的局限性

本研究使用生态酶化学计量学和抑制剂方法作为主要手段，得到的结果可能存在一定的局限性。首先，在解释利用抑制剂法区分 AOA 和 AOB 介导的 N_2O 产生结果时须慎重。AOA 外，PTIO 还可以抑制两种细菌属的活性，即 *Nitrospira maritimus*（Martens-Habbena et al.，2015）和 *Nitrospira inopinata*（Martens-Habbena et al.，2015；Kits et al.，2019）。在浓度足够高时，PTIO 和 1-辛烷都可以抑制 AOA 和 AOB 的活性（Shen et al.，2013；Taylor et al.，2013）。因此，这类方法经常被用于在培养基层次区别某些微生物菌株的功能，而在应用于具有复杂微生物群落（包括土壤）的系统时需要慎重。例如，在以 1-辛烷为抑制剂的实验中，AOA 对 N_2O 产生的贡献较高可能是由于在抑制 AOB 活性时有额外的 AOA 繁殖导致 AOA 的活性增加所致（Hink et al.，2017b）。目前已经开发了 $^{13}CO_2$ 或 ^{18}O 同位素 DNA 探针技术与抑制剂结合的方法以定量评估 AOA、AOB 和 comammox 在氨氧化或相关 N_2O 产生中的相对重要性（Li et al.，2019；Bello et al.，2021），但迫切需要一种更可靠的定量方法。其次，基于生态酶化学计量学的方法评估微生物对碳、氮或磷限制状况主要基于 C：N：P 获取酶的化学计量比为 1：1：1 这一假设（Sinsabaugh and Shah，2012）。例如，BG 与 NAG+LAP 的比值反映了微生物 C 与 N 的相对限制状况，比值较大表明微生物更受碳限制（Chen et al.，2018）。然而，有研究提出，当几丁质、肽聚糖和蛋白质是主要的碳源时，较低的 BG：(NAG+LAP）可能表明微生物受碳限制，因为微生物在富氮条件下产生 NAG 以获取碳而不是氮（Mori，2020；Zheng et al.，2022）。本研究中，氮添加降低了洼地有机层和矿物层的 BG：（NAG+LAP）（图 10-17），可能反映了氮添加加剧了微生物碳限制。使用同位素标记的底物，如 ^3H -亮氨酸、^{14}C-乙酸盐、^{13}C-CO_2 和 ^{18}O-H_2O 测试微生物资源限制状况，可能有助于预测氮添加对土壤氮循环的影响（Rosinger et al.，2019；Finley et al.，2022）。

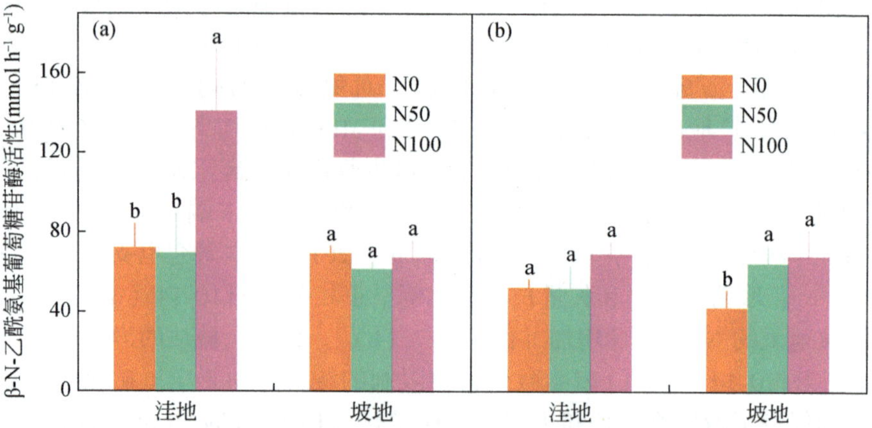

图 10-17　氮添加对洼地和坡地有机层（a）和矿质层（b）土壤 β-N-乙酰氨基葡萄糖苷酶（NAG）活性的影响

不同小写字母表示在同一坡位不同氮添加处理间差异显著（$P<0.05$）。

五、结论

本研究表明，有机层和矿质层土壤氨氧化微生物介导的 N_2O 产生对氮添加的响应机制因坡位而异。与氮供应速率控制氨氧化微生物生态位分化的主流观点相反，本研究发现氮沉降对森林土壤 AOA 和 AOB 介导的 N_2O 产生的影响取决于微生物碳、氮或磷限制状况。与低碳土壤相比，在富碳土壤中，氮添加通过改变微生物碳和磷限制更能促进 AOA 和 AOB 介导的硝化作用和 N_2O 生成。本研究表明，为了更好地预测大气氮沉降增加背景下

土壤 N_2O 的产生，应将 AOA 和 AOB 之间因地形决定的生态位分化纳入地球系统模型。

第五节 模拟大气氮沉降对喀斯特森林洼地和坡地土壤 N_2O 来源的影响

硝化作用和反硝化作用是土壤 N_2O 产生的主要微生物过程（Butterbach-Bahl et al., 2013）。硝化途径包括氨氧化（Prosser et al., 2020）、异养硝化（Zhang et al., 2015）、硝化细菌反硝化（Wrage-Mönnig et al., 2018）和硝化耦合反硝化（Verhoeven et al., 2018）。在硝化过程中，N_2O 的产生受氨氧化古菌（AOA）、氨氧化细菌（AOB）和完全氨氧化细菌（comammox）氨单加氧酶编码的 *amoA* 基因调控（Li et al., 2022）。反硝化途径包括异养反硝化、联合反硝化和化学反硝化（Chalk and Smith, 2020）。反硝化的关键步骤是由 *nirK*、*nirS*（Clark et al., 2012）或真菌 *nirK* 基因（Aldossari and Ishii, 2021）编码的亚硝酸盐还原酶催化亚硝酸盐还原为一氧化氮。细菌反硝化的最后一步由 *nosZ* Ⅰ和/或 *nosZ* Ⅱ基因编码的 N_2O 还原酶催化（Hallin et al., 2018），这是生物圈中唯一已知的 N_2O 汇，因为它在氧气限制和高碳可用性的条件下将 N_2O 还原为 N_2（Duan et al., 2019c）。由于硝化菌和反硝化菌的活性对底物有效性很敏感（Hallin et al., 2018；Prosser et al., 2020），氮添加可通过影响硝化和反硝化过程而影响土壤 N_2O 的产生，这与热带/亚热带森林中参与硝化和反硝化的微生物功能基因的相对丰度密切相关，但其潜在机制尚存在很大的不确定性（Han et al., 2019；Tian et al., 2019；Song et al., 2020a）。先前的研究同时测量了森林土壤中的硝化和异养反硝化过程速率，并利用这些过程解释氮沉降增加条件下土壤 N_2O 产生的变化（Tang et al., 2018；Han et al., 2019；Peng et al., 2021），但区分其他过程（如硝化细菌反硝化和硝化耦合反硝化）对土壤 N_2O 产生的贡献仍存在方法上的问题。

除土壤氮有效性外，其他土壤特性，如土壤有机碳（SOC）也影响土壤 N_2O 排放对氮添加的响应（Yan et al., 2018；Tian et al., 2019；Wu et al., 2020）。例如，在较高 SOC 可利用水平时，氮添加通过刺激反硝化菌的丰度显著增加了土壤 N_2O 排放（Han et al., 2018b）。坡位影响土壤性质、土壤氮转化速率、土壤微生物群落组成和丰度等，进而可能影响 N_2O 排放（Stewart et al., 2014；Zhu et al., 2021）。相对于坡地，洼地土壤通常具有较高水平的溶解有机碳（DOC）、NO_3^- 和水分含量以及较低的 O_2，有利于通过反硝化过程产生 N_2O（Stewart et al., 2014；Zhu et al., 2021）。然而，尚未有研究评估过坡位是否以及如何调节氮添加对 N_2O 产生过程的影响。

为了阐明土壤氮转化和 N_2O 产生途径及其对氮添加的响应，本研究在桂西北喀斯特森林的洼地和坡地上开展了三年氮添加试验，利用处理三年的土壤在室内开展 ^{15}N-^{18}O 示踪实验，并利用配对（$^{15}NH_4^+$-$^{15}NO_3^-$）和双标记（^{15}N-^{18}O）同位素示踪技术结合数学建模方法区分了 7 条 N_2O 产生路径（图 10-1）。对关键微生物功能基因进行转录分析，通过将功能基因的表达变化与土壤 N_2O 不同产生路径关联起来。于 2019 年 9 月 24 日采集 0～10cm 矿质层土壤，并按样方混合成一个样品，过 2mm 筛后分成 4 份。一份新鲜样品保存在 -20℃，用于 RNA 提取。一份新鲜样品保存在 4℃下，在 1 周内测定 DOC、总溶解 N

(TDN)、NH_4^+、NO_2^-、NO_3^-、有效磷(AVP)、微生物量碳(MBC)、微生物量氮(MBN)和微生物量磷(MBP)。一份新鲜样品用于开展室内培养实验。一份样品风干后筛至1mm，用于测定pH、交换性钙和镁、土壤有机碳(SOC)、总氮(TN)和总磷(TP)。土壤理化指标见表10-8。

表10-8 氮添加对洼地和坡地土壤理化性质的影响

指标	洼地			坡地		
	N0	N50	N100	N0	N50	N100
SOC/(g kg^{-1})	42.08±2.32a	49.43±3.61a	52.58±12.83a	59.3±20.36a	56.60±3.12a	67.37±1.05a
TN/(g kg^{-1})	3.67±0.17a	4.53±0.37a	4.82±1.28a	5.30±1.84a	5.17±0.19a	6.19±0.25a
TP/(g kg^{-1})	2.09±0.08a	2.31±0.38a	2.39±0.5a	1.87±0.44a	1.76±0.36a	2.07±0.04a
DOC/(mg kg^{-1})	140.20±9.73b	191.28±24.05 ab	231.65±80.62a	322.08±43.52a*	193.29±25.59b	318.99±36.55a
DON/(mg kg^{-1})	43.34±12.78b	86.20±32.35 ab	111.80±7.55a	121.05±8.94a*	107.18±39.21a	129.61±11.22a*
AVP/(mg kg^{-1})	105.90±2.14b*	151.62±27.98a*	82.09±10.98b	47.73±5.79b	42.80±3.37b	88.46±5.92a
NH_4^+/(mg kg^{-1})	7.04±4.64a	6.99±1.57a	8.91±5.94a	12.12±1.96a	8.59±2.69a	10.35±3.39a
NO_3^-/(mg kg^{-1})	17.4±0.15b	23.32±3.71a	23.57±3.12a	28.34±10.39a	27.24±4.06a	30.83±8.55a
NO_2^-/(mg kg^{-1})	0.07±0.03a	0.06±0.02a	0.03±0.02a	0.05±0.02a	0.04±0.00a	0.06±0.02a
C : N	11.46±0.12a	10.92±0.18b	10.95±0.24b	11.21±0.07a	10.96±0.83a	10.9±0.61a
C : P	20.18±1.59a	21.99±5.55a	21.9±0.77a	31.37±6.88a*	33.52±9.36a	32.63±1.18a*
N : P	1.76±0.12a	2.02±0.54a	2.00±0.11a	2.80±0.63a*	3.03±0.62a	3.00±0.06a*
DOC : DON	3.51±1.43a	2.41±0.78a	2.05±0.57a	2.67±0.38a	2.01±0.86a	2.49±0.50a
DOC : AVP	1.33±0.11a	1.29±0.27a	2.93±1.41a	6.77±0.83a*	4.51±0.37b*	3.61±0.36b
DON : AVP	0.41±0.12b	0.59±0.30b	1.38±0.27a	2.55±0.15a*	2.55±1.12ab*	1.47±0.19b

注：不同小写字母表示在同一坡位不同氮添加处理间差异显著($P<0.05$)。*表示同一氮添加处理在二个坡位间差异显著($P<0.05$)。

一、土壤不同路径N_2O产生速率测定

进行了两批培养实验。第一批实验旨在评估非生物路径N_2O的产生是否重要。用27.8 kGy(60Co)的伽马射线对土壤进行灭菌。从每个样品中取出相当于5g干重的灭菌土壤，放入120mL血清瓶中。所有样品以50.0mg N kg^{-1}的量添加NH_4NO_3处理，在60% WHC和20℃条件下培养。培养36h后检测NO_3^-和NO_2^-浓度的变化以及N_2O产生速率。第二个实验旨在确定多种微生物过程N_2O产生速率。根据第一个实验结果，非生物过程N_2O的产生可以忽略不计，所以下面只介绍第二个实验。

将相当于10g干重的鲜土置于120ml血清瓶中，在50% WHC和20℃条件下预培养7 d。预培养后，对每个样方的土壤样品进行4种处理：①^{18}O-H_2O+NO_3^-+NH_4^+；②H_2O+^{18}O-

$NO_3^-+NH_4^+$；③$H_2O+^{15}N\text{-}NO_3^-+NH_4^+$；④$H_2O+NO_3^-+^{15}N\text{-}NH_4^+$。培养实验总共包括 216 个样品［2 个坡位×3 个氮添加水平×3 个区组×6 个同位素处理（（^{15}N 标记样品采样 2 次+^{15}N 和^{18}O 双标记的样品采样 1 次）×2 个重复）］。氮添加形态为 NH_4NO_3，添加量为 50.0mg N kg^{-1}土壤（25mg NH_4^+-N kg^{-1}和 25mg NO_3^--N kg^{-1}土壤），相当于西南地区 40kg N a^{-1}的大气氮沉降速率（Wen et al.，2020）。^{18}O 和^{15}N 富集的最终丰度分别为 1.0 atom% ^{18}O 和 10.0 atom % ^{15}N 原子超。^{18}O 和^{15}N 添加后，将湿度调整到 60% WHC，用铝盖密封血清瓶，在 20℃下培养 36 h。

在培养结束时，从每个培养瓶中收集 50ml 顶空气体，并平均注入两个 12ml 预抽真空玻璃瓶。一份利用 MAT 253 同位素质谱仪测定$^{15}N_2O$、$N_2{}^{18}O$、$^{29}N_2$ 和$^{30}N_2$。另一份利用气相色谱仪测定 N_2O 和 CO_2 浓度。

添加示踪剂 30 分钟后抽取顶空气体，用 2 M KCl 提取处理③和④的土壤，用于测定 NO_3^- 和 NH_4^+ 的浓度和^{15}N 丰度。采用流动注射分析仪测定 NO_3^- 和 NH_4^+ 浓度。将 NH_4^+ 和 NO_3^-利用化学方法转化为 N_2O 后利用 MAT 253 同位素质谱仪测定^{15}N 丰度（Liu et al.，2014a）。浸提后的土壤用蒸馏水洗涤 3 次（Zhang et al.，2018c；Duan et al.，2019d；Peng et al.，2021），然后在 60℃下干燥，并使用 FLASH2000HT 元素分析仪耦合 MAT 253 同位素质谱仪测定有机氮的^{15}N 丰度。

在培养结束时，使用处理①和②的土壤提取 RNA，用于测量硝化和反硝化基因的转录丰度，包括两种氨单加氧酶（AOA *amoA* 和 AOB *amoA*）和五种反硝化还原酶（*nirK*、*nirS*、真菌 *nirK*、*nosZ* Ⅰ和 *nosZ* Ⅱ）的功能基因丰度。

初级氮矿化率（GMR）和硝化率（GNR）的计算方法见其他文献（Li et al.，2018）。基于 Excel Solver 方法建立了一个库混合模型用于定量 4 个过程对 N_2O 产生的贡献（Jansen-Willems et al.，2016；Duan et al.，2019d）。该模型有 3 个假设：①N_2O 来自 3 个均匀分布的库；②考虑了 4 个过程，即自养硝化（AN）、异养硝化（HN）、联合反硝化（CD）和异养反硝化（HD）；③同位素分馏被忽略不计。均匀分布的 3 个库分别是 NH_4^+ 库、有机氮库和 NO_3^-库。NH_4^+ 库通过自养硝化产生的 N_2O 的^{15}N 的比例为 a_n；有机氮库通过异养硝化产生的 N_2O 的^{15}N 的比例为 a_o；NO_3^-库通过反硝化过程产生的 N_2O 的^{15}N的比例为 a_d。联合反硝化过程定义为 N_2O 的杂化形成，即由 NO_3^-库中的一个 N 原子和有机氮库中的一个 N 原子形成。该模型的详细推导见文献（Duan et al.，2022b）。

采用双同位素（^{15}N-^{18}O）标记方法区分硝化路径（氨氧化-AO、硝化细菌反硝化-ND 和硝化耦合反硝化-NCD）和异养反硝化（HD）对 N_2O 生成的贡献（Kool et al.，2011）。这种方法包括 4 个主要假设：①氨氧化产生的 N_2O 不含任何来自 H_2O 的 O；② NO_3^- 是异养反硝化的底物，也是硝化耦合反硝化的必需中间体；③O 交换的速率与通过这些途径从 NO_3^- 到 N_2O 的反硝化速率相同；④O 原子来自 H_2O、O_2 和 NO_3^-，其比例反映了 AO、ND、NCD 和 HD 的反应化学计量特征。详细的计算方法见文献（Duan et al.，2022b）。

根据 Hole-in-the-pipe 模型，通过硝化过程损失的 N_2O 比例由公式（10-5）计算：

$$RN_2O_{AN/AO/ND}=\frac{N_2O_{AN/AO/ND}}{GNR} \tag{10-5}$$

式中，$N_2O_{AN/AO/ND}$为自养硝化或氨氧化或硝化细菌反硝化产生的 N_2O。需要指出的是使用库混合模型时自养硝化可能包括氨氧化和硝化细菌反硝化。因此，我们将氨氧化与自养硝化区分开来。

二、不同路径对 N_2O 产生的相对贡献因坡位而异

地形×氮添加对净 N_2O 产生速率、自养硝化作用、硝化细菌反硝化作用、硝化耦合反硝化作用、异养反硝化作用对 N_2O 产生的贡献有显著的交互作用（表 10-9）。高氮添加下两个坡位土壤的净 N_2O 产生速率都显著（$P<0.05$）增加［图 10-18（a）］，且坡地土壤的净 N_2O 产生速率显著高于洼地土壤（$P<0.05$）［图 10-18（a）］。自养硝化作用是 N_2O 的主要来源，对洼地和坡地土壤 N_2O 产生的贡献分别介于 93.1% ±2.8%~96.4% ±0.6% 和 87.9% ±0.6%~95.9% ±0.8%［图 10-18（b）］。氮添加显著（$P<0.05$）提高了坡地自养硝化对 N_2O 产生的贡献，但在洼地没有显著效应［图 10-18（b）］。

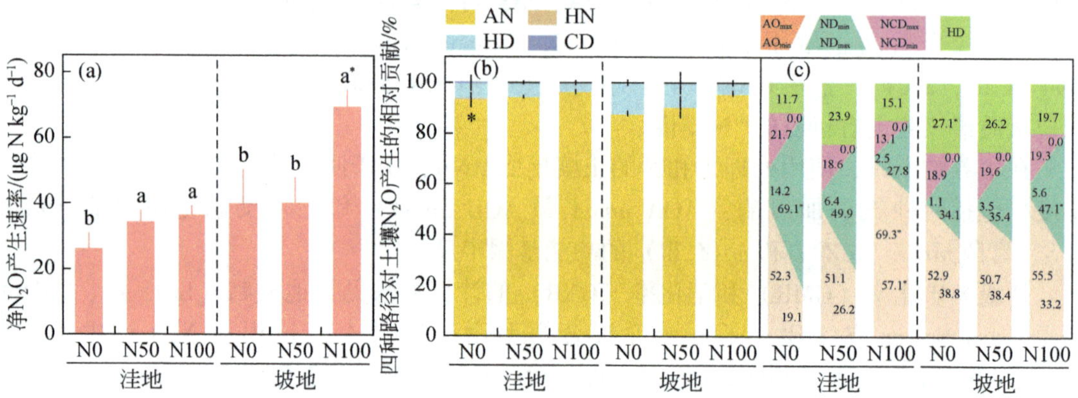

图 10-18　洼地和坡地不同氮添加水平下净 N_2O 产生速率（a）、基于库混合模型的洼地和坡地 4 种路径对土壤 N_2O 产生的相对贡献（b）和基于氮氧同位素双标记方法的 4 种路径对土壤 N_2O 产生的相对贡献（c）

AN，自养硝化；HN，异养硝化；HD，异养反硝化；CD，联合反硝化；AO，氨氧化；ND，硝化细菌反硝化；NCD，硝化耦合反硝化。不同小写字母表示在同一坡位不同氮添加处理间差异显著（$P<0.05$）。* 表示同一氮添加处理在二个坡位间差异显著（$P<0.05$）。

表 10-9　地形（*T*）、氮添加（*N*）及其相互作用（*T*×*N*）对净 N_2O 产生速率、不同途径 N_2O 产生、氮转化速率和功能基因转录丰度的影响的双因素方差分析结果

指标	*T*				*N*				*T*×*N*			
	df	Mean squares	*F*	*p*	*df*	Mean squares	*F*	*p*	*df*	Mean squares	*F*	*p*
净 N_2O 产生速率	1	1388. 645	34. 102	<0. 001	2	688. 626	16. 420	<0. 001	2	288. 094	7. 075	0. 009
AN	1	1067. 22	34. 116	<0. 001	2	749. 006	23. 944	<0. 001	2	304. 563	9. 736	0. 003

续表

指标	*T*				*N*				*T*×*N*			
	df	Mean squares	*F*	*p*	*df*	Mean squares	*F*	*p*	*df*	Mean squares	*F*	*p*
HN	1	0.023	1.100	0.315	2	0.023	1.100	0.364	2	0.023	1.100	0.364
HD	1	22.871	19.109	0.001	2	1.878	1.569	0.248	2	1.030	0.861	0.447
CD	1	0.003	3.040	0.107	2	0.003	3.310	0.072	2	0.003	3.057	0.085
AO_{max}	1	288.24	12.379	0.004	2	381.901	16.402	<0.001	2	40.852	1.755	0.215
AO_{min}	1	185.988	13.384	0.003	2	234.296	16.860	<0.001	2	24.233	1.7440	0.216
ND_{max}	1	120.59	9.968	0.008	2	65.825	5.441	0.021	2	339.344	28.049	<0.001
ND_{min}	1	0.642	0.747	0.404	2	0.589	0.686	0.522	2	15.415	17.937	<0.001
NCD_{max}	1	71.123	18.567	0.001	2	10.084	2.632	0.113	2	22.768	5.944	0.016
HD	1	159.907	38.869	<0.001	2	12.178	2.960	0.090	2	15.35	3.731	0.055
GMR	1	4.909	21.899	0.001	2	0.319	1.423	0.279	2	3.465	15.460	<0.001
GNR	1	12.913	25.150	<0.001	2	26.137	50.905	<0.001	2	4.974	9.688	0.003
RN_2O_{AN}	1	0.022	2.244	0.160	2	0.037	3.787	0.053	2	0.256	26.338	<0.001
RN_2O_{AOmin}	1	0.019	5.251	0.041	2	0.009	2.638	0.112	2	0.003	0.826	0.461
RN_2O_{AOmax}	1	0.002	0.357	0.561	2	0.004	0.597	0.566	2	0.023	3.364	0.069
RN_2O_{NDmin}	1	0.004	10.143	0.008	2	0.001	2.391	0.134	2	0.006	17.93	<0.001
RN_2O_{NDmax}	1	0.012	2.22	0.162	2	0.014	2.678	0.109	2	0.126	23.744	<0.001
AOA *amoA*	1	2.007	3.911	0.071	2	0.047	0.091	0.913	2	0.008	0.015	0.985
AOB *amoA*	1	0.364	13.685	0.003	2	0.032	1.188	0.338	2	0.414	15.572	<0.001
AOA/AOB	1	5.00E−05	0.001	0.975	2	0.051	1.057	0.378	2	0.283	5.820	0.017
nirK	1	0.068	3.520	0.085	2	0.213	10.958	0.002	2	0.035	1.780	0.210
nirS	1	0.955	7.356	0.019	2	0.349	2.686	0.109	2	0.194	1.491	0.264
fungal *nirK*	1	0.000	0.042	0.842	2	0.005	1.136	0.353	2	0.007	1.601	0.242
nosZ Ⅰ	1	0.404	11.756	0.005	2	0.063	1.849	0.200	2	0.142	4.149	0.043
nosZ Ⅱ	1	0.012	0.484	0.500	2	0.177	7.295	0.008	2	0.007	0.281	0.760
nir/nos	1	0.04	31.828	<0.001	2	0.006	5.106	0.025	2	0.002	1.379	0.289

注：AN、HN、CD、HD、AO、ND、NCD、GMR、GNR、RN_2O_{AN}、RN_2O_{AO}和 RN_2O_{ND}分别代表自养硝化、异养硝化、联合反硝化、异养反硝化、氨氧化、硝化细菌反硝化、硝化耦合反硝化、初级氮矿化、初级硝化、自养硝化中以 N_2O 形式损失的比例、氨氧化中以 N_2O 形式损失的比例和硝化细菌反硝化中以 N_2O 形式损失的比例。

氮添加显著（$P<0.05$）提高了两个坡位土壤自养硝化过程 N_2O 产生速率（表 10-10）。异养反硝化在洼地占总 N_2O 产生速率的 3.6%±0.6%~5.9%±2.8%，在坡地占 4.1%±0.8%~12.0%±1.0%。氮添加显著（$P<0.05$）降低了坡地异养反硝化对 N_2O 生成的贡献，而在洼地则没有显著效应［图 10-18（b）］。然而，在两个坡位上，氮添加对异

养反硝化 N_2O 产生速率没有显著影响（表 10-10）。异养硝化和联合反硝化对总 N_2O 产生速率的贡献可以忽略不计，并且在氮添加处理之间没有显著差异［图 10-18（b）］。

表 10-10　氮添加对不同生物途径 N_2O 产生速率、初级氮矿化速率、初级硝化速率以及初级硝化速率中以 N_2O 形式排放的比例的影响

指标	洼地			坡地		
	N0	N50	N100	N0	N50	N100
自养硝化作用(AN)/(μg N kg d^{-1})	24.1±4b	32.2±3.6a	35.1±2.7a	35±9.6b	36.1±6.3b	66.5±4.6a*
异养硝化作用(HN)/(μg N kg d^{-1})	0.2±0.4a	0±0a	0±0a	0±0a	0±0a	0±0a
异养反硝化作用(HD)/(μg N kg d^{-1})	1.6±0.8a	1.9±0.1a	1.3±0.2a	4.7±1.1a*	3.9±2.2a	2.9±0.7a
联合反硝化作用(CD)/(μg N kg d^{-1})	0.1±0.1a	0±0a	0±0a	0±0a	0±0a	0±0a
氨氧化作用$_{max}$(AO_{max})/(μg N kg d^{-1})	13.6±3.1b	17.4±3.2b	25.2±0.5a	21.1±5.7b	20.5±6.9b	38.6±6.4a*
氨氧化作用$_{min}$(AO_{min})/(μg N kg d^{-1})	5.1±2.4b	8.9±2.1b	20.7±0.9a	15.6±5.4a	15.2±4.5a	23.2±4.7a
硝化细菌反硝化作用$_{max}$(ND_{max})/(μg N kg d^{-1})	17.8±2.5a	17.1±3a	10.2±2.5b	13.4±3.5b	14.4±5b	32.7±3.8a*
硝化细菌反硝化作用$_{min}$(ND_{min})/(μg N kg d^{-1})	3.7±0.9a*	2.2±0.6 ab	0.9±0.4b	0.4±0.3b	1.4±1.1 ab	3.9±1.6a*
硝化耦合反硝化作用$_{max}$(NCD_{max})/(μg N kg d^{-1})	5.6±0.8a	6.4±1a	4.8±1.7a	7.7±3.8b	7.8±1.6b	13.3±1.3a*
异养反硝化作用(HD)/(μg N kg d^{-1})	3±1.5b	8±1.9a	5.5±1.6 ab	10.7±2.7a	10.3±2a	13.5±2.3a
有机氮矿化速率(GMR)/(mg N kg^{-1} d^{-1})	2.5±0.4b	3.4±0.2a*	3.7±0.2a*	3.1±0.8a	2.2±0.7 ab	1.2±0.2b
硝化速率(GNR)/(mg N kg^{-1} d^{-1})	2.5±0.7b	4±0.7b	8.1±1.1a	6.1±0.8b*	5.5±0.3b	8.1±0.1a
RN_2O_{AN}/%	1.0±0.1a*	0.8±0.1a	0.4±0.1b	0.6±0.1b	0.7±0.1 ab	0.8±0.1a*
RN_2O_{AOmin}/%	0.1±0.1b	0.2±0.0 ab	0.3±0.0a	0.3±0.1a	0.3±0.1a	0.3±0.1a
RN_2O_{AOmax}/%	0.4±0.1a	0.4±0.0a	0.3±0.1a	0.3±0.1a	0.4±0.1a	0.5±0.1a
RN_2O_{NDmin}/%	0.1±0.0a*	0.1±0.0b	0.0±0.0c	0.0±0.0b	0.0±0.0 ab	0.0±0.0a*
RN_2O_{NDmax}/%	0.5±0.1a*	0.4±0.1a*	0.1±0.0b*	0.2±0.0b	0.3±0.1b	0.4±0.0a

注：不同小写字母表示在同一坡位不同氮添加处理间差异显著($P<0.05$)。

*表示同一氮添加处理在二个坡位间差异显著($P<0.05$)。

在对照样方，氨氧化对 N_2O 生成的贡献在洼地介于 19.1%±6.5%～52.3%±5.0%，在坡地则介于 38.8%±6.9%～52.9%±6.3%［图 10-18（c）］；硝化细菌反硝化对 N_2O 产量的贡献，洼地介于 14.2%±0.9%～69.1%±3.1%，坡地为 1.1%±0.9%～34.1%±5.2%；硝化耦合反硝化作用对 N_2O 产量的贡献在洼地和坡地分别为 21.7%±1.0% 和 18.9%±5.7%；异养反硝化对 N_2O 产量的贡献在洼地和坡地分别为 11.7%±6.1% 和 27.1%±1.7%。对于洼地，氮添加显著（$P<0.05$）提高了氨氧化的贡献，但显著降低了硝化细菌反硝化和硝化耦合反硝化对 N_2O 生成的贡献；氮添加显著提高了氨氧化 N_2O 产率，而降低了硝化细菌反硝化产生速率（表 10-10）。对于坡地，长期氮添加显著（$P<$

0.05）增加了硝化细菌反硝化对 N_2O 产生速率的贡献以及氨氧化和硝化细菌反硝化 N_2O 产生速率（表 10-10）。

本研究发现，亚热带喀斯特森林土壤 N_2O 产生以自养硝化作用为主。之前的研究也发现自养硝化在喀斯特森林土壤硝化过程中占主导（Zhu et al.，2016；Li et al.，2017a）。然而，有些研究表明，异养硝化作用占土壤 N_2O 产量的 30%～45%（Han et al.，2018b；Zhang et al.，2018c）。在这些研究中，低土壤 pH、高 SOC 含量和 C：N 常用来解释异养硝化对 N_2O 产生的贡献（Han et al.，2018b；Zhang et al.，2018c）。由于本研究的 SOC 含量和 C：N（表 10-8）在 Zhang 等（2018c）和 Zhu 等（2021）报道的范围内，我们推测自养硝化作用在 N_2O 产生中的主导地位应该是由于土壤 pH 较高所致（7.1～7.5）（表 10-8）。

自养硝化作用对 N_2O 产生的贡献受地形的影响。低土壤 C：N、高初级硝化速率和磷有效性可以促进自养硝化作用对 N_2O 产生的贡献（Zhang et al.，2018b；Duan et al.，2019d；Cui et al.，2020）。然而，在本研究中，两个坡位的土壤 C：N 相似，且坡地土壤初级硝化速率明显高于洼地（表 10-10，表 10-8）。因此，洼地自养硝化作用对 N_2O 产生的贡献较高可能是由于磷水平较高，因为高磷有效性通常增加 AOB *amoA* 丰度（Shi et al.，2018）。洼地土壤有效磷含量和 AOB *amoA* 转录丰度均显著高于坡地［表 10-8，图 10-19（b）］，表明有效磷水平在促进 AOB 活性中的关键作用。此外，自养硝化作用对 N_2O 产生的贡献较高，可以部分解释洼地土壤硝化过程中氮以 N_2O 形式损失比例较高（$P<0.05$）（表 10-10）。

硝化细菌反硝化和异养反硝化对土壤 N_2O 产生的贡献也受到坡位的影响［图 10-18（c）］。有报道称，土壤氧气、碳可利用水平和 pH 较低的条件对硝化细菌反硝化作用特别有利，且主要由 AOB 负责（Wrage-Mönnig et al.，2018）。考虑到亚硝酸盐氧化比氨氧化对低 pH 条件更敏感（Han et al.，2018a；Jung et al.，2019），在较低 pH 条件下更多的亚硝酸盐累积，对氨氧化微生物产生毒害，从而有利于硝化细菌反硝化作用（Shi et al.，2017）。在本研究中，洼地土壤 pH 明显低于坡地（表 10-8）。因此，硝化菌反硝化作用对 N_2O 产生的高贡献可能部分归因于洼地土壤较低的 pH。关于碳有效性对 N_2O 产生的影响，当碳可利用水平低时，微生物可以通过释放有机氮矿化产生的 NH_4^+ 来调节其氮利用效率，而当氮可利用水平低时，微生物固定无机氮（Mooshammer et al.，2014）。因此，碳限制将通过硝化细菌反硝化途径刺激 N_2O 的产生（Wrage-Mönnig et al.，2018；Wu et al.，2018）。洼地土壤由于 DOC 浓度较低，通过硝化细菌反硝化损失的 N_2O 比例明显高于坡地（表 10-10）。洼地土壤硝化细菌反硝化对 N_2O 产量的贡献较高，可能是由于较低的 DOC 浓度水平所致，因为低碳有效性通常会增加 AOB amoA 丰度（Xiao et al.，2020）。高碳有效性会因激发异养微生物活性而形成厌氧微位点，从而为异养反硝化提供有利条件（Grave et al.，2018）。因此，相对于洼地，坡地土壤较高的 DOC 含量（表 10-8）和较高的 nir：nos［图 10-19（i）］可部分解释异养反硝化对 N_2O 产生的较高贡献。

虽然联合反硝化已被鉴定为潜在的土壤 N_2O 产生途径（Jansen-Willems et al.，2016；Duan et al.，2019d；Harris et al.，2021），其对 N_2O 生成的贡献在本研究中可以忽略不计（0～0.2%）［图 10-18（b）］。一个可能原因是碱性土壤中真菌丰度相对较低，因此不利于联合反硝化（Rex et al.，2019）。

三、氮添加促进洼地和坡地土壤 N_2O 产生的机制

地形×氮添加对 AOB *amoA* 和 *nosZ* Ⅰ转录丰度有显著的交互作用（表 10-9）。与对照相比，氮添加显著（$P<0.05$）降低了洼地土壤 AOB *amoA* 转录丰度，但显著促进了坡地土壤 AOB *amoA* 转录丰度［图 10-19（b）］。氮添加显著提高了洼地土壤 AOA：AOB *amoA*（$P<0.05$）［图 10-19（c）］。对照样方土壤 AOB *amoA* 转录丰度以洼地更高（$P<0.05$），而 AOA：AOB *amoA* 以坡地更高（$P<0.05$）［图 10-19（b）（c）］。此外，在 N100 处理下，AOB *amoA* 转录丰度以坡地显著高于洼地。

与对照相比，氮添加显著（$P<0.05$）降低了两个坡位土壤的 *nirK* 转录丰度［图 10-19（d）］；低氮添加显著（$P<0.05$）增加了坡地土壤的 *nosZ* Ⅰ转录丰度，也增加了两个坡位土壤的 *nosZ* Ⅱ转录丰度［图 10-19（g）（h）］；低氮添加显著（$P<0.05$）降低了坡地土壤 *nir*：*nos*［图 10-19（i）］。对于对照样方，*nirK* 转录丰度和 *nir*：*nos* 以坡地显著高于洼地（$P<0.05$），而 *nosZ* Ⅱ转录丰度以洼地更高［图 10-19（d）（h）（i）］。在 N100 处理下，坡地土壤 *nirS* 转录丰度显著高于洼地（$P<0.05$）［图 10-19（e）］。两个坡位的 *nirS* 和真菌 *nirK* 基因的转录丰度均未受氮添加的显著影响［图 10-19（e）（f）］。

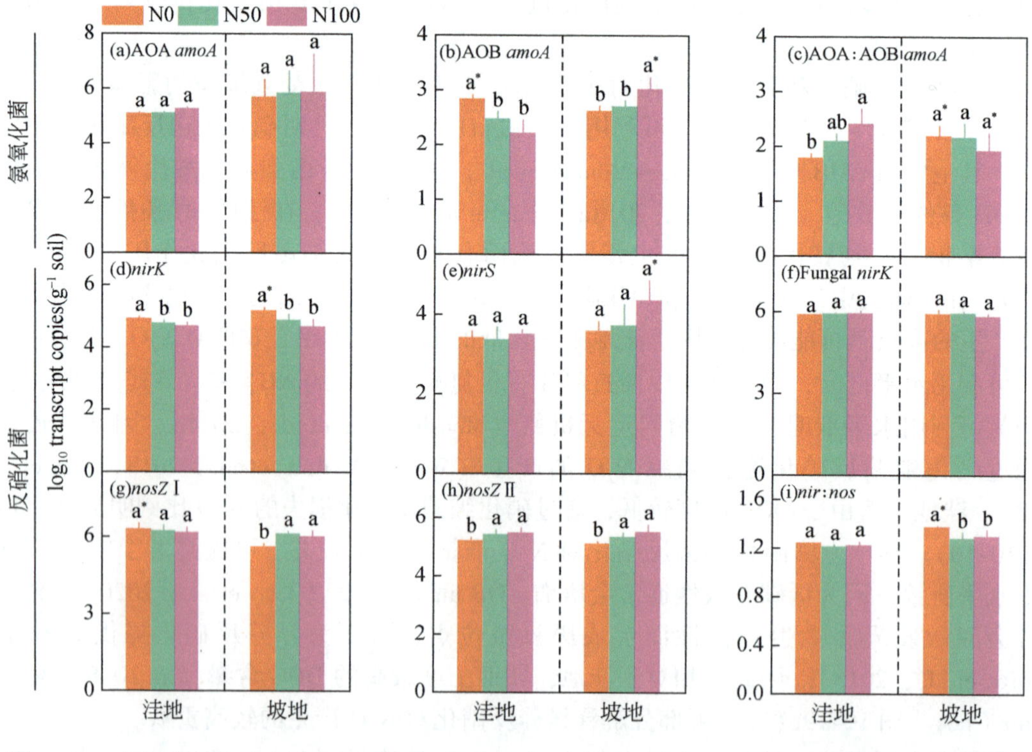

图 10-19　氮添加对洼地和坡地氨氧化菌（a）~（c）和反硝化菌（d）~（i）基因转录丰度的影响

不同小写字母表示在同一坡位不同氮添加处理间差异显著（$P<0.05$）。＊表示同一氮添加处理在二个坡位间差异显著（$P<0.05$）。

在洼地，DOC、DON、DON：AVP、AOA *amoA* 和 AOA：AOB *amoA* 与自养硝化和氨氧化过程介导的 N_2O 产生呈正相关，NO_2^- 与异养反硝化、硝化细菌反硝化和硝化耦合反硝化介导的 N_2O 产生呈正相关［图 10-20（a）］。AOB *amoA* 和 *nirK* 转录丰度与氨氧化介导的 N_2O 产生呈负相关，AOA *amoA* 和 *nosZ* Ⅱ转录丰度与硝化物反硝化介导的 N_2O 产生呈负相关［图 10-20（a）］。在坡地，AVP、AOB *amoA* 和 *nirS* 转录丰度与自养硝化、氨氧化和硝化物反硝化介导的 N_2O 产生呈正相关，而 *nirK* 转录丰度则与自养硝化、氨氧化和硝化物反硝化介导的 N_2O 产生呈负相关［图 10-20（b）］。

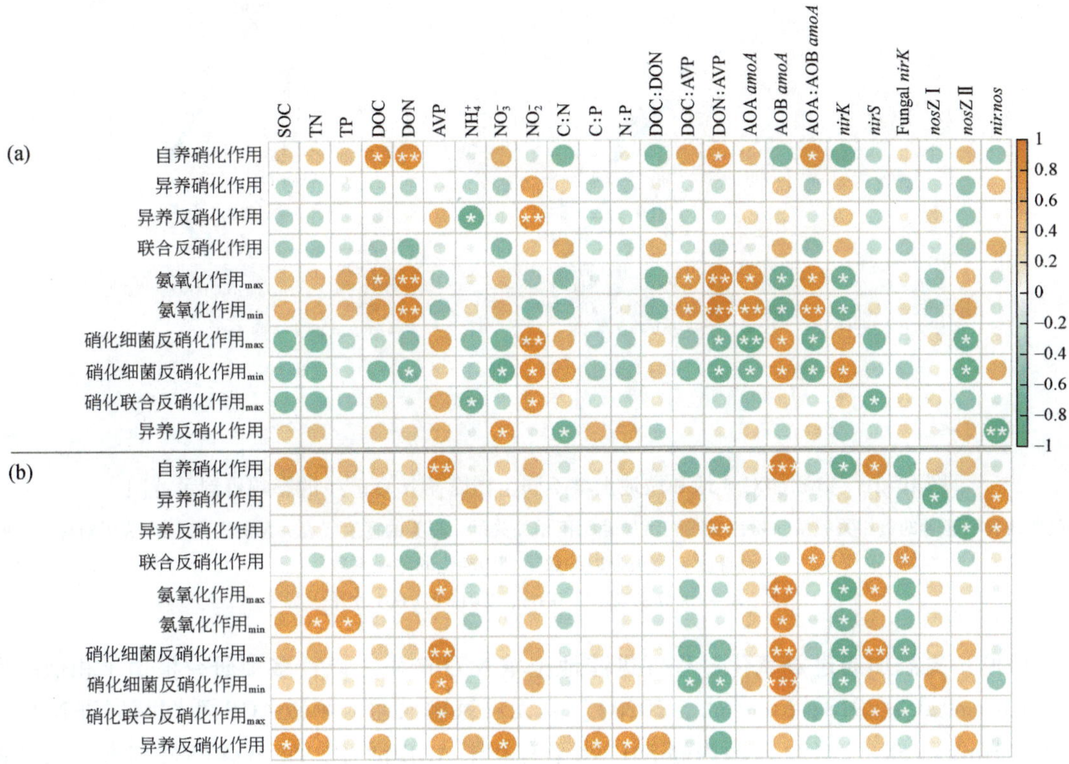

图 10-20　土壤 N_2O 产生途径与土壤性质和功能基因转录丰度的相关性：(a) 洼地和 (b) 坡地

图中圆圈的大小和颜色分别表示相关性的强弱（越大表示相关性越强）和方向（红色表示正相关，绿色表示负相关）。
*、** 和 *** 分别表示在 0.05、0.01 和 0.001 水平上显著。

结构方程模型分析表明，在洼地，氮添加导致的土壤 DON 和 NH_4^+ 浓度增加通过促进 AOA *amoA* 转录丰度而间接增加了氨氧化介导的 N_2O 产生（图 10-21）。氮添加导致的土壤 DON：AVP 的增加和土壤 C：N 的降低通过抑制 AOB *amoA* 转录丰度而间接降低了硝化细菌反硝化介导的 N_2O 产生。此外，低氮添加导致的 C：N 降低间接降低了硝化偶联反硝化介导的 N_2O 产生，*nirS* 转录丰度对硝化耦合反硝化介导的 N_2O 产生有直接影响。结构方程模型分别解释了氨氧化、硝化细菌反硝化和异养反硝化介导的 N_2O 产生速率变异的 67%、51% 和 65%（图 10-21）。在坡地，氮添加引起的土壤 AVP 增加间接促进了 AOB *amoA* 转录丰度及增加了氨氧化介导的 N_2O 产生。氮添加引起的土壤 AVP 增加间接促进了 AOB *amoA* 转录丰度及增加了硝化细菌反硝化介导的 N_2O 产生；氮添加降低了 *nirK* 转录丰度，间接影响了硝化细菌反硝化介导的 N_2O 产生。结构方程模型分别解释了氨氧化和硝化细菌反硝化介导的 N_2O 产生速率变异的 78% 和 79%（图 10-21）。

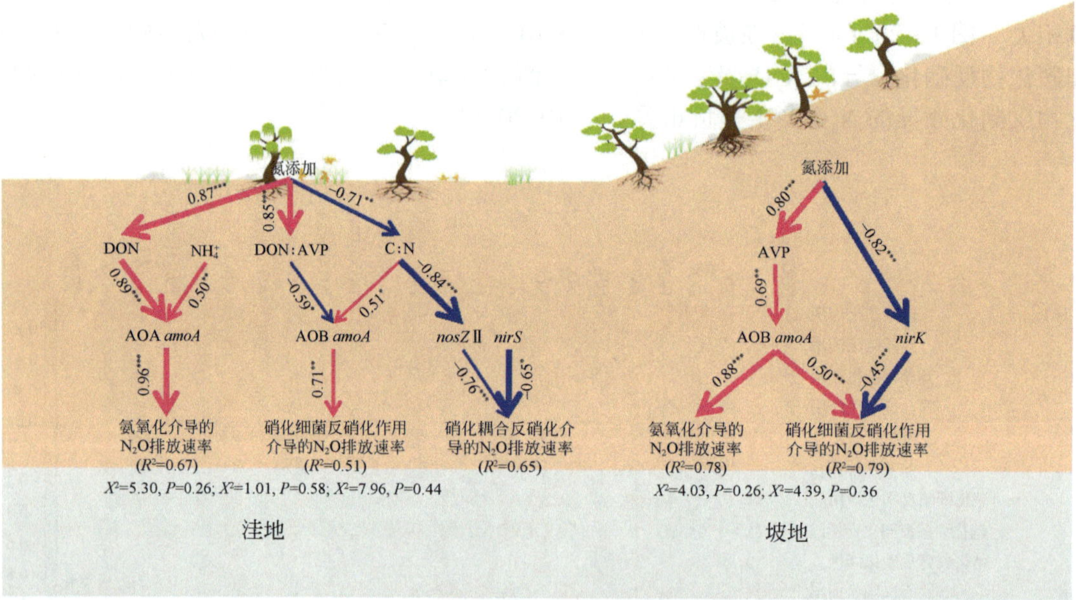

图 10-21　氮添加对洼地和坡地土壤不同生物途径 N_2O 产生的影响机制示意图

蓝色实线表示显著的负相关关系，粉色实线表示显著的正相关关系。箭头的宽度代表关系的强度。R^2 表示对应过程的解释度。箭头旁边的数字是标准化的路径系数。

*、** 和 *** 分别表示在 0.05、0.01 和 0.001 水平上显著。

可见，氮添加通过氨氧化过程促进洼地土壤 N_2O 产生。以往多项研究报道了相似的发现（Hink et al.，2018；Fu et al.，2020）。高无机氮输入通常刺激 AOB 活性及促进 N_2O 的产生（Hink et al.，2018），因为高 NH_4^+ 水平有利于 AOB 活性，而 AOA 活性与有机氮矿化密切相关（Prosser et al.，2020）。在本研究中，氮添加显著降低了洼地土壤 AOB *amoA* 转录丰度［图 10-19（b）］，因此氮添加对氨氧化介导的 N_2O 产生的促进作用可能不是由 AOB 的变化所致。相反，AOA 被确定为氨氧化介导的 N_2O 产生的最强解释变量（图 10-21）。AOA 在氨氧化中的主导作用可能是由于氮添加促进了氮矿化过程，从而增加了土壤 NH_4^+ 的可用水平（Huang et al.，2014；Lu et al.，2015）。与此一致，AOA *amoA* 转录丰度与 DON 呈正相关［图 10-21 和图 10-22（a）］。土壤 DON 主要通过高分子量有机氮（如蛋白质）的解聚过程产生，是初级氮矿化的底物，而该过程产生 NH_4^+（Mooshammer et al.，2017）。由于氮添加显著促进了洼地土壤氮矿化速率，因此，AOA 是造成氨氧化介导的 N_2O 产生增加的原因（表 10-10）。

与洼地类似，氮添加对坡地土壤 N_2O 产生的促进作用主要由于氨氧化过程增加所致。一些研究表明，氮添加对氨氧化的促进作用是通过直接为 AOB 生长提供 NH_4^+ 基质（Hink et al.，2018；Cheng et al.，2020；Song et al.，2021）。然而，氮添加对土壤 NH_4^+ 含量没有显著影响（表 10-8），对坡地 AOB *amoA* 转录丰度也没有直接影响（图 10-21），因此，在施氮的情况下，AOB 活性的增强应该不是直接由基质供应增加所致。以往研究表明，磷有效性比 AOA 更能限制 AOB 丰度和群落组成（Shi et al.，2018；Yang et al.，2020）。在本研究中，坡地土壤 AVP 含量与 AOB *amoA* 转录丰度呈正相关［图 10-21，图 10-22（b）］，表明氮添加下磷有效性的增加有助于 AOB 活性增加，因为磷有效性增加促进了微生物生长（Bicharanloo et al.，2022）。因此，氮添加会通过促进 AOB 活性进而促进坡地土壤氨氧化介导的 N_2O 产生（图 10-21）。

此外，氮添加也促进了坡地土壤硝化细菌反硝化作用介导的 N_2O 产生。以往也有类似的报道（Huang et al.，2014；Zhang et al.，2016；Wu et al.，2018）。可能的原因包括氮添加导致土壤 NO_2^- 累积、碳和氧可利用水平降低以及土壤酸化（Wrage-Mönnig et al.，2018）。然而，氮添加对坡地土壤 NO_2^- 浓度、C：N、C：P 和 pH 没有显著影响（表 10-8），因此对土壤 N_2O 产生的促进作用应不是由这些因素的变化所致。氮添加显著提高了 AVP 浓度、初级硝化速率和 AOB *amoA* 转录丰度。磷有效性增加有利于三磷酸腺苷（ATP）的合成，从而为土壤 AOB 生长提供能量（Shi et al.，2018），进而有利于土壤硝化过程（O'Neill et al.，2021）。据报道，硝化作用的增加会导致土壤中微位点的氧气损耗（Song et al.，2022），而低氧气条件有利于硝化细菌反硝化过程发生（Zhu et al.，2013）。这可能也是本研究观察到的氮添加导致坡地土壤硝化细菌反硝化介导的 N_2O 产生增加的原因之一。此外，氮添加也显著增加了硝化细菌反硝化在初级硝化过程介导的 N_2O 产生中的相对贡献（RN_2O_{ND}）（表 10-10），因此，氮添加对硝化细菌反硝化介导的土壤 N_2O 产生的促进作用可能是通过提高坡地土壤初级硝化速率所致。

四、氮添加抑制一些过程介导的 N_2O 产生的机制

本研究表明，氮添加显著抑制了洼地土壤硝化细菌反硝化和硝化耦合反硝化两个过程介导的 N_2O 产生［图 10-18（c）］。一项研究表明，在高氮添加下，硝化细菌反硝化介导的 N_2O 产生减少（Deppe et al.，2017），这与本研究一致。基于化学计量分解理论，微生物根据自身最优的化学计量 C：N：P 获取资源并调整资源利用效率。例如，当 C：N 降低时，微生物的碳（能量）限制程度会随着碳利用效率和氮矿化的增加而增加。在本研究中，氮添加显著降低了洼地土壤 C：N，但增加了 DON：AVP（表 10-8），表明微生物会提高氮矿化速率（表 10-10）。AOA 的生长与有机氮矿化过程中较低的 NH_4^+ 产生速率相关联（Prosser et al.，2020），因此，当土壤 NH_4^+ 由有机氮矿化产生时，AOA 对 N_2O 产生的贡献将优于 AOB（Hink et al.，2018）。在本研究中，氮添加显著抑制了 AOB 活性，但促进了初级氮矿化［图 10-19（b），表 10-10］，导致硝化细菌反硝化过程对洼地土壤 N_2O 产生的贡献降低。此外，由于硝态氮供应减少，AOB 活性降低理论上会抑制硝化耦合反硝化过程介导的 N_2O 产生（Shi et al.，2017）。然而，氮添加显著增加了洼地土壤 NO_3^- 浓度（表 10-8），因此，氮添加对硝化耦合反硝化过程介导的 N_2O 产生的抑制作用不应是由土壤 NO_3^- 浓度的变化所致。N_2O 还原的增加常用于解释硝化耦合反硝化介导的 N_2O 产生减少（Bakken and Frostegård，2017）。在本研究中，编码催化 N_2O 还原为 N_2 的酶 nosZ Ⅱ的

转录丰度（Hallin et al.，2018）与硝化偶联反硝化介导的 N_2O 产生呈负相关（图 10-21），说明硝化偶联反硝化抑制 N_2O 产生的部分原因是洼地中的 N_2O 减少。

氮添加降低了坡地土壤异养反硝化在 N_2O 产生中的相对重要性［图 10-18（b）］。以往研究也发现了类似的现象（Tang et al.，2018；Peng et al.，2021）。一种可能性是氮添加可能促进了 N_2O 的还原。土壤磷有效性通过影响 N_2O 还原酶丰度（Ma et al.，2016；Tang et al.，2016）或土壤反硝化速率（Deveautour et al.，2022）而影响反硝化过程。在本研究中，氮添加显著增加了编码 N_2O 还原酶的 *nosZ* Ⅰ和 *nosZ* Ⅱ的转录丰度（图 10-19），且这两种基因的丰度分别与坡地土壤 DOC：AVP 和 DON：AVP 呈负相关［图 10-22（b）］。有研究发现，由于促进 N_2O 还原为 N_2，*nosZ* Ⅰ和 *nosZ* Ⅱ转录丰度的增加常伴随着反硝化介导的 N_2O 产生速率下降（Jung et al.，2019）。上述机理可部分解释氮添加条件下坡地土壤异养反硝化对 N_2O 产生的贡献下降［图 10-18（b）］。

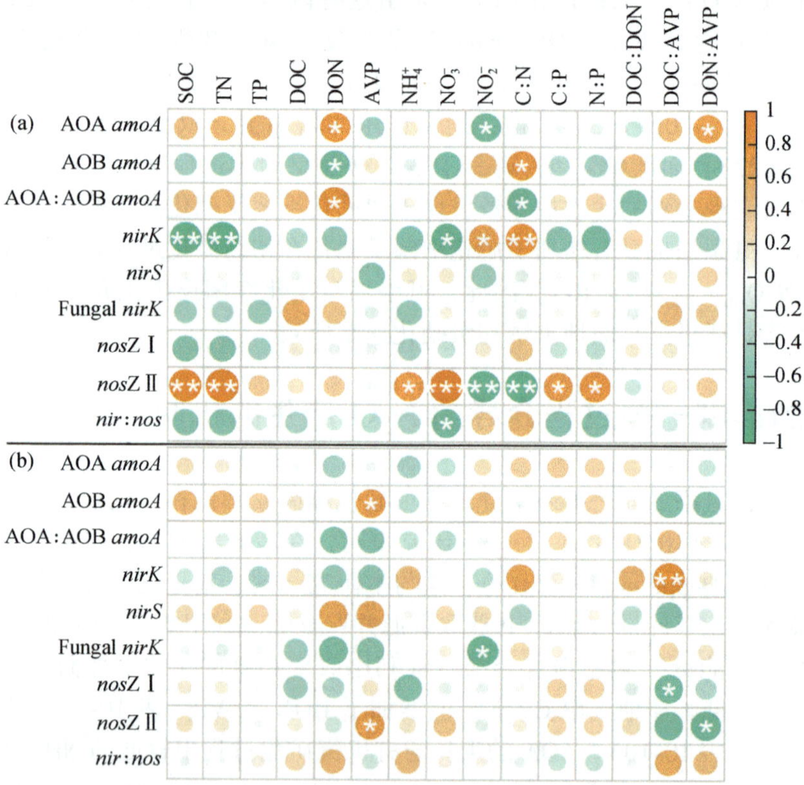

图 10-22　洼地（a）和坡地（b）土壤功能基因转录丰度与土壤性质之间的相关性

图中圆圈的大小和颜色分别表示相关性的强弱（越大表示相关性越强）和方向（红色表示正相关，绿色表示负相关）。
*、** 分别表示在 0.05、0.01 水平上显著。

五、结论

喀斯特森林土壤 N_2O 产生主要来源于自养硝化途径（氨氧化、硝化细菌反硝化和硝化耦合反硝化），占 N_2O 总产生速率的70%以上，其次为反硝化途径（异养反硝化和共反硝化）。在洼地，氮添加促进了氨氧化介导的 N_2O 产生，同时增加了氨氧化古菌（AOA）*amoA* 基因转录丰度，但分别抑制了硝化细菌反硝化和硝化耦合反硝化介导的 N_2O 产生以及抑制了氨氧化细菌（AOB）*amoA* 基因转录丰度但增加了 *nosZ* Ⅱ基因转录丰度。在坡地，氮添加促进了氨氧化介导的 N_2O 产生与 AOB *amoA* 基因转录丰度，增加了硝化细菌反硝化介导的 N_2O 产生与 AOB *amoA* 基因转录丰度但降低了 *nirK* 基因转录丰度。此外，氮添加降低了坡地土壤异养反硝化对 N_2O 产生的相对贡献，但对其介导的 N_2O 产生速率无显著影响。

参考文献

Aldossari N, Ishii S, 2021. Fungal denitrification revisited-Recent advancements andfuture opportunities. Soil Biology and Biochemistry, 157: 108250.

Almaraz M, Groffman P M, Porder S, 2019. Effects of changes in nitrogen availability on nitrogen gas emissions in a tropical forest during a drought. Journal of Geophysical Research- Biogeosciences, 124 (9): 2917-2926.

Alster C J, von Fischer J C, Allison S D, et al., 2020. Embracing a new paradigm for temperature sensitivity of soil microbes. Global Change Biology, 26 (6): 3221-3229.

Ashiq W, Vasava H, Cheema M, et al., 2021. Interactive role of topography and best management practices on N_2O emissions from agricultural landscape. Soil and Tillage Research, 212: 105063.

Baggs E M, 2011. Soil microbial sources of nitrous oxide: recent advances in knowledge, emerging challenges and future direction. Current Opinion in Environmental Sustainability, 3 (5): 321-327.

Bakken L R, Frostegård Å, 2017. Sources and sinks for N_2O, can microbiologist help to mitigate N_2O emissions? Environmental Microbiology, 19 (12): 4801-4805.

Bello M O, Aigle A, Meng Y, et al., 2021. Preferential temperature and ammonia concentration for in- situ growth of Candidatus Nitrosocosmicus ammonia oxidising archaea. Soil Biology and Biochemistry, 162: 108405.

Bicharanloo B, Bagheri Shirvan M, Keitel C, et al., 2022. Nitrogen and phosphorus availability have stronger effects on gross and net nitrogen mineralisation than wheat rhizodeposition. Geoderma, 405: 115440.

Breuillin- Sessoms F, Venterea R T, Sadowsky M J, et al., 2017. Nitrification gene ratio and free ammonia explain nitrite and nitrous oxide production in urea- amended soils. Soil Biology and Biochemistry, 111: 143-153.

Buchen C, Lewicka- Szczebak D, Fuss R, et al., 2016. Fluxes of N_2 and N_2O and contributing processes in summer after grassland renewal and grassland conversion to maize cropping on a Plaggic Anthrosol and a Histic Gleysol. Soil Biology and Biochemistry, 101: 6-19.

Butterbach- Bahl K, Baggs E M, Dannenmann M, et al., 2013. Nitrous oxide emissionsfrom soils: how well do we understand the processes and their controls? Philosophical Transactions of the Royal Society B- Biological Sciences, 368 (1621): 20130122.

Chalk P M, Smith C J, 2020. The role of agroecosystems in chemical pathways of N_2O production. Agriculture, Ecosystems & Environment, 290: 106783.

Chen H, Mothapo N V, Shi W, 2015a. Soil moisture and pH control relative contributions of fungi and bacteria to N_2O production. Microbial Ecology, 69 (1): 180-191.

Chen Z, Ding W, Xu Y, et al., 2015b. Importance of heterotrophic nitrification and dissimilatory nitrate reduction to ammonium in a cropland soil: Evidences from a ^{15}N tracing study to literature synthesis. Soil Biology and Biochemistry, 91: 65-75.

Chen Z, Wang C, Gschwendtner S, et al., 2015c. Relationships between denitrification gene expression, dissimilatory nitrate reduction to ammonium and nitrous oxide and dinitrogen production in montane grassland soils. Soil Biology and Biochemistry, 87: 67-77.

Chen H, Li D, Xiao K, et al., 2018. Soil microbial processes and resource limitation in karst and non-karst forests. Functional Ecology, 32 (5): 1400-1409.

Chen J, van Groenigen K J, Hungate B A, et al., 2020. Long-term nitrogen loading alleviates phosphorus limitation in terrestrial ecosystems. Global Change Biology, 26 (9): 5077-5086.

Chen H, Tang J, Sun X, et al., 2021. Topography modulates effects of nitrogen deposition on microbial resource limitation in a nitrogen-saturated subtropical forest. Forest Ecosystems, 8 (1): 68.

Cheng Y, Wang J, Wang J, et al., 2020. Nitrogen deposition differentially affects soil gross nitrogen transformations in organic and mineral horizons. Earth-Science Reviews, 201: 103033.

Clark I M, Buchkina N, Jhurreea D, et al., 2012. Impacts of nitrogen application rates on the activity and diversity of denitrifying bacteria in the Broadbalk WheatExperiment. Philosophical Transactions of the Royal Society B-Biological Sciences, 367 (1593): 1235-1244.

Congreves K A, Phan T, Farrell R E, 2019. A new look at an old concept: Using $^{15}N_2O$ isotopomers to understand the relationship between soil moisture and N_2O production pathways. Soil, 5 (2): 265-274.

Corre M D, Sueta J P, Veldkamp E, 2014. Nitrogen-oxide emissions from tropical forest soils exposed to elevated nitrogen input strongly interact with rainfall quantity and seasonality. Biogeochemistry, 118 (1): 103-120.

Cui Y, Zhang Y, Duan C, et al., 2020. Ecoenzymatic stoichiometry reveals microbial phosphorus limitation decreases the nitrogen cycling potential of soils in semi-arid agricultural ecosystems. Soil and Tillage Research, 197: 104463.

Daims H, Lebedeva E V, Pjevac P, et al., 2015. Complete nitrification by *Nitrospira* bacteria. Nature, 528 (7583): 504-509.

Deng L, Huang C, Kim D G, et al., 2020. Soil GHG fluxes are altered by N deposition: New data indicate lower N stimulation of the N_2O flux and greater stimulation of the calculated C pools. Global Change Biology, 26 (4): 2613-2629.

Deppe M, Well R, Giesemann A, et al., 2017. Soil N_2O fluxes and related processes in laboratory incubations simulating ammonium fertilizer depots. Soil Biology and Biochemistry, 104: 68-80.

Deveautour C, Rojas-Pinzon P A, Veloso M, et al., 2022. Biotic and abiotic predictors of potential N_2O emissions from denitrification in Irish grasslands soils: A national-scale field study. Soil Biology and Biochemistry, 168: 108637.

Di H J, Cameron K C, Podolyan A, et al., 2014. Effect of soil moisture status and a nitrification inhibitor, dicyandiamide, on ammonia oxidizer and denitrifier growth and nitrous oxide emissions in a grassland soil. Soil Biology and Biochemistry, 73: 59-68.

Dove N C, Stark J M, Newman G S, et al., 2019. Carbon control on terrestrial ecosystem function across contrasting site productivities: the carbon connection revisited. Ecology, 100 (7): e02695.

Duan P, Wu Z, Zhang Q, et al., 2018. Thermodynamic responses of ammonia-oxidizing archaea and bacteria explain N_2O production from greenhouse vegetable soils. Soil Biology and Biochemistry, 120: 37-47.

Duan P, Fan C, Zhang Q, et al., 2019a. Overdose fertilization induced ammonia-oxidizing archaea producing nitrous oxide in intensive vegetable fields. Science of the Total Environment, 650: 1787-1794.

Duan P, Song Y, Li S, et al., 2019b. Responses of N_2O production pathways and related functional microbes to temperature across greenhouse vegetable field soils. Geoderma, 355: 113904.

Duan P, Zhang Q, Zhang X, et al., 2019c. Mechanisms of mitigating nitrous oxide emissions from vegetable soil varied with manure, biochar and nitrification inhibitors. Agricultural and Forest Meteorology, 278: 107672.

Duan P, Zhou J, Feng L, et al., 2019d. Pathways and controls of N_2O production in greenhouse vegetable production soils. Biology and Fertility of Soils, 55 (3): 285-297.

Duan P P, Shen H J, Jiang X Y, et al., 2020. The contributions of hydroxylamine and nitrite to NO and N_2O production in alkaline and acidic vegetable soils. Journal of Soils and Sediments, 20 (7): 2903-2911.

Duan P, Wang D, Xiao K, et al., 2022a. Responses of soil nitrous oxide emission to nitrogen addition at two topographic positions of a subtropical forest. Journal of Geophysical Research- Biogeosciences, 127 (4): e2021JG006539.

Duan P, Yang X, He X, et al., 2022b. Topography-driven soil properties modulate effects of nitrogen deposition on soil nitrous oxide sources in a subtropical forest. Biology and Fertility of Soils, 58 (6): 707-720.

Enanga E M, Creed I F, Casson N J, et al., 2016. Summer storms trigger soil N_2O efflux episodes in forested catchments. Journal of Geophysical Research-Biogeosciences, 121 (1): 95-108.

Enanga E M, Casson N J, Fairweather T A, et al., 2017. Nitrous oxide and dinitrogen: the missing flux in nitrogen budgets of forested catchments? Environmental Science & Technology, 51 (11): 6036-6043.

Fairbanks D, Shepard C, Murphy M, et al., 2020. Depth and topographic controls on microbial activity in a recently burned sub-alpine catchment. Soil Biology and Biochemistry, 148: 107844.

Fan J, Xu Y, Chen Z, et al., 2017. Sulfur deposition suppressed nitrogen- induced soil N_2O emission from a subtropical forestland in southeastern China. Agricultural and Forest Meteorology, 233: 163-170.

Fang Y, Gundersen P, Zhang W, et al., 2009. Soil-atmosphere exchange of N_2O, CO_2 and CH_4 along a slope of an evergreen broad-leaved forest in southern China. Plant and Soil, 319 (1): 37-48.

Fang W, Yan D, Huang B, et al., 2019. Biochemical pathways used by microorganisms to produce nitrous oxide emissions from soils fumigated with dimethyl disulfide or allyl isothiocyanate. Soil Biology and Biochemistry, 132: 1-13.

Fang W, Wang Q, Li Y, et al., 2021. Microbial regulation of nitrous oxide emissions from chloropicrin-fumigated soil amended with biochar. Journal of Hazardous Materials: 128060.

Finley B K, Mau R L, Hayer M, et al., 2022. Soil minerals affect taxon-specific bacterial growth. The ISME Journal, 16 (5): 1318-1326.

Fowler D, Coyle M, Skiba U, et al., 2013. The global nitrogen cycle in the twenty-first century. Philosophical Transactions of the Royal Society B: Biological Sciences, 368: 20130164.

Friedl J, De Rosa D, Rowlings D W, et al., 2018. Dissimilatory nitrate reduction to ammonium (DNRA), not denitrification dominates nitrate reduction in subtropical pasture soils upon rewetting. Soil Biology and Biochemistry, 125: 340-349.

Friedl J, Scheer C, De Rosa D, et al., 2021. Sources of nitrous oxide from intensively managed pasture soils: the hole in the pipe. Environmental Research Letters, 16 (6): 065004.

Fu Z, Niu S, Dukes J S, 2015. What have we learned from global change manipulative experiments in China? A meta-analysis. Scientific Reports, 5 (1): 12344.

Fu Q, Clark I M, Zhu J, et al., 2018. The short-term effects of nitrification inhibitors onthe abundance and expression of ammonia and nitrite oxidizers in a long-term field experiment comparing land management. Biology and Fertility of Soils, 54 (1): 163-172.

Fu Q, Xi R, Zhu J, et al., 2020. The relative contribution of ammonia oxidizing bacteria and archaea to N_2O emission from two paddy soils with different fertilizer N sources: A microcosm study. Geoderma, 375: 114486.

Galloway J N, Dentener F J, Capone D G, et al., 2004. Nitrogen cycles: past, present, and future. Biogeochemistry, 70 (2): 153-226.

Giguere A T, Taylor A E, Suwa Y, et al., 2017. Uncoupling of ammonia oxidation from nitrite oxidation: Impact upon nitrous oxide production in non-cropped Oregon soils. Soil Biology and Biochemistry, 104: 30-38.

Giguere A T, Taylor A E, Myrold D D, et al., 2018. Nitrite-oxidizing activity responds to nitrite accumulation in soil. FEMS Microbiology Ecology, 94 (3): fiy008.

Gil J, Perez T, Boering K, et al., 2017. Mechanisms responsible for high N_2O emissions from subarctic permafrost peatlands studied via stable isotope techniques. Global Biogeochemical Cycles, 31 (1): 172-189.

Giles M, Morley N, Baggs E M, et al., 2012. Soil nitrate reducing processes- drivers, mechanisms for spatial variation, and significance for nitrous oxide production. Frontiers in Microbiology, 3: 407.

Grave R A, Nicoloso R d S, Cassol P C, et al., 2018. Determining the effects of tillage and nitrogen sources on soil N_2O emission. Soil and Tillage Research, 175: 1-12.

Guardia G, Vallejo A, Cardenas L M, et al., 2018. Fate of ^{15}N-labelled ammonium nitrate with or without the new nitrification inhibitor DMPSA in an irrigated maize crop. Soil Biology and Biochemistry, 116: 193-202.

Guo L, Wang X, Diao T, et al., 2018. N_2O emission contributions by different pathways and associated microbial community dynamics in a typical calcareous vegetable soil. Environmental Pollution, 242: 2005-2013.

Hallin S, Philippot L, Löffler F E, et al., 2018. Genomics and ecology of novel N_2O-reducing microorganisms. Trends in Microbiology, 26 (1): 43-55.

Han S, Zeng L, Luo X, et al., 2018a. Shifts in *Nitrobacter*- and *Nitrospira*- like nitrite- oxidizing bacterial communities under long- term fertilization practices. Soil Biology and Biochemistry, 124: 118-125.

Han X, Shen W, Zhang J, et al., 2018b. Microbial adaptation to long-term N supply prevents large responses in N dynamics and N losses of a subtropical forest. Science of the Total Environment, 626: 1175-1187.

Han X, Xu C, Nie Y, et al., 2019. Seasonal variations in N_2O emissions in a subtropical forest with exogenous nitrogen enrichment are predominately influenced by the abundances of soil nitrifiers and denitrifiers. Biogeosciences, 124 (11): 3635-3651.

Han P, Wu D, Sun D, et al., 2021. N_2O and NO_y production by the comammox bacterium Nitrospira inopinata in comparison with canonical ammonia oxidizers. Water Research, 190: 116728.

Hao T, Zhang Y, Zhang J, et al., 2020. Chronic nitrogen addition differentially affects gross nitrogen transformations in alpine and temperate grassland soils. Soil Biology and Biochemistry, 149: 107962.

Harris E, Diaz- Pines E, Stoll E, et al., 2021. Denitrifying pathways dominate nitrous oxide emissions from managed grassland during drought and rewetting. Science Advances, 7 (6): eabb7118.

Heil J, Wolf B, Brüggemann N, et al., 2014. Site-specific ^{15}N isotopic signatures of abiotically produced N_2O. Geochimica et Cosmochimica Acta, 139: 72-82.

Heil J, Liu S, Vereecken H, et al., 2015. Abiotic nitrous oxide production from hydroxylamine in soils and their dependence on soil properties. Soil Biology and Biochemistry, 84: 107-115.

Heil J, Vereecken H, Brüggemann N, 2016. A review of chemical reactions of nitrification intermediates and their role in nitrogen cycling and nitrogen trace gas formation in soil. European Journal of Soil Science, 67 (1): 23-39.

Hink L, Lycus P, Gubry-Rangin C, et al., 2017a. Kinetics of NH_3-oxidation, NO-turnover, N_2O-production and electron flow during oxygen depletion in model bacterial and archaeal ammonia oxidisers. Environmental Microbiology, 19 (12): 4882-4896.

Hink L, Nicol G W, Prosser J I, 2017b. Archaea produce lower yields of N_2O than bacteria during aerobic ammonia oxidation in soil. Environmental Microbiology, 19 (12): 4829-4837.

Hink L, Gubry-Rangin C, Nicol G W, et al., 2018. The consequences of niche and physiological differentiation of archaeal and bacterial ammonia oxidisers for nitrous oxide emissions. The ISME Journal, 12: 1084-1093.

Hu H W, Chen D, He J Z, 2015. Microbial regulation of terrestrial nitrous oxide formation: understanding the biological pathways for prediction of emission rates. FEMS Microbiol Review, 39 (5): 729-749.

Huang T, Gao B, Hu X-K, et al., 2014. Ammonia-oxidation as an engine to generate nitrous oxide in an intensively managed calcareous Fluvo-aquic soil. Scientific Reports, 4: 3950 .

Huang L, Chakrabarti S, Cooper J, et al., 2021. Ammonia-oxidizing archaea are integral to nitrogen cycling in a highly fertile agricultural soil. ISME Communications, 1 (1): 19.

Huygens D, Boeckx P, Templer P, et al., 2008. Mechanisms for retention of bioavailable nitrogen in volcanic rainforest soils. Nature Geoscience, 1 (8): 543-548.

Isobe K, Ise Y, Kato H, et al., 2020. Consequences of microbial diversity in forest nitrogen cycling: diverse ammonifiers and specialized ammonia oxidizers. The ISME Journal, 14 (1): 12-25.

Jansen-Willems A B, Lanigan G J, Clough T J, et al., 2016. Long-term elevation of temperature affects organic N turnover and associated N_2O emissions in a permanent grassland soil. Soil, 2 (4): 601-614.

Jung M Y, Gwak J H, Rohe L, et al., 2019. Indications for enzymatic denitrification to N_2O at low pH in an ammonia-oxidizing archaeon. The ISME Journal, 13 (10): 2633-2638.

Kim S H, Miyahara M, Fushinobu S, et al., 2010. Nitrous oxide emission from nitrifying activated sludge dependent on denitrification by ammonia-oxidizing bacteria. Bioresource Technology, 101 (11): 3958-3963.

Kits K D, Jung M Y, Vierheilig J, et al., 2019. Low yield and abiotic origin of N_2O formed by the complete nitrifier Nitrospira inopinata. Nature Communications, 10 (1): 1836.

Koehler B, Corre M D, Veldkamp E, et al., 2009. Immediate and long-term nitrogen oxide emissions from tropical forest soils exposed to elevated nitrogen input. Global Change Biology, 15 (8): 2049-2066.

Kool D, Wrage N, Zechmeister-Boltenstern S, et al., 2010. Nitrifier denitrification can be a source of N_2O from soil: A revised approach to the dual-isotope labelling method. European Journal of Soil Science, 61 (5): 759-772.

Kool D M, Dolfing J, Wrage N, et al., 2011. Nitrifier denitrification as a distinct and significant source of nitrous oxide from soil. Soil Biology and Biochemistry, 43 (1): 174-178.

Lehtovirta-Morley L E, 2018. Ammonia oxidation: Ecology, physiology, biochemistry and why they must all come together. FEMS Microbiology Letters, 365 (9): https://doi.org/10.1093/femsle/fny058.

Li D, Yang Y, Chen H, et al., 2017a. Soil gross nitrogen transformations in typical karst and nonkarst forests, southwest China. Journal of Geophysical Research-Biogeosciences, 122 (11): 2831-2840.

Li Y, Jia Z, Sun Q, et al., 2017b. Plant-mediated changes in soil N-cycling genes during revegetation of copper mine tailings. Frontiers in Environmental Science, 5: 79.

Li D, Liu J, Chen H, et al., 2018. Soil gross nitrogen transformations in responses to land use conversion in a subtropical karst region. Journal of Environmental Management, 212: 1-7.

Li C, Hu H-W, Chen Q-L, et al., 2019. Comammox Nitrospira play an active role in nitrification of agricultural soils amended with nitrogen fertilizers. Soil Biology and Biochemistry, 138: 107609.

Li C, He Z-Y, Hu H-W, et al., 2022. Niche specialization of comammox Nitrospira in terrestrial ecosystems:

Oligotrophic or copiotrophic? Critical Reviews in Environmental Science and Technology: 1-16.

Lin Y, Ye G, Luo J, et al., 2018. *Nitrosospira Cluster* 8*a* plays a predominant role in the nitrification process of a subtropical ultisol under long-term inorganic and organic fertilization. Applied and Environmental Microbiology, 84 (18): e01031-01018.

Lin Y P, Ansari A, Wunderlich R F, et al., 2022. Assessing the influence of environmental niche segregation in ammonia oxidizers on N_2O fluxes from soil and sediments. Chemosphere, 289: 133049.

Liu D, Fang Y, Tu Y, et al., 2014a. Chemical method for nitrogen isotopic analysis of ammonium at natural abundance. Analytical Chemistry, 86 (8): 3787-3792.

Liu S, Vereecken H, Brüggemann N, 2014b. A highly sensitive method for the determination of hydroxylamine in soils. Geoderma, 232 (s 232-234): 117-122.

Liu S, Berns A E, Vereecken H, et al., 2017a. Interactive effects of MnO_2, organic matter and pH on abiotic formation of N_2O from hydroxylamine in artificial soil mixtures. Scientific Reports, 7: 39590.

Liu S R, Han P, Hink L, et al., 2017b. Abiotic conversion of extracellular NH_2OH contributes to N_2O emission during ammonia oxidation. Environmental Science and Technology, 51 (22): 13122-13132.

Lu X, Bottomley P J, Myrold D D, 2015. Contributions of ammonia-oxidizing archaea and bacteria to nitrification in Oregon forest soils. Soil Biology and Biochemistry, 85: 54-62.

Lu X, Nicol G W, Neufeld J D, 2018a. Differential responses of soil ammonia-oxidizing archaea and bacteria to temperature and depth under two different land uses. Soil Biology and Biochemistry, 120: 272-282.

Lu X, Vitousek P M, Mao Q, et al., 2018b. Plant acclimation to long-term high nitrogen deposition in an N-rich tropical forest. Proceedings of the National Academy of Sciences, 115 (20): 5187-5192.

Ma W, Jiang S, Assemien F, et al., 2016. Response of microbial functional groups involved in soil N cycle to N, P and NP fertilization in Tibetan alpine meadows. Soil Biology and Biochemistry, 101: 195-206.

Maharjan B, Venterea R T, 2013. Nitrite intensity explains N management effects on N_2O emissions in maize. Soil Biology and Biochemistry, 66: 229-238.

Margalef O, Sardans J, Maspons J, et al., 2021. The effect of global change on soil phosphatase activity. Global Change Biology, 27 (22): 5989-6003.

Martens-Habbena W, Qin W, Horak R E A, et al., 2015. The production of nitric oxide by marine ammonia-oxidizing archaea and inhibition of archaeal ammonia oxidation by a nitric oxide scavenger. Environmental Microbiology, 17 (7): 2261-2274.

Martinson G O, Corre M D, Veldkamp E, 2013. Responses of nitrous oxide fluxes and soil nitrogen cycling to nutrient additions in montane forests along an elevation gradient in southern Ecuador. Biogeochemistry, 112 (1): 625-636.

Meinhardt K A, Stopnisek N, Pannu M W, et al., 2018. Ammonia-oxidizing bacteria are the primary N_2O producers in an ammonia-oxidizing archaea dominated alkaline agricultural soil. Environmental Microbiology, 20 (6): 2195-2206.

Mooshammer M, Wanek W, Hämmerle I, et al., 2014. Adjustment of microbial nitrogen use efficiency to carbon: Nitrogen imbalances regulates soil nitrogen cycling. Nature Communications, 5: 3694.

Mooshammer M, Hofhansl F, Frank A H, et al., 2017. Decoupling of microbial carbon, nitrogen, and phosphorus cycling in response to extreme temperature events. Science Advances, 3 (5): e1602781.

Mori T, 2020. Does ecoenzymatic stoichiometry really determine microbial nutrient limitations? Soil Biology and Biochemistry, 146: 107816.

Mori T, Aoyagi R, Kitayama K, et al., 2021. Does the ratio of β-1, 4-glucosidase to β-1, 4-N-acetylglucosaminidase indicate the relative resource allocation of soil microbes to C and N acquisition? Soil Biology and Biochemistry, 160: 108363.

Müller C, Laughlin R J, Spott O, et al., 2014. Quantification of N_2O emission pathways via a ^{15}N tracing model. Soil Biology and Biochemistry, 72: 44-54.

Müller A K, Matson A L, Corre M D, et al., 2015. Soil N_2O fluxes along an elevation gradient of tropical montane forests under experimental nitrogen and phosphorus addition. Frontiers in Earth Science, 3: 66.

Ning Q, Hättenschwiler S, Lü X, et al., 2021. Carbon limitation overrides acidification in mediating soil microbial activity to nitrogen enrichment in a temperate grassland. Global Change Biology, 27 (22): 5976-5988.

O'Neill R M, Krol D J, Wall D, et al., 2021. Assessing the impact of long- term soil phosphorus on N-transformation pathways using 15N tracing. Soil Biology and Biochemistry, 152: 108066.

Onley J R, Ahsan S, Sanford R A, et al., 2018. Denitrification by*Anaeromyxobacter dehalogenans*, a common soil bacterium lacking the nitrite reductase genes nirS and nirK. Applied and Environmental Microbiology, 84 (4): e01985-01917.

Pan H, Ying S, Liu H, et al., 2018. Microbial pathways for nitrous oxide emissions from sheep urine and dung in a typical steppe grassland. Biology and Fertility of Soils, 54: 717-730.

Peng B, Sun J, Liu J, et al., 2021. Relative contributions of different substrates to soil N_2O emission and their responses to N addition in a temperate forest. Science of the Total Environment, 767: 144126.

Pold G, Kwiatkowski B L, Rastetter E B, et al., 2022. Sporadic P limitation constrains microbial growth and facilitates SOM accumulation in the stoichiometrically coupled, acclimating microbe-plant-soil model. Soil Biology and Biochemistry, 165: 108489.

Prosser J I, Hink L, Gubry- Rangin C, et al., 2020. Nitrous oxide production by ammonia oxidizers: Physiological diversity, niche differentiation and potential mitigation strategies. Global Change Biology, 26 (1): 103-118.

Putz M, Schleusner P, Rütting T, et al., 2018. Relative abundance of denitrifying and DNRA bacteria and their activity determine nitrogen retention or loss in agricultural soil. Soil Biology and Biochemistry, 123: 97-104.

Qu Z, Wang J, Almoy T, et al., 2014. Excessive use of nitrogen in Chinese agriculture results in high $N_2O/(N_2O+N_2)$ product ratio of denitrification, primarily due to acidification of the soils. Global Change Biology, 20 (5): 1685-1698.

Redding M R, Shorten P R, Lewis R, et al., 2016. Soil N availability, rather than N deposition, controls indirect N_2O emissions. Soil Biology and Biochemistry, 95: 288-298.

Rex D, Clough T J, Richards K G, et al., 2019. Impact of nitrogen compounds on fungal and bacterial contributions to codenitrification in a pasture soil. Scientific Reports, 9 (1): 13371.

Rosinger C, Rousk J, Sandén H, 2019. Can enzymatic stoichiometry be used to determine growth- limiting nutrients for microorganisms? - A critical assessment in two subtropical soils. Soil Biology and Biochemistry, 128: 115-126.

RüttingT, Muller C, Lieffering M, et al., 2010. Ten years of elevated atmospheric carbon dioxide alters soil nitrogen transformations in a sheep-grazed pasture. Global Change Biology, 16 (9): 2530-2542.

RüttingT, Boeckx P, Muller C, 2011. Assessment of the importance of dissimilatory nitrate reduction to ammonium for the terrestrial nitrogen cycle. Biogeosciences, 8 (7): 1779-1791.

Rütting T, Schleusner P, Hink L, et al., 2021. The contribution of ammonia- oxidizingarchaea and bacteria to gross nitrification under different substrate availability. Soil Biology and Biochemistry, 160: 108353.

Samarkin V A, Madigan M T, Bowles M W, et al., 2010. Abiotic nitrous oxide emission from the hypersaline Don Juan Pond in Antarctica. Nature Geoscience, 3 (5): 341-344.

Scheer C, Fuchs K, Pelster D E, Butterbach-Bahl K, 2020. Estimating global terrestrial denitrification from measured N_2O: (N_2O+N_2) product ratios. Current Opinion in Environmental Sustainability, 47: 72-80.

Schmidt B H M, Matzner E, 2009. Abiotic reaction of nitrite with dissolved organic carbon? Testing the Ferrous Wheel Hypothesis. Biogeochemistry, 93 (3): 291-296.

Schmidt C S, Richardson D J, Baggs E M, 2011. Constraining the conditions conducive to dissimilatory nitrate reduction to ammonium in temperate arable soils. Soil Biology and Biochemistry, 43 (7): 1607-1611.

Schreiber F, Wunderlin P, Kai M U, et al., 2012. Nitric oxide and nitrous oxide turnover in natural and engineered microbial communities: biological pathways, chemical reactions, and novel technologies. Frontiers in Microbiology, 3 (372): 372.

Shan J, Zhao X, Sheng R, et al., 2016. Dissimilatory nitrate reduction processes in typical chinese paddy soils: Rates, relative contributions, and influencing factors. Environmental Science and Technology, 50 (18): 9972-9980.

Shen T, Stieglmeier M, Dai J, et al., 2013. Responses of the terrestrial ammonia-oxidizing archaeon*Ca. Nitrososphaera* viennensis and the ammonia-oxidizing bacterium *Nitrosospira multiformis* to nitrification inhibitors. FEMS Microbiology Letters, 344 (2): 121-129.

Shen L D, Wu H S, Gao Z Q, et al., 2015. Occurrence and importance of anaerobic ammonium-oxidising bacteria in vegetable soils. Applied Microbiology and Biotechnology, 99 (13): 5709-5718.

Shi X, Hu H-W, Zhu-Barker X, et al., 2017. Nitrifier-induced denitrification is animportant source of soil nitrous oxide and can be inhibited by a nitrification inhibitor 3, 4-dimethylpyrazole phosphate. Environmental Microbiology, 19 (12): 4851-4865.

Shi X, Hu H-W, Wang J, et al., 2018. Niche separation of comammox*Nitrospira* and canonical ammonia oxidizers in an acidic subtropical forest soil under long-term nitrogen deposition. Soil Biology and Biochemistry, 126: 114-122.

Sinsabaugh R L, Shah J J F, 2012. Ecoenzymatic stoichiometry and ecological theory. Annual Review of Ecology, Evolution, and Systematics, 43 (1): 313-343.

Song L, Tian P, Zhang J, et al., 2017. Effects of three years of simulated nitrogen deposition on soil nitrogen dynamics and greenhouse gas emissions in a Korean pine plantation of northeast China. Science of the Total Environment, 609: 1303-1311.

Song L, Drewer J, Zhu B, et al., 2020a. The impact of atmospheric N deposition and N fertilizer type on soil nitric oxide and nitrous oxide fluxes from agricultural and forest Eutric Regosols. Biology and Fertility of Soils, 56 (7): 1077-1090.

Song X, Peng C, Ciais P, et al., 2020b. Nitrogen addition increased CO_2 uptake more than non-CO_2 greenhouse gases emissions in a Moso bamboo forest. Science Advances, 6 (12): eaaw5790.

Song L, Li Z, Niu S, 2021. Global soil gross nitrogen transformation under increasing nitrogen deposition. Global Biogeochemical Cycles, 35 (1): e2020GB006711.

Song X, Wei H, Rees R M, et al., 2022. Soil oxygen depletion and corresponding nitrous oxide production at hot moments in an agricultural soil. Environmental Pollution, 292: 118345.

Soong J L, Fuchslueger L, Maranon-Jimenez S, et al., 2020. Microbial carbon limitation: The need for integrating microorganisms into our understanding of ecosystem carbon cycling. Global Change Biology, 26 (4): 1953-1961.

Spott O, Stange C F, 2011. Formation of hybrid N_2O in a suspended soil due to co-denitrification of NH_2OH. Journal of Plant Nutrition and Soil Science, 174 (4): 554-567.

Spott O, Russow R, Stange C F, 2011. Formation of hybrid N_2O and hybrid N_2 due to codenitrification: First review of a barely considered process of microbially mediated N-nitrosation. Soil Biology and Biochemistry, 43 (10): 1995-2011.

Stange C F, Spott O, Arriaga H, et al., 2013. Use of the inverse abundance approach to identify the sources of NO and N_2O release from Spanish forest soils under oxic and hypoxic conditions. Soil Biology and Biochemistry, 57: 451-458.

Stein L Y, 2019. Insights into the physiology of ammonia-oxidizing microorganisms. Current Opinion in Chemical Biology, 49: 9-15.

Stein L Y, 2020. The long-term relationship between microbial metabolism and greenhouse gases. Trends in Microbiology, 28 (6): 500-511.

Stewart K J, Grogan P, Coxson D S, et al., 2014. Topography as a key factor driving atmospheric nitrogen exchanges in arctic terrestrial ecosystems. Soil Biology and Biochemistry, 70: 96-112.

Stieglmeier M, Mooshammer M, Kitzler B, et al., 2014. Aerobic nitrous oxide production through N-nitrosating hybrid formation in ammonia-oxidizing archaea. The ISME Journal, 8 (5): 1135-1146.

Suenaga T, Ota T, Oba K, et al., 2021. Combination of ^{15}N tracer and microbial analyses discloses N_2O sink potential of the anammox community. Environmental Science and Technology, 55 (13): 9231-9242.

Tang Y, Zhang X, Li D, et al., 2016. Impacts of nitrogen and phosphorus additions on the abundance and community structure of ammonia oxidizers and denitrifying bacteria in Chinese fir plantations. Soil Biology and Biochemistry, 103: 284-293.

Tang W, Chen D, Phillips O L, et al., 2018. Effects of long-term increased N deposition on tropical montane forest soil N_2 and N_2O emissions. Soil Biology and Biochemistry, 126: 194-203.

Taylor A E, Vajrala N, Giguere A T, et al., 2013. Use of aliphatic n-alkynes todiscriminate soil nitrification activities of ammonia-oxidizing thaumarchaea and bacteria. Applied and Environmental Microbiology, 79 (21): 6544-6551.

Taylor A E, Giguere A T, Zoebelein C M, et al., 2017. Modeling of soil nitrification responses to temperature reveals thermodynamic differences between ammonia-oxidizing activity of archaea and bacteria. The ISME Journal, 11: 896-908.

Tian D, Niu S, 2015. A global analysis of soil acidification caused by nitrogen addition. Environmental Research Letters, 10 (2): 024019.

Tian H, Xu X, Liu M, et al., 2010. Spatial and temporal patterns of CH_4 and N_2O fluxes in terrestrial ecosystems of North America during 1979-2008: Application of a global biogeochemistry model. Biogeosciences Discussions, 7 (2): 2831-2887.

Tian J, Dungait J A J, Lu X, et al., 2019. Long-term nitrogen addition modifies microbial composition and functions for slow carbon cycling and increased sequestration in tropical forest soil. Global Change Biology, 25 (10): 3267-3281.

Toyoda S, Yoshida N, Koba K, 2017. Isotopocule analysis of biologically produced nitrous oxide in various environments. Mass Spectrometry Reviews, 36 (2): 135-160.

van Kessel M A, Speth D R, Albertsen M, et al., 2015. Complete nitrification by a single microorganism. Nature, 528 (7583): 555-559.

Verhoeven E, Decock C, Barthel M, et al., 2018. Nitrification and coupled nitrification-denitrification at shallow depths are responsible for early season N_2O emissions under alternate wetting and drying management in an Italian rice paddy system. Soil Biology and Biochemistry, 120: 58-69.

Vitousek P M, Tilman D G, 1997. Technical report: Human alteration of the global nitrogen cycle: Sources and consequences. Ecological Applications, 7 (3): 737-750.

Wang J, Zhu B, Zhang J, et al., 2015. Mechanisms of soil N dynamics following long-term application of organic fertilizers to subtropical rain-fed purple soil in China. Soil Biology and Biochemistry, 91 (13): 222-231.

Wang Z, Li D, Zheng M, et al., 2019. Topography modulates effects of nitrogen deposition on asymbiotic N_2 fixation in soil but not litter or moss in a secondary karst forest. Journal of Geophysical Research-Biogeosciences, 124 (10): 3015-3023.

Wang S, Wang X, Jiang Y, et al., 2021. Abundance and functional importance of complete ammonia oxidizers and other nitrifiers in a riparian ecosystem. Environmental Science and Technology, 55 (8): 4573-4584.

Wei W, Isobe K, Shiratori Y, et al., 2014. N_2O emission from cropland field soil through fungal denitrification after surface applications of organic fertilizer. Soil Biology and Biochemistry, 69: 157-167.

Wei J, Amelung W, Lehndorff E, et al., 2017. N_2O and NO_x emissions by reactions of nitrite with soil organic matter of a Norway spruce forest. Biogeochemistry, 132 (3): 325-342.

Wei J, Zhang X, Xia L, et al., 2022. Role of chemical reactions in the nitrogenous trace gas emissions and nitrogen retention: A meta-analysis. Science of the Total Environment, 808: 152141.

Well R, Burkart S, Giesemann A, et al., 2019. Improvement of the N^{15} gas flux method for in situ measurement of soil denitrification and its product stoichiometry. Rapid Communications in Mass Spectrometry, 33 (5): 437-448.

Wen Z, Xu W, Li Q, et al., 2020. Changes of nitrogen deposition in China from 1980 to 2018. Environment International, 144: 106022.

Wertz S, Leigh A K K, Grayston S J, 2012. Effects of long-term fertilization of forest soils on potential nitrification and on the abundance and community structure of ammonia oxidizers and nitrite oxidizers. FEMS Microbiology Ecology, 79 (1): 142-154.

White C J, Lehnert N, 2016. Is there a pathway for N_2O production from hydroxylamine oxidoreductase in ammonia-oxidizing bacteria? Proceedings of the National Academy of Sciences, 113 (51): 14474-14476.

Wrage-Mönnig N, Horn M A, Well R, et al., 2018. The role of nitrifier denitrification in the production of nitrous oxide revisited. Soil Biology and Biochemistry, 123: 3-16.

Wu D, Zhao Z, Han X, et al., 2018. Potential dual effect of nitrification inhibitor 3, 4-dimethylpyrazole phosphate on nitrifier denitrification in the mitigation of peak N_2O emission events in North China Plain cropping systems. Soil Biology and Biochemistry, 121: 147-153.

Wu X, Wang F, Li T, et al., 2020. Nitrogen additions increase N_2O emissions but reduce soil respiration and CH_4 uptake during freeze-thaw cycles in an alpine meadow. Geoderma, 363: 114157.

Xi D, Bai R, Zhang L, et al., 2016. Contribution of anammox to nitrogen removal in two temperate forest soils. Applied and Environmental Microbiology, 82 (15): 4602-4612.

Xiao R, Qiu Y, Tao J, et al., 2020. Biological controls over the abundances of terrestrial ammonia oxidizers. Global Ecology and Biogeography, 29 (2): 384-399.

Xie D, Si G, Zhang T, et al., 2018. Nitrogen deposition increases N_2O emission from an N-saturated subtropical forest in southwest China. Environmental Pollution, 243: 1818-1824.

Xu X, Liu X, Li Y, et al., 2017. High temperatures inhibited the growth of soil bacteria and archaea but not that of fungi and altered nitrous oxide production mechanisms from different nitrogen sources in an acidic soil. Soil Biology and Biochemistry, 107: 168-179.

Yan Y, Ganjurjav H, Hu G, et al., 2018. Nitrogen deposition induced significant increase of N_2O emissions in an dry alpine meadow on the central Qinghai-Tibetan Plateau. Agriculture, Ecosystems & Environment, 265: 45-53.

Yang H, Gandhi H, Ostrom N E, et al., 2014. Isotopic fractionation by a fungal P450 nitric oxide reductase during the production of N_2O. Environmental Science and Technology, 48 (18): 10707-10715.

Yang K, Luo S, Hu L, et al., 2020. Responses of soil ammonia-oxidizing bacteria and archaea diversity to N, P and NP fertilization: Relationships with soil environmental variables and plant community diversity. Soil Biology and Biochemistry, 145: 107795.

Yin C, Fan F, Song A, et al., 2017. The response patterns of community traits of N_2O emission-related functional guilds to temperature across different arable soilsunder inorganic fertilization. Soil Biology and Biochemistry, 108: 65-77.

Yin C, Fan X, Chen H, et al., 2021. 3, 4-Dimethylpyrazole phosphate is an effective and specific inhibitor of soil ammonia-oxidizing bacteria. Biology and Fertility of Soils, 57 (6): 753-766.

Yu L, Mulder J, Zhu J, et al., 2019. Denitrification as a major regional nitrogen sink in subtropical forest catchments: Evidence from multi-site dual nitrate isotopes. Global Change Biology, 25: 1765-1778.

Yu L, Zhu J, Ji H, et al., 2021a. Topography-related controls on N_2O emission and CH_4 uptake in a tropical rainforest catchment. Science of the Total Environment, 775: 145616.

Yu W, Lawrence N C, Sooksa-nguan T, et al., 2021b. Microbial linkages to soil biogeochemical processes in a poorly drained agricultural ecosystem. Soil Biology and Biochemistry, 156: 108228.

Yuan X, Niu D, Gherardi L A, et al., 2019. Linkages of stoichiometric imbalances to soil microbial respiration with increasing nitrogen addition: Evidence from a long-term grassland experiment. Soil Biology and Biochemistry, 138: 107580.

Zhang J, Cai Z, Zhu T, 2011. N_2O production pathways in the subtropical acid forest soils in China. Environmental Research, 111 (5): 643-649.

Zhang J, Müller C, Cai Z, 2015. Heterotrophic nitrification of organic N and its contribution to nitrous oxide emissions in soils. Soil Biology and Biochemistry, 84: 199-209.

Zhang W, Li Y, Xu C, et al., 2016. Isotope signatures of N_2O emitted from vegetable soil: Ammonia oxidation drives N_2O production in NH_4^+-fertilized soil of north China. Scientific Reports, 6: 29257.

Zhang Y, Zhao W, Zhang J B, et al., 2017. N_2O production pathways relate to land use type in acidic soils in subtropical China. Journal of Soils and Sediments, 17 (2): 306-314.

Zhang M, Wang W, Tang L, et al., 2018a. Effects of nitrification inhibitor and herbicides on nitrification, nitrite and nitrate consumptions and nitrous oxide emission in an Australian sugarcane soil. Biology and Fertility of Soils, 54 (6): 697-706.

Zhang Y, Ding H, Zheng X, et al., 2018b. Land-use type affects N_2O production pathways in subtropical acidic soils. Environmental Pollution, 237: 237-243.

Zhang Y, Zhao W, Cai Z, et al., 2018c. Heterotrophic nitrification is responsible for large rates of N_2O emission from subtropical acid forest soil in China. European Journal of Soil Science, 69 (4): 646-654.

Zhang X, Duan P, Wu Z, et al., 2019a. Aged biochar stimulated ammonia-oxidizing archaea and bacteria-derived N_2O and NO production in an acidic vegetable soil. Science of the Total Environment, 687: 433-440.

Zhang Y, Zheng X, Ren X, et al., 2019b. Land-use type affects nitrate production and consumption pathways in subtropical acidic soils. Geoderma, 337: 22-31.

Zhang Q, Zhang X, Duan P, et al., 2021. The effect of long-term biochar amendment on N_2O emissions: Experiments with N^{15}-O^{18} isotopes combined with specific inhibition approaches. Science of the Total Environment, 769: 144533.

Zheng M H, Zhang T, Li L, et al., 2016. Effects of nitrogen and phosphorus additions on nitrous oxide emission in a nitrogen-rich and two nitrogen-limited tropical forests. Biogeosciences, 13: 3503-3517.

Zheng L, Chen H, Wang Y, et al., 2020a. Responses of soil microbial resource limitation to multiple fertilization strategies. Soil and Tillage Research, 196: 104474.

Zheng N G, Yu Y X, Wang J, et al., 2020b. The conversion of subtropical forest to tea plantation changes the fungal community and the contribution of fungi to N_2O production. Environmental Pollution, 265: 115106.

Zheng H, Vesterdal L, Schmidt I K, et al., 2022. Ecoenzymatic stoichiometry can reflect microbial resource limitation, substrate quality, or both in forest soils. Soil Biology and Biochemistry, 167: 108613.

Zhong L, Wang S, Xu X, et al., 2018. Fungi regulate response of N_2O production to warming and grazing in a Tibetan grassland. Biogeosciences Discussions: 1-27.

Zhu G, Wang S, Wang Y, et al., 2011. Anaerobic ammonia oxidation in a fertilized paddy soil. The ISME Journal, 5 (12): 1905-1912.

Zhu X, Burger M, Doane T A, et al., 2013. Ammonia oxidation pathways and nitrifier denitrification are significant sources of N_2O and NO under low oxygen availability. Proceedings of the National Academy of Sciences of the United States of America, 110 (16): 6328-6333.

Zhu B X, Cavazos A R, Ostrom N E, et al., 2015. The importance of abiotic reactions for nitrous oxide production. Biogeochemistry, 126 (3): 251-267.

Zhu T, Zeng S, Qin H, et al., 2016. Low nitrate retention capacity in calcareous soil under woodland in the karst region of southwestern China. Soil Biology and Biochemistry, 97: 99-101.

Zhu G, Wang S, Li Y, et al., 2018. Microbial pathways for nitrogen loss in an upland soil. Environmental Microbiology, 20 (5): 1723-1738.

Zhu J, Jansen-Willems A, Müller C, et al., 2021. Topographic differences in nitrogen cycling mediate nitrogen retention in a subtropical, N-saturated forest catchment. Soil Biology and Biochemistry, 159: 108303.

后　记

尽管我们针对喀斯特土壤氮循环过程已经有了一定的认识，但尚有许多不足之处，如同坐井观天或管中窥豹，只见局部未见整体。以下几个方面亟须加强研究，但仅为个人拙见。首先，加强喀斯特代表性区域研究。本书所含的研究集中在桂西北的喀斯特峰丛洼地，由第一章可见西南喀斯特区在地质背景、气候、土壤、植被等方面均存在明显的空间差异，在一个较小范围的研究成果可能不一定适合其他区域。其次，加强喀斯特土壤氮累积机制的研究。喀斯特峰丛洼地森林表现出明显的氮饱和特征，但前期工作尚不能很好揭示其机理。后面可以结合生物固氮、岩石风化过程氮释放、土壤内部氮转化及土壤有机氮稳定机制多个角度开展研究，以揭示喀斯特土壤氮状况形成机制。再次，加强喀斯特土壤氮转化过程对全球变化响应研究。土壤氮转化过程直接关系到土壤氮有效性、氮累积及氮流失。由于碳氮循环紧密耦合，土壤氮的供应能力一定程度上决定着全球变化背景下植被生产力及生态系统碳汇功能。土壤氧化亚氮是一种重要的温室气体，全球变化背景下土壤氮转化过程的变化直接影响氧化亚氮产生与排放，进而影响全球气候。最后，加强喀斯特农业系统土壤固氮减排研究。目前针对喀斯特农业系统土壤氮转化过程的研究非常有限，对土壤固氮减排机理的认识非常欠缺。通过对土壤氮转化过程的研究，有助于揭示喀斯特农业系统土壤固氮及通过硝态氮或气态氮流失的机理，为研发喀斯特农业系统土壤增汇减排技术提供科技支撑。

一言以概之，路漫漫其修远兮，吾将上下而求索！

李德军

2023 年 10 月 20 日于长沙松雅湖畔